普通高等教育规划教材

工 程 结 构

(新规范版)

主　　编　孙敦本　吴能森

副 主 编　周俐俐　邹　昀　曹卫群

　　　　　苏　毅　黄文金

人民交通出版社

China Communications Press

内 容 提 要

全书共10章，主要内容包括：结构基本设计原则，钢筋混凝土材料的物理力学性能，钢筋混凝土结构的基本构件，预应力混凝土构件，钢筋混凝土梁板结构，混凝土多高层房屋结构，砌体结构，钢结构，新型建筑结构与桥梁结构。本书注重基本概念、理论方法及构造措施的讲解，涵盖主要工程结构形式，以实际运用为重，每章后附有小结和复习思考题。

本书为高等院校工程管理专业、工程造价专业及其他相关专业的教材，也可作为从事土木工程的工程技术人员的参考用书。

图书在版编目(CIP)数据

工程结构/孙敦本，吴能森主编. —北京：人民交通出版社，2013.9

ISBN 978-7-114-10818-1

Ⅰ.①工… Ⅱ.①孙… ②吴… Ⅲ.①工程结构—高等学校—教材 Ⅳ.①TU3

中国版本图书馆CIP数据核字(2013)第177195号

书　　名：工程结构
著 作 者：孙敦本　吴能森
责任编辑：王　霞　温鹏飞
出版发行：人民交通出版社股份有限公司
地　　址：(100011)北京市朝阳区安定门外外馆斜街3号
网　　址：http://www.ccpcl.com.cn
销售电话：(010)59757973
总 经 销：人民交通出版社股份有限公司发行部
经　　销：各地新华书店
印　　刷：北京建宏印刷有限公司
开　　本：787×1092　1/16
印　　张：25.25
字　　数：608千
版　　次：2013年9月　第1版
印　　次：2024年7月　第4次印刷
书　　号：ISBN 978-7-114-10818-1
定　　价：55.00元

前　言

本教材根据全国工程管理专业指导委员会提出的工程管理专业对土木工程专业知识的需求，将土木工程专业中有关结构内容的几大主干课程《混凝土结构》、《砌体结构》、《钢结构》等主要内容整合为一门教材——《工程结构》。

本教材从工程管理专业的培养目标和教学特点出发，以实用为指导思想，在内容安排上注意深度和广度之间的联系，力求使学生掌握工程结构的基本原理，熟悉工程结构的设计方法、构造措施及施工图的表示方法。在形式安排上，混凝土结构部分、砌体结构部分、钢结构部分内容相对独立。另外，考虑到多高层结构的布置是以结构抗震的概念为基础的，所以在讲解多高层混凝土结构之前，增加了抗震设计的有关知识，以利于学生对结构布置的理解。在混凝土结构部分之后，增加了目前施工图惯用的表示方法——混凝土结构施工图的平法表示方法。考虑课时的限制及结构体系的发展，取消了传统教材中单层混凝土厂房的内容，在钢结构中增加了单层轻钢厂房的内容。本教材编写过程中涉及工程结构的相关规范有：《混凝土结构设计规范》(GB 50010—2010)、《建筑抗震设计规范》(GB 50011—2010)、《高层建筑混凝土结构技术规程》(JGJ 3—2011)、《钢结构设计规范》(GB 50017—2003)、《砌体结构设计规范》(GB 50003—2011)。

本书由南京林业大学孙敦本、福建农林大学吴能森主编。具体编写人员及分工如下：曹卫群(第1～3章)、吴能森(第4章第4.1、4.2、4.3节、第8章)、孙敦本(第4章第4.4、4.5节、第6章、第7章)、邹昀(第5章)、周俐俐(第9章)、苏毅(第10章第10.1节)、黄文金(第10章第10.2节)。全书由孙敦本、吴能森统稿。研究生陈晓艳参与了部分书稿的校对。教材的编写过程中，参考并引用了一些公开出版的文献，在此向这些作者表示衷心地感谢。

由于编者的水平有限，本教材一定存在不少缺点甚至错误，敬请读者评判指正，以便及时改正(可将建议发至：wxccpress@126.com)。

编　者

2013年1月

前言

目　录

第1章 绪　论

1.1 结构的分类及发展概况

1.1.1 工程结构的分类及应用

在土木工程中，由建筑材料筑成并能承受荷载而起骨架作用的构架称为工程结构，简称结构。结构的分类很多，有多种分类方法。按应用领域分，结构可分为建筑结构、桥梁结构、水电结构和其他特种结构；按材料种类分，可分为混凝土结构、钢结构、砌体结构、木结构以及组合结构等。各种结构有其一定的适用范围，应根据工程结构功能、材料性质、不同结构形式的特点和使用要求以及施工和环境条件等合理选用。

(1)根据所用的材料分类

主要有混凝土结构、钢结构、砌体结构和木结构等。

混凝土结构包括素混凝土结构、钢筋混凝土结构、预应力混凝土结构、纤维混凝土结构和其他各种形式的加筋混凝土结构。钢筋混凝土结构是由钢筋与混凝土两种不同材料组成的，由于可模性好、可就地取材、耐火性好、抗震性能好，其应用十分广泛。

钢结构是用钢材通过焊接、螺栓连接等方式制作而成的结构，具有强度高、自重轻等优点，但也有耐火性差、易腐蚀等缺点。钢结构主要用于大跨度、重载、高耸结构。

砌体结构是由块材(砖、石、砌块)通过砂浆砌筑而成的结构。砌体结构的块材(砖、石)及砂等具有就地取材、成本低等优点，其耐久性、耐火性也好。砌体结构的缺点是自重大、强度低、施工速度慢、抗震性能差。

(2)根据结构受力体系分类

主要有框架结构、剪力墙结构、筒体结构、塔式结构、桅式结构、悬索结构、悬吊结构、壳体结构、网架结构、板柱结构、墙板结构、折板机构、充气结构、膜结构等。

框架结构的主要竖向受力体系由梁和柱组成。

剪力墙结构的主要受力体系由钢筋混凝土墙组成。

筒体结构在高层建筑中，利用电梯井、楼梯间或管道井等四周封闭的墙形成内筒，也可以利用外墙或密排的柱作为外筒，或两者共用形成筒中筒结构，框架、剪力墙和筒体也可以组合形成框架剪力墙结构、框架筒体结构等结构体系。

塔式结构是下端固定、上端自由的高耸构筑物。

桅式结构是由一根下端为铰接或刚接的细长杆身桅杆和若干层纤绳所组成的构筑物。

悬索结构的承重结构由柔性受拉索及其边缘构件组成，索的材料可以采用钢丝束、钢丝绳、钢绞线、圆钢、纤维复合材料以及其他受拉性能良好的线材。

楼面荷载通过吊索或吊杆传递到固定的筒体或柱子的水平悬吊梁或桁架上，并通过筒体或柱子传递到基础的结构体系称为悬吊结构。

壳体结构是由曲面形板与边缘构件(梁、拱或桁架等)组成的空间结构。

网架结构是由多根杆件按照一定的网格形式，通过节点连接而形成的空间结构。

仅由楼板和柱组成承重体系的结构称为板柱结构。

仅由楼板和墙组成承重体系的结构则称为墙板结构。

由多块条形平板组合而成的空间结构称为折板结构。

充气结构是由薄膜材料制成的构件充入气体后而形成的结构。

用柔性受拉索和薄膜材料及边缘构件组成的结构称为膜结构。

对不同受力体系的工程结构，采用何种结构材料十分重要，关键在于充分发挥材料的特性，既要有好的功能，又要有较好的经济效益。

1.1.2 工程结构的发展概况

工程结构是土木工程建设的对象，即建在地上、地下、水中的各种工程设施，涉及所应用的材料、设备和所进行的勘测、设计、施工、保养、维修等技术。

工程结构的应用范围非常广泛，包括房屋建筑工程、公路工程、铁路工程、桥梁工程、隧道工程、机场工程、地下工程、市政工程、港口工程、市政工程等各个领域。人民生活离不开衣、食、住、行，其中“住”是与工程结构直接相关的；而“行”则需要建造铁道、公路、机场、码头等交通土建工程，与工程结构关系也非常紧密；而“食”需要打井取水，筑渠灌溉，建水库蓄水，建粮食加工厂、粮食储仓等；而“衣”的纺纱、织布、制衣，也必须在工厂内进行，这些也离不开工程结构。另外，各种工业生产必须要建工业厂房，即使是航天事业也必须要建发射塔架和航天基地，这些都是工程技术人员可以施展才华的领域。正因为工程结构内容如此广泛，作用如此重要，所以国家将工厂、矿井、铁道、公路、桥梁、农田水利、商店、住宅、医院、学校、给水排水、煤气输送等工程建设称为基本建设，大型项目由国家统一规划建设，中小型项目也归属于各级政府有关部门管理。

古代工程结构的历史跨度很长，大致从旧石器时代(约公元前5000年起)到17世纪中叶。这一时期的工程结构谈不上有什么设计理论，修建各种设施主要靠经验。人们在早期只能依靠泥土、木料及其他天然材料从事营造活动，后来出现了砖和瓦这种人工建筑材料，使人类第一次冲破了天然建筑材料的束缚，是土木工程历史上的第一次飞跃。砖和瓦具有比土更优越的力学性能，可以就地取材，而又易于加工制作。

一般认为，近代工程结构的时间跨度为17世纪中叶到第二次世界大战前后，历时300余年。20世纪初以来，钢筋混凝土广泛应用于土木工程的各个领域。从30年代开始，出现了预应力混凝土，预应力混凝土结构的抗裂性能、刚度和承载能力，大大高于钢筋混凝土结构，因而用途更为广阔。混凝土的出现给建筑物带来了新的、经济美观的工程结构形式，使工程结构产生了新的施工技术和工程结构设计理论，这是土木工程的又一次飞跃发展。

现代工程结构适应各类工程建设高速发展的要求，重大工程项目陆续兴建。人们需要建造大规模、大跨度、高耸、轻型、大型、精密、设备现代化的建筑物，既要求高质量和快速施工，又要求高经济效益。这就向工程结构提出新的课题,并推动土木工程这门学科前进。以最常用的混凝土结构为例,可以看到工程结构的迅速发展:

(1)材料方面

建筑材料的发展方向是高强、轻质、耐久、抗震。

高强——可减小结构构件截面和结构自重,对于发展高层建筑、高耸结构、大跨度结构十分有利。我国目前常用C20～C80级混凝土,上海的"东方明珠"下部结构采用了C60混凝土,上海明天广场采用了C80混凝土,北京的国家大剧院采用了C100的混凝土。美国已制成C200级混凝土。预计在21世纪内,常用混凝土可达C130级以上,特制混凝土可达C400级。

轻质——利用天然轻集料、工业废料轻集料、人造轻集料制成的轻集料混凝土,重度为12～18kN/m^3,其自重可减轻10%～30%,强度等级常在C7.5～C50,最高可达C70。利用工业废料在环保上的意义十分重大。

(2)结构方面

钢筋混凝土结构或预应力混凝土结构正朝设计标准化、制造工厂化和施工机械化方向发展。后张无黏结预应力技术在我国是近十年发展起来的。目前,无黏结预应力结构在桥梁、土建等领域得到了广泛的应用,日本、美国等国家已将此项技术应用于港口工程中,应用前景十分广阔。

(3)设计理论方面

建筑结构设计理论先后采用过容许应力法、破损阶段计算法、极限状态设计法。目前采用以极限状态设计法为基础的、以可靠度指标度量构件可靠性的极限状态设计法。

1.2 本课程的内容及学习建议

1.2.1 本课程的内容

本课程主要讲述混凝土结构、砌体结构、钢结构三部分内容。混凝土结构主要讲述钢筋和混凝土的材料特性,钢筋混凝土基本构件的弯曲、剪切、扭曲、受压、受拉的强度设计问题,以及构件的变形和裂缝问题,预应力混凝土构件的轴心受拉、受弯的计算方法和构造要求,混凝土楼板的结构形式、设计方法及构造措施,多层及高层房屋的结构类型,框架结构体系的设计计算和构造要求,以及混凝土结构施工图的平法表示方法;砌体结构主要讲述砌体材料的力学性能,砌体结构构件的承载力计算,砌体结构房屋墙、柱、过梁、墙梁等构件的设计,砌体结构房屋的抗震构造要求;钢结构主要讲述钢材的主要性能,钢结构的连接方法、构造和计算原则,钢结构基本构件的轴心受拉、受压、受弯等的工作性能和设计方法,以及单层轻钢厂房的设计概要。最后介绍一些新型建筑结构的形式与桥梁结构的基本内容。

1.2.2 本课程的学习建议

工程结构是一门综合性较强的应用科学,它的发展需综合运用数学、力学、材料科学和施工技术等学科的成就,并涉及许多领域。近年来,由于电子计算机技术及现代化的测试技术等新的科学技术成就被逐渐用于该学科的研究中来，促使这门学科的面貌发生了巨大的变化，并逐渐向新的更高的阶段发展。

本课程的内容多、符号多、计算公式多、构造规定也多，学习本课程时，建议注意下面一些问题。

(1)与先修课程之间的联系。学习本门课程前应修完材料力学、建筑材料、荷载与结构设计方法等课程。原来在材料力学中学过的各种解决问题的思路可以借鉴，而计算理论和计算公式不能照搬，但可以互相对比以加深理解。

由于工程结构受力的复杂性，目前还没有建立起非常完整的结构强度理论。工程结构的受力性能受材料内部组成和外部因素(荷载、环境等)影响，因此结构构件的计算理论和计算公式有很多是根据实验研究得出的半理论半经验公式，对初学者往往不易接受。它不像学习高等数学、材料力学、结构力学等课程时，它们的计算原理和计算公式是根据较系统而严密的数学、力学逻辑运算推导而得的。而本门课程学习时会感到“理论性不强”、影响因素太多、杂乱而抓不住重点。因此学习时要特别注意，由于结构构件的计算公式是建立在实验的基础上，故应注意它的适用范围和条件。

(2)由于对相同荷载、同一构件可以设计出多个均能满足使用要求的解答，也即是问题的解答不是唯一的，这和数学、力学习题的解答不相同。正是由于材料的配比具有选择性，因此当比值超过了一定的范围就会引起构件受力性能的改变。为了防止构件出现非预期的破坏状态，往往对工程结构构件的计算公式规定出它们的适用条件，有时还规定出某些构造措施来保证，故在学习时不能忽视这些规定。

(3)工程结构是一门综合性的应用学科，需要满足安全、适用、经济以及施工方便等方面的要求。这些要求一方面可通过分析计算来满足，另一方面还应通过各种构造措施来保证。这些构造措施或是计算模型误差的修正，或是实验研究的成果，或是长期工程实践经验的总结，它们与分析计算同为本学科中重要的组成部分。学习时对构造要求应加强理解，通过反复应用来掌握。

(4)本课程是实践性很强的一门课，学习时除阅读教材外，还应了解有关规范，完成有关习题和课程设计，认真进行设计计算并绘制必要的施工图，通过实践熟悉设计方法和构造措施。

(5)构件和结构设计是一个综合性问题。设计过程包括结构方案、构件选型、材料选择、配筋构造、施工方案等，同时还需要考虑安全适用和经济合理。设计中许多数据可能有多种选择方案，因此设计结果不是唯一的。最终设计结果应经过各种方案的比较，综合考虑使用、材料、造价、施工等各项指标的可行性，才能确定较为合适的一个设计结果。

第 2 章　结构基本设计原则

2.1　结构上的作用与结构抗力

2.1.1　作用与作用效应

结构上的作用是指能使结构产生内力、应力、位移、应变、裂缝等效应的各种原因的总称，分直接作用和间接作用两种。荷载是直接作用；混凝土的收缩、温度变化、基础的差异沉降、地震等引起结构外加变形或约束的原因称为间接作用。间接作用不仅与外界因素有关，还与结构本身的特性有关。例如，地震对结构物的作用，不仅与地震加速度有关，还与结构自身的动力特性有关。

结构上的作用可作下列分类：

1. 按作用时间的长短和性质

(1)永久作用：在结构设计使用期间，其值不随时间而变化，或其变化与平均值相比可以忽略不计，或其变化是单调的并能趋于限值的荷载。例如结构的自重、土压力、预应力等永久作用也称为恒荷载。

(2)可变作用：在结构设计使用期内其值随时间而变化，其变化与平均值相比不可忽略的作用。例如楼面活荷载、屋面活荷载和积灰荷载、吊车荷载、风荷载、雪荷载等。可变作用又称为活荷载。

(3)偶然作用：在结构设计使用期内不一定出现，一旦出现，其值很大且持续时间很短的作用。例如地震、爆炸、撞击等。

2. 按结构的反应分类

(1)静态作用：使结构产生的加速度可忽略不计的作用。如结构自重、住宅与办公楼的楼面活荷载等。

(2)动态作用：使结构产生的加速度不可忽略的作用。如地震、吊车荷载、设备振动、风荷载等。

《建筑结构荷载规范》(GB 50009—2012)规定，对不同荷载应采用不同的代表值。对永久作用应采用标准值作为代表值；对可变作用应根据设计要求采用标准值、组合值、频遇值或准永久值作为代表值；对偶然作用应按建筑结构使用的特点确定其代表值。

作用效应是指由于直接作用或间接作用(荷载、温度、支座不均匀沉降等因素)作用于结构构件上，在结构内产生的内力和变形(如轴力、弯矩、剪力、扭矩、挠度、转角和裂缝等)。若作用为直接作用，则其效应也可称为荷载效应，荷载与荷载效应在一般情况下是线性关系，故而荷载效应可用荷载值乘以荷载效应系数来表达。结构上的作用，除永久作用外，都是不确定的随机变量，有时还与时间参数，甚至还与空间参数有关。所以，作用效应一般说来也是随机变量或随机过程，宜采用概率论或随机振动的方法来予以描述。

2.1.2 结构抗力

结构抗力是指结构或结构构件承受内力和变形的能力（如构件的承载能力、刚度和抗裂度等）。由于影响结构构件抗力的主要因素如材料性能（材质、强度、弹性模量等）、几何参数（制作尺寸的偏差、安装误差）和计算模式的精确性（抗力计算所采用的基本假设和计算公式不够精确）都是不确定的随机变量，所以由这些因素综合而成的结构抗力也是随机变量。

2.2 概率极限状态设计法

2.2.1 结构的功能与极限状态

根据我国《建筑结构可靠度设计统一标准》（GB 50068—2001），结构在规定的设计使用年限内应满足下列功能要求：

（1）在正常施工和正常使用时，能承受可能出现的各种作用。

（2）在正常使用时具有良好的工作性能。

（3）在正常维护下有足够的耐久性能。

（4）在设计规定的偶然事件发生时及发生后，仍能保持必需的整体稳定性。

上述（1）、（4）两项属于结构的安全性，结构应能承受正常施工和正常使用时可能出现的各种荷载和变形，在偶然事件（如地震、爆炸等）发生时和发生后保持必需的整体稳定性，不致发生倒塌。上述（2）项关系到结构的适用性，如不产生影响使用的过大变形或振幅，不发生足以让使用者不安的过宽的裂缝等。上述（3）项为结构的耐久性，如结构在正常维护条件下在设计规定的年限内混凝土不发生严重风化、腐蚀、脱落，钢筋不发生锈蚀等。安全性、适用性和耐久性总称为结构的可靠性。

整个结构或结构的一部分超过某一特定状态就不能满足设计指定的某一功能要求，这个特定状态称为该功能的极限状态，例如构件即将开裂、倾覆、滑移、压屈、失稳等。也就是，能完成预定的各项功能时，结构处于有效状态；反之，则处于失效状态。有效状态和失效状态的分界，称为极限状态，是结构开始失效的标志。

极限状态可分为承载能力极限状态和正常使用极限状态两类。

（1）承载能力极限状态

结构或结构构件达到最大承载能力或产生不适于继续承载的变形，称为承载能力极限状态。当结构或构件由于材料强度不够而破坏，或因疲劳而破坏，或产生过度的变形而不能继续承载，结构或结构构件丧失稳定如压屈等，结构转变为机动体系时，结构或构件就超过了承载能力极限状态。超过承载能力极限状态后，结构或构件就不能满足安全性的要求。

(2)正常使用极限状态

结构或结构构件达到正常使用或耐久性能的某项规定限度的状态称为正常使用极限状态。例如,当结构或结构构件出现影响正常使用或影响外观的变形、过宽裂缝、局部损坏和振动时,可认为结构或构件超过了正常使用极限状态。超过了正常使用极限状态,结构或构件就不能保证适用性和耐久性的功能要求。

结构或构件按承载能力极限状态进行计算后,还应该按正常使用极限状态进行验算。

2.2.2 结构可靠性设计的基本概念

结构的安全性、适用性和耐久性总称为结构的可靠性,也就是结构在规定的时间内,在规定的条件下,完成预定功能的能力。而结构的可靠度则是结构在规定的时间内,在规定的条件下,完成预定功能的概率,即结构可靠度是结构可靠性的概率度量。规定时间是指结构的设计使用年限,所有的统计分析均以该时间区间为准。所谓的规定条件,是指正常设计、正常施工、正常使用和维护的条件,不包括人为过失的影响(人为过失应通过其他措施予以避免)。

结构的可靠度用可靠概率 p_S 来描述,可靠概率 $p_S=1-p_f$,p_f 为失效概率。这里,用荷载效应与结构抗力之间的关系来说明失效概率 p_f 的计算方法。设构件的荷载效应 S、抗力 R,都是服从正态分布的随机变量且二者为线性关系。S、R 的平均值分别为 μ_S、μ_R,标准差分别为 σ_R、σ_S,荷载效应 S 和抗力 R 的概率密度曲线如图 2-1 所示。按照结构设计的要求,显然 μ_R 应该大于 μ_S。从图 2-1 中的概率密度曲线可以看到,在多数情况下构件的抗力 R 大于荷载效应 S。但是,由于离散性,在 S、R 的概率密度曲线的重叠区(阴影部分),仍有可能出现构件的抗力 R 小于荷载效应 S 的情况。重叠区的大小与 μ_S、μ_R 以及 σ_R、σ_S 有关。μ_R 比 μ_S 大的越多(μ_R 远离 μ_S),或者 σ_R 和 σ_S 越小(曲线高而窄),都会使重叠的范围减少。所以,重叠区的大小反映了抗力 R 和荷载效应 S 之间的概率关系,即结构的失效概率。重叠的范围越小,结构的失效概率越低。从结构安全的角度可知,提高结构构件的抗力(例如提高承载能力),减小抗力 R 和荷载效应 S 的离散程度(例如减小不定因素的影响),可以提高结构构件的可靠程度,所以,加大平均值之差 $\mu_R-\mu_S$,减小标准差 σ_R 和 σ_s 可以使失效概率降低。

同前,令 $Z=R-S$,功能函数 Z 也应该是服从正态分布的随机变量。图 2-2 表示 Z 的概率密度分布曲线,结构的失效概率 p_f 可直接通过 $Z<0$ 的概率来表达:

$$p_f = P(Z<0)\int_{-\infty}^{0} f(z)\mathrm{d}Z = \int_{-\infty}^{0} \frac{1}{\sigma_Z\sqrt{2\pi}}\exp\left[-\frac{1}{2}\left(\frac{Z-\mu_Z}{\sigma_Z}\right)^2\right]\mathrm{d}Z \tag{2-1}$$

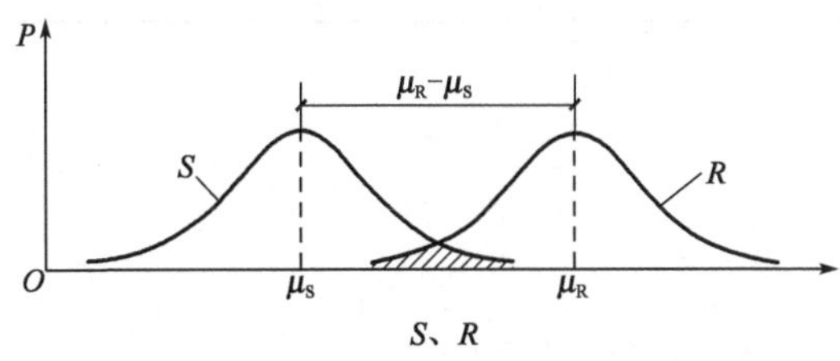

图 2-1 R、S 的概率密度分布曲线

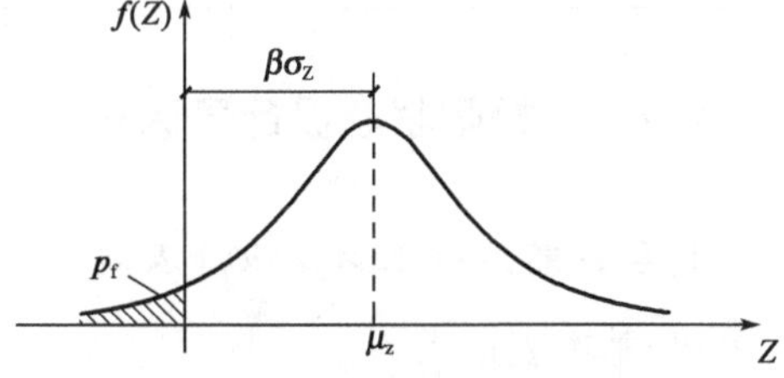

图 2-2 可靠指标与失效概率关系示意图

用失效概率度量结构可靠性具有明确的物理意义,能较好地反映问题的实质。但 p_f 的计算比较复杂,因而国际标准和我国标准目前都采用可靠指标 β 来度量结构的可靠性。

从图 2-2 可以看到，取

$$\mu_Z = \beta\sigma_Z \tag{2-2}$$

则

$$\beta = \frac{\mu_Z}{\sigma_Z} = \frac{\mu_R - \mu_S}{\sqrt{\sigma_R^2 + \sigma_S^2}} \tag{2-3}$$

可以看出 β 大，则失效概率小，所以，β 和失效概率一样可作为衡量结构可靠度的一个指标，称为可靠指标。β 与失效概率 p_f 之间有一一对应关系，现将部分特殊值的关系列于表 2-1。由公式(2-3)可知，在随机变量 R、S 服从正态分布时，只要知道 μ_S、μ_R、σ_R、σ_S 就可以求出可靠指标 β。

可靠指标[β]与失效概率 p_f 的对应关系 表 2-1

[β]	p_f	[β]	p_f	[β]	p_f
1.0	1.59×10^{-1}	2.7	3.47×10^{-3}	3.7	1.08×10^{-5}
1.5	6.68×10^{-2}	3.0	1.35×10^{-3}	4.0	3.17×10^{-5}
2.0	2.28×10^{-2}	3.2	6.87×10^{-4}	4.2	1.33×10^{-6}
2.5	6.21×10^{-3}	3.5	2.33×10^{-4}	4.5	3.40×10^{-6}

另一方面，结构按承载能力极限状态设计时，要保证其完成预定功能的概率不低于某一允许的水平，应对不同情况下的目标可靠指标 β 值做出规定。结构和结构构件的破坏类型分为延性破坏和脆性破坏两类。延性破坏有明显的预兆，可及时采取补救措施，所以目标可靠指标可定得稍低些。脆性破坏常常是突发性破坏，破坏前没有明显的预兆，所以目标可靠指标就应该定得高一些。《建筑结构可靠度设计统一标准》(GB 50068—2001)根据结构的安全等级和破坏类型，在对代表性的构件进行可靠度分析的基础上，规定了结构构件承载能力极限状态的可靠指标不应小于表 2-2 的规定。结构构件正常使用极限状态的可靠指标，根据其可逆程度宜取 0～1.5。

结构构件承载能力极限状态的目标可靠指标 表 2-2

破坏类型	安全等级		
	一级	二级	三级
延性破坏	3.7	3.2	2.7
脆性破坏	4.2	3.7	3.2

2.2.3 极限状态设计表达式

1. 承载能力极限状态设计表达式

(1)基本表达式

令 S_k 为荷载效应的标准值(下标 k 意指标准值)，γ_S(≥1)为荷载分项系数，二者乘积为荷载效应的设计值。

$$S = \gamma_S S_k \tag{2-4}$$

同样，令 R_k 为结构抗力标准值，γ_R（>1）为抗力分项系数，二者之商为抗力的设计值 R。

$$R = R_k/\gamma_R \tag{2-5}$$

$R = R(f_c, f_s, \alpha_k, \cdots)$，$\alpha_k$ 为几何参数的标准值。

对于钢筋混凝土结构，f_c，f_s 为混凝土、钢筋的强度设计值：

$$f_c = f_{ck}/\gamma_c, f_s = f_{sk}/\gamma_s \tag{2-6}$$

混凝土材料的分项系数 $\gamma_c = 1.4$；热轧钢筋（包括 HPB300，HRB335，HRB400 和 RRB400 级钢筋）的材料分项系数 $\gamma_s = 1.1$；预应力钢筋（包括钢绞线、消除应力钢丝和热处理钢筋）的 $\gamma_s = 1.2$。对偶然作用下的结构，混凝土、钢筋的强度设计值改用强度标准值。

对于砌体结构和钢结构，f_c 和 f_s 统一为砌体或钢材强度的设计值 f。在砌体结构设计规范中 $f = f_k/\gamma_f$。对施工质量为 B 级；$\gamma_f = 1.6$，施工质量为 C 级，$\gamma_f = 1.8$。在钢结构设计规范中 $f = f_k/\gamma_s$。对于 Q235 钢，$\gamma_s = 1.087$；对于 Q345、Q390 和 Q420 钢，$\gamma_s = 1.111$。

此外，考虑到结构安全等级的差异，其目标可靠指标应作相应的提高或降低，故引入结构重要性系数 γ_0，由

$$\gamma_0 S \leqslant R \tag{2-7}$$

式中：γ_0——结构构件重要性系数，与安全等级对应，在持久设计状况和短暂设计状况下，对安全等级为一级的结构构件不应小于 1.1；对安全等级为二级的结构构件不应小于 1.0；对安全等级为三级的结构构件不应小于 0.9；对地震设计状况下应取 1.0。

式 2-7 是极限状态设计的基本表达式。

(2)荷载效应组合的设计值 S

对于基本组合，荷载效应组合的设计值 S 应从以下组合值中取最不利值确定：

①由可变荷载效应控制的组合

$$S = \gamma_G S_{Gk} + \gamma_{Q1} S_{Q1k} + \sum_{i=2}^{n} \gamma_{Qi} \psi_{ci} S_{Qik} \tag{2-8}$$

②由永久荷载效应控制的组合

$$S = \gamma_G S_{Gk} + \sum_{i=1}^{n} \gamma_{Qi} \psi_{ci} S_{Qik} \tag{2-9}$$

式中：γ_G——永久荷载的分项系数，当永久荷载效应对结构不利时，对由可变荷载效应控制的组合一般 γ_G 取 1.2，对由永久荷载效应控制的组合一般 γ_G 取 1.35，当永久荷载效应对结构有利时，取 $\gamma_G = 1.0$，对结构的倾覆、滑移或漂浮验算，应取 0.9；

γ_{Q1}、γ_{Qi}——第 1 个和第 i 个可变荷载分项系数，当可变荷载效应对结构构件承载能力不利时，一般取 1.4，对标准值大于 4kN/m^2 的工业房屋楼面结构的活荷载应取 1.3，当可变荷载效应对结构构件的承载能力有利时，取为 0；

S_{Gk}——按永久荷载标准值计算的荷载效应值；

S_{Qik}——按可变荷载标准值计算的荷载效应值，其中 S_{Q1k} 为诸可变荷载效应中起控制作用者；

n——参照组合的可变荷载数；

ψ_{ci}——可变荷载的组合值系数，其值不应大于 1.0。

当结构上作用几个可变荷载时，各可变荷载最大值在同一时刻出现的概率很小，若设计中

仍采用各荷载效应设计值叠加，则可能造成结构可靠度不一致，因而必须对可变荷载设计值再乘以调整系数。荷载组合值系数 ψ_{ci} 就是这种调整系数。除风荷载 ψ_{ci} 取 0.6 外，大部分可变荷载取 0.7，个别可变荷载取 0.9～0.95（例如，对于书库、储藏室的楼面活荷载取 0.9），对于一般排架、框架结构计算时，组合值系数取 0.9），具体计算时应按《建筑结构荷载规范》（GB 50009—2012）取用。

按上述要求，在设计排架和框架结构时，往往是相当复杂的。因此，对于一般排架和框架结构，可采用简化规则，并应按下列组合值中取最不利值确定：

由可变荷载效应控制的组合

$$S=\gamma_G S_{Gk}+\gamma_{Q_1} S_{Qik} \tag{2-10}$$

$$S=\gamma_G S_{Gk}+0.9\sum_{i=1}^{n}\gamma_{Qi} S_{Qik} \tag{2-11}$$

由永久荷载效应控制的组合仍采用公式(2-9)。

采用上述公式时，应根据结构可能同时承受的可变荷载进行荷载效应组合，并取其中最不利的组合进行设计。各种荷载的具体组合规则，应符合现行国家标准《建筑结构荷载规范》（GB 50009—2012）的规定。对于偶然组合，其内力组合设计值应按有关的规范或规程确定。例如，当考虑地震作用时，应按现行国家标准《建筑抗震设计规范》（GB 50011—2010）确定。此外，根据结构的使用条件，在必要时还应验算结构的倾覆、滑移等。

2. 正常使用极限状态设计表达式

按正常使用极限状态设计时，应验算结构构件的变形、抗裂度或裂缝宽度。由于结构构件达到或超过正常使用极限状态时的危害程度不如承载力不足引起结构破坏时大，故对其可靠度的要求可适当降低。因此，按正常使用极限状态设计时，对于荷载组合值，不需再乘以荷载分项系数，也不再考虑结构的重要性系数 γ_0。同时，由于荷载短期作用和长期作用对于结构构件正常使用性能的影响不同，对于正常使用极限状态，应根据不同的设计目的，分别按荷载效应的标准组合和准永久组合，或标准组合并考虑长期作用影响，采用下列极限状态表达式：

$$S_d \leqslant C \tag{2-12}$$

式中：C——结构构件达到正常使用要求所规定的限值，例如变形、裂缝和应力等限值；

S_d——正常使用极限状态的荷载效应（变形、裂缝和应力等）组合设计值。

(1)荷载效应组合

在计算正常使用极限状态的荷载效应组合值 S_d 时，需首先确定荷载效应的标准组合和准永久组合。荷载效应的标准组合和准永久组合应按下列规定计算：

①标准组合

$$S_k=S_{Gk}+S_{Q1k}+\sum_{i=2}^{n}\psi_{ci} S_{Qik} \tag{2-13}$$

②准永久组合

$$S_q=S_{Gk}+\sum_{i=1}^{n}\psi_{qi} S_{Qik} \tag{2-14}$$

式中：S_k，S_q——分别为荷载效应的标准组合和准永久组合的设计值；

ψ_{ci}，ψ_{qi}——分别为第 i 个可变荷载的组合值系数和准永久值系数。

必须指出，在荷载效应的准永久组合中，只包括了在整个使用期内出现时间很长的荷载效应值，即荷载效应的准永久值 $\psi_{qi}S_{ik}$；而在荷载效应的标准组合中，既包括了在整个使用期内出现时间很长的荷载效应值，也包括了在整个使用期内出现时间不长的荷载效应值。因此，荷载效应的标准组合值出现的时间是不长的。

③频遇组合

对于频遇组合，荷载效应组合的设计值 S 应按下式计算：

$$S = S_{Gk} + \psi_{f1}S_{Q1k} + \sum_{i=2}^{n}\psi_{fi}S_{Qik} \tag{2-15}$$

式中：ψ_{f1}——可变荷载 Q_1 的频遇值系数；

ψ_{fi}——可变荷载 Q_i 的频遇值系数。

(2)验算内容

正常使用极限状态的验算内容有：变形验算和裂缝控制验算(抗裂验算和裂缝宽度验算)。

①变形验算

根据使用要求需控制变形的构件，应进行变形验算。对于受弯构件，按荷载效应的标准组合，并考虑荷载长期作用影响计算的最大挠度 Δ 不应超过挠度限值 Δ_{lim}。

②裂缝控制验算

结构构件设计时，应根据所处环境和使用要求，选用相应的裂缝控制等级，并按下列规定进行验算。裂缝控制等级分为三级，其要求分别如下：

一级——严格要求不出现裂缝的构件。按荷载效应的标准组合计算时，构件受拉边缘混凝土不应产生拉应力。

二级——一般要求不出现裂缝的构件。按荷载效应标准组合计算时，构件受拉边缘混凝土拉应力不应大于混凝土轴心抗拉强度标准值。按荷载效应准永久组合计算时，构件受拉边缘混凝土不宜产生拉应力。当有可靠经验时可适当放松。

三级——允许出现裂缝的构件。对钢筋混凝土构件，按荷载准永久组合并考虑长期作用影响计算时，构件的最大裂缝宽度 w_{max} 不应超过裂缝宽度限值 w_{lim}；对预应力混凝土构件，按荷载标准组合并考虑长期作用的影响计算时，构件的最大裂缝宽度 w_{max} 不应超过裂缝宽度限值 w_{lim}；对二 a 类环境的预应力混凝土构件，尚应按荷载准永久组合计算，且构件受拉边缘混凝土的拉应力不应大于混凝土的抗拉强度标准值。

2.3 结构抗震设计简介

2.3.1 地震的基本概念

地震按其成因主要分为构造地震、火山地震、陷落地震和诱发地震四种类型。

构造地震是由于地壳运动，推挤地壳岩层，使其薄弱部位发生断裂错动而引起的地震。火山地震是指由于火山爆发，岩浆猛烈冲出地面而引起的地震。陷落地震是由于地表或地下岩层，如石灰岩地区较大的地下溶洞或古旧矿坑等，突然发生大规模的陷落和崩塌时所引起的小范围内的地面震动。诱发地震是由于水库蓄水或深井注水等引起的地面震动。

在上述四种类型地震中，构造地震分布最广，危害最大，发生次数最多（约占发生地震总次数的 90%），其他三类地震发生的几率很小，且危害影响面也较小。因此，在地震工程学中主要的研究对象是构造地震。在建筑抗震设防中所指的地震就是构造地震，通常简称为地震。

关于构造地震的成因研究已有近百年历史，早期较侧重于断层学说，近期较公认的是板块构造学说。板块构造学说以海底扩张学说为基础，它是 20 世纪 60 年代初由美国地质学家提出的。这一学说认为，地球表面的最上层是由强度较高的岩石组成，叫做岩石层，其厚度为 70～100km；岩石层的下面为强度较低并带有塑性性质的软流层。岩石层不是一块整体，而是由若干个板块组成。地球表面的岩石层可以分为六大板块，即美洲板块、非洲板块、欧亚板块、印度洋板块、太平洋板块和南极洲板块（图 2-3），各大板块之间又可分为若干个小板块。这些板块由于其下软流层的对流运动而产生相互挤压、顶撞和插入，引发地震。

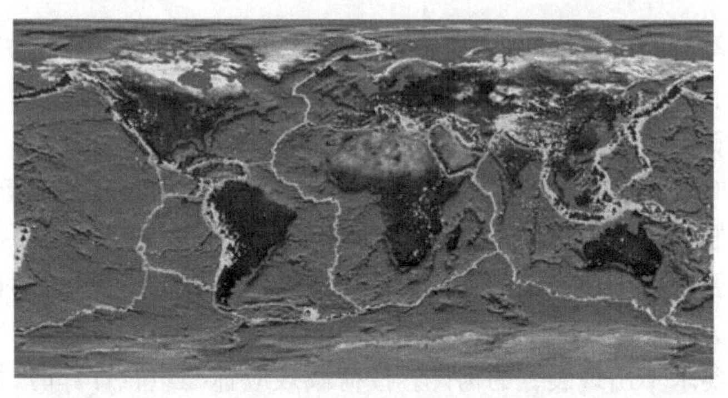

图 2-3　地球构造板块示意图

构造地震不仅发生在板边，也会在板内出现。板内地震主要是由于软流层在流动过程中，与其上非常不平坦的岩石层界面接触而产生不均匀变形，当这些变形产生的应力超过地壳岩石或破碎带的极限强度时，就会突然产生脆性破坏而发生地震。与板边地震相比，板内地震地点分散，发生的频率较低，但由于板内多为人类密集处，因此往往会造成严重震害。据统计，全球 85%的地震发生在板块边缘及其附近，15%的地震发生在板块内部。

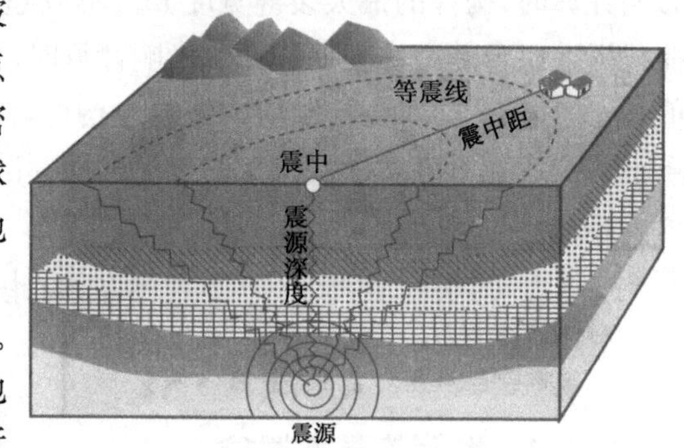

图 2-4　地震术语解释示意

地震常用术语可用图 2-4 的示意图说明。导致地震的起源区域叫震源。震源正上方的地面位置，或震源在地表的投影叫震中。震中附近地面运动最剧烈，也是破坏最严重的地区，叫震中区或极震区。地面上被地震波及的某一地区称为场地。由场地到震中的水平距离叫做震中距，由场地到震源的距离叫做震源距。震源到震中的垂直距离称为震源深度。

根据震源深度（以 d 表示），构造地震可分为浅源地震（$d<60$km）、中源地震（$d=60\sim300$km）和深源地震（$d>300$km）。浅源地震距地面近，在震中区附近造成的危害最大，但相对而言，所波及的范围较小。深源地震波及的范围较大，但由于地震释放的能量在长距离传播中大部分被耗散掉，所以对地面上建筑物的破坏程度相对较轻。世界上绝大部分地震是浅源地震，震源深度集中在5～20km，一年中全世界所有地震释放能量的约85%来自浅源地震。

2.3.2 地震的破坏作用

地震灾害主要表现在三个方面——地表破坏、建筑物破坏以及各种次生灾害。

1.地表破坏

地震造成的地表破坏一般有地裂缝、地陷、地面喷水冒砂及滑坡、塌方等。

(1)地裂缝

强地震作用下，常有地裂缝产生。根据产生的机理不同，地裂缝主要分为构造地裂缝和重力地裂缝两种。构造地裂缝与地质构造有关，是地壳深部断层错动延伸至地面的裂缝，缝长可达几公里到几十公里，缝宽几米到几十米。重力地裂缝是由于土质软硬不匀及微地貌重力影响，在地震作用下形成的，与土质原稳定状态密切相关。这种裂缝在地震区分布极广，在道路、古河道、河堤、岸边、陡坡等土质松软潮湿处常见到，其形状大小不一，规模较构造地裂缝小，缝长可由几米到几十米，深多为1～2m。地裂缝穿过的地方可引起房屋开裂和道路、桥梁等工程设施的破坏。

(2)地陷

在强地震作用下，地面往往发生震陷，使建筑物破坏。地陷多发生在松软且压缩性高的土层中，如大面积回填土、孔隙比大的黏性土和非黏性土。地震使土颗粒间的摩擦力大大降低或使链状结构破坏，土层变密实，造成地面下沉。此外，在岩溶洞和采空(采掘的地下坑道)地区也可能发生地陷。

(3)地面喷水冒砂(砂土液化)

在地下水位较高、砂层埋藏较浅的平原及沿海地区，地震的强烈振动使地下水压力急剧增高，会使饱和的砂土或粉土层液化，地下水夹带着砂土颗粒，经地裂缝或其他通道喷出地面，形成喷水冒砂现象。喷水冒砂严重的地方会造成房屋下沉、倾斜、开裂和倒塌。

(4)滑坡、塌方

强烈地震作用下，常引起河岸、陡坡滑坡，在山地常有山石崩裂、塌方等现象。滑坡、塌方会导致公路阻塞、交通中断、冲毁房屋和桥梁、堵塞河流、淹没村庄等震害。

2.建筑物的破坏

各类建筑物在地震时发生破坏是造成生命财产损失的主要原因。按建筑物破坏的形态和原因，可分为以下几类：

(1)结构丧失整体性而破坏

在强烈地震作用下，由于构件连接不牢、节点破坏、支撑系统失效等原因，会使结构丧失整体性而导致破坏或倒塌。

(2)承重结构承载力不足造成破坏

地震时，地面运动引起建筑物振动，产生惯性力，不仅使结构构件内力增大很多，而且往往其受力性质也发生改变，导致结构承载力不足而破坏。

(3)由于变形过大导致非结构破坏

在强烈地震作用下,当结构产生过大振动变形时,有时主体结构并未达到强度破坏,但围护墙、隔墙、雨篷、各种装修等非结构构件往往由于变形过大而发生脱落或倒塌等震害。

(4)地基失效引起的破坏

强烈地震时,地裂缝、地陷、滑坡和地基土液化等会导致地基开裂、滑动或不均匀沉降,使地基失效,丧失稳定性,降低或丧失承载力,最终造成建筑物整体倾斜、拉裂以致倒塌而破坏。

3. 次生灾害

地震的次生灾害是指由地震间接产生的灾害,如地震诱发的火灾、水灾、有毒物质污染、海啸、泥石流等。由次生灾害造成的损失有时比地震直接产生的灾害造成的损失还要大,尤其是在大城市、大工业区。例如,1923 年日本东京大地震,诱发了火灾,地震震倒房屋 13 万幢,而烧毁的房屋达 45 万幢;死亡人数 10 万余人,其中房屋倒塌压死者不过数千人,其余是因火灾致亡。1970 年秘鲁大地震,瓦斯卡兰山北峰泥石流从 3750m 的高度泻下,流速达 320km/h,摧毁、淹没了村镇、建筑,使地形改观,死亡达 25000 人。

2.3.3 地震作用下结构受力特点

结构的地震作用计算和抗震验算是建筑抗震设计的重要内容,是确定所设计的结构满足最低抗震设防要求的关键步骤。地震时由于地面运动使原来处于静止的结构受到动力作用,产生强迫振动。我们将地震时由地面加速度振动在结构上产生的惯性力称为结构的地震作用。地震作用下在结构中产生的内力、变形和位移等称为结构的地震反应,或称结构的地震作用效应。建筑结构抗震设计首先要计算结构的地震作用,由此求出结构和构件的地震作用效应,然后验算结构和构件的抗震承载力及变形。

地震作用与一般荷载不同,它不仅与外来干扰作用的大小及其随时间的变化规律有关,而且还与结构的动力特性,如结构自振频率、阻尼等有密切的关系。由于地震时地面运动是一种随机过程,运动极不规则,且工程结构物一般是由各种构件组成的空间体系,其动力特性十分复杂,所以确定地震作用要比确定一般荷载复杂得多。

结构抗震分析理论是近一百年来发展形成的一门新兴学科。由于结构地震反应决定于地震动与结构动力特性,因此地震反应分析也随着人们对这两方面的认识而发展。根据计算理论不同,地震反应分析理论可划分为静力理论、反应谱理论和动力理论三种理论。

2.3.4 建筑抗震设防分类和设防标准

对于不同使用性质的建筑物,地震破坏造成的后果的严重性是不一样的。因此,建筑物的抗震设防应根据其重要性和破坏后果而采用不同的设防标准。我国规范根据建筑使用功能的重要性,将建筑抗震设防分为甲、乙、丙、丁四个类别。

甲类建筑:使用上有特殊设施,涉及国家公共安全的重大建筑工程和地震时可能发生严重次生灾害等特别重大灾害后果,需要进行特殊设防的建筑。如可能产生大爆炸、核泄露、放射性污染、剧毒气体扩散的建筑。

乙类建筑：地震时使用功能不能中断或需尽快恢复的生命线相关建筑，以及地震时可能导致大量人员伤亡等重大灾害后果需要提高设防标准的建筑。如城市生命线工程(供水、供电、交通、消防、医疗、通讯等系统)的核心建筑。

丙类建筑：除甲、乙、丁类以外按标准要求进行设防的建筑。如一般的工业与民用建筑、公共建筑等。

丁类建筑：指使用上人员稀少且震损不致产生次生灾害，允许在一定条件下适度降低要求的建筑。如一般的仓库、人员较少的辅助建筑物等。

对于不同的抗震设防类别，在进行建筑抗震设计时，应采用不同的抗震设防标准。我国规范分别从地震作用计算和抗震措施两个方面对四类设防类别的设防标准进行了规定，见表 2-3。

建筑的抗震设防标准 表 2-3

建筑抗震设防类别	地震作用计算	抗震措施
甲类	应按批准的地震安全性评价的结果且高于本地区抗震设防烈度的要求确定	应按高于本地区抗震设防烈度提高一度的要求加强；但抗震设防烈度为 9 度时应按比 9 度更高的要求
乙类	应按本地区抗震设防烈度确定(6 度时可不进行计算)	应按高于本地区抗震设防烈度一度的要求加强；但抗震设防烈度为 9 度时应按比 9 度更高的要求；地基基础应符合有关规定
丙类	应按本地区抗震设防烈度确定(6 度时可不进行计算)	应按本地区抗震设防烈度确定
丁类	一般情况下，应按本地区抗震设防烈度确定(6 度时可不进行计算)	允许比本地区抗震设防烈度的要求适当降低，但抗震设防烈度为 6 度时不应降低

2.3.5 抗震设计概述

建筑抗震设计一般包括三个方面：概念设计、抗震计算和构造措施。所谓概念设计是指根据地震灾害和工程经验等所形成的基本设计原则和设计思想，进行建筑和结构的总体布置并确定细部构造的过程。概念设计在总体上把握抗震设计的基本原则；抗震计算为建筑抗震设计提供定量手段；构造措施则可以在保证结构整体性、加强局部薄弱环节等意义上保证抗震计算结果的有效性。在抗震设计中，上述三个层次的内容是一个不可割裂的整体，忽略任何一部分，都可能造成抗震设计的失败。

20 世纪 70 年代以来，人们在总结大震灾害经验中发现，概念设计往往比计算设计更为重要。这主要是由于地震及地震效应的随机性和复杂性，以及计算模型与实际情况的差异，使得地震时造成建筑破坏的程度很难准确预测。因此，要进行精确的抗震计算是困难的。结构的抗震性能在更大程度上取决于良好的“概念设计”，一般主要包括以下几个内容：注意场地选择和地基基础设计，把握建筑结构的规则性，选择合理抗震结构体系，合理利用结构延性，重视非结构因素，确保材料和施工质量。

本章小结

《建筑结构可靠度设计统一标准》(GB 50068—2001)和《建筑结构荷载规范》(GB 50009—2012)是混凝土结构设计应遵守的基本原则。本章结合《混凝土结构设计规范》(GB 50010—2010),介绍了结构极限状态的基本概念、近似概率的极限状态设计法及其极限状态实用设计表达式。最后介绍了地震的基本概念,地震的破坏作用;地表破坏和建筑物的破坏以及地震引起的次生灾害;建筑抗震设防分类和设防标准;概念设计、抗震计算和构造措施。

本章要求学生掌握工程结构极限状态的基本概念,包括结构的作用、对结构的功能要求、设计基准期、两类极限状态等;了解结构可靠度的基本原理;熟悉近似概率极限状态设计法在混凝土结构设计中的应用。

复习思考题

1. 什么是结构上的作用?它们如何分类?

2. 结构可靠性的含义是什么?它包含哪些功能要求?

3. 什么是结构的极限状态?结构的极限状态分为几类?其含义各是什么?

4. 什么叫结构可靠度和结构可靠指标?《建筑结构设计统一标准》(GB 50068—2001)对结构可靠度是如何定义的?

5. 材料强度的设计值与标准值有什么关系?荷载强度的设计值和标准值有什么关系?

6. 我国《建筑结构荷载规范》(GB 50009—2012)规定的承载能力极限状态表达式采用了何种形式?说明式中各符号的物理意义及荷载效应基本组合的取值原则,式中的可靠指标体现在何处?

7. 何谓荷载效应的基本组合、标准组合、频遇组合和准永久组合?分别写出其设计表达式。

第 3 章　钢筋混凝土材料的物理力学性能

3.1　钢筋混凝土结构的一般概念

3.1.1　混凝土结构的一般概念

混凝土是由胶凝材料、粗骨料(石子)、细骨料(砂子)、水和外加剂等其他材料，按适当比例配制，经拌和、养护硬化而成的具有一定强度的人工石材，因此也被称为“混凝土”。胶凝材料包括水泥、石灰、水玻璃、粉煤灰、矿粉和硅灰等，但目前土木工程中使用最为广泛的是以水泥为胶凝材料的混凝土。

混凝土结构是以混凝土为主要材料制成的结构，包括素混凝土结构、钢筋混凝土结构和预应力混凝土结构等。素混凝土结构是由无筋或不配制受力钢筋的混凝土制成的结构，主要用于承受压力而不承受拉力，如基础、支墩、挡土墙、堤坝、地坪、路面、机场跑道以及一些非承重结构。钢筋混凝土结构是由配置受力的普通钢筋、钢筋网或钢筋骨架的混凝土制成的结构。钢筋混凝土结构适用于各种受压、受拉、受弯和受扭的结构，如各种桁架、梁、板、柱、墙、拱、壳等。预应力混凝土结构是由配置受力的预应力钢筋通过张拉或其他方法建立预加应力的混凝土制成的结构。预应力混凝土结构的应用范围和钢筋混凝土结构相似，但由于预应力混凝土结构具有抗裂性好、刚度大和强度高的特点，特别适宜用于一些跨度大、荷载重以及有抗裂抗渗要求的结构。

钢筋混凝土结构是目前土木工程中使用最为广泛的结构形式，由钢筋和混凝土两种力学性能极不相同的材料组成。钢筋的抗拉和抗压强度都很高，混凝土的抗压强度较高而抗拉强度却很低。钢筋混凝土结构就是把钢筋和混凝土通过合理的方式组合在一起，使钢筋主要承受拉力，混凝土主要承受压力，充分发挥两种材料的性能优势，从而使所设计的工程结构既安全可靠又经济合理。

图 3-1a)、b)所示分别为尺寸和混凝土强度均相同的两根梁，唯一的区别是:图 3-1a)所示的梁内没有配筋，为素混凝土梁;图 3-1b)所示的梁下部配有纵向受力钢筋，为钢筋混凝土梁。

图 3-1a)所示的素混凝土梁在外荷载作用下，梁截面上部受压，下部受拉，当梁跨中截面下边缘的混凝土达到抗拉强度时，该部位开裂，梁就突然断裂，属没有预兆的脆性破坏，同时由于混凝土的抗拉强度很低，所以梁破坏时的变形和外荷载均很小。为改变这种情况，在梁的受拉区域配制适量的钢筋形成钢筋混凝土梁，如图 3-1b)所示，在荷载作用下钢筋混凝土梁同样是跨中截面下边缘的混凝土首先开裂，但此时开裂截面原来由混凝土承担的拉力变成由钢筋承担，同时由于钢筋的强度和弹性模量均很大，因此梁还能继续承受外荷载，直到受拉钢筋屈服，

受压区混凝土压碎，梁才破坏。可见钢筋混凝土梁不仅破坏时能承受较大的外荷载，而且钢筋的抗拉强度和混凝土的抗压强度都得到充分利用，破坏前的变形大，有明显的预兆，属延性破坏。图 3-1c)给出了素混凝土梁和钢筋混凝土梁跨中截面的弯矩 M 与截面曲率 φ 的关系曲线，可见钢筋混凝土梁的承受能力和变形能力比素混凝土梁有很大的提高。

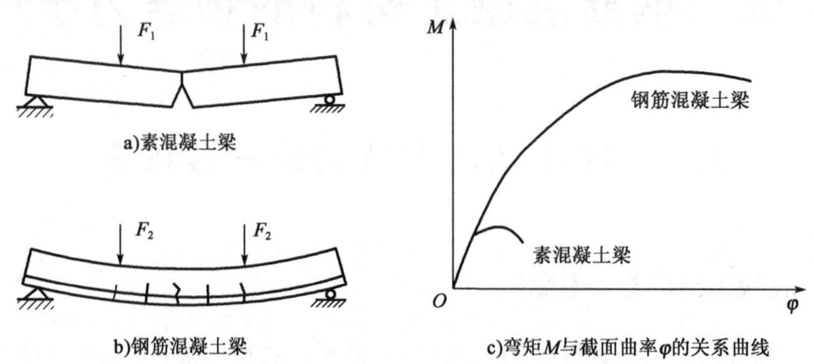

图 3-1　素混凝土梁与钢筋混凝土梁的受力破坏比较

另外，由于钢筋的抗压强度也很高，在混凝土中由于克服了稳定性问题，故在受压区中也能发挥很好的作用，例如钢筋混凝土柱中的钢筋就能承受较大的压力。

在外荷载作用下或温度变化时，钢筋混凝土构件应保证钢筋与混凝土能够协调工作。它们能够结合在一起共同工作的基础主要基于以下三点：

(1)混凝土硬化后，钢筋与混凝土之间存在良好的黏结力，该黏结力使得钢筋混凝土结构中的钢筋和混凝土在外荷载作用下变形协调，共同工作。

(2)钢筋与混凝土两种材料的温度线膨胀系数接近，钢筋为 1.2×10^{-5}/℃，混凝土为 $(1.0\sim1.5)\times10^{-5}$/℃。因此，钢筋与混凝土之间的黏结不会因为温度变化产生较大的相对变形而破坏。

(3)混凝土对埋置于其内的钢筋起到保护作用。混凝土的碱性环境使钢筋不易锈蚀；周围的混凝土不仅有助于固定钢筋的位置，而且在遭遇火灾时不会因钢筋很快软化而导致结构破坏。因此钢筋混凝土结构中的钢筋表面须有一定厚度的混凝土作保护层。

3.1.2　混凝土结构的主要优缺点

钢筋混凝土结构除具有良好的共同工作性能外，还具有如下优点：

合理用材：钢筋混凝土结构合理地利用了钢筋和混凝土两种不同材料的受力性能，使混凝土和钢筋的强度均得到了充分的发挥，特别是现代预应力混凝土应用以后，在更大的范围内取代钢结构，降低了工程造价。

耐久性好：与钢结构相比钢筋混凝土结构有较好的耐久性，它不需要经常地保养与维护，在钢筋混凝土结构中，钢筋被混凝土包裹而不致锈蚀，另外混凝土的强度还会随时间增长而略有提高，故钢筋混凝土有较好的耐久性。对于在有侵蚀介质存在的环境中工作的钢筋混凝土结构，可根据侵蚀的性质合理地选用不同品种的水泥，可达到提高耐久性的目的。一般，火山灰水泥和矿渣水泥抗硫酸盐侵蚀的能力很强，可在有硫酸盐腐蚀的环境中使用；另外矿渣水泥抗碱腐蚀的能力也很强，则可用于碱腐蚀的环境中。

耐火性好：相对钢结构和木结构而言，钢筋混凝土结构具有较好的耐火性。在钢筋混凝土结构中，由于钢筋被包裹在混凝土里面而受到保护，火灾时钢筋不至于很快达到流塑状态使结构整体破坏。

整体性好：相对砌体结构而言，钢筋混凝土结构具有较好的整体性，适用于抗震、抗暴结构。另外钢筋混凝土结构刚度大，受力后变形小。

容易取材：混凝土所用的砂石可就地取材，另外还可以将工业废料如矿渣、粉煤灰用于混凝土当中。

具有可模性：可根据建筑、结构等方面的要求将钢筋混凝土结构浇筑成各种形状和尺寸。

由于钢筋混凝土结构具有上述诸多优点，因此现在成为建筑、道路桥梁、机场、码头和核电站等工程中应用最广的工程材料。

当然，混凝土结构也有缺点，主要如下：

结构自重大：混凝土和钢筋混凝土结构的重力密度一般为 $23kN/m^3$ 和 $25kN/m^3$，由于钢筋混凝土结构截面尺寸大，所以对大跨度结构、高层抗震结构都是不利的。应发展高强高性能混凝土、预应力混凝土以减小钢筋混凝土结构截面尺寸，采用轻骨料混凝土以减轻结构自重。

抗裂性能差：混凝土抗拉强度很低，一般构件都有拉应力存在，配置钢筋以后虽然可以提高构件的承载力，但抗裂能力提高很少，因此在使用阶段构件一般是带裂缝工作的，这对构件的刚度和耐久性都带来不利的影响。施加预应力可克服或改善此缺点。

费工费模：现浇的钢筋混凝土结构费工时较多，且施工受季节气候条件的限制。模板耗费量大，若采用木模，则需消耗大量的木材。目前大多采用工具式钢模，效果较好。

3.1.3 混凝土结构的发展应用及展望

混凝土结构在 19 世纪初期开始得到应用，它与石、砖、木、钢结构相比是相当年轻的，但是在这短短的 100 多年中，作为一种土木工程材料，在土木工程各个领域取得了飞速的发展和广泛的应用。到 1910 年，德国混凝土委员会、奥地利混凝土委员会、美国混凝土学会、英国混凝土学会等相继建立，从而促进了混凝土理论和应用的明显进步。到 1920 年就已先后建造了许多混凝土建筑物、桥梁和液体容器，开始进入直线形和圆形预应力钢筋混凝土结构的新时代。

1824 年发明了波特兰水泥，此后大约在 19 世纪 50 年代，钢筋混凝土开始被用来建造各种简单的楼板、柱、基础等。随着生产的需要，促进了人们对钢筋混凝土性能的实验，开展计算理论的探讨和施工方法的改进。进入 20 世纪以后，钢筋混凝土结构有了较快的发展，许多国家陆续建造了一些建筑、桥梁、码头和堤坝。20 世纪 30 年代，钢筋混凝土开始应用于空间结构，如薄壳、折板，期间预应力混凝土结构也得到了广泛的研究与应用。第二次世界大战以后，重建城市的任务十分繁重，必须加快建设速度，于是加快了钢筋混凝土结构工业化施工方法的发展，工厂生产的预制构件也得到了较广泛的应用，由于混凝土和钢筋材料强度不断提高，钢筋混凝土结构和预应力混凝土结构的应用范围也在不断向大跨和高层方向发展。目前，钢筋混凝土结构和预应力混凝土结构已应用到土木工程的各个领域，成了一种主要的土木工程结构。

从计算理论上看，最初混凝土结构的内力计算和截面承载力设计都是按照弹性方法进行的。到了20世纪30年代,截面设计方法由弹性计算法改进为按破损阶段计算法。到50年代,随着对钢筋混凝土的进一步研究和生产经验的积累,以及将数理统计方法应用于结构设计中,于是出现了极限状态设计法。

我国在20世纪50年代初期,钢筋混凝土的计算理论由基于材料弹性的允许应力法过渡到考虑材料塑性的按破损阶段设计法。随着科学研究的深入和经验的积累,于1966年颁布了按多系数极限状态计算的设计规范《钢筋混凝土结构设计规范》(BJG 21—1966)。1970年起又提出了单一安全系数极限状态设计法,并于1974年正式颁布了《钢筋混凝土结构设计规范》(TJ 10—1974),1991年我国又颁布了基于近似全概率的可靠度极限状态设计理念的国家规范《混凝土结构设计规范》(GBJ 11—1989),2010年颁布全面修改后的《混凝土结构设计规范》(GB 50010—2010)

目前钢筋混凝土结构应用已经到了一个较高的水平,工程实践、理论研究和新材料的应用都有了较快的发展。钢筋和混凝土均向高强度发展,工程上已大量使用C80～C100强度等级的混凝土,而试验室配置出的混凝土最高强度已达266N/mm^2。预应力钢筋趋向于采用高强度、大直径、低松弛钢材,如热轧钢筋的屈服强度达到600～900N/mm^2。为了减轻结构自重,各国都在发展各种轻质混凝土,如加气混凝土、陶粒混凝土等,其重力密度一般为14～18kN/m^3,强度可达50N/mm^2。为了改善混凝土的工作性能,国内外正在研究和应用在混凝土中加入掺合料以满足各种工程的特定要求,如纤维混凝土、聚合物混凝土等。

在工程实践方面,国外在建筑工业化方面发展较快,已从一般的构件标准设计向工业化建筑体系发展。推广梁板合一、墙柱合一的结构,如盒子结构体系、大型壁板体系等。工程应用上,目前美国芝加哥水塔广场大厦是世界上最高的混凝土结构建筑,76层、总高262m;我国广州国际大厦是目前最高的普通混凝土结构建筑,62层(地下2层),总高197.2m;休斯敦贝壳广场大厦是世界的轻混凝土结构最高建筑,52层,总高215m;另外,德国修建的预应力轻骨料混凝土飞机库屋盖结构跨度达90m;日本滨名大桥,其预应力混凝土箱形截面梁跨度超过240m;俄罗斯和加拿大分别建成了533m及549m高的预应力混凝土电视塔。钢筋混凝土结构设计和施工水平的发展日新月异。

目前,钢管混凝土结构、钢骨混凝土结构和钢—混凝土组合结构的应用更加开拓了混凝土的使用范围。美国混凝土学会设想,在近期使混凝土的性质获得飞跃式发展,把混凝土的拉、压强度比从目前的1/10提高到1/2,兼具早强、收缩徐变小的特性。同时还预言,未来将会建造600～900m高的钢筋混凝土建筑,跨度达500～600m的钢筋混凝土桥梁,以及钢筋混凝土海上浮动城市、海底城市、地下城市等。

3.2 钢筋的主要力学性能

混凝土结构由钢筋和混凝土组成,而组成材料的力学性能截然不同,由于混凝土的抗拉强度很低,容易开裂,在结构的受拉部位配置钢筋,就能有效地利用钢筋较高的抗拉强度以及混凝土较高的抗压强度。为了合理进行混凝土结构设计,需要深入了解混凝土结构及其组成材料的受力性能,对混凝土和钢筋的力学性能、相互作用和共同工作的了解,是掌握混凝土构件性能、分析设计的基础。

3.2.1 钢筋的强度和变形

钢筋的强度与变形可通过拉伸试验曲线 σ-ε 关系说明，有的钢筋有明显流幅（见图 3-2）；有的钢筋没有明显的流幅（见图 3-3）。一般的混凝土构件常用有明显流幅的钢筋，没有明显流幅的钢筋主要用在预应力混凝土构件上。

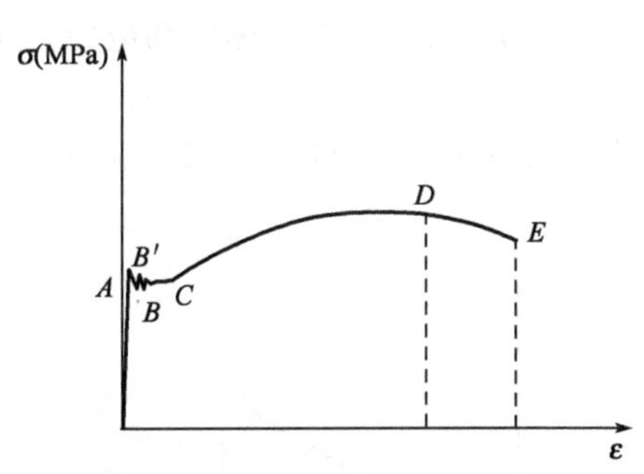

图 3-2　有明显流幅钢筋的 σ-ε 曲线

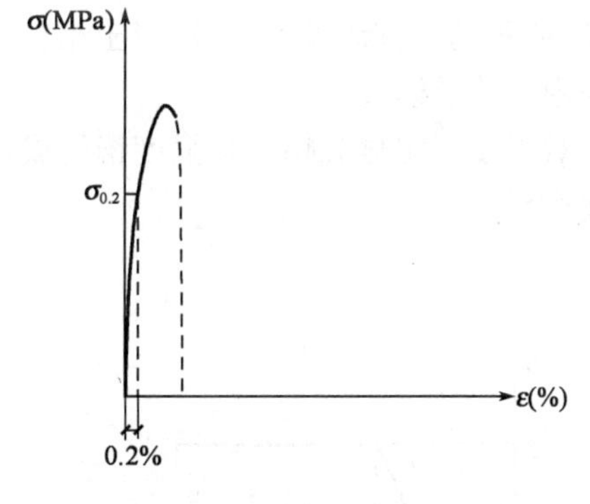

图 3-3　无明显流幅钢筋的 σ-ε 曲线

图 3-2 所示为有明显流幅的典型拉伸应力—应变关系曲线（σ-ε 曲线）。A 点以前 σ 与 ε 成线性关系，AB' 段是弹塑性阶段，一般认为 B' 点以前应力和应变接近为线性关系，B' 点是不稳定的（称为屈服上限）。B' 点以后曲线降到 B 点（称为屈服下限），这时相应的应力称为屈服强度。在 B 点以后应力不增加而应变急剧增长，钢筋经过较大的应变到达 C 点，一般 HPB 235（Ⅰ级）钢的 C 点应变是 B 点应变的十几倍。过 C 点后钢筋应力又继续上升，但钢筋变形明显增大，钢筋进入强化阶段。钢筋应力达到最高应力 D 点，D 点相应的峰值应力称为钢筋的极限抗拉强度。D 点以后钢筋发生颈缩现象，应力开始下降，应变增加，到达 E 点时钢筋被拉断。E 点相对应的钢筋平均应变 δ 称为钢筋的延伸率。

有明显流幅钢筋的受压性能通常是用短粗钢筋试件在试验机上测定的。应力未超过屈服强度以前应力应变关系与受拉时基本相重合，屈服强度与受拉时基本相同。在达到屈服强度后，受压钢筋也将在压应力不增长情况下产生明显的塑性压缩，然后进入强化阶段。这时试件将越压越短并产生明显的横向膨胀，试件被压得很扁也不会发生材料破坏，因此很难测得极限抗压强度。所以，一般只做拉伸试验而不做压缩试验。

从图 3-2 的 σ-ε 关系曲线中可以得出三个重要参数：屈服强度 f_y、抗拉强度 f_u 和延伸率 δ。在钢筋混凝土构件设计计算时，对有明显流幅的钢筋，一般取屈服强度作为钢筋强度的设计依据，这是因为钢筋应力达到屈服后将产生很大的塑性变形，卸载后塑性变形不可恢复，使钢筋混凝土构件产生很大变形和不可闭合的裂缝。设计上一般不用抗拉强度 f_u 这一指标，抗拉强度 f_u 可度量钢筋的强度储备。延伸率 δ 反映了钢筋拉断前的变形能力，它是衡量钢筋塑性的一个重要指标，延伸率 δ 大的钢筋在拉断前变形明显，构件破坏前有足够的预兆，属于延性破坏；延伸率 δ 小的钢筋拉断前没有预兆，具有脆性破坏的特征。

没有明显流幅的拉伸钢筋 σ-ε 曲线如图 3-3 所示。当应力很小时，具有理想弹性性质；应

力超过 $\sigma_{0.2}$ 之后钢筋表现出明显的塑性性质，直到材料破坏时曲线上没有明显的流幅，破坏时它的塑性变形比有明显流幅钢筋的塑性变形要小得多。对无明显流幅钢筋，在设计时一般取残余应变的 0.2%相对应的应力 $\sigma_{0.2}$ 作为假定的屈服点，称为"条件屈服强度"。由于 $\sigma_{0.2}$ 不易测定，故极限抗拉强度就作为钢筋检验的唯一强度指标，$\sigma_{0.2}$ 为极限抗拉强度的 0.8 倍。

钢筋应力—应变关系的数学模型。为了便于结构设计和进行理论分析，需对 σ-ε 曲线加以适当简化，对不同性能的钢筋建立与拉伸试验应力应变关系尽量吻合的模型曲线。

对于有明显流幅的钢筋，由于有较长的屈服平台，所以其 σ-ε 曲线的数学模型经常采用图 3-4所示的双直线模型。《混凝土结构设计规范》(GB 50010—2010)对普通钢筋应力—应变即采用该数学模型。

对于没有明显流幅的高强度钢筋或钢丝，其 σ-ε 曲线的数学模型通常采用图 3-5 所示的双斜线模型。

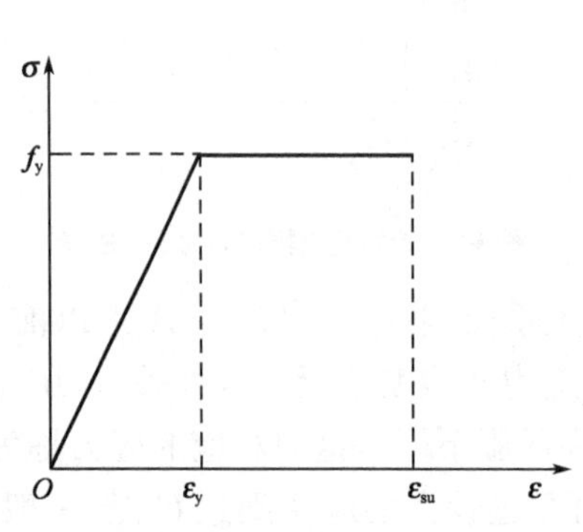

3-4 钢筋应力—应变关系的理想弹塑性模型

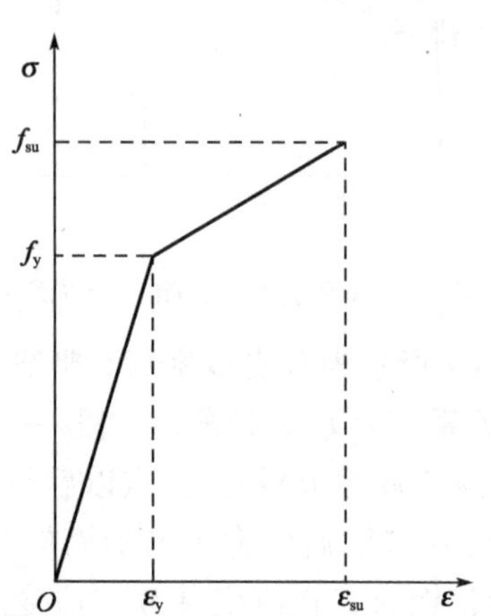

图 3-5 钢筋应力—应变关系的双斜线模型

3.2.2 钢筋的品种与级别

目前我国用于混凝土结构的钢筋主要有：热轧钢筋、冷拉钢筋、冷轧带肋钢筋、碳素钢丝、刻痕钢丝、钢绞线和冷拔低碳钢丝。非热轧钢筋主要用于预应力混凝土结构。目前我国生产的热轧钢筋分为 HPB300 级、HRB335 级、HRB400 级和 HRB500 级。HPB300 级钢筋属低碳钢筋，强度低，外形为光面钢筋，它与混凝土黏结强度较低，主要用作板的受力钢筋，梁、柱的箍筋及构造钢筋。HRB335 级、HRB400 级和 HRB500 级钢筋均为合金钢，外形为月牙纹钢筋(见图 3-6)，变形钢筋由于表面凹凸不平，与混凝土有较好的机械咬合作用，具有较高的黏结强度。

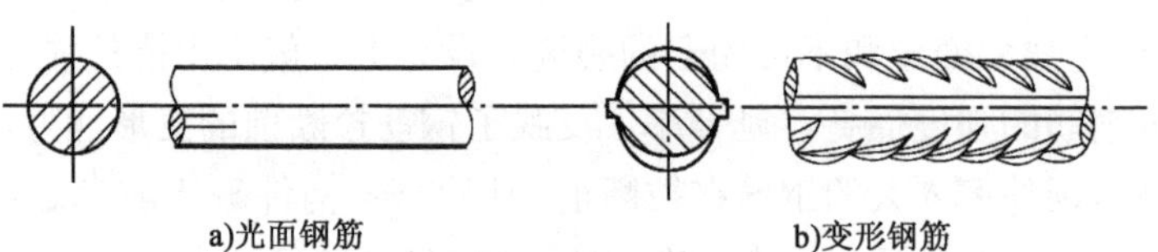

a)光面钢筋　　b)变形钢筋

图 3-6 光面钢筋和变形钢筋

HRB335 级、HRB400 级和 HRB500 级钢筋一般用作普通混凝土结构中的受力钢筋和预应力混凝土结构中的非预应力钢筋。

按照钢筋的直径大小,可分为钢筋和钢丝。常用钢筋直径(mm):6、8、10、12、14、16、18、20、22 和 25,光面钢筋的截面面积按直径计算,变形钢筋根据标称直径按圆面积计算确定。钢丝常用的直径有 2.5mm、3mm、4mm 和 5mm 等几种,预应力混凝土构件可采用较细的钢丝组成的钢绞线。目前常用热轧钢筋有盘圆钢筋(直径 6mm、8mm)和单根钢筋(直径 10mm 或更粗的钢筋)。

非热轧钢筋由强度的大小来决定它的用途,较高强度的钢筋常用于预应力混凝土构件的预应力钢筋,一般强度的钢筋用作普遍混凝土的受力钢筋或构造钢筋。

3.2.3 钢筋的冷拉和冷拔

为了提高钢筋的强度,节约钢材,可对钢筋进行冷加工。冷拉和冷拔是钢筋冷加工的常用方法。

(1)冷拉

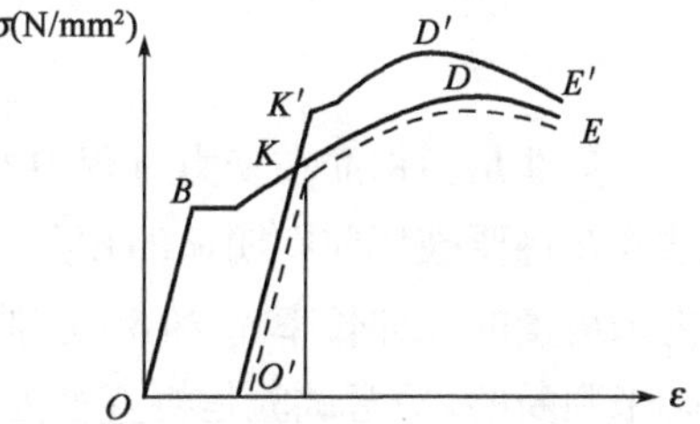

图 3-7 钢筋冷拉后的拉伸 σ-ε 曲线

冷拉是将热轧钢筋的冷拉应力值先超过屈服强度,如图 3-7 所示的 K 点。然后卸载,在卸载过程中,σ-ε 曲线沿着直线 KO'($KO' /\!/ BO$)回到点 O',这时钢筋产生残余变形 OO'。如果立即重新张拉,σ-ε 曲线将沿着$O'KDE$变化,这时拉伸曲线将沿 $O'KE$。如果停留一段时间后再进行张拉,则 σ-ε 曲线沿着$O'KK'D'E'$变化,屈服点从 K 提高到 K'点,这种现象称为时效硬化。温度对时效硬化影响很大,例如 HPB300 级钢在常温情况下 20d 完成时效硬化,若温度为 100℃时仅需 2h 完成时效硬化,但如继续加温可能得到相反的效果。为了使钢筋冷拉时效后,既能显著提高强度,又使钢材具有一定的塑性,应合理选择张拉控制点 K,K 点相对应的应力称为冷拉控制应力,K 点相对应的应变称为冷拉率。冷拉工艺分为控制应力和控制应变(冷拉率)两种方法。

需要注意的是:对钢筋进行冷拉只能提高它的抗拉屈服强度,不能提高它的抗压屈服强度。

(2)冷拔

冷拔是把热轧光面钢筋用强力拉过比钢筋直径还小的拔丝模孔,迫使钢筋截面减小、长度增大,使内部组织结构发生变化,强度大为提高,但脆性增加。钢筋一般需要经过多次冷拔,逐渐减小直径、提高强度,才能成为强度明显高于母材的钢丝。图 3-8 所示钢筋冷拔受拉的 σ-ε 曲线,经冷拔后的钢丝没有明显的屈服点,它的屈服强度一般取条件屈服强度 $\sigma_{0.2}$。

冷拔既可以提高钢筋的抗拉强度,也可以提高其抗压强度。

3.2.4 钢筋的选择

1.强度

强度是指钢筋的屈服强度和抗拉强度。屈服强度 f_y 是设计计算的主要依据,对无明显屈服点的钢筋的屈服强度取条件屈服强度 $\sigma_{0.2}$。采用高强度钢筋可以节约钢材,取得较好的经济效果。抗拉强度 f_u 不是设计强度依据,但它也是一项强度指标,抗拉强度愈高,钢筋的强度储备越大，反之则强度储备越小。提高使用钢筋强度的方法，除采用市场上有供给的较高强度钢筋外，还可以对钢筋进行冷加工获得较高强度钢筋，但应保证一定的强屈比(抗拉强度与屈服强度之比)，使结构有一定的可靠性潜力。

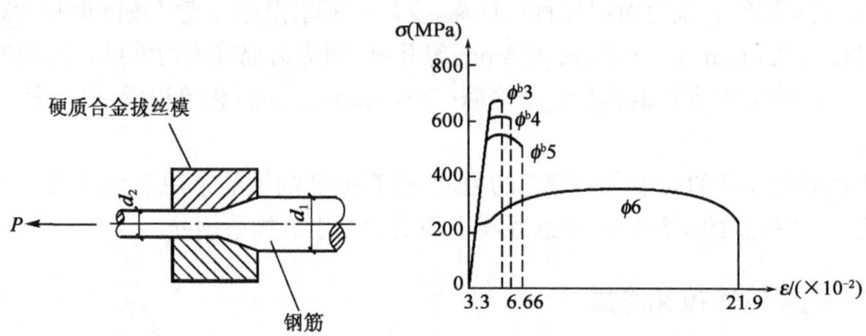

图 3-8　钢筋的冷拔

2. 塑性

塑性是指钢筋在受力过程中的变形能力，混凝土结构要求钢筋在断裂前有足够的变形，使结构在将要破坏前有明显的预兆。塑性指标是要求伸长率 δ_5(或 δ_{10})满足要求和冷弯性能合格来衡量的。伸长率 δ_5 和 δ_{10} 分别表示标距 $L=5d$ 和 $L=10d$ 的伸长率；冷弯性能是以冷弯试验来判断的，冷弯试验是将直径为 d 的钢筋绕直径为 D 的钢辊，弯成一定角度而不发生断裂就表示合格。钢筋的 f_y、f_u、δ_5(或 δ_{10})和冷弯性能是施工单位验收钢筋是否合格的四个主要指标。

3. 可焊性

在一定的工艺条件下要求钢筋焊接后不产生裂纹及过大的变形，保证钢筋焊接后的接头性能良好。对于冷拉钢筋的焊接，应先焊接好以后再进行冷拉，这样可以避免高温使冷拉钢筋软化，丧失冷拉作用。

4. 与混凝土的黏结力

钢筋与混凝土的黏结力是保证钢筋混凝土构件在使用过程中，钢筋和混凝土能共同变形的主要原因。钢筋的表面形状及粗糙程度对黏结力有重要的影响。

另外，在寒冷地区，为了避免钢筋发生低温冷脆破坏，对钢筋的低温性能也有一定要求。

3.3　混凝土的主要力学性能

3.3.1　混凝土的强度

在实际工程中，单向受力构件是极少见的，一般均处于复合应力状态，复合应力作用下混凝土的强度应引起足够的重视，然而，复合应力作用下混凝土的强度试验需要复杂的设备，理论分析也较难，还处于研究之中。研究复合应力作用下混凝土的强度必须以单向应力作用下的强度为基础，因此，单向受力状态下混凝土的强度指标就很重要，它是结构构件分析、建立强度理论公式的重要依据。

混凝土的强度与水泥强度等级、水灰比、集料品种、混凝土配合比、硬化条件和龄期等有很大关系。在试验室还因试件的尺寸及形状、试验方法和加载时间的不同，所测得的强度也不同。

1. 混凝土的抗压强度

(1)立方体抗压强度 f_{cu}

我国采用边长为 150mm 的立方体作为混凝土抗压强度的标准尺寸试件，并以立方体抗压强度作为混凝土各种力学指标的代表值。《混凝土结构设计规范》(GB 50010—2010)规定以边长为 150mm 的立方体在 20±3℃的温度和相对湿度在 90%以上的潮湿空气中养护 28d，依照标准试验方法测得的具有 95%保证率的抗压强度(以 N/mm^2 计)作为混凝土的强度等级，并用符号 f_{cu}表示。

试验方法对混凝土的强度有较大影响，试件在试验机上受压时，纵向要压缩，横向要膨胀，由于混凝土与压力机垫板弹性模量与横向变形的差异，压力机垫板的横向变形明显小于混凝土的横向变形。当试件承压接触面上不涂润滑剂时，混凝土的横向变形受到摩擦力的约束，形成“箍套”的作用。在“箍套”的作用下，试件与垫板的接触面局部混凝土处于三向受压应力状态，试件破坏时形成两个对顶的角锥形破坏面，如图 3-9a)所示。如果在试件承压面上涂一些润滑剂，这时试件与压力机垫板间的摩擦力大大减小，试件沿着力的作用方向平行地产生几条裂缝而破坏，所测得的抗压极限强度较低，如图 3-9b)所示。规范规定的标准试验方法是不加润滑剂。

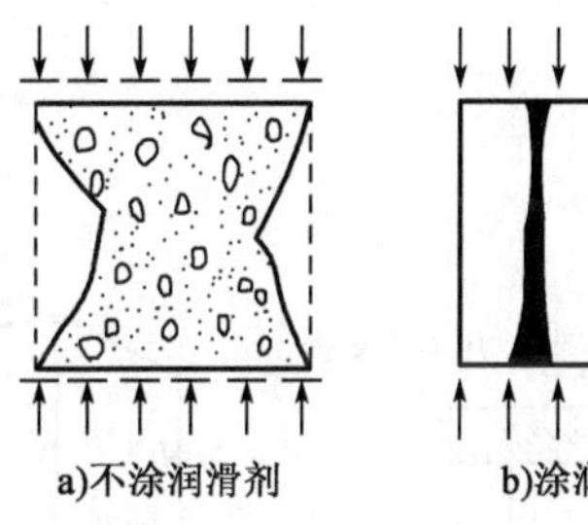

图 3-9 混凝土立方体的破坏情况

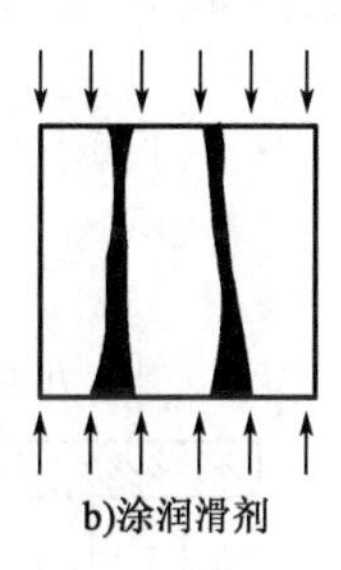

试件尺寸对混凝土也有影响。试验结果证明，立方体尺寸越小则试验测出的抗压强度越高，这个现象称为尺寸效应。对此现象有多种不同的分析原因和理论解释，但还没有得出一致的结论。一种观点认为是材料自身的原因，认为与试件内部缺陷(裂纹)的分布，粗、细粒径的大小和分布，材料内摩擦角的不同和分布，试件表面与内部硬化程度有差异等因素有关；另一种观点认为是试验方法的原因，认为与试块受压面与试验机之间摩擦力分布(四周较大，中央较小)、试验机垫板刚度有关。

在试验研究中也采用 100mm 和 200mm 的立方体试件。用这两种尺寸试件测得的强度与用 150mm 立方体标准试件测得的强度有一定差距，这归结于尺寸效应的影响。所以非标准试件强度乘以一个换算系数后，就可变成标准试件强度。根据大量实测数据，规范规定，如采用 200mm 或 100mm 的立方体试块时，其换算系数分别取 1.05 和 0.95。

混凝土试验时加载速度对立方体抗压强度也有影响，加载速度越快，测得的强度越高。通常规定加载速度为：混凝土的强度等级低于 C30 时，取每秒增量 0.3～0.5N/mm^2；混凝土的强度等级高于或等于 C30 时，取每秒增量 0.5～0.8N/mm^2。

随着试验时混凝土龄期的增长，混凝土的极限抗压强度逐渐增大，开始时强度增长速度较快，然后逐渐减缓，这个强度增长的过程往往要延续几年，在潮湿环境中延续的增长时间更长。

(2)轴心抗压强度 f_c

由于实际结构和构件往往不是立方体，而是棱柱体，所以用棱柱体试件比立方体试件能更好地反映混凝土的实际抗压能力。试验证实，轴心抗压钢筋混凝土短柱中的混凝土抗压强度基本上和棱柱体抗压强度相同。可以用棱柱体测得的抗压强度作为轴心抗压强度，又称为棱柱体抗压强度，用 f_c 表示。棱柱体的抗压试验及试件破坏情况如图 3-10 所示。

棱柱体试件是在与立方体试件相同的条件下制作的，试件承压面不涂润滑剂且高度比立方体试件高，因而受压时试件中部横向变形不受端部摩擦力的约束，代表了混凝土处于单项全截面均匀受压的应力状态。试验量测到 f_c 值比 f_{cu} 值小，并且棱柱体试件高宽比(即 h/b)越大，它的强度越小。我国采用 150mm×150mm×300mm 棱柱体作为轴心抗压强度的标准试件，如确有必要，也可采用非标准试件，但要考虑换算系数的问题。

根据我国近年来所作的棱柱体与立方体试件的抗压强度对比试验，可得图 3-11 的结果，试验资料得出 f_c 值与 f_{cu} 值的统计平均值关系为：

$$f_c = 0.76 f_{cu} \tag{3-1}$$

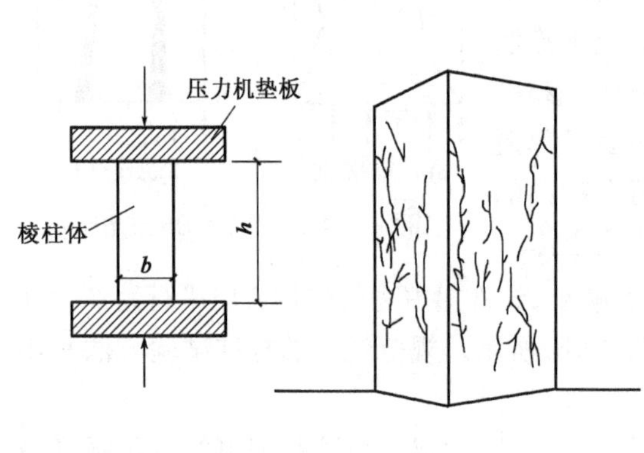

图 3-10 混凝土棱柱体抗压试验

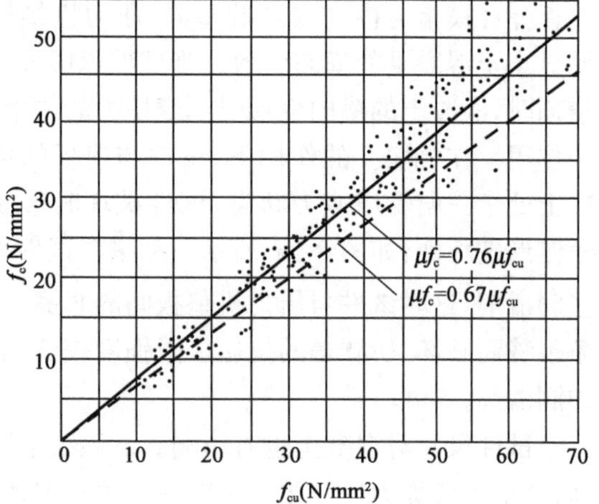

图 3-11 混凝土的棱柱体与立方体抗压强度关系

考虑到结构试件与试件制作及养护条件的差异，尺寸效应以及加荷速度等因素的影响，根据过去的设计经验，规范取：

$$f_c = 0.67 f_{cu} \tag{3-2}$$

在国外有一些国家采用圆柱体试件，如日本、美国采用 ϕ6in×12in(ϕ150mm×300mm)的圆柱体试件，测得的圆柱体抗压强度用 f'_c 表示，f'_c 与 f_{cu} 的换算关系大致为：

$$f'_c = 0.79 f_{cu} \tag{3-3}$$

2. 混凝土的抗拉强度 f_t

混凝土的抗拉强度 f_t 比抗压强度低得多，一般只有抗压强度的 5%～10%，f_{cu} 越大，

f_t/f_{cu}值越小，混凝土的抗拉强度取决于水泥石的强度和水泥石与骨料的黏接强度。采用表面粗糙的骨料及较好的养护条件可提高 f_t。

轴心抗拉强度是混凝土的基本力学性能，也可间接地衡量混凝土的其他力学性能，如混凝土的抗冲切强度。

轴心抗拉强度可采用如图 3-12a)所示的试验方法，试件尺寸为 100mm×100mm×500mm 的柱体，两端埋有伸出长度为 150mm 的变形钢筋(d=16mm)，钢筋位于试件轴线上。试验机夹紧两端伸出的钢筋，对试件施加拉力，破坏时裂缝产生在试件的中部，试件的平均破坏应力为轴心抗拉强度 f_t。

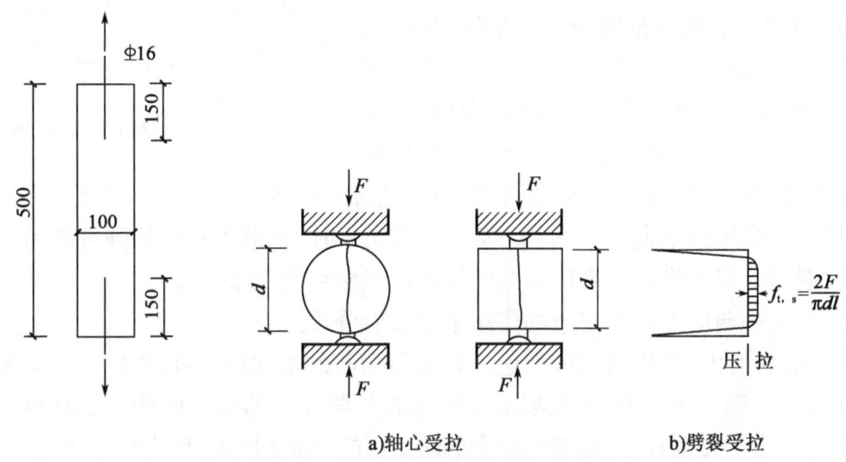

图 3-12 混凝土抗拉强度试验[1]

由试验得到轴心抗拉强度平均值与立方体抗压强度的平均值的经验公式为：

$$f_t = 0.26 f_{cu}^{2/3} \tag{3-4}$$

考虑到构件与试件的差别、尺寸效应和加荷速度等因素，规范取：

$$f_t = 0.23 f_{cu}^{2/3} \tag{3-5}$$

在测定混凝土抗拉强度时，上述试验方法是相当困难的。故国内外多采用立方体或圆柱体劈拉试验测定混凝土的抗拉强度，如图 3-12b)所示。在立方体或圆柱体上的垫条施加一条压力线荷载，这样试件中间垂直截面除加力点附近很小的范围外，有均匀分布的水平拉应力。当拉应力达到混凝土的抗拉强度时，试件被劈成两半。根据弹性理论，劈裂抗拉强度 $f_{t,s}$可按下式计算：

$$f_{t,s} = \frac{2F}{\pi dl} \tag{3-6}$$

式中：F——破坏荷载；

d——圆柱直径或立方体边长；

l——圆柱体长度或立方体边长。

根据我国近年来 100mm 立方体劈拉试验的试验结果，$f_{t,s}$与 f_{cu}与的试验关系如下：

$$f_{t,s} = 0.19 f_{cu}^{3/4} \tag{3-7}$$

[1]本书尺寸单位除标注外，均为 mm。

3. 混凝土在复合应力作用下的强度

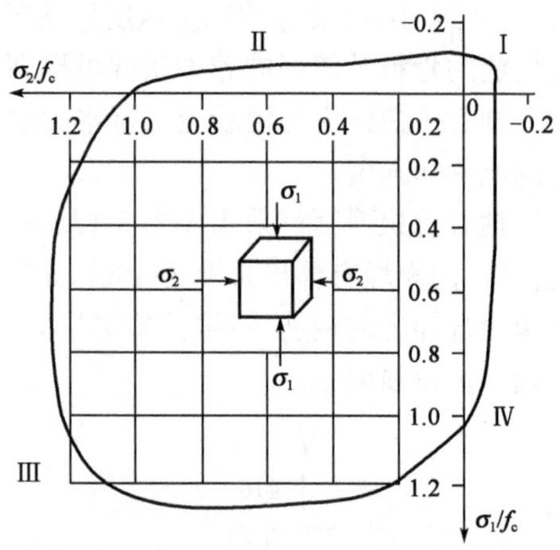

图 3-13　混凝土双向受力强度

混凝土结构和构件通常受到轴力、弯矩、剪力和扭矩的不同组合作用，混凝土很少处于理想的单向受力状态，而更多的是处于双向或三向受力状态，分析混凝土在复合应力作用下的强度就很有必要。

(1)混凝土的双向受力强度

图 3-13 为混凝土方形薄板试件的双向受力试验结果。在板平面内受到法向应力 σ_1 及 σ_2 的作用，另一方向法向应力为 0。第一象限为双向受拉情况，无论应力比值 σ_1/σ_2 如何，σ_1、σ_2 影响不大，双向受拉强度均接近于单向受拉强度。第二、四象限为拉、压应力状态，在这种情况下，混凝土强度均低于单向拉伸或压缩的强度，即双向异号应力使强度降低，这一现象符合混凝土的破坏机理。在第三象限为双向受压区，最大受压强度发生在 σ_1/σ_2 等于 2 或 0.5 时，大致上一向的强度随另一向的压力增加而增加，混凝土双向受压强度比单向受压强度最多可提高 27%。

(2)混凝土在法向应力和剪应力的作用下的复合强度

当混凝土受到剪力、扭矩引起的剪应力和轴力引起的法向应力共同作用时，形成“拉剪”和“压剪”复合应力状态。图 3-14 为混凝土法向应力与剪应力的关系曲线，从图中可以看出：抗剪强度随拉应力的增大而减小；随着压应力的增大，抗剪强度增大，但大约在 $\sigma/f_c>0.6$ 时，由于内裂缝的明显发展抗剪强度反而随压应力的增大而减小。从抗压强度的角度来分析，由于剪应力的存在，混凝土的抗压强度要低于单向抗压强度。

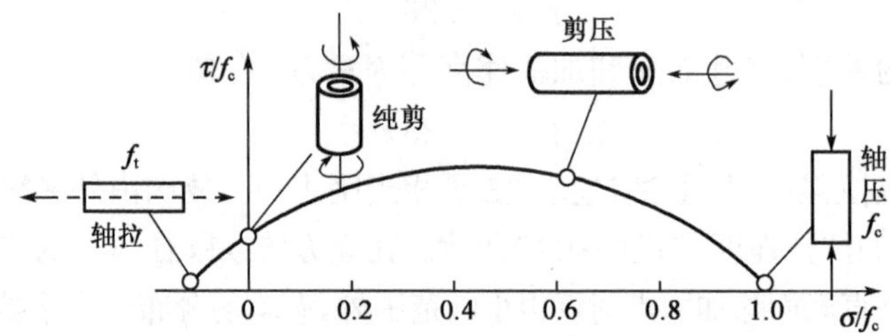

图 3-14　混凝土在法向应力和剪应力共同作用下的复合强度

(3)混凝土的三向受压强度

混凝土在三向受压的情况下，其最大主压应力方向的抗压强度 σ_1，取决于侧向压应力的约束程度。图 3-15 所示为圆柱体三轴受压(侧向压应力均为 σ_2)的试验，随侧向压应力的增加，微裂缝的发展受到了极大的限制，大大地提高了混凝土纵向抗压强度，并使混凝土的变形性能接近理想的弹塑性体。试验(图 3-15)给出的经验公式为：

$$\sigma_1 = f_c + 4\sigma_2 \tag{3-8}$$

在纵向受压的混凝土，如约束混凝土的侧向变形，也可使混凝土的抗压强度有较大提高。如采用钢管混凝土柱、螺旋钢箍柱等，能有效约束混凝土的侧向变形，使混凝土的抗压强度、延性有相应的提高。

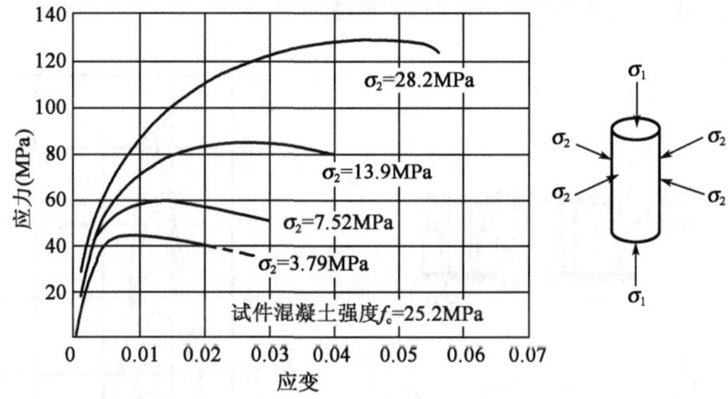

图 3-15　三向受压应力状态下混凝土的应力应变曲线

3.3.2　混凝土的变形

混凝土的变形可以分为两类来研究：一类为混凝土的受力变形；另一类为混凝土的体积变形。

1. 混凝土的受力变形

(1)受压混凝土一次短期加荷的 σ-ε 曲线

混凝土的 σ-ε 曲线是混凝土力学性能的一个重要方面，它是钢筋混凝土构件应力分析、建立强度和变形计算理论必不可少的依据。图 3-16 是典型混凝土棱柱体的 σ-ε 曲线。在第Ⅰ阶段，即从加荷载至 A 点，由于试件应力较小，混凝土的变形主要是骨料和水泥结晶体的弹性变形，应力应变关系接近直线，A 点称为比例极限点。超过 A 点后，进入稳定裂缝扩展的第Ⅱ阶段，至临界点 B，临界点 B 相对应的应力可作为长期受压强度的依据(一般取为 $0.8f_c$)。此后试件中所积蓄的弹性应变能始终保持大于裂缝发展所需的能量，形成裂缝快速发展的不稳定状态直至 C 点，即第Ⅲ阶段，应力达到的最高点为 f_c，相对应的应变称为峰值应变 ε_0，一般$\varepsilon_0=0.0015\sim0.0025$，取 ε_0 的平均值为 0.002。在以后，裂缝迅速发展，结构内部的整体性受到越来越严重的破坏，试件的平均应力强度下降，当曲线下降到拐点 D 之后 σ-ε 曲线又凸向水平方向发展，在拐点 D 之后 σ-ε 曲线中曲率最大点 E 称为“收敛点”。E 点以后主裂缝已很宽，结构内聚力已几乎耗尽，对于无侧向约束的混凝土已失去结构的意义。对于不同强度混凝土的 σ-ε 曲线如图 3-17 所示。

(2)受压混凝土的 σ-ε 曲线模型

为了理论分析的需要，许多学者对实测的受压混凝土的 σ-ε 曲线加以模式化，并写出其数学表达式，国内外已经提出十多种不同的计算模式，其目的是分析计算尽量简单，又基本符合试验结果，上升段假定为抛物线、下降段假定为直线的居多。我国规范采用的是前西德 Rüsch 建议模型，上升段为二次抛物线，下降段为直线，如图 3-18 所示。

上升段：
$$\varepsilon\leqslant\varepsilon_0,\sigma=f_c\left[2\frac{\varepsilon}{\varepsilon_0}-\left(\frac{\varepsilon}{\varepsilon_0}\right)^2\right] \tag{3-9}$$

下降段：
$$\varepsilon_0\leqslant\varepsilon\leqslant\varepsilon_u,\sigma=f_c \tag{3-10}$$

式中，$\varepsilon_0=0.002$，$\varepsilon_u=0.0033$（Rüsch 建议模型为 0.0035）。

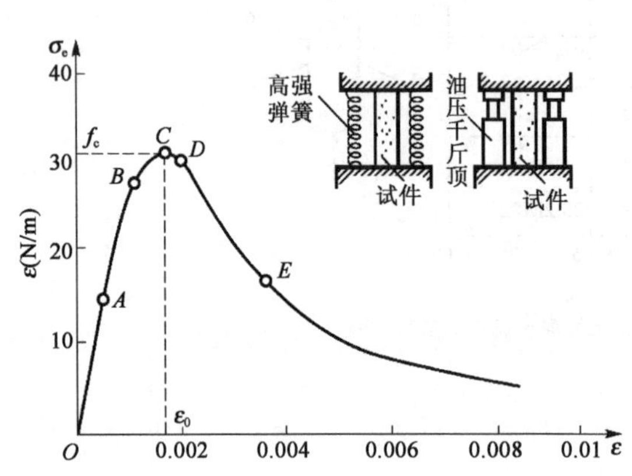

图 3-16　受压混凝土棱柱体的应力—应变曲线

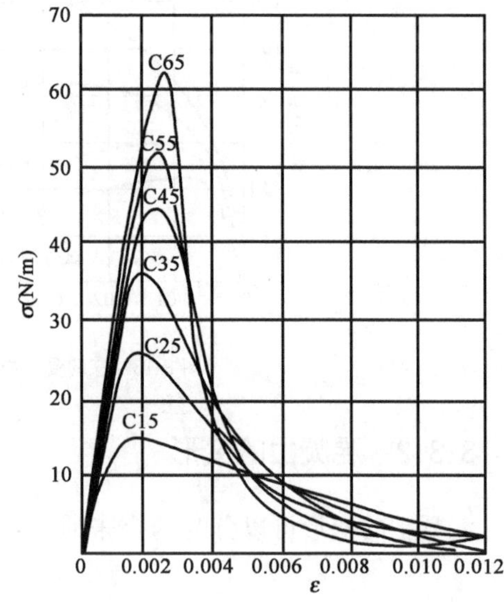

图 3-17　不同强度等级的受压混凝土棱柱体 σ-ε 曲线

(3)混凝土的弹性模量、变形模量

在计算混凝土构件的截面应力、变形、预应力混凝土构件的预压应力，以及由于温度变化、支座沉降产生的内力时，需要利用混凝土的弹性模量。由于一般情况下受压混凝土的 σ-ε 曲线是非线性的，应力和应变的关系并不是常数，这就产生了"模量"的取值问题。图 3-19 中通过原点 O 的受压混凝土的 σ-ε 曲线的切线的斜率为混凝土的初始弹性模量 E_0，但是它的稳定数值不易从试验中测得。

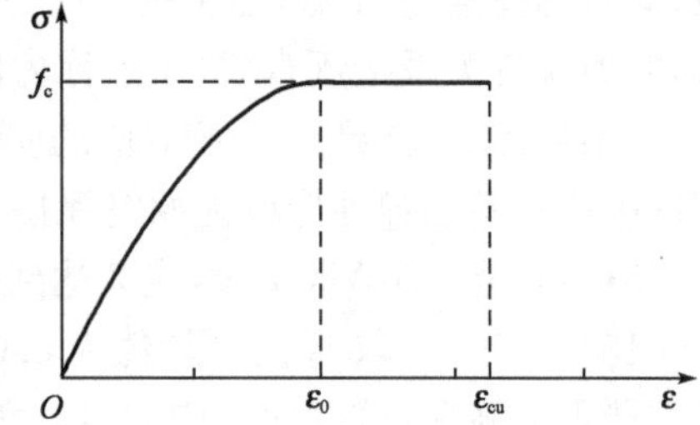

图 3-18　受压混凝土的 σ-ε 曲线模型

目前，我国规范中弹性模量值 E_c 是用下列方法确定的：采用棱柱体试件，取应力比 σ/f_c 上限为 0.5 重复加荷 5～10 次。由于混凝土的塑性性质，每次卸载为零时，存在有残余变形。但随荷载多次重复，残余变形逐渐减小，重复加荷 5～10 次后，变形趋于稳定，混凝土的 σ-ε 曲线接近于直线，该直线的斜率为混凝土的弹性模量。根据混凝土不同强度等级的弹性模量实验值的统计分析，E_c 与 f_{cu}的经验关系为：

$$E_c=\frac{10^5}{2.2+\dfrac{34.7}{f_{cu}}}(\mathrm{N/mm^2}) \tag{3-11}$$

混凝土的 σ-ε 曲线上任一点 a 与原点 O 的连线 Oa（割线）的斜率，称为混凝土的变形模量 E'_c。设弹性应变 ε_{el}与总应变 ε 的比值为弹性系数 ν，即

$$\nu=\frac{\varepsilon_{el}}{\varepsilon} \tag{3-12}$$

弹性系数 ν 反映了混凝土的弹塑性性质，随着混凝土中的 σ 增大而减小。则任一点的变

形模量可用 E_c 和 ν 乘积来表示：

$$E_c' = \frac{\sigma}{\varepsilon} = \nu \frac{\sigma}{\varepsilon_{el}} = \nu E_c \tag{3-13}$$

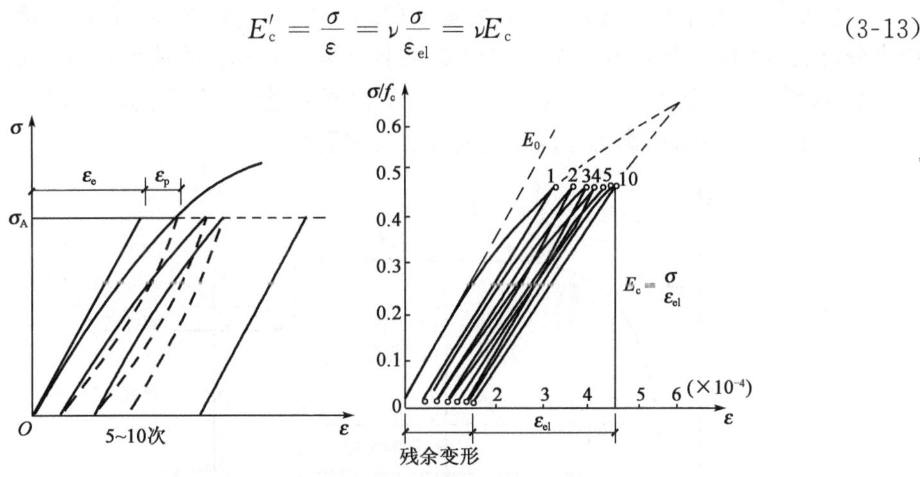

图 3-19　混凝土的弹性模量、变形模量试验图示

(4)受拉混凝土的变形

受拉混凝土的 σ-ε 曲线的测试比受压时要难得多，曲线形状与受压时相似，也有上升段和下降段(见图 3-20)。受拉 σ-ε 曲线的原点切线斜率与受压时基本一致，因此混凝土受拉和受压均可采用相同的弹性模量 E_c。峰值应力 f_t 时的应变 $\varepsilon_t = 7.5\times10^{-6} \sim 11.5\times10^{-6}$，变形模量 $E_c' = (76\% \sim 86\%) E_c$。考虑到应力达到 f_t 时的受拉极限应变与混凝土强度、配合比、养护条件有着密切的关系，变化范围大，取相应于抗拉强度 f_t 时的变形模量 $E_t' = 0.5E_c$，即应力达到 f_t 时的弹性系数 $\nu = 0.5$。

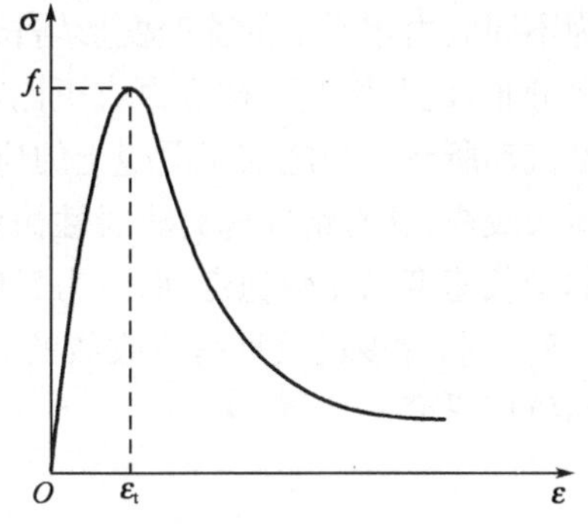

图 3-20　混凝土的弹性模量的测定

(5)混凝土的徐变

试验表明，把混凝土棱柱体加压到某个应力之后维持荷载不变，则混凝土会在加荷瞬时变形的基础上，产生随时间而增长的应变。这种在长期荷载作用下随时间而增长的变形称为徐变。徐变对于结构的变形和强度，预应力混凝土中的钢筋应力都将产生重要的影响。

根据我国铁道部科学研究院的试验结果，将典型的徐变与时间的关系(图 3-21)加以说明：从图中看出，某一组棱柱体试件，当加荷应力达到 $0.5f_c$ 时，其加荷瞬间产生的应变为瞬时应变 ε_{ci}。若荷载保持不变，随着加荷时间的增长，应变也将继续增长，这就是混凝土的徐变应变 ε_{cr}。徐变开始半年内增长较快，以后逐渐减慢，经过一段时间后，徐变趋于稳定。徐变应变值约为瞬时弹性应变的 1～4 倍。两年后卸载，试件瞬时恢复的应变 ε_c' 略小于瞬时应变 ε_{ci}。卸载后经过一段时间量测，发现混凝土并不处以静止状态，而是经历着逐渐地恢复过程，这种恢复变形称为弹性后效 ε_c''。弹性后效的恢复时间为 20d 左右，其值约为徐变变形的 1/12。最后剩下的大部分不可恢复变形为 ε_{cr}'。

混凝土的组成和配比是影响徐变的内在因素。水泥用量越多和水灰比越大，徐变也越大。骨料越坚硬、弹性模量越高，徐变就越小。骨料的相对体积越大，徐变越小。另外，构件形状及尺寸，混凝土内钢筋的面积和钢筋应力性质，对徐变也有不同的影响。

养护及使用条件下的温湿度是影响徐变的环境因素。养护时温度高、湿度大、水泥水化作用充分，徐变就小，采用蒸汽养护可使徐变减小 20%～35%。受荷后构件所处环境的温度越高、湿度越低，则徐变越大。如环境温度为 70℃的试件受荷一年后的徐变，要比温度为 20℃的试件大一倍以上。因此，高温干燥环境将使徐变显著增大。

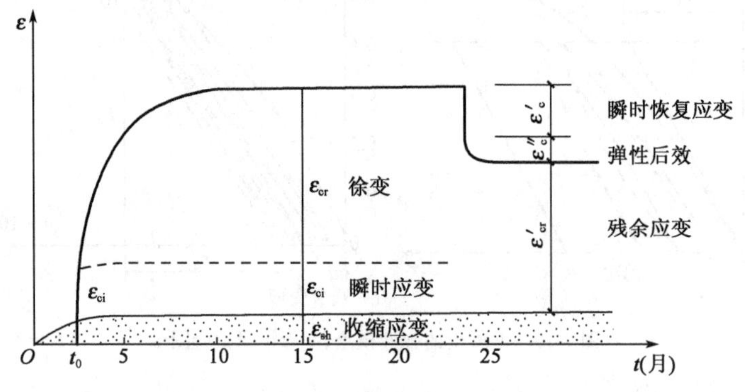

图 3-21 混凝土的徐变

混凝土的应力条件是影响徐变的非常重要的因素。加荷时混凝土的龄期越长，徐变越小。混凝土的应力越大，徐变越大。随着混凝土应力的增加，徐变将呈现不同的变化趋势，图 3-22 为不同应力水平下的徐变变形增长曲线。由图可见，当应力较小时($\sigma \leqslant 0.5f_c$)，曲线接近等距离分布，说明徐变与初应力成正比，这种情况称为线性徐变，一般的解释认为是水泥胶体的黏性流动所致。当施加于混凝土的应力 $\sigma=(0.5 \sim 0.8)f_c$ 时，徐变与应力不成正比，徐变比应力增长较快，这种情况称为非线性徐变，一般认为发生这种现象的原因，是水泥胶体的黏性流动的增长速度已比较稳定，而应力集中引起的微裂缝开展则随应力的增大而发展。当应力 $\sigma>0.8f_c$ 时，徐变的发展是非收敛的，最终将导致混凝土破坏。实际 $\sigma=0.8f_c$ 即为混凝土的长期抗压强度。

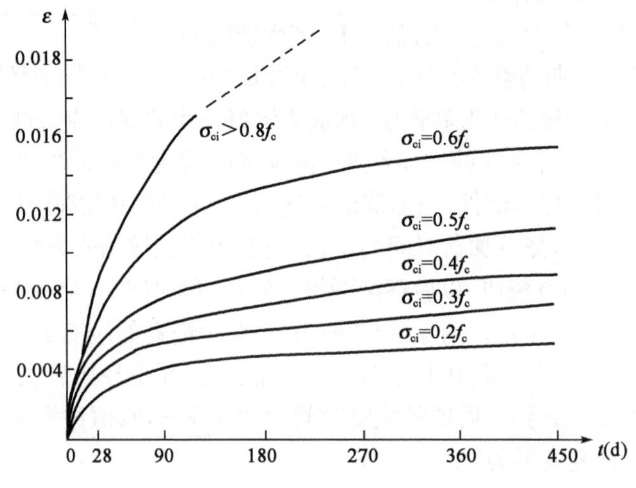

图 3-22 初应力对徐变的影响

2. 混凝土的体积变形

(1)混凝土的收缩和膨胀

混凝土在空气中结硬时体积减小的现象称为收缩;混凝土在水中或处于饱和湿度情况下,结硬时体积增大的现象称为膨胀。一般情况下混凝土的收缩值比膨胀值大很多,所以分析研究收缩和膨胀的现象以收缩为主。

我国铁道部科学研究院的收缩试验结果如图 3-23 所示。混凝土的收缩是随时间而增长的变形,凝结初期收缩较快,一个月大约可完成 1/2 的收缩,三个月后增长缓慢,一般两年后趋于稳定,最终收缩应变大约为$(2\sim5)\times10^{-4}$,一般取收缩应变值为 3×10^{-4}。

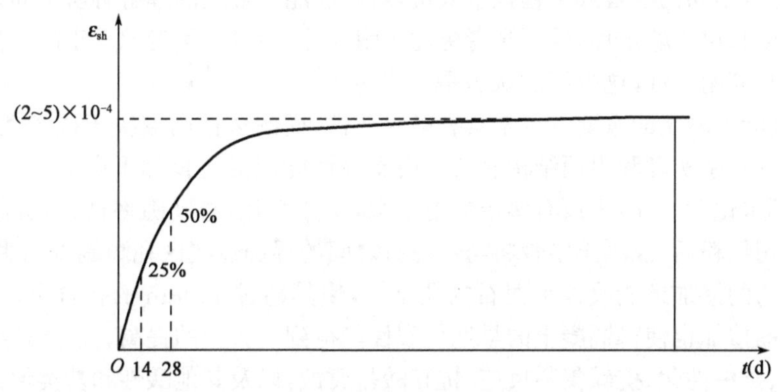

图 3-23　混凝土的收缩

干燥失水是引起收缩的重要因素,所以构件的养护条件,使用环境的温湿度及影响混凝土水分保持的因素,都对收缩有影响。使用环境的温度越高、湿度越低,收缩越大。蒸汽养护的收缩值要小于常温养护的收缩值,这是因为高温高湿可加快水化作用,减少混凝土的自由水分,加速了凝结与硬化的时间。

通过试验还发现:水泥用量越多、水灰比越大,收缩越大;骨料的级配好、弹性模量大,收缩越小;构件的体积与表面积比值大时,收缩小。

对于养护不好的混凝土构件,表面在受荷前可能产生收缩裂缝。需要说明,混凝土的收缩对处于完全自由状态的构件,只会引起构件的缩短而不开裂。对于周边有约束而不能自由变形的构件,收缩会引起构件内产生拉应力,甚至会有裂缝产生。

在不受约束的混凝土结构中,钢筋和混凝土由于黏接力的作用,相互之间变形是协调的。混凝土具有收缩的性质,而钢筋并没有这种性质,钢筋的存在限制了混凝土的自由收缩,使混凝土受拉、钢筋受压,如果截面的配筋率较高会导致混凝土开裂。

(2)混凝土的温度变形

当温度变化时,混凝土的体积同样也有热胀冷缩的性质。混凝土的温度线膨胀系数一般为$(1.2\sim1.5)\times10^{-5}/℃$,用这个值去度量混凝土的收缩,则最终收缩量大致为温度降低15℃～30℃时的体积变化。

当温度变形受到外界的约束而不能自由发生时,将在构件内产生温度应力。在大体积混凝土中,由于混凝土表面较内部的收缩量大,再加上水泥水化热使混凝土的内部温度比表面温度高，如果把内部混凝土视为相对不变形体，它将对试图缩小体积的表面混凝土形成约束，在表面混凝土形成拉应力，如果内外变形差较大，将会造成表层混凝土开裂。

3.3.3 高性能混凝土简介

高性能混凝土是近 20 余年发展起来的一种新型混凝土。欧洲混凝土学会和国际预应力混凝土协会将高性能混凝土定义为水胶比低于 0.40 的混凝土；在日本，将高流态的自密实混凝土（即免振混凝土）称为高性能混凝土；中国土木工程学会高强与高性能混凝土委员会将高性能混凝土定义为以耐久性和可持续发展为基本要求并适合工业化生产与施工的混凝土。虽然在不同的国家，不同的学者或工程技术人员，对高性能混凝土的理解有所不同。比如美国学者更强调高强度和尺寸稳定性，欧洲学者更注重耐久性，而日本学者偏重于高工作性。但是他们的基本点都是高耐久性，这方面的认识是一致的。

首先，高性能混凝土的重要特点是具有高耐久性，而耐久性则取决于抗渗性，抗渗性又与混凝土中的水泥石密实度和界面结构有关。由于高性能混凝土掺加了高效减水剂，其水胶比很低，水泥全部水化后，混凝土没有多余的毛细水，孔隙细化，总孔隙率低；再者高性能混凝土中掺加矿物质超细粉后，混凝土中骨料与水泥石之间的界面过渡区孔隙能得到明显的降低，而且矿物质超细粉的掺加还能改善水泥石的孔结构，使其超过 $100\mu m$ 的孔含量得到明显减少，矿物质超细粉的掺加也使得混凝土的早期抗裂性能得到了大大的提高。以上这些措施对于混凝土的抗冻融、抗中性化、抗碱集料反应、抗硫酸盐腐蚀，以及其他酸性和盐类侵蚀等性能都能得到有效的提高。

其次，高性能混凝土具有良好的流变学性能，高流动性，不泌水，不离析，能在正常施工条件下保证混凝土结构的密实性和均匀性，对于某些结构的特殊部位（如梁柱接头等钢筋密集处）还可采用自流密实成型混凝土，从而保证该部位的密实性，这样就可以减轻施工劳动强度，节约施工能耗。

最后，高性能混凝土具有较高的韧性、良好体积稳定性和长期的力学性能稳定性。高性能混凝土的高韧性要求其具有能较好地抵抗地震荷载、疲劳荷载及冲击荷载的能力，混凝土的韧性可通过在混凝土掺加引气剂或采用高性能纤维混凝土等措施得到提高。高性能混凝土的体积稳定性表现在其优良的抗初期开裂性，低的温度变形、低徐变及低的自收缩变形。虽然高性能混凝土的水灰比比较低，但是如果将新型高效减水剂和增黏剂一起使用，尽可能地降低单方用水量，防止离析，浇筑振实后立即用湿布或湿草帘加以覆盖养护，避免太阳光照射和风吹，防止混凝土的水分蒸发，这样高性能混凝土早期开裂就会得到有效的抑制，高性能混凝土和掺加了粉的普通混凝土都得到了显著降低，这对于大体积混凝土的温控和防裂十分有利。国内已有研究表明，对于掺加 40％粉煤灰的高性能混凝土，不管是在标准养护还是在蒸压养护条件下，其 360d 龄期的徐变度（单位徐变应力的徐变值）均小于同强度等级的普通混凝土，高性能混凝土徐变度仅为普通混凝土的 50％左右。高性能混凝土长期的力学稳定性要求其在长期的荷载作用及恶劣环境侵蚀下抗压强度、抗拉强度及弹性模量等力学性能保持稳定。

3.4 钢筋和混凝土的共同工作

3.4.1 黏结力

钢筋与混凝土能够结合在一起共同工作，主要基于以下两个条件：①二者具有相近的线膨胀系数；②混凝土硬化后，钢筋与混凝土之间产生了良好的黏结力。钢筋混凝土受力后会沿其接触面产生剪应力，通常把这种剪应力称为黏结应力。

黏结作用可以用如图 3-24 所示的钢筋和其周围混凝土之间产生的黏结应力来说明。根据受力性质的不同，钢筋与混凝土之间的黏结应力可分为裂缝间的局部黏结应力和钢筋端部的锚固黏结应力两种。裂缝间的局部黏结应力是在相邻两个开裂截面之间产生的，钢筋应力的变化受到黏结应力的影响，黏结应力使相邻两个裂缝之间混凝土参与受拉，局部黏结应力的丧失会使构件的刚度降低、促进裂缝的开展。钢筋伸进支座或在连续梁中承担负弯矩的上部钢筋在跨中截断时，需要延伸一段长度，即锚固长度。要使钢筋承受所需的拉力，就要求受拉钢筋有足够的锚固长度以积累足够的黏结力，否则，将发生锚固破坏。

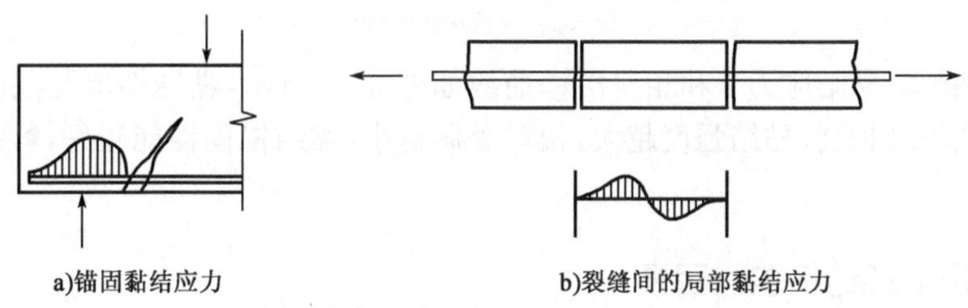

图 3-24 钢筋和混凝土之间黏结应力示意图

3.4.2 黏结机理

1. 黏结力的组成

一般黏结力由以下四部分组成：

(1)化学胶结力：由混凝土中水泥凝胶体和钢筋表面化学变化而产生的吸附作用力，这种作用力很弱，一旦钢筋与混凝土接触面上发生相对滑移即消失。

(2)摩阻力(握裹力)：混凝土收缩后紧紧地握裹住钢筋而产生的力。这种摩擦力与压应力大小及接触界面的粗糙程度有关，挤压应力越大、接触面越粗糙，则摩阻力越大。

(3)机械咬合力：由于钢筋表面凹凸不平与混凝土之间产生的机械咬合作用力。变形钢筋的横肋会产生这种咬合力。

(4)钢筋端部的锚固力：一般是通过钢筋端部的弯钩、弯折，在钢筋端部焊短钢筋或焊短角钢来提供的锚固力。

2. 黏结强度

钢筋的黏结强度通常采用如图 3-25 所示的直接拔出试验来测定，通常按下式计算平均黏结应力：

$$\tau = \frac{P}{\pi dl} \tag{3-14}$$

式中：P——拔出力；

d——钢筋直径；

l——锚固长度。

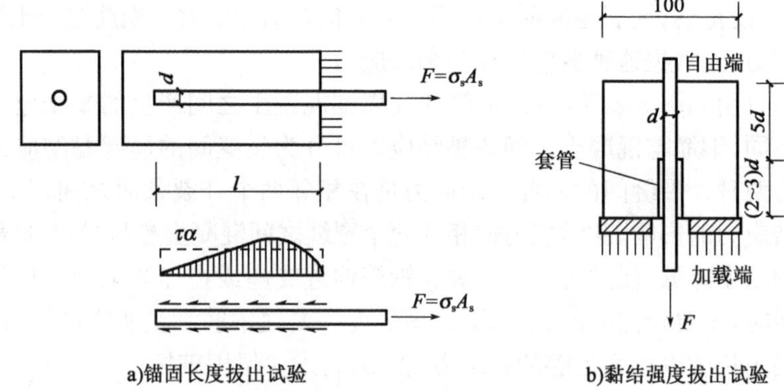

图 3-25　钢筋拔出试验

由拔出试验知，黏结应力 τ 和相对滑移曲线如图 3-26 所示，黏结性能与混凝土强度有关系，混凝土强度等级越高，黏结强度越大，相对滑移越小，黏结锚固性能越好，劈裂破坏黏结强度较高。

3.4.3　影响黏结性能的因素

影响钢筋与混凝土黏结强度的因素很多，主要影响因素有混凝土强度、保护层厚度、钢筋净距、横向配筋、侧向压力以及浇注混凝土时钢筋的位置等。

1. 混凝土强度等级

无论光面钢筋还是变形钢筋，混凝土强度对黏结性能的影响都是显著的。大量试验表明：当其他条件基本相同时，黏结强度与混凝土抗拉强度大致成正比关系。

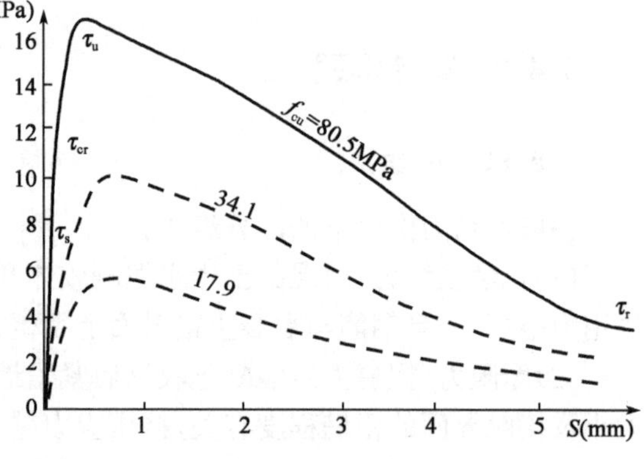

图 3-26　不同强度混凝土的黏结应力和相对滑移曲线

2. 钢筋的外形、直径和表面状态

相对于光面钢筋而言，变形钢筋的黏结强度较高，但是使用变形钢筋，在黏结破坏时容易使周围混凝土产生劈裂裂缝。变形钢筋的外形(肋高)与直径不成正比，大直径钢筋的相对肋高较低，肋面积小，所以粗钢筋的黏结强度比细钢筋有明显降低。例如，$d=32$mm 的钢筋比 $d=16$mm 的钢筋黏结强度约降低 12%。设计中，对 $d>25$mm 的钢筋的锚固长度加以修正，其原因即在于此。

3. 混凝土保护层厚度与钢筋净距

混凝土保护层太薄，可能使外围混凝土产生径向劈裂而使黏结强度降低。增大保护层厚度或钢筋之间保持一定的钢筋净距，可提高外围混凝土的抗劈裂能力，有利于黏结强度的充分发挥。国内外的直接拔出试验或半梁式拔出试验的结果表明，在一定相对埋置长度 l/d 的情况下，相对黏结强度与相对保护层厚度 c/d 的平方根成正比，但黏结强度随保护层厚度加大而提高的程度是有限的，当保护层厚度大到一定程度时，试件不再是劈裂式破坏而是刮犁式破坏，黏结强度将不再随保护层厚度加大而提高。

4. 横向钢筋

构件中配置箍筋能延迟和约束纵向裂缝的发展，阻止劈裂破坏，提高黏结强度。因此，在使用较大直径钢筋的锚固区、搭接长度范围内，以及同排的并列钢筋根数较多时，应设置一定数量的附加箍筋，以防止混凝土保护层的劈裂崩落。试验表明箍筋对保护后期黏结强度、改善钢筋延性也有明显作用。

5. 侧向压力

在侧向压力作用下，由于摩阻力和咬合力增加，黏结强度提高。但过大的侧压将导致混凝土裂缝提前出现，反而降低黏结强度。

6. 混凝土浇注状况

当浇注混凝土的深度过大(超过 300mm)时，浇注后会出现沉淀收缩和离析泌水现象，对水平放置的钢筋，钢筋下部会形成疏松层，导致黏结强度降低。试验表明，随着水平钢筋下混凝土一次浇注的深度加大，黏结强度降低最大可达 30%。若混凝土浇注方向与钢筋平行，黏结强度比浇注方向与钢筋垂直的情况有明显提高。

3.4.4 钢筋锚固与接头构造

1. 钢筋锚固与搭接的意义

为了保证钢筋不从混凝土中拔出或压出，除要求钢筋与混凝土之间有一定的黏结强度之外，还要求钢筋有良好的锚固，如光面钢筋在端部设置弯钩、钢筋伸入支座一定的长度等；当钢筋长度不足或需要采用施工缝或后浇带等构造措施时，钢筋就需要有接头，为保证在接头部位的传力，就必须有一定的构造要求。锚固与接头的要求也都是保证钢筋与混凝土黏结的措施。

由于黏结破坏机理复杂，影响黏结力的因素众多，工程结构中黏结受力的多样性，目前尚无比较完整的黏结力计算理论。《混凝土结构设计规范》(GB 50010—2010)采用的是：不进行黏结计算，用构造措施来保证混凝土与钢筋的黏结。

通常采用的构造措施有：

(1)对不同等级的混凝土和钢筋，规定了要保证最小搭接长度与锚固长度和考虑各级抗震设防时的最小搭接长度与锚固长度。

(2)为了保证混凝土与钢筋之间有足够的黏结强度，必须满足混凝土保护层最小厚度和钢筋最小净距的要求。

(3)在钢筋接头范围内应加密箍筋。

(4)受力的光面钢筋端部应做弯钩。

2. 钢筋锚固的长度

在钢筋与混凝土接触界面之间实现应力传递，建立结构承载所必须的工作应力的长度为钢筋的锚固长度。钢筋的基本锚固长度取决于钢筋强度及混凝土抗拉强度，并与钢筋的直径及外形有关。为了充分利用钢筋的抗拉强度，《混凝土结构设计规范》(GB 50010—2010)规定以纵向受拉钢筋的锚固长度作为钢筋的基本锚固长度 l_{ab}，可按下式计算：

普通钢筋：

$$l_{ab} = \alpha \frac{f_y}{f_t} d \tag{3-15}$$

预应力钢筋：

$$l_{ab} = \alpha \frac{f_{py}}{f_t} d \tag{3-16}$$

式中：l_{ab}——受拉钢筋的基本锚固长度；

f_y、f_{py}——分别为普通钢筋、预应力钢筋的抗拉强度设计值；

f_t——混凝土轴心抗拉强度设计值，当混凝土强度等级高于 C60 时，按 C60 取值；

d——锚固钢筋直径；

α——锚固钢筋的外形系数，按表 3-1 取值。

钢筋的外形系数　　表 3-1

钢筋类型	光面钢筋	带肋钢筋	螺旋肋钢丝	三股钢绞	七股钢绞
α	0.16	0.14	0.13	0.16	0.17

注：光面钢筋末端应做 180°弯钩，弯后平直段长度不应小于 $3d$，但作受压钢筋时可不做弯钩。

一般情况下受拉钢筋的锚固长度可取基本锚固长度；当采取不同的埋置方式和构造措施时，锚固长度应按下列公式计算：

$$l_a = \zeta_a l_{ab} \tag{3-17}$$

式中：l_a——受拉钢筋的锚固长度；

ζ_a——锚固修正系数，按下列规定采用，当多于一项时，可按连乘计算，但不应小于 0.6。

(1)当带肋钢筋的公称直径大于 25mm 时取 1.1。

(2)环氧涂层带肋钢筋取 1.25。

(3)施工过程中易受扰动的钢筋取 1.1。

(4)当纵向受力钢筋的实际配筋面积大于其设计计算面积时，取设计计算面积与实际配筋面积的比值，但对有抗震设防要求及直接承受动力荷载的结构构件不得考虑此项修正。

(5)锚固区保护层厚度为 $3d$ 时修正系数为 0.8；保护层厚度为 $5d$ 时修正系数为 0.7。

钢筋的锚固可采用机械锚固的形式，主要有弯钩、贴焊钢筋及焊锚板等，如图 3-27 所示。

采用机械锚固可以提高钢筋的锚固力，因此可以减少锚固长度，《混凝土结构设计规范》(GB 50010—2010)规定的锚固长度修正系数(折减系数)为 0.7，同时要有相应的配箍直径、间距及数量等构造措施。

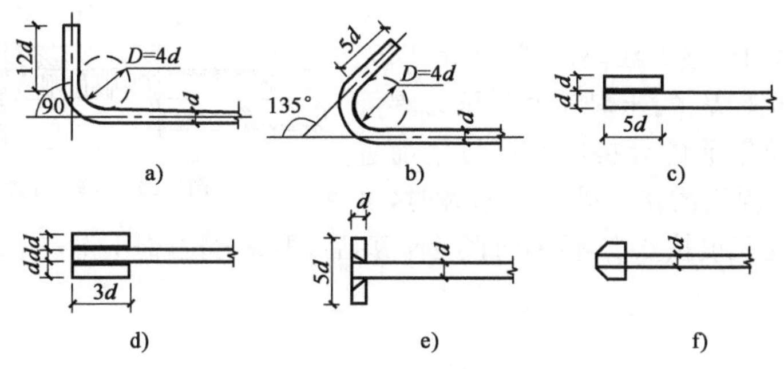

图 3-27 钢筋机械锚固的形式

3. 钢筋的连接

钢筋长度不够时就需要把钢筋连接起来使用，但连接必须保证将一根钢筋的力传给另一根钢筋。钢筋的连接可分为三类：绑扎搭接、机械连接与焊接连接。由于钢筋通过连接接头传力总不如整体钢筋，所以钢筋搭接的原则是：接头应设置在受力较小处，同一根钢筋上尽量少设接头。

(1)绑扎搭接

同一构件中相邻钢筋的绑扎搭接接头宜相互错开。钢筋绑扎搭接接头连接区段的长度为 1.3 倍搭接长度，凡搭接接头中点位于该连接区段长度内的搭接接头均属于同一连接区段。同一连接区段内纵向搭接钢筋接头面积百分率为该区段内有搭接接头的纵向受力钢筋与全部纵向受力钢筋截面面积的比值，如图 3-28 所示。图中所示搭接接头为同一连接区段内的搭接接头，钢筋为两根，对梁类构件搭接钢筋接头面积百分率不宜大于 50%。

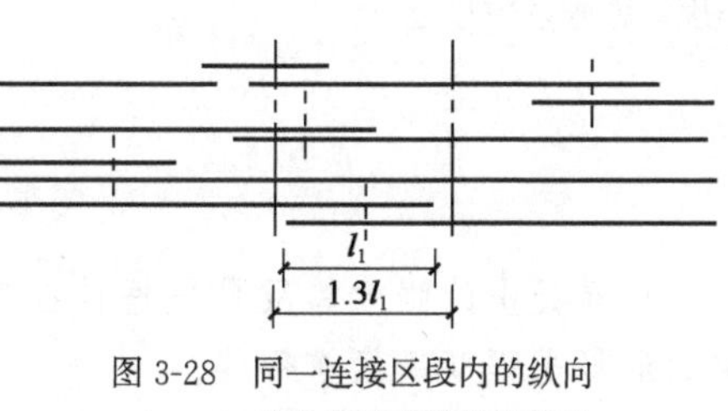

图 3-28 同一连接区段内的纵向受拉钢筋绑扎搭接接头

受拉钢筋绑扎搭接接头的搭接长度按式(3-18)计算：

$$l_1 = \zeta_1 l_a \tag{3-18}$$

式中：l_1——纵向受拉钢筋的搭接长度；

ζ_1——受拉钢筋搭接长度修正系数，按表 3-2 取用。

纵向受拉钢筋搭接长度修正系数 表 3-2

纵向搭接钢筋接头面积百分率(%)	≤25	50	100
ζ_1	1.2	1.4	1.6

对于受压钢筋的绑扎搭接长度不应小于纵向受拉搭接长度的 0.7 倍，且不应小于 200mm。接头及焊接骨架的搭接，也应满足相应的构造要求，以保证力的传递。

(2)机械连接

钢筋的机械连接是通过连接件的直接或间接的机械咬合作用或钢筋端面的承压作用，将一根钢筋中的力传递到另一根钢筋的连接方法。国内外常用的钢筋机械连接方法有以下 6 种：挤压套筒接头；锥螺纹套筒接头、直螺纹套筒接头、熔融金属充填套筒接头、水泥灌浆充填套筒接头、受压钢筋端面平接头。如图 3-29 所示为直螺纹套筒接头。

(3)焊接连接

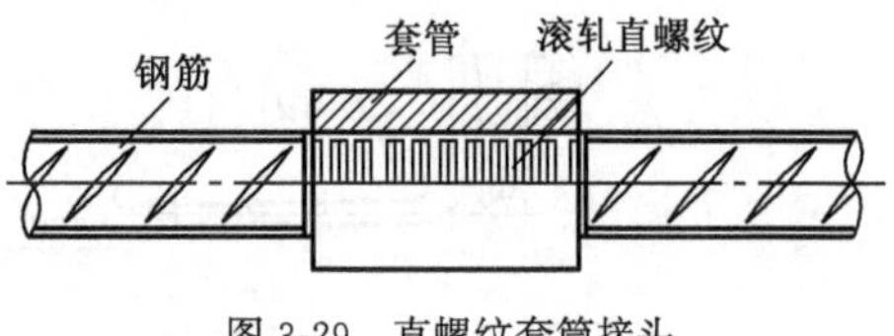

图 3-29 直螺纹套筒接头

焊接连接是常用的连接方法，有电阻点焊、闪光对焊、电弧焊、电渣压力焊、气压焊和埋弧压力焊等六种焊接方法。冷拉钢筋的焊接应在冷拉之前进行，冷拉过程中，当在焊接的接头处发生断裂时，可在切除热影响区(每边长度按 0.75 倍钢筋直径计算)后，再焊再拉，但不得多于两次。

本章小结

(1)以混凝土为主要材料的混凝土结构充分利用了钢筋和混凝土各自的优点，配置适量钢筋后，混凝土构件的承载力得到很大提高，受力性能得到显著改善。

(2)混凝土结构有许多优点，也有一些缺点，通过不断地研究和技术开发(如轻骨料混凝土、碳纤维混凝土等应用)，可改善混凝土结构的缺点。

(3)钢筋与混凝土能够共同工作的条件有两个：钢筋与混凝土之间存在良好的黏结力；钢筋与混凝土的温度线膨胀系数接近。

复习思考题

1. 混凝土的强度等级是根据什么确定的?《混凝土结构设计规范》(GB 50010—2010)规定的混凝土强度等级有哪些?

2. 混凝土的立方体抗压强度、轴心抗压强度和轴心抗拉强度是如何确定的? 立方体抗压强度与后两者的关系是什么?

3. 混凝土一次短期加荷的应力—应变曲线有何特点?

4. 混凝土的变形模量和弹性模量是怎样确定的?

5. 什么是混凝土的疲劳破坏? 疲劳破坏强度与立方体轴心抗压强度有什么关系?

6. 什么是混凝土的徐变? 徐变对混凝土构件有何影响? 通常认为影响徐变的主要因素有哪些? 如何减小徐变?

7. 工程结构设计中选用混凝土强度等级的原则是什么?

8. 建筑用钢有哪些品种和级别? 在结构设计中如何选用?

9. 软钢和硬钢的应力—应变曲线各自的特点是什么? 强度如何取值?

10. 钢筋冷加工的方法有哪几种? 冷拉和冷拔后钢筋的力学性能有何变化?

11. 结构设计中选用钢筋的原则是什么?

12. 钢筋与混凝土之间的黏结力由哪几部分组成? 影响黏结力的主要因素有哪些? 为保证钢筋和混凝土之间有足够的黏结力要采取哪些措施?

第4章　钢筋混凝土结构的基本构件

4.1　受弯构件承载力计算与构造

4.1.1　梁、板的一般构造

1. 截面形状与尺寸

(1)截面形状

建筑工程和公路桥涵工程中受弯构件常用的截面形状分别如图4-1、图4-2所示。

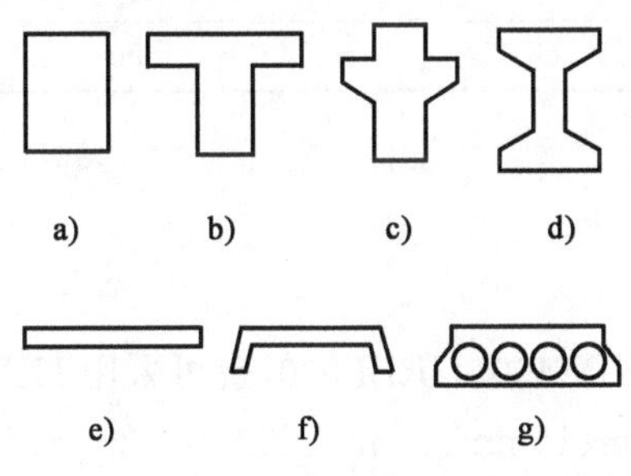

图4-1　建筑工程常用梁板截面形状

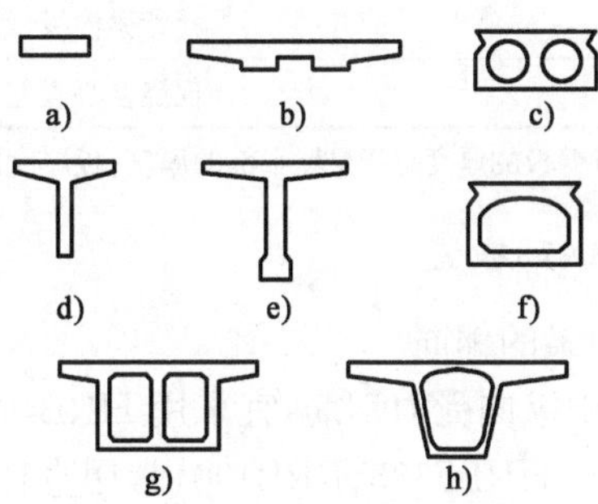

图4-2　公路桥涵工程常用梁板截面形状

(2)梁、板的截面尺寸

受弯构件的截面尺寸，应按既满足承载能力要求，又满足正常使用要求，同时考虑施工方便的要求来确定。工程结构中梁的截面高度可参照表4-1选用。同时，考虑便于施工和利于模板的定型化，构件截面尺寸宜统一规格，可按下述要求采用：矩形截面梁的高宽比 h/b 一般取2.0～2.5；T形截面梁的 h/b 一般取为2.5～4.0(此处 b 为梁肋宽)。矩形截面的宽度或T形截面的肋宽 b(mm)一般取为100、120、150(180)、200(220)、250、300、350、…，括号中的数值仅用于木模；梁的高度 h(mm)一般采用250、300、350、…、750、800、900、1000等尺寸，800mm以下的级差为50mm，以上的为100mm。

不需要做变形验算的梁截面最小高度　　表4-1

构件种类		简　支	两端连续	悬　臂
整体肋形梁	主梁	$l_0/12$	$l_0/15$	$l_0/6$
	次梁	$l_0/15$	$l_0/20$	$l_0/8$
独立梁		$l_0/12$	$l_0/15$	$l_0/6$

注：l_0 为梁的计算跨度；当 $l_0>9$m时表中数值应乘以1.2的系数；悬臂梁的高度指其根部的高度。

现浇板的宽度一般较大，设计时可取单位宽度(b=1000mm)进行计算。其厚度应首先满足如下不进行变形验算的要求：①单跨简支板的最小厚度不小于 $l_0/35$；②多跨连续板的最小厚度不小于 $l_0/40$；③悬臂板的最小厚度(指的是悬臂板的根部厚度)不小于 $l_0/12$。同时，还应满足表 4-2 的规定。

现浇钢筋混凝土板的最小厚度(mm)　　表 4-2

板的类别		厚　度
单向板	屋面板	60
	民用建筑楼板	60
	工业建筑楼板	70
	行车道下的楼板	80
双向板		80
密肋板	面板	50
	肋高	250
悬臂板	悬臂长度≤500mm	60
	悬臂长度>1200mm	100
无梁楼板		150
现浇空心楼盖		200

注：悬臂板的厚度是指悬臂根部的厚度；板厚度以 10mm 为模数。

2. 钢筋布置

(1)梁的钢筋

梁中纵向受力钢筋，宜采用 HRB400、HRB500、HRBF400、HRBF500，也可采用 HPB300、HRB335、HRBF335、RRB400，常用直径为 12mm、14mm、16mm、18mm、20mm、22mm、25mm、28mm、32mm，根数不得少于 2 根。梁内受力钢筋的直径宜尽可能相同，当采用两种不同的直径时，它们之间相差至少应为 2mm，以便在施工时容易为肉眼识别，但相差也不宜超过 6mm。

为了便于浇筑混凝土，保证钢筋周围混凝土的密实性，纵筋的净间距及最小保护层厚度应满足图 4-3 所示的要求。下部纵筋水平向的净距不小于钢筋直径，并不小于 25mm；上部纵筋水平向的净距则不应小于 1.5 倍钢筋直径，也不应小于 30mm。当纵筋数量多，需分两层乃至三层放置时，上、下层钢筋应对齐，不能错列，以方便混凝土的浇捣。且当梁的下部钢筋多于两层时，各层钢筋的净间距不应小于钢筋直径，并不小于 25mm，从第三层起，钢筋的水平方向的中距应比下面两层的增大一倍。

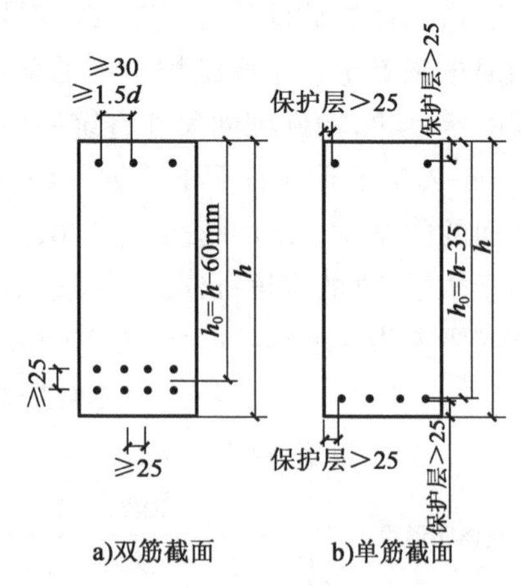

图 4-3　梁钢筋净距、保护层及有效高度

为了固定箍筋并与钢筋连成骨架，在梁的受压区内应设置架立钢筋。架立钢筋的直径与梁的跨度 l 有关。当 l>6m 时，架立钢筋的直径不宜小于

12mm；当 $l=4\sim6\text{m}$ 时，不宜小于 10mm；当 $l<4\text{m}$ 时，不宜小于 8mm。简支梁架立钢筋一般伸至梁端；当考虑其受力时，架立钢筋两端在支座内应有足够的锚固长度。

当梁扣除翼缘厚度后的截面高度≥450mm 时，在梁的两个侧面应沿高度配置纵向构造钢筋，每侧纵向构造钢筋（不包括受力钢筋及架立钢筋）的截面面积不应小于扣除翼缘厚度后的截面面积的 0.1%，纵向构造钢筋的间距不宜大于 200mm。

梁的箍筋宜采用 HRB400、HRBF400、HPB300、HRB500、HRBF500，也可采用 HRB335、HRBF335，常用直径是 6mm、8mm、10mm。

（2）板的钢筋

受力钢筋常用 HRB335（Ⅱ级）、HRB400，直径通常采用 6mm、8mm、10mm、12mm，板厚度 $h\leqslant40\text{mm}$ 时，可采用 4mm、5mm。采用绑扎配筋时，受力钢筋的间距一般为 70～200mm；当板厚 $h>150\text{mm}$ 时，不应大于 $1.5h$，且不应大于 250mm。

当按单向板设计时，除沿受力方向布置受力钢筋外，还应在受力钢筋上面布置与之垂直的分布钢筋，并与受力钢筋绑扎或焊接在一起，形成钢筋骨架，如图 4-4 所示。分布钢筋宜采用 HPB300 和 HRB335 的钢筋，常用直径是 6mm、8mm。分布钢筋的截面面积不应小于单位长度上受力钢筋截面面积的 15%，且不宜小于该方向板截面面积的 0.15%，其间距不宜大于 250mm；当集中荷载较大或温度应力过大时，分布钢筋的截面面积应适当增加，其间距不宜大于 200mm。

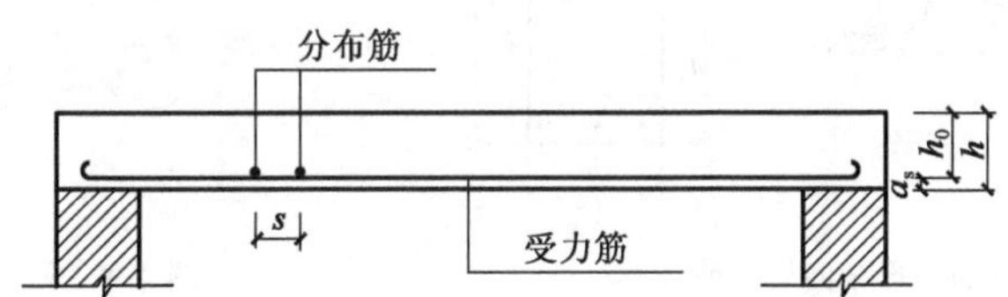

图 4-4　单向板的配筋形式

板的保护层厚度一般取 15mm，故一般可取板的有效高度 $h_0=h-20\text{mm}$，但对露天或室内潮湿环境下的板，当采用 C25、C30 混凝土时，板的保护层宜加厚 10mm，即板的有效高度宜取 $h_0=h-30\text{mm}$。

3. 混凝土保护层厚度

纵向受力钢筋的外表面到截面边缘的垂直距离，称为混凝土保护层厚度，用 c 表示。混凝土保护层有三个作用：保护纵向钢筋不被锈蚀；在火灾等情况下，使钢筋的温度上升缓慢；使纵向钢筋与混凝土间较好的黏结。

梁、板、柱的混凝土保护层厚度与环境类别和混凝土强度等级有关，见附表-1。由该表知，当环境类别为一类时，即在室内环境下，梁的最小混凝土保护层厚度是 20mm，板的最小混凝土保护层厚度是 15mm。

4.1.2　单筋矩形截面受弯承载力计算

在截面的受拉区配有纵向受力钢筋，而在梁的受压区配置架立钢筋的矩形截面，称为单筋矩形截面，如图 4-5 所示。

1. 受弯构件正截面的受力特性

(1)受弯构件正截面的 3 种破坏性态

构件的破坏特征取决于配筋率、混凝土的强度等级、截面形式等诸多因素，但是以配筋率 ρ 对构件破坏特征的影响最为明显。配筋率指截面受拉钢筋面积 A_s 与截面有效面积 bh_0 的比率，即 $\rho=A_s/bh_0$。试验表明，在常用的钢筋级别和混凝土强度等级情况下，其破坏形式主要随配筋率的大小而异。梁的破坏形式可以分为以下 3 种形态：

①适筋破坏：当梁的配筋率比较适中时，随着荷载逐渐增大，受拉钢筋首先达到屈服强度，然后维持应力不变而发生显著的塑性变形，直到受压区混凝土边缘应变达到混凝土弯曲受压的极限压应变时，受压区混凝土被压碎而使截面破坏。由于梁在完全破坏以前，钢筋经历了较大的塑性伸长，梁的受拉区裂缝和梁挠度显著开展，具有明显的破坏预兆，故习惯上把这种梁的破坏称之为“塑性破坏”，如图 4-6a)所示。

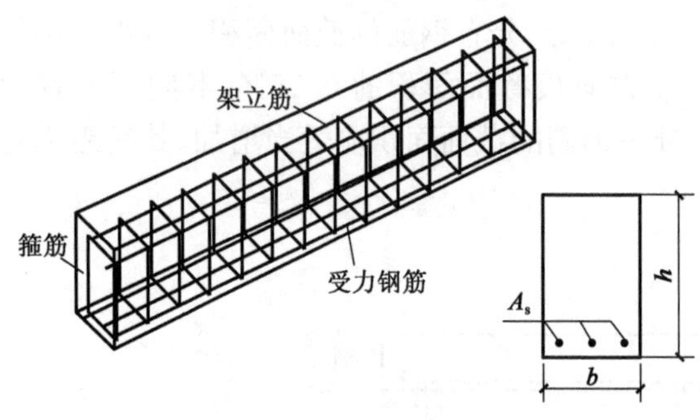

图 4-5 单筋矩形截面梁配筋

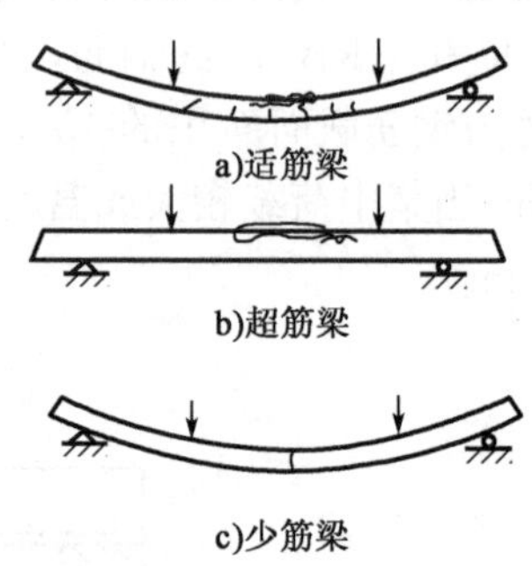

图 4-6 梁正截面的 3 种破坏形式

②超筋破坏：当梁内钢筋配置过多时，因钢筋抗拉能力过强，致使荷载加到一定程度后，在钢筋拉应力尚未达到屈服之前，受压区混凝土已先被压碎而致使构件破坏。由于超筋梁破坏时钢筋尚未屈服，梁的受拉区裂缝尚未明显开展，梁的挠度较小，故破坏没有明显预兆，比较突然，习惯上称之为“脆性破坏”，如图 4-6b)所示。超筋梁虽然在受拉区配置有很多受拉钢筋，但其强度不能充分利用，这种情况不仅不经济，而且破坏前无明显预兆，在实际工程中应避免。

③少筋破坏：当梁的配筋率很小时，梁受荷后受拉区一旦开裂，拉力就几乎全部转由钢筋承担。但由于受拉区钢筋数量配置太少，钢筋会因急剧增大的应力而屈服，从而导致构件立即发生破坏，如图 4-6c)所示。少筋破坏一般是在梁出现第一条裂缝后突然发生，也属于“脆性破坏”，且构件承载能力很低，因此在实际工程中也应避免。

2. 适筋受弯构件截面受力的 3 个阶段

试验证明，对于配筋量适中的受弯构件，从开始加载到正截面完全破坏，截面的受力状态可以分为以下 3 大阶段：

(1)第Ⅰ阶段——未裂阶段

当荷载很小时，截面上应力与应变成正比，应力分布为直线(图 4-7a 所示)，称为第Ⅰ

阶段。

随着荷载逐渐增大，受拉区混凝土出现塑性变形，受拉区应力图形呈曲线。当荷载增大到某一数值时，受拉区边缘的混凝土达到实际的抗拉强度和极限拉应变值，截面处在开裂前的临界状态[图 4-7b)]，这种受力状态称为第Ⅰa 阶段。Ⅰa 阶段可作为受弯构件抗裂度的计算依据。

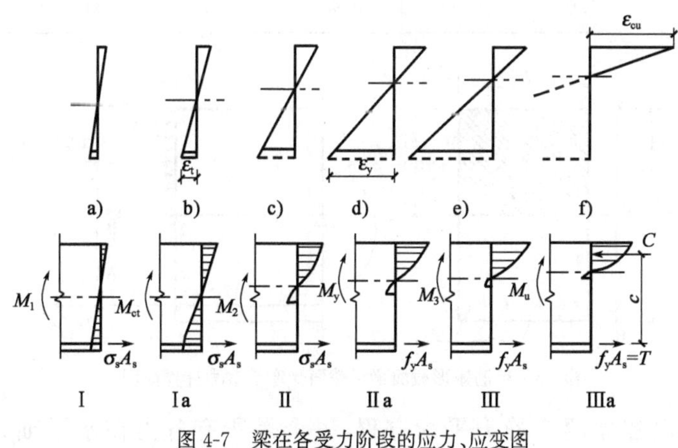

图 4-7　梁在各受力阶段的应力、应变图

(2)第Ⅱ阶段——截面开裂至钢筋屈服前的裂缝阶段

截面受力达Ⅰa 阶段后，荷载只要稍许增加截面立即开裂，截面上应力发生重分布，裂缝处混凝土不再承受拉应力，钢筋的拉应力突然增大，受压区混凝土出现明显的塑性变形，应力图形呈曲线[图 4-7c)]，这种受力阶段称为第Ⅱ阶段。

荷载继续增加，裂缝进一步开展，钢筋和混凝土的应力不断增大。当荷载增加到某一数值时，受拉区纵向受力钢筋开始屈服，钢筋应力达到其屈服强度[图 4-7d)]，这种特定的受力状态称为Ⅱa 阶段。阶段Ⅱ相当于梁在正常使用时的应力状态，可作为正常使用极限状态的变形和裂缝宽度计算时的依据。

(3)第Ⅲ阶段——破坏阶段

受拉区纵向受力钢筋屈服后，将继续产生塑性变形。随着裂缝宽度进一步扩展和梁挠度的增大，受压区面积减小，受压区混凝土压应力迅速增大并趋于丰满[图 4-7e)]，直至受压区混凝土出现纵向裂缝，混凝土被完全压碎，截面发生破坏[图 4-7f)]。

在第Ⅲ阶段中，钢筋所承受的总拉力大致保持不变，但由于中性轴逐步上移，内力臂 Z 略有增加，故截面极限弯矩 M_u 略大于屈服弯矩 M_y，可见该破坏阶段始于纵向受拉钢筋屈服，终结于受压区混凝土压碎。第Ⅲ阶段末(Ⅲa)可作为正截面受弯承载力计算的依据。

3. 计算简图、基本公式及适用条件

为了简化计算，将Ⅲa 状态的受压区混凝土的曲线应力图形用一个等效的应力矩形代替，如图 4-8 所示。采用这种等效方法时，需满足以下两个前提条件：①保持原来受压区混凝土合力 C 的作用点不变；②保持原来受压区混凝土合力 C 的大小不变。

设曲线应力图形的高度为 x_c，应力峰值为 f_c，等效矩形应力图形的高度为 $x=\beta_1 x_c$，应力为 $\alpha_1 f_c$，α_1 和 β_1 称为等效矩形应力图形系数，具体取值见表 4-3。

受压混凝土的简化应力图形系数 α_1 和 β_1 值 表 4-3

混凝土强度等级	≤C50	C55	C60	C65	C70	C75	C80
β_1	0.8	0.79	0.78	0.77	0.76	0.75	0.74
α_1	1.0	0.99	0.98	0.97	0.96	0.95	0.94

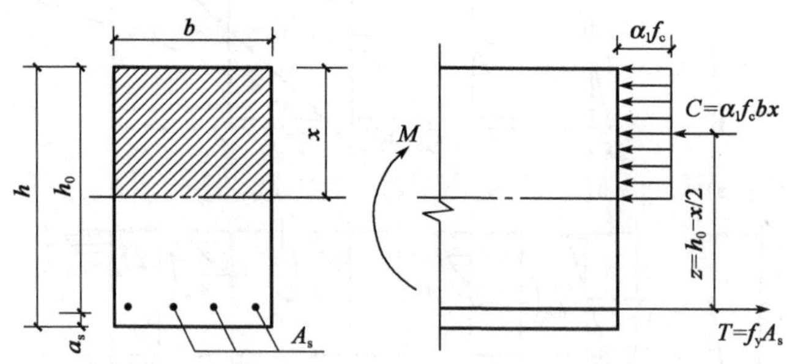

图 4-8 单筋矩形截面梁正截面受弯承载力计算简图

根据图 4-8,可以建立两个静力平衡方程,一个是所有各力在水平轴方向上的合力为零,即

$$\sum X = 0 \qquad \alpha_1 f_c bx = f_y A_s \tag{4-1}$$

另一个是所有各力对受拉区纵向受力钢筋的合力作用点或受压区混凝土压应力合力的作用点的合力矩为零,即

$$\sum M = 0 \qquad M \leqslant M_u = \alpha_1 f_c bx\left(h_0 - \frac{x}{2}\right) \tag{4-2}$$

或

$$M \leqslant M_u = f_y A_s\left(h_0 - \frac{x}{2}\right) \tag{4-3}$$

式中:M——截面所受的弯矩设计值;

M_u——截面受弯极限承载力;

h_0——混凝土受压区高度,$h_0 = h - a_s$,a_s 为纵向受拉钢筋合力点到截面受拉边缘的距离;

b——矩形截面宽度;

A_s——受拉区纵向受力钢筋的截面面积。

令 $\xi = x/h_0$,则由式(4-1)有

$$\rho = \frac{A_s}{bh_0} = \frac{\alpha_1 f_c x}{f_y h_0} = \xi \cdot \frac{\alpha_1 f_c}{f_y} \tag{4-4}$$

为防止超筋破坏,配筋率应有一个最大限值 ρ_{max},即应使 $\rho \leqslant \rho_{max}$。由式(4-4)可知,限制 ρ 值,实际上就是限制 ξ 值,令其限值为 ξ_b,并称之为"界限相对受压区高度",则适筋梁应满足 $\xi \leqslant \xi_b$。ξ_b 值与混凝土和钢筋的强度等级有关,详见表 4-4。

界限相对受压区高度 ξ_b 值 表 4-4

混凝土强度等级	ξ_b						
	≤C50	C55	C60	C65	C70	C75	C80
HPB300	0.5757	0.5661	0.5564	0.5468	0.5372	0.5276	0.5180
HRB335 HRBF335	0.5500	0.5405	0.5311	0.5216	0.5122	0.5027	0.4933
HRB400 HRBF400 RRB400	0.5176	0.5084	0.4992	0.4900	0.4808	0.4716	0.4625
HRB500 HRBF500	0.4822	0.4733	0.4644	0.4555	0.4466	0.4378	0.4290

为防止少筋破坏，适筋梁的配筋率应大于一个最小的配筋率 ρ_{min}。《混凝土结构设计规范》(GB 50010—2010)对 ρ_{min} 有如下规定：①受弯构件、偏心受拉、轴心受拉构件，其一侧纵向受拉钢筋的配筋百分率不应小于 0.2%和 $0.45f_t/f_y$ 中的较大值；②卧置于地基上的混凝土板，板的受拉钢筋的最小配筋百分率可适当降低，但不应小于 0.15%。注意：最小配筋率验算时，配筋率应按全截面面积扣除受压翼缘面积后的截面积计算。其他受力构件的最小配筋率见附表-7。

4. 截面承载力计算

在受弯构件承载力计算中，通常需要进行以下两项工作——截面设计和承载能力校核。

(1)截面设计

已知构件上作用的荷载或截面上的内力，混凝土的强度等级、钢筋的品种，构件的截面尺寸 b 及 h(根据构造要求假定)。设计时，先令正截面弯矩设计值 M 与截面受弯承载力设计值 M_u 相等，即 $M=M_u$；由式(4-2)解一元二次方程，确定 x；验算是否满足 $x\leqslant\xi_b h_0$ 或 $\xi\leqslant\xi_b$，若不满足，则需加大截面，或提高混凝土强度等级，或改用双筋矩形截面；然后由式(4-1)求得钢筋面积 A_s 值；按求出的 A_s 查附表-5 选择钢筋，采用的钢筋截面面积与计算所得 A_s 值，两者相差控制在±5%以内，并检查实际的值与假定的 a_s 是否大致相符，如果相差太大，则需重新计算；最后应该以实际采用的钢筋截面面积来验算是否满足最小配筋率 ρ_{min} 要求，如果不满足，则纵向受拉钢筋应按 ρ_{min} 配置。

在正截面受弯承载力设计中，钢筋直径、数量和排列等还不知道，因此 a_s 往往需要预先估计。对环境类别为一类(室内环境)的情况，一般取：梁内一层钢筋，$a_s=35$mm；梁内两层钢筋，$a_s=50\sim60$mm；板，$a_s=20$mm。

[例 4-1] 某矩形截面钢筋混凝土简支梁，计算跨度 $l_0=6$m，板传来的永久荷载及梁的自重标准值为 $g_k=13.5$kN/m，板传来的楼面活荷载标准值 $q_k=9$kN/m，梁的截面尺寸为 200mm×500mm，混凝土的强度等级为 C25，钢筋为 HRB335 钢筋，环境类别为一类，结构安全等级为二级。试求纵向受力钢筋所需面积。

[解] ①求最大弯矩设计值

永久荷载的分项系数为 1.2，楼面活荷载的分项系数为 1.4，结构的重要性系数为 1.0，因此，梁的跨中截面的最大弯矩设计值为：

$$M=\gamma_0(\gamma_G M_{Gk}+\gamma_Q M_{Qk})=1.0\times\left(1.2\times\frac{1}{8}\times 13.5\times 6^2+1.4\times\frac{1}{8}\times 9\times 6^2\right)=129.6\text{kN}\cdot\text{m}$$

②求所需纵向受力钢筋截面面积

由附表-2 查得当混凝土的强度等级为 C25 时，$f_c=11.9\text{N/mm}^2$，$f_t=1.27\text{N/mm}^2$，$\alpha_1=1.0$；由附表-3 查得 HRB335 钢筋得 $f_y=300\text{N/mm}^2$；查表 4-4 得 $\xi_b=0.55$。

先假定受力钢筋按一排布置，则 $h_0=500-35=465\text{mm}$，由式(4-2)可得：

$$x=h_0\left(1-\sqrt{1-\frac{2M}{\alpha_1 f_c b h_0^2}}\right)=465\left(1-\sqrt{1-\frac{2\times 129.6\times 10^6}{1.0\times 11.9\times 200\times 465^2}}\right)=137.41\text{mm}$$

$x=137.41\text{mm}<\xi_b h_0=0.55\times 465=255.75\text{mm}$，满足要求。

把 x 代入式(4-1)可得：

$$A_s=\frac{xb\alpha_1 f_c}{f_y}=\frac{137.41\times 200\times 1.0\times 11.9}{300}\approx 1090\text{mm}^2$$

选配 3⌀22，$A_s=1140\text{mm}^2$。

③最小配筋率验算

$$\rho=\frac{A_s}{bh}=\frac{1140}{200\times 500}=1.14\%>\rho_{min}=0.45\frac{f_t}{f_y}=0.45\times\frac{1.27}{300}=0.191\%$$，同时 $\rho>0.2\%$，满足。

(2)截面复核

构件的尺寸、混凝土的强度等级、钢筋的品种、数量和配筋方式等都已确定，要求计算截面是否能够承受某一已知的荷载或内力设计值。

先由式(4-1)计算 x，从而可得 ξ；检验是否满足 $\xi\leqslant\xi_b$，如果不满足，则取 $\xi=\xi_b$；由式(4-2)或式(4-3)可求得构件正截面承载力 M_u：

$$M_u=\alpha_1 f_c b h_0^2\xi(1-0.5\xi)\tag{4-5}$$

$$M_u=f_y A_s h_0(1-0.5\xi)\tag{4-6}$$

已知根据所承受的弯矩设计值 M，则当 $M_u\geqslant M$ 时，认为截面受弯承载力满足要求；否则为不安全。当 M_u 大于 M 过多时，该截面设计不经济。

此外，截面复核时，也应校核最小配筋率，防止发生少筋破坏。

[例 4-2] 已知某钢筋混凝土矩形梁，截面尺寸 $b\times h=250\text{mm}\times 500\text{mm}$，安全等级二级，一类环境，混凝土强度等级为 C30，$f_c=14.3\text{N/mm}^2$，$f_t=1.43\text{N/mm}^2$，$\alpha_1=1.0$；截面配有受拉钢筋为 4 根直径 20mm 的 HRB400 级钢筋，$f_y=360\text{N/mm}^2$，$A_s=1256\text{mm}^2$，$\xi_b=0.5176$。该梁承受的最大弯矩设计值 $M=168\text{kN}\cdot\text{m}$，试复核该梁能否安全工作？

[解] ①适用条件判断

$0.45f_t/f_y=0.45\times 1.43/360=0.178\%<0.2\%$，取 $\rho_{min}=0.2\%$。

$A_s=1256\text{mm}^2>\rho_{min}bh=0.2\%\times 250\times 500=250\text{mm}^2$，不会发生少筋破坏。

受力钢筋可一排布置，$h_0=500-35=465\text{mm}$，由式(4-1)可得：

$$x=\frac{f_y A_s}{\alpha_1 f_c b}=\frac{360\times 1256}{1.0\times 14.3\times 250}=126.48\text{mm},\ \xi=\frac{x}{h_0}=\frac{126.48}{465}=0.272<\xi_b=0.518$$

也不会发生超筋破坏。

②计算 M_u，复核承载力

由式(4-6)可得：

$$M_u = f_y A_s h_0 (1-0.5\xi) = 360 \times 1256 \times 465 \times (1-0.5 \times 0.272) \times 10^{-6} = 181.66\text{kN} \cdot \text{m}$$

可见，$M=168\text{kN} \cdot \text{m} < M_u$，该截面是安全的。

5. 正截面受弯承载力的计算系数

应用基本公式进行截面设计时，一般需求解二次方程式，计算过程比较麻烦，为了简化计算，可根据基本公式给出一些计算系数，从而使计算过程得到简化。

令

$$\alpha_s = \xi(1-0.5\xi) \tag{4-7}$$

$$\gamma_s = 1-0.5\xi \tag{4-8}$$

或

$$\xi = 1-\sqrt{1-2\alpha_s} \tag{4-9}$$

$$\gamma_s = \frac{1+\sqrt{1-2\alpha_s}}{2} \tag{4-10}$$

则式(4-1)、(4-5)、(4-6)分别变为

$$\alpha_1 f_c b h_0 \xi = f_y A_s \tag{4-11}$$

$$M_u = \alpha_1 f_c \alpha_s b h_0^2 \tag{4-12}$$

$$M_u = f_y A_s \gamma_s h_0 \tag{4-13}$$

截面设计时，令 $M=M_u$，就可由式(4-12)求出 α_s 值，即

$$\alpha_s = \frac{M}{\alpha_1 f_c b h_0^2} \tag{4-14}$$

然后由式(4-9)、(4-10)求得 ξ、γ_s 值(也可按附表-4 由 α_s 确定 ξ、γ_s)，再利用计算式(4-11)、式(4-13)及适用条件，即可使正截面受弯承载力的计算得到解决。

4.1.3 双筋矩形截面受弯承载力计算

双筋截面指的是在受压区配有受压钢筋，受拉区配有受拉钢筋的截面。压力由混凝土和受压钢筋共同承担，拉力由受拉钢筋承担。受压钢筋可以提高构件截面的延性，并可减少构件在荷载作用下的变形，但用钢量较大，因此一般情况下采用钢筋来承担压力是不经济的，但遇到下列情况之一可考虑采用双筋截面。

(1)梁的同一截面有承受异号弯矩的可能时，例如连续梁中的跨中截面，本跨荷载较大时则发生正弯矩，而当相邻跨荷载较大时则可能会出现负弯矩。这样，随着梁上作用荷载的变化，梁跨中截面受拉区与受压区的位置发生互换，梁截面内上、下钢筋所需的数量都比较多，因此在对正弯矩或负弯矩分别进行截面受弯承载力计算时都可按双筋截面梁计算。再如结构或构件承受地震等交变的作用，使截面上的弯矩改变方向。

(2)截面承受的弯矩设计值大于单筋截面所能承受的最大弯矩设计值，而梁截面尺寸受到限制，混凝土强度等级又不能提高时，在受压区配置受力钢筋以补充混凝土受压能力的不足。

(3)结构或构件的截面由于某种原因，在截面的受压区预先已经布置了一定数量的受力钢筋，宜考虑其受压作用而按双筋梁计算。例如框架梁按抗震要求设计时，梁端截面的底面和顶

面纵向钢筋面积的比值除按计算确定外，一般尚不应小于 0.3，对重要框架则不应小于 0.5。

1. 计算公式及适用条件

双筋矩形截面受弯承载力的计算公式可以根据如图 4-9 所示的计算简图由力和力矩的平衡条件得出：

$$\sum X = 0 \qquad \alpha_1 f_c bx + f'_y A'_s = f_y A_s \tag{4-15}$$

$$\sum M = 0 \qquad M_u = \alpha_1 f_c bx \left(h_0 - \frac{x}{2}\right) + f'_y A'_s (h_0 - a'_s) \tag{4-16}$$

式中：A'_s——受压钢筋的截面面积；

a'_s——受压区纵向受力钢筋合力作用点到受压区混凝土外边缘之间的距离，对于梁，当受压钢筋按一排布置时，可取 35mm，当受压钢筋按两排布置时，可取 60mm，对于板，可取 20mm。

应用以上两式时，必须满足下列适用条件：

$$x \leqslant \xi_b h_0 (\text{或 } \xi \leqslant \xi_b) \tag{4-17}$$

$$x \geqslant 2a'_s \tag{4-18}$$

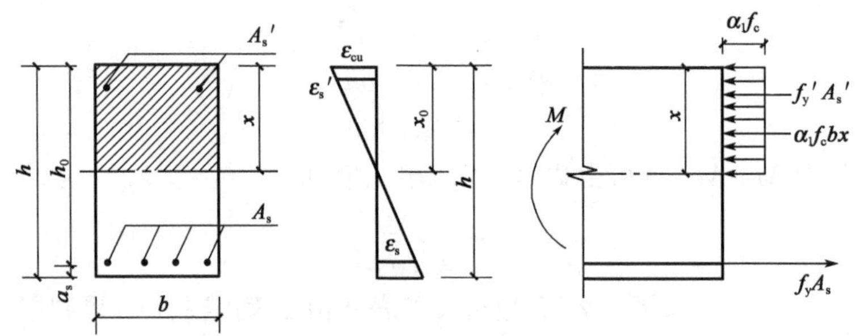

图 4-9 双筋矩形截面梁正截面受弯承载力计算简图

满足条件式(4-17)，可防止受压区混凝土在受拉区纵向受力钢筋屈服前压碎；满足条件式(4-18)，可防止受压区纵向受力钢筋在构件破坏时达不到抗压强度设计值。因为当 $x<2a'_s$ 时，受压钢筋的应变很小，受压钢筋不可能屈服。当不满足条件式(4-18)时，受压钢筋的应力达不到 f'_y 而成为未知数，这时可近似地取 $x=2a'_s$，并将各力对受压钢筋的合力作用点取矩而直接求得纵向受拉钢筋的截面面积 A_s，即

$$A_s = \frac{M}{f_y (h_0 - a'_s)} \tag{4-19}$$

但值得注意的是，按式(4-19)求得的 A_s 有可能比不考虑受压钢筋而按单筋矩形截面计算的 A_s 要大，这时应按单筋矩形截面设计配筋。

此外，对于双筋截面，一般不需验算受拉钢筋的最小配筋率，因为双筋截面中的纵向受拉钢筋通常较多，一般都能够满足最小配筋率要求。

2. 截面设计

双筋梁的截面设计，经常会遇到以下两种情况，设计步骤不同，具体如下：

(1)情况 1：已知截面尺寸 $b \times h$，混凝土强度等级及钢筋等级，弯矩设计值 M，求受压钢筋

A'_s和受拉钢筋A_s。

①判断是否需要采用双筋。若$M>\alpha_1 f_c \xi_b(1-0.5\xi_b)bh_0^2$或$\xi>\xi_b$，则需要采用双筋，否则就没必要。

②求A'_s。为了充分利用混凝土的受压能力，使配筋最少，令$x=\xi_b h_0$或$\xi=\xi_b$，则由$M=M_u$和式(4-16)可求A'_s，即

$$A'_s=\frac{M-\alpha_1 f_c bh_0^2\xi_b(1-0.5\xi_b)}{f'_y(h_0-a'_s)} \tag{4-20}$$

③求A_s。由式(4-15)可求A_s：

$$A_s=A'_s\frac{f'_y}{f_y}+\xi_b\frac{\alpha_1 f_c bh_0}{f_y} \tag{4-21}$$

［例 4-3］ 已知梁的截面尺寸为$b\times h=250\text{mm}\times500\text{mm}$，截面弯矩设计值$M=320\text{kN}\cdot\text{m}$。混凝土强度等级C30，钢筋采用HRB335，环境类别为一类。求所需受压和受拉钢筋截面面积A'_s、A_s。

［解］ 查表得：$f_c=14.3\text{N/mm}^2$，$f_t=1.43\text{N/mm}^2$，$\alpha_1=1.0$；$f_y=f'_y=300\text{N/mm}^2$，$\xi_b=0.55$。

假定受拉钢筋放两排，取$a_s=60\text{mm}$，则$h_0=h-a_s=500-60=440\text{mm}$。

$$\alpha_s=\frac{M}{\alpha_1 f_c bh_0^2}=\frac{320\times10^6}{1.0\times14.3\times250\times440^2}=0.462$$

$$\xi=1-\sqrt{1-2\alpha_s}=1-\sqrt{1-2\times0.462}=0.724>\xi_b=0.55$$

这说明，在不加大截面尺寸，又不提高混凝土强度等级的条件下，如果设计成单筋矩形截面，将会出现超筋情况，故应按双筋矩形截面进行设计。

取$\xi=\xi_b$，则由式(4-20)得：

$$A'_s=\frac{M-\alpha_1 f_c bh_0^2\xi_b(1-0.5\xi_b)}{f'_y(h_0-a'_s)}=\frac{320\times10^6-1.0\times14.3\times250\times440^2\times0.55\times(1-0.5\times0.55)}{300\times(440-35)}$$

$$=\frac{320\times10^6-275.98\times10^6}{300\times405}=362\text{mm}^2$$

再由式(4-21)得：

$$A_s=A'_s\frac{f'_y}{f_y}+\xi_b\frac{\alpha_1 f_c bh_0}{f_y}=362\times\frac{300}{300}+0.55\times\frac{1.0\times14.3\times250\times440}{300}=3246\text{mm}^2$$

受拉钢筋可选用7Φ25，$A_s=3436\text{mm}^2$；受压钢筋选用2Φ16，$A'_s=402\text{mm}^2$。

(2)情况2：已知截面尺寸$b\times h$、混凝土强度等级，钢筋等级，弯矩设计值M及受压钢筋A'_s，求受拉钢筋A_s。

由于基本公式(4-15)和式(4-16)中只有A_s和x两个未知数，可以直接联立求解。设计步骤如下：

①求α_s。由式(4-16)可得：

$$\alpha_s = \frac{M - f'_y A'_s (h_0 - a'_s)}{\alpha_1 f_c b h_0^2} \tag{4-22}$$

②求 ξ 和 x 并校核适用条件。

利用式(4-9)直接求出 ξ，再由 $x=\xi h_0$ 求出 x。若 $\xi>\xi_b$，说明给定的 A'_s 不足，应按 A'_s 未知的情况重新计算 A'_s 和 A_s。若 $x<2a'_s$，则应按式(4-19)直接求出 A_s。

③求 A_s。当 $2a'_s \leqslant x \leqslant \xi_b h_0$ 时，由式(4-15)可求得：

$$A_s = \frac{\alpha_1 f_c b x + f'_y A'_s}{f_y} \tag{4-23}$$

[例 4-4] 梁的基本情况与例 4-3 相同，但已知在受压区已经配有 2 ф 20 受压钢筋，即已知 $A'_s=628\text{mm}^2$，试求所需受拉钢筋面积 A_s。

[解] 由式(4-22)求得：

$$\alpha_s = \frac{M - f'_y A'_s (h_0 - a'_s)}{\alpha_1 f_c b h_0^2} = \frac{320 \times 10^6 - 300 \times 628 \times (440 - 35)}{1.0 \times 14.3 \times 250 \times 440^2} = 0.352$$

$$\xi = 1 - \sqrt{1 - 2\alpha_s} = 1 - \sqrt{1 - 2 \times 0.352} = 0.456 < \xi_b$$

$$x = \xi h_0 = 0.456 \times 440 = 200.64\text{mm} > 2a'_s$$

则 $A_s = \dfrac{\alpha_1 f_c b x + f'_y A'_s}{f_y} = \dfrac{1.0 \times 14.3 \times 250 \times 200.64 + 300 \times 628}{300} = 3019\ \text{mm}^2$

可选用 4 ф 25+3 ф 25($A_s=3104\text{mm}^2$)。

4.1.4 单筋 T 形截面受弯承载力计算

1. 概述

如前所述，在矩形截面受弯构件的承载力计算中，没有考虑混凝土的抗拉强度。因此，对于尺寸较大的矩形截面构件，可将受拉区两侧混凝土挖去，形成如图 4-10 所示 T 形截面，以减轻结构自重，节省工料。当受拉钢筋较多，可将截面底部适当增大，形成工字形截面，如图 4-11所示。工字形截面的受弯承载力的计算与 T 形截面相同。

图 4-10 中 T 形截面的伸出部分称为翼缘，其宽度为 b'_f，高度为 h'_f；中间部分称为梁肋或腹板，肋宽为 b，高为 h。对于现浇楼盖的连续梁(图 4-12)，支座处承受负弯矩，翼缘受拉(1-1 截面)，按矩形截面计算；而跨中承受正弯矩，翼缘受压(2-2 截面)，可按 T 形截面计算。

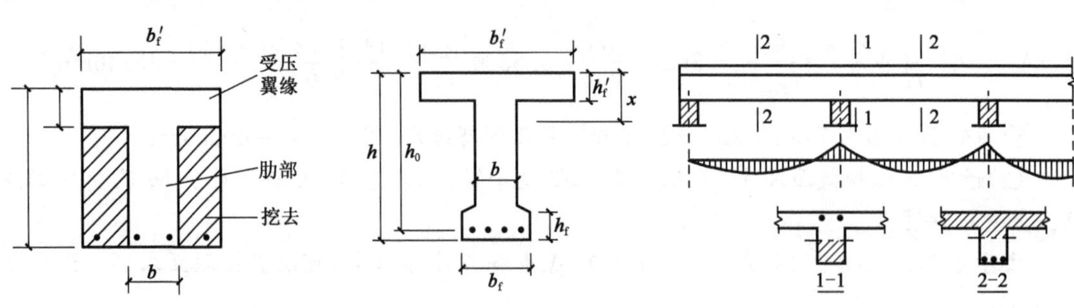

图 4-10 T形截面图　　图 4-11 工字形截面　　图 4-12 连续梁跨中与支座截面

理论上，T 形面截面翼缘宽度 b_f' 越大，截面受力性能越好。因为在弯矩 M 作用下，b_f' 越大则受压区高度 x 越小，内力臂增大，因而可减小受拉钢筋截面面积。但试验与理论研究证明，T 形截面受弯构件翼缘的纵向压应力沿翼缘宽度方向分布不均匀，离肋部越远压应力越小[图 4-13a)]。因此计算上简化采用有效翼缘宽度 b_f'（也称为翼缘计算宽度），认为在 b_f' 范围内压应力为均匀分布[图 4-13b)]，b_f' 范围以外部分的翼缘则不考虑。

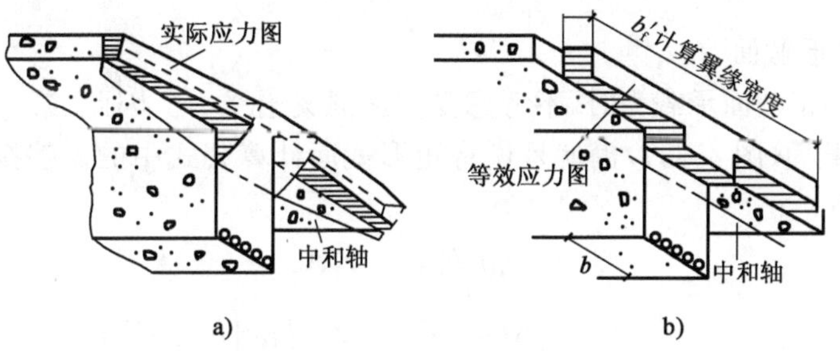

图 4-13　T 形截面应力分布图

T 形截面翼缘计算宽度 b_f' 的取值，与翼缘厚度、梁的跨度和受力情况等许多因素有关。规范规定按表 4-5 中有关规定的最小值取用。

T 形、工字形及倒 L 形截面受压翼缘计算宽度 b_f'　　表 4-5

考虑的情况		T 形、工字形截面		倒 L 形截面
		肋形梁（板）	独　立　梁	肋形梁（板）
1	按计算跨度 l_0 考虑	$l_0/3$	$l_0/3$	$l_0/6$
2	按梁（肋）净距 S_n 考虑	$b+S_n$	—	$b+S_n/2$
3	按翼缘高度 h_f' 考虑	$b+12h_f'$	b	$b+5h_f'$

注：1. 表中 b 为梁的腹板宽度。

2. 如肋形梁在梁跨内设有间距小于纵肋间距的横肋时，则可不遵守表列情况 3 的规定。

3. 对有加腋的 T 形、I 形和倒 L 形截面，当受压区加腋的高度 $h_n \geqslant h_f'$ 且加腋的宽度 $b_n \leqslant 3h_n$ 时，则其翼缘计算宽度可按表列第 3 种情况规定分别增加 $2b_n$（T 形截面、I 形截面）和 b_n（倒 L 形截面）。

4. 独立梁受压区的翼缘板在荷载作用下经验算沿纵肋方向可能产生裂缝时，其计算宽度应取用腹板宽度 b。

2. 基本计算公式

T 形截面受弯构件按受压区的高度不同，可分为两种类型：第一类 T 形截面，中和轴在翼缘内，即 $x<h_f'$[图 4-14a)]；第二类 T 形截面中和轴在梁肋内，即 $x>h_f'$[图 4-14c)]。

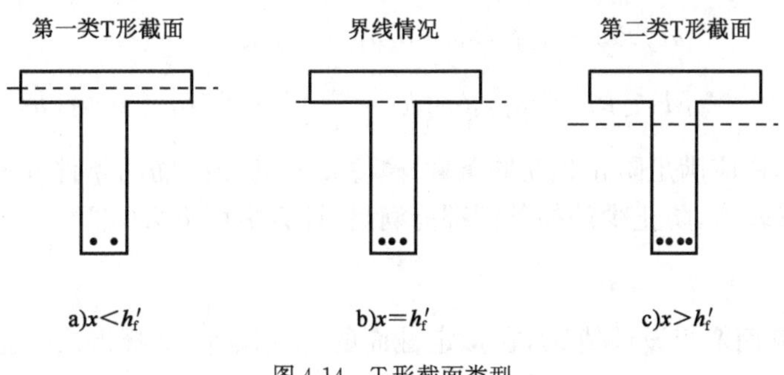

图 4-14　T 形截面类型

两类 T 形截面的判别：当中和轴通过翼缘底面，即 $x=h_f'$ 时[图 4-14b)]为两类 T 形截面的界限情况。显然，对比界限情况所能承受的最大弯矩 M_{cr} 与截面实际承受的弯矩 M，即可判定，即如果 $M \leqslant M_{cr}$，说明 $x \leqslant h_f'$，则属于第一类 T 形截面；如果 $M > M_{cr}$，说明 $x > h_f'$，则属于第二类 T 形截面。M_{cr} 的计算公式如下：

$$M_{cr} = \alpha_1 f_c b_f' h_f' \left(h_0 - \frac{h_f'}{2}\right) \tag{4-24}$$

(1)第一类 T 形截面

在计算截面的正截面承载力时，不考虑受拉区混凝土受力。因此，第一类 T 形截面相当于宽度 b_f' 的矩形截面(图 4-15)，也就是说将矩形截面计算公式中的 b 替换为 b_f' 即可。由式(4-1)和式(4-2)得：

$$\sum X = 0 \qquad \alpha_1 f_c b_f' x = f_y A_s \tag{4-25}$$

$$\sum M = 0 \qquad M \leqslant M_u = \alpha_1 f_c b_f' x \left(h_0 - \frac{x}{2}\right) \tag{4-26}$$

以上两公式应满足最小配筋率的要求。应该注意的是，尽管该类 T 形截面承载力按宽度 b_f' 的矩形截面计算，但其最小配筋率还是应按宽度为 b(肋宽)的矩形截面计算，即 $\rho = A_s / bh_0$。这是因为最小配筋率是根据钢筋混凝土梁开裂后的受弯承载力与相同截面素混凝土梁受弯承载力相同的条件得出的，而受压翼缘对素混凝土截面受弯承载力影响较小。而且为简化计算并参考以往设计经验，此处 ρ_{min} 仍按矩形截面的数值采用。

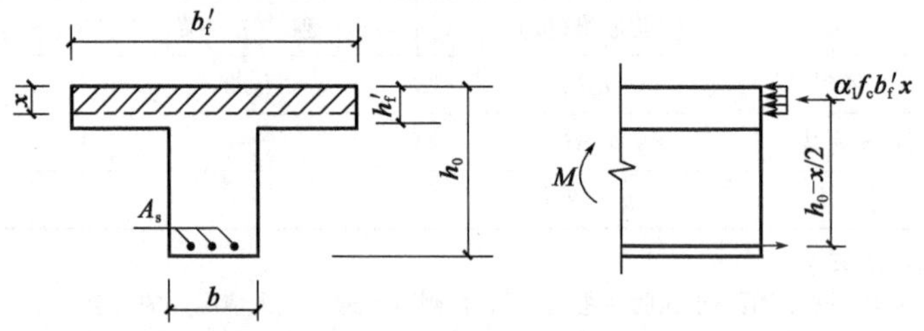

图 4-15　第一类 T 形截面计算简图

而对于防止超筋破坏，因为一般情况下该类截面 $\xi = x/h_0 \leqslant h_f'/h_0$ 较小，所以通常都能满足而不必验算。

(2)第二类 T 形截面

第二类 T 形截面的受压区可分为 2 个部分，如 4-16 计算简图所示。根据力的平衡条件，可得其基本计算公式：

$$\sum X = 0 \qquad \alpha_1 f_c bx + \alpha_1 f_c (b_f' - b) h_f' = f_y A_s \tag{4-27}$$

$$\sum M = 0 \qquad M \leqslant M_u = \alpha_1 f_c bx \left(h_0 - \frac{x}{2}\right) + \alpha_1 f_c (b_f' - b) h_f' \left(h_0 - \frac{h_f'}{2}\right) \tag{4-28}$$

以上两公式同样应满足防止超筋的条件 $x \leqslant \xi_b h_0$ 和防止少筋的条件 $\rho \geqslant \rho_{min}$。但通常该类 T 形截面受拉钢筋较多，防止少筋的条件都能满足，计算中可不必验算。

3. 截面设计

已知 T 形梁截面弯矩设计值 M，在拟定截面的各项尺寸，选择混凝土强度等级和钢筋级别后，首先利用式(4-24)和 M 值判别截面类型，然后根据其截面所属类型，分别按以下步骤计算确定T形梁的受拉钢筋面积。

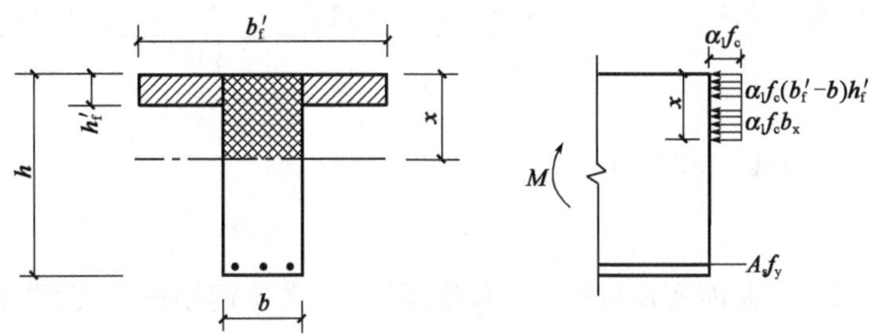

图 4-16 第二类T形截面计算简图

(1)第一类T形截面设计步骤

① $\alpha_s=\dfrac{M}{\alpha_1 f_c b'_f h_0^2}$。

② $\gamma_s=\dfrac{1+\sqrt{1-2\alpha_s}}{2}$。

③ $A_s=\dfrac{M}{\gamma_s f_y h_0}$,并选配钢筋。

④按实配钢筋面积 A_s,验算最小配筋率,使之满足:$\rho=\dfrac{A_s}{bh_0}\geqslant\rho_{min}$。

(2)第二类T形截面设计步骤

① $\alpha_s=\dfrac{M-\alpha_1 f_c(b'_f-b)h'_f\left(h_0-\dfrac{h'_f}{2}\right)}{\alpha_1 f_c b h_0^2}$。

② $\xi=1-\sqrt{1-2\alpha_s}$,$x=\xi h_0$。

③验算最大配筋率,使之满足:$\xi\leqslant\xi_b$ 或 $x\leqslant\xi_b h_0$。

④ $A_s=\dfrac{\alpha_1 f_c bx+\alpha_1 f_c(b'_f-b)h'_f}{f_y}$,并选配钢筋。

[例 4-5] 已知一肋形楼盖的次梁,弯矩设计值 $M=440\text{kN}\cdot\text{m}$,梁的截面尺寸为 $b\times h=200\text{mm}\times500\text{mm}$,$b'_f=1000\text{mm}$,$h'_f=90\text{mm}$,混凝土等级为C25,$f_c=11.9\text{N/mm}^2$,$\alpha_1=1.0$;钢筋采用HRB400,$f_y=360\text{N/mm}^2$,$\xi_b=0.518$;环境类别为一类,求受拉钢筋截面面积 A_s。

[解] ①判断截面类型

由于该梁弯矩较大,假设受拉钢筋两排,则 $h_0=h-60=440\text{mm}$。

$$M_{cr}=\alpha_1 f_c b'_f h'_f\left(h_0-\frac{h'_f}{2}\right)=1.0\times11.9\times1000\times90\times\left(440-\frac{90}{2}\right)\times10^{-6}=423\text{kN}\cdot\text{m}<M$$

属于第二类T形截面。

②求 A_s

$$\alpha_s=\frac{M-\alpha_1 f_c(b'_f-b)h'_f\left(h_0-\dfrac{h'_f}{2}\right)}{\alpha_1 f_c b h_0^2}=\frac{440\times10^6-1.0\times11.9\times(1000-200)\times90\times\left(440-\dfrac{90}{2}\right)}{1.0\times11.9\times200\times440^2}$$

$=0.220$

$$\xi=1-\sqrt{1-2\alpha_s}=1-\sqrt{1-2\times0.220}=0.252<\xi_b=0.518$$

$x=\xi h_0=0.252\times 440=110.88\text{mm}$

$$A_s=\frac{\alpha_1 f_c bx+\alpha_1 f_c(b_f'-b)h_f'}{f_y}=\frac{1.0\times 11.9\times 200\times 110.88+1.0\times 11.9\times(1000-200)\times 90}{360}$$

$=3113\text{mm}^2$

可选配 3Φ28+3Φ25($A_s=3320\text{mm}^2$)。

4. 截面复核

一般情况下，当已知截面弯矩设计值M，截面尺寸，受拉钢筋截面面积A_s，混凝土强度等级及钢筋级别时，可以按如下步骤复核T形截面受弯承载力是否足够。

(1)判断T形截面的类型

由于A_s已知，当$A_s f_y\leqslant\alpha_1 f_c b_f' h_f'$时，即$x\leqslant h_f'$，为第一类T形截面；反之为第二类T形截面。

(2)求x并判别是否满足适用条件：

①若为第一类T形截面，则利用式(4-25)可得：

$$x=\frac{A_s f_y}{\alpha_1 f_c b_f'}$$

②若为第二类T形截面，则由式(4-27)可得：

$$x=\frac{A_s f_y-\alpha_1 f_c(b_f'-b)h_f'}{\alpha_1 f_c b}$$

以上所求得的x要满足$x\leqslant\xi_b h_0$的要求。若$x>\xi_b h_0$，则应取$x=\xi_b h_0$代入相应公式求解M_u。

(3)求M_u并判断。

对第一类T形截面，只要把x代入式(4-26)即可计算M_u并判断$M\leqslant M_u$是否成立；同样，对第二类T形截面，只要把x代入式(4-28)即可计算并判断。

如果$M\leqslant M_u$，说明承载力足够，截面安全，否则应重新设计该截面。

[例 4-6] 一根T形截面简支梁，截面尺寸$b\times h=250\text{mm}\times 600\text{mm}$，$b_f'=500\text{mm}$，$h_f'=100\text{mm}$，混凝土采用C30，$f_c=14.3\text{N/mm}^2$，$\alpha_1=1.0$；钢筋采用HRB335，$f_y=300\text{N/mm}^2$，$\xi_b=0.55$。在梁的下部配有两排共6$\Phi$22的受拉钢筋($A_s=2281\text{mm}^2$)，该截面承受的设计弯矩为$M=300\text{kN}\cdot\text{m}$，试校核该梁是否安全(环境类别为一类)。

[解] ①判断T形截面的类型

$$A_s f_y=300\times 2281\times 10^{-3}=684.3\text{kN}\leqslant\alpha_1 f_c b_f' h_f'=1.0\times 14.3\times 500\times 100\times 10^{-3}=715\text{kN}$$

故该梁属于第一类T形。

②求x并判别适用条件

受拉钢筋两排，则$h_0=h-60=600-60=540\text{mm}$。

$$x=\frac{A_s f_y}{\alpha_1 f_c b_f'}=\frac{684.3\times 10^3}{1.0\times 14.3\times 500}=95.7\text{mm}\leqslant\xi_b h_0=0.55\times 540=297\text{mm}，满足。$$

③求M_u并判断

$$M_u=\alpha_1 f_c b_f' x\left(h_0-\frac{x}{2}\right)=1.0\times 14.3\times 500\times 95.7\times\left(540-\frac{95.7}{2}\right)\times 10^{-6}=336.76\text{kN}\cdot\text{m}$$

可见，$M<M_u$，该梁是安全的。

4.1.5 受弯构件斜截面承载力计算

1. 概述

受弯构件一般情况下总是由弯矩和剪力共同作用。通过试验可知，在主要承受弯矩的区段，将产生垂直裂缝，但在剪力为主的区段，受弯构件却产生斜裂缝。这是梁中主拉应力作用的结果，如图 4-17 简支梁中的主拉应力线(实曲线)所示。因此，钢筋混凝土受弯构件在弯矩和剪力共同作用下，当正截面受弯承载力得到保证时，则有可能产生斜截面破坏。斜截面破坏包括斜截面受剪破坏和斜截面受弯破坏两方面。为了保证受弯构件的承载力，除了必须进行正截面受弯承载力计算外，还必须进行斜截面受剪承载力计算，同时还须通过构造措施来保证斜截面受弯承载力。

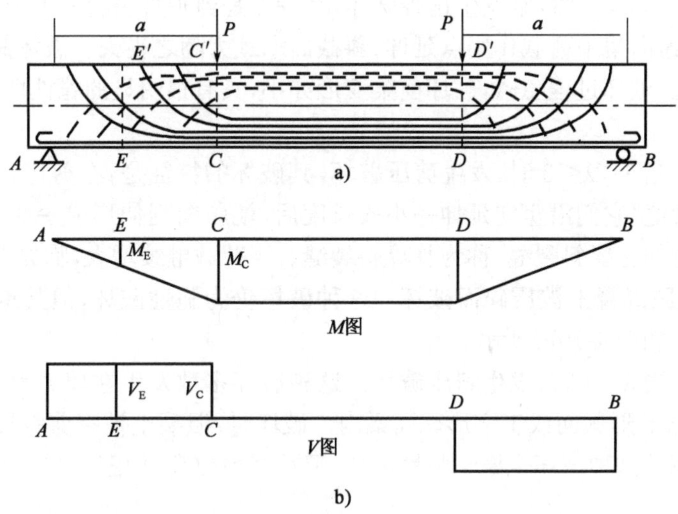

图 4-17　对称集中加载的钢筋混凝土简支梁

斜截面破坏带有脆性破坏性质，应当避免。为了防止梁沿斜裂缝破坏，应使梁具有一个合理的截面尺寸，并配置必要的腹筋(箍筋和弯起钢筋的总称)。纵筋、腹筋和架立钢筋绑扎(或焊)在一起，形成钢筋骨架，如图 4-18 所示。仅配有纵向钢筋而无箍筋和弯起钢筋的梁，称为无腹筋梁。

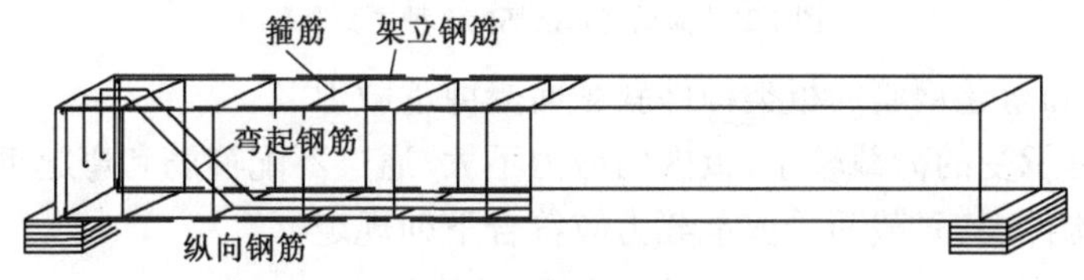

图 4-18　钢筋骨架图

2. 无腹筋受弯构件受剪承载力

(1)无腹筋梁剪切破坏形态

在讨论梁剪切破坏形态之前，先了解一个重要参数——剪跨比 λ。对于承受集中荷载的梁，剪跨比 λ 系指剪跨 a（指集中力作用点至邻近支座的距离）与截面有效高度 h_0 的比值，即

$$\lambda = \frac{a}{h_0} = \frac{Va}{Vh_0} = \frac{M}{Vh_0} \tag{4-29}$$

式(4-29)表明，剪跨比 λ 实质上反映了截面上弯矩 M 与剪力 V 的相对值。于是，对于承受均布荷载或其他复杂荷载的梁，可用无量纲参数 $M/(Vh_0)$ 来反映截面上弯矩与剪力的相对比值，一般称之为广义剪跨比。

由于剪压区混凝土截面上的正应力大致与弯矩 M 成正比，而剪应力大致与剪力 V 成正比。因此，剪跨比 λ 实质上反映了截面上正应力和剪应力的相对关系。由于正应力和剪应力决定了主应力的大小和方向。因而，它对梁的斜截面受剪破坏形态和斜截面受剪承载力，有着极为重要的影响。

大量试验表明，无腹筋梁斜截面剪切破坏主要有三种破坏形态：

①斜拉破坏。当 $\lambda>3$ 时，常发生这种破坏，其特点是当垂直裂缝一出现，便很快形成一条主要斜裂缝，并迅速向集中荷载作用点延伸，斜截面承载力随之丧失。破坏荷载与出现斜面裂缝时的荷载很接近，破坏过程急骤，破坏前梁变形亦小，具有很明显的脆性性质，如图 4-19a)所示。

②剪压破坏。当 $1<\lambda<3$ 时，发生剪压破坏，其破坏的特征是：在剪弯区段的受拉区边缘先出现一些垂直裂缝，它们沿竖向延伸一小段长度后，就斜向延伸形成一些斜裂缝，而后又产生一条贯穿的较宽的主要斜裂缝，称为临界斜裂缝。当荷载继续增大，临界斜裂缝上端剩余截面逐渐缩小，剪压区混凝土被压碎而破坏。这种破坏仍为脆性破坏，但其承载力较斜拉破坏高，比斜压破坏低，如图 4-19b)所示。

③斜压破坏。当 $\lambda<1$ 时，发生斜压破坏。这种破坏多数发生在剪力大而弯矩小的区段，以及梁腹板很薄的 T 形截面或工字形截面梁内。破坏时，混凝土被腹剪斜裂缝分割成若干个斜向短柱而被压坏。这种破坏也属于脆性破坏，但承载力较高，如图 4-19c)所示。

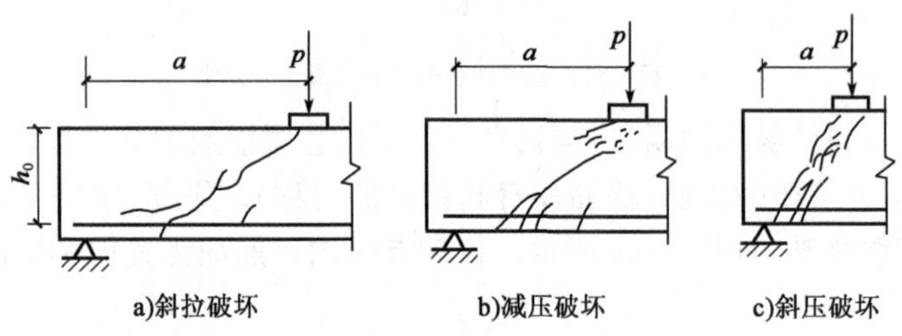

图 4-19　梁的剪切破坏的 3 种主要形态

(2)不配箍筋和弯起钢筋的板类构件斜截面受剪承载力

板类构件通常承受的荷载较小，板内的剪力不大，通过不配箍筋和弯起钢筋。对于板类构件和无腹筋梁类构件，其斜截面受剪承载力应符合下列规定：

$$V \leqslant 0.7\beta_h f_t b h_0 \tag{4-30}$$

$$\beta_h = \left(\frac{800}{h_0}\right)^{\frac{1}{4}} \tag{4-31}$$

式中：β_h——截面高度影响系数，当 h_0 小于 800mm，取 h_0 等于 800mm，当 h_0 大于 2000mm，取 h_0 等于 2000mm；

b——矩形截面的宽度或 T 形截面和工字形截面的腹板宽度；

f_t——混凝土轴心抗拉强度设计值。

3. 有腹筋梁受剪承载力

由于有腹筋存在，且与梁的主应力线相交，在梁的斜裂缝出现以后，腹筋能起到直接承担部分剪力，限制斜裂缝的延伸和开展，增大剪压区的面积，提高剪压区抗剪能力等作用。

试验研究表明，有腹筋梁的斜截面破坏与无腹筋梁相似，也可分为斜拉破坏、剪压破坏和斜压破坏 3 种形态，但腹筋(主要是箍筋)的数量对梁斜截面的破坏形态和受剪承载力有很大影响。如果箍筋配置数量过少，则斜裂缝一出现，箍筋很快会达到屈服强度而产生脆性的斜拉破坏；如果箍筋配置数量过多，则在箍筋尚未屈服时，斜裂缝间的混凝土就因主压应力过大而发生脆性的斜压破坏。在工程设计中，斜拉破坏和斜压破坏都是不允许的。

(1)仅配箍筋梁的斜截面承载力计算公式

矩形、T 形和工字形截面的一般受弯构件其斜截面受剪承载力计算公式如下：

$$V \leqslant V_{cs} = \alpha_{cv} f_t b h_0 + f_{yv} \cdot \frac{A_{sv}}{s} \cdot h_0 \tag{4-32}$$

式中：V_{cs}——混凝土和箍筋的受剪承载力设计值；

f_{yv}——箍筋抗拉强度设计值；

A_{sv}——配置在同一截面内箍筋各肢的全部截面面积，$A_{sv}=n \cdot A_{sv1}$，其中 n 为同一个截面内箍筋的肢数，A_{sv1} 为单肢箍筋的截面面积；

s——沿构件长度方向箍筋的间距；

b——矩形截面的宽度，T 形或工字形截面的腹板宽度；

h_0——构件截面的有效高度；

α_{cv}——截面混凝土受剪承载力系数。对于一般受弯构件，$\alpha_{cv}=0.7$；对集中荷载作用下(包括作用有多种荷载，但集中荷载对支座边缘截面或节点边缘所产生的剪力值占总剪力的 75%以上的情况)的独立梁，取

$$\alpha_{cv} = \frac{1.75}{\lambda + 1} \tag{4-33}$$

式中：λ——计算截面的剪跨比，取 $\lambda = a/h_0$，a 为集中荷载作用点至支座截面或节点边缘的距离。当 $\lambda < 1.5$ 时，取 $\lambda = 1.5$；当 $\lambda > 3$ 时，取 $\lambda = 3$。

(2)配有箍筋和弯起钢筋时梁的斜截面受剪承载力

当梁的剪力较大时，可配置箍筋和弯起钢筋共同承受剪力设计值。弯起钢筋所承受的剪力值应等于弯起钢筋的承载力在垂直于梁纵轴方向的分力值。其斜截面承载力设计表达式为：

$$V \leqslant V_u = V_{cs} + 0.8 f_y A_{sb} \sin\alpha_s \tag{4-34}$$

式中：V_{cs}——与式(4-32)对应的混凝土和箍筋的受剪承载力设计值；

f_y——弯起钢筋的抗拉强度设计值，考虑到弯起钢筋在靠近斜裂缝顶部的剪压区时，可能达不到屈服强度，所以乘以 0.8 的折减系数；

A_{sb}——同一弯起平面内弯起钢筋的截面面积；

α_s——弯起钢筋与梁纵轴的夹角。

4. 计算公式的适用范围

梁的斜截面受剪承载力计算公式，仅适用于剪压破坏情况，为了防止斜压破坏和斜拉破坏，还应规定其上、下限值。

(1)上限值——最小截面尺寸

当发生斜压破坏时，梁腹的混凝土被压碎、箍筋不屈服，其受剪承载力主要取决于构件的腹板宽度、梁截面高度及混凝土强度。因此，只要保证构件截面尺寸不太小，就可防止斜压破坏的发生，同时也是为了防止在使用阶段斜裂缝过宽。为此，规范规定了截面尺寸的限制条件：

对于一般梁，当 $h_w/b \leqslant 4.0$ 时，应满足

$$V \leqslant 0.25\beta_c f_c b h_0 \tag{4-35}$$

对应薄腹梁，当 $h_w/b \geqslant 6.0$ 时，应满足

$$V \leqslant 0.2\beta_c f_c b h_0 \tag{4-36}$$

而当 $4.0 < h_w/b < 6.0$ 时，按线性插值取用。

式中：V——构件斜截面上的最大剪力设计值；

β_c——混凝土强度影响系数，当混凝土强度等级不超过 C50 时，取 $\beta_c=1.0$，当混凝土强度等级为 C80 时，取 $\beta_c=0.8$，其间按线性内插法取用；

b——矩形截面的宽度，T 形或工字形截面的腹板宽度；

h_w——截面的腹板高度；矩形截面取有效高度 h_0，T 形截面取有效高度减去翼缘高度，工字形截面取腹板净高。

(2)下限值——箍筋最小含量

为了避免因箍筋少筋而导致的斜拉脆性破坏，要求在梁内配置一定数量的箍筋，且箍筋的间距又不能过大，以保证每一道斜裂缝均能与箍筋相交，就可避免发生斜拉破坏。规范规定，箍筋的配箍率 ρ_{sv} 应满足最小配箍率 $\rho_{sv,min}$ 要求，即

$$\rho_{sv} = \frac{n \cdot A_{sv1}}{bs} \geqslant \rho_{sv,min} = 0.24\frac{f_t}{f_{yv}} \tag{4-37}$$

否则按构造配筋。

5. 斜截面受剪承载力计算方法和步骤

(1)计算截面的位置

有腹筋梁斜截面受剪破坏一般是发生在剪力设计值比较大或受剪承载力比较薄弱的地方，因此在进行斜截面承载力设计时，计算截面的选择是有规律可循的。一般情况下，以下各斜截面都应分别计算受剪承载力：①支座边缘处截面（如图 4-20 中的 1-1 截面）；②受拉区弯起钢筋起点处截面（如图 4-20 中的 2-2 截面和 3-3 截面）；③箍筋截面面积或间距改变处截面（如图 4-20 中的 4-4 截面）；④截面尺寸改变处截面。

计算截面处的剪力设计值应按下面方法取用：计算支座边缘处的截面时，取该处的剪力值；计算箍筋数量改变处的截面时，取箍筋数量开始处的剪力值；计算从支座算起第一排弯起钢筋时，取支座边缘处的剪力值；计算以后各排弯起钢筋时，取前排弯起钢筋弯起点处的剪力值。

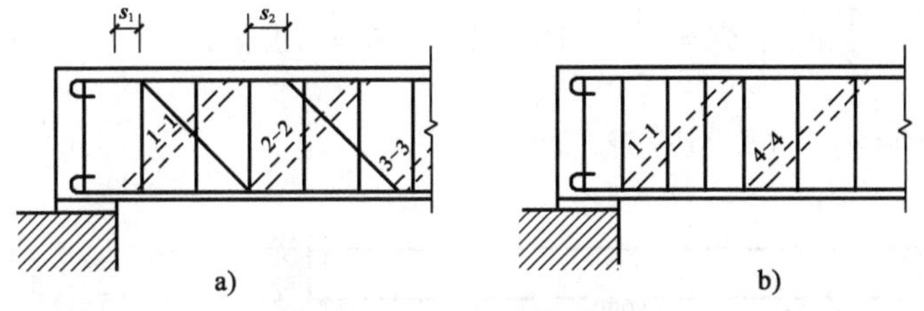

图 4-20 斜截面受剪承载力计算位置

(2)斜截面受剪承载力计算步骤

在完成正截面承载力设计,确定截面尺寸和纵向钢筋后,针对上述各计算截面,根据剪力设计值再进行斜截面受剪承载力的设计计算,其一般步骤如下:

①求计算截面剪力,必要时绘制剪力图。

②按式(4-35)~式(4-36)验算是否满足截面限制条件。如不满足,则应加大截面尺寸或提高混凝土的强度等级。

③验算是否需要按计算配置腹筋。

如果计算截面的剪力设计值满足下述要求,梁内可不按计算配置腹筋,可按构造要求配置;否则,应按计算配置腹筋。

$$V \leqslant \alpha_{cv} f_t b h_0 \tag{4-38}$$

④计算腹筋

a. 仅配置箍筋的梁

$$\frac{A_{sv}}{s} \geqslant \frac{V - \alpha_{cv} f_t b h_0}{f_{yv} h_0} \tag{4-39}$$

式(4-39)中含有箍筋肢数 n、单肢箍筋截面面积 A_{sv1},箍筋间距 s 三个未知量,设计时一般先假定箍筋直径 d 和箍筋的肢数 n,然后计算箍筋的间距 s。在选择箍筋直径和间距时应符合构造规定,同时应满足最小配箍率要求。

b. 同时配置箍筋和弯起钢筋的梁

可以根据经验和构造要求配置箍筋,确定 V_{cs},然后按下式计算弯起钢筋的面积。

$$A_{sb} = \frac{V - V_{cs}}{0.8 f_y \sin\alpha_s} \tag{4-40}$$

也可以根据受弯承载力的要求,先确定弯起钢筋,再按计算所需箍筋。

⑤验算最小配箍率。利用式(4-37)校核,如果不满足,则应按最小配箍率和构造要求配箍。

[例 4-7] 已知一简支梁,一类环境,安全等级二级,梁的截面尺寸 $b \times h = 250\text{mm} \times 600\text{mm}$,计算简图如图 4-21 所示,梁上受到均布荷载设计值 $q = 10.0\text{kN/m}$(包括梁自重),集中荷载设计值 $Q = 150\text{kN}$,梁中配有纵向受拉钢筋 HRB335 级 4Φ22($A_s = 1520\text{mm}^2$),混凝土强度等级为 C25,箍筋为 HPB300 级钢筋,试计算抗剪腹筋。

[解] ①确定计算参数:$f_c = 11.9\text{N/mm}^2$,$f_t = 1.27\text{N/mm}^2$,$f_{yv} = 270\text{N/mm}^2$,$f_y = 300\text{N/mm}^2$,

$h_w = h_0 = 600 - 35 = 565\text{mm}$。

②计算最大剪力设计值 V,最大剪力设计值在支座边缘截面处:

$$V = V_q + V_Q = \frac{1}{2}ql_n + Q = \frac{1}{2} \times 10 \times 8 + 150 = 190\text{kN}$$

$$\frac{V_Q}{V} = \frac{150}{190} \times 100\% = 78.95\% > 75\%$$

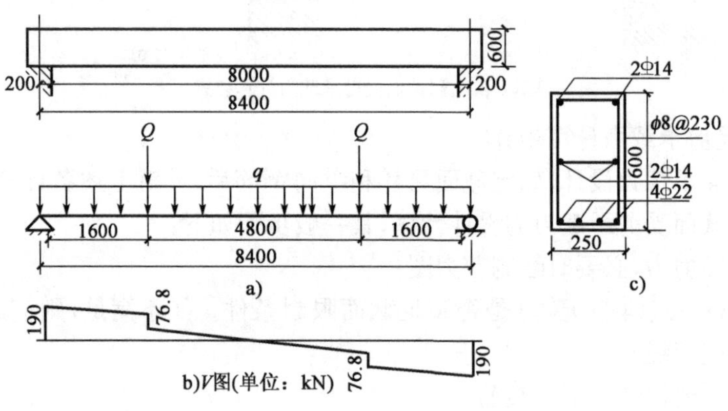

图 4-21　例 4-7 计算图

③验算截面尺寸：

$h_w/b = 565/250 = 2.26 < 4.0$

属于一般梁，则由式(4-35)可得：

$$0.25\beta_c f_c b h_0 = 0.25 \times 1.0 \times 11.9 \times 250 \times 565 \times 10^{-3} = 420.2\text{kN} > V = 190\text{kN}$$

满足要求。

④判别是否需要计算腹筋：

集中荷载在支座截面产生的剪力与总剪力之比大于 75%，应考虑 λ 的影响：

$1.5 < a/h_0 = 1600/565 = 2.83 < 3.0$，则由式(4-31)可得：

$$V_c = \frac{1.75}{\lambda + 1} f_t b h_0 = \frac{1.75}{2.83 + 1} \times 1.27 \times 250 \times 565 \times 10^{-3} = 81.97\text{kN} < V = 190\text{kN}$$

需按计算配置腹筋

⑤腹筋计算：

方案一：只配箍筋，不配弯起钢筋。

由式(4-39)可得：

$$\frac{n \cdot A_{sv1}}{s} \geqslant \frac{V - \alpha_{cv} f_t b h_0}{f_{yv} h_0} = \frac{190 \times 10^3 - 81.97 \times 10^3}{270 \times 565} = 0.708\text{mm}$$

选用双肢箍Φ 8，$A_{sv1} = 50.3\text{mm}^2$，则

$$s \leqslant \frac{2 \times 50.3}{0.708} = 142\text{mm}，取\ s = 100\text{mm}$$

配箍率：

$$\rho_{sv} = \frac{n \cdot A_{sv1}}{bs} = \frac{2 \times 50.3}{250 \times 100} \times 100\% = 0.402\% \geqslant \rho_{sv,\min} = 0.24\frac{f_t}{f_{yv}}$$

$$= 0.24 \times \frac{1.27}{270} \times 100\% = 0.112\%$$

满足要求，且所选箍筋直径和间距符合构造规定。

方案二：既配箍筋又配弯起钢筋。

根据设计经验和构造规定，本例选用Φ 8@200 的箍筋 2 肢箍，弯起钢筋利用梁底 HRB335 级纵筋弯起，弯起角 45°，则由式(4-32)和式(4-34)可得：

$$V_{cs} = \alpha_{cv} f_t b h_0 + f_{yv} \frac{A_{sv}}{s} h_0 = 81.97 + 270 \times \frac{100.6}{200} \times 565 \times 10^{-3} = 158.7\text{kN}$$

$$A_{sb} = \frac{V - V_{cs}}{0.8 f_y \sin\alpha_s} = \frac{(190 \times 10^3 - 158.7 \times 10^3)}{0.8 \times 300 \sin 45^\circ} = 184\text{mm}^2$$

实际弯起 1Φ22，$A_{sb} = 380\text{mm}^2 > 184\text{mm}^2$，满足要求。

再验算是否需要第二排弯起钢筋。取第一排弯起钢筋的弯终点到支座边缘的距离 50mm，则其弯起点到支座边缘的距离为 50+565−35=580mm，该处剪力设计值为：

$$V_1 = 190 - \frac{1}{2} \times 10 \times 0.58 = 184.2\text{kN} > V_{cs}$$

不满足要求，需要弯起第二排钢筋。

比较上述两个方案可知，方案一施工方便，经济效果更佳。

6. 箍筋的构造要求

(1)箍筋的形式和肢数

箍筋的形式有开口式和封闭式两种(图 4-22)。当梁中配有计算需要的纵向受压钢筋时，箍筋应做成封闭式，箍筋的两个端头应做成 135°弯钩，弯钩端部的平直段长度不应小于 $5d$(d 为箍筋直径)和 50mm。对现浇 T 形截面梁，当不承受扭矩和动荷载时，在截面上部的受压区段内，亦可采用开口式。

箍筋有单肢、双肢和复合箍等(如图 4-23)。一般可这样选用：梁宽≤150mm 时，采用单肢箍；梁宽在 150～350mm 时，采用双肢箍；梁宽≥350mm，或受拉钢筋一排超过 5 根，或受压钢筋一排超过 3 根时，采用四肢箍。

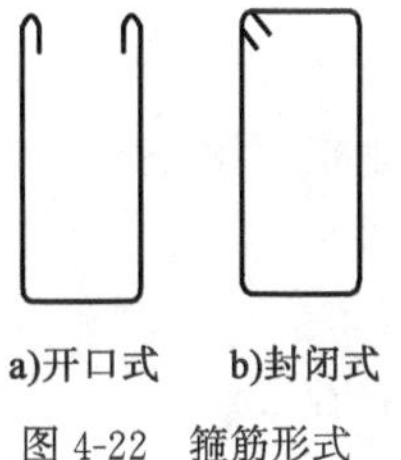

图 4-22 箍筋形式

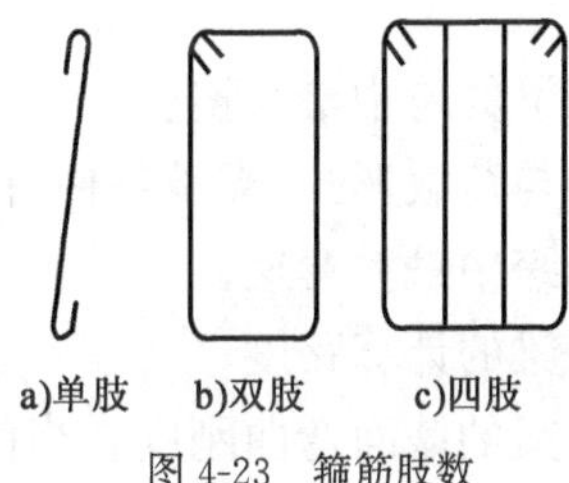

图 4-23 箍筋肢数

(2)直径

为了保证箍筋与纵筋形成的钢筋骨架有一定的刚性，箍筋的直径不能太小。规范规定：梁截面高度 $h \leqslant 800$mm 时，直径不宜小于 6mm；$h > 800$mm 时，直径不宜小于 8mm；当梁中配有计算需要的纵向受压钢筋时，箍筋直径尚不应小于 $d/4$(d 为纵向受压钢筋的最大直径)。

(3)间距

箍筋间距除应满足计算需要外，其最大间距应符合表 4-6 的规定；当按计算配置纵向受压钢筋时，箍筋间距不应大于 $15d$(d 为纵向受压钢筋最小直径)，同时不应大于 400mm；当一排内的纵向受压钢筋多于 5 根且直径大于 18mm 时，箍筋间距不应大于 $10d$。

梁中箍筋的最大间距(mm)　表 4-6

梁高 h(mm)	$V>0.7f_tbh_0$	$V\leqslant0.7f_tbh_0$
$150<h\leqslant300$	150	200
$300<h\leqslant500$	200	300
$500<h\leqslant800$	250	350
$h>800$	300	400

此外，如按计算不需要设置箍筋时，对截面高度 $h>300$mm 的梁，仍应沿梁全长设置箍筋；对于截面高度 $h=150\sim300$mm 的梁，可仅在构件端部 1/4 跨度范围内设置箍筋，但当中部 1/2 跨度范围内有集中荷载作用时，仍应沿梁全长设置箍筋；对截面高度 $h<150$mm 的梁，可不设置箍筋。

4.2 钢筋混凝土构件的变形和裂缝计算

在钢筋混凝土结构设计中，除需要进行承载能力极限状态计算外，还应进行正常使用极限状态(裂缝与变形)的验算，同时还应满足在正常使用下的耐久性要求。本节学习受弯构件的挠度计算和各主要受力构件的裂缝宽度计算。

4.2.1 受弯构件的挠度计算

1. 基本概念

由材料力学可知，弹性均质材料梁的最大挠度的一般计算公式为：

$$f=S\frac{Ml_0^2}{EI} \tag{4-41}$$

式中：f——梁的跨中最大挠度；

S——与荷载形式、支承条件有关的系数，例如对均布荷载简支梁，$S=5/48$；

M——跨中最大弯矩；

l_0——梁的计算跨度；

EI——梁的截面弯曲刚度。当截面尺寸与材料给定后，EI 为一常数。

上述力学概念对于钢筋混凝土受弯构件仍然适用，但钢筋混凝土是由两种材料组成的非均质弹塑性材料，因此钢筋混凝土受弯构件的截面弯曲刚度在受弯过程中是变化的。这种变化表现在以下几方面：①在不同受力阶段，由于应力水平不同，裂缝开展程度不同，抗弯刚度随之不同；②沿宽度方向的不同截面，因承受的弯矩不同，截面挠度、裂缝宽度、受拉钢筋的应力应变等不同，抗弯刚度也随之不同；③刚度随时间的变化。试验研究表明，当作用在构件上的荷载值不变时，变形随时间的增加而增大，即截面抗弯刚度随时间增加而减小。

因此，对钢筋混凝土受弯构件的挠度，应采用一个适合的刚度代替式(4-41)中的 EI 进行计算，该刚度的取值应充分考虑上述几方面因素的影响。规范在综合考虑各方面影响因素的基础上，最后以荷载作用时间影响的方式体现，把受弯构件抗弯刚度区分为短期刚度 B_s 和长期刚度 B_l。

2. 受弯构件的短期刚度 B_s

受弯构件的短期刚度 B_s 是指荷载效应标准组合作用下的截面抗弯刚度，其计算公式为：

$$B_s = \frac{E_s A_s h_0^2}{1.15\psi + 0.2 + \frac{6\alpha_E \rho}{1+3.5\gamma_f'}} \tag{4-42}$$

其中

$$\psi = 1.1 - \frac{0.65 f_{tk}}{\rho_{te}\sigma_{sq}} \tag{4-43}$$

$$\rho_{te} = \frac{A_s}{A_{te}} \tag{4-44}$$

$$\sigma_{sq} = \frac{M_q}{\eta A_s h_0} \tag{4-45}$$

$$\gamma_f' = \frac{(b_f' - b)h_f'}{bh_0} \tag{4-46}$$

式中：E_s、A_s——纵向受拉钢筋的弹性模量、截面积；

ψ——裂缝间纵向受拉钢筋应变不均匀系数，当 $\psi<0.2$ 时，取 $\psi=0.2$，当 $\psi>1$ 时，取 $\psi=1$，对直接承受重复荷载的构件，取 $\psi=1$；

α_E——钢筋与混凝土的弹性模量比，$\alpha_E=E_s/E_c$；

ρ——纵向受拉钢筋的配筋率，$\rho=A_s/bh_0$；

f_{tk}——混凝土的轴心抗拉强度标准值；

ρ_{te}——按有效受拉混凝土截面面积 A_{te} 计算的纵向受拉钢筋的配筋率，$A_{te}=0.5bh+(b_f-b)h_f$，其中 b_f、h_f 为受拉翼缘的宽度和高度，A_{te} 如图 4-24 中阴影面积所示；

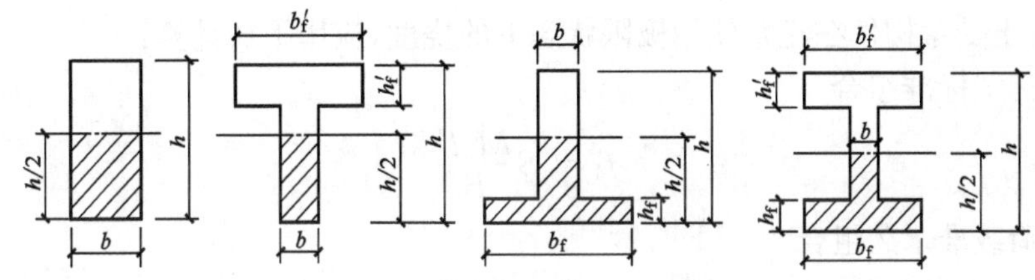

图 4-24 有效受拉混凝土截面面积

σ_{sq}——按荷载准永久组合计算的钢筋混凝土构件纵向受拉钢筋应力；

M_q——按荷载准永久组合计算的弯矩值，取计算区段内的最大弯矩；

η——裂缝截面处内力臂系数，与配筋率及截面形状有关，可以通过试验确定，对常用的混凝土强度等级及配筋率，可以近似取 0.87；

γ_f'——受压翼缘加强系数，其中 b_f'、h_f' 为受压翼缘的宽度和高度，当 $h_f'>0.2h_0$ 时，取 $h_f'=0.2h_0$。

3. 受弯构件的长期刚度 B_l

在长期荷载作用下，由于混凝土的徐变，会使梁的挠度随时间增长。此外，钢筋与混凝土间黏结滑移徐变、混凝土收缩等也会导致梁的挠度增大。根据长期试验观测结果，长期挠度与短期挠度的比值 θ 可按下式计算：

$$\theta = 2.0 - 0.4\frac{\rho'}{\rho} \tag{4-47}$$

式中：ρ'——纵向受压钢筋的配筋率，$\rho' = A'_s/bh_0$。

规范对矩形、T 形、倒 T 形和工字形截面受弯构件的长期刚度，在短期刚度 B_s 基础上，考虑荷载长期作用对挠度的增大作用，按下式计算：

(1)采用荷载标准组合

$$B_l = \frac{M_k}{M_q(\theta - 1) + M_k}B_s \tag{4-48a}$$

(2)采用荷载准永久组合

$$B_l = \frac{B_s}{\theta} \tag{4-48b}$$

式中：M_k——按荷载效应的标准组合计算的弯矩值，取计算区段内的最大弯矩；

M_q——按荷载效应的准永久组合计算的弯矩值，取计算区段内的最大弯矩；

θ——考虑荷载长期作用对挠度增大的影响系数，按式(4-47)计算。对钢筋混凝土受弯构件，当 $\rho'=0$ 时，$\theta=2.0$；当 $\rho'=\rho$ 时，$\theta=1.6$；当 ρ' 为中间值时，按直线内插法确定。对翼缘在受拉区的倒 T 形截面，θ 值应增加 20%。但应注意，按这种 θ 算得的长期挠度如大于相应矩形截面(不考虑受拉翼缘作用时)的长期挠度时，应按矩形截面的计算结果取值。当建筑物所处的环境很干燥时，θ 值应酌情增加 15%～20%。

式(4-47)实质上是考虑荷载长期作用使刚度降低的因素后，对短期刚度 B_s 的修正。

4. 受弯构件挠度验算

钢筋混凝土受弯构件在正常使用极限状态下的挠度，应用下式计算：

(1)采用荷载标准组合

$$f_l = S\frac{M_k l_0^2}{B_l} \tag{4-49a}$$

(2)采用荷载准永久组合

$$f_l = S\frac{M_q l_0^2}{B_l} \tag{4-49b}$$

在应用式(4-49)时，为了简化计算，对等截面构件，可假定同号弯矩的每一区段内各截面的刚度是相等的，并按该区段内最大弯矩处的刚度(最小刚度)来计算，即遵循“最小刚度计算原则”。

按式(4-49)计算所得的挠度值应不大于规定的允许挠度(见表 4-7)。当不能满足时，从短期及长期刚度公式(4-42)、式(4-48)可知：最有效的措施是增加截面高度；当设计构件截面尺寸不能加大时，可考虑增加纵向受拉钢筋截面面积或提高混凝土强度等级；对于某些构件还可以充分利用纵向受压钢筋对长期刚度的有利影响，在构件受压区配置一定数量的受压钢筋。

此外，采用预应力混凝土构件也是提高受弯构件刚度的有效措施。

受弯构件的挠度限值　　表 4-7

	构件类型	挠度限值
吊车梁	手动吊车	$l_0/500$
	电动吊车	$l_0/600$
屋盖、楼盖及楼梯构件	当 $l_0<7$m 时	$l_0/200(l_0/250)$
	当 $7\text{m}\leqslant l_0\leqslant 9$m 时	$l_0/250(l_0/300)$
	当 $l_0>9$m 时	$l_0/300(l_0/400)$

注：1. 表中 l_0 为构件的计算跨度。

2. 表中括号内的数值适用于使用上对挠度有较高要求的构件。

3. 如果构件制作时预先起拱，且使用上也允许，则在验算挠度时，可将计算所得的挠度值减去起拱值。

4. 计算悬臂构件的挠度限值时，其计算跨度 l_0 按实际悬臂长度的 2 倍取用。

［例 4-8］ 某矩形截面简支梁，截面尺寸 $b\times h=200\text{mm}\times 500\text{mm}$，计算跨度 $l_0=6.0\text{m}$，承受均布荷载，跨中按荷载效应标准组合计算的弯矩 $M_k=110\text{kN}\cdot\text{m}$，其中按荷载效应准永久组合计算的弯矩值占一半，即 $M_q=55\text{kN}\cdot\text{m}$。混凝土强度等级为 C20，$f_{tk}=1.54\text{N/mm}^2$，$E_c=2.55\times 10^4\text{N/mm}^2$；在受拉区配置 HRB335 级钢筋，共 2$\Phi$22＋1$\Phi$20（$A_s=1074\text{mm}^2$），$E_s=2.0\times 10^5\text{N/mm}^2$；梁的允许挠度为 $l_0/200$。试验算挠度是否符合要求。

［解］ $\alpha_E=\dfrac{E_s}{E_c}=7.843 \qquad h_0=500-35=465\text{ mm} \qquad \gamma'_f=0$

$$\rho=\frac{A_s}{bh_0}=\frac{1074}{200\times 465}=0.01155 \qquad \rho_{te}=\frac{A_s}{0.5bh}=\frac{1074}{0.5\times 200\times 500}=0.02148$$

$$\sigma_{sq}=\frac{M_t}{0.87A_sh_0}=\frac{55\times 10^6}{0.87\times 1074\times 465}=126.586\text{N/mm}^2$$

$$\psi=1.1-\frac{0.65f_{tk}}{\rho_{te}\sigma_{sq}}=1.1-\frac{0.65\times 1.54}{0.02148\times 126.586}=0.732$$

$$B_s=\frac{E_sA_sh_0^2}{1.15\psi+0.2+\dfrac{6\alpha_E\rho}{1+3.5\gamma'_f}}=\frac{2\times 10^5\times 1074\times 465^2}{1.15\times 0.732+0.2+6\times 7.843\times 0.01155}$$

$$=2.93\times 10^{13}\text{N}\cdot\text{mm}$$

又 $\rho'=0$，$\theta=2.0$ 时，则

(1)采用荷载标准组合

$$B_l=\frac{M_k}{M_q(\theta-1)+M_k}B_s=\frac{110}{55\times(2-1)+110}\times 2.93\times 10^{13}$$

$$=1.95\times 10^{13}\text{N}\cdot\text{mm}^2$$

$$f_l=\frac{5}{48}\frac{M_kl_0^2}{B_l}=\frac{5}{48}\times\frac{110\times 10^6\times 6000^2}{1.95\times 10^{13}}=21.15\text{mm}<\frac{l_0}{200}=\frac{6000}{200}=30\text{mm}$$

(2)采用荷载准永久组合

$$B_l=\frac{B_s}{\theta}=\frac{2.93\times 10^{13}}{2}=1.465\times 10^{13}\text{N}\cdot\text{mm}^2$$

$$f_l=\frac{5}{48}\frac{M_ql_0^2}{B_l}=\frac{5}{48}\times\frac{55\times 10^6\times 6000^2}{1.465\times 10^{13}}=14.08\text{mm}<\frac{l_0}{200}=\frac{6000}{200}=30\text{mm}$$

满足要求。

4.2.2 裂缝宽度计算

混凝土抗压强度较高，而抗拉强度较低，一般情况下混凝土抗拉强度只有抗压强度的1/10左右。所以在荷载作用下，普通混凝土受弯构件大都带裂缝工作。国内外的研究成果表明，只要裂缝的宽度被限制在一定范围内，不会对结构的工作性态造成影响，但如果宽度过大，一方面会影响结构外观，在心理上给人一种不安全感；另一方面会影响结构的耐久性。因此必须限制裂缝的宽度。

混凝土裂缝的产生主要有荷载和非荷载(如不均匀变形、内外温差等)两方面的因素，对于由荷载作用产生的裂缝，通过计算确定裂缝开展宽度，而非荷载因素产生的裂缝主要是通过构造措施来控制。

由于影响裂缝的因素很多，因此混凝土裂缝的出现、裂缝的分布和裂缝的宽度都具有随机性，但从统计的观点来看，平均裂缝间距和平均裂缝宽度具有一定的规律性，平均裂缝宽度和最大裂缝宽度之间也有一定的规律性。为此，我国规范采用先确定平均裂缝间距和平均裂缝宽度，然后乘以根据试验统计求得"扩大系数"的方法来确定最大裂缝宽度。

1. 平均裂缝间距 l_{cr}

研究表明：裂缝的平均间距取决于受拉区纵向钢筋的等效直径、纵向受拉钢筋配筋率、混凝土保护层厚度及构件受力特点等，其计算公式可表示为：

$$l_{cr}=\beta(1.9c_s+0.08\frac{d_{eq}}{\rho_{te}}) \tag{4-50}$$

$$d_{eq}=\frac{\sum n_i d_i^2}{\sum n_i \nu_i d_i} \tag{4-51}$$

式中：β——受力特点系数：对于轴心受拉构件，取 $\beta=1.1$，对于受弯构件、偏心受拉构件和偏心受压构件，取 $\beta=1.0$；

c_s——混凝土保护层厚度(mm)：当 $c_s<20$ 时，取 $c_s=20$；当 $c_s>65$ 时，取 $c_s=65$；

d_{eq}——受拉区纵向钢筋的等效直径(mm)；

n_i——受拉区第 i 种纵向钢筋的根数；

d_i——受拉区第 i 种纵向钢筋的公称直径(mm)；

ν_i——受拉区第 i 种纵向钢筋的相对黏结特征系数：对带肋钢筋，取 $\nu_i=1.0$，对光面钢筋，取 $\nu_i=0.7$；

ρ_{te}——按有效受拉混凝土截面面积 A_{te} 计算的纵向受拉钢筋的配筋率，按式(4-44)计算，但对轴心受拉构件，A_{te} 取构件全截面面积；且当 $\rho_{te}<0.01$ 时，取 $\rho_{te}=0.01$。

2. 平均裂缝宽度 w_m

裂缝宽度的离散性比裂缝间距更大，平均裂缝宽度的计算必须以平均裂缝间距为基础。平均裂缝宽度等于两条相邻裂缝之间(计算取平均裂缝间距 l_{cr})钢筋的平均伸长与相应水平处受拉混凝土平均伸长的差值，即

$$w_m = \varepsilon_{sm} l_{cr} - \varepsilon_{cm} l_{cr}\left(1 - \frac{\varepsilon_{cm}}{\varepsilon_{sm}}\right) \tag{4-52}$$

令
$$\alpha_c = 1 - \frac{\varepsilon_{cm}}{\varepsilon_{sm}} \qquad \varepsilon_{sm} = \psi\varepsilon_s = \psi\frac{\sigma_{sq}}{E_s}$$

则
$$w_m = \alpha_c \psi \frac{\sigma_{sq}}{E_s} l_{cr} \tag{4-53}$$

式中：w_m——平均裂缝宽度；

ε_{sm}——纵向受拉钢筋的平均拉应变；

ε_{cm}——与纵向受拉钢筋相同水平处受拉混凝土的平均应变；

ε_s——裂缝截面的纵向受拉钢筋应变；

α_c——构件受力特征系数。其值与配筋率、截面形状及混凝土保护层厚度有关，但其变化幅度较小，通过对试验资料分析，对受弯、偏心受压构件，统一取 $\alpha_c = 0.77$，其他情况取 $\alpha_c = 0.85$；

ψ——裂缝间纵向受拉钢筋应变不均匀系数，按式(4-43)计算和确定；

σ_{sq}——按荷载效应准永久组合计算的钢筋混凝土构件裂缝截面处，纵向受拉钢筋的应力，对受弯构件，按式(4-45)计算；对轴心受拉、偏心受拉及大偏心受压构件，均可按裂缝截面处力的平衡条件确定。

(1)轴心受拉构件 σ_{sq}

$$\sigma_{sq} = \frac{N_q}{A_s} \tag{4-54}$$

式中：N_q——按荷载效应标准组合计算的轴向力，下同。

(2)偏心受拉构件 σ_{sq}

裂缝截面的应力图如图 4-25 所示。若近似取大偏心受拉构件截面内力臂长 $\eta h_0 = h - a_s'$，即受压混凝土压应力合力作用点与受压钢筋合力作用点重合，对受压钢筋合力作用点取矩，可得：

$$\sigma_{sq} = \frac{N_q e'}{A_s(h_0 - a_s')} \tag{4-55}$$

$$e' = e_0 + y_c - a_s' \tag{4-56}$$

式中：e'——轴向拉力作用点至受压区或受拉较小边纵向钢筋合力点的距离；

e_0——轴向力 N_k 作用点至截面重心的距离，下同；

y_c——截面重心至受压或较小受拉边缘的距离。

(3)大偏心受压构件 σ_{sq}

大偏心受压构件裂缝截面的应力图形如图 4-26 所示。对受压区合力点取矩，得：

$$\sigma_{sq} = \frac{N_q(e - \eta h_0)}{\eta h_0 A_s} \tag{4-57}$$

$$e = \eta_s e_0 + y_s \tag{4-58}$$

$$\eta_s = 1 + \frac{1}{4000 e_0/h_0}\left(\frac{l_0}{h}\right) \tag{4-59}$$

$$\eta = 0.87 - 0.12(1 - \gamma_f')\left(\frac{h_0}{e}\right)^2 \tag{4-60}$$

式中：e——轴向压力 N_k 作用点至纵向受拉钢筋合力点的距离；

y_s——截面重心至纵向受拉钢筋合力点的距离；

η_s——使用阶段的轴向压力偏心距增大系数，当 $l_0/h \leqslant 14$ 时，取 $\eta_s=1.0$；

η——内力臂系数，对大偏心受压构件，$\eta \leqslant 0.87$。

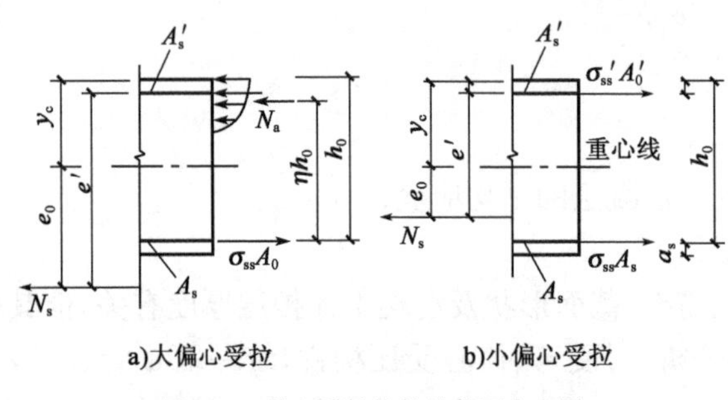

图 4-25　偏心受拉构件的截面应力图

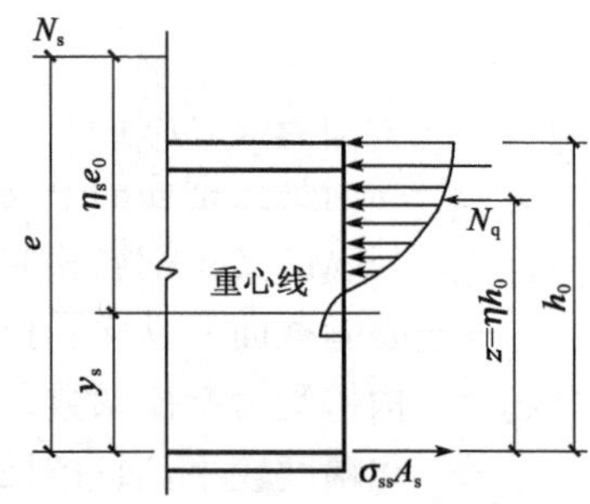

图 4-26　大偏心受压构件的截面应力图

3. 最大裂缝宽度及其验算

最大裂缝宽度由平均裂缝宽度乘以"扩大系数"得到。"扩大系数"主要考虑以下两种情况：一是考虑在荷载效应标准组合下裂缝的不均匀性；二是考虑在荷载长期作用下的混凝土进一步收缩、受拉混凝土的应力松弛以及混凝土和钢筋之间的滑移徐变等因素，使裂缝宽度加大。

规范根据试验结果的统计分析，得到了各受力构件的"扩大系数"(略)，将式(4-50)代入式(4-52)，再乘以"扩大系数"，得到矩形、T 形、倒 T 形和工字形截面的钢筋混凝土受拉、受弯和偏心受压构件，按荷载效应的标准组合并考虑长期作用影响下的最大裂缝宽度计算公式：

$$w_{max} = \alpha_{cr}\psi\frac{\sigma_{sq}}{E_s}\left(1.9c_s + 0.08\frac{d_{eq}}{\rho_{te}}\right) \tag{4-61}$$

式中：α_{cr}——包括"扩大系数"在内的构件受力特征系数：轴心受拉构件，取 $\alpha_{cr}=2.7$；偏心受拉构件，取 $\alpha_{cr}=2.4$；受弯和偏心受压构件，取 $\alpha_{cr}=1.9$。

此外，规范还规定，对承受吊车荷载但不需要作疲劳验算的受弯构件，可将计算求得的最大裂缝宽度乘以系数 0.85；对于 $e_0/h_0 \leqslant 0.55$ 的小偏心受压构件，可不验算裂缝宽度。

验算裂缝宽度时，应满足：

$$w_{max} \leqslant w_{lim} \tag{4-62}$$

式中：w_{lim}——规范规定的允许最大裂缝宽度。一般情况下，对处在环境类别为一、二、三类的钢筋混凝土结构，w_{lim} 分别取 0.3mm、0.2mm、0.2mm。

由式(4-61)可知，影响荷载裂缝宽度的主要因素是钢筋应力，钢筋的直径、外形、混凝土保护层厚度以及配筋率等。由于裂缝宽度与钢筋应力近似成线性关系，为了控制裂缝，在普通钢筋混凝土结构中，不宜采用高强度钢筋。带肋钢筋的黏结强度较光面钢筋大得多，故采用带肋钢筋是减少裂缝宽度的一种有力措施。采用细而密的钢筋，因表面积大而使黏结力增大，可使裂缝间距及裂缝宽度减小，因此只要施工不困难，应尽可能选用直径较细的钢筋。混凝土保护层越厚，裂缝宽度越大，但混凝土碳化扩展所需的时间也越长，从防止钢筋锈蚀的角度出发，混凝土保护层不宜减薄。当然，解决荷载裂缝问题的最有效办法是采用预应力混凝土，它能使结构不发生荷载裂缝或减少裂缝宽度。

[例 4-9] 例 4-8 的简支梁，若混凝土保护层厚度 $c_s=25$mm，梁允许出现的最大裂缝宽度为 $w_{lim}=0.3$mm。试验算该梁的最大裂缝宽度是否符合要求。

[解] 已知受弯构件 $\alpha_{cr}=2.1$，$M_q=110$kN·m，$f_{tk}=1.54$N/mm²，$E_s=2.0\times10^5$N/mm²，$A_s=1074$mm²，$\nu_i=1.0$，$h_0=h-35=465$mm。

$$\sigma_{sq}=\frac{M_q}{0.87A_sh_0}=\frac{55\times10^6}{0.87\times1074\times465}=126.586\text{N/mm}^2$$

$$\rho_{te}=\frac{A_s}{0.5bh}=\frac{1074}{0.5\times200\times500}=0.02148$$

$$\psi=1.1-\frac{0.65f_{tk}}{\rho_{te}\sigma_{sq}}=1.1-\frac{0.65\times1.54}{0.02148\times126.586}=0.732$$

$$d_{eq}=\frac{\sum n_id_i^2}{\sum n_iv_id_i}=\frac{2\times22^2+1\times20^2}{2\times1\times22+1\times1\times20}=21.375\text{mm}$$

$$\begin{aligned}w_{max}&=\alpha_{cr}\psi\frac{\sigma_{sq}}{E_s}\left(1.9c+0.08\frac{d_{eq}}{\rho_{te}}\right)\\&=1.9\times0.732\times\frac{126.586}{2.0\times10^5}\left(1.9\times25+0.08\times\frac{21.375}{0.02148}\right)\\&=0.31\text{mm}>0.3\text{mm}\end{aligned}$$

不满足要求，但仅略超限制，可通过调整配筋(采用细而密的钢筋)的措施使之满足。

[例 4-10] 某矩形截面偏心受压柱，截面尺寸为 $b\times h=400\text{mm}\times600\text{mm}$，按荷载效应准永久组合计算的轴向拉力值 $N_q=370$kN、弯矩 $M_q=170$kN·m。混凝土强度等级为 C30，$f_{tk}=2.01$N/mm²；配置 HRB335 级钢筋，4Φ20($A_s=A_s'=1256$mm²)，$E_s=2.0\times10^5$N/mm²；混凝土保护层厚度 $c=35$mm，柱子的计算长度 $l_0=4.2$m。允许出现的最大裂缝宽度限值是 $w_{lim}=0.2$mm。试验算最大裂缝宽度是否符合要求。

[解] 已知偏心受压构件 $\alpha_{cr}=2.1$，$h_0=h-45=555$mm，$\nu_i=1.0$，$\gamma_f'=0$，$d_{eq}=d=20$mm。
$l_0/h=4200/600=7<14$，取 $\eta_s=1.0$。

$$e_0=\frac{M_q}{N_q}=\frac{170\times10^6}{370\times10^3}=459.5\text{mm}$$

$$e=\eta_se_0+y_s=1\times459.5+\frac{600}{2}-45=714.5\text{mm}$$

$$\eta=0.87-0.12(1-\gamma_f')\left(\frac{h_0}{e}\right)=0.87-0.12\times\left(\frac{555}{714.5}\right)^2=0.798$$

$$\sigma_{sq}=\frac{N_k(e-\eta h_0)}{\eta h_0A_s}=\frac{370\times10^3\times(714.5-0.798\times555)}{0.798\times555\times1256}=180.66\text{N/mm}^2$$

$$\rho_{te}=\frac{A_s}{0.5bh}=\frac{1256}{0.5\times400\times600}=0.0105$$

$$\psi=1.1-\frac{0.65f_{tk}}{\rho_{te}\sigma_{sq}}=1.1-\frac{0.65\times2.01}{0.0105\times180.66}=0.411$$

$$\begin{aligned}w_{max}&=\alpha_{cr}\psi\frac{\sigma_{sq}}{E_s}\left(1.9c+0.08\frac{d_{eq}}{\rho_{te}}\right)=2.1\times0.411\times\frac{180.66}{2.0\times10^5}\left(1.9\times35+0.88\times\frac{20}{0.0105}\right)\\&=0.17\text{mm}<0.2\text{mm}\end{aligned}$$

满足要求。

4.3 受压构件承载力计算与构造

4.3.1 概述

受压构件在钢筋混凝土结构中是最常见的构件之一,它以承受轴向压力为主,通常还有弯矩和剪力作用,如图 4-27a)、b)、c)中所示的柱、腹杆等构件。受压构件(柱)往往在结构中具有重要作用,一旦产生破坏,往往导致整个结构的损坏,甚至倒塌,故受压构件非常重要。

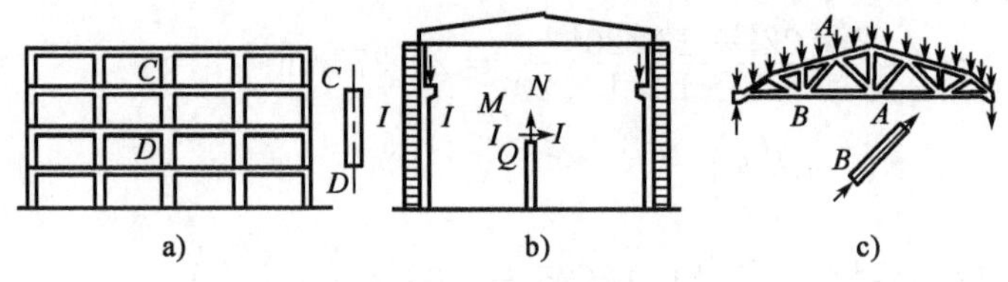

图 4-27 受压构件示例

受压构件按其受力情况分为轴心受压构件和偏心受压构件。其中,偏心受压构件又可分为单向偏心受压构件和双向偏心受压构件。当轴向压力的作用线与构件截面形心重合时为轴心受压构件[图 4-28a)],当轴向压力的作用线对构件截面的一个主轴有偏心距时为单向偏心受压构件[图 4-28b)],当轴向压力的作用线对构件截面的两个主轴都有偏心距时为双向偏心受压构件[图 4-28c)]。

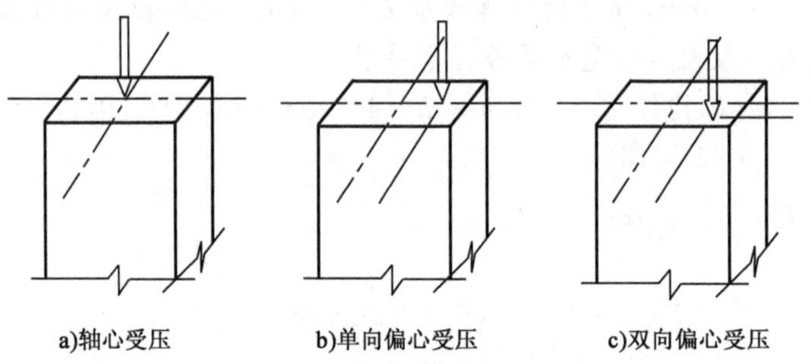

图 4-28 轴心受压与偏心受压

对于单一匀质材料的受压构件,构件截面的真实形心轴沿构件纵向与截面几何形心重合,当纵向压力的作用线与构件截面形心轴线重合时为轴心受压,不重合时为偏心受压。钢筋混凝土受压构件由两种材料组成,混凝土为非匀质材料,而钢筋还可以不对称布置,因此构件截面的真实形心轴沿构件纵向并不与截面几何形心重合,所以实际工程中,真正的轴心受压构件是不存在的。但是为了方便,忽略混凝土的不均匀性与不对称配筋的影响,近似的用轴向压力的作用点与截面几何形心的相对位置来划分受压构件的类型。在工程中,以恒载为主的多层建筑的内柱和屋架的受压腹杆等少数构件,常近似按轴心受压构件进行设计,而框架结构柱、单层工业厂房柱、承受节间荷载的屋架上弦杆、拱等大量构件,一般按偏心受压构件进行设计。

4.3.2 受压构件的一般构造

1. 截面形式与尺寸

考虑受力合理和施工方便，轴心受压构件截面一般采用方形或矩形，有时根据需要也采用圆形或多边形。偏心受压构件一般采用矩形截面，当截面尺寸较大时，为节约混凝土和减轻柱的自重，常常采用工字形截面或双肢截面等形式。

为了避免因长细比过大而降低受压构件截面承载力，圆形柱的直径一般不宜小于350mm，长细比宜满足 $l_0/d \leqslant 25$，且直径 d 在 600mm 以下时，宜取 50mm 的倍数，直径在600mm 以上时，宜取 100mm 的倍数；方形独立柱截面尺寸一般不宜小于 300mm×300mm，框架柱不宜小于 400mm×400mm；矩形截面柱的长细比宜满足 $l_0/b \leqslant 30$，$l_0/h \leqslant 25$（l_0 为柱的计算长度，b、h 为柱的短边、长边尺寸），且当截面尺寸在 800mm 以下时，取 50mm 的倍数，在800mm 以上时，取 100mm 的倍数；工字形截面要求翼缘厚度不宜小于 120mm，腹板厚度不宜小于 100mm。

2. 材料强度等级

为充分发挥混凝土材料的抗压性能，减小构件的截面尺寸，节约钢筋，宜采用强度等级较高的混凝土。一般采用 C25、C30、C35、C40，必要时可以采用强度等级更高的混凝土。

由于在受压构件中，钢筋与混凝土共同受压，在混凝土达到极限压应变时，钢筋的压应力最高只能达到 400N/mm^2，高强度钢筋不能充分发挥作用，因此不宜采用，一般采用 HRB335级、HRB400 级和 RRB400 级。箍筋一般采用 HPB300 级、HRB335 级钢筋，也可采用HRB400 级钢筋。

3. 纵向钢筋

为提高受压构件的延性，轴心受压构件、偏心受压构件全部纵筋的配筋率不应小于0.6%，且不宜超过 5%，以免造成浪费。同时，一侧纵筋的配筋率不应小于 0.2%。

轴心受压构件的纵向受力钢筋应沿截面的四周均匀布置。矩形截面时，钢筋根数不得少于 4 根；圆形截面时，不应少于 6 根。偏心受压构件的纵向受力钢筋应布置在偏心方向截面的两边。当截面高度 $h \geqslant 600$mm 时，在侧面应设置直径为 10～16mm 的纵向构造钢筋，并相应设置附加箍筋或拉筋，如图 4-29 所示。

纵向受力钢筋宜采用直径较大的钢筋，以增大钢筋骨架的刚度、减少施工时可能产生的纵向弯曲和受压时的局部屈曲。纵向受力钢筋的直径不宜小于 12mm，通常在 16～32mm 范围内选用。

纵向受力钢筋的净间距不应小于 50mm；对于水平浇筑的预制柱，其净间距可按梁的有关规定取用。偏心受压构件垂直于弯矩作用平面的侧面和轴心受压构件各边的纵向受力钢筋，其中距不宜大于 300mm。

纵向受力钢筋的接头宜设置在受力较小处。钢筋接头宜优先采用机械连接接头，也可以采用焊接接头和搭接接头。对于直径大于 25mm 的受拉钢筋和直径大于 28mm 的受压钢筋，不宜采用绑扎的搭接接头。

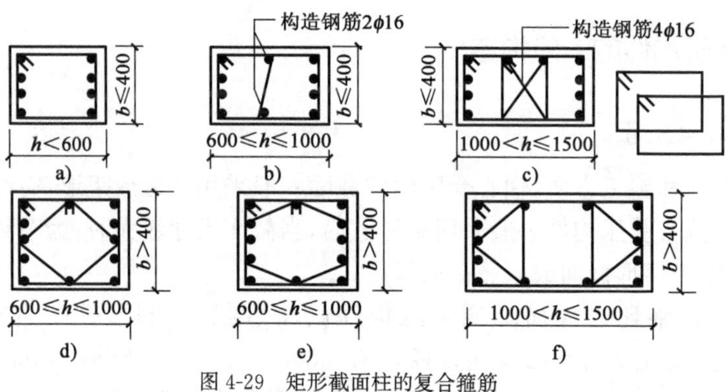

图 4-29 矩形截面柱的复合箍筋

4. 箍筋

为了增大钢筋骨架的刚度，防止纵筋压曲，柱中箍筋应做成封闭式。箍筋间距不应大于400mm 及构件截面的短边尺寸，且不应大于 15d，d 为纵向钢筋最小直径；在绑扎骨架中，间距不应大于 15d；在焊接骨架中不应大于 20d（d 为纵向钢筋最小直径）。

箍筋直径不应小于 $d/4$（d 为纵向钢筋最大直径），且不应小于 6mm。

当纵筋配筋率超过 3%时，箍筋直径不应小于 8mm，间距不应大于 10d（d 为纵筋最小直径），且不应大于 200mm。箍筋末端应做成 135°弯钩且弯钩末端平直段长度不应小于 10d（d 为纵筋最小直径）。在纵向受力钢筋搭接长度范围内，箍筋直径不应小于搭接钢筋较大直径的 0.25 倍。当搭接钢筋受拉时，箍筋间距不应大于搭接钢筋较小直径的 5 倍，且不应大于 100mm；当钢筋受压时，箍筋间距不应大于搭接钢筋较小直径的 10 倍，且不应大于 200mm。当受压钢筋直径 d>25mm 时，尚应在搭接接头两个端面外 100mm 范围内各设置两个箍筋。

当柱短边截面尺寸大于 400mm 且各边纵向钢筋多于 3 根时，或当柱截面短边尺寸不大于 400mm 但各边纵向钢筋多于 4 根时，应设置复合箍筋，如图 4-29 所示。

对于截面形状复杂的构件，不应采用具有内折角的箍筋，避免产生向外的拉力，导致折角处混凝土破坏。可将复杂截面划分成若干简单截面，分别配置箍筋，如图 4-30 所示。

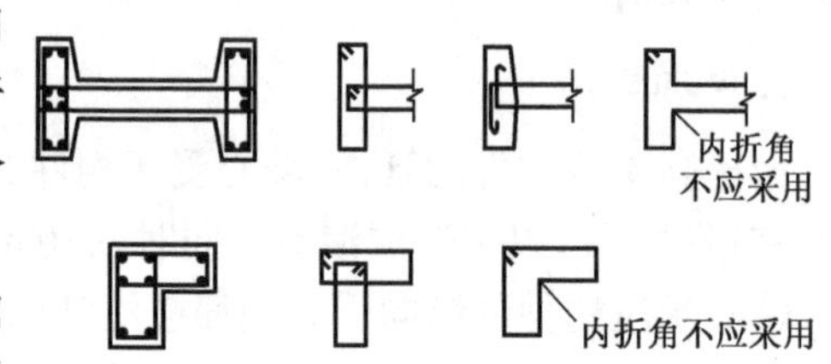

图 4-30 复杂截面的箍筋形式

4.3.3 轴心受压构件承载力计算

轴心受压构件根据配筋方式的不同，可分为两种基本形式：①配有纵向钢筋和普通箍筋的柱，简称普通箍筋的柱，如图 4-31a)所示；②配有纵向钢筋和螺旋式箍筋或焊接环式箍筋的柱，如图 4-31b)、c)所示。

纵筋可以提高柱的承载力，减小构件的截面尺寸，增大构件的延性和减小混凝土的徐变变形，防止因偶然因素导致的突然破坏。箍筋与纵筋形成骨架，防止纵筋受压后失稳外凸，保证纵筋能与混凝土共同受力直到构件破坏。同时，普通箍筋还对核芯混凝土起到一些约束作用，并与纵向钢筋一起在一定程度上改善构件的性能，防止最终可能发生的突然脆性破坏，提高极限压应变。配置螺旋式或焊接环式箍筋的轴心受压构件，箍筋还能对核芯混凝土形成较强的环向被动约束，从而进一步提高构件的承载能力和受压延性。

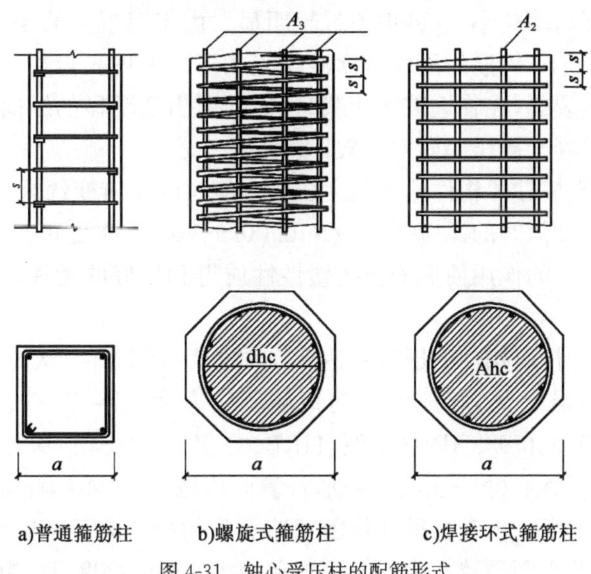

a)普通箍筋柱　　b)螺旋式箍筋柱　　c)焊接环式箍筋柱

图 4-31　轴心受压柱的配筋形式

1. 普通箍筋柱

(1)承载力计算公式

规范给出的轴心受压构件承载力计算公式为：

$$N \leqslant 0.9\varphi(f_c A + f'_y A'_s) \tag{4-63}$$

式中：N——轴向压力设计值；

φ——钢筋混凝土轴心受压构件的稳定系数；

f_c——混凝土轴心抗压强度设计值；

A——构件截面面积；

A'_s——全部纵向钢筋的截面面积，应满足附表-7 规定的最小配筋率要求，当纵向钢筋配筋率大于 3%时，计算公式中的 A 应改用(A-A'_s)代替。

(2)稳定系数 φ

试验研究表明，轴心受压构件承载力与柱的长细比有关。根据柱的长细比大小，轴心受压柱可分为长柱和短柱，当柱的长细比满足式(4-64)～式(4-66)条件时为短柱，否则为长柱。

矩形截面：$$l_0/b \leqslant 8 \tag{4-64}$$

圆形截面：$$l_0/d \leqslant 7 \tag{4-65}$$

任意截面：$$l_0/i \leqslant 28 \tag{4-66}$$

式中：l_0——柱的计算长度；

b——矩形截面的短边尺寸；

d——圆形截面的直径；

i——任意截面的最小回转半径。

短柱在轴心荷载作用下，整个截面的应变基本上是均匀的。当荷载较小时，混凝土和钢筋都处于弹性阶段，柱子压缩变形的增加与荷载的增加成正比。混凝土和钢筋压应力的增加与荷载的增加也成正比。当荷载较大时，由于混凝土塑性变形的发展，压缩变形增加的速度快于荷载增长速度。纵筋配筋率越小，这种现象就越明显。由于混凝土的变形模量随应力增大而变小，则在相同荷载增量下，钢筋的压应力比混凝土的压应力增长得快。随着荷载继续增加，柱中开始出现竖向细微裂缝，在临近破坏荷载时，柱四周出现明显的纵向裂缝，箍筋间的纵筋发生压曲，向外凸出，混凝土被压碎而发生破坏。

试验表明，素混凝土棱柱体构件达到最大压应力值时的压应变约为 0.0015～0.002，而钢筋混凝土短柱达到应力峰值时的压应变一般在 0.0025～0.0035 之间。其主要原因是纵向钢筋起到了调整混凝土应力的作用使混凝土的塑性性质得到较好的发挥，使受压破坏的脆性性质得到改善。

在构件承载力计算时，以构件的压应变达到 0.002 为控制条件，认为此时构件截面混凝土压应力达到棱柱体抗压强度 f_c，相应的纵向钢筋压应力为 $\sigma'_s = E_s \cdot \varepsilon'_s = 2\times10^5\times0.002 = 400\text{N/mm}^2$，这对于 HPB300 级、HRB335 级、HRB400 级和 RRB400 级热轧钢筋，均能达到受压屈服强度 f'_y。对于 $f'_y > 400\text{N/mm}^2$ 的钢筋，计算时应取 $f'_y = 410\text{N/mm}^2$。

对于长细比较大的柱子，由于各种偶然因素造成的初始偏心距的影响是不可忽略的。柱子施加荷载以后，初始偏心距导致产生附加弯矩和相应的侧向挠度，而侧向挠度又增大了荷载的偏心矩，随着荷载增加，附加弯矩和侧向挠度将不断增大。这种相互影响的结果使长柱的破坏荷载低于其他条件相同的短柱。长细比越大，各种偶然因素造成的初始偏心距越大，从而产生的附加弯矩和相应的侧向挠度也越大，承载能力降低就越多。若长细比过大，还会产生失稳破坏。此外，在长期荷载作用下，混凝土的徐变会进一步加大柱子的侧向挠度，导致长柱的承载力进一步降低，长期荷载在全部荷载中所占的比例越多，其承载力降低的越多，为此在式(4-63)中考虑了可靠度调整系数 0.9。

规范采用稳定系数 φ 来表示构件的长细比对承载力影响，以矩形截面为例，φ 与长细比 l_0/b 的统计经验公式为：

当 $l_0/b = 8\sim34$：$\varphi = 1.177 - 0.012 l_0/b$。 (4-67)

当 $l_0/b = 35\sim50$ 时：$\varphi = 0.87 - 0.012 l_0/b$。 (4-68)

设计时，稳定系数 φ 值可根据柱的长细比直接查表 4-8 确定。

钢筋混凝土轴心受压构件的稳定系数 φ 表 4-8

l_0/b	l_0/d	l_0/i	φ	l_0/b	l_0/d	l_0/i	φ
≤8	≤7	≤28	1	30	26	104	0.52
10	8.5	35	0.98	32	28	111	0.48
12	10.5	42	0.95	34	29.5	118	0.44
14	12	48	0.92	36	31	125	0.40
16	14	55	0.87	38	33	132	0.36
18	15.5	62	0.81	40	34.5	139	0.32
20	17	69	0.75	42	36.5	146	0.29
22	19	76	0.70	44	38	153	0.26
24	21	83	0.65	46	40	160	0.23
26	22.5	90	0.60	48	41.5	167	0.21
28	24	97	0.56	50	43	174	0.19

(3)构件计算长度 l_0

式(4-64)～式(4-68)及表 4-9 中构件计算长度 l_0 与构件两端支承情况有关。当两端铰支时，取 $l_0=l$(l 为构件的实际长度)；当两端固定时，取 $l_0=0.5l$；当一端固定，一端铰支时，取 $l_0=0.7l$；当一端固定，一端自由时，取 $l_0=2l$。实际结构中，构件的支承情况比上述理想的不动铰支承或固定端要复杂得多，为此规范对轴心受压和偏心受压柱的计算长度的取用作如下规定：

①刚性屋盖单层房屋排架柱、露天吊车柱和栈桥柱，其计算长度可按表 4-9 取用。

②对一般多层房屋中梁柱为刚接的框架柱，各层柱的计算长度可按表 4-10 取用。

刚性屋盖单层房屋排架柱、露大吊车柱和栈桥柱的计算长度 l_0 表 4-9

柱的类型		排架方向	垂直排架方向	
			有柱间支撑	无柱间支撑
无吊车厂房柱	单跨	$1.5H$	$1.0H$	$1.2H$
	两跨及多跨	$1.25H$	$1.0H$	$1.2H$
有吊车厂房柱	上柱	$2.0H_u$	$1.25H_u$	$1.5H_u$
	下柱	$1.0H_l$	$0.8H_l$	$1.0H_l$
露天吊车柱和栈桥柱		$2.0H_l$	$1.0H_l$	—

注：1. 表中 H 为从基础顶面算起的柱子全高；H_l 为从基础顶面至装配式吊车梁底面或现浇式吊车梁顶面的柱子下部高度；H_u 为从装配式吊车梁底面或从现浇式吊车梁顶面算起的柱子上部高度。

2. 表中有吊车厂房排架柱的计算长度，当计算中不考虑吊车荷载时，可按无吊车厂房的计算长度采用，但上柱的计算长度仍按有吊车厂房采用。

3. 表中有吊车厂房排架柱的上柱在排架方向的计算长度，仅适用于 $H_u/H \geqslant 0.3$ 的情况；当 $H_u/H < 0.3$，计算长度宜采用 $2.5H_u$。

框架结构各层柱的计算长度 l_0 表 4-10

楼盖类型	柱的类型	l_0
现浇楼盖	底层柱	$1.0H$
	其余各层柱	$1.25H$
装配式楼盖	底层柱	$1.25H$
	其余各层柱	$1.5H$

注：表中 H 对底层柱为从基础顶面到一层楼盖顶面的高度；对其余各层柱为上下两层楼盖顶面之间的高度。

(4)截面设计步骤

轴心受压构件的设计截面可以采用以下两种途径：

其一，先选定材料强度等级，并根据轴向压力的大小以及房屋总体刚度和建筑设计的要求确定构件截面的形状和尺寸，然后利用表 4-8 确定稳定系数 φ 值，再由式(4-63)求出所需的纵向钢筋数量。

其二，先选定一个合适的配筋率，通常可取 $\rho'=1\%\sim1.5\%$，并先假定 $\varphi=1.0$，然后按由式(4-63)导出的下列公式(4-69)计算所需的构件截面面积 A，并据此选定截面尺寸，再根据截面尺寸、形状确定 φ 值，最后根据式(4-63)计算配筋面积并选配钢筋。该法较为烦琐，只适用于初学者。

$$A=\frac{N}{0.9\varphi(f_c+\rho'\cdot f'_y)} \tag{4-69}$$

应当指出的是，在实际工程中轴心受压构件沿截面 x、y 两个主轴方向的杆端约束条件可能不同，因此计算长度 l_0 也就可能不完全相同。如为正方形、圆形或多边形截面，则应按其中较大的 l_0 确定 φ；如为矩形截面，应分别按 x、y 两个方向确定 φ，并取其中较小者代入式(4-63)进行承载力计算。

[例 4-11] 某钢筋混凝土框架底层中柱，承受轴向压力设计值 $N=2500\text{kN}$，基础顶面到首层楼板面的高度 $H=4.8\text{m}$，混凝土强度等级为 C30，钢筋采用 HRB335 级。试确定截面尺寸和纵筋数量。

[解] 根据选用材料，查表可知：$f_c=14.3\text{N/mm}^2$，$f'_y=300\text{N/mm}^2$。

设配筋率 $\rho'=1\%$，$\varphi=1.0$，则

$$A=\frac{N}{0.9\varphi(f_c+\rho'\cdot f'_y)}=\frac{2500\times10^3}{0.9\times1.0\times(14.3+0.01\times300)}=160565.2\text{mm}^2$$

采用正方形截面，则边长 b 为：

$$b=\sqrt{A}=\sqrt{160565.2}=400.7\text{mm}，取\ b=h=400\text{mm}。$$

已知 $l_0=1.0H=4.8\text{m}$，则 $l_0/b=4800/400=12$，查表 4-8 得：$\varphi=0.95$。

据式(4-63)有：

$$A'_s=\frac{1}{f'_y}\left(\frac{N}{0.9\varphi}-f_cA\right)=\frac{1}{300}\left(\frac{2500\times10^3}{0.9\times0.95}-14.3\times400\times400\right)=2120\text{mm}^2$$

选配 4Φ20+4Φ18($A'_s=2273\text{mm}^2$)。

检查配筋率：

总配筋率 $\rho'=A'_s/A=2273/400^2=1.42\%$，大于 0.6%，小于 3%，满足要求。

截面一侧配筋率 $\rho'_1=(314\times2+254)/400^2=0.55\%$，大于 0.2%，满足要求。

2. 螺旋箍筋柱

钢筋混凝土柱配有螺旋式(或焊接环式)箍筋时，由于螺旋式(或焊接环式)箍筋能够有效地约束核心混凝土在纵向受压时产生的横向变形，因而可以显著提高混凝土的抗压强度，并改善其变形性能。这种柱的形状一般为圆形或多边形，如图 4-31b)、c)所示。

因此，当普通箍筋柱承受很大轴心压力，且柱截面尺寸由于建筑上及使用上的要求受到限制，采用提高混凝土强度等级和增大配筋量也不能满足承载力要求时，可以考虑采用螺旋筋或焊接环筋，以提高承载力来满足要求，但由于施工比较复杂，造价较高，用钢量较大，一般不宜普遍采用。

混凝土的纵向受压破坏可以认为是由于横向变形而发生拉坏的现象。对配置螺旋式或焊接环式箍筋的柱，箍筋所包围的核芯混凝土，相当于受到一个套箍作用，有效地限制了核芯混凝土的横向变形，使核芯混凝土在三向压应力作用下工作，从而提高了轴心受压构件正截面承载力。与此同时，混凝土的横向变形使螺旋筋或焊接环筋产生拉应力，当拉应力达到箍筋的抗拉屈服强度时，就不再能有效地约束混凝土的横向变形，混凝土的抗压强度也就不能再提高，这时构件破坏。构件的混凝土保护层在螺旋筋或焊接环筋受到较大拉应力时发生开裂，故在计算构件承载力时不考虑该部分混凝土的抗压能力。

设螺旋式(或焊接环式)箍筋达到屈服应力 f_y 时，柱核芯混凝土受到的径向压应力为 σ_2，此时核芯混凝土的抗压强度由 f_c 提高到 f_{c1}，则可认为 f_{c1} 与 σ_2 符合混凝土圆柱体侧向均匀压

应力的三轴受压试验所得的近似公式，即

$$f_{c1} = f_c + 4\sigma_2 \tag{4-70}$$

由图 4-32 可知，当螺旋式（或焊接环式）箍筋屈服时，它对混凝土施加的侧向压应力 σ_2，可由在箍筋间距 s 范围内 σ_2 的合力与箍筋拉力相平衡的条件，得：

$$2\alpha f_y A_{ss1} = \sigma_2 d_{cor} s \tag{4-71}$$

即

$$\sigma_2 = \frac{2\alpha f_y A_{ss1}}{s d_{cor}} = \frac{2 f_y A_{ss1} d_{cor}\pi}{4\dfrac{\pi d_{cor}^2}{4}s} = \frac{\alpha f_y A_{ss0}}{2A_{cor}} \tag{4-72}$$

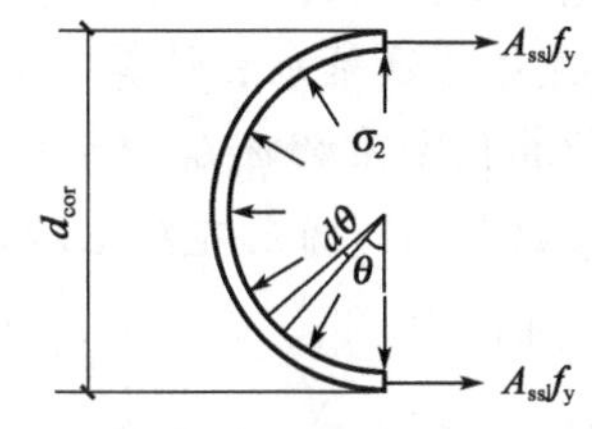

图 4-32　环式钢筋受力图

$$A_{ss0} = \frac{\pi d_{cor} A_{ss1}}{s} \tag{4-73}$$

式中：d_{cor}——构件的核芯直径，按螺旋式（或焊接环式）箍筋内表面确定；

A_{cor}——构件的核芯截面面积，$A_{cor}=\pi d_{cor}^2/4$；

s——沿构件轴线方向螺旋式（或焊接环式）箍筋的间距；

f_y——螺旋式（或焊接环式）箍筋的抗拉强度设计值；

A_{ss1}——单根螺旋式（或焊接环式）箍筋的截面面积；

A_{ss0}——螺旋式（或焊接环式）箍筋的换算截面面积；

α——螺旋式（或焊接环式）箍筋对混凝土约束的折减系数：当混凝土强度等级不超过 C50 时，取 1.0，当混凝土强度等级为 C80 时，取 0.85，其间按线性内插法确定。

再根据纵向内外力平衡条件，受压纵筋破坏时达到其屈服强度，螺旋式（或焊接环式）箍筋所约束的核芯混凝土强度达 f_{c1}，则其正截面受压承载力公式为：

$$N \leqslant N_u = 0.9(f_c A_{cor} + 2\alpha f_y A_{ss0} + f'_y A'_s) \tag{4-74}$$

从式(4-74)的建立过程中可以看出，箍筋起到了充分约束混凝土的作用，但这种作用只有在箍筋具有足够的数量及混凝土压应力比较均匀时才能实现。因此，式(4-74)的应用必须满足一定的条件。规范规定：凡属下列情况之一者，不考虑间接钢筋的影响而按式(4-63)计算构件的承载力：

①当 $l_0/d>12$ 时，因构件长细比较大，有可能因纵向弯曲在螺旋筋尚未屈服时构件已经破坏。

②当按式(4-74)计算的受压承载力小于按式(4-63)计算的受压承载力时。

③当间接钢筋换算截面面积 A_{ss0} 小于纵筋全部截面面积的 25%时，可以认为间接钢筋配置太少，间接钢筋对核心混凝土的约束作用不明显。

此外，为了防止间接钢筋外面的混凝土保护层过早脱落，按式(4-74)算得的构件受压承载力不应大于按式(4-63)算得的构件受压承载力的 1.5 倍。

对螺旋式（或焊接环式）箍筋的间距，规范要求不应大于 80mm 及 $d_{cor}/5$，也不宜小于 40mm；其直径应按箍筋的有关规定采用。

［例 4-12］　某商住楼底层门厅采用现浇钢筋混凝土柱，承受轴向压力设计值 $N=4800\text{kN}$，计算长度 $l_0=5.0\text{m}$，混凝土强度等级为 C30，纵筋采用 HRB400 级，箍筋采用 HRB335 级。建筑要求柱截面为圆形，直径为 $d=450\text{mm}$。要求进行柱的受压承载力计算。

[解] 经查表得：混凝土 $f_c=14.3\text{N/mm}^2$，纵筋 $f'_y=360\text{N/mm}^2$，箍筋 $f_y=300\text{N/mm}^2$。

(1)先按普通箍筋柱计算

①计算稳定系数 φ：$l_0/d=5000/450=11.11$，查表 4-8 得 $\varphi=0.938$。

②求纵筋 A'_s：圆形混凝土柱截面面积 $A=\pi d^2/4=3.14\times450^2/4=15.90\times10^4\text{mm}^2$，则由式(4-63)得：

$$A'_s=\frac{1}{f'_y}\left(\frac{N}{0.9\varphi}-f_cA\right)=\frac{1}{360}\left(\frac{4800\times10^3}{0.9\times0.938}-14.3\times15.90\times10^4\right)=9478\text{mm}^2$$

③核算配筋率：$\rho'=A'_s/A=9478/15.90\times10^4=5.96\%>5\%$，显然配筋率太高。

(2)按螺旋箍筋柱计算

由于 $l_0/d<12$，可以采用。

①假定纵筋配筋率为 $\rho'=4\%$，则 $A'_s=\rho'A=4\%\times15.90\times10^4=6360\text{mm}^2$，选用 14 根直径 25mm 的 HRB400 级钢筋，$A'_s=6873\text{mm}^2$。混凝土保护层厚度取为 30mm，则 $d_{cor}=d-30\times2=450-60=390\text{mm}$。

$A_{cor}=\pi d_{cor}^2/4=3.14\times390^2/4=11.94\times10^4\text{mm}^2$

②计算螺旋筋的换算截面面积

混凝土强度等级 C30，$\alpha=1.0$，由式(4-74)可得：

$$A_{ss0}=\frac{\frac{N}{0.9}-(f_cA_{cor}+f'_yA'_s)}{2\alpha f_y}=\frac{\frac{4800\times10^3}{0.9}-(14.3\times11.94\times10^4+360\times6873)}{2\times1.0\times300}$$

$$=1919\text{mm}^2>0.25A'_s=0.25\times6873=1718\text{mm}^2$$，满足构造要求。

③假定螺旋箍筋直径 $d=10\text{mm}$，则单肢螺旋筋面积 $A_{ss1}=78.5\text{mm}^2$，则螺旋筋的间距可由式(4-73)求得：

$s=\pi d_{cor}A_{ss1}/A_{ss0}=3.14\times390\times78.5/1919=50.1\text{mm}$

取 $s=45\text{mm}$，满足构造要求。

④螺旋箍筋柱轴向受压承载力

$$A_{ss0}=\frac{\pi d_{cor}A_{ss1}}{s}=\frac{3.14\times390\times78.5}{45}=2136\text{mm}^2$$

$$N_u=0.9(f_cA_{cor}+2\alpha f_yA_{ss0}+f'_yA'_s)$$
$$=0.9\times(14.3\times11.94\times10^4+2\times1.0\times300\times2136+360\times6873)\times10^3$$
$$=4917\text{kN}>N=4800\text{kN}$$

按式(4-63)得：

$$N_u=0.9\varphi(f_cA+f'_yA'_s)=0.9\times0.938\times[14.3\times(15.90\times10^4-6873)+360\times6873]\times10^{-3}$$
$$=3925\text{kN}$$

核算：$4917\text{kN}<1.5\times3925=5887.5\text{kN}$，满足保护层不脱落要求。

4.3.4 偏心受压构件正截面承载力计算

偏心受压构件在工程中十分常见，如多层框架柱、单层钢架柱、单层排架柱，大量的实体剪力墙以及联肢剪力墙中的相当一部分墙肢，屋架和托架的上弦杆和某些受压腹杆，以及水塔、烟囱的筒壁等都属于偏心受压构件。在这类构件的截面中，一般在轴力、弯矩作用的同时还作用有横向剪力。当横向剪力值较大时，偏心受力构件也应和受弯构件一样，除进行正截面承载力计算外还要进行斜截面承载力计算。

从正截面受力性能来看，可以把偏心受压状态看作是轴心受压与受弯之间的过渡状态，即可以把轴心受压看作是偏心受压状态在 $M=0$ 时的一种极端情况，而把受弯看作是偏心受压状态在 $N=0$ 时的另一种极端情况。因此可以断定，偏心受压截面中的应变和应力分布特征将随着 M/N 的逐步降低而从接近于受弯构件的状态过渡到接近于轴心受压状态。

根据大量偏心受压构件的试验，可以把偏心受压构件按其破坏特征划分为以下两类：第一类是受拉破坏，习惯上称为“大偏心受压破坏”；第二类是受压破坏，习惯上称为“小偏心受压破坏”。

1. 大偏心受压破坏(受拉破坏)

当构件截面中轴向压力的偏心距 $e_0=M/N$ 较大，而且没有配置过多的受拉钢筋时，就将发生这种类型的破坏。这类构件由于 e_0 较大，即弯矩 M 的影响较为显著，因此它具有与适筋受弯构件类似的受力特点。在偏心距较大的轴向压力 N 作用下，远离纵向偏心力一侧截面受拉。当 N 增大到一定程度时，受拉边缘混凝土将达到其极限拉应变，从而出现垂直于构件轴线的裂缝。这些裂缝将随着荷载的增大而不断加宽并向受压一侧发展，裂缝截面中的拉力将全部转由受拉钢筋承担。随着荷载的增大，受拉钢筋将首先达到屈服。随着钢筋屈服后的塑性伸长，裂缝将明显加宽并进一步向受压一侧延伸，从而使受压区面积减小，受压边缘的压应变逐步增大。最后当受压边混凝土达到其极限压应变时，受压区混凝土被压碎而导致构件的最终破坏。这类构件的混凝土压碎区一般都不太长，破坏时受拉区形成一条较宽的主裂缝。试验所得的典型破坏状况如图 4-33a)所示。只要受压区相对高度不致过小，混凝土保护层不是太厚，即受压钢筋不是过分靠近中性轴，而且受压钢筋的强度也不是太高，则在混凝土开始压碎时，受压钢筋一般都能达到屈服强度。

大偏心受压破坏的关键特征是受拉钢筋首先达到屈服，然后受压钢筋也达到屈服，最后由于受压区混凝土压碎而导致构件破坏，这种破坏形态有明显的预兆，属于延性破坏，所以也称为“受拉破坏”。

2. 小偏心受压破坏(受压破坏)

当构件截面中轴向压力的偏心距较小或很小，或虽然偏心距较大，但配置过多的受拉钢筋时，构件就将发生这种类型的破坏。这种截面在受力过程中，可能处于大部分受压而少部分受拉状态。当荷载增加到一定程度时，受拉边缘混凝土虽然也将达到其极限拉应变，并将沿构件受拉边一定间隔出现垂直于构件轴线的裂缝，但由于构件截面受拉区的应变增长速度较受压区为慢，因此受拉区裂缝的开展较为缓慢。在构件破坏时，中和轴距受拉钢筋较近，钢筋中的拉应力较小，受拉钢筋达不到屈服强度，不可能形成明显的主拉裂缝。构件的破坏是由受压区混凝土的压碎所引起的，而且压碎区的长度往往较大。当柱内配置的箍筋较少时，还可能在混凝土压碎前在受压区内出现较长的纵向裂缝。在混凝土压碎时，受压一侧的纵向钢筋只要强度不是过高，受压钢筋压应力一般都能达到屈服强度。这种情况下的构件典型破坏状况如图 4-33b)所示。

小偏心受压破坏的关键特征是：构件的破坏是由受压区混凝土的压碎所引起的。破坏时，压应力较大一侧的受压钢筋的压应力一般都能达到屈服强度，而另一侧的钢筋不论受拉还是受压，其应力一般都达不到屈服强度。构件在破坏前变形不会急剧增长，但受压区垂直裂缝不断发展，破坏时没有明显预兆，属脆性破坏，所以也称为“受压破坏”。

3. 两种破坏形态的界限

从大小偏心受压破坏特征可以看出，二者之间根本区别在于破坏时受拉钢筋能否达到屈服。这和受弯构件的适筋与超筋破坏两种情况完全一致。因此，两种偏心受压破坏形态的界限与受弯构件适筋与超筋破坏的界限也必然相同，即在破坏时纵向钢筋应力达到屈服强度，同时受压区混凝土也达到极限压应变值，此时其相对受压区高度称为界限受压区高度 ξ_b。故当 $\xi \leqslant \xi_b$ 时，属于大偏心受压破坏；$\xi > \xi_b$ 时，属于小偏心受压破坏。

4. 附加偏心距 e_a 与初始偏心距 e_i

由于施工误差、计算偏差及材料的不均匀等原因，实际工程中不存在理想的轴心受压构件。为考虑这些因素的不利影响，引入附加偏心距 e_a，即在正截面压弯承载力计算中，偏心距取计算偏心距 $e_0 = M/N$ 与附加偏心距 e_a 之和，称为初始偏心距 e_i，即

$$e_i = e_0 + e_a \tag{4-75}$$

参考以往工程经验和国外规范，附加偏心距 e_a 取 20mm 与偏心方向截面最大尺寸的 1/30 两者中的较大值。

5. 弯矩增大系数 η_{ns}

钢筋混凝土受压构件在承受偏心荷载后，将产生纵向弯曲变形，其侧向挠度为 f，如图 4-34所示。把 Ne_0 称为初始弯矩或一阶弯矩，Nf 称为附加弯矩或二阶弯矩。对长细比小的短柱，侧向挠度 f 很小，计算时一般可忽略其影响，构件破坏属于材料破坏；对长细比较大的长柱，虽然构件破坏属于材料破坏，但 f 较大，二阶弯矩的影响已不能忽略；对长细比更大的细长柱，当偏心压力达到某个值时，侧向挠度 f 会突然剧增发生失稳破坏，此时钢筋和混凝土的应变均未达到材料破坏时的极限值。由于失稳破坏与材料破坏有本质的区别，设计中一

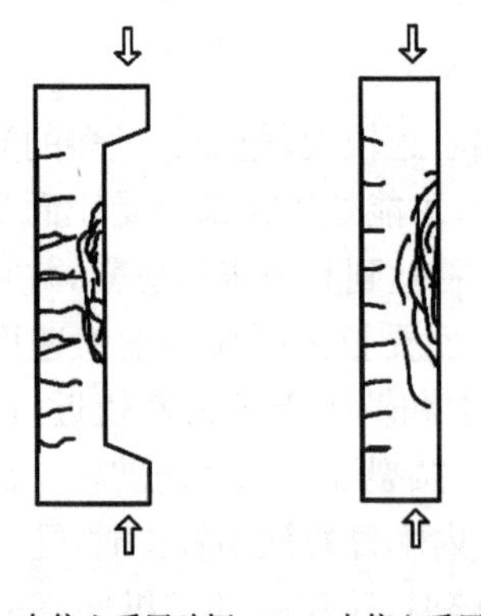

图 4-33 偏心受压的典型破坏

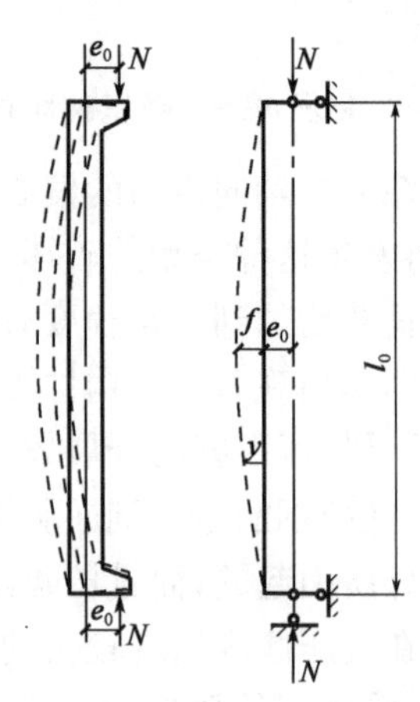

图 4-34 偏心受压构件的侧向挠曲

般尽量不采用细长柱。上述二阶弯矩亦称二阶效应，即 P-δ 效应。P-δ 效应通常会增大杆件中间区段截面的一阶弯矩，特别是对于细长杆，可能会出现中间区段的弯矩大于杆端弯矩的情况，使中间区段成为控制截面。为此，规范采用弯矩增大系数来考虑偏心受压构件控制截面的实际弯矩：

$$M = C_m \eta_{ns} M_2 \tag{4-76}$$

$$C_m = 0.7 + 0.3\frac{M_1}{M_2} \tag{4-77}$$

式中：C_m——构件端截面偏心距调节系数，当小于 0.7 时取 0.7；

η_{ns}——弯矩增大系数。当 $C_m\eta_{ns}<1$ 时，取 $C_m\eta_{ns}=1$，对剪力墙及核心筒墙，可取$C_m\eta_{ns}=1$；

M_1、M_2——偏心受压构件两端截面按结构分析确定的对同一主轴的组合弯矩设计值，绝对值较大端为 M_2，绝对值较小端为 M_1，当构件按单曲率弯曲时，M_2/M_1 取正值，否则取负值。

根据国内外试验数据，规范给出了弯矩增大系数 η_{ns}的计算公式：

$$\eta_{ns} = 1 + \frac{1}{1300(M_2/N + e_a)/h_0}\left(\frac{l_c}{h}\right)^2 \zeta_c \tag{4-78}$$

$$\zeta_c = \frac{0.5 f_c A}{N} \tag{4-79}$$

$$e_0 = \frac{M}{N} \tag{4-80}$$

式中：l_c——构件等效长度，可近似的取偏心受压构件相应主轴方向上下支撑点之间的距离；

h——截面高度，其中对环形截面取外直径 d，对圆形截面取直径 d；

h_0——截面有效高度；

A——构件的截面面积；

ζ_c——截面曲率修正系数，当 $\zeta_c>1.0$，取 $\zeta_c=1.0$。

6. 矩形截面偏心受压构件正截面承载力计算公式

(1)大偏心受压构件

对于大偏心受压构件，纵向受拉钢筋 A_s 的应力取抗拉强度设计值 f_y，纵向受压钢筋 A_s' 的应力一般也能达到抗压强度设计值 f_y'，采用与受弯构件相同的处理方法，把受压区混凝土曲线压应力图用等效矩形图形替代，其应力值取为 $\alpha_1 f_c$，截面受压区高度取为 x。截面应力计算图形如图 4-35 所示。

由力的平衡条件及各力对受拉钢筋取矩的力矩平衡条件，可以得到以下两个计算公式：

$$N \leqslant \alpha_1 f_c bx + f_y' A_s' - f_y A_s \tag{4-81}$$

$$Ne \leqslant \alpha_1 f_c bx\left(h_0 - \frac{x}{2}\right) + f_y' A_s'(h_0 - a_s') \tag{4-82}$$

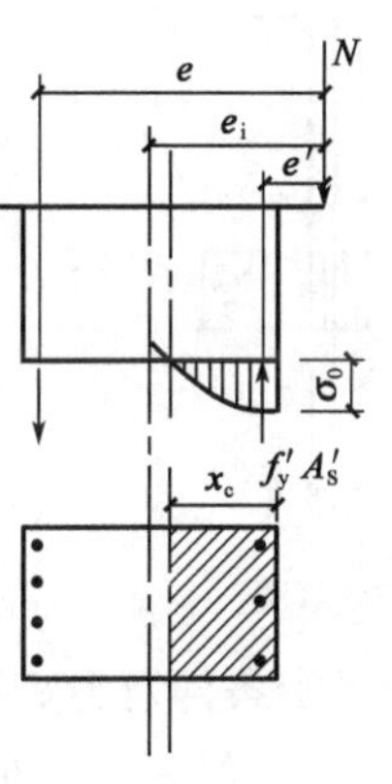

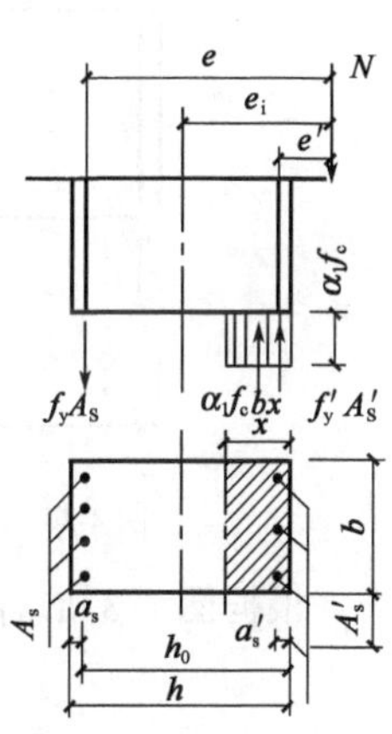

图 4-35 矩形截面大偏心受压计算图

或 $$Ne' \leqslant f_y A_s (h_0 - a'_s) - \alpha_1 f_c bx \left(\frac{x}{2} - a'_s \right) \tag{4-83}$$

式中：N——轴向压力设计值；

x——混凝土受压区高度；

e——轴向压力作用点至纵向受拉钢筋合力点之间的距离；

e'——轴向压力作用点至纵向受压钢筋合力点之间的距离。

$$e = e_i + \frac{h}{2} - a_s \tag{4-84}$$

$$e' = e_i - \frac{h}{2} + a'_s \tag{4-85}$$

同适筋梁受弯构件一样，上述公式的适用条件为：①为了保证构件破坏时受拉区钢筋应力先达到屈服强度，要求：$\xi = x/h_0 \leqslant \xi_b$；②为了保证构件破坏时受压钢筋应力也能达到抗压屈服强度，要求：$x \geqslant 2a'_s$。

若计算中出现 $x < 2a'_s$ 的情况，说明破坏时纵向受压钢筋的应力没有达到抗压强度设计值 f'_y，此时可近似取 $x = 2a'_s$，其应力图形如图 4-36 所示，即近似认为受压区混凝土所承担的压力的作用位置与受压钢筋承担压力位置相重合，则对受压钢筋 A'_s 的合力点取矩得：

$$Ne' = f_y A_s (h_0 - a'_s) \tag{4-86}$$

(2)小偏心受压构件

试验分析表明：一般情况下，小偏心受压破坏时，接近纵向力一侧的混凝土被压碎，而且这一侧受压钢筋 A'_s 的应力达到屈服强度 f'_y，而另一侧钢筋 A_s 可能受拉也可能受压，但都不屈服，所以 A_s 的应力用 σ_s 表示，如图 4-37a)、b)所示。实际计算时，图中受压区混凝土曲线压应力图形仍用等效矩形应力图形来替代。

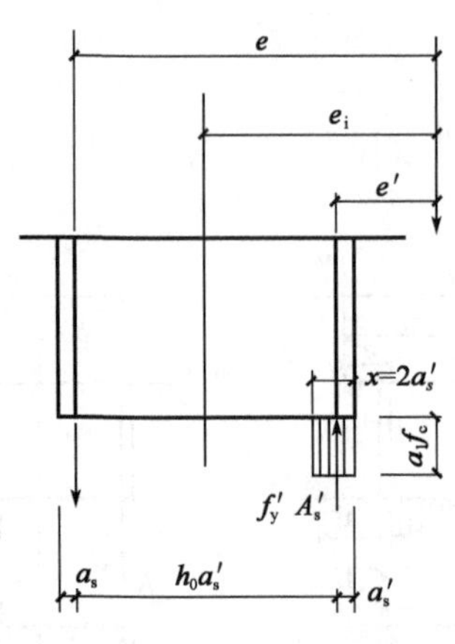

图 4-36 $x < 2a'_s$ 的计算图

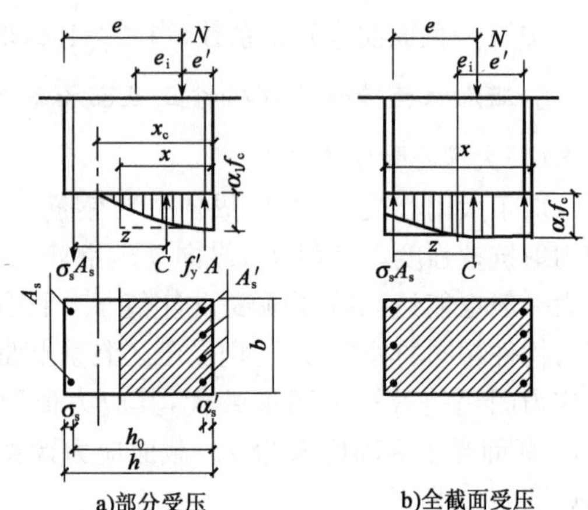

图 4-37 矩形截面小偏心受压计算图

根据图 4-37a)，由力的平衡条件及力矩平衡条件可得：

$$N \leqslant \alpha_1 f_c bx + f'_y A'_s - \sigma_s A_s \tag{4-87}$$

$$Ne \leqslant \alpha_1 f_c bx \left(h_0 - \frac{x}{2} \right) + f'_y A'_s (h_0 - a'_s) \tag{4-88}$$

或 $$Ne' \leqslant \alpha_1 f_c bx \left(\frac{x}{2} - a'_s \right) + \sigma_s A_s (h_0 - a'_s) \tag{4-89}$$

式中：x——受压区计算高度，当 $x>h$ 时，取 $x=h$；

e、e'——分别为轴向力作用点至钢筋 A_s 合力点和钢筋 A'_s 合力点之间的距离。e 仍按式(4-84)计算，e' 按式(4-90)计算；

$$e' = \frac{h}{2} - (e_0 - e_a) - a'_s \tag{4-90}$$

σ_s——钢筋 A_s 的应力值。

根据试验资料分析，实测钢筋 A_s 的应力 σ_s 与 ξ 接近直线关系，为计算方便，规范取 σ_s 与 ξ 之间为直线关系，且当 $\xi=\xi_b$ 时，$\sigma_s=f_y$；当 $\xi=\beta_1$ 时，$\sigma_s=0$。由此可得 σ_s 近似计算公式：

$$\sigma_s = \frac{\xi - \beta_1}{\xi_b - \beta_1} f_y \tag{4-91}$$

式中：ξ、ξ_b——分别为相对受压区计算高度和相对界限受压区计算高度；

β_1——受压混凝土的简化应力图形系数，由混凝土强度等级查表 4-3。

当 σ_s 的计算值为正号时，表示 A_s 受拉，为负号时表示 A_s 受压，且应符合下述要求：

$$-f'_y \leqslant \sigma_s \leqslant f_y \tag{4-92}$$

当相对偏心距很小且 A'_s 比 A_s 大得较多时，也可能发生离轴向力较远一侧混凝土先压碎的破坏，这种破坏称为反向破坏。为了防止这种反向破坏的发生，规范规定，对于小偏心受压构件，除应按式(4-87)、式(4-88)或式(4-89)进行计算外，还应满足下式要求：

$$N\left[\frac{h}{2} - a'_s - (e_0 - e_a)\right] \leqslant \alpha_1 f_c bh\left(h'_0 - \frac{h}{2}\right) + f'_y A_s (h'_0 - a_s) \tag{4-93}$$

式中：h'_0——钢筋合力点至离纵向力较远一侧边缘的距离，$h'_0=h-a_s$。

上述公式的适用条件为：①$\xi>\xi_b$；②$x\leqslant h$，若 $x>h$ 时，取 $x=h$ 计算。

7. 矩形截面偏心受压构件正截面承载力计算

矩形截面偏心受压构件的配筋有对称配筋和不对称配筋两种方式。所谓对称配筋，就是截面两侧配置相同数量和相同种类的钢筋，即 $A_s=A'_s$，$f_y=f'_y$。考虑偏心受压构件在不同内力组合下，会承受两个相反方向的弯矩，而且对称配筋的设计和施工比较简便，对预制构件在装配吊装时不会出错，因此在实际工程应用中占绝对的主导地位，这里仅介绍对称配筋情况。

(1)截面设计

①大、小偏心受压的判别

且不论大偏心还是小偏心受压构件，都先按大偏心受压考虑，令 $A_s=A'_s$，$f_y=f'_y$，利用计算公式(4-81)直接计算出 x：

$$x = \frac{N}{\alpha_1 f_c b} \tag{4-94}$$

进而得到 $\xi=x/h_0$，然后通过比较 ξ 和 ξ_b 来确定构件偏心受压类型。当 $\xi\leqslant\xi_b$ 时，为大偏心受压；当 $\xi>\xi_b$ 时，为小偏心受压。

值得一提的是，此 ξ 值对小偏心受压构件来说仅为判断依据，不能作为小偏心受压构件的实际相对受压区高度值。

②大偏心受压构件

如果由式(4-94)计算所得的 x 满足 $x\geqslant 2a'_s$，则将 x 代入计算公式(4-82)，可以求得：

$$A_s = A'_s = \frac{Ne - \alpha_1 f_c bx\left(h_0 - \dfrac{x}{2}\right)}{f'_y(h_0 - a'_s)} \tag{4-95}$$

如果 $x<2a'_s$，则应按公式(4-86)配筋 A_s，然后取 $A_s=A'_s$，即

$$A_s = A'_s = \frac{Ne'}{f_y(h_0 - a'_s)} \tag{4-96}$$

③小偏心受压构件

将 $A_s=A'_s$，$f_y=f'_y$及式(4-91)代入小偏心受压构件基本计算公式(4-87)和式(4-88)中，可以得到对称配筋小偏心受压基本计算公式：

$$N = \alpha_1 f_c bh_0\xi + f_y A_s - f_y A_s \frac{\xi - \beta_1}{\xi_b - \beta_1} \tag{4-97}$$

$$Ne = \alpha_1 f_c bh_0^2\xi(1 - 0.5\xi) + f_y A_s(h_0 - a'_s) \tag{4-98}$$

由此二式可解得一个关于 ξ 的三次方程：

$$Ne\left(\frac{\xi_b - \xi}{\xi_b - \beta_1}\right) = \alpha_1 f_c bh_0^2\xi(1 - 0.5\xi)\left(\frac{\xi_b - \xi}{\xi_b - \beta_1}\right) + (N - \alpha_1 f_c bh_0\xi)(h_0 - a'_s) \tag{4-99}$$

显然，要从式(4-99)中求得 ξ 很麻烦。分析表明，在小偏心范围内，当 ξ 从 ξ_b变化到 h/h_0（近似取 $h/h_0=1.1$）时，$\xi(1-0.5\xi)$从 0.384 变化到 0.495，基本在 0.43 附近变化，且变化幅度不大。因此，规范取 $\xi(1-0.5\xi)=0.43$ 进行简化，从而得到 ξ 的计算公式：

$$\xi = \frac{N - \xi_b\alpha_1 f_c bh_0}{\dfrac{Ne - 0.43\alpha_1 f_c bh_0^2}{(\beta_1 - \xi_b)(h_0 - a'_s)} + \alpha_1 f_c bh_0} + \xi_b \tag{4-100}$$

将式(4-100)计算得到的 ξ 代入式(4-98)，可得到小偏心受压构件对称配筋的纵向受力钢筋近似计算公式：

$$A_s = A'_s = \frac{Ne - \xi(1 - 0.5\xi)\alpha_1 f_c bh_0^2}{f_y(h_0 - a'_s)} \tag{4-101}$$

当求得 $A_s+A'_s>5\%bh_0$时，说明截面尺寸过小，宜加大柱截面尺寸。

当求得 $A'_s<0$ 时，表明柱的截面尺寸较大。这时，应按受压钢筋最小配筋率配置钢筋，取 $A_s=A'_s=0.2\%bh$。

[例 4-13] 钢筋混凝土偏心受压柱，承受轴向压力设计值 $N=2300$kN，上、下端截面承受弯矩设计值均为 $M=550$kN·m，截面尺寸为 $b=500$mm，$h=650$mm，$a_s=a'_s=40$mm，柱的计算长度为 4.8m，采用 C35 混凝土和 HRB335 钢筋，要求进行截面对称配筋设计。

[解] 查表可知 $f_c=16.7\text{N/mm}^2$，$f_y=f'_y=300\text{N/mm}^2$，$\xi_b=0.55$。

$h_0 = h - a_s = 650 - 40 = 610\text{mm}$

①大小偏心受压的判别

$x = \dfrac{N}{\alpha_1 f_c b} = \dfrac{2300\times10^3}{1.0\times16.7\times500} = 275.4\text{mm}$

$2a'_s = 80\text{mm} < x < \xi_b h_0 = 0.55\times610 = 335.5\text{mm}$，属于大偏心受压，且 x 为真实值。

②计算 e_i、e

$\dfrac{M_2}{N} = \dfrac{550\times10^6}{2300\times10^3} = 239\text{mm}$，$\dfrac{l_c}{h} = \dfrac{4.8\times10^3}{650} = 7.38$

$\frac{h}{30} = \frac{650}{30} = 21.7\text{mm} > 20\text{mm}$，取 $e_a = 21.7\text{mm}$

$$\zeta_c = \frac{0.5 f_c bh}{N} = \frac{0.5 \times 16.7 \times 500 \times 650}{2300 \times 10^3} = 1.18 > 1.0，取\ \zeta_c = 1.0$$

$$\eta_{ns} = 1 + \frac{1}{1300(M_2/N + e_a)/h_0}\left(\frac{l_c}{h}\right)^2 \zeta_c = 1 + \frac{1}{1300 \times (239 + 21.7)/610} \times 7.38^2 \times 1.0 = 1.1$$

$$C_m = 0.7 + 0.3\frac{M_1}{M_2} = 1.0$$

$$M = C_m \eta_{ns} M_2 = 1 \times 1.1 \times 550 = 605\text{kN} \cdot \text{m}$$

$$e_0 = \frac{M}{N} = \frac{605 \times 10^6}{2300 \times 10^3} = 263\text{mm}$$

$$e_i = e_0 + e_a = 263 + 21.7 = 284.7\text{mm}$$

$$e = e_i + \frac{h}{2} - a_s = 284.7 + \frac{650}{2} - 40 = 569.7$$

③计算钢筋面积

将 x 代入计算式(4-95)得：

$$A_s = A_s' = \frac{Ne - \alpha_1 f_c bx\left(h_0 - \frac{x}{2}\right)}{f_y'(h_0 - a_s')}$$

$$= \frac{2300 \times 10^3 \times 569.7 - 1.0 \times 16.7 \times 500 \times 275.4 \times \left(610 - \frac{275.4}{2}\right)}{300 \times (610 - 40)}$$

$$= 1311.2\text{mm}^2$$

$$A_s' > \rho_{min}' bh = 0.002 \times 500 \times 650 = 650\text{mm}^2$$

选配 2 Φ 22+2 Φ 20($A_s' = 1388\text{mm}^2$)。

④验算垂直于弯矩作用平面的受压承载力

$l_0/b = 4800/500 = 9.6$，查表 4-8 得：$\varphi = 0.984$。

$$N_u = 0.9\varphi[f_c A + f_y'(A_s + A_s')] = 0.9 \times 0.984 \times (16.7 \times 500 \times 650 + 300 \times 1388 \times 2) = 5175\text{kN}$$

$N < N_u$，满足要求。

[例 4-14] 钢筋混凝土偏心受压柱，承受轴向压力设计值 $N = 3600\text{kN}$，上、下端截面承受弯矩设计值均为 $M = 540\text{kN} \cdot \text{m}$，截面尺寸为 $b = 500\text{mm}$，$h = 600\text{mm}$，$a_s = a_s' = 40\text{mm}$，柱的计算长度 $l_c = 4.2\text{m}$，采用 C35 混凝土和 HRB400 钢筋，要求进行截面对称配筋设计。

[解] 查表可知 $f_c = 16.7\text{N/mm}^2$，$\beta_1 = 0.8$；$f_y = f_y' = 360\text{N/mm}^2$，$\xi_b = 0.518$。

$$h_0 = h - a_s = 600 - 40 = 560\text{mm}$$

①大小偏心受压的判别

由计算公式(4-94)得：

$$x = \frac{N}{\alpha_1 f_c b} = \frac{3600 \times 10^3}{1.0 \times 16.7 \times 500} = 431.1\text{mm} > \xi_b h_0 = 0.518 \times 560 = 290.1\text{mm}$$

属于小偏心受压。

②计算 e_i、e

$$\frac{M_2}{N}=\frac{540\times10^6}{3600\times10^3}=150\text{mm}\cdot\frac{l_c}{h}=\frac{4.2\times10^3}{600}=7.0$$

$$\frac{h}{30}=\frac{600}{30}=20\text{mm},\text{取 } e_a=20.0\text{mm}$$

$$\zeta_c=\frac{0.5f_cbh}{N}=\frac{0.5\times16.7\times500\times600}{3600\times10^3}=0.695$$

$$\eta_{ns}=1+\frac{1}{1300(M_2/N+e_a)/h_0}\left(\frac{l_a}{h}\right)^2\zeta_e=1+\frac{1}{1300\times(150+20)/560}\times7.0^2\times0.695=1.09$$

$$C_m=0.7+0.3\frac{M_1}{M_2}=1.0$$

$$M=C_m\eta_{ns}M_2=1\times1.09\times540=588.6\text{kN}\cdot\text{m}$$

$$e_0=\frac{M}{N}=\frac{588.6\times10^6}{3600\times10^3}=163.5\text{mm}$$

$$e_i=e_0+e_a=163.5+20.0=183.5\text{mm}$$

$$e=e_i+\frac{h}{2}-a_s=183.5+\frac{600}{2}-40=443.5\text{mm}$$

③计算钢筋面积

按矩形截面对称配筋小偏心受压构件的近似公式(4-100)重新计算 ξ:

$$\xi=\frac{N-\xi_b\alpha_1f_cbh_0}{\dfrac{Ne-0.43\alpha_1f_cbh_0^2}{(\beta_1-\xi_b)(h_0-a_s')}+\alpha_1f_cbh_0}+\xi_b$$

$$=\frac{3600\times10^3-0.518\times1.0\times16.7\times500\times560}{\dfrac{3600\times10^3\times443.5-0.43\times1.0\times16.7\times500\times560^2}{(0.8-0.518)\times(560-40)}+1.0\times16.7\times500\times560}+0.518$$

$$=0.667$$

将 ξ 代入计算公式(4-101)得:

$$A_s=A_s'=\frac{Ne-\alpha_1f_cbh_0^2\xi(1-0.5\xi)}{f_y'(h_0-a_s')}$$

$$=\frac{3600\times10^3\times443.6-1.0\times16.7\times500\times560^2\times0.667(1-0.5\times0.667)}{360\times(560-40)}$$

$$=2325\text{mm}^2>\rho_{min}'bh=0.002\times500\times650=650\text{mm}^2$$

选配 5Φ25(A_s'=2454mm^2)。

④验算垂直于弯矩作用平面的受压承载力

l_0/b=4200/500=8.4,查表 4-8 得:φ=0.996。

$$N_u=0.9\varphi[f_cA+f_y'(A_s'+A_s)]=0.9\times0.996\times(16.7\times500\times600+360\times2\times2454)$$
$$=6075\text{kN}>N$$

满足要求。

(2)截面复核

在实际工程中有时需要对偏心受压构件进行承载力复核,此时截面尺寸 $b\times h$、构件的计算长度 l_0、截面配筋 A_s和 A_s'、截面上作用的轴向压力设计值 N、弯矩设计值 M(或截面偏心距 e_0)、混凝土强度等级和钢筋种类均为已知。要求判别构件截面是否能够满足承载力的要求或计算截面能够承受的弯矩设计值 M。

①已知截面偏心距 e_0，求轴向力设计值 N

由于截面配筋已知，将截面全部内力对 N 的作用点取矩，可以求出截面混凝土相对受压区高度 ξ_0。当 $\xi\leqslant\xi_b$ 时，为大偏心受压，将 ξ 及已知数据代入式(4-81)即可求出轴向力设计值 N_0；当 $\xi>\xi_b$ 时，为小偏心受压，将已知数据代入式(4-87)、式(4-88)、式(4-91)联立求解，即可求出轴向力设计值 N。

②已知轴向力设计值 N，求弯矩设计值 M

先将已知配筋和 ξ_b 代入式(4-81)计算界限情况下受压承载力 N_u。当 $N\leqslant N_u$ 时，为大偏心受压，可按式(4-81)计算 x，将 x 代入式(4-82)求出 e，由式(4-84)求出 e_i，再由式(4-75)求出 e_0，则得弯矩设计值 $M-N\cdot e_0$。当 $N>N_u$ 时，为小偏心受压，可按式(4-87)、(4-91)计算 x，再将 x 代入式(4-88)求出 e，由式(4-84)求出 e_i，再由式(4-75)求出 e_0，然后计算式弯矩设计值 $M=N\cdot e_0$。

此外，不论哪一种偏心受压，均应按轴心受压构件验算垂直于弯矩作用平面的受压承载力。注意计算 φ 值时，取 b 作为截面高度。

8. 对称配筋工字形截面偏心受压构件正截面承载力计算

当柱截面尺寸较大时，为了节省混凝土，减轻自重，往往采用工字形截面。工字形截面一般都采用对称配筋。工字形截面偏心受压构件的受力性能、破坏形态及计算原理与矩形偏心受压构件相同，仅由于截面形状不同而使计算公式稍有差别。

(1)大偏心受压

对于 $\xi\leqslant\xi_b$ 的工字形截面大偏心受压构件，中和轴的位置可能在受压翼缘内，也可能进入腹板，如图 4-38 所示。

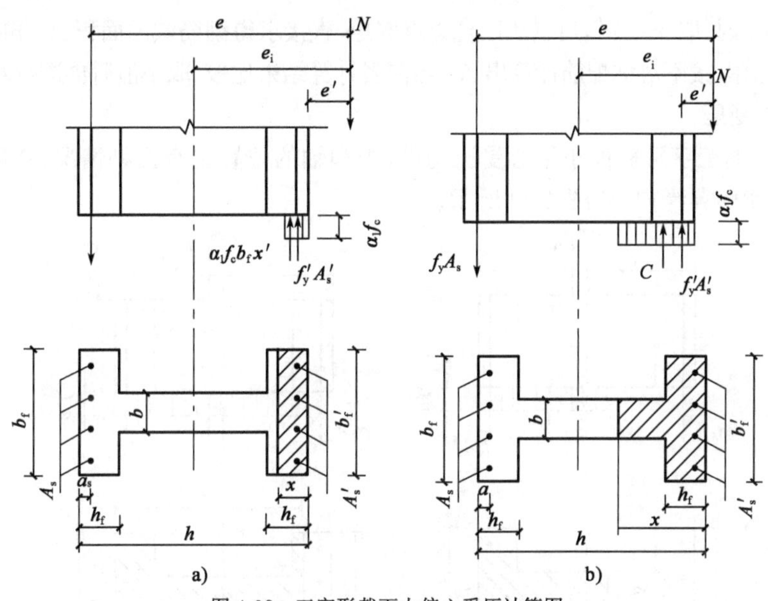

图 4-38 工字形截面大偏心受压计算图

①当 $x\leqslant h'_f$ 时，此时的受力情况和宽度为 b'_f、高度为 h 的矩形截面构件相同，即将式(4-81)和式(4-82)中的矩形截面宽度 b，代换为压区翼缘宽度 b'_f，如图 4-38a)所示，在对称配筋条件下，由平衡条件可得：

$$N=\alpha_1 f_c b'_f x \tag{4-102}$$

$$Ne = \alpha_1 f_c b'_f x(h_0 - \frac{x}{2}) + f'_y A'_s(h_0 - \alpha'_s) \tag{4-103}$$

②当 $h'_f < x \leqslant \xi_b h_0$ 时，如图 4-38b)所示，同样由平衡条件可得：

$$N = \alpha_1 f_c bx + \alpha_1 f_c(b'_f - b)h'_f \tag{4-104}$$

$$Ne = \alpha_1 f_c bx\left(h_0 - \frac{x}{2}\right) + \alpha_1 f_c(b'_f - b)h'_f\left(h_0 - \frac{h'_f}{2}\right) + f'_y A'_s(h_0 - a'_s) \tag{4-105}$$

式中：b'_f——为受压翼缘的宽度；

h'_f——受压翼缘的高度。

同样，式(4-102)～式(4-105)的成立必须满足两个条件：$x \leqslant \xi_b h_0$，$x \geqslant 2a'_s$。

设计计算时，先将工字形截面假想为宽度为 b'_f 的矩形截面，利用计算公式(4-102)求出截面受压区高度 x，即

$$x = \frac{N}{\alpha_1 f_c b'_f} \tag{4-106}$$

根据 x 值的不同，分为三种情况：

a. 当 $2a'_s \leqslant x \leqslant h'_f$ 时，x 值真实有效，代入计算公式(4-103)即可求出 A'_s，取 $A_s = A'_s$。

b. 当 $h'_f < x \leqslant \xi_b h_0$ 时，则 x 值应利用计算公式(4-104)重新计算，即

$$x = \frac{N - \alpha_1 f_c(b'_f - b)h'_f}{\alpha_1 f_c b} \tag{4-107}$$

然后代入计算公式(4-105)即可求出 A'_s，取 $A_s = A'_s$。倘若计算所得的 $x > \xi_b h_0$，则应按小偏心受压计算。因此公式(4-107)也就是判断大小偏心的计算公式。

c. 当 $x < 2a'_s$ 时，取 $x = 2a'_s$，对受压区合力点取矩，直接求得钢筋截面面积 A_s；再取$A_s = 0$，即不考虑受压钢筋作用，按不对称配筋计算出 A_s，与前者计算结果比较，取小值后再进行对称配筋。

(2)小偏心受压

对于 $\xi > \xi_b$ 的工字形截面小偏心受压构件，中和轴的位置也有两种情况：在腹板内或在离纵向力较远一侧的翼缘内，如图 4-39 所示。

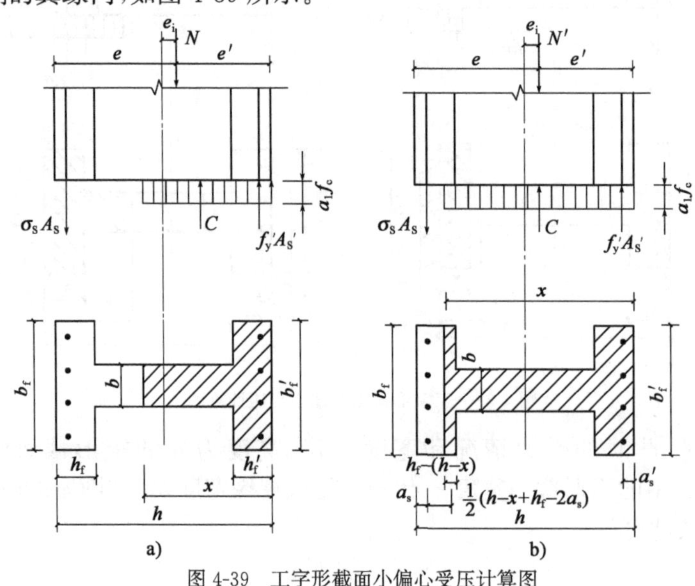

图 4-39　工字形截面小偏心受压计算图

①当 $\xi_b h_0 < x \leqslant h - h_f$ 时，由平衡条件可得其计算公式为：

$$N = \alpha_1 f_c b h_0{}^2 \xi + \alpha_1 f_c (b'_f - b) h'_f + f'_y A'_s - \sigma_s A_s \tag{4-108}$$

$$Ne = \alpha_1 f_c b h_0{}^2 \xi (1 - 0.5\xi) + \alpha_1 f_c (b'_f - b) h'_f \left(h_0 - \frac{h'_f}{2}\right) + f'_y A'_s (h_0 - a'_s) \tag{4-109}$$

②当 $h - h_f < x \leqslant h$ 时，同样有

$$N = \alpha_1 f_c b h_0{}^2 \xi + \alpha_1 f_c (b'_f - b) h'_f + \alpha_1 f_c (b'_f - b)[\xi h_0 - (h - h_f)] + f'_y A'_s - \sigma_s A_s \tag{4-110}$$

$$Ne = \alpha_1 f_c b h_0{}^2 \xi (1 - 0.5\xi) + \alpha_1 f_c (b'_f - b) h'_f \left(h_0 - \frac{h'_f}{2}\right) + \alpha_1 f_c (b_f - b)[\xi h_0 - (h - h_f)] + \left[h'_f - a_s - \frac{\xi h_0 - (h - h_f)}{2}\right] + f'_y A'_s (h_0 - a'_s) \tag{4-111}$$

式中 σ_s 仍按计算公式(4-91)计算。至于 ξ 值，同对称配筋矩形截面小偏心受压构件一样，可推导出通过腹板的相对受压区高度 ξ 的计算公式：

$$\xi = \frac{N - \alpha_1 f_c[\xi_b b h_0 + (b'_f - b) h'_f]}{\dfrac{Ne - \alpha_1 f_c[0.45 b h_0{}^2 + (b'_f - b) h'_f (h_0 - 0.5 h'_f)]}{(\beta_1 - \xi_b)(h_0 - a'_s)} + \alpha_1 f_c b h_0} + \xi_b \tag{4-112}$$

同样，对工字形截面偏心受压构件，除进行弯矩作用平面内的计算外，在垂直于弯矩作用平面外也应按轴心受压构件进行验算。

[例 4-15] 工字形截面钢筋混凝土偏心受压柱，柱子的截面尺寸如图 4-40 所示，柱子的计算长度 $l_c = 5.4\text{m}$，$a_s = a'_s = 40\text{mm}$。采用 C35 混凝土，$f_c = 16.7\text{N/mm}^2$，HRB400 钢筋，$f_y = f'_y = 360\text{N/mm}^2$。截面承受轴向压力设计值 $N = 900\text{kN}$，下端弯矩设计值 $M_2 = 882\text{kN·m}$，上端弯矩值 $M_1 = 756\text{kN·m}$。试按对称配筋求该柱的纵向钢筋 A_s 和 A'_s。

[解] ①计算 e_1、e

$$h_0 = h - a_f 900 - 40 = 860\text{mm}$$

$$A = bh + 2(b_f - b)h_f = 100 \times 900 + 2(400 - 100) \times 150 = 1.8 \times 10^5 \text{mm}^2$$

$$\frac{h}{30} = \frac{900}{30} = 30\text{mm} > 20\text{mm}，取\ e_a = 30\text{mm}$$

$$\frac{M_2}{N} = \frac{882 \times 10^6}{900 \times 10^3} 980\text{mm}$$

$$\frac{l_c}{h} = \frac{5.4 \times 10^3}{900} = 6.0$$

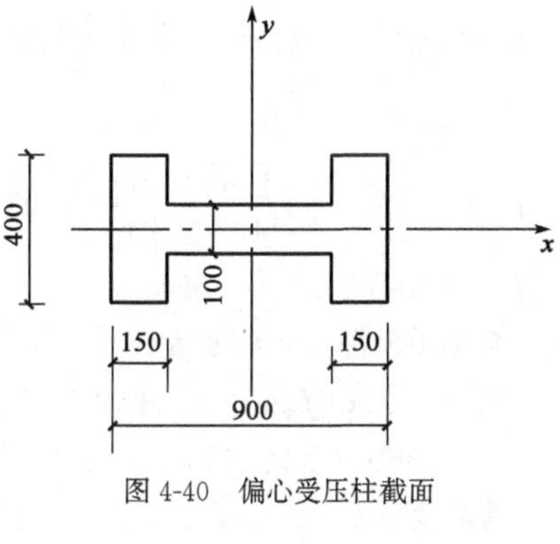

图 4-40 偏心受压柱截面

$$\zeta_c = \frac{0.5 f_c A}{N} = \frac{0.5 \times 16.7 \times 1.8 \times 10^5}{900 \times 10^3} = 1.67 > 1.0，取\ \zeta_c = 1.0。$$

$$n_{ns} = 1 + \frac{1}{1300(M_2/N + e_a)/h_0}\left(\frac{l_c 9}{h}\right)\zeta_c = 1 + \frac{1}{1300 \times (980 + 30)/860} \times 6.0^2 \times 1.0 = 1.02$$

$$C_{tn} = 0.7 + 0.3\frac{M_1}{M_2} = 0.96$$

$$M = C_m n_{ns} M_2 = 0.96 \times 1.02 \times 882 = 863.7\text{kN·m}$$

$$e_0=\frac{M}{N}=\frac{863.7\times10^6}{900\times10^3}=960\text{mm}$$

$$e_i=e_0+e_a=960+30=990\text{mm}$$

$$e=e_i+\frac{h}{2}-a_s=990+\frac{900}{2}-40=1400\text{mm}$$

②判别偏心受压类型，计算 A_s 和 A'_s

先假定中和轴在受压翼缘内，按计算公式(4-106)计算出受压区高度：

$$x=\frac{N}{\alpha_1 f_c b'_f}=\frac{900\times10^3}{1.0\times16.7\times400}=134.7\text{mm}$$

显然，$2a'_s\leqslant x\leqslant h'_f$ 时，柱子为大偏心受压构件，受压区在受压翼缘内，将 x 代入计算公式(4-103)即求得 A_s 和 A'_s。

$$A_s=A'_f=\frac{N_e-\alpha_1 f_c b_f x\left(h_0-\frac{x}{2}\right)}{f'_y(h_0-\alpha_s)}$$

$$=\frac{900\times10^3\times1400-1.0\times16.7\times400\times134.7\times\left(860-\frac{134.7}{2}\right)}{360\times(860-40)}$$

$$=1852\text{mm}^2>\rho_{\min}A=0.002\times1.8\times10^5=360\text{mm}^2$$

选配 2Φ25+3Φ20($A_s=A'_s=1924\text{mm}^2$)

截面总配筋率：

$$\rho=\frac{A_s+A'_s}{A}=\frac{1924\times2}{1.8\times10^5}\times100\%=2.14\%<5\%$$

截面尺寸及配筋合理。

③验算垂直于弯矩作用平面的受压承载力

$$I_x=\frac{1}{12}(h-2h_f)b^3+2\times\frac{1}{12}h_f b_f^3=\frac{1}{12}(900-2\times150)\times100^3+2\times\frac{1}{12}\times150\times400^3$$

$$=1.65\times10^9\text{mm}^4$$

$$i_x=\sqrt{\frac{I_x}{A}}=\sqrt{\frac{1.65\times10^9}{1.8\times10^5}}=95.7\text{mm}$$

$$l_0/i_x=5400/95.7=56.4$$

查表 4-8 得，$\varphi=0.858$。

$$N_u=0.9\varphi(f_cA+f'_yA'_s)=0.9\times0.858\times(16.7\times1.8\times10^5)+360\times2\times1924)\times10^{-3}=3391\text{kN}>N=900\text{kN}$$

满足要求。

4.3.5 偏心受压构件斜截面抗剪承载力计算

一般情况下，偏心受压构件的剪力值相对较小，可不进行斜截面的承载力计算。但对于有较大水平力作用的框架柱、有横向力作用的桁架上弦压杆，剪力影响较大，必须进行斜截面承载力计算。

试验表明，轴向压力对构件抗剪有利，轴向压力的存在能够阻滞斜裂缝的出现和开展，增加混凝土剪压区的高度，使剪压区的面积相对增大，提高了剪压区混凝土的抗剪能力。但是，轴向压力对构件抗剪承载力的提高有一定限度。在构件的轴压比 $N/f_c bh$ 较小时，构件的抗剪能力随轴压比的增大而提高，当轴压比达到 0.3～0.5 时，抗剪承载力达到最大值。若再增大轴压力，构件的抗剪承载力反而降低，转变为带有斜裂缝的小偏心受压破坏。

根据试验资料分析，对于矩形、T 形和工字形截面偏心受压构件的受剪承载力，采用在受弯构件受剪承载力计算公式的基础上增加一项附加受剪承载力的办法来考虑轴向压力的有利影响，按下式进行计算：

$$V \leqslant \frac{1.75}{\lambda+1.0} f_t b_{h0} + 1.0 f_{yv} \frac{A_{sv}}{s} h_0 + 0.07N \tag{4-113}$$

式中：N——与剪力设计值 V 相应的轴向压力设计值；当 $N>0.3f_cA$ 时，取 $N=0.3f_cA$，为构件的截面面积；

λ——偏心受压构件计算截面的剪跨比，按下列规定取用：

(1)对框架柱，当柱的反弯点在层高范围内时，取 $\lambda=H_n/2h_0$（H_n 为柱的净高）。当 $\lambda<1$ 时，取 $\lambda=1$；当 $\lambda>3$ 时，取 $\lambda=3$。

(2)对其他偏心受压构件，当承受均布荷载时，取 $\lambda=1.5$；当承受集中荷载时(包括作用有多种荷载，其中集中荷载对支座截面或节点边缘所产生的剪力值占总剪力值 75%以上)，取 $\lambda=a/h_0$（a 为集中荷载至支座或节点边缘的距离）。当 $\lambda<1.5$ 时，取 $\lambda=1.5$；当 $\lambda>3$ 时，取 $\lambda=3$。

若满足下述公式要求，可不进行斜截面受剪承载力计算，仅需按照构造要求配置箍筋。

$$V \leqslant \frac{1.75}{\lambda+1.0} f_t b_0 h_0 + 0.07N \tag{4-114}$$

此外，偏心受压构件的受剪截面尺寸尚应满足式(4-39)～式(4-41)规定的条件。

4.4 受扭构件承载力计算与构造

4.4.1 纯扭构件的承载力计算

在钢筋混凝土结构中经常遇到受扭构件，例如钢筋混凝土雨篷梁、平面曲梁或折梁、钢筋混凝土框架的边梁、螺旋楼梯等均受到扭矩的作用。这些构件受扭是主要的，但同时也受弯、受剪或受轴力的作用。对于在弯矩、剪力、扭矩共同作用下的钢筋混凝土构件，规范采用了分别计算和叠加配筋的原则。在本章 4.1 节讲述了梁类构件在弯矩、剪力作用下的承载力计算，下面介绍纯扭构件的受扭承载力的计算方法。

1. 纯扭构件的开裂扭矩

(1)矩形截面的开裂扭矩

钢筋混凝土受扭构件在裂缝出现前，钢筋的应力很小，此时的构件与等截面素混凝土构件的开裂扭矩大致相同。对于素混凝土假设为理想弹塑性材料，当矩形截面构件受扭时，截面上将产生剪应力 τ(图 4-41)，在弹性阶段，截面剪应力分布如图 4-42a)所示，最大剪应力产生在矩形截面长边中点。当最大剪应力达到材料的强度极限时，构件并不意味着破坏，而是截面上局部材料开始进入塑性状态。随着荷载的进一步增加，当截面上各点的剪应力都达到混凝土的抗拉强度时 f_t，构件达到其极限受扭承载力，这时截面上剪应力分布如图 4-42b)所示，截面上各块的合力如图4-42c)所示，由平衡条件可得构件的极限扭矩：

$$T_u = f_t \frac{b^2}{6}(3h - b) = f_t W_t \tag{4-115}$$

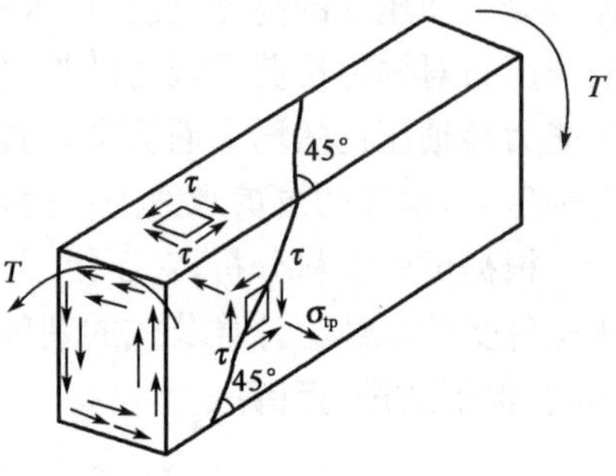

图 4-41　受扭构件的开裂

式中：b——矩形截面短边；

h——矩形截面长边；

f_t——混凝土抗拉强度设计值；

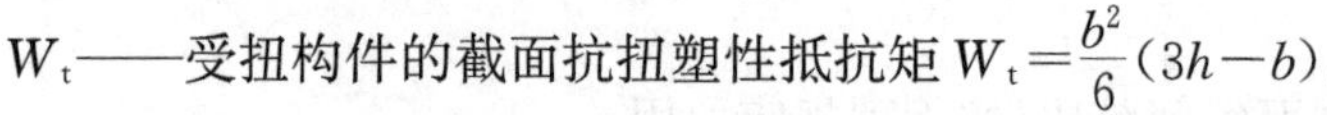

W_t——受扭构件的截面抗扭塑性抵抗矩 $W_t = \frac{b^2}{6}(3h-b)$。

由于混凝土不是理想塑性材料，由式(4-115)所得的受扭承载力偏大，应进行折减。通过试验分析，对其乘以一个 0.7 的折减系数，由此可得钢筋混凝土构件开裂扭矩的计算公式为：

$$T_{cr} = 0.7 f_t W_t \tag{4-116}$$

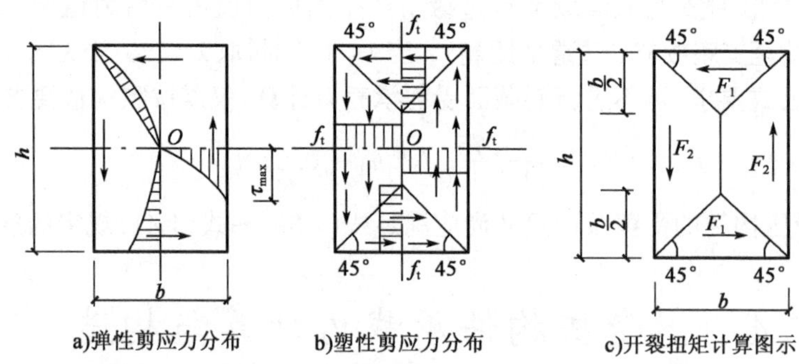

图 4-42　弹性和塑性材料受扭截面应力分布

(2)T 形和工字形截面的开裂扭矩

对于 T 形、工字形截面的受扭构件，将其截面视为由若干个小的矩形截面组成。构件的截面受扭塑性抵抗矩 W_t 为各矩形块的受扭塑性抵抗矩 W_{ti} 之和，即

$$W_t = W_{tw} + W'_{tf} + W_{tf} \tag{4-117}$$

式中：W_{tw}——腹板部分矩形截面的受扭塑性抵抗矩；

W'_{tf}——受压区翼缘矩形截面的受扭塑性抵抗矩；

W_{tf}——受拉区翼缘矩形截面的受扭塑性抵抗矩。

腹板、翼缘的受扭塑性抵抗矩 W_t 可近似按下列公式计算：

$$W_{tw} = \frac{b^2}{6}(3h - b) \tag{4-118}$$

$$W'_{tf} = \frac{h'^2_f}{2}(b'_f - b) \tag{4-119}$$

$$W_{tf} = \frac{h^2_f}{2}(b_f - b) \tag{4-120}$$

式中：b'_f、b_f——截面受拉区、受压区的翼缘宽度；

h'_f、h_f——截面受拉区、受压区的翼缘高度。

计算时取用的翼缘宽度尚应符合 $b'_f \leqslant b+6h'_f$ 及 $b_f \leqslant b+6h_f$ 的规定。

2. 纯扭构件的受扭承载力计算

素混凝土构件的受扭承载力是很小的，在实际工程中都是采用抗扭钢筋来抵抗扭矩的。抗扭钢筋是横向封闭箍筋与纵向抗扭钢筋组成的空间骨架。这两种钢筋的用量应有一个合理的比例，当抗扭箍筋相对抗扭纵筋较少时，构件破坏时抗扭箍筋屈服而抗扭纵筋可能达不到屈服强度；反之，当抗扭纵筋相对抗扭箍筋较少时，构件破坏时抗扭纵筋屈服而抗扭箍筋可能达不到屈服强度。抗扭纵筋与抗扭箍筋数量的比例用纵筋和箍筋的配筋强度比表示：

$$\zeta = \frac{f_y A_{stl}/u_{cor}}{f_{yv} A_{stl}/s} = \frac{f_y A_{stl} s}{f_{yv} A_{stl} u_{cor}} \tag{4-121}$$

国内试验表明，当 ζ 在 0.5～2.0 间变化，构件破坏时纵筋与箍筋都能达到屈服，为了安全起见，规范规定 ζ 的限制范围为：

$$0.6 \leqslant \zeta \leqslant 1.7 \tag{4-122}$$

当 $\zeta > 1.7$ 时，取 $\zeta = 1.7$；工程结构中常用的范围为 $\zeta = 1.0 \sim 1.2$。

(1)矩形截面纯扭构件承载力的计算

对于钢筋混凝土矩形截面纯扭构件承载力的计算，规范建议按下列公式进行：

$$T \leqslant T_u = 0.35 f_t W_t + 1.2\sqrt{\xi}\, \frac{f_{yv} A_{stl}}{s} A_{cor} \tag{4-123}$$

式中：T——扭矩设计值；

W_t——截面的抗扭塑性抵抗矩；

f_{yv}——箍筋的抗拉强度设计值；

A_{stl}——箍筋的单肢截面面积；

s——箍筋的间距；

A_{cor}——截面核芯部分的面积，$A_{cor} = b_{cor} h_{cor}$；

ζ——抗扭纵筋与箍筋的配筋强度比，按式(4-121)计算。

公式(4-123)右端第一项为混凝土的受扭作用，取为开裂扭矩的 50%；第二项为钢筋的受扭作用。

(2)T 形、工字形截面的纯扭构件承载力计算

对于 T 形、工字形截面，可将截面划分为若干个矩形截面，将总的扭矩 T 按各矩形的受扭塑性抵抗矩分配给各矩形块，各矩形块承担的扭矩与各自的受扭塑性抵抗矩成正比，即

①腹板

$$T_w = \frac{W_{tw}}{W_t} T \tag{4-124}$$

②受压翼缘

$$T'_f = \frac{W'_{tf}}{W_t} T \tag{4-125}$$

③受拉翼缘

$$T_f = \frac{W_{tf}}{W_t}T \tag{4-126}$$

式中：T——截面所承受的扭矩设计值；

T_w——腹板所承受的扭矩；

T'_f、T_f——受压翼缘，受拉缘所承受的扭矩；

W_t——工字形截面的受扭塑性抵抗矩，$W_t = W_{tw} + W'_{tf} + W_{tf}$。

求得各矩形块所承担的扭矩之后，即可按公式(4-123)分别对各块矩形截面进行纯扭构件承载力计算。

4.4.2 弯剪扭构件承载力计算

在实际工程中，受纯扭矩作用的构件是很少的，大多数都是同时受有弯矩、剪力和扭矩的共同作用，构件的承载能力是受同时作用的内力影响的。在弯、剪、扭共同作用下的构件其承载力计算比较复杂。在计算配筋时，规范对弯剪扭构件采用两两"叠加法"进行计算，其纵向钢筋截面面积按受弯构件抗弯承载力和剪扭构件抗扭承载力所需纵筋相叠加；其箍筋截面面积按剪扭构件抗剪承载力和剪扭构件抗扭承载力所需箍筋相叠加，并考虑混凝土部分相关。正截面受弯承载力的分析方法同4.1节，弯扭构件纵向钢筋叠加见图4-43。下面着重分析剪扭承载力。

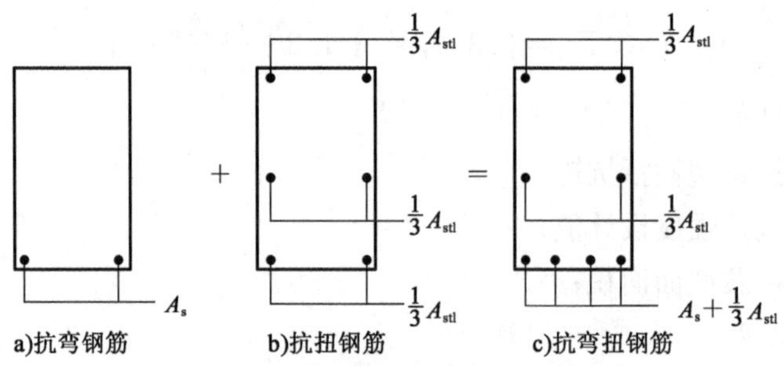

图4-43 矩形截面弯扭构件纵向钢筋叠加图

由于受剪和受扭承载力公式中均包含有钢筋和混凝土两部分，应找出配有箍筋的剪扭构件的受剪承载力和受扭承载力之间的相关规律，称为全相关规律。但是全相关规律计算复杂，为计算方便，规范采用混凝土部分相关，钢筋部分不相关的半相关计算方法。剪扭构件的斜截面受剪承载力 V 和受扭承载力 T 的一般表达式可写为：

$$V \leqslant V_c + V_s \tag{4-127}$$

$$T \leqslant T_c + T_s \tag{4-128}$$

式中：V_c——剪扭构件考虑半相关性后斜截面混凝土受剪承载力；

T_c——剪扭构件考虑半相关性后混凝土受扭承载力。

试验研究表明剪扭构件抗扭承载力和抗剪承载力的无量纲量基本服从四分之一圆的规律，如图4-44所示。图中 V_{c0} 为不考虑扭矩影响的斜截面混凝土受剪承载力，T_{c0} 为不考虑剪力影响的混凝土受扭承载力。为了简化分析将四分之一圆用三折线代替，采用受扭承载力的降低系数 β_t 来考虑剪力的影响。β_t 的计算公式为：

$$\beta_t = \frac{1.5}{1 + 1.5\dfrac{VW_t}{Tbh_0}} \tag{4-129}$$

当 $\beta_t < 0.5$ 时，取 $\beta_t = 0.5$；当 $\beta_t > 1$ 时，取 $\beta_t = 1$。这样，矩形截面剪扭构件的承载力可按以下计算：

(1)计算抗剪承载力需要的抗剪箍筋 $\dfrac{A_{sv}}{s}$

对一般剪扭构件，受剪承载力满足：

$$V = 0.7(1.5 - \beta_t) f_t b h_0 + f_{yv} \frac{A_{sv}}{s} h_0 \tag{4-130}$$

式中 β_t 按式(4-129)计算。

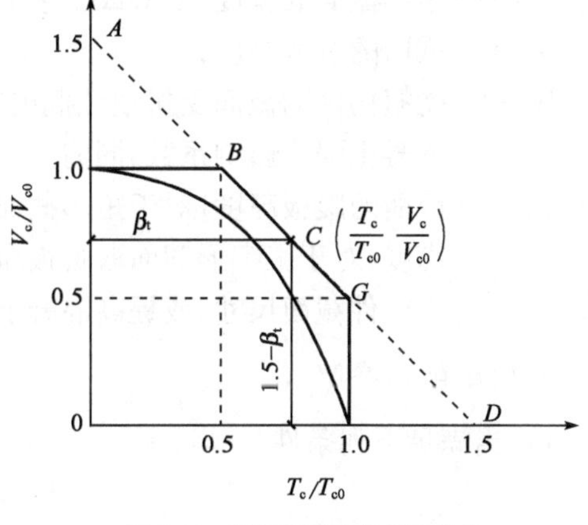

图 4-44　剪扭承载力的相关曲线

对集中荷载作用下的独立剪扭构件，受剪承载力满足：

$$V \leqslant (1.5 - \beta_t) \frac{1.75}{\lambda + 1} f_t b h_0 + f_{yv} \frac{A_{sv}}{s} h_0 \tag{4-131}$$

式中 λ 为计算截面的剪跨比，β_t 按式(4-132)计算：

$$\beta_t = \frac{1.5}{1 + 0.2(\lambda + 1)\dfrac{VW_t}{Tbh_0}} \tag{4-132}$$

(2)计算抗扭承载力需要的抗扭箍筋 $\dfrac{A_{stl}}{s}$

$$T \leqslant 0.35\beta_t f_t W_t + 1.2\sqrt{\zeta} f_{yv} \frac{A_{stl}}{s} A_{cor} \tag{4-133}$$

对一般剪扭构件式中 β_t 按式(4-129)计算，对集中荷载作用下的独立剪扭构件 β_t 按式(4-132)计算。

(3)按照叠加原则计算箍筋总用量 $\dfrac{A_{svl}^*}{s}$

$$\frac{A_{svl}^*}{s} = \frac{A_{svl}}{s} + \frac{A_{stl}}{s} \tag{4-134}$$

4.4.3 受扭构件的一般构造

1. 截面限制条件

为了保证弯剪扭构件破坏时混凝土不首先被压碎，规定截面限制条件如下：

当 $\dfrac{h_w}{b} \leqslant 4$ 时，
$$\frac{V}{bh_0} + \frac{T}{0.8W_t} \leqslant 0.25\beta_c f_c \tag{4-135a}$$

当 $\dfrac{h_w}{b} = 6$ 时，
$$\frac{V}{bh_0} + \frac{T}{0.8W_t} \leqslant 0.20\beta_c f_c \tag{4-135b}$$

当 $4 < \dfrac{h_w}{b} < 6$ 时，按线性内插法确定。

式中：T——扭矩设计值；

b——矩形截面的宽度，T 形或工字形截面的腹板宽度；

h_0——截面的有效高度；

W_t——受扭构件的截面受扭塑性抵抗矩；

β_c——混凝土强度影响系数，同前。

h_w——截面的腹板高度，对于矩形截面取有效高度；对于 T 形截面取有效高度减去翼缘高度；对于工字形截面取腹板净高度。计算时如不满足式(4-135)的要求，则需加大构件截面尺寸，或提高混凝土强度等级。

2. 构造配筋界限

(1)当满足下列条件

$$V \leqslant 0.35 f_t b h_0 \tag{4-136}$$

或以集中荷载为主的构件满足下式时

$$V \leqslant \frac{0.875}{\lambda+1} f_t b h_0 \tag{4-137}$$

可忽略剪力的影响，仅按受弯构件的和纯扭构件进行承载力计算。

(2)当满足下列条件时

$$T \leqslant 0.175 f_t W_t \tag{4-138}$$

可忽略扭矩的影响，仅按受弯构件的正截面和斜截面承载力来计算。

(3)当符合下列条件时

$$\frac{V}{bh_0} + \frac{T}{W_t} \leqslant 0.7 f_t \tag{4-139}$$

则不需对构件进行剪扭承载力计算，只需对受弯构件进行正截面计算，箍筋和抗扭纵筋按构造要求。

3. 最小配筋率

(1)受扭纵筋的最小配筋率

受扭钢筋的配筋率 ρ_{tl}应符合下列要求：

$$\rho_{tl} = \frac{A_{stl}}{bh} \geqslant \rho_{tl,\min} = 0.6 \frac{f_t}{f_{yv}} \sqrt{\frac{T}{Vb}} \tag{4-140}$$

式中：A_{stl}——沿截面周边布置的受扭纵筋总的截面面积。

当$\frac{T}{Vb}>2.0$时，取$\frac{T}{Vb}=2.0$。在截面的四角必须设置抗扭纵筋，抗扭纵筋应尽可能沿周边均匀对称布置，间距不应大于 200mm 和梁截面宽度。受扭钢筋伸入支座长度应按受拉钢筋锚固在支座内。

(2)受扭箍筋的最小配箍率

剪扭箍筋的配箍率 ρ_{sv}应符合下列要求：

$$\rho_{sv} = \frac{A_{sv}}{bs} \geqslant \rho_{sv,\min} = 0.28 \frac{f_t}{f_{yv}} \tag{4-141}$$

式中：A_{sv}——为配置在同一截面内箍筋各肢的全部截面面积($A_{sv}=nA_{sv1}$)。

箍筋的最小直径和最大间距应符合受剪构件对箍筋的要求。受扭所需箍筋应做成封闭式，且沿截面周边布置。当采用复合箍筋时，位于截面内部的箍筋不应计入受扭所需箍筋面积。当采用绑扎骨架时，应将箍筋末端弯折成 135°，弯钩端头平直段长度至少 10d（d 为箍筋直径）。

[例 4-16] 已知一钢筋混凝土构件，其截面尺寸 $b\times h$=300mm×600mm，跨中弯矩设计值 95kN·m，剪力设计值 90kN，扭矩设计值 22kN·m，混凝土强度等级 C25，纵筋为 HRB335 级，箍筋 HPB300 级，试计算构件的配筋。

[解] 查表确定材料强度设计值：

$f_t=1.27\text{N/mm}^2$，$f_c=11.9\text{N/mm}^2$，$f_y=300\text{N/mm}^2$，$f_{yv}=270\text{N/mm}^2$

(1)验算截面尺寸

受扭塑性抵抗矩

$$W_t=\frac{b^2}{6}(3h-b)\frac{300^2}{6}\times(3\times600-300)=22.5\times10^6\text{mm}^3$$

$$\frac{V}{bh_0}+\frac{T}{0.8W_t}=\frac{90\times10^3}{300\times365}+\frac{22\times10^6}{0.8\times22.5\times10^6}=2.866\text{N/mm}^2$$

$$<0.25\beta_c f_c=0.25\times1.0\times11.9=2.975\text{N/mm}^2$$

所以，截面尺寸满足要求。

(2)构造配筋界限

①验算是否需要考虑剪力

$$V=90000N>0.35f_tbh_0=0.35\times1.27\times300\times565=75342\text{N}\cdot\text{mm}$$

需考虑剪力的影响。

②验算是否需要考虑扭矩

$$T=22\times10^6\text{N}\cdot\text{mm}>0.175f_tW_t=0.175\times1.27\times22.5\times10^6=5\times10^6\text{N}\cdot\text{mm}$$

需考虑扭矩的影响。

③验算是否需要进行抗剪和抗扭计算

$$\frac{V}{bh_0}+\frac{T}{W_t}=\frac{90\times10^3}{300\times565}+\frac{22\times10^6}{22.5\times10^6}=1.509\text{N/mm}^2>0.7f_t$$

$$=0.7\times1.27=0.889\text{N/mm}^2$$

故需要进行抗剪和抗扭计算。

(3)按弯剪扭构件进行承载力计算

①确定箍筋数量

$$\beta_t=\frac{1.5}{1+1.5\dfrac{90\times10^3\times22.5\times10^6}{22\times10^6\times300\times565}}=1.18>1$$

取 $\beta_t=1$。

计算抗剪箍筋数量：

$$V\leqslant0.7(1.5-\beta_t)f_tbh_0+f_{yv}\frac{A_{sv}}{s}h_0$$

$$90000=0.7\times(1.5-1)\times1.27\times300\times565+270\times2\times565\times\frac{A_{stl}}{s}$$

$\frac{A_{stl}}{s}=0.048\text{mm}^2/\text{mm}$

计算抗扭箍筋数量：

$T\leqslant 0.35\beta_t f_t W_t+1.2\sqrt{\zeta}f_{yv}\frac{A_{stl}}{s}A_{cor}$

取 $\zeta=1.2$。

$A_{cor}=(300-50)\times(600-50)=137500\text{mm}^2$

$22\times10^6=0.35\times1.0\times1.27\times22.5\times10^6+1.2\times\sqrt{1.2}\times270\times137500\times\frac{A_{stl}}{s}$

$\frac{A_{stl}}{s}=0.246\text{mm}^2/\text{mm}$

计算配箍总量。

$\frac{A'_{sv}}{s}=\frac{A_{sv}}{s}+\frac{A_{stl}}{s}=0.048+0.246=0.294\text{mm}^2/\text{mm}$

设箍筋间距为 $s=100\text{mm}$，则 $A^*_{svl}=29.4\text{mm}^2$，选ф8(50.3mm²)箍筋两肢箍。

验算配箍率

$\rho_{sv}=\frac{nA^*_{svl}}{bs}=\frac{2\times50.3}{300\times100}=0.00335$

$\rho_{sv,min}=0.28\frac{f_t}{f_{yv}}=0.28\times\frac{1.27}{210}=0.0017$

$\rho_{sv}>\rho_{sv,min}$

所以满足要求。

②确定纵筋数量

计算抗扭纵筋数量：

$u_{cor}=2\times(250+550)=1600\text{mm}$

$A_{stl}=\frac{\zeta f_{yv}A_{stl}u_{cor}}{f_y s}=\frac{1.2\times270\times1600\times0.246}{300}=425.1\text{mm}^2$

验算抗扭纵筋配筋率：

$\rho_{tl}=\frac{A_{stl}}{bh}=\frac{425.1}{300\times600}=0.00236$

$\rho_{tl,min}=0.6\sqrt{\frac{T}{Vb}}\frac{f_t}{f_y}=0.6\sqrt{\frac{22\times10^6}{90\times10^3\times300}}\times\frac{1.27}{300}=0.00229$

$\rho_{tl}>\rho_{tl,min}$所以满足要求。

按受弯构件正截面承载力计算抗弯纵筋数量：

$\alpha_s=\frac{M}{f_c bh_0^2}=\frac{95\times10^6}{11.9\times300\times565^2}=0.0834$

$\xi=1-\sqrt{1-2\alpha_s}=1-\sqrt{1-2\times0.0834}=0.0872$

$A_s=\xi bh_0\frac{\alpha_1 f_c}{f_y}=0.872\times300\times565\times\frac{1\times11.9}{300}=586.3\text{mm}^2$

$>\rho_{min}bh_0=0.15\%\times300\times600=270\text{mm}^2$

③确定纵筋总用量及布置

梁高 $h=600\text{mm}$，按构造抗扭纵筋的间距一般不超过200mm，且还不超过梁的宽度 b。故抗扭纵筋沿梁高按四排对称布置，$\frac{A_{stl}}{4}=\frac{425.1}{4}=106.2\text{mm}^2$，选用 2 ⌀ 12（$A_s=226\text{mm}^2$）。对跨中截面，下部纵筋所需的截面面积为 $A_s+\frac{A_{stl}}{4}=586.3+106.2=692.5\text{mm}^2$，选用 3 ⌀ 18（$A_s=763\text{mm}^2$），配筋如图 4-45 所示。

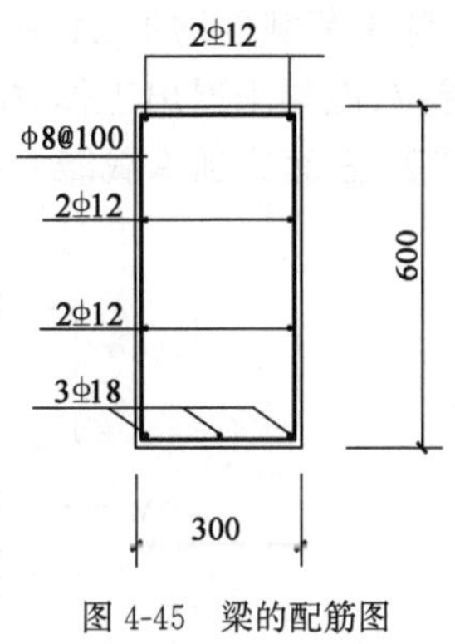

图 4-45　梁的配筋图

4.5　受拉构件承载力计算与构造

4.5.1　轴心受拉构件的正截面承载力计算

当纵向拉力的作用线与构件截面形心轴线重合时为轴心受拉构件，工程中可近似按轴心受拉构件计算的有：圆形水池池壁（环向）、高压水管管壁（环向）以及房屋结构中的屋架或托架的受拉弦杆和腹杆等。

对于钢筋混凝土轴心受拉构件，开裂以前混凝土与钢筋共同承受拉力；开裂后，开裂截面处的混凝土退出工作，全部拉力由钢筋承担。所以，轴心受拉构件的正截面承载力计算公式为：

$$N\leqslant f_yA_s \tag{4-142}$$

式中：N——轴向拉力设计值；

f_y——钢筋抗拉强度设计值；

A_s——全部纵向受拉钢筋截面积。

由式(4-142)可知，轴心受拉构件正截面承载力只与纵向受力钢筋有关，与构件的截面尺寸及混凝土的强度等级无关。

4.5.2　偏心受拉构件的正截面承载力计算

当纵向拉力 N 的作用线偏离构件截面形心线或构件上既作用有拉力又作用有弯矩时，称为偏心受拉构件。按纵向拉力 N 的位置不同，可分为大偏心受拉与小偏心受拉两种情况。对于矩形截面受拉构件，取距轴向力 N 较近一侧的纵向钢筋为 A_s，较远一侧纵向钢筋为 A_s'。若轴向拉力的偏心距较小，N 作用于 A_s 和 A_s'之间时，称为小偏心受拉构件；若轴向拉力 N 的偏心距较大，N 作用于钢筋 A_s 与 A_s'以外时，称为大偏心受拉构件，如图 4-46 所示。

1. 小偏心受拉构件正截面承载力计算

(1)截面应力特点

对于小偏心受拉构件，全截面均受拉应力作用，但 A_s 一侧拉应力较大，A_s'一侧拉应力较小。随着荷载的增加，A_s 一侧混凝土首先开裂，裂缝很快贯通整个截面，全部纵向钢筋 A_s 和 A_s'受拉，混凝土退出工作，拉力完全由钢筋承受。构件破坏时，钢筋 A_s 及 A_s'的应力都达到屈服强度，截面达到承载能力极限状态，偏心拉力完全由 A_s 和 A_s'平衡，如图 4-47 所示。

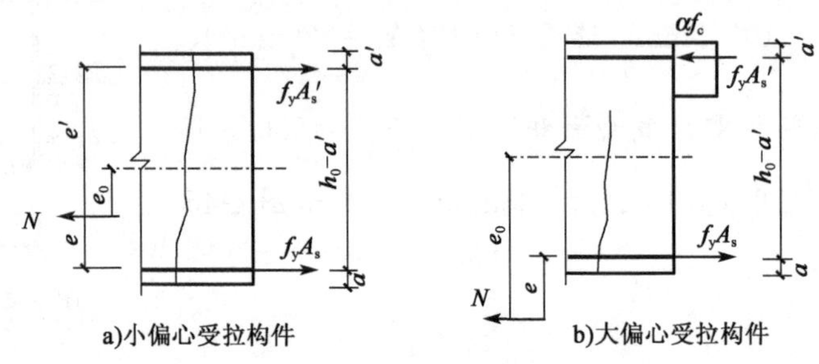

图 4-46　偏心受拉构件

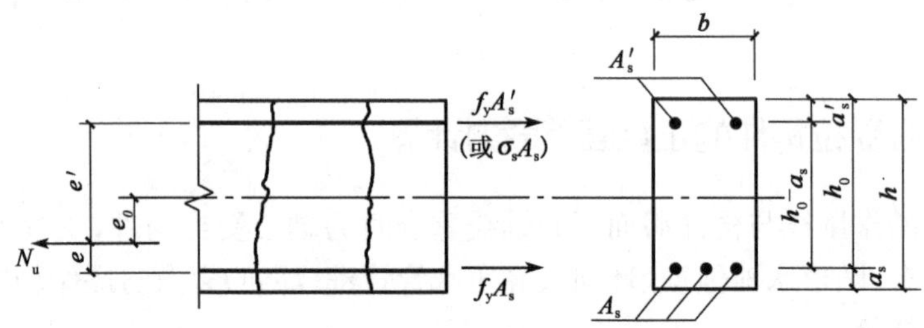

图 4-47　矩形截面小偏心受拉构件正截面承载力计算图

(2)承载力计算公式

根据如图 4-47 所示的计算简图，可假定构件破坏时钢筋 A_s 及 A_s'的应力都达到屈服强度，由内、外力分别对钢筋 A_s 及 A_s'合力点的力矩平衡条件可得承载力公式如下：

$$N_u e = f_y A'_s (h_0 - a'_s) \tag{4-143}$$

$$N_u e' = f_y A_s (h_0 - a'_s) \tag{4-144}$$

式中：N_u——受拉承载力设计值；

e——轴拉力作用点至受拉钢筋 A_s 合力点之间的距离，$e=\frac{h}{2}-e_0-a_s'$；

e'——轴拉力作用点至受压钢筋 A_s'合力点之间的距离，$e'=\frac{h}{2}+e_0-a'_s$；

a_s'——纵向受压钢筋合力点至受压区边缘的距离。

(3)承载力设计计算

①截面设计

进行截面设计时，由 $\gamma N \leqslant N_u$，得

$$A_s \geqslant \frac{\gamma_0 N_u e'}{f_y (h_0 - a_s')} \tag{4-145}$$

$$A_s' \geqslant \frac{\gamma_0 N_e'}{f_y (h_0 - a_s')} \tag{4-146}$$

若采用对称配筋截面，即 $A_s = A_s'$，$a_s = a_s'$，$f_y = f_y'$，此时远离轴向力 N 一侧的钢筋 A_s 并

未屈服，但为了保持截面内外力的平衡，设计时 A_s、A'_s 均按式(4-145)、式(4-146)确定钢筋截面积。

②截面复核

小偏心受拉构件的截面复核，已知 A_s、A'_s 及 e_0，由式(4-143)、式(4-144)可分别求出截面可能承受的纵向拉力 N，其中较小者即为构件所能承受的偏心拉力设计值 N_u

2. 大偏心受拉构件正截面承载力计算

(1)截面应力特点

当 N 作用在钢筋 A_s 合力点及 A'_s 合力点范围以外时，在大偏心拉力作用下，A_s 一侧受拉，A'_s 一侧受压。随着荷载的增加受拉一侧混凝土开裂，但仍然有受压区存在，截面不会裂通。对于正常配筋的截面，离偏心力较近一侧的钢筋受拉屈服；另一侧钢筋受压，在一般情况下屈服，特殊情况下也可能不屈服，受压侧混凝土受压破坏。显然这种破坏特征与大偏心受压构件相同，截面上的受力情况如图 4-48 所示。

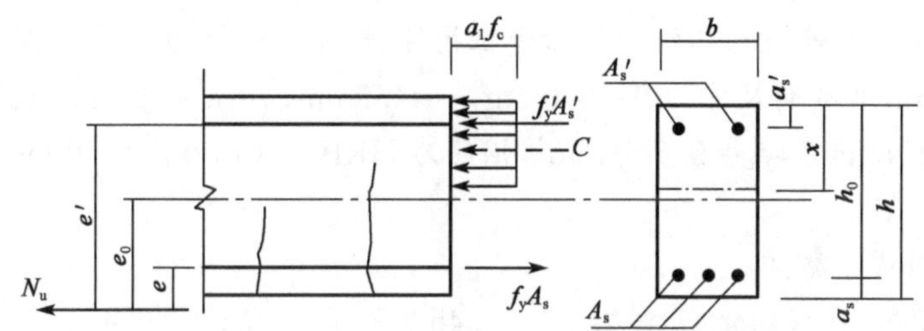

图 4-48　矩形截面大偏心受拉构件正截面承载力计算图

(2)承载力计算公式

①基本计算公式

构件破坏时，如果钢筋 A_s 和 A'_s 都达到屈服强度，根据平衡条件得承载力基本计算公式。由截面内外合力等于零，得：

$$N_u = f_y A_s - f'_y A'_s - \alpha_1 f_c bx \tag{4-147}$$

根据截面内外力对受拉钢筋合力作用点的力矩之和等于零，得：

$$N_u e = \alpha_1 f_c bx\left(h_0 - \frac{x}{2}\right) + f'_y A'_s (h_0 - a'_s) \tag{4-148}$$

式中：N_u——受拉承载力设计值；

e——轴拉力作用点至受拉钢筋 A_s 合力点之间的距离，$e = e_0 - h/2 + a_s$；

x——混凝土受压区高度。

②适用条件

与受弯构件相同，为了保证大偏心受拉构件不致发生超筋和少筋破坏，并在破坏时纵向受压钢筋 A'_s 也达到屈服强度，公式应满足下列适用条件：

$$x \leqslant \xi_b h_0$$
$$x \geqslant 2a'_s$$

若 $x < 2a'_s$，表明截面破坏时受压钢筋不能屈服，此时可求出受拉钢筋，取 $x = 2a'_s$，即假定受压区混凝土的压应力的合力与受压钢筋承担的压力的合力作用点相重合，对该作用点取矩，

可得公式：

$$Ne' = f_y A_s (h_0 - a_s') \tag{4-149}$$

则 A_s 为：

$$A_s = \frac{Ne'}{f_y(h_0 - a_s')} \tag{4-150}$$

式中：e'——轴拉力作用点至受压钢筋合力点之间的距离，$e'=h/2+e_0-a_s'$。

③对称配筋

若小偏心受拉构件选用对称配筋截面，此时由式(4-147)可知 $x<0$，表明远离轴向力 N 一侧的钢筋 A_s' 并未屈服，可分别按式(4-150)计算受拉钢筋和 $A_s'=0$ 计算 A_s 值，最后按所得较小值确定配筋。

④计算方法

根据以上分析可知大偏心受拉的应力特点和计算公式与大偏心受压构件是相似的，因此可参照大偏心受压的计算方法进行。

［例 4-17］ 某安全等级为二级的偏心受拉构件，承受轴向拉力设计值 $N=800$kN，弯矩设计值 $M=70$kN·m，其截面尺寸为 $b=300$mm，$h=450$mm，a=a'=35mm，构件混凝土强度等级为 C20($f_t=1.1$N/mm²，$f_c=9.6$N/mm²，钢筋为 HRB335($f_y=f'_y=300$N/mm²)，试计算钢筋截截面积 A_s 和 A'_s。

［解］ ①判别破坏类型

$$e_0 = \frac{M}{N} = \frac{70\times10^6}{800000} = 87.5 < \frac{h}{2} - a_s = \frac{450}{2} - 35 = 190\text{mm}$$

为小偏心受拉构件。

$$e = \frac{h}{2} - e_0 - a'_s = \frac{450}{2} - 87.5 - 35 = 102.5\text{mm}$$

$$e' = \frac{h}{2} + e_0 - a'_s = \frac{450}{2} - 87.5 - 35 = 277.5\text{mm}$$

②求 A_s 和 A_s'

$$A_s \geqslant \frac{\gamma_0 Ne'}{f_y(h_0 - a'_s)} = \frac{1.0\times800\times10^3\times277.5}{300\times(450-35-35)} = 1947\text{mm}^2$$

$$A_s' \geqslant \frac{\gamma_0 Ne}{f_y(h_0 - a'_s)} = \frac{1.0\times800\times10^3\times102.5}{300\times(450-35-35)} = 719\text{mm}^2$$

③计算最小配筋率

小偏心受拉时

$$\rho_{\min} = 0.45\frac{f_t}{f_y} = 0.45\frac{1.1}{300} = 0.165\% < 0.2\%$$

取 $\rho_{\min}=\rho'_{\min}=0.2\%$。

$$\rho = \frac{A_s}{b\times h} = \frac{1947}{300\times450} = 1.44\% > 0.2\%$$

$$\rho = \frac{A_s}{b\times h} = \frac{719}{300\times450} = 0.53\% > 0.2\%$$

满足最小配筋率的要求。

［例 4-18］ 某矩形截面水池，池壁厚 $h=300\text{mm}$，$a=a'=35\text{mm}$，每米高度承受的轴向拉力设计值 $N=260\text{kN}$，$M=110\text{kN}\cdot\text{m}$，混凝土强度等级 C20（$f_c=9.6\text{N/mm}^2$，$f_t=1.10\text{N/mm}^2$），钢筋采用 HRB335（$f_y=f'_y=300\text{N/mm}^2$），求截面所需配置的纵筋 A_s 和 A'_s。

［解］ ①判别偏心类型

$b=1000$，$h=300$，取 $a=a'=35\text{mm}$。

$$h_0=300-35=265\text{mm}$$

$$e_0=\frac{M}{N}=\frac{110\times10^6}{260\times10^3}=423\text{mm}>\frac{h}{2}-a=\frac{300}{2}-35=115\text{mm}$$

为大偏心受拉构件。

$$e=e_0-\frac{h}{2}+a=423-\frac{300}{2}+35=308\text{mm}$$

$$e'=e_0+\frac{h}{2}-a=423+\frac{300}{2}-35=538\text{mm}$$

②求 A_s 和 A'_s

A_s、A'_s 及受压区高度 x 未知，仿照大偏心受压的计算方法，取 $x=\xi_b h_0$ 使总钢筋用量最小，代入式(4-148)得：

$$A'_s=\frac{Ne-\alpha_1 f_c bh_0^2\xi_b(1-0.5\xi_b)}{f'_y(h_0-a'_s)}$$

$$=\frac{260000\times308-1\times9.6\times1000\times265^2\times0.55(1-0.5\times0.55)}{300\times(265\times35)}<0$$

按构造要求取：

$$A'_s=\rho_{min}bh=0.002\times1000\times300=600\text{mm}^2$$

选配Φ 12@180，$A'_s=628\text{mm}^2$；按 A'_s 为已知的情况计算 A_s。

$$\alpha_s=\frac{Ne-f_yA'_s(h_0-a'_s)}{\alpha_1 f_c bh2^0}=\frac{260000\times308-300\times628\times(265-35)}{1\times9.6\times1000\times265^2}=0.055$$

$$\xi=1-\sqrt{1-2\alpha_s}=1-\sqrt{1-2\times0.055}=0.057$$

$x=\xi h_0=0.057\times265=15.1<2a'_s$，故

$$A_s=\frac{Ne'}{f_y(h_0-a'_s)}=\frac{260000\times538}{300\times(265-35)}=2027\text{mm}^2$$

③配置钢筋受压钢筋取Φ 12@180，$A'_s=628\text{mm}^2$；受拉钢筋取Φ 16@95，$A_s=2116\text{mm}^2$。

$$\rho_{min}=\rho'_{min}=45\frac{f_t}{f_y}\%=45\times\frac{1.1}{300}\%=0.165\%<0.2\%$$

取 $\rho_{min}=\rho'_{min}=0.2\%$。

$$\rho=\frac{A_s}{b\times h}\frac{2116}{300\times1000}=0.7\%>\rho_{min}$$

$$\rho=\frac{A_s}{b\times h}=\frac{2234}{300\times1000}=0.0074=0.74\%>\rho_{min}=0.2\%$$

满足要求。

4.5.3 偏心受拉构件的斜截面承载力计算

一般偏心受拉构件，在承受弯矩和拉力的同时，还受到剪力作用，当剪力较大时，需验算斜

截面受剪承载力。研究表明，轴向拉力对截面受剪承载力是不利的。由于轴向拉力的存在，会使斜裂缝宽度较大甚至使斜裂面末端没有剪压区，因此构件的斜截面承载力比无轴向拉力时要降低一些，降低的程度与轴向拉力的数值有关。轴向拉力对斜截面受剪承载力的不利影响为 0.06N～0.16N，综合考虑其他因素，规范将轴向拉力这种不利影响取为 0.2N，得到矩形、工字形、T 形截面的偏心受拉构件斜截面受剪承载力计算公式：

$$\gamma_0 V \leqslant V_u = \frac{1.75}{\lambda+1} f_t b h_0 + f_{yv}\frac{A_{sv}}{s}h_0 - 0.2N \tag{4-151}$$

式中：λ——计算剪跨比。当承受均布荷载时，取 $\lambda=1.5$；当承受集中荷载时，取 $\lambda=a/h_0$（a 为集中荷载到支座截面或节点边缘的距离），当 $\lambda<1.5$ 时，取 $\lambda=1.5$；当 $\lambda>3$ 时，取 $\lambda=3$；

V_u——受剪承载力设计值，当 $V_u<1.0f_{yv}\frac{A_{sv}}{s}h_0$，取 $V_u=1.0f_{yv}\frac{A_{sv}}{s}h_0$ 为防止斜拉破坏，此时 $1.0f_{yv}\frac{A_{sv}}{s}h_0$ 不得小于 $0.36f_1bh_0$；

N——与剪力设计值 V 相应的轴向拉力设计值。

4.5.4 受拉构件的一般构造

1. 轴心受拉构件的构造要求

（1）纵向受力钢筋应沿截面四周均匀、对称布置，并宜优先选择直径较小的钢筋。

（2）全部纵向受拉钢筋的配筋率不小于 0.2%和 $0.45f_t/f_y$ 中的较大值。

（3）轴心受拉构件的受力钢筋不得采用绑扎搭接接头。搭接的受拉钢筋接头仅仅允许用在圆形池壁或管中，其接头位置应错开，搭接长度不小于 $1.2l_a$ 和 300mm。

（4）箍筋主要是固定纵向受力钢筋的位置，并与纵向钢筋组成钢筋骨架。箍筋直径不小于 6mm，间距不宜大于 200mm（对屋架的腹杆不宜超过 150mm）。

2. 偏心受拉构件的构造要求

（1）偏心受拉构件承载力计算时，不需考虑纵向弯曲的影响，也不需考虑初始偏心距，直接按荷载偏心距 e_0 计算。

（2）偏心受拉构件的截面形式多为矩形，且矩形截面的长边宜和弯矩作用平面平行；也可采用 T 或工字形截面。

（3）小偏心受拉构件的受力钢筋不得采用绑扎搭接接头；矩形截面偏心受拉构件的纵向钢筋应沿短边布置。矩形截面偏心受拉构件纵向钢筋的配筋率应满足：受拉一侧纵向钢筋的配筋率应满足 $\rho=\frac{A_s}{bh}\geqslant\rho_{min}$，$\rho_{min}=\max(0.45f_t/f_y, 0.2\%)$；受压一侧纵向钢筋的配筋率应满足 $\rho=\frac{A_s}{bh}\geqslant\rho_{min}=0.002$。

（4）偏心受拉构件要进行斜截面抗剪承载力计算，根据抗剪承载力计算确定配置的箍筋。箍筋一般应满足受弯构件对箍筋的构造要求。水池等薄壁构件中一般要双向布置钢筋，形成钢筋网。

本章小结

(1)受弯构件承载力计算与构造梁、板的一般构造,适筋受弯构件截面受力的3个过程,计算简图、基本公式及适用条件;双筋矩形截面梁的特点,基本计算公式及其应用;单筋T形截面梁的优点,两类T形截面梁的判别方法及计算;斜裂面的形成和截面破坏类型,基本公式的理解和建立,公式的限制条件,钢筋弯起和切断的构造要求。

(2)挠度计算的影响因素、短期刚度、长期刚度的概念,裂缝宽度的计算公式及其影响因素。

(3)普通柱、螺旋筋柱截面应力特点及计算公式,大小偏压及界限破坏,基本公式的理解和公式的使用条件。

(4)矩形截面纯扭构件的受扭开裂扭矩、承载力计算、构造要求。对于矩形截面弯剪扭构件承载力的计算分别按受弯、受剪和受扭构件承载力计算,纵筋数量采用叠加方法;按受剪和受扭承载力计算时应考虑混凝土承载力的相互影响,分别决定箍筋数量并采用叠加方法。

(5)大、小偏心受拉构件截面的应力特点,承载力的计算及构造要求。

复习思考题

1. 一般民用建筑的梁、板截面尺寸是如何确定的?混凝土保护层的作用是什么?梁、板的保护层厚度按规定应取多少?

2. 梁内纵向受拉钢筋的根数、直径及间距有何规定?纵向受拉钢筋在什么情况下才按两排设置?

3. 适筋梁从开始加载直至正截面受弯破坏经历了哪几个阶段?各阶段的主要特点是什么?与计算有何联系?

4. 单筋矩形截面受弯构件受弯承载力计算公式是如何建立的?为什么要规定适用条件?

5. 根据矩形梁正截面受弯承载力计算公式,分析提高混凝土强度等级、提高钢筋级别、加大截面宽度和高度对提高承载力的作用?哪种最有效、最经济?

6. 在什么情况下采用双筋梁?双筋梁中的纵向受压钢筋与单筋梁中的架立筋有何区别?双筋梁中是否还有架立筋?

7. 根据中性轴位置不同,T形截面的承载力计算有哪几种情况?截面设计和承载力复核时应如何鉴别?

8. 第一类T形截面为什么可以按宽度为b_f的矩形截面计算?如何计算其最小配钢筋面积?

9. 钢筋混凝土梁在荷载作用下,一般在跨中产生垂直裂缝,在支座处产生斜裂缝,为什么?

10. 有腹筋梁斜截面剪切破坏形态有哪几种?各在什么情况下产生?怎样防止各种破坏形态的发生?

11. 斜截面受剪承载力为什么要规定上、下限?为什么要对梁的截面尺寸加以限制?为什么要规定最小配箍率?

12. 梁配置的箍筋除了承受剪力外，还有哪些作用？箍筋主要的构造要求有哪些？

13. 斜截面承载力的两套计算公式各适用于哪种情况？两套计算公式的表达式在哪些地方不一样？

14. 限制箍筋及弯起钢筋的最大间距 S_{max} 的目的是什么？当箍筋间距满足 S_{max} 时，是否一定满足最小配筋率的要求？如有矛盾，应如何处理？

15. 减小钢筋混凝土构件裂缝宽度的有效措施有哪些？

16. 简述配筋率对受弯构件正截面承载力、挠度和裂缝宽度的影响？

17. 配有普通箍筋与螺旋式箍筋轴心受压构件在工作机理和计算方法上的区别是什么？

18. 矩形截面大、小偏心受压破坏有何本质区别？其判别条件是什么？

19. 偏心受压构件的二阶弯矩产生的原因是什么？二阶弯矩对构件的承载力有何影响？在承载力计算时如何考虑？

20. 为何要对偏心受压构件进行垂直于弯矩方向截面的承载能力验算？

21. 大偏心受压构件和双筋受弯构件的截面应力图形和计算公式有何异同？

22. 怎样进行对称配筋矩形截面偏心受压构件的正截面承载力计算？

23. 通常在哪些情况下需要计算偏心受压构件的斜截面受剪承载力？偏心受压构件与受弯构件的斜截面受剪承载力计算公式有何异同？

24. 受扭构件的开裂扭矩如何计算？截面受扭塑性抵抗矩计算公式是依据什么假定推导的？这个假定与实际情况有何差异？

25. 什么是配筋强度比？为什么要对配筋强度比的范围加以限制？

26. 什么是混凝土剪扭承载力的相关性？钢筋混凝土弯剪扭构件承载力计算的原则是什么？纵向钢筋和箍筋在构件截面上应如何布置？

27. 在弯剪扭构件中，为什么要规定截面尺寸条件和受扭钢筋的最小配筋率？规范是如何规定的？

28. 如何区分钢筋混凝土大、小偏心受拉构件，条件是什么？大、小偏心受拉构件破坏的受力特点和破坏特征各有何不同？

29. 偏心受拉构件承载力计算中是否考虑纵向弯曲的影响？为什么？

30. 轴向拉力的存在对钢筋混凝土受拉构件的抗剪承载力有何影响？在偏心受拉构件斜截面承载力计算中是如何反映的？

31. 比较双筋梁，非对称配筋大偏心受压构件及大偏心受拉构件三者正截面承载力计算的异同。

32. 为什么要确定受扭构件的截面限制条件？受扭钢筋有哪些特殊要求？

33. 简述 ξ 和 β_t 的意义。

34. 简述 T 形和工字形截面钢筋混凝土纯扭构件的承载力计算要点。

35. 大小偏心受拉构件是如何区分的？达到极限状态时截面应力状态如何？

36. 分析受弯构件、偏心受压构件和偏心受拉构件正截面基本计算公式的异同性。

37. 轴向力对偏心受力构件斜截面抗剪承载力的影响如何？其计算公式是如何建立的？

38. 某矩形梁的截面尺寸 $b \times h = 250\text{mm} \times 500\text{mm}$，混凝土强度等级为 C30，钢筋采用 HRB335，已知梁截面弯矩设计值 $M = 100\text{kN} \cdot \text{m}$，环境类别为一类。试配置截面钢筋。

39. 已知矩形截面梁 $b\times h=250\text{mm}\times 550\text{mm}$，配置纵向受拉钢筋 5 根直径 20mm 的 HRB335 钢筋，混凝土强度等级为 C25，计算此梁所能承受的弯矩设计值。若由于施工原因，混凝土强度等级仅达到 C20 级，该梁的抗弯能力降低多少？

40. 某双筋矩形截面梁，梁的尺寸 $b\times h=200\text{mm}\times 500\text{mm}$，采用的混凝土强度等级为 C25，钢筋为 HRB335，截面设计弯矩 $M=210\text{kN}\cdot\text{m}$，环境类别为一类。试求纵向受拉钢筋和受压钢筋的截面面积。若先在受压区已配置了 2Φ20，则纵向受拉钢筋应配置多少？

41. 已知梁的截面尺寸 $b\times h=200\text{mm}\times 400\text{mm}$，混凝土强度等级为 C30，配有两根直径为 16mm 的 HRB335 受压钢筋和三根直径为 25mm 的受拉钢筋，要求承受弯矩设计值 $M=100\text{kN}\cdot\text{m}$，环境类别为二类 b。试验算此梁正截面承载力是否安全。

42. 某 T 形截面吊车梁，处于二类 a 环境，截面尺寸为 $b_f=550\text{mm}$，$h_f=120\text{mm}$，$b=250\text{mm}$，$h=600\text{mm}$。承受的弯矩设计值 $M=450\text{kN}\cdot\text{m}$，采用 C25 混凝土和 HRB335 级钢筋，试配置截面钢筋。

43. 已知一 T 形截面梁，处于一类环境，截面尺寸为 $b_f=450\text{mm}$，$h_f=100\text{mm}$，$b=200\text{mm}$，$h=600\text{mm}$，采用 C35 混凝土和 HRB400 级钢筋。如果配置了 4 根 22mm 受拉钢筋，试计算截面所能承受的弯矩设计值是多少？

44. 某钢筋混凝土矩形截面简支梁，梁的净跨为 $l_n=3.56\text{m}$，截面尺寸 $b\times h=200\text{mm}\times 500\text{mm}$，混凝土强度等级 C25，纵向钢筋 HRB335 级，箍筋 HPB300 级，承受均布荷载设计值 $q=84\text{kN/m}$(包括自重)，根据正截面受弯承载力计算配置的纵筋为 3Φ22，环境类别一类，试根据斜截面受剪承载力要求确定腹筋。

45. 某钢筋混凝土矩形截面独立梁，跨度为 4.8m，截面尺寸 $b\times h=250\text{mm}\times 600\text{mm}$，距左支座 1.5m 处承受一集中荷载，其设计值为 700kN(包括自重)，采用 C25 混凝土，纵筋 HRB400 级，箍筋 HPB300 级，环境类别一类，试根据斜截面受剪承载力要求配置箍筋。

46. 某矩形截面简支梁，截面尺寸为 $b\times h=250\text{mm}\times 500\text{mm}$，计算跨度 $l_0=6.0\text{m}$。承受均布荷载，恒荷载 $g_k=8\text{kN/m}$、活荷载 $q_k=10\text{kN/m}$，活荷载的准永久值系数 $\psi_q=0.5$。混凝土强度等级为 C25，在受拉区配置 4Φ18 的 HRB335 级钢筋。混凝土保护层厚度为 $c=25\text{mm}$，梁的允许挠度为 $l_0/200$，允许的最大裂缝宽度的限值 $\omega_{\lim}=0.3\text{mm}$。验算梁的挠度和最大裂缝宽度。

47. 矩形截面偏心受压柱的截面尺寸为 $b\times h=400\text{mm}\times 600\text{mm}$，按荷载效应标准组合计算的轴向拉力值 $N_k=550\text{kN}$、弯矩 $M_k=270\text{kN}\cdot\text{m}$，混凝土强度等级为 C30，配置 4Φ22 的 HRB335 级钢筋，混凝土保护层厚度 $c=30\text{mm}$，柱子的计算长度 $l_0=4.5\text{m}$，允许出现的最大裂缝宽度为限值是 $\omega_{\lim}=0.3\text{mm}$。试验算最大裂缝宽度是否符合要求。

48. 某多层现浇钢筋混凝土框架结构，层高 $H=6\text{m}$，其内柱承受轴向压力设计值 $N=1800\text{kN}$，截面尺寸 400mm×400mm，采用 C25 混凝土，HRB335 级钢筋，试计算纵筋截面面积。

49. 已知某钢筋混凝土偏心受压柱，承受轴向压力设计值 $N=560\text{kN}$，弯矩设计值 $M=500\text{kN}\cdot\text{m}$，截面尺寸 $b\times h=400\text{mm}\times 600\text{mm}$，$a_s=a'_s=40\text{mm}$，计算长度 $l_0=6.9\text{m}$，采用 C30 混凝土，HRB335 级钢筋，试按对称配筋计算纵筋截面面积 A_s 和 A'_s。

50. 钢筋混凝土偏心受压柱，承受轴向压力设计值 $N=2000\text{kN}$，弯矩设计值

$M=540\text{kN}\cdot\text{m}$，截面尺寸 $b\times h=450\text{mm}\times600\text{mm}$，$a_s=a'_s=40\text{mm}$，计算长度 $l_0=4.5\text{m}$，采用 C35 混凝土，HRB400 级钢筋，试按对称配筋计算纵筋截面面积 A_s 和 A'_s。

51. 钢筋混凝土工字形截面偏心受压柱，承受轴向压力设计值 $N=640\text{kN}$，弯矩设计值 $M=225\text{kN}\cdot\text{m}$，截面几何参数 $b=100\text{mm}$，$h=700\text{mm}$，$b_f=b'_f=350\text{mm}$，$h_f=h'_f=110\text{mm}$，$a_s=a'_s=40\text{mm}$，计算长度 $l_0=6.0\text{m}$，采用 C30 混凝土，HRB335 级钢筋，对称配筋，试计算纵筋截面面积。

52. 已知钢筋混凝土矩形截面构件，截面尺寸 $b\times h=200\text{mm}\times450\text{mm}$，混凝土强度等级为 C25，纵向钢筋采用 HRB335 级，箍筋采用 HPB300，环境类别为二类 a，扭矩设计值 $T=10\text{kN}\cdot\text{m}$，$M=0$，$V=0$，试求所需箍筋及纵筋的数量。

53. 已知钢筋混凝土压扭构件，截面尺寸 $b\times h=350\text{mm}\times350\text{mm}$，计算长度 $l_0=4.5\text{m}$，混凝土强度等级为 C20，纵向钢筋采用 HRB400 级，箍筋为 HRB335 级钢筋，承受轴向力设计值 $N=1200\text{kN}$，扭矩设计值 $T=25\text{kN}\cdot\text{m}$，环境类别为一类，试求所需钢筋的数量。

54. 承受均布荷载的矩形截面梁，截面尺寸 $b\times h=200\text{mm}\times450\text{mm}$，承受弯矩、剪力、扭矩，设计值分别为 $M=120\text{kN}\cdot\text{m}$，$V=90\text{kN}$，$T=8\text{kN}\cdot\text{m}$；采用 C25 混凝土（$\alpha_1=1.0$，$\beta_c=1.0$，$f_c=11.9\text{N/mm}^2$，$f_t=1.27\text{N/mm}^2$）；纵向钢筋为 HRB335 级（$f_y=300\text{N/mm}^2$），箍筋为 HPB300 级（$f_{yv}=270\text{N/mm}^2$）。环境类别为一类。试确定梁的配钢数量。

55. 已知一钢筋混凝土 T 形梁，其截面尺寸 $b'_f\times h'_f=400\text{mm}\times100\text{mm}$，$b\times h=250\text{mm}\times500\text{mm}$，梁所承受的弯矩设计值 $M=70\text{kN}\cdot\text{m}$，剪力设计值 $V=95\text{kN}$，扭矩设计值 $T=10\text{kN}\cdot\text{m}$，采用 C25，纵向钢筋为 HRB335 级（$f_y=300\text{N/mm}^2$），箍筋为 HPB300 级（$f_{yv}=270\text{N/mm}^2$）。试计算其配筋。

56. 已知某矩形水池，如题图 4-1 池壁厚 $h=200\text{mm}$，$a_s=a'_s=30\text{mm}$，每米长度上的内力设计值 $N=400\text{kN}$，$M=25\text{kN}\cdot\text{m}$，混凝土强度等级 C25，钢筋采用 HRB335，求每米长度上的 A_s 和 A'_s。

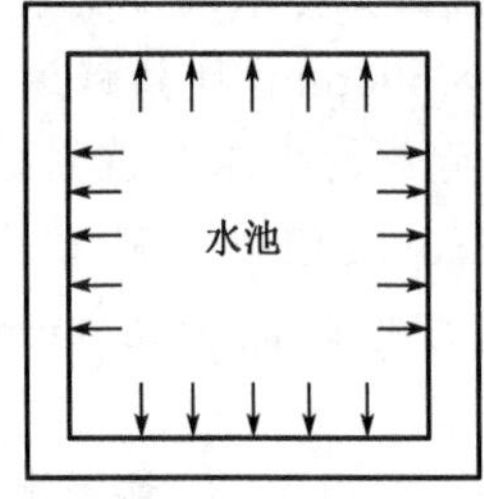

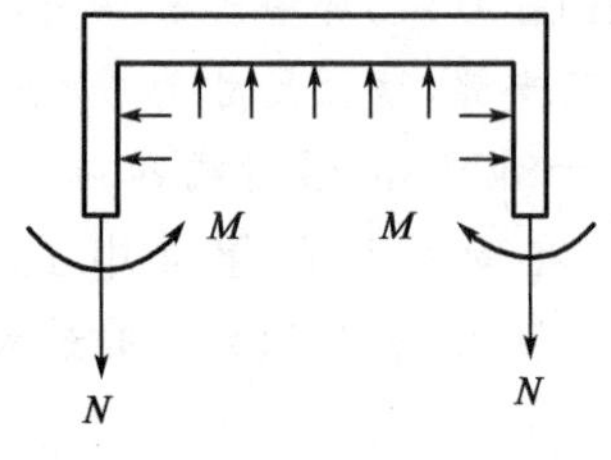

题图 4-1

57. 已知条件同上题，但 $N=315\text{kN}$，$M=82\text{kN}\cdot\text{m}$，求每米长度上的 A_s 和 A'_s。

58. 某钢筋混凝土矩形截面柱，$b\times h=300\text{mm}\times450\text{mm}$，$a_s=a'_s=45\text{mm}$，截面承受的轴力设计值 $N=600\text{kN}$，弯矩设计值 $M=240\text{kN}\cdot\text{m}$，混凝土强度等级为 C30，钢筋采用 HRB400，求所需配置的纵筋面积。

59. 已知 $b\times h=200\text{mm}\times400\text{mm}$，保护层厚度 20mm，设计扭矩 $T=7\text{kN}\cdot\text{m}$，采用 C20 等级混凝土及 HPB300 级钢筋。求受扭纵筋及箍筋。

60. 已知截面尺寸 $b\times h=250\text{mm}\times600\text{mm}$，承受 $M=118\text{kN}\cdot\text{m}$，$V=109\text{kN}$，$T=9.2\text{kN}\cdot\text{m}$，采用 C30 等级混凝土及 HPB300 级钢筋。试计算受弯、受剪及受扭钢筋，并绘出截面配筋图。

第5章　预应力混凝土构件

5.1　预应力混凝土概述

5.1.1　预应力混凝土的基本概念

在前面的讨论中我们知道，混凝土的主要缺点之一是抗拉强度和极限拉应变很小(混凝土抗拉强度约为抗压强度1/10，抗拉极限应变约为极限压应变的1/12)，导致一般的混凝土构件在正常使用的条件下，拉区混凝土开裂，刚度降低，变形增大。对使用上不允许出现裂缝的构件，受拉钢筋的应力仅为20～30N/mm^2；对于允许开裂的构件，当裂缝宽度限制在0.2～0.3mm时，受拉钢筋的应力也只能在150～250N/mm^{2}范围内。因此在普通钢筋混凝土结构中采用高强度钢筋是不能充分发挥作用的。同样，在普通钢筋混凝土构件中，采用高强度的混凝土，由于其抗拉强度提高的很小，对提高构件的抗裂性和刚度效果也不明显。由于无法充分利用高强度钢材和高强度等级混凝土，使普通钢筋混凝土结构或承受动力荷载的结构，成为不可能或很不经济。另外，对于处于高湿度或侵蚀性环境中的构件，为了满足变形和裂缝控制的要求，则须增加构件的截面尺寸和用钢量，也不经济，甚至无法建造。由此可见，在普通钢筋混凝土构件中，高强混凝土和高强钢筋是不能充分发挥作用的。

预应力混凝土是改善混凝土抗裂性能差的有效途径。什么是预应力混凝土？在混凝土构件的受拉区预先施加压应力，造成人为的应力状态。当构件在荷载作用下产生拉应力时，首先要抵消混凝土的预压应力，然后随着荷载的增加，混凝土才受拉并随着荷载继续增加而出现裂缝，因而可推迟裂缝的出现，减小裂缝的宽度，满足使用要求。这种在构件受荷前预先对混凝土受拉区施加压应力的结构称为"预应力混凝土结构"。

随着高强材料的研究和发展以及施工技术的不断提高，预应力混凝土在我国城市建设、工业、交通等许多领域都得到了广泛的应用。例如，黄河公路大桥、十一届亚运会体育场馆、大亚湾核电站的反应堆保护壳、高412.5m的天津广播电视塔、广州63层的国贸大厦以及量大面广的多孔桥、吊车梁、屋面梁等都采用了预应力混凝土技术。预应力混凝土已成为当前建设中一种主要的结构材料，并将得到越来越大的发展。

与普通混凝土结构相比，预应力混凝土结构具有以下的优点：

(1)推迟裂缝出现，抗裂性高。

(2)可合理利用高强钢材和混凝土。与钢筋混凝土相比，可节约钢材30%～50%，减轻结构自重达30%左右，且跨度越大越经济。

(3)由于抗裂性能好，提高了结构的刚度和耐久性，加之反拱作用，减少了结构的挠度。

(4)扩大了混凝土结构的应用范围。

5.1.2 预应力混凝土分类

根据制作、设计和施工特点，预应力混凝土分为不同的类型：

1. 先张法预应力混凝土和后张法预应力混凝土

先张法是制作预应力混凝土构件时，先张拉预应力钢筋后浇灌混凝土的一种方法；后张法是先浇灌混凝土，待混凝土达到规定的强度后再张拉预应力钢筋的一种施加预应力方法。

2. 全预应力混凝土和部分预应力混凝土

全预应力是在使用荷载作用下，构件截面混凝土不出现拉应力，即全截面受压；部分预应力是在使用荷载作用下，构件截面混凝土允许出现拉应力或开裂，但对裂缝宽度加以限制。

3. 有黏结预应力混凝土与无黏结预应力混凝土

有黏结预应力是指沿预应力筋全长其周围均与混凝土黏结、握裹在一起的预应力混凝土；无黏结预应力是指预应力筋伸缩、滑动自由，不与周围混凝土黏结的预应力混凝土结构。

5.1.3 施加预应力的方法

根据张拉预应力筋与浇筑混凝土的先后次序不同，施加预应力的方法基本有两种：先张法和后张法。

1. 先张法

先张法指采用永久或临时台座在构件混凝土浇筑之前张拉预应力筋的方法。张拉的预应力筋由夹具固定在台座上(此时预应力筋的反力由台座承受)，然后浇筑混凝土；待混凝土达到设计强度和龄期(约为设计强度75%以上，且混凝土龄期不小于7d，以保证具有足够的黏结力和避免徐变值过大，简称混凝土强度和龄期双控制)后，放松预应力钢筋，在预应力筋回缩的过程中利用其与混凝土之间的黏结力，对混凝土施加预压应力，先张法预应力工艺流程见图5-1。因此，先张法预应力混凝土构件中，预应力是靠钢筋与混凝土间的黏结力来传递的。

2. 后张法

后张法指混凝土结硬后在构件上张拉钢筋的方法，工艺流程见图5-2，在构件混凝土浇筑之前按预应力筋的设置位置预留孔道；待混凝土达到设计强度后，将预应力筋穿入孔道；然后利用构件本身作为加力台座，张拉预应力筋使混凝土构件受压；当张拉预应力钢筋的应力达到设计规定值后，在张拉端用锚具锚住钢筋，使混凝土获得预压应力；最后在孔道内灌浆，使预应力钢筋与构件混凝土形成整体。也可不灌浆，完全通过锚具施加预压力，形成无黏结的预应力结构。由此可见，后张法是靠锚具保持和传递预加应力的。

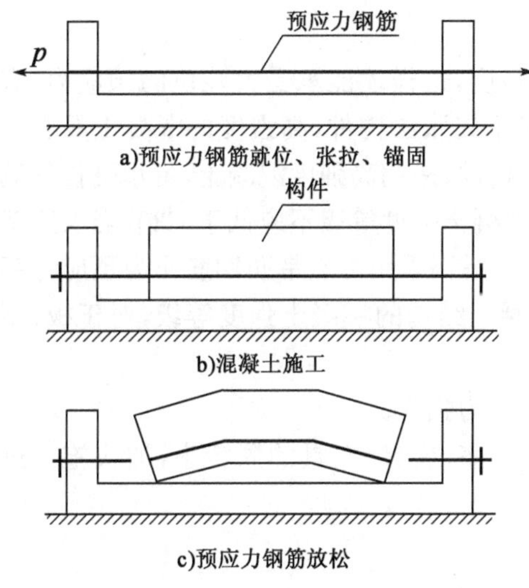

图 5-1　先张法预应力工艺流程

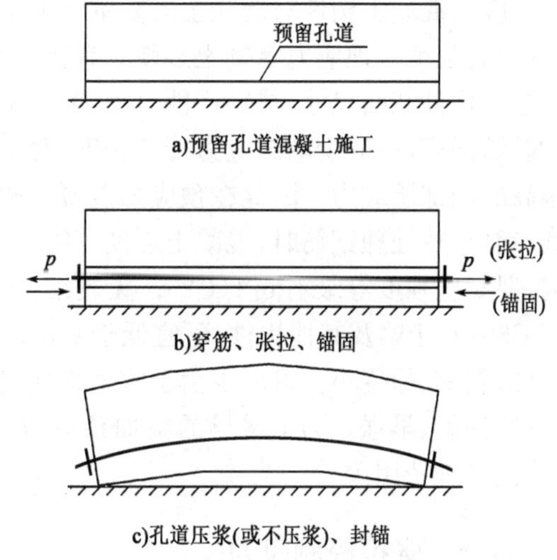

图 5-2　后张法预应力工艺流程

5.1.4　预应力混凝土材料

预应力混凝土应采用高强度钢筋和高强度混凝土。

1. 钢筋

与普通混凝土构件不同,钢筋在预应力构件中,从构件制作开始,到构件破坏为止,始终处于高应力状态,故对钢筋有较高的质量要求如下:

(1)高强度。为了使混凝土构件在发生弹性回缩、收缩及徐变后,其内部仍能建立较高的预压应力,需要采用较高的初始张拉应力,故要求预应力钢筋具有较高的抗拉强度。

(2)与混凝土间有足够的黏结强度,由于在受力传递长度内钢筋与混凝土间的黏结力是先张法构件建立预应力的前提,因此必须有足够的黏结强度。当采用光面高强钢丝时,表面应经"刻痕"或"压波"等措施处理后方能使用。

(3)良好的加工性能。良好的可焊性,冷墩性及热墩性能等。

(4)具有一定的塑性。为了避免构件发生脆性破坏,要求预应力筋在拉断时具有一定的延伸率,当构件处于低温环境和冲击荷载条件下,塑性更为重要。

我国目前用于预应力混凝土结构中的钢材有:

(1)热处理钢筋:具有强度高、松弛小等特点。它以盘圆形式供货,可省掉冷拉、对焊等工序,大大方便施工。

(2)高强钢丝:用高碳钢轧制成盘圆后经过多次冷拔而成。它多用于大跨度构件,如桥梁上的预应力大梁等。

(3)钢绞线:一般由多股(例如 3 股或 7 股)高强钢丝经铰盘拧成螺旋状而形成,比钢筋柔软,适用于先、后张法,直线或曲线配筋均可。

2. 混凝土

预应力混凝土构件对混凝土的基本要求是：

(1)高强度。预应力混凝土必须具有较高的抗压强度，这样才能承受大吨位的预应力，有效地减小构件截面尺寸，减轻构件自重，节约材料。对于先张法构件，高强度的混凝土具有较高的黏结强度，可减少端部应力传递长度；对于后张法构件，采用高强度混凝土，可承受构件端部很高的局部压应力。因此在预应力混凝土构件中，混凝土强度等级不应低于C30；当采用钢绞线、钢丝、热处理钢筋时，混凝土强度等级不宜低于C40；当采用冷轧带肋钢筋作为预应力钢筋时，混凝土强度等级不低于C25。无黏结预应力混凝土结构的混凝土强度等级，对于板，不低于C30；对于梁及其他构件，不宜低于C40。

(2)收缩、徐变小。可减少由于收缩徐变引起的预应力损失。

(3)快硬、早强。为了尽早的施加预应力，以提高台座、模具、夹具的周转率，加快施工进度，降低管理费用。

5.1.5 张拉控制应力

张拉控制应力是指张拉钢筋时，张拉设备(如千斤顶上的油压表)所指出的总张拉力除以预应力钢筋截面面积得出的应力值，以 σ_{con} 表示。

根据预应力的基本原理，预应力配筋一定时，σ_{con} 越大，构件产生的有效预应力越大，对构件在使用阶段的抗裂能力及刚度越有利。但当钢筋的 σ_{con} 与其强度标准值(f_{ptk})的比值(σ_{con}/f_{p}tk)过大时，可能出现下列问题：

(1)若预应力钢筋为软钢，个别钢筋超过实际屈服强度而变形过大，可能失去回缩能力；若为硬钢个别钢筋可能被拉断。

(2)构件抗裂能力越好，出现裂缝越晚，抗裂荷载若与构件的破坏荷载越接近，一旦开裂，构件很快达到极限状态，即可产生无预兆的脆性破坏。

(3)受弯构件的反拱就大，构件上部可能出现裂缝，而后可能与使用阶段荷载作用下的下部裂缝贯通。

(4)会增加钢筋松弛而造成的预应力损失。所以，预应力钢筋的张拉应力必须加以控制，σ_{con} 的大小应根据构件的具体情况，按照预应力钢筋的钢种及施加预应力的方法等因素加以确定。

σ_{con} 与钢材种类的关系：冷拉热轧钢筋塑性好，达到屈服后有较长的流幅，σ_{con} 可定的高些，高强钢丝和热处理钢筋塑性差，没有明显的屈服点，故 σ_{con} 值应低些。

σ_{con} 与张拉方法关系：先张法，当放松预应力钢筋使混凝土受到压力时，钢筋即随着混凝土的弹性压缩而回缩，此时预应力钢筋的预拉应力已小于张拉控制应力。后张法的张拉力由构件承受，它受力后立即因受压而缩短，故仪表指示的张拉控制应力 σ_{con} 是已扣除混凝土弹性压缩后的钢筋应力。因此，当 σ_{con} 值相同时，不论受荷前，还是受荷后，后张法构件中钢筋的实际应力值总比先张法构件的实际应力值高，故后张法的 σ_{con} 值适当低于先张法。

由此，控制 σ_{con} 的大小很重要，既不能过大，也不能过小。我国规范根据国内外设计、施工经验及近年来的科研成果，按不同钢种、不同的施工方法给出了最大控制应力允许值[σ_{con}]，见表5-1。设计预应力构件时，可根据具体情况和施工经验作适当调整。

允许张拉控制应力值[σ_{con}] 表 5-1

钢 筋 种 类	张拉方法	
	先 张 法	后 张 法
消除应力钢丝钢绞线	$0.75f_{ptk}$	$0.75f_{ptk}$
热处理钢筋	$0.70f_{ptk}$	$0.65f_{ptk}$

注：表中 f_{ptk} 为预应力钢筋强度标准值。

5.1.6 预应力损失及组合

预应力损失是指预应力钢筋张拉到 σ_{con} 后，由于种种原因，预应力钢筋的应力将逐步下降到一定程度，这就是预应力损失。经过预应力损失后，预应力钢筋的预应力值才是有效的预应力 σ_{pe}，即 $\sigma_{pe}=\sigma_{con}-\sigma_1$。预应力损失的大小直接影响到预应力的效果，造成预应力损失的各种因素有：

1. 由于锚具变形和钢筋内缩引起的预应力损失 σ_{l1}

预应力钢筋张拉到 σ_{con} 后，锚固在台座上或构件上时，由于锚具、垫板与构件之间的缝隙被挤紧，或者由于钢筋和螺帽在锚具内的滑移，这些因素都会促使预应力钢筋回缩，使张拉程度降低，应力减小，从而引起预应力损失 σ_{l1}，占总损失的 5%～10%。减少 σ_{l1} 损失的措施有：

(1)选择锚具变形小或使预应力钢筋内缩小的锚具、夹具，尽量少用垫板。

(2)增加台座长度，因为 σ_{l1} 值与台座长度 l 成反比。

(3)采用超张拉施工方法。

2. 由预应力筋与孔道壁之间摩擦引起的预应力损失 σ_{l2}

后张法张拉预应力钢筋时，由于曲线预应力筋与孔道壁产生挤压摩擦以及由于制作时孔道偏差、粗糙等原因，使直线、曲线筋与孔道壁产生接触摩擦，且摩擦力随着离张拉端的距离而增大，其累积值即为摩擦引起的预应力损失 σ_{l2}，占总损失的 5%～15%。减少 σ_{l2} 损失的措施有：

(1)对于较长的构件可采用两端张拉，两端张拉可减少一半损失。

(2)采用超张拉工艺，比一次张拉到 σ_{con} 的预应力更均匀。施工程序为：

$$0 \longrightarrow 1.03\sigma_{con}(1.05\sigma_{con}) \xrightarrow{\text{持荷2min}} \sigma_{con}$$

3. 由混凝土加热养护，预应力钢筋与张拉台座之间形成了温差引起的预应力损失 σ_{l3}

采用先张法构件时，为缩短工期，浇筑混凝土常用蒸汽养护，加快混凝土硬结。加热时预应力钢筋的温度随之升高，而张拉台座与大地相接，且表面大部分暴露于空气中，加热对其影响很小，可认为台座温度基本不变，故预应力钢筋与张拉台座之间形成了温差，这样预应力钢筋和张拉台座热胀伸长不一样。但实际上钢筋被紧紧锚固在台座上，其长度不变，钢筋内部张紧程度降低了(放松了)；当降温时，预应力筋已与混凝土结硬成整体，无法恢复到原来的应力状态，于是产生了应力损失 σ_{l3}，约占总损失的 20%。减少此项损失的措施是采用二次升温法。如果台座是与预应力混凝土构件等同受热一起变形的，则不需计算此项损失。

4. 由预应力钢筋的涂变和松弛引起的预应力损失 σ_{l4}

钢筋在高应力下，具有随时间而增长的塑性变形，称为徐变；当长度保持不变时，表现为随时间而增长的应力降低，称为松弛。钢筋的徐变和松弛均将引起钢筋中的应力损失，这种损失称为钢筋应力松弛损失 σ_{l4}，约占总损失的 15%。σ_{l4} 损失有如下特点：

(1)预应力筋的初拉应力越高，其应力松弛越大。

(2)预应力钢筋松弛量的大小与其材料品质有关系。一般热轧钢筋松弛较钢丝小，而钢绞线的松弛则比原单根钢丝大。

(3)预应力筋松弛与时间有关，开始阶段发展较快，1h 内松弛量最大，24h 内完成约为 50%以上，以后逐渐趋于稳定。

为减少这项损失可采用低松弛预应力筋，或采用超张拉方法及增加持荷时间。

5. 由混凝土的收缩和涂变引起的预应力损失 σ_{l5}

混凝土在一般温度条件下结硬时会发生体积收缩，而在预应力作用下，沿压力方向混凝土发生徐变。二者均使构件长度缩短，预应力钢筋随之回缩造成预应力损失 σ_{l5}，占总损失的 50%～60%。减少这项损失的措施有：

(1)采用一般普通硅酸盐水泥，控制每立方米混凝土中的水泥用量及混凝土的水灰比。

(2)采用延长混凝土的受力时间的方法，即控制混凝土的加载龄期。

6. 用螺旋式预应力钢筋做配筋的构件，混凝土局部挤压引起的预应力损失 σ_{l6}。

对于后张法环形构件，如水池、水管等，预加应力方法是先拉紧预应力钢筋，并外缠于池壁或管壁上，而后在外表喷涂砂浆做为保护层。当施加预应力时，预应力钢筋的径向挤压使混凝土局部产生挤压变形，因而引起预应力损失 σ_{l6}。

变形前预应力钢筋的环形直径为 D，变形后直径缩小为 d，如图 5-3 所示。因此，预应力钢筋的长度缩短为 $\pi D-\pi d$，单位长度的变形为 $\varepsilon_s=\dfrac{\pi D-\pi d}{\pi D}=\dfrac{D-d}{D}$。

则
$$\sigma_{16}=\varepsilon_s E_s=\frac{D-d}{D}E_s \tag{5-1}$$

规范规定：

$D>3\text{m}$ 时，$\sigma_{l6}=0$；

$D\leqslant 3\text{m}$ 时，$\sigma_{l6}=30\text{N/mm}^2$。

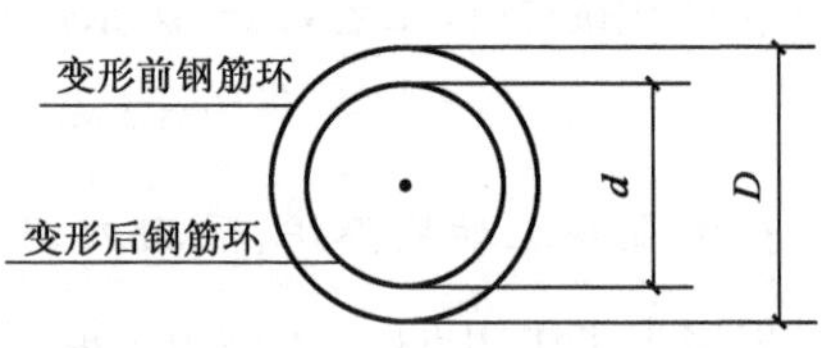

图 5-3 环形钢筋变形引起的预应力损失值

预应力构件在各阶段的预应力损失值宜按表 5-2 的规定进行组合。当计算求得的预应力总损失值小于下列数值时，则按下列数值采用：对先张法构件 100N/mm^2，对后张法构件 80N/mm^2。

各阶段预应力损失值组合 表 5-2

预应力损失值组合	先张法构件	后张法构件
混凝土预压前(第一批)损失	$\sigma_{l1}+\sigma_{l2}+\sigma_{l3}+\sigma_{l4}$	$\sigma_{l1}+\sigma_{l2}$
混凝土预压后(第二批)损失	σ_{l5}	$\sigma_{l4}+\sigma_{l5}+\sigma_{l6}$

5.2 预应力混凝土轴心受拉构件

5.2.1 应力变化过程及各阶段应力分析

预应力混凝土轴心受拉构件的应力变化和应力分析可划分两个大的阶段：施工阶段和使用阶段。在每一个大的阶段内又包含几个特征受力过程，在设计预应力混凝土构件时，除进行荷载作用下的承载力、抗裂度或裂缝宽度计算外，还要对各特征受力过程的承载力和抗裂度进行验算。表 5-3 为先张法和后张法预应力混凝土轴心受拉构件各阶段截面应力分析。在各阶段的分析中，分别以 σ_p、σ_s 及 σ_{pc} 表示各阶段预应力钢筋、非预应力钢筋及混凝土的应力。

预应力混凝土轴心受拉构件各阶段应力分析 表 5-3

受力阶段			预应力筋的预拉应力		混凝土的预压应力		N 的计算式(先、后张)
			先张	后张	先张	后张	
施工阶段(加荷前)	1	张拉钢筋	$\sigma_p=\sigma_{con}$	$\sigma_p=\sigma_{con}-\sigma_{l2}$	0	$\sigma_c=\frac{\sigma_{con}A_p}{A_n}$	—
	2	出现第一批预应力损失	放松预应力钢筋 $\sigma_{p\text{I}}=\sigma_{con}-\sigma_{l\text{I}}-\alpha_p\sigma_{pc\text{I}}$	$\sigma_{p\text{I}}=\sigma_{con}-\sigma_{l\text{I}}$	放松预应力钢筋 $\sigma_{pc\text{I}}=\frac{(\sigma_{con}-\sigma_{l\text{I}})A_p}{A_0}$	$\sigma_{pc\text{I}}=\frac{(\sigma_{con}-\sigma_{l\text{I}})A_p}{A_n}$	—
	3	出现第二批预应力损失	$\sigma_{p\text{II}}=\sigma_{con}-\sigma_l-\alpha_p\sigma_{pc\text{II}}$	$\sigma_{p\text{II}}=\sigma_{con}-\sigma_l$	$\sigma_{pc\text{II}}=\frac{(\sigma_{con}-\sigma_{l\text{I}})A_p}{A_0}$	$\sigma_{pc\text{II}}=\frac{(\sigma_{con}-\sigma_{l\text{I}})A_p}{A_n}$	—
使用阶段(加荷后)	4	N_0 作用下	$\sigma_{p0}=\sigma_{con}-\sigma_l$	$\sigma_{p0}=\sigma_{con}-\sigma_l+\alpha_p\sigma_{pc\text{II}}$	0	0	$N_0=\sigma_{pc\text{II}}A_0$
	5	N_{cr} 作用下	$\sigma_p=\sigma_{con}-\sigma_l+\alpha_p f_t$	$\sigma_p=\sigma_{con}-\sigma_l+\alpha_p+\sigma_{pc\text{II}}+\alpha_p f_t$	f_{tk}	f_{tk}	$N_{cr}=(\sigma_{pc\text{II}}+f_t)A_0$
	6	N_u 作用下	f_{py}	f_{py}	0	0	$N_u=f_{py}A_p$

1. 先张法构件(见图 5-4)

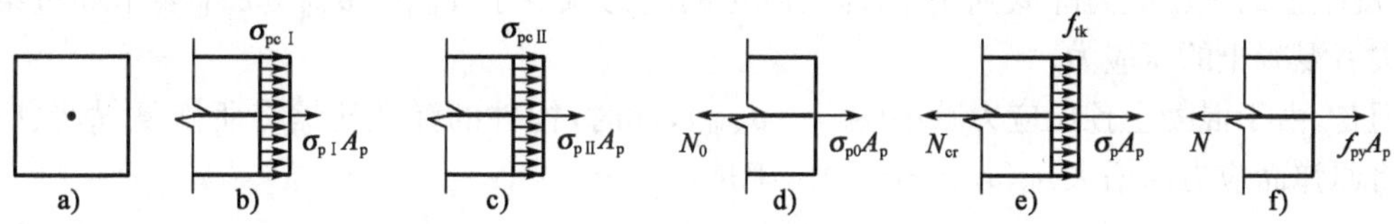

图 5-4 先张法轴心受拉构件各阶段截面应力图

(1)施工阶段

①在台座上张拉钢筋到控制应力

此时，构件还没有浇灌混凝土，此阶段是作为施工时张拉预应力的依据。预应力钢筋和非预应力钢筋的应力为：

$$\sigma_p=\sigma_{con}$$

$$\sigma_s=0$$

②放松预应力钢筋同时压缩混凝土

由于张拉钢筋后，再浇筑混凝土并对其进行养护至规定强度。因放松钢筋，预应力钢筋已经过了锚具变形、温差及预应力松弛的损失，即第一批损失已完成：

$$\sigma_{l\mathrm{I}}=\sigma_{l1}-\sigma_{l3}-\sigma_{l4}$$

故
$$\sigma_p=\sigma_{con}-\sigma_l$$

放松钢筋后由于混凝土的弹性压缩，预应力钢筋也随着构件缩短，混凝土产生预压应力，同时预应力钢筋的应力有降低了 $\sigma_p\sigma_{pc\mathrm{I}}$。同样，构件内非预应力钢筋的应力因构件缩短而产生压应力 $\alpha_E\sigma_{pc\mathrm{I}}$。故此时：

$$\sigma_p=\sigma_{con}-\sigma_{l\mathrm{I}}-\alpha_p\sigma_{pc\mathrm{I}} \quad (5\text{-}2)$$
$$\sigma_{pc}=-\sigma_{pc\mathrm{I}}$$
$$\sigma_s=-\alpha_E\sigma_{pc\mathrm{I}}$$

式中：$\sigma_{pc\mathrm{I}}$——表示经过第一批损失完成后混凝土的压应力；

α_E、σ_p——非预应力钢筋、预应力钢筋的弹性模量与混凝土弹性模量之比，即 $\alpha_E=\dfrac{E_s}{E_c}$，$\alpha_p=\dfrac{E_p}{E_c}$。

假定混凝土的净面积为 A_c，根据截面内力平衡条件，见图 5-4b)，可求得混凝土的预压应力 $\sigma_{pc\mathrm{I}}$ 为：

$$A_p(\sigma_{con}-\sigma_{l\mathrm{I}}-\alpha_p\sigma_{pc\mathrm{I}})=A_c\sigma_{pc\mathrm{I}}+A_s\alpha_E\sigma_{pc\mathrm{I}}$$
$$\sigma_{pc\mathrm{I}}=\frac{A_p(\sigma_{con}-\sigma_{l\mathrm{I}})}{A_c+\sigma_EA_s+\sigma_pA_p}=\frac{A_p(\sigma_{con}-\sigma_{l\mathrm{I}})}{A_0}=\frac{N_{p\mathrm{I}}}{A_0} \quad (5\text{-}3)$$

式中：A_c——扣除预应力钢筋和非预应力钢筋截面面积后的混凝土面积；

A_0——换算截面面积（混凝土截面面积 A_c 以及全部纵向预应力钢筋和非预应力钢筋截面面积换算成混凝土的截面面积），即 $A_0=A_c+\alpha_EA_s+\alpha_pA_p$；

$N_{p\mathrm{I}}$——完成第一批损失后，预应力钢筋的总预拉力，$N_{p\mathrm{I}}=(\sigma_{con}-\sigma_{1\mathrm{I}})A_p$。

此阶段是为了作为施工阶段强度计算的依据。

③完成第二批损失后

由于混凝土收缩、徐变影响，发生了第二批预应力损失 $\sigma_{l\mathrm{II}}=\sigma_{15}$。经过第二批损失后，预应力钢筋的应力在第二阶段的基础上进一步降低，为此预应力钢筋对混凝土产生的预压力也减小，混凝土的预压应力降低到 $\sigma_{pc\mathrm{II}}$，即混凝土的应力减少了$(\sigma_{pc\mathrm{I}}-\sigma_{pc\mathrm{II}})$，$\sigma_{pc\mathrm{II}}$ 表示经过第二批损失后混凝土的压应力。

但是，由于混凝土预压应力减小$(\sigma_{pc\mathrm{I}}-\sigma_{pc\mathrm{II}})$，此时，构件的弹性压缩有所恢复，故预应力钢筋将回弹而应力却增大 $\alpha_p(\sigma_{pc\mathrm{I}}-\sigma_{pc\mathrm{II}})$。于是：

$$\sigma_p=\sigma_{con}-\sigma_{l\mathrm{I}}-\alpha_p\sigma_{pc\mathrm{I}}-\sigma_{l\mathrm{II}}+\alpha_p(\sigma_{pc\mathrm{I}}-\sigma_{pc\mathrm{II}})=\sigma_{con}-\sigma_1-\alpha_p\sigma_{pc\mathrm{II}} \quad (5\text{-}4)$$
$$\sigma_{pc}=-\sigma_{pc\mathrm{II}}$$

由于混凝土的收缩和徐变，构件内非预应力钢筋随着构件的缩短而缩短，为此其压应力将增大 σ_{15}。实际上，非预应力钢筋的存在，对混凝土的收缩和徐变变形起到约束作用，使混凝土的预压应力减少了$(\sigma_{pc\mathrm{I}}-\sigma_{pc\mathrm{II}})$。故构件回弹伸长，非预应力钢筋亦回弹，其压应力将减少$\alpha_E(\sigma_{pc\mathrm{I}}-\sigma_{pc\mathrm{II}})$。

故
$$\sigma_s=-\alpha_E\sigma_{pc\mathrm{I}}-\sigma_{l5}+\alpha_E(\sigma_{pc\mathrm{I}}-\sigma_{pc\mathrm{II}})=-\sigma_{l5}-\alpha_E\sigma_{pc\mathrm{II}}$$

根据截面内力平衡条件,见图 5-4c),可求的混凝土预压应力为 σ_{pcII}:

$$\sigma_{pcII} = \frac{A_p(\sigma_{con} - \sigma_l)}{A_0} = \frac{N_{pII}}{A_0} \tag{5-5}$$

式中:N_{pII}——完成全部损失后,预应力钢筋的预拉力,$N_{pcII} = (\sigma_{con} - \sigma_l)A_p$;

σ_{pcII}——预应力混凝土中所建立的有效预拉应力。

研究此阶段是为了计算加荷前在截面中钢筋和混凝土建立的有效预应力。

(2)使用阶段

①加荷至混凝土预压应力被抵消

设当构件承受轴心拉力为 N_{p0} 时,截面中混凝土预压应力刚好被全部抵消。即混凝土预压应力从 N_{pcII} 降到 0(即消压状态),应力变化为 σ_{pcII},钢筋则随构件伸长被拉长,其应力在第三阶段基础上相应增大 $\alpha_p\sigma_{pcII}$(预应力钢筋)及 $\alpha_E\sigma_{pcII}$ 非预应力钢筋。故

$$\sigma_p = \sigma_{p0} = \sigma_{con} - \sigma_l - \alpha_p\sigma_{pcII} + \alpha_p\sigma_{pcII} = \sigma_{con} - \sigma_l$$

$$\sigma_{pc} = 0$$

$$\sigma_s = \sigma_{s0} = -\sigma_{l5} - \alpha_E\sigma_{pcII} + \alpha_E\sigma_{pcII} = -\sigma_{l5}$$

式中 σ_{p0} 及 σ_{s0} 分别表示截面上混凝土应力为零时,预应力钢筋、非预应力钢筋的应力。

轴向拉力 N_{p0} 可由截面上内外力平衡条件[见图 5-4d)],求得:

$$N_{p0} = A_p\sigma_{p0} + A_s\sigma_{s0} = A_p(\sigma_{con} - \sigma_l) - A_s\sigma_{l5} \tag{5-6}$$

此阶段截面上混凝土应力为零时(相当于一般混凝土没有加荷时),N_{p0} 即为构件此时能够承受的轴向拉力。

②继续加荷至混凝土即将开裂

当轴向拉力超过 N_{p0} 后,混凝土开始受拉,随着荷载的增加,其拉应力不断增长。当荷载达到 σ_{cr},即混凝土的拉应力从零达到混凝土抗拉强度标准值 f_{tk} 时,混凝土即将出现裂缝,钢筋随构件伸长而拉长,其应力在第四阶段的基础上相应增大 $\alpha_p f_{tk}$(预应力钢筋)及 $\alpha_E f_{tk}$(非预应力钢筋)。

即

$$\sigma_p = \sigma_{con} - \sigma_l + \alpha_p f_{tk}$$

$$\sigma_{pc} = f_{tk}$$

$$\sigma_s = -\sigma_{l5} + \alpha_E f_{tk}$$

轴向拉力 N_{cr} 可由截面上内外力平衡条件[见图 5-4e)],求得:

$$N_{cr} = A_p(\sigma_{con} - \sigma_l) + (A_c + \alpha_E A_s + \alpha_p A_p) f_{tk} - A_s\sigma_{l5}$$

同理如忽略 $A_s\sigma_{l5}$,则:

$$N_{cr} = A_0(\sigma_{pcII} + f_{tk}) \tag{5-7}$$

上式表明,由于预压应力 σ_{pcII} 的作用(σ_{pcII} 比 f_{tk} 大)使预应力混凝土轴心受拉构件的 N_{cr} 比普通钢筋混凝土受拉构件大,这就是预应力混凝土构件抗裂度高的原因。此阶段是作为使用阶段抗裂能力计算的依据。

③继续加荷使构件破坏

当轴向力 N 超过 N_{cr} 后,裂缝出现并开展,在裂缝截面上,混凝土退出工作,不再承担拉力,拉力全部由预应力钢筋及非预应力钢筋承担。破坏时,预应力钢筋和非预应力钢筋分别达到其抗拉强度设计值 f_{py} 和 f_y,由平衡条件[见图 5-4f)],可求得极限轴向拉力 N_u:

$$N_u = A_p f_{py} + A_p f_y \tag{5-8}$$

研究此阶段是为了计算构件能承受的极限轴向拉力，作为使用阶段构件承载能力计算的依据。

2. 后张法构件(见图 5-5)

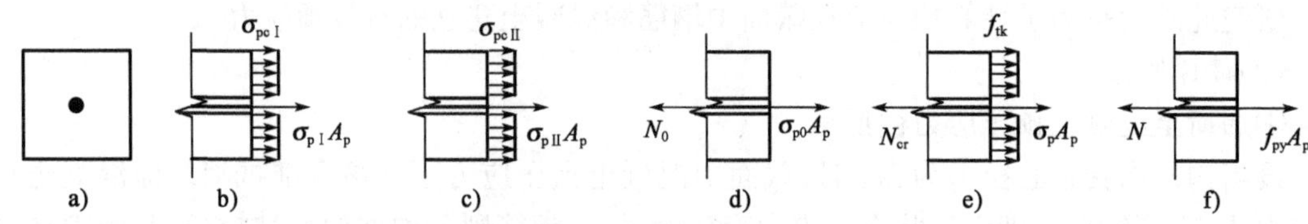

图 5-5 后张法轴心受拉构件各阶段截面应力图

(1)施工阶段

①在构件上张拉钢筋，同时压缩混凝土

张拉钢筋达到控制应力，则构件端部预应力钢筋的应力为 σ_{con}，而离端部其他截面，由于摩擦损失应力降低了 σ_{l2}，而混凝土因在张拉钢筋的同时受到压缩，其应力从 0 到达 σ_{pc}，此时预应力钢筋中的应力为 $\sigma_{con}-\sigma_{l2}$，而非预应力钢筋则随构件压缩而缩短，为此它产生的预压应力为 $\alpha_E\sigma_c$，即：$\sigma_{con}-\sigma_{l2}$。

$$\sigma_p = \sigma_{con} - \sigma_{l2}$$

$$\sigma_{pc} = -\sigma_{pc}$$

$$\sigma_s = -\alpha_E\sigma_{pc}$$

混凝土的预压应力 σ_{pc} 可由平衡条件，求得：

$$A_p(\sigma_{con} - \sigma_{l2}) = A_c\sigma_{pc} + A_s\alpha_E\sigma_{pc}$$

$$\sigma_{pc} = \frac{A_p(\sigma_{con} - \sigma_{l2})}{A_c + \alpha_E A_s} = \frac{A_p(\sigma_{con} - \sigma_{12})}{A_n}$$

式中：A_c——应扣除非预应力钢筋所占混凝土面积及预留孔道面积；

A_n——构件净截面积，$A_n = A_c + \alpha_E A_s$。

在混凝土构件端部，由于 $\sigma_{l2}=0$，此时的混凝土预压力 σ_{pc} 为：

$$\sigma_{pc} = \frac{A_p\sigma_{con}}{A_c + \alpha_E A_s} = \frac{A_p\sigma_{con}}{A_n} \tag{5-9}$$

研究此阶段是为了作为施工阶段强度计算的依据。

②锚固预应力钢筋

预应力钢筋张拉完毕，锚具变形又引起预应力损失 σ_{l1}，此时第一批损失已全部完成。预应力钢筋的应力由 $\sigma_{con}-\sigma_{l1}$ 降低到 $\sigma_{con}-\sigma_{l1}-\sigma_{l2}$，压缩在混凝土构件上的预压应力也减小，混凝土的应力由 σ_{pc} 降到 $\sigma_{pc\,I}$，而非预应力钢筋则随构件回弹而有所伸长，其应力在第一阶段的基础上变化值为 $\alpha_E(\sigma_{pc}-\sigma_{pc\,I})$。

即

$$\sigma_p = \sigma_{con} - \sigma_{l1} - \sigma_{l2} = \sigma_{con} - \sigma_{l\,I}$$

$$\sigma_{pc} = -\sigma_{pc\,I}$$

$$\sigma_s = -\alpha_E\sigma_{pc} + \alpha_E(\sigma_{pc} - \sigma_{pc\,I}) = -\alpha_E\sigma_{pc\,I}$$

混凝土压应力 $\sigma_{pc\,I}$ 由平衡条件[见图 5-5b)]，求得：

$$A_p(\sigma_{con}-\sigma_{l1})=A_c\sigma_{pcⅠ}+\alpha_E A_s\sigma_{pcⅠ}$$

$$\sigma_{pcⅠ}=\frac{A_p(\sigma_{con}-\sigma_{lⅠ})}{A_c+\alpha_E A_s}=\frac{A_p(\sigma_{con}-\sigma_{lⅠ})}{A_n} \tag{5-10}$$

研究此阶段是为了计算构件经过第一批损失后，截面的应力状态。

③完成第二批损失后

预应力钢筋锚固后，随着时间的增长，将发生由于预应力筋松弛，混凝土的收缩和徐变(对于环形构件还有挤压变形)而引起的预应力损失 σ_{l4}、σ_{l5}(以及 σ_{l6})，即 $\sigma_{lⅡ}=\sigma_{l4}+\sigma_{l5}+\sigma_{l6}$，至此，认为它们已全部完成。

同先张法一样，由于预应力钢筋应力在第二阶段的基础上再降低，构件截面混凝土预压力减小，钢筋随构件回弹而伸长。

即
$$\sigma_p=\sigma_{con}-\sigma_{lⅠ}-\sigma_{lⅡ}+\alpha_p(\sigma_{pcⅠ}-\sigma_{pcⅡ})$$

因 $\sigma_{pcⅠ}-\sigma_{pcⅡ}$ 较小，可忽略不计，故：

$$\sigma_p=\sigma_{con}-\sigma_l$$

$$\sigma_{pc}=-\sigma_{pcⅡ}$$

$$\sigma_s=-\alpha_E\sigma_{pcⅠ}-\sigma_{l5}+\alpha_E(\sigma_{pcⅠ}-\sigma_{pcⅡ})=-\alpha_E\alpha_{pcⅡ}-\sigma_{l5}=-\alpha_E\sigma_{pcⅡ}$$

混凝土的预压应力 $\sigma_{pcⅡ}$ 由平衡条件[见图 5-5c)]，求得：

$$A_p(\sigma_{con}-\sigma_l)=A_c\sigma_{pcⅡ}+\alpha_E A_s\sigma_{pcⅡ}$$

$$\sigma_{pcⅡ}=\frac{A_p(\sigma_{con}-\sigma_l)}{A_c+\alpha_E A_s}=\frac{A_p(\sigma_{con}-\sigma_l)}{A_n} \tag{5-11}$$

研究此阶段是为了加荷前在截面中钢筋和混凝土建立有效的预应力。

(2)使用阶段

①加荷至混凝土的应力为零，截面处于消压状态，在轴心拉力 N_{p0} 作用下，混凝土应力由 $\sigma_{pcⅡ}$ 减到零，预应力钢筋和非预应力钢筋应力相应增大 $\alpha_p\sigma_{pcⅡ}$ 及 $\alpha_E\sigma_{pcⅡ}$。

即
$$\sigma_p=\sigma_{p0}=\sigma_{con}-\sigma_l+\alpha_p\sigma_{pcⅡ}$$

$$\sigma_{pc}=0$$

$$\sigma_s=\sigma_{s0}=-\alpha_E\sigma_{pcⅡ}-\sigma_{l5}+\alpha_E\sigma_{pcⅡ}=-\sigma_{l5}$$

轴向拉力 N_{p0} 可按截面上内外力平衡条件，[见图 5-5d)]，求得：

$$N_{p0}=A_p\sigma_{p0}+A_s\sigma_{s0}=A_p(\sigma_{con}-\sigma_l+\alpha_p\sigma_{pcⅡ})-A_s\sigma_{l5}$$

此阶段是计算当混凝土应力为零时(相当于一般钢筋混凝土构件未加荷时)，构件能承受的轴向拉力。

②继续加荷至混凝土开裂

当构件承受的开裂荷载为 N_{cr} 时，混凝土的应力从零变到抗拉强度的标准值 f_{tk}，相应的预应力钢筋和非预应力钢筋应力分别增大 $\alpha_p f_{tk}$ 和 $\alpha_E f_{tk}$。

即
$$\sigma_p=\sigma_{con}-\sigma_l+\alpha_p\sigma_{pcⅡ}+\alpha_p f_{tk}$$

$$\sigma_{pc}=f_{tk}$$

$$\sigma_s=-\sigma_{l5}+\alpha_E f_{tk}$$

轴向拉力 N_{cr} 可由平衡条件[见图 5-5e)]，求得：

$$N_{cr}=A_p(\sigma_{con}-\sigma_l+\alpha_p\sigma_{pcⅡ}+\alpha_p f_{tk})+A_s(-\sigma_{l5}+\alpha_E f_{tk})+A_c f_{tk}$$

$$= A_p(\sigma_{con} - \sigma_l + \alpha_p\sigma_{pc\mathrm{II}}) + f_{tk}(A_c + \alpha_E A_s + \alpha_p A_p) - \sigma_{l5}A_s$$
$$= A_p(\sigma_{con} - \sigma_l) + \alpha_p A_p \sigma_{pc\mathrm{II}} + A_0 f_{tk} - \sigma_{l5}A_s$$

忽略 $\sigma_{l5}A_s$，则：

$$N_{cr} = A_0\sigma_{pc\mathrm{II}} + A_0 f_{tk} = A_0(\sigma_{pc\mathrm{II}} + f_{tk}) \tag{5-12}$$

研究此阶段是为了计算构件开裂时的轴向拉力，作为使用阶段构件抗裂能力计算依据

③继续加荷使构件破坏

当构件破坏时，承受的轴向极限拉力为 N_u，预应力钢筋和非预应力钢筋的拉应力分别达到 f_{py}和 f_y，由平衡条件[见图 5-5f)]，求得 N_u 为：

$$N_u = A_p f_{py} + A_s f_y \tag{5-13}$$

此阶段是作为使用阶段构件承载能力的计算依据。

3. 先张法与后张法轴心受拉构件各阶段应力综合及比较

(1)由于混凝土预压弹性压缩只对先张法有影响，因此从第二阶段到第五阶段，先张法预应力钢筋的应力始终比后张法小 $\alpha_p\sigma_c$（$\alpha_p\sigma_{c\mathrm{I}}$ 或 $\alpha_p\sigma_{c\mathrm{II}}$）。

(2)第四阶段是比较重要阶段，此时混凝土应力为零，相当于钢筋混凝土轴拉构件未加荷时的应力状态。而对预应力构件来讲，它已承受 $N_{p0} = \sigma_{pc\mathrm{II}}A_0$ 的荷载，同时预应力钢筋也达到了很高的应力。

先张法 $\sigma_{p0} = \sigma_{con} - \sigma_l$

后张法 $\sigma_{p0} = \sigma_{con} - \sigma_l + \alpha_p\sigma_{pc\mathrm{II}}$

由此以后构件再加荷时，截面应力增加才和钢筋混凝土受拉构件一样变化。

(3)从第二阶段到第六阶段，无论是先张法还是后张法，混凝土应力 σ_c，非预应力钢筋应力 σ_s 及构件承受的轴向拉力 N 公式形式相同，但其中 σ_l 及 σ_c 包括的内容不同。

先张法 $\sigma_l = \sigma_{l\mathrm{I}} + \sigma_{l\mathrm{II}} = (\sigma_{l1} + \sigma_{l3} + \sigma_{l4}) + \sigma_{l5}$

$$\sigma_c = \frac{A_p(\sigma_{con} - \sigma_l)}{A_n}$$

后张法 $\sigma_1 = \sigma_{l\mathrm{I}} + \sigma_{l\mathrm{II}} = (\sigma_{l1} + \sigma_{l2}) + (\sigma_{l4} + \sigma_{l5})$

$$\sigma_c = \frac{A_p(\sigma_{con} - \sigma_l)}{A_n}$$

$A_0 > A_n$，σ_c 为 $\sigma_{pc\mathrm{I}}$ 或 $\sigma_{pc\mathrm{II}}$，相应 σ_l 为 $\sigma_{l\mathrm{I}}$ 或 $\sigma_{l\mathrm{I}} + \sigma_{l\mathrm{II}}$。

5.2.2 预应力混凝土轴心受拉构件的计算方法简介

预应力混凝土轴心受拉构件计算，除要进行使用阶段的承载力计算及抗裂能力验算外，尚应进行施工阶段的强度验算，以及后张法构件端部混凝土的局部承压验算。

1. 使用阶段承载力计算

根据构件各阶段的应力分析，当加荷至构件破坏时，如图 5-6 所示，全部荷载由预应力钢筋和非预应力钢筋承担，其正截面受拉承载力按下式计算：

$$N \leqslant A_p f_{py} + A_s f_y \tag{5-14}$$

式中：N——构件轴向受拉承载力设计值；

A_p、A_s——预应力钢筋及非预应力钢筋截面面积；

f_{py}、f_y——预应力钢筋及非预应力钢筋抗拉强度设计值。

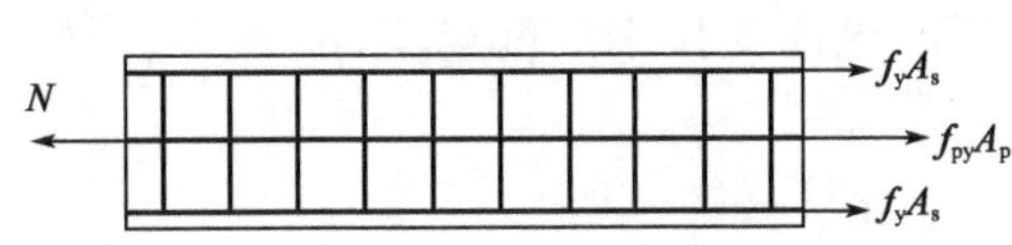

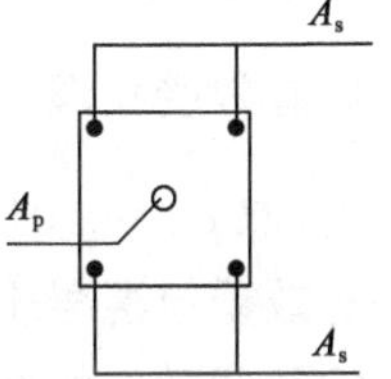

图 5-6　轴心受拉构件承载力计算简图

2. 抗裂度验算

若构件由荷载标准值产生的轴心拉力 N 不超过 N_{cr}，那么构件不会开裂。

$$N \leqslant N_{cr} = A_0(\sigma_{pc\text{II}} + f_{tk})$$

将此式用应力形式表达，则变为：

$$\frac{N}{A_0} \leqslant \sigma_{pc\text{II}} + f_{tk}$$

$$\sigma_c - \sigma_{pc\text{II}} \leqslant f_{tk}$$

由于各种预应力构件的功能要求、所处环境及对钢筋锈蚀敏感性的不同，需有不同的抗裂要求。

(1)严格要求不出现裂缝的构件，在荷载效应标准组合下应符合下列要求：

$$\sigma_{ck} - \sigma_{pc\text{II}} \leqslant 0 \tag{5-15}$$

(2)一般要求不出现裂缝的构件，在荷载效应标准组合下应符合下列要求：

$$\sigma_{ck} - \sigma_{pc\text{II}} \leqslant f_{tk} \tag{5-16}$$

在荷载效应的准永久组合下应符合下列要求：

$$\sigma_{cq} - \sigma_{pc\text{II}} \leqslant 0 \tag{5-17}$$

上述式中：σ_{ck}、σ_{cq}——荷载效应标准组合、准永久组合下抗裂验算边缘混凝土法向应力：

$$\sigma_{ck} = \frac{N_k}{A_0}, \sigma_{cq} = \frac{N_q}{A_0}$$

N_k、N_q——按荷载效应标准组合、荷载效应的准永久组合计算的轴向拉力值；

A_0、$\sigma_{pc\text{II}}$——符号意义同前。

3. 裂缝宽度验算

对于允许开裂的轴心受拉构件，要求裂缝开展宽度小于 0.2mm，其最大裂缝宽度 ω_{max} 计算公式与钢筋混凝土构件的计算方法相同。

即

$$\omega_{max} = \alpha_{cr}\psi\frac{\sigma_{sk}}{E_s}\left(1.9c + 0.08\frac{d_{eq}}{\rho_{te}}\right) \leqslant \omega_{lim} \tag{5-18}$$

式中：α_{cr}——构件受力特征系数，对轴心受拉构件，取 $\alpha_{cr}=0.27$；

c——最外层受拉钢筋外边缘至受拉区底边的距离(mm)，当 $c<20$ 时，取 $c=20$；当 $c>65$时，取 $c=65$；

ψ——裂缝间纵向受拉钢筋应变不均匀系数，$\psi=1.1-\frac{0.65f_{tk}}{\rho_e\sigma_{sk}}$，当 $\psi<0.2$ 时，取 $\psi=0.2$，当 $\psi>1.0$ 时，取 1.0，对于直接承受重复荷载构件，取 $\psi=1.0$；

ρ_{te}——以有效受拉混凝土面积计算的纵向受拉钢筋配筋率，$\rho_{te}=\frac{A_s+A_p}{A_{te}}$，当 $\rho_{te}<0.01$ 时，取 $\rho_{te}=0.01$；

A_{te}——有效受拉混凝土面积；

σ_{sk}——按荷载效应的标准组合计算混凝土构件纵向受拉钢筋的应力；

N_k——按荷载效应的标准组合计算的轴向拉力值；

N_{p0}——混凝土法向应力等于零时，全部纵向预应力和非预应力钢筋的合力；

d_{eq}——纵向受拉钢筋的等效直径(mm)，$d_{eq}=\frac{\sum n_i d_i^2}{\sum n_i \nu_i d_i}$；

d_i——第 i 种纵向受拉钢筋的公称直径(mm)；

n_i——第 i 种纵向受拉钢筋的根数；

v_i——第 i 种纵向受拉钢筋的相对黏结特性系数，对光面钢筋，取为 0.7，对带肋钢筋，取为 1.0；

ω_{lim}——裂缝宽度限值，对一类环境条件取为 0.3mm，对二、三类环境条件取为 0.2mm；

ω_{max}——按荷载的标准组合并考虑长期作用影响计算的构件最大裂缝宽度。

4. 施工阶段强度验算

预应力轴心受拉构件应保证先张法构件在放松预应力钢筋时，后张法构件在张拉预应力钢筋时，混凝土将受到最大的预压应力 σ_{pc} 不大于当时混凝土抗压强度设计值 f'_c 的 1.2 倍。即

$$\sigma_{pc}\leqslant 1.2f'_c \tag{5-19}$$

式中：σ_{pc}——放张预应力钢筋或张拉完毕时，混凝土的承受的预压应力；

f'_c——放张预应力钢筋或张拉完毕时，混凝土的轴心抗压强度设计值。

先张法

$$\sigma_{pc}=\frac{(\sigma_{con}-\sigma_{l\,\mathrm{I}})A_p}{A_0} \tag{5-20}$$

后张法

$$\sigma_{pc}=\frac{\sigma_{con}A_p}{A_n} \tag{5-21}$$

5. 后张法构件端部混凝土局部受压验算

后张法构件的预应力是通过锚具经过垫板传给混凝土的。由于预压力很大，而锚具下的垫板与混凝土的传力接触面往往较小，锚具下的混凝土将承受较大的局部压力，设计时既要保证在张拉钢筋时锚具下的锚固区的混凝土不开裂和不产生过大的变形，又要计算锚具下所配置的间接钢筋以满足局部受压承载力的要求。

(1)局部受压截面尺寸验算

为了避免局部受压区混凝土由于施加预应力而出现沿构件长度方向的裂缝，对配置间接钢筋的混凝土构件，其局部受压区截面尺寸应符合下列要求：

$$F_l\leqslant 1.35\beta_c\beta_l f_c A_{ln} \tag{5-22}$$

$$\beta_1 = \sqrt{\frac{A_b}{A_1}} \tag{5-23}$$

式中：F_1——局部受压面上作用的局部荷载或局部压力设计值，$F_1 = 1.2G_{cor}A_b$，在后张法预应力混凝土构件中的锚头局压区的压力设计值，应取 1.2 倍张拉控制力，在无黏结预应力混凝土构件中，尚应与 $f_{ptk}A_p$ 值相比较，取其中较大值；

β_c——混凝土强度影响系数，当混凝土强度不超过 C50 时，取 $\beta_c = 1.0$，当混凝土强度等级为 C80 时，取 $\beta_c = 0.8$，其间按线性内插法取用；

A_1——混凝土的局部受压面积；

β_1——混凝土局部受压时的强度提高系数；

A_{ln}——混凝土局部受压净面积，对后张法构件，应在混凝土局部受压面积中扣除孔道、凹槽部分的面积；

A_b——局部受压时的计算底面积，可由局部受压面积与计算底面积按同心、对称原则确定，对常用情况，见图 5-7。

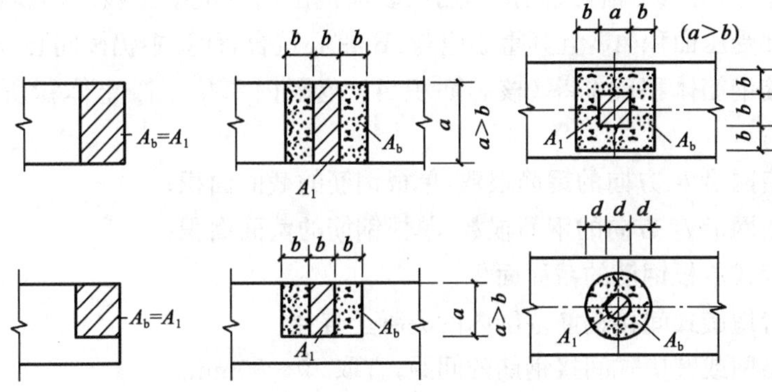

图 5-7 局部受压时的计算底面积 A_b

(2)局部受压承载力计算

当配置方格网式或螺旋式间接钢筋且其核芯面积 $A_{con} \geqslant A_1$ 时(见图 5-8)，局部受压承载力应按下列公式计算：

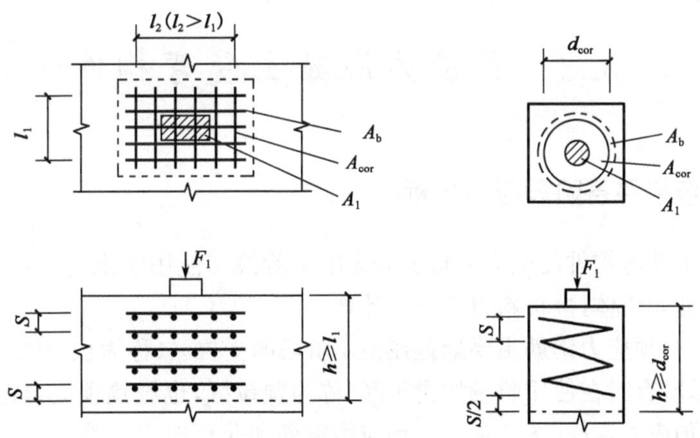

图 5-8 钢筋及螺旋钢筋的配置

$$F_1 \leqslant 0.9(\beta_c\beta_1 f_c + 2\alpha\rho_v\beta_{cor} f_y)A_{ln} \tag{5-24}$$

$$\beta_{cor} = \sqrt{\frac{A_{cor}}{A_1}} \tag{5-25}$$

当为方格网配筋时，其体积配筋率应按下式计算：

$$\rho_v = \frac{n_1 A_{s1} l_1 + n_2 A_{s2} l_2}{A_{cor} S} \tag{5-26}$$

此时，在钢筋网两个方向的单位长度内，其钢筋截面面积相差不大于 1.5 倍。

当为螺旋钢筋时，其体积配筋率应按下式计算：

$$\rho_v = \frac{4A_{ss1}}{d_{cor} S} \tag{5-27}$$

式中：β_{cor}——配置间接钢筋局部受压承载力提高系数；

α——间接钢筋对混凝土约束折减系数，当混凝土强度等级不超过 C50 时，取 1.0，当混凝土强度等级为 C80 时，取 0.85，其间按线性内插法取用；

A_{cor}——配置方格网或螺栓式间接钢筋内表面范围内的混凝土核芯面积，应大于混凝土局部受压面积 A_b，且其重心应与 A_1 重心重合，计算中仍按同心、对称原则取值；

ρ_v——间接钢筋体积配筋率（核芯面积 A_{cor} 范围内单位混凝土体积所含间接钢筋体积）；

n_1, A_{s1}——方格网沿 l_1 方向的钢筋根数，单根钢筋的截面面积；

n_2, A_{s2}——方格网沿 l_2 方向的钢筋根数，单根钢筋的截面面积；

A_{ss1}——螺旋式单根钢筋的截面面积；

d_{cor}——配置螺旋式间接钢筋范围内的混凝土直径；

S——方格网或螺旋式间接钢筋的间距，宜取 30～80mm。

间接钢筋配置在图 5-8 规定的 h 范围内。对柱接头，h 不应小于 15 倍纵向钢筋直径。配置方格网钢筋不应少于 4 片，配置螺旋式钢筋不应少于 4 圈。

如果计算不满足局压要求时，对于方格钢筋网，可增设钢筋根数或增大钢筋直径或减小钢筋网间距；对于螺旋钢筋，应加大直径，减小螺距。

5.3 预应力混凝土受弯构件

5.3.1 受弯构件各阶段应力分析

预应力混凝土受弯构件的应力分析也分为施工阶段和使用阶段，应力分析时仍视预应力混凝土为一般弹性匀质体，按材料力学公式计算。

在受弯构件中，预应力钢筋主要配置在使用阶段的受拉区（称为预压区）；为了防止构件在施工阶段出现裂缝，有时在使用阶段的受压区（称为预拉区）也设置预应力钢筋。在受拉区和受压区还设置非预应力钢筋[图 5-9a)]。预应力钢筋和非预应力钢筋的合力并不作用在构件的重心轴上，混凝土处于偏心受力状态，在同一截面上混凝土的应力随高度而线性变化。

可以认为，由于对混凝土施加了预应力，使构件在使用阶段截面不产生拉应力，或不开裂，从而把混凝土原有的脆性材料转变为弹性材料。因此不论截面上的应力图形是三角形[图5-9b)]还是梯形[图5-9c)]，在计算时，把全部预应力钢筋的合力看成作用在换算截面上的外力，将混凝土看作为理想弹性体，按材料力学公式来确定其应力，其通式为：

$$\sigma = \frac{N}{A} + \frac{Ne}{I}y \tag{5-28}$$

式中：N——作用在界面上的偏心压力；

A——构件截面面积；

I——构件截面惯性矩；

y——离开截面重心的距离。

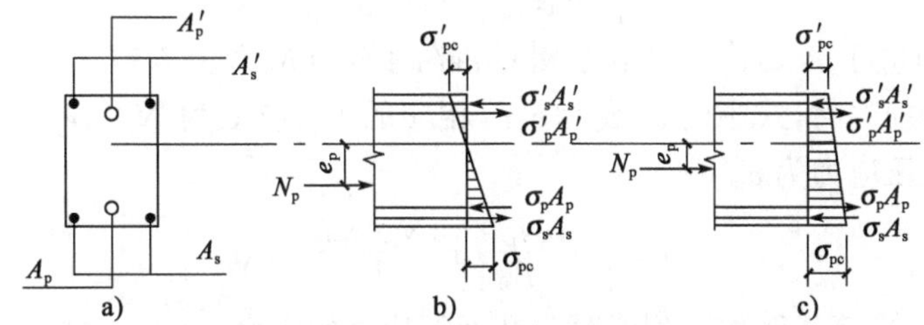

图 5-9 受弯构件受拉区、受压区配置预应力钢筋截面应力

以图 5-9a)所示配置预应力钢筋 A_p、A'_p 和非预应力钢筋 A_s 和 A'_s 的截面为例，阐明预应力混凝土受弯构件在施工阶段和使用阶段的应力分析。为了计算方便，先不考虑混凝土截面上的非预应力钢筋。先张法（后张法）受弯构件的截面几何特征用 $A_0(A_n)$、$I_0(I_n)$、$y_0(y_n)$、$y_p(y_{pn})$、$y'_p(y'_{pn})$表示，如图 5-10 所示。

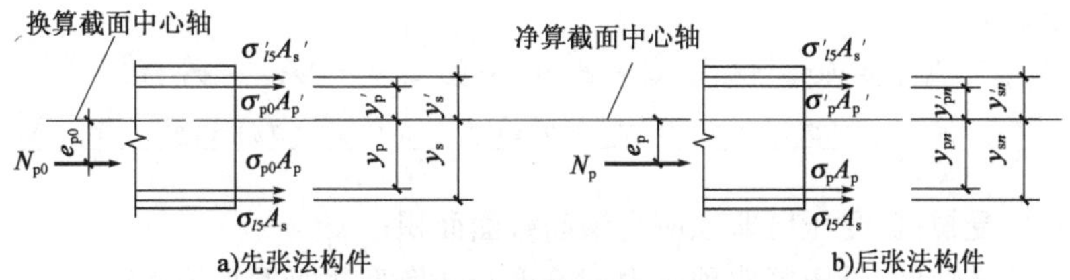

图 5-10 预应力钢筋及非预应力钢筋合力的位置

1. 施工阶段

(1)先张法构件

预应力混凝土构件截面上的预应力钢筋的合力大小 N_{p0} 及合力作用点至换算截面重心轴的距离为 e_{p0}，则：

$$N_{p0} = \sigma_{p0}A_p + \sigma'_{p0}A'_p = (\sigma_{con} - \sigma_l)A_p + (\sigma'_{con} - \sigma'_l)A'_p \tag{5-29}$$

$$e_{p0} = \frac{(\sigma_{con} - \sigma_l)A_p y_p - (\sigma'_{con} - \sigma'_l)A'_p y'_p}{N_{p0}} \tag{5-30}$$

在 N_{p0} 作用下截面任意点混凝土的法向应力为：

$$\sigma_{pc} = \frac{N_{p0}}{A_0} + \frac{N_{p0} e_{p0}}{I_0} y_0 \tag{5-31}$$

$$\sigma'_{pc} = \frac{N_{p0}}{A_0} - \frac{N_{p0} e_{p0}}{I_0} y_0 \tag{5-32}$$

式中：A_0——换算截面面积；

I_0——换算截面惯性矩；

y_0——换算截面重心到计算纤维处距离；

y_p、y'_p——受拉区、受压区预应力钢筋合力点到换算截面重心的距离。

相应预应力钢筋的应力为：

$$\sigma_p = \sigma_{con} - \sigma_l - \alpha_p \sigma_{pc} \tag{5-33}$$

$$\sigma'_p = \sigma'_{con} - \sigma'_l - \alpha_p \sigma'_{pc} \tag{5-34}$$

式中：σ_{pc}、σ'_{pc}——对应于 A_p、A'_p 重心位置处的混凝土法向应力。

①完成第一批损失时，式中的 σ_l 变为 $\sigma_{l\mathrm{I}}$，相应的 N_{p0} 应变为 $N_{p\mathrm{I}}$，e_{p0} 应变为 $e_{p\mathrm{I}}$，则混凝土截面下边缘的预压应力为 $\sigma_{pc\mathrm{I}}$：

$$\sigma_{pc\mathrm{I}} = \frac{N_{p\mathrm{I}}}{A_0} + \frac{N_{p\mathrm{I}} e_{p\mathrm{I}}}{I_0} y_0 \tag{5-35}$$

式中：y_0——混凝土换算截面重心到混凝土截面下边缘的距离。

②完成第二批损失时，式中 $\sigma_l = \sigma_{l\mathrm{I}} + \sigma_{l\mathrm{II}}$，相应的 N_{p0} 应变为 $N_{p\mathrm{II}}$，e_{p0} 变为 $e_{p\mathrm{II}}$，则混凝土截面下边缘的预压应力为 $\sigma_{pc\mathrm{II}}$：

$$\sigma_{pc\mathrm{II}} = \frac{N_{p\mathrm{II}}}{A_0} + \frac{N_{p\mathrm{II}} e_{p\mathrm{II}}}{I_0} y_0 \tag{5-36}$$

$$N_{P0} = (\sigma_{con} - \sigma_l) A_p - \sigma_{l5} A_s + (\sigma'_{con} - \sigma'_l) A'_p - \sigma'_{l5} A'_s$$

当构件中配置非预应力钢筋时，承受由混凝土收缩和徐变而产生的压应力，式(5-29)和式(5-30)相应改为：

$$N_{p0} = (\sigma_{con} - \sigma_l) A_p - \sigma_{l5} A_s + (\sigma'_{con} - \sigma'_l) A'_p - \sigma'_{15} A'_s \tag{5-37}$$

$$e_{p0} = \frac{(\sigma_{con} - \sigma_l) A_p y_p - \sigma_{l5} A_s y_s - (\sigma'_{con} - \sigma'_l) A'_p y'_p + \sigma'_{15} A'_s y'_s}{N_{p0}} \tag{5-38}$$

式中：A_s、A'_s——受拉区、受压区非预应力钢筋截面面积；

y_s、y'_s——受拉区、受压区非预应力钢筋重心到换算截面重心的距离。

(2)后张法构件

张拉预应力钢筋的同时混凝土受到预压，这时预应力钢筋 A_p、A'_p 的合力为 N_p 及合力点到净截面重心的偏心距为 e_{pn}(图 5-10b)，则：

$$N_p = \sigma_p A_p + \sigma'_p A'_p = (\sigma_{con} - \sigma_l) A_p + (\sigma'_{con} - \sigma'_l) A'_p \tag{5-39}$$

$$e_{pn} = \frac{(\sigma_{con} - \sigma_l) A_p y_{pn} - (\sigma'_{con} - \sigma'_l) A'_p y'_{pn}}{N_p} \tag{5-40}$$

在 N_p 作用下截面任意点混凝土的法向应力为：

$$\sigma_{pc} = \frac{N_p}{A_n} + \frac{N_p e_{pn}}{I_n} y_n \tag{5-41}$$

$$\sigma'_{pc} = \frac{N_p}{A_n} - \frac{N_p e_{pn}}{I_n} y_n \tag{5-42}$$

式中：A_n——混凝土净截面面积；

I_n——净截面惯性矩；

y_n——净截面重心到所计算纤维处距离。

相应的预应力钢筋应力为：

$$\sigma_p = \sigma_{con} - \sigma_l \tag{5-43}$$

$$\sigma'_p = \sigma_{con} - \sigma'_l \tag{5-44}$$

①完成第一批损失时，式中 σ_l 变为 $\sigma_{l\text{I}}$，相应的 N_p 应采用 $N_{p\text{I}}$，e_{pn}变为 $e_{pn\text{I}}$，则混凝土截面下边缘的预应力为 $\sigma_{pc\text{I}}$：

$$\sigma_{pc\text{I}} = \frac{N_{p\text{I}}}{A_n} + \frac{N_{p\text{I}} e_{pn\text{I}}}{I_n} y_n \tag{5-45}$$

②完成第二批损失时，式中 $\sigma_l = \sigma_{l\text{I}} + \sigma_{l\text{II}}$，相应 N_p 的变为 $N_{p\text{II}}$，e_{pn}变为 $e_{pn\text{II}}$，则混凝土截面下边缘预压应力为 $\sigma_{pc\text{II}}$：

$$\sigma_{pc\text{II}} = \frac{N_{p\text{II}}}{A_n} + \frac{N_{p\text{II}} e_{pn\text{II}}}{I_n} y_n \tag{5-46}$$

当构件中配置非预应力钢筋时，承受由混凝土收缩和徐变而产生的压应力，式(5-39)和式(5-40)相应改为：

$$N_p = (\sigma_{con} - \sigma_l)A_p + \sigma_{l5}A_s + (\sigma'_{con} - \sigma'_l)A'_p - \sigma'_{l5}A'_s \tag{5-47}$$

$$e_{pn} = \frac{(\sigma_{con} - \sigma_l)A_p y_{pn} - (\sigma'_{con} - \sigma'_l)A'_p y'_{pn} - \sigma_{l5}A_s y_{sn} + \sigma'_{l5}A'_s y'_{sn}}{N_p} \tag{5-48}$$

式中：A_s、A'_s——物理意义同前；

y_{pn}、y'_{pn}——受拉区、受压区预应力钢筋合力点到净截面重心的距离；

y_{sn}、y'_{sn}——受拉区、受压区的非预应力钢筋重心到净截面重心的距离。

需要指出的是，当构件中配置的非预应力钢筋截面面积较小，即当$(A_s + A'_s)$小于$0.4(A_p + A'_p)$时，为简化计算，可不考虑非预应力钢筋由于混凝土收缩和徐变引起的影响，即在上边式中取 $\sigma_{l5} = \sigma'_{l5} = 0$，如构件中 $A'_p = 0$，则可取 $\sigma'_{l5} = 0$。

2. 使用阶段

(1)加荷使截面受拉区下边缘混凝土应力为零时

与轴心受拉构件类似，加荷使截面下边缘混凝土产生的拉应力 σ 等于该处的预压应力 $\sigma_{pc\text{II}}$，叠加之后即为零。如图 5-11a)由外荷载所引起的预应力钢筋合力处混凝土拉应力为 σ_{pc}，如近似取等于该处混凝土预应力 $\sigma_{pc\text{II}}$，那么构件截面下边缘混凝土应力为零时预应力钢筋的应力则为：

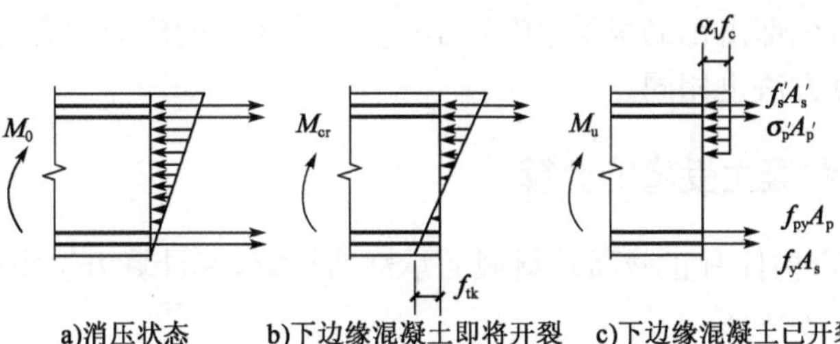

图 5-11　受弯截面构件的应力状态变化

先张法

$$\sigma_{p0}=\sigma_{con}-\sigma_l-\alpha_p\sigma_{pcII}+\alpha_p\sigma_{pcII}=\sigma_{con}-\sigma_l \tag{5-49}$$

$$\sigma'_{p0}=\sigma'_{con}-\sigma_l \tag{5-50}$$

后张法

$$\sigma_{p0}=\sigma_{con}-\sigma_l+\alpha_p\sigma_{pcII} \tag{5-51}$$

$$\sigma'_{p0}=\sigma'_{con}-\sigma'_l+\alpha_p\sigma_{pcII} \tag{5-52}$$

设外荷载产生的截面弯矩为 M_0，对换算截面的下边缘的弹性抵抗矩为 W_0，则外荷载引起下边缘混凝土的拉应力为：

$$\sigma=\frac{M_0}{W_0} \tag{5-53}$$

因 $\sigma-\sigma_{pcII}=0$

即

$$M_0=\sigma_{pcII}W_0 \tag{5-54}$$

但是要注意的是，轴心受拉构件当加载到 N_0 时，整个截面的混凝土应力全部为零；但在受弯构件中，当加载到 M_0 时，只有截面下边缘这一点的混凝土应力为零，截面上其他各点的预压力均不等于零。

(2)继续加荷至构件下边缘混凝土即将裂缝时

构件继续加荷，截面下边缘混凝土应力以零转为受拉，并达到其抗拉强度的标准值 f_{tk}时，设此时截面上受到的弯矩为 M_{cr}，相当于构件在承受弯矩在 $M_0=\sigma_{pcII}W_0$ 的基础上，再增加了相当于普通钢筋混凝土构件的开裂弯矩 $M_{scr}(M_{scr}=\gamma f_{tk}W_0)$。

因此，预应力钢筋混凝土的开裂弯矩值：

$$M_{cr}=M_0+M_{scr}=\sigma_{pcII}W_0+\gamma f_{tk}W_0=(\sigma_{pcII}+\gamma f_{tk})W_0 \tag{5-55}$$

即

$$\sigma=\frac{M_{cr}}{W_0}=\sigma_{pcII}+\gamma f_{tk} \tag{5-56}$$

$$\gamma=(0.7+\frac{120}{n})\gamma_m \tag{5-57}$$

式中：γ——混凝土构件的截面抵抗矩塑性影响系数；

γ_m——混凝土构件的截面抵抗矩塑性影响系数基本值。

因此，当荷载作用下截面下边缘处混凝土最大法向应力 σ 大于该处的预压应力 σ_{pcII}，且满足条件 $\sigma-\sigma_{pcII}\leqslant\gamma f_{tk}$时，表明截面受拉区只受拉尚未裂开；当满足条件 $\sigma-\sigma_{pcII}>\gamma f_{tk}$时，表明截面受拉区混凝土已裂开[图 5-11b)]。

(3)继续加荷使构件达到破坏

继续加荷，裂缝出现并开展，当达到极限荷载时，不论先张法或后张法，裂缝截面上的混凝土全部退出工作，拉力全部由钢筋承受[图 5-11c)]，正截面上的应力状态与普通钢筋混凝土受弯构件类似，因而计算方法也相同。

5.3.2 预应力混凝土受弯的计算

预应力混凝土受弯构件有正截面及斜截面承载力计算，其计算方法类同钢筋混凝土构件。

1. 正截面承载能力计算

(1)应力及计算简图

构件破坏时,受拉区的预应力钢筋和非预应力钢筋以及受压区的非预应力钢筋均可达到 f_{py}、f_y、f'_y。受压区的混凝土应力为曲线分布,计算时按矩形并取其轴心抗压设计值 f_c。受压区的预应力钢筋因预拉应力较大,它可能受拉,也可能受压,但应力都很小,达不到强度设计值。

受压区预应力钢筋的应力在加荷前为拉应力,其合力处混凝土应力为压应力。设想加荷后至该处混凝土的法向应力为零,则其应变也为零,预应力钢筋的拉应力为 σ'_{p0},然后再使该处混凝土从零应变变化到极限应变,则预应力钢筋将产生相同的压应变,其应力相应减小 f'_{py}。所以当受压区混凝土压坏时,受压区预应力钢筋的应力为:

$$\sigma'_p = \sigma'_{p0} - f'_{py} \tag{5-58}$$

式中 σ'_p 是正值时为拉应力,负值为压应力。σ'_{p0} 按下式计算:

先张法构件
$$\sigma'_{p0} = \sigma'_{con} - \sigma'_l \tag{5-59}$$

后张法构件
$$\sigma'_{p0} = \sigma'_{con} - \sigma'_l + \alpha_p \sigma'_{pcII} \tag{5-60}$$

式中 σ'_{pcII} 为受压区预应力钢筋合力点处混凝土的法向压应力。计算简图如图 5-12。

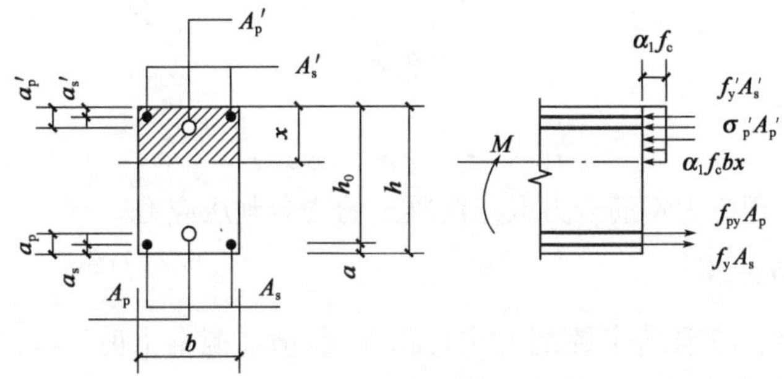

图 5-12 受弯构件正截面承载力计算

(2)基本公式及适用条件

$$\sum X = 0, \alpha_1 f_c bx = f_y A_s - f'_y A'_s + f_{yp} A_p + \sigma'_p A'_p \tag{5-61}$$

$$\sum M = 0, M = \alpha_1 f_c bx (h_0 - \frac{x}{2}) + f'_y A'_s (h_0 - a'_s) - \sigma'_p A'_p (h_0 - a'_p) \tag{5-62}$$

适用条件
$$x \leqslant \xi_b h_0 \tag{5-63}$$

$$x \geqslant 2a \tag{5-64}$$

上述文中:M——弯矩设计值;

α_1——按等效矩形应力图形计算时混凝土抗压强度系数,当混凝土强度等级不超过 C50 时,取 $\alpha_1 = 1.0$;当混凝土强度等级为 C80 时,取 $\alpha_1 = 0.94$;其间按线性内插法确定;

A_p、A'_p——受拉区及受压区预应力钢筋的截面面积;

A_s、A'_s——受拉区及受压区非预应力钢筋的截面面积;

a_p、a'_p——受拉区及受压区预应力钢筋合力点至截面边缘的距离;

a_s、a'_s——受拉区及受压区非预应力钢筋合力点至截面边缘的距离;

σ'_{p0}——受压区预应力钢筋合力点处混凝土法向应力为零时预应力钢筋的应力,按式(5-59)、式(5-60)计算;

a'——纵向受压钢筋合力点至受压区边缘的距离,当受压区未配置纵向预应力钢筋

$(A'_p=0)$或受压区纵向预应力钢筋的应力 $\sigma'_{p0}-f_{tk}\geqslant 0$ 时，上述计算公式中的 a' 应用 a'_s 代替。

(3)受压区相对界限高度 ξ_b

根据平截面假定并考虑预应力后可得：

$$\xi_b=\frac{\beta_1}{1+\frac{0.002}{\varepsilon_{cu}}+\frac{f_{py}-\sigma_{p0}}{E_s\varepsilon_{cu}}} \tag{5-65}$$

式中：β_1——受压区高度 X 与按截面应变保持平面的假定所确定的中和轴高度的比值，当混凝土强度等级不超过 C50 时，取 $\beta_1=0.8$，当混凝土强度等级为 C80 时，取 $\beta_1=0.74$；其间按线性内插法取用；

σ_{p0}——受拉区预应力钢筋合力点处混凝土法向应力为零时，预应力钢筋的应力，按下列公式计算：

对于先张法构件

$$\sigma_{p0}=\sigma_{con}-\sigma_l \tag{5-66}$$

对于后张法构件

$$\sigma_{p0}=\sigma_{con}-\sigma_l+\alpha_p\sigma_{pc\text{II}} \tag{5-67}$$

式中：$\sigma_{pc\text{II}}$——受拉区预应力钢筋合力点处混凝土的法向预压应力。

2. 斜截面承载力计算

由于预应力的存在，能阻滞斜裂缝的出现和开展，增加混凝土剪压区高度，加强斜裂缝间骨料的咬合作用，从而提高了构件的抗剪能力。

对于仅配有箍筋的受弯构件，其斜截面的受剪承载力按下列公式计算：

$$V\leqslant V_{cs}+V_p \tag{5-68}$$

式中：V——构件斜截面上的最大剪力设计值；

V_{cs}——构件斜截面上混凝土和箍筋受剪承载力设计值；

V_p——由预应力提高的构件受剪承载力设计值，$V_p=0.05N_{p0}$；

N_{p0}——计算截面上的混凝土法向预压应力为零时预应力钢筋及非预应力钢筋的合力。

$$N_{p0}=\sigma_{p0}A_p+\sigma'_{p0}A'_p-\sigma_{l5}A_s-\sigma'_{l5}A'_s \tag{5-69}$$

式中符号意义同前。

当 $N_{p0}\geqslant 0.3f_cA_0$ 时，取 $N_{p0}=0.3f_cA_0$。

同时配有箍筋和弯起钢筋时、其斜截面的受剪承载力应按下列公式计算：

$$V\leqslant V_{cs}+V_p+0.8f_yA_{sb}\sin\alpha_s+0.8f_{py}A_{pb}\sin\alpha_p \tag{5-70}$$

式中：A_{sb}、A_p——同一弯起平面内的非预应力钢筋、预应力钢筋的截面面积；

α_s、α_p——斜截面上非预应力钢筋、预应力弯起钢筋的切线与构件纵向轴线的夹角。

当符合下列要求时：

$$V\leqslant 0.7f_tbh_0+0.05N_{p0} \tag{5-71}$$

$$V\leqslant \frac{1.75}{\lambda+1}f_tbh_0+0.05N_{p0} \tag{5-72}$$

则不需要进行斜截面受剪承载力计算，仅需按构造配置箍筋。

3. 受弯构件的抗裂验算

对于预应力受弯构件使用阶段的抗裂能力验算，不仅要进行正截面抗裂能力验算，同时还要进行斜截面抗裂能力验算。

(1)正截面抗裂能力验算

①对裂缝控制等级为一级，严格不允许出现裂缝的受弯构件，要求在荷载效应标准组合下符合下列要求：

$$\sigma_{ck}-\sigma_{pc}\leqslant 0 \tag{5-73}$$

②对裂缝控制等级为二级，一般不允许出现裂缝的受弯构件，要求在荷载效应标准组合下符合下列要求：

$$\sigma_{ck}-\sigma_{pc}\leqslant f_{tk} \tag{5-74}$$

在荷载效应的准永久组合下，符合下列要求

$$\sigma_{cq}-\sigma_{pc}\leqslant 0 \tag{5-75}$$

上述式中：σ_{ck}、σ_{cq}——荷载效应的标准组合、准永久组合下抗裂验算时边缘的混凝土法向应力；

σ_{pc}——扣除全部预应力损失后在抗裂验算边缘的混凝土预压应力；

f_{tk}——混凝土抗拉强度标准值。

(2)斜截面抗裂能力验算

当预应力受弯构件截面上混凝土的主拉应力 σ_{tp} 超过其轴心抗拉强度标准值 f_{tk} 时，即出现斜裂缝。而且，当截面上混凝土主压应力 σ_{cp} 较大时，将加速这种斜裂缝的出现。斜截面抗裂能力是采用限制主拉应力和主压应力的方法来保证的。

①对严格要求不出现裂缝的构件：

$$\sigma_{tp}\leqslant 0.85f_{tk} \tag{5-76}$$

②对于一般要求不出现裂缝的构件：

$$\sigma_{tp}\leqslant 0.95f_{tk} \tag{5-77}$$

③对任何构件：

$$\sigma_{cp}\leqslant 0.6f_{ck} \tag{5-78}$$

式中：f_{ck}——混凝土轴心抗压强度标准值。

在斜裂缝出现以前，构件基本处于弹性阶段工作，因此可按材料力学方法进行计算。

4. 预应力受弯构件裂缝宽度验算

对在使用阶段允许出现裂缝的预应力混凝土构件，应验算裂缝宽度。在荷载效应的标准组合下，并考虑长期作用影响的最大裂缝宽度应按下列公式计算：

$$\omega_{max}=\alpha_{cr}\psi\frac{\sigma_{sk}}{E_s}(1.9c+0.08\frac{d_{eq}}{\rho_{te}})\leqslant\omega_{lim} \tag{5-79}$$

$$\psi=1.1-0.65\frac{f_{tk}}{\rho_{te}\sigma_{sk}}$$

$$d_{eq}=\frac{\sum n_i d_i^2}{\sum n_i v_i d_i}$$

$$\rho_{te} = \frac{A_s + A_p}{A_{te}}$$

式中：A_{te}——有效受拉混凝土截面面积，$A_{te}=0.5bh+(b_f-b)h_f$；

σ_{sk}——按荷载效应的标准组合计算的预应力混凝土构件纵向受拉钢筋的应力；

$$\sigma_{sk} = \frac{M_k - N_{p0}(z - e_{p0})}{(A_s + A_p)z}$$

z——受拉区纵向非预应力和预应力钢筋合力点到受压区合力点的距离；

$$z = [0.87 - 0.12(1 - \gamma'_f)(\frac{h_0}{e})^2]h_0$$

$$e = e_{p0} + \frac{M_k}{N_{p0}}$$

$$\gamma'_f = \frac{(b'_f - b)h'_f}{bh_0}$$

e_{p0}——混凝土法向预应力等于零时全部纵向预应力和非预应力钢筋合力 N_{p0} 的作用点到受拉区纵向预应力钢筋和非预应力钢筋合力点的距离；

M_k——按荷载效应标准组合计算的弯矩值；

γ'_f——受压翼缘截面面积与腹板有效截面面积的比值（其中 b'_f，h'_f 为受压翼缘的宽度）；当 $h'_f>0.2h_0$ 时，取 $h'_f=0.2h_0$；

ψ、ρ_{te}、c、d、v、E_s 符号的物理意义同普通混凝土受弯构件的裂缝宽度验算一样。

5. 预应力受弯构件挠度验算

预应力混凝土受弯构件的挠度由两部分组成：一部分是由于构件预加应力产生的向上变形（反拱），另一部分则是受荷后产生的向下变形（挠度）。设构件在预应力作用下产生的反拱为 f_{21}，构件在荷载效应标准组合下产生的挠度为 f_{11}，那么预应力混凝土受弯构件最后挠度为：

$$f = f_{11} - f_{21} \tag{5-80}$$

（1）荷载作用下构件的挠度可按材料力学的方法计算，即

$$f_{11} = s\frac{M^2}{B} \tag{5-81}$$

由于混凝土构件并非理想弹性体，有时可能正出现裂缝，因此构件刚度 B 应分别按下列情况计算。

①荷载效应的标准组合下受弯构件的短期刚度 B_s，对于使用阶段不出现裂缝的构件：

$$B_s = 0.85E_cI_0 \tag{5-82}$$

式中：E_c——混凝土的弹性模量；

I_0——换算截面惯性矩；

0.85 为刚度折减系数，考虑混凝土受拉区开裂前出现的塑性变形。

对于使用阶段允许出现裂缝的构件：

$$B_s = \frac{0.85E_cI_0}{K_{cr} + (1 - K_{cr})\omega} \tag{5-83}$$

$$K_{cr} = \frac{M_{cr}}{M_k}$$

$$\omega=(1.0+\frac{0.21}{\alpha_E\rho})(1+0.45\gamma_f)-0.7$$

$$M_{cr}=(\sigma_{pc\mathrm{II}}+\gamma f_{tk})W_0$$

式中：K_{cr}——预应力混凝土受弯构件正截面开裂弯矩 M_{cr} 与弯矩 M_k 的比值，当 $K_{cr}>1.0$ 时，取 $K_{cr}=1.0$；

$\sigma_{pc\mathrm{II}}$——扣除全部预应力损失后在抗裂验算边缘混凝土的预压应力；

其余符号的意义同前。

②荷载效应的标准组合并考虑荷载长期作用影响的刚度 B：

$$B=\frac{M_k}{M_q(\theta-1)+M_k}B_s \tag{5-84}$$

式中：M_k、M_q、θ 意义同前。

(2)预加应力产生的反拱 f_{21}

预应力混凝土受弯构件在使用阶段的预加力反拱值，可用结构力学方法按刚度 E_cI_0 进行计算，并应考虑预压应力长期作用的影响，将计算求得的预加力反拱值乘以增大系数 2.0。在计算中，预应力钢筋的应力应扣除全部预应力损失。

(3)挠度计算

$$f=f_{11}-f_{21}<f_{lim} \tag{5-85}$$

6. 预应力混凝土受弯构件施工阶段验算

对制作、运输、吊装等施工阶段预拉区允许出现拉应力的构件，或预压时全截面受压的构件，在预加应力、自重及施工荷载作用下(必要时应考虑动力系数)，截面边缘的混凝土法向应力应符合下列条件(见图 5-13)：

$$\sigma_{ct}\leqslant f'_{tk} \tag{5-86}$$

$$\sigma_{cc}\leqslant 0.8f'_{tk} \tag{5-87}$$

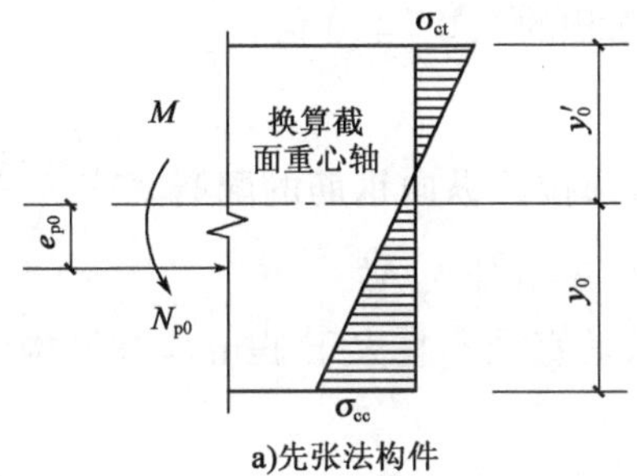

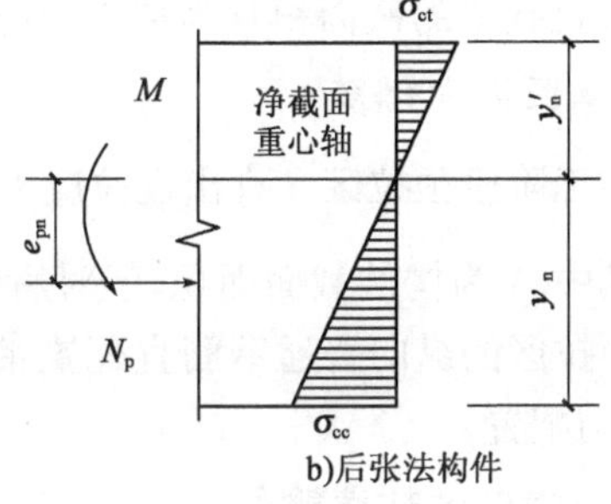

图 5-13　预应力混凝土构件施工阶段验算

截面边缘的混凝土法向应力可按下列公式计算：

$$\sigma_{cc}\text{ 或 }\sigma_{ct}\leqslant\sigma_{pc}+\frac{N_k}{A_0}\pm\frac{M_k}{W_0} \tag{5-88}$$

上述式中：σ_{cc}、σ_{ct}——相应施工阶段计算截面边缘纤维的混凝土压应力、拉应力；

f'_{tk}、f'_{ck}——与各施工阶段混凝土立方体抗压强度 f'_{cu} 相应的抗拉强度标准值、轴心抗压强度标准值；

N_k、M_k——构件自重及施工荷载的标准组合在计算截面上产生的轴向力和弯矩；

W_0——验算边缘的换算截面弹性抵抗矩。

5.4 预应力混凝土构件的构造要求

预应力混凝土结构构件的构造要求，除应满足普通钢筋混凝土结构的有关规定外，还应根据预应力张拉工艺、锚固措施、预应力钢筋种类的不同，相应的构造要求也有不同。

1. 预应力钢筋的直径和布置

先张法预应力钢筋（包括热处理钢筋、钢丝和钢绞线）之间的净距应根据浇灌混凝土、施加预应力及钢筋锚固等要求确定。预应力钢筋的净间距不宜小于其公称直径的 2.5 倍和混凝土粗骨料最大粒径的 1.25 倍，且应符合：预应力钢丝不应小于 15mm；三股钢绞线不应小于 20mm；七股钢绞线不应小于 25mm。当混凝土振捣密实性具有可靠性保证时，净间距可放宽为最大粗骨料粒径的 1.0 倍。后张法预应力混凝土构件中的预应力钢筋有折线配置与曲线配置之分，曲线配筋时钢筋的曲率半径不宜小于 4m；对折线配筋的构件，在折线预应力来弯折处的曲率半径可适当减小。

2. 后张法构件的预留孔道

对预制构件，后张法预应力钢丝束（包括钢绞丝）的预留孔道之间的水平净间距不宜小于 50mm，且不宜小于粗骨料粒径的 1.25 倍；孔道至构件边缘的净距不宜小于 30mm，且不宜小于孔道直径的一半。

在现浇混凝土梁中，预留孔道在竖直方向的净间距不应小于孔道外径，水平方向的净间距不宜小于 1.5 倍孔道外径，且不应小于粗骨料粒径的 1.25 倍；从孔道外壁至构件边缘的净间距，梁底不宜小于 50mm，梁侧不宜小于 40mm，裂缝控制等级为三级的梁，梁底、梁侧分别不宜小于 60mm 和 50mm。预留孔道的内径宜比预应力束外径及需穿过孔道的连接器外径大 6～15mm，且孔道的截面积宜为穿入预应力束截面积的 3.0～4.0 倍。

3. 预拉区纵向钢筋

（1）施工阶段预拉区允许出现拉应力的构件，预拉区纵向钢筋的配筋率$\dfrac{A'_s+A'_p}{A}$不宜小于 0.15%，其中 A 为构件截面面积，但对后张法构件，不应计入 A'_p。

（2）预拉区的纵向普通钢筋宜配置带肋钢筋，其直径不宜大于 14mm，并沿构件预拉区的外边缘均匀配置。

4. 构件端部的构造钢筋

（1）先张法构件的构造钢筋

①单根配置的预应力筋，其端部宜设置螺旋筋；

②分散布置的多根预应力筋，在构件端部 $10d$（d 为预应力筋的公称直径）且不小于 100mm 长度范围内，宜设置 3～5 片与预应力筋垂直的钢筋网片；

③采用预应力钢丝配筋的薄板，在板端 100mm 长度范围内宜适当加密横向钢筋。

（2）后张法构件的构造钢筋

①对后张法预应力混凝土构件的端部锚固区应配置间接钢筋（图 5-14），其体积配筋率不

应小于0.5%。为防止孔道劈裂，在构件端部$3e$且不大于$1.2h$的长度范围内与间接钢筋配置区外，应在高度$2e$范围内均匀布置附加箍筋或钢筋网片，其体积配筋率不应小于0.5%。

②当构件端部有局部凹进时，应增设折线式的构造钢筋(图5-15)。

③宜在构件端部将一部分预应力钢筋在靠近支座处弯起，并使预应力钢筋沿构件端部均匀布置。若预应力钢筋在构件端部不能均匀布置而集中布置在端部截面的下部或集中布置在下部和上部时，应在构件端部$0.2h$(h为构件截面端部高度)范围内设置附加竖直焊接钢筋网、封闭式箍筋或其他形式的构造钢筋。

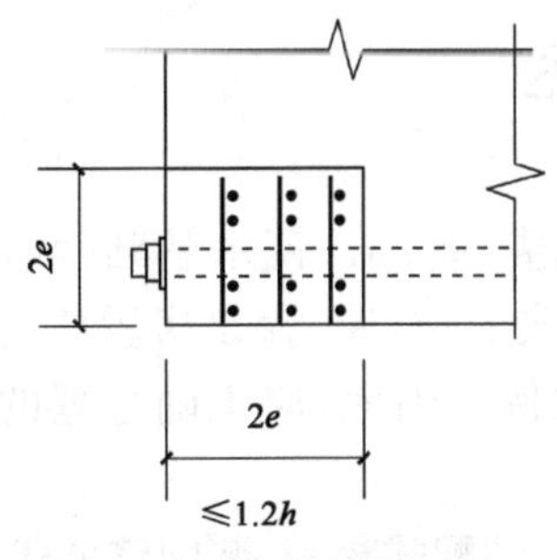

图5-14　端部的间接钢筋

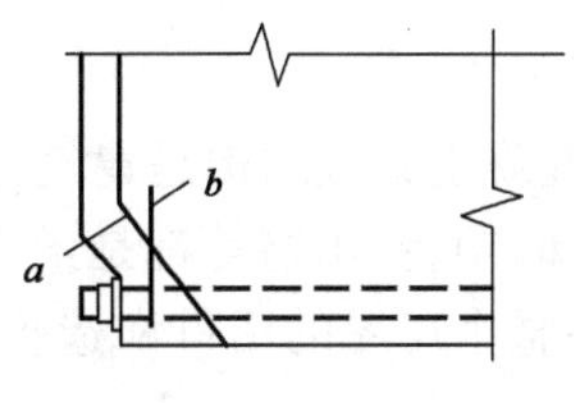

图5-15　端部转折处钢筋

本章小结

(1)主要讲述了预应力混凝土的基本概念、预应力混凝土构件工作的原理。
(2)预应力的施加方法和对钢材及混凝土材料的要求。
(3)各项预应力损失产生的原因及各项损失减小的措施和各项损失的不同组合。
(4)预应力混凝土轴心受拉构件的设计计算方法。
(5)预应力混凝土受弯构件强度、刚度和裂缝方面的设计计算方法。
(6)预应力混凝土构件的构造要求。

复习思考题

1.为什么钢筋混凝土受弯构件不能有效地利用高强钢筋和高强混凝土？而预应力混凝土构件则必须采用高强钢筋和高强混凝土？

2.预应力混凝土受弯构件的受力特点与钢筋混凝土受弯构件有什么不同？

3.引起预应力损失的因素有哪些？预应力损失如何组合？

4.何谓“消压弯矩”？何谓“假想全截面消压状态”？二者有何差别？“假想全截面消压状态”在预应力混凝土受弯构件截面应力分析中有何意义？

5.何谓“部分预应力混凝土”？采用部分预应力混凝土有什么优点？

6.预应力混凝土受弯构件设计应进行哪些计算？

7.如何计算部分预应力混凝土构件的裂缝宽度？

8.预应力混凝土构件有哪些构造要求？

第6章　钢筋混凝土梁板结构

6.1　概　　述

钢筋混凝土梁板结构是建筑工程中常用的形式，如楼（屋）盖、筏木基础、水池底板、顶板以及楼梯、阳台、雨篷等都是梁板结构，其中由梁板组成的楼（屋）盖是房屋建筑的重要组成部分，在整个房屋的用料和造价方面占有相当大的比例。因此，应正确合理的对楼盖进行设计。

按施工方法钢筋混凝土楼盖可分为：现浇整体式楼盖、装配式楼盖、装配整体式楼盖。

装配式钢筋混凝土楼盖，楼板采用钢筋混凝土预制板（如：空心板，实心板，槽形板等）便于工业化生产，在多层民用建筑和多层工业建筑中广泛应用。这种楼面的整体性、防水性和抗震性较差。因此，对于有抗震要求和防水要求的建筑不宜采用。

装配整体式钢筋混凝土楼盖是在已就位的预制楼板上再二次浇筑混凝土面层。这种楼盖的整体性比装配式楼盖的整体刚性好，但由于二次浇筑混凝土，有时还需要增加焊接的工作量，对施工进度和造价带来一些不利的影响，目前已较少采用。

现浇整体式钢筋混凝土楼盖是将组成楼盖的构件全部现浇成一个整体，楼盖刚度大，抗震性、防水性好，主要用于多、高层钢筋混凝土结构房屋中。按结构的组成和布置又可以分为：肋梁楼盖[图 6-1a)]、井式楼盖[图 6-2]和无梁楼盖（图 6-3）。肋梁楼盖又分为：单向板肋梁楼盖[图 6-1b)]、双向板肋梁楼盖[图 6-1c)]。

在现浇钢筋混凝土结构中，对四面支承的板，《混凝土结构设计规范》（GB 50010—2010）对单、双向板有如下规定：长边与短边长度之比小于等于 2 时，应按双向板计算；当长边与短边长度之比大于 2.0 但小于 3.0 时，宜按双向板计算；当按沿短边方向受力的单向板计算时，应沿长边方向布置足够数量的构造筋；当长边与短边长度之比大于或等于 3.0 时，可按沿短边方向受力的单向板计算。

上述对四边支撑单向板的规定是基于荷载主要沿短边方向传递而规定的。另外工程上经常采用的悬臂板、两对边支承的矩形板，板上的荷载也是沿一个方向传递的，也称为单向板。

双重井式梁楼盖又叫井字楼盖或井式楼盖，次梁是由两个方向不分主次的交叉梁系组成。井字楼盖中双向板的荷载传递到两个方向的井字梁上，再通过井字梁传递到四边的边梁上，形成双向受力体系。

无梁楼盖是由板和柱组成的板—柱结构体系，楼面不设次梁和主梁，楼面荷载直接传给柱及柱下基础。

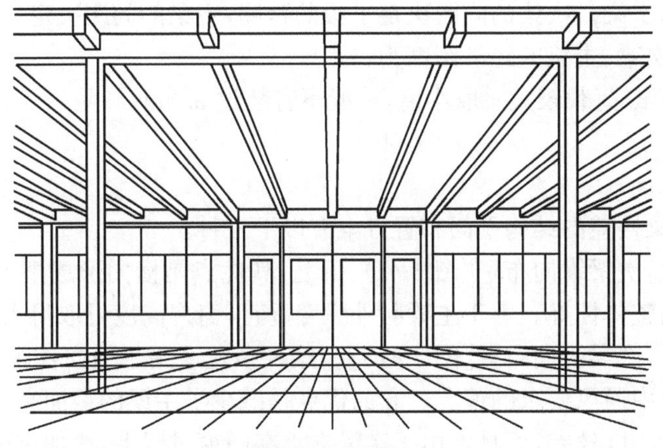

a)钢筋混凝土肋梁楼盖

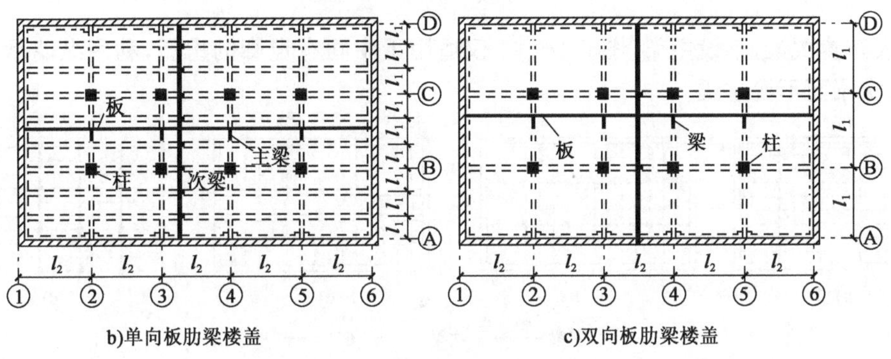

b)单向板肋梁楼盖　　c)双向板肋梁楼盖

图 6-1　单向板和双向板肋梁楼盖

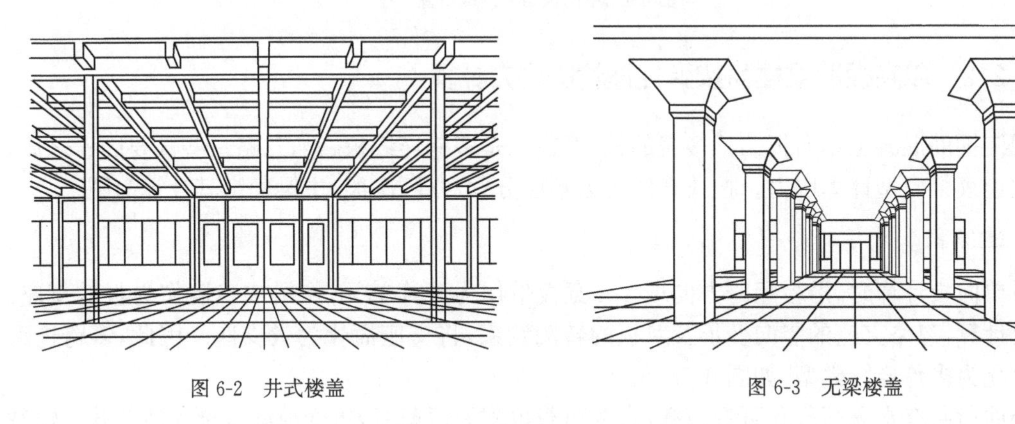

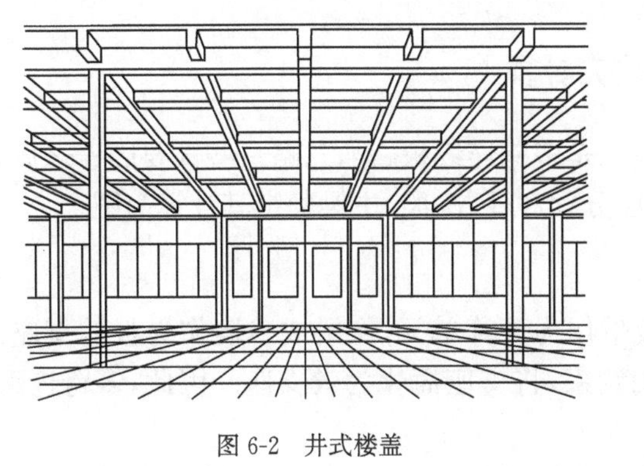

图 6-2　井式楼盖

图 6-3　无梁楼盖

6.2　整体式单向板肋梁楼盖

6.2.1　结构平面布置

单向板肋梁楼盖由板、次梁和主梁组成。房屋两个方向都布置梁，一个方向的梁支承在柱上，将楼板的荷载最终传给柱，这类梁称为主梁；另外一个方向的梁与主梁相交，将楼板的荷载传给主梁，这类梁称为次梁。次梁的间距决定了板的跨度，主梁的间距决定了次梁的跨度。工程实践表明，单向板、次梁、主梁的经济跨度为：

单向板：1.8～2.7m，荷载较大时取小值，一般不宜超过3.0m。

次梁：4～6m。

主梁：5～8m。

常见的单向板肋梁楼盖的结构平面布置方案有以下三种：

(1)主梁横向布置，次梁纵向布置[图6-4a)、d)]。其优点是横向形成框架，抵抗水平荷载的侧向刚度大，房屋的整体性好。由于主梁与外纵墙垂直，窗户高度可取得大些，有利于采光。

(2)主梁纵向布置，次梁横向布置[图6-4b)]。这种布置适用于横向柱距比纵向柱距大得较多时，或者房屋有集中通风要求的情况。它的优点是减少了主梁的截面高度，增加了室内净高；缺点是房屋的横梁刚度较差，而且常由于次梁支承在门窗过梁上，增加过梁的负担，采光效果也差。

(3)仅布置次梁，不设主梁[图6-4c)]。仅适用于中间有走廊的房屋，利用纵墙承重，这时可只布置次梁而不设主梁。

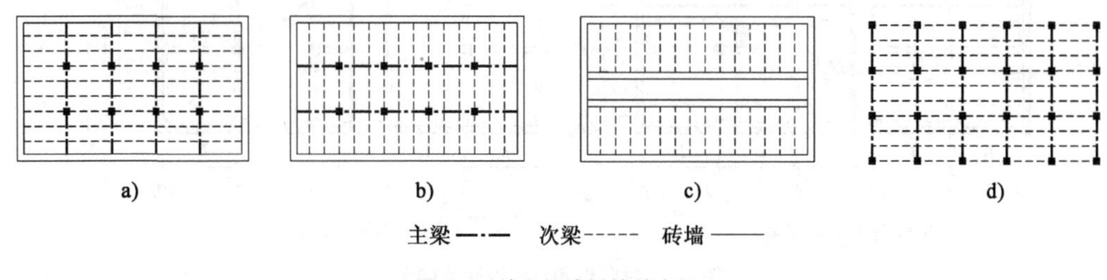

图6-4 单向板肋梁楼盖布置

6.2.2 单向板肋梁楼盖按弹性理论的内力计算

现浇钢筋混凝土单向板肋梁楼盖的板、梁往往是多跨连续板、梁，忽略一些次要因素之后，可以按连续梁模型计算内力。按荷载的传力顺序分别对板、次梁、主梁确定其计算简图。

1.连续板

对单向板计算时，沿板短跨方向取1m宽板带作为计算单元，次梁或砖墙作为板的支座。为简化计算，忽略支座的竖向变形及对板的转动约束，将支座简化为铰支座。因此，多跨连续板可简化为多跨连续模型[如图6-5b)]。

楼面荷载有永久荷载和可变荷载，永久荷载也称为恒荷载，可变荷载也称为活荷载。恒载包括梁板结构自重、楼面构造层重、固定设备重等。可变荷载包括人群、家具、办公设备、堆料和临时设备等，对屋面还有雪荷载、屋面积灰等。一般楼盖设计中，楼面荷载折算为等效均布荷载。恒荷载、活荷载的标准值及荷载的分项系数，可查阅《建筑结构荷载规范》(GB 50009—2001)。

按弹性理论分析时，连续板的跨度按下式计算：

中间跨 $$l=l_c \tag{6-1}$$

边跨(边支座为砖样) $$l=l_n+h/2+b/2\leqslant l_n+a/2+b/2 \tag{6-2}$$

其中 l_c 为次梁中心线间的距离，l_n 为连续单向板边跨的净跨，h 为板厚，b 为次梁的截面宽度，a 为板支承在砖样上的长度。当边支座是与板整浇的次梁时，边跨的计算跨度取次梁中心线间的距离。图 6-5 为单向板肋梁计算简图。

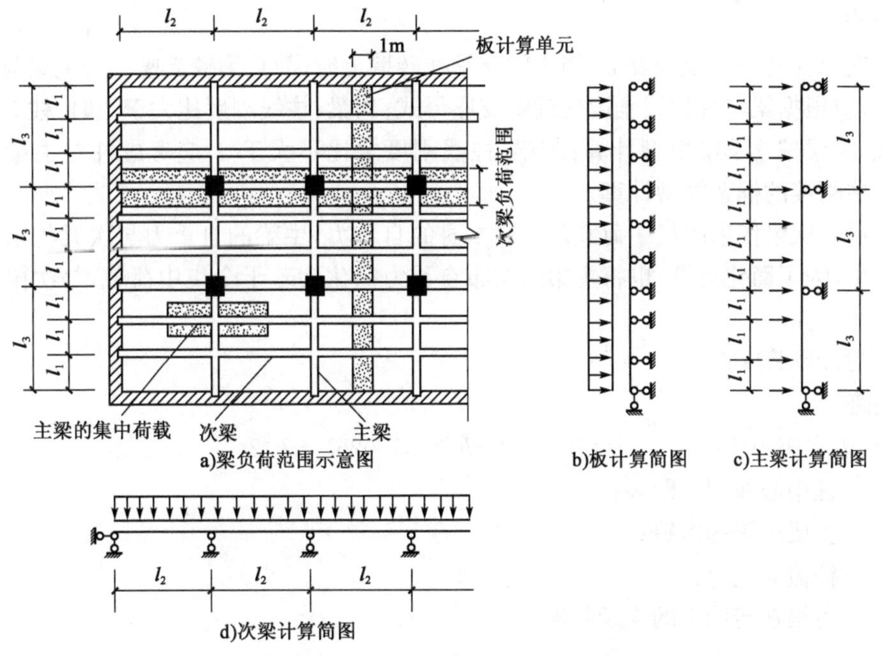

图 6-5　单向板肋梁楼盖布置

对于多跨连续板（梁），板（梁）的跨数小于 5 跨时，按实际跨数计算；超过 5 跨的连续板（梁），当各跨荷载相同且跨度相差不超过 10％时，可按 5 等跨计算（图 6-6）。

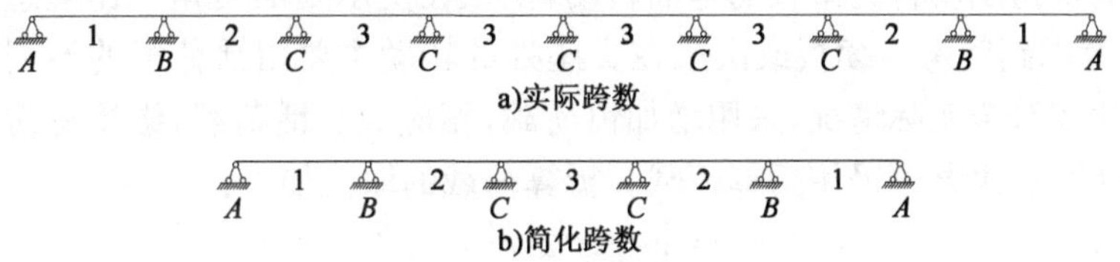

图 6-6　连续梁、板的计算简图

2. 次梁

同连续板的分析一样，次梁也不考虑主梁对其转动的约束作用，将主梁或墙作为不动的铰支座，按连续梁分析其内力。

次梁承受板传来的荷载及次梁的自重力。板传给次梁的荷载取次梁左右两侧各半跨板的自重及板上的活荷载，荷载的形式为均布荷载，如图 6-5 所示。

次梁的计算跨度：

中间跨　$$l=l_c \tag{6-3}$$

边跨（边支座为砖墙）　$$l=l_n+a/2+b/2\leqslant 1.025l_n+b/2 \tag{6-4}$$

式中：l_c——主梁轴线间的距离；

l_n——边跨的净跨长；

b——主梁截面宽度；

a——次梁在砖墙上的支承长度。

3. 主梁

主梁支承在柱子上或砖墙上，当主梁支承在砖墙上时，简化为铰支座。当主梁与柱子整浇在一起时，应根据梁与柱的线刚度比确定支座形式；当梁、柱线刚度比大于 5 时，柱对梁的转动约束不大，主梁按连续梁模型计算；若梁、柱线刚度之比不大于 5，应考虑柱对主梁的转动约束，按梁、柱刚接的框架模型计算。

主梁承受次梁传来的集中荷载及主梁本身的自重力，主梁的自重力与次梁传来的集中荷载相比较小，为了简化计算，也将主梁的均布自重力简化为若干个集中荷载，与次梁传来的集中荷载合并计算。

主梁的计算跨度：

中间跨 $$l=l_c \tag{6-5}$$

边跨(边支座为砖墙) $$l=l_n+a/2+b/2\leqslant 1.025l_n+b/2 \tag{6-6}$$

式中：l_c——柱中心线间的距离；

l_n——主梁边跨的净跨；

b——柱截面宽度；

a——主梁在砖墙上的支承长度。

4. 折算荷载

连续梁计算模型忽略了支承构件对被支承构件的转动约束，即假定支座可以自由转动。在现浇混凝土楼盖中，梁板是整浇在一起的，当板受荷载发生弯曲转动时，支承它的次梁将产生扭转。次梁的抗扭刚度将约束板的弯曲转动，使板在支承处的转角 θ' 比理想支承处的转角 θ 小(图 6-7)。考虑到等跨连续板或次梁在支座处的转动主要由活荷载的不利布置产生。为了使计算结果比较符合实际情况，采用增加恒荷载，相应减少活荷载，维持总荷载不变的方法处理，即计算连续板、次梁时采用折算荷载。折算荷载的取值如下：

连续板 $$g'=g+q/2,\ q'=q/2 \tag{6-7}$$

次梁 $$g'=g+q/4,\ q'=3q/4 \tag{6-8}$$

式中：g、q——单位长度上恒荷载、活荷载设计值；

g'、q'——单位长度折算恒荷载、折算活荷载设计值。

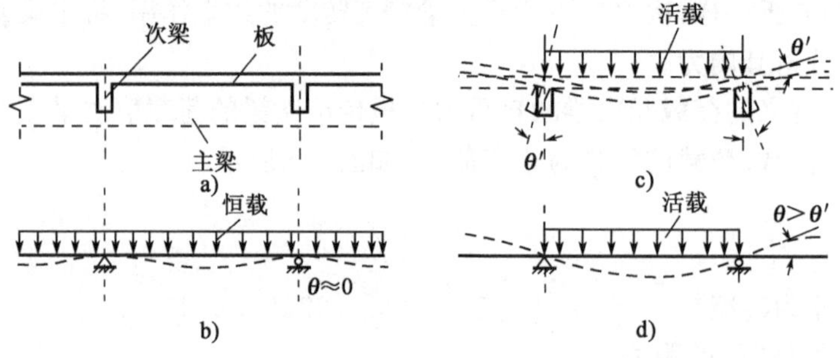

图 6-7 支座处整体连接的影响

5. 活荷载的最不利布置

活荷载位置是可变的，对多跨连续梁、板来说活荷载对截面内力的影响也随着荷载位置的变化而变化。因此，在设计连续梁板时，应研究活荷载如何布置才能使梁（板）内某截面内力最大（绝对值），这种活荷载的布置称为最不利布置。

活荷载最不利布置的规律为：

(1)求某跨中最大弯矩时，应在本跨布置活荷载，然后隔跨布置活荷载。

(2)求某跨中最小弯矩（或最大负弯矩）时，本跨不布置活荷载，而在其左右邻跨布置，然后隔跨布置。

(3)求某支座最大负弯矩时，应在该支座左、右两跨布置活荷载，然后再隔跨布置。

(4)求某支座左、右截面最大剪力时，活荷载的布置方式与求该支座最大负弯矩的布置相同。

恒荷载应按实际情况布置。当活荷载的不利布置确定后，便可按结构力学中所讲述的方法求出相应的弯矩和剪力。对于等跨连续梁，可由表 6-1 查出相应的弯矩系数和剪力系数，利用下列公式计算跨中或支座截面的最大内力：

均布荷载作用时

$$M = k_1 gl^2 + k_2 ql^2 \tag{6-9}$$

$$V = k_3 gl + k_4 ql \tag{6-10}$$

集中荷载作用时

$$M = k_5 Gl + k_6 Ql \tag{6-11}$$

$$V = k_7 G + k_8 Q \tag{6-12}$$

式中：g、q——单位长度上的均布恒荷载设计值、均布活荷载设计值；

G、Q——一个集中恒荷载设计值、一个集中活荷载设计值；

$k_1 \sim k_8$——表 6-1 中相应栏中的内力系数。

将几种不利荷载组合下的内力图绘制在同一图上，形成内力叠合图，其外包线形成的图形称为内力包络图（图 6-8）。无论活荷载如何布置，梁上各截面的内力都不会超过内力包络图上的内力值，由此种内力确定的梁的配筋是安全的。

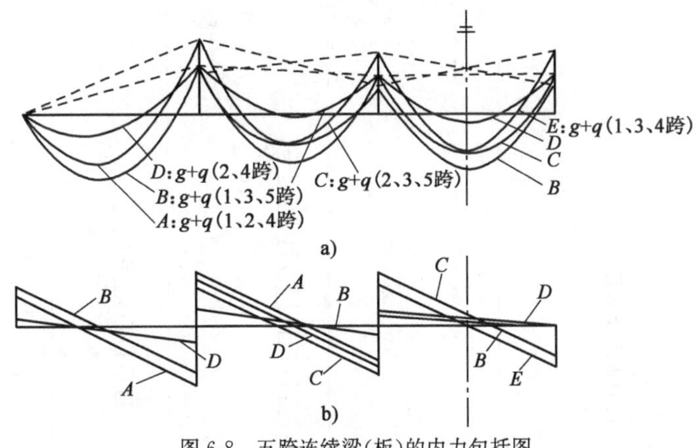

图 6-8 五跨连续梁（板）的内力包括图

表 6-1

等截面等跨连续梁在常用荷载作用下的内力系数表

1. 在均布及三角形荷载作用下

M=表中系数×ql^2(或 gl^2)
V=表中系数×ql(或 gl)

2. 在集中荷载作用下

M=表中系数×Ql(或 Gl)
V=表中系数×Q(或 G)

3. 内力正负号规定

M:使截面上部受压、下部受拉为正;
V:对邻近截面所产生的力矩沿顺时针方向者为正。

(1)两跨梁

荷载图	跨内最大弯矩		支座弯矩	剪力		
	M_1	M_2	M_B	V_A	V_{Bl} V_{Br}	V_C
均布荷载满布两跨(A、B、C,跨度 l、l)	0.070	0.0703	−0.125	0.375	−0.625 0.625	−0.375
均布荷载作用于第一跨(M_1、M_2)	0.096	—	−0.063	0.437	−0.563 0.063	0.063
三角形荷载满布两跨	0.048	0.048	−0.078	0.172	−0.328 0.328	−0.172
三角形荷载作用于第一跨	0.064	—	−0.039	0.211	−0.289 0.039	0.039

续上表

(1)两跨梁

荷载图	跨内最大弯矩		支座弯矩	剪力		
	M_1	M_2	M_B	V_A	V_{Bl} V_{Br}	V_C
G G	0.156	0.156	−0.188	0.312	−0.688 0.688	−0.312
Q	0.203	—	−0.094	0.406	−0.594 0.094	0.094
Q Q Q Q	0.222	0.222	−0.333	0.667	−1.333 1.333	−0.667
Q Q	0.278	—	−0.167	0.833	−0.167 0.167	0.167

(2)三跨梁

荷载图	跨内最大弯矩		支座弯矩		剪力			
	M_1	M_2	M_B	M_C	V_A	V_{Bl} V_{Br}	V_{Cl} V_{Cr}	V_D
b; A B C D; l l l	0.080	0.025	−0.100	−0.100	0.400	−0.600 0.500	−0.500 0.600	−0.400
b; M_1 M_2 M_3	0.101	—	−0.050	−0.050	0.450	−0.550 0.000	0.000 0.550	−0.450

续上表

(2)三跨梁								
荷载图	跨内最大弯矩		支座弯矩		剪力			
	M_1	M_2	M_B	M_C	V_A	V_{Bl} V_{Br}	V_{Cl} V_{Cr}	V_D
	—	0.075	−0.050	−0.050	0.05	−0.050 0.500	−0.500 0.05	0.05
	0.073	0.054	−0.117	−0.033	0.383	−0.617 0.583	−0.417 0.033	0.033
	0.094	—	−0.067	0.017	0.433	−0.567 0.083	0.083 −0.017	−0.017
	0.054	0.021	−0.063	−0.063	0.183	−0.313 0.250	−0.250 0.313	−0.188
	0.068	—	−0.031	−0.031	0.219	−0.281 0.000	0.000 0.281	−0.219
	—	0.052	−0.031	−0.031	0.031	−0.031 0.250	−0.250 0.031	0.031
	0.050	0.038	−0.073	−0.021	0.177	−0.323 0.302	−0.198 0.021	0.021
	0.063	—	−0.042	0.010	0.208	−0.292 0.052	0.052 −0.010	−0.010
G G G	0.175	0.100	−0.150	−0.150	0.350	−0.650 0.500	−0.500 0.650	−0.350

续上表

(2)三跨梁								
荷载图	跨内最大弯矩		支座弯矩		剪力			
	M_1	M_2	M_B	M_C	V_A	V_{Bl} V_{Br}	V_{Cl} V_{Cr}	V_D
Q Q	0.213	—	−0.075	−0.075	0.425	−0.575 0.000	0.000 0.575	−0.425
Q	—	0.175	−0.075	−0.075	−0.075	−0.075 0.500	−0.500 0.075	0.075
Q Q	0.162	0.137	−0.175	−0.050	0.325	−0.675 0.625	−0.375 0.050	0.050
Q	0.200	—	−0.100	0.025	0.400	−0.600 0.125	0.125 −0.025	−0.025
G G G G G G	0.244	0.067	−0.267	−0.267	0.733	−1.267 1.000	−1.000 1.267	−0.733
Q Q Q Q	0.289	—	−0.133	−0.133	0.866	−1.134 0.000	0.000 1.134	−0.866
Q Q	—	0.200	−0.133	−0.133	−0.133	−0.133 1.000	−1.000 0.133	0.133
Q Q Q Q	0.229	0.170	−0.311	−0.089	0.689	−1.311 1.222	−0.778 0.089	0.089
Q Q	0.274	—	−0.178	0.044	0.822	−1.178 0.222	0.222 −0.044	−0.044

续上表

(3)四跨梁												
荷　载　图	跨内最大弯矩				支座弯矩			剪　　力				
	M_1	M_2	M_3	M_4	M_B	M_C	M_D	V_A	V_{Bl} V_{Br}	V_{Cl} V_{Cr}	V_{Dl} V_{Dr}	V_E
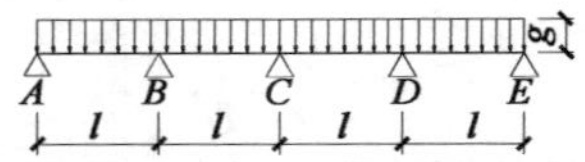	0.077	0.036	0.036	0.077	−0.107	−0.071	−0.107	0.393	−0.607 0.536	−0.464 0.464	−0.536 0.607	−0.393
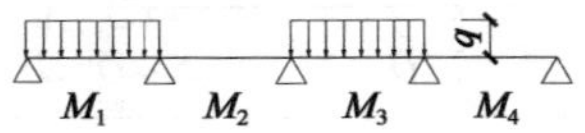	0.100	—	0.081	—	−0.054	−0.036	−0.054	0.446	−0.054 0.018	0.018 0.482	−0.518 0.054	0.054
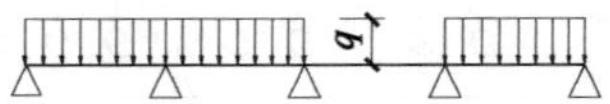	0.072	0.061	—	0.098	−0.121	−0.018	−0.058	0.380	−0.620 0.603	−0.397 −0.040	−0.040 0.558	−0.442
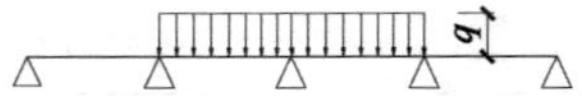	—	0.056	0.056	—	−0.036	−0.107	−0.036	−0.036	−0.036 0.429	−0.571 0.571	−0.429 0.036	0.036
	0.094	—	—	—	−0.067	0.018	−0.004	0.433	−0.567 0.085	0.085 −0.022	0.022 0.004	0.004
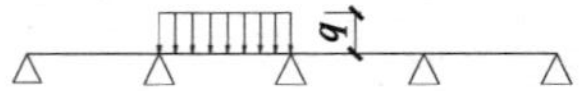	—	0.071	—	—	−0.049	−0.054	0.013	−0.049	−0.049 0.496	−0.504 0.067	0.067 0.013	−0.013
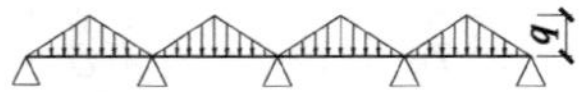	0.062	0.028	0.028	0.052	−0.067	−0.045	−0.067	0.183	−0.317 0.272	−0.228 0.228	−0.272 0.317	−0.183
	0.067	—	0.055	—	−0.084	−0.022	−0.034	0.217	−0.234 0.011	0.011 0.239	−0.261 0.034	0.034
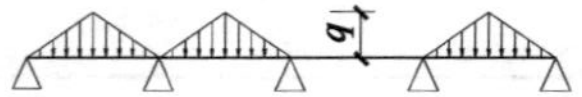	0.049	0.042	—	0.066	−0.075	−0.011	−0.036	0.175	−0.325 0.314	−0.186 −0.025	−0.025 0.286	−0.214

续上表

(3)四跨梁

荷载图	跨内最大弯矩				支座弯矩			剪力				
	M_1	M_2	M_3	M_4	M_B	M_C	M_D	V_A	V_{Bl} V_{Br}	V_{Cl} V_{Cr}	V_{Dl} V_{Dr}	V_E
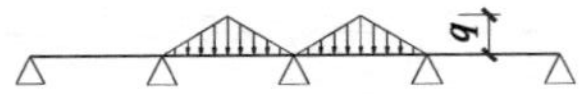 b	—	0.040	0.040	—	−0.022	−0.067	−0.022	−0.022	−0.022 0.205	−0.295 0.295	−0.205 0.022	0.022
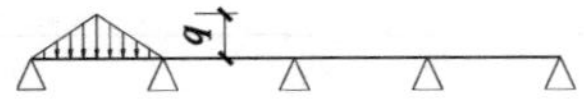 b	0.088	—	—	—	−0.042	0.011	−0.003	0.208	−0.292 0.053	0.063 −0.014	−0.014 0.003	0.003
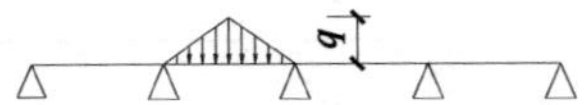 b	—	0.051	—	—	−0.031	−0.034	0.008	−0.031	−0.031 0.247	−0.253 0.042	0.042 −0.008	−0.008
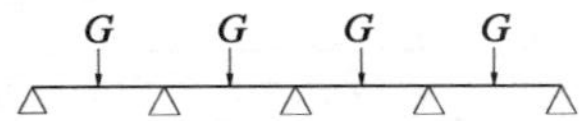 G G G G	0.169	0.116	0.116	0.169	−0.161	−0.107	−0.161	0.339	−0.661 0.554	−0.446 0.446	−0.554 0.661	−0.330
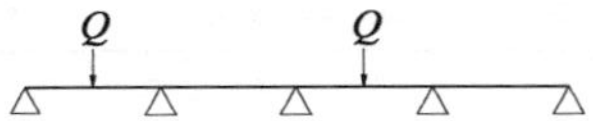 Q Q	0.210	—	0.183	—	−0.080	−0.054	−0.080	0.420	−0.580 0.027	0.027 0.473	−0.527 0.080	0.080
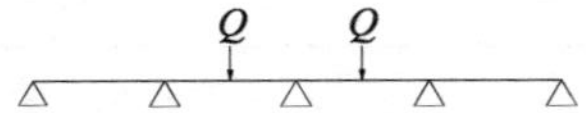 Q Q	—	0.142	0.142	—	−0.054	−0.161	−0.054	0.054	−0.054 0.393	−0.607 0.607	−0.393 0.054	0.054
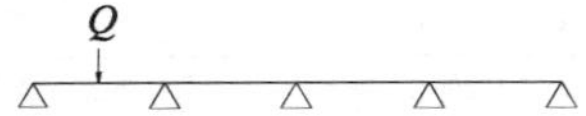 Q	0.200	—	—	—	−0.100	−0.027	−0.007	0.400	−0.600 0.127	0.127 −0.033	−0.033 0.007	0.007

续上表

(3)四跨梁												
荷 载 图	跨内最大弯矩				支座弯矩			剪 力				
	M_1	M_2	M_3	M_4	M_B	M_C	M_D	V_A	V_{Bl} V_{Br}	V_{Cl} V_{Cr}	V_{Dl} V_{Dr}	V_E
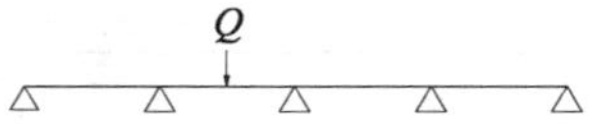 Q	—	0.173	—	—	−0.074	−0.080	0.020	−0.074	−0.074 0.493	−0.507 0.100	0.100 −0.020	−0.020
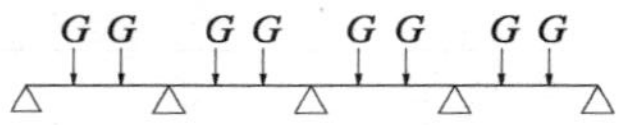 G G G G G G G G	0.238	0.111	0.111	0.238	−0.286	−0.191	−0.286	0.714	1.286 1.095	−0.905 0.905	−1.095 1.286	−0.714
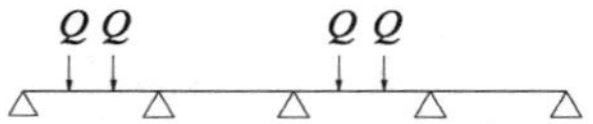 Q Q Q Q	0.286	—	0.222	—	−0.143	−0.095	−0.143	0.857	−1.143 0.048	0.048 0.952	−1.048 0.143	0.143
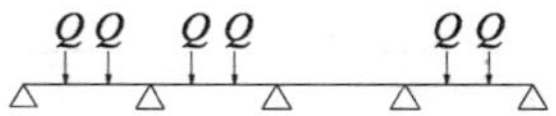 Q Q Q Q Q Q	0.226	0.194	—	0.282	−0.321	−0.048	−0.155	0.679	−1.321 1.274	−0.726 −0.107	−0.107 1.155	−0.845
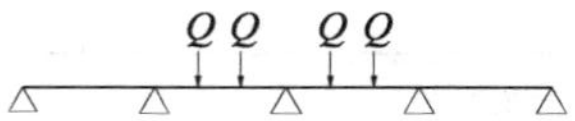 Q Q Q Q	—	0.175	0.175	—	−0.095	−0.286	−0.095	−0.095	0.095 0.810	−1.190 1.190	−0.810 0.095	0.095
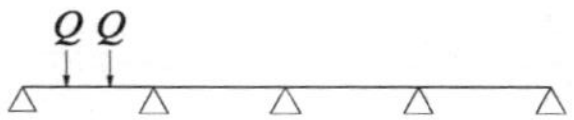 Q Q	0.274	—	—	—	−0.178	0.048	−0.012	0.822	−1.178 0.226	0.226 −0.060	−0.060 0.012	0.012
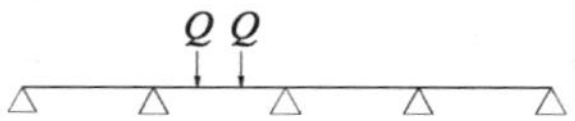 Q Q	—	0.198	—	—	−0.131	−0.143	0.036	−0.131	−0.131 0.988	−1.012 0.178	0.178 −0.036	−0.036

续上表

荷载简图	跨内最大弯矩			支座弯矩				剪力					
	M_1	M_2	M_3	M_B	M_C	M_D	M_E	V_A	V_{Bl} V_{Br}	V_{Cl} V_{Cr}	V_{Dl} V_{Dr}	V_{El} V_{Er}	V_F
(3)五跨梁													
q; A B C D E F; l l l l l	0. 078	0. 033	0. 046	−0. 105	−0. 079	−0. 079	−0. 105	0. 394	−0. 606 0. 526	−0. 474 0. 500	−0. 500 0. 474	−0. 526 0. 606	0. 394
q; M_1 M_2 M_3 M_4 M_5	0. 100	—	0. 085	−0. 053	−0. 040	−0. 040	−0. 053	0. 447	−0. 553 0. 013	0. 013 0. 500	−0. 500 −0. 013	−0. 013 0. 553	−0. 447
q	—	0. 079	—	−0. 053	−0. 040	−0. 040	−0. 053	−0. 053	−0. 053 0. 513	−0. 487 0	0 0. 487	−0. 513 0. 053	0. 053
q	0. 073	②0. 059 0. 078	—	−0. 119	−0. 022	−0. 044	−0. 051	0. 380	−0. 620 0. 598	−0. 402 −0. 023	−0. 023 0. 493	−0. 507 0. 052	0. 052
q	①— 0. 098	0. 055	0. 064	−0. 035	−0. 111	−0. 020	−0. 057	0. 035	0. 035 0. 424	0. 576 0. 591	−0. 409 −0. 037	−0. 037 0. 557	−0. 443
q	0. 094	—	—	−0. 067	0. 018	−0. 005	0. 001	0. 433	0. 567 0. 085	0. 086 0. 023	0. 023 0. 006	0. 006 −0. 001	0. 001
q	—	0. 074	—	−0. 049	−0. 054	0. 014	−0. 004	0. 019	−0. 049 0. 496	−0. 506 0. 068	0. 068 −0. 018	−0. 018 0. 004	0. 004
q	—	—	0. 072	0. 013	0. 053	0. 053	0. 013	0. 013	0. 013 −0. 066	−0. 066 0. 500	−0. 500 0. 066	0. 066 −0. 013	0. 013

续上表

(3)五跨梁													
荷载简图	跨内最大弯矩			支座弯矩				剪力					
	M_1	M_2	M_3	M_B	M_C	M_D	M_E	V_A	V_{Bl} V_{Br}	V_{Cl} V_{Cr}	V_{Dl} V_{Dr}	V_{El} V_{Er}	V_F
	0.053	0.026	0.034	−0.066	−0.049	0.049	−0.066	0.184	−0.316 0.266	−0.234 0.250	−0.250 0.234	−0.266 0.316	0.184
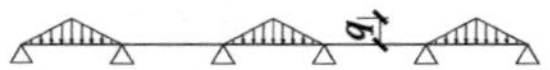	0.067	—	0.059	−0.033	−0.025	−0.025	−0.033	0.217	−0.283 0.008	−0.008 0.25	−0.25 −0.008	−0.008 0.283	−0.217
	—	0.055	—	−0.033	−0.025	−0.025	−0.033	−0.033	−0.033 0.258	−0.242 0	0 0.242	−0.258 0.033	0.033
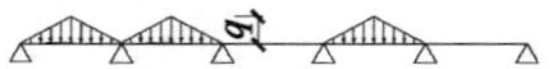	0.049	②0.041 0.053	—	−0.075	−0.014	−0.028	−0.032	0.175	0.325 0.311	−0.189 −0.014	−0.014 0.246	−0.255 0.032	0.032
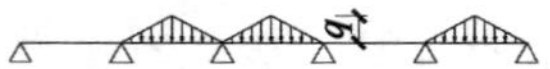	①— 0.066	0.039	0.044	−0.022	−0.070	−0.013	−0.036	−0.022	−0.022 0.202	−0.298 0.307	−0.198 −0.028	−0.023 0.286	−0.214
	0.063	—	—	−0.042	0.011	−0.003	0.001	0.208	−0.292 0.053	0.053 −0.014	−0.014 0.004	0.004 −0.001	−0.001
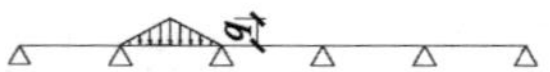	—	0.051	—	−0.031	−0.034	0.009	−0.002	−0.031	−0.031 0.247	−0.253 0.043	0.049 −0.011	−0.011 0.002	0.002
	—	—	0.050	0.008	−0.033	−0.033	0.008	0.008	0.008 −0.041	−0.041 0.250	−0.250 0.041	0.041 −0.008	−0.008

续上表

(3)五跨梁													
荷载简图	跨内最大弯矩			支座弯矩				剪力					
	M_1	M_2	M_3	M_B	M_C	M_D	M_F	V_A	V_{Bl} V_{Br}	V_{Cl} V_{Cr}	V_{Dl} V_{Dr}	V_{El} V_{Er}	V_F
G G G G G	0.171	0.112	0.132	−0.158	−0.118	−0.118	−0.158	0.342	−0.658 0.540	−0.460 0.500	−0.500 0.460	−0.540 0.658	−0.342
Q Q Q	0.211	—	0.191	−0.079	−0.059	−0.059	−0.079	0.421	−0.579 0.020	0.020 0.500	−0.500 −0.020	−0.020 0.579	−0.421
Q Q	—	0.181	—	−0.079	−0.059	−0.059	−0.079	−0.079	−0.079 0.520	−0.480 0	0 0.480	−0.520 0.079	0.079
Q Q Q	0.160	②0.144 0.178	—	−0.179	−0.032	−0.066	−0.077	0.321	−0.679 0.647	−0.353 −0.034	−0.034 0.489	−0.511 0.077	0.077
Q Q Q	①— 0.207	0.140	0.151	−0.052	−0.167	−0.031	−0.086	−0.052	−0.052 0.385	−0.615 0.637	−0.363 −0.056	−0.056 0.586	−0.414
Q	0.200	—	—	−0.100	0.027	−0.007	0.002	0.400	−0.600 0.127	0.127 −0.031	−0.034 0.009	0.009 −0.002	−0.002
Q	—	0.173	—	−0.073	−0.081	0.022	−0.005	−0.073	−0.073 0.493	−0.507 0.102	0.102 −0.027	−0.027 0.005	0.005
Q	—	—	0.171	0.020	−0.079	−0.079	0.020	0.020	0.020 −0.099	−0.099 0.500	−0.500 0.099	0.090 −0.020	−0.020

续上表

(3)五跨梁													
荷载简图	跨内最大弯矩			支座弯矩				剪力					
	M_1	M_2	M_3	M_B	M_C	M_D	M_E	V_A	V_{Bl} V_{Br}	V_{Cl} V_{Cr}	V_{Dl} V_{Dr}	V_{El} V_{Er}	V_F
GG GG GG GG GG	0.240	0.100	0.122	−0.281	−0.211	0.211	−0.281	0.719	−1.281 1.070	−0.930 1.000	−1.000 0.930	−1.070 1.281	−0.719
QQ QQ QQ	0.287	—	0.228	−0.140	−0.105	−0.105	−0.140	0.860	−1.140 0.035	0.035 1.000	1.000 −0.035	−0.035 1.140	−0.860
QQ QQ	—	0.216	—	−0.140	−0.105	−0.105	−0.140	−0.140	−0.140 0.035	−0.965 0	0.000 0.965	−1.035 1.140	−0.860
QQ QQ QQ	0.227	②0.189/0.209	—	−0.319	−0.057	−0.118	−0.137	0.681	−1.319 1.262	−0.738 −0.061	−0.061 0.981	−1.019 0.137	0.137
QQ QQ QQ	①—/0.282	0.172	0.198	−0.093	−0.297	−0.054	−0.153	−0.093	−0.093 0.796	−1.204 1.243	−0.757 −0.099	−0.099 0.137	0.137
QQ	0.274	—	—	−0.179	0.048	−0.013	0.6003	0.821	−1.179 0.227	0.227 −0.061	−0.061 0.016	0.016 −0.003	−0.003
QQ	—	0.198	—	−0.131	−0.144	0.038	−0.010	−0.131	−0.131 0.987	−1.013 0.182	0.182 −0.048	−0.048 0.010	0.010
QQ	—	—	0.193	0.035	−0.140	−0.140	0.035	0.035	0.035 −0.175	−0.175 1.000	−1.000 0.175	0.175 −0.035	−0.035

注：①分子及分母分别为 M_1 及 M_5 的弯矩系数；
②分子及分母分别为 M_2 及 M_4 的弯矩系数。

6. 支座弯矩及剪力的修正

按弹性理论计算连续梁内力时，中间跨的计算跨度取为支座中心线间的距离，故所求得的支座弯矩和支座剪力都是指支座中心处的。实际上正截面受弯承载力和斜截面承载力的控制截面应在支座边缘，内力设计值应以支座边缘截面为准，按以下公式计算：

支座边缘处弯矩设计值 M_b：

$$M_b = M_c - V_0 b/2 \tag{6-13}$$

式中：M_c——支座中心处截面上的弯矩设计值；

V_0——按简支梁计算的支座剪力设计值；

b——支座宽度。

支座边缘处剪力设计值 V_b：

均布荷载作用时

$$V_b = V_c - (g+q)b/2 \tag{6-14}$$

集中荷载作用时

$$V_b = V \tag{6-15}$$

式中：V_c——支座中心处剪力设计值；

g、q——作用在梁上的均布恒载、均布活载设计值。

6.2.3 单向板肋梁楼盖按塑性理论的内力计算

按弹性理论计算连续梁的内力时，假定钢筋混凝土为理想弹性材料，而实际构件的刚度由于混凝土的开裂在各受力阶段不断发生变化，从而使结构的实际内力与按刚度不变的弹性理论计算的结果不同，再按弹性方法计算则与实际不符。塑性理论计算方法就是考虑材料的塑性性质，按内力重分布来计算连续梁的内力。

1. 塑性铰与塑性内力重分布

通过第四章的学习我们知道，混凝土受弯构件的正截面受力全过程有三个工作阶段：从开始受力到混凝土开裂的弹性工作阶段(第一阶段)，从混凝土开裂到受拉钢筋屈服的带裂缝工作阶段(第二阶段)，钢筋屈服后的破坏阶段(第三阶段)。下面以简支梁为例说明塑性铰的概念。图 6-9a)为简支梁跨中作用集中荷载在不同荷载值下的弯矩图，图 6-9b)为受弯构件的弯矩与曲率的关系曲线。图中 M_y、M_u 是受拉钢筋屈服时的截面弯矩和极限弯矩，ϕ_y、ϕ_u 是对应的曲率。在第三阶段，由于受拉钢筋屈服，塑性应变增大而钢筋应力维持不变。随着截面受压区高度的减小，内力臂略有增加，截面的弯矩也稍有增加，而截面的曲率增加很大，在 M-ϕ 图上基本是一条水平线。这样在弯矩基本不变的情况下，截面曲率变化很大，形成了能转动的“铰”，称之为塑性铰。

塑性铰不是一种具体的铰，与理想铰不同，塑性铰不是集中于一点，而是有一定的长度。如图 6-9b)中的 l_p 即为塑铰的长度；理想铰不能承受弯矩而塑性铰能承受弯矩；理想铰可以自由转动而塑性铰是单向铰，仅能朝弯矩作用的方向转动，且塑性铰的转动能力有限，其转动能力与钢筋种类、受拉纵筋配率及混凝土的极限压应变等因素有关。

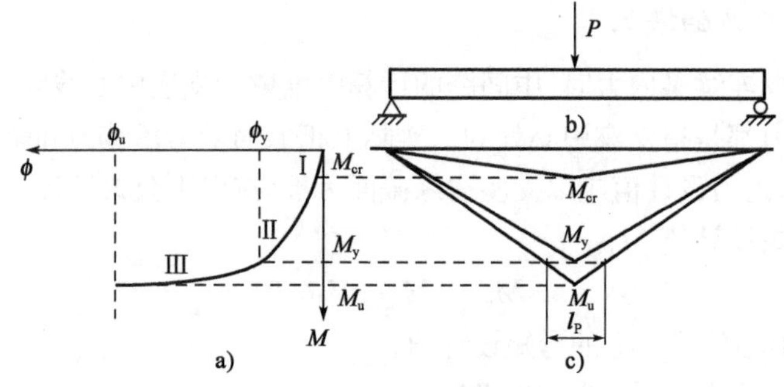

图 6-9　塑性铰的形成

静定结构的内力与截面抗弯刚度无关，与荷载的大小成正比。超静定结构的内力不仅与荷载有关，还与各截面抗弯刚度的比值有关。对于混凝土结构，当进入弹塑性阶段后，各截面抗弯刚度的比值不断变化，故各截面内力的比值也将不断改变，特别是个别截面形成塑性铰以后截面内力的比值又有更大的变化。超静定结构这种因刚度比值改变，主要是塑性铰的出现而引起的内力不再服从弹性理论的内力规律的现象，称为塑性内力重分布。

下面以两跨连续梁为例说明内力重分布的过程。图 6-10a）为两跨连续梁跨中作用集中恒荷载 $G=40$kN（设计值）和集中活荷载 $Q=30$kN（设计值）。按弹性理论计算时[图 6-10b）]，当在 B 支座左、右两跨布置活荷载时，B 支座负弯矩最大值（绝对值）$M_{Bmax}=65.8$kN·m；当活荷载 Q 仅布置在跨 1 时，跨 1 有最大跨中弯矩 $M_{1max}=61.65$kN·m。支座弯矩和跨中弯矩不可能同时达到最大值。为了节约材料，支座 B 配筋按 $M_B=52.64$kN·m（$0.8M_{Bmax}$）配筋，跨中仍按 $M_{1max}=61.65$kN·m 配筋，假定截面有足够的抗剪钢筋，达到极限弯矩时不发生剪切破坏。当活荷载 Q 布置在跨 1 与恒荷载 G 共同作用时，支座 B 和跨中的弯矩分别为 $M_B=51.7$kN·m（绝对值），$M_1=M_{1max}=61.65$kN·m。显然支座和跨中的承载力均能满足要求。在 1、2 跨布置活荷载与恒荷载共同作用，随着荷载组合 $G+Q$ 的增加，当支座 B 达到极限弯距 52.64kN·m 时，对应的荷载 $G+Q=56$kN。支座 B 成为塑性铰后（所能承受的弯矩维持在 52.64kN·m），连续梁变为简支梁。由于跨中并没有达到极限弯矩，仍可继续加载。当荷载组合值达到 $G+Q=70$kN 时，跨中弯矩 $M=61.18$kN·m$<M_{1max}=61.65$kN·m。此时两跨连续梁仍是安全的，但承担的荷载 $G+Q$ 并没有减小。

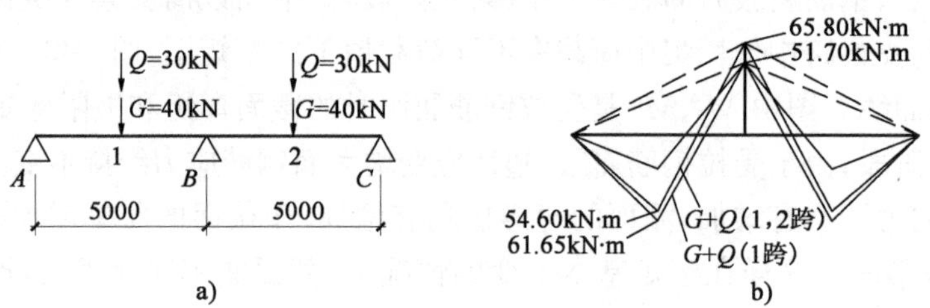

图 6-10　两跨连续梁的弯矩图

由以上分析可得：

（1）多跨连续梁（板），某一截面出现塑性铰并不表明该结构丧失承载能力，只有当结构上出现足够数量的塑性铰，使结构变为可变体系时，结构才丧失其承载力。

(2)多跨连续梁(板)按照塑性理论计算,可降低支座截面的弯距设计值,减少支座截面的配筋,同时便于浇筑混凝土。

2. 连续梁按调幅法的内力计算

对混凝土结构的连续梁(板)模型,按塑性内力重分布进行内力计算的方法很多,其中最简便的方法是弯矩调幅法。所谓弯矩调幅法就是对结构按弹性方法求得弯矩值,根据需要,对某些出现塑性铰截面的弯矩加以调整,调整幅度用调幅系数 β 来表示:

$$\beta = (M_e - M_a)/M_e \tag{6-16}$$

式中:M_e——按弹性方法计算所得的弯矩设计值;

M_a——调整后的弯矩设计值。

使用调幅法进行设计时应遵循下列原则:

(1)受力钢筋应采用延性较好的 HRB335 级、HRB400 级和 HRB500 级热轧钢筋,混凝土的强度等级宜在 C20~C45 内选用。

(2)截面调幅系数 β 不宜超过 0.25。

(3)弯矩调幅后的截面相对受压区高度应满足 $0.1 \leqslant \xi \leqslant 0.35$。

(4)调幅后的结构内力必须满足静力平衡条件。

为了减小构件发生斜拉破坏的可能性,箍筋的配箍率应满足下列要求:

$$\rho_{sv} \geqslant 0.03 f_c / f_{yv} \tag{6-17}$$

考虑弯矩调幅后,应将下列区段内计算的箍筋截面面积增大 20%:对集中荷载,取支座边至最近一个集中荷载之间区段;对均布荷载,取支座边至距离支座边为 $1.05h_0$ 的区段(h_0 为梁截面的有效高度)。

对于等跨连续梁,在相同的均布荷载作用下和间距相同、大小相等的集中荷载作用下,按调幅法计算的设计弯矩 M 和设计剪力 V 可分别按下式计算:

承受均布荷载时:

$$M = \alpha_{mb}(g + q) l_0{}^2 \tag{6-18}$$

$$V = \alpha_{vb}(g + q) l_n \tag{6-19}$$

承受集中荷载时:

$$M = \eta\alpha_{mb}(G + Q) l_0 \tag{6-20}$$

$$V = \eta\alpha_{vb}(G + Q) \tag{6-21}$$

式中:g——沿梁单位长度上的永久荷载值;

q——沿梁单位长度上取可变荷载设计值;

G——个集中永久荷载设计值;

Q——个集中可变荷载设计值;

α_{mb}——连续梁考虑塑性内力重分布的弯矩系数,按表 6-2 采用;

α_{vb}——考虑塑性内力重分布的剪力系数,按表 6-3 采用;

η——集中荷载修正系数，根据一跨内集中荷载的不同情况，按表 6-4 采用；

n——跨内集中荷载的个数；

l_0——计算跨度，根据支承情况按表 6-5 采用；

l_n——各跨的净跨。

连续梁板考虑塑性内力重分布的弯矩系数 α_{mb} 表 6-2

<table>
<tr><td colspan="2" rowspan="3">支 承 情 况</td><td colspan="6">截 面 位 置</td></tr>
<tr><td>端支座</td><td>边跨跨中</td><td>离端
第二支座</td><td>离端
第二跨跨中</td><td>中间支座</td><td>中间跨跨中</td></tr>
<tr><td>A</td><td>Ⅰ</td><td>B</td><td>Ⅱ</td><td>C</td><td>Ⅲ</td></tr>
<tr><td colspan="2">梁、板搁置在墙上</td><td>0</td><td>1/11</td><td rowspan="4">−1/10
(两跨连续)
−1/11
(三跨以上连续)</td><td rowspan="4">1/16</td><td rowspan="4">−1/14</td><td rowspan="4">1/16</td></tr>
<tr><td>板</td><td rowspan="2">与梁整体浇筑连接</td><td>−1/16</td><td rowspan="2">1/14</td></tr>
<tr><td>梁</td><td>−1/24</td></tr>
<tr><td colspan="2">梁与柱整体浇筑连接</td><td>−1/16</td><td>1/14</td></tr>
</table>

连续梁考虑塑性内力重分布的剪力系数 α_{vb} 表 6-3

<table>
<tr><td rowspan="3">荷载情况</td><td rowspan="3">支 承 情 况</td><td colspan="5">截 面 位 置</td></tr>
<tr><td rowspan="2">端支座内侧
A_{in}</td><td colspan="2">离端第二支座</td><td colspan="2">中间支座</td></tr>
<tr><td>外侧 B_{ex}</td><td>内侧 B_{in}</td><td>外侧 C_{ex}</td><td>内侧 C_{in}</td></tr>
<tr><td rowspan="2">均布荷载</td><td>搁置在墙上</td><td>0.45</td><td>0.60</td><td rowspan="2">0.55</td><td rowspan="2">0.55</td><td rowspan="2">0.55</td></tr>
<tr><td>与梁或柱整体浇筑</td><td>0.50</td><td>0.55</td></tr>
<tr><td rowspan="2">集中荷载</td><td>搁置在墙上</td><td>0.42</td><td>0.65</td><td rowspan="2">0.60</td><td rowspan="2">0.55</td><td rowspan="2">0.55</td></tr>
<tr><td>与梁或柱整体浇筑</td><td>0.50</td><td>0.60</td></tr>
</table>

集中荷载修正系数 η 表 6-4

<table>
<tr><td rowspan="2">荷 载 情 况</td><td colspan="6">截 面</td></tr>
<tr><td>A</td><td>Ⅰ</td><td>B</td><td>Ⅱ</td><td>C</td><td>Ⅲ</td></tr>
<tr><td>当在跨中中点处作用 1 个集中荷载时</td><td>1.5</td><td>2.2</td><td>1.5</td><td>2.7</td><td>1.6</td><td>2.7</td></tr>
<tr><td>当在跨中三分点处作用 2 个集中荷载时</td><td>2.7</td><td>3.0</td><td>2.7</td><td>3.0</td><td>2.9</td><td>3.0</td></tr>
<tr><td>当在跨中四分点处作用 3 个集中荷载时</td><td>3.8</td><td>4.1</td><td>3.8</td><td>4.5</td><td>4.0</td><td>4.8</td></tr>
</table>

梁 板 跨 度 l_0 表 6-5

<table>
<tr><td rowspan="2">支 承 情 况</td><td colspan="2">计 算 跨 度</td></tr>
<tr><td>梁</td><td>板</td></tr>
<tr><td>两端与梁(柱)整体连接</td><td>净跨 l_n</td><td>净跨 l_n</td></tr>
<tr><td>两端支承在砖墙上</td><td>$1.05l_n(\leq l_n+b)$</td><td>$l_n+h(\leq l_n+a)$</td></tr>
<tr><td>一端与梁(柱)整体连接，另一端支承在砖墙上</td><td>$1.025l_n(\leq l_n+b/2)$</td><td>$l_n+h/2(\leq l_n+a/2)$</td></tr>
</table>

注：表中 b 为梁的支承宽度，a 为板的搁置长度。

6.2.4 单向板肋梁楼盖的截面设计与构造

1. 单向板的截面设计与构造

(1)截面设计

单向板的计算单元通常取1m宽的板带,按单筋矩形截面梁设计。对周边与梁整结的板,在荷载作用下,当混凝土开裂后,实际中和轴形成拱形(图6-11),从而使板在竖向荷载作用下,对支座产生水平推力。这个推力可减少板内在竖向荷载作用下的弯矩。为了利用这一有利因素,规范规定,对于周边与梁整结的板,可将板的弯矩设计值适当减小,单向板的跨中弯矩及支座弯矩可各减少20%。板的斜截面抗剪强度一般均能满足要求,设计时可不进行抗剪计算。

(2)配筋构造

①板中受力筋

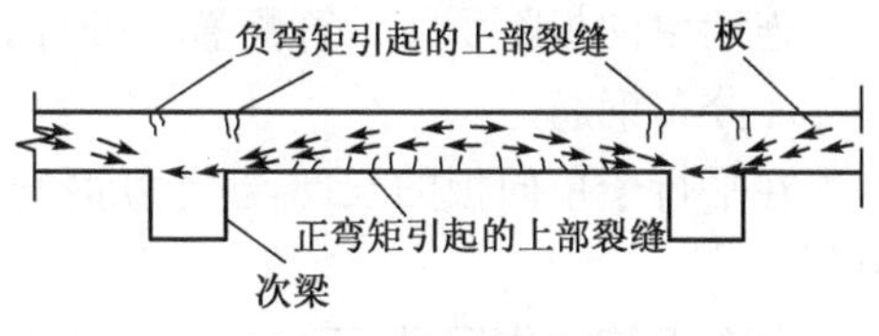

图6-11 连续板的拱作用

受力筋的直径通常采用6～12mm,为方便施工,支座负钢筋宜采用较大直径的钢筋,负筋直径一般不小于8mm。对于绑扎钢筋,当板厚$h \leqslant 150$mm时,间距不宜大于200mm;当$h > 150$mm时,间距不应大于$1.5h$,且不宜大于250mm。采用分离式配筋的多跨板,板底钢筋宜全部伸入支座,支座负弯矩钢筋向跨内延伸的长度应根据负弯矩图确定,并满足钢筋锚固的要求。简支板或连续板下部纵向受力钢筋伸入支座的锚固长度不应小于$5d$,且宜伸过支座中心线。

连续板受力钢筋的配筋方式有弯起式和分离式两种(图6-12)。

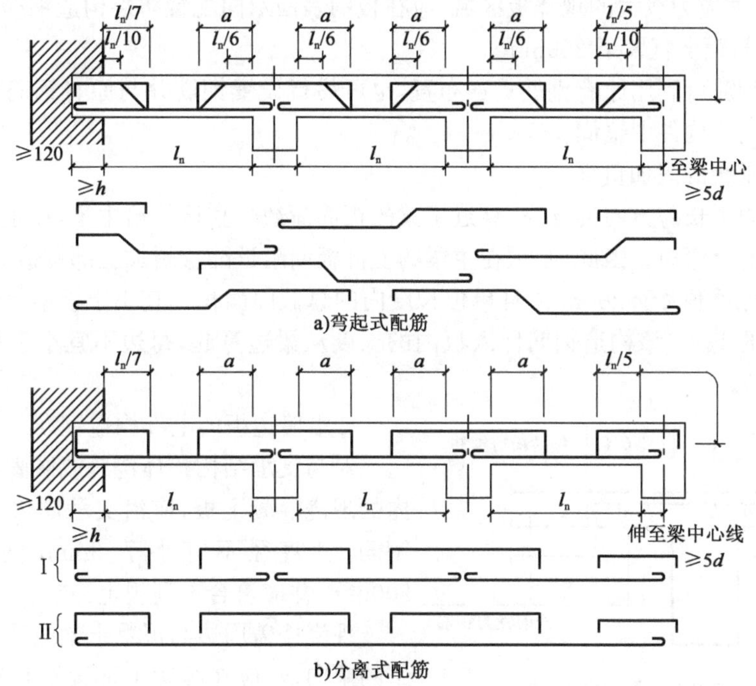

图6-12 连续板受力钢筋的配筋方式

弯起式钢筋按跨中正钢筋的直径和间距在支座附近弯起 1/2～1/3。如果弯起钢筋的量不满足负筋要求,可另加负钢筋,弯起钢筋的锚固较好,节约钢材,但施工较复杂,工程应用较少。

分离式钢筋的锚固稍差,耗钢量略高,但设计施工比较方便,是目前最常用的方式。当板厚超过 120mm 且承受动荷载较大时,不宜采用分离式钢筋。

连续单向板内受力钢筋的弯起与截断,一般可按图 6-12 确定。图中 a 的取值为:当板上均布活荷载 q 与均布恒荷载 g 的比值 $q/g \leqslant 3$ 时,$a = l_n/4$;当 $q/g > 3$ 时,$a = l_n/3$,l_n 为板的净跨。当连续板的相邻跨度之差超过 20%时或各跨荷载相差很大时,钢筋的弯起和截断应按弯矩包络图确定。

②板中构造钢筋

连续单向板除了按计算配置钢筋外,还应按构造布置以下三种钢筋:

a. 分布钢筋

在平行于单向板的长跨与受力钢筋垂直的方向设置分布钢筋,分布钢筋在受力钢筋的内侧。

分布钢筋的作用是:固定受力钢筋的位置、抵抗混凝土的收缩、徐变以及温度变化产生的内部应力;承担四边支承的单向板跨中长度方向的弯矩(在计算中不考虑);承受并分布板上局部荷载产生的内力。

单位长度上分布钢筋的截面面积不宜少于单位宽度上受力钢筋的 15%且配筋率不宜小于 0.15%;分布钢筋的间距不宜大于 250mm,直径不宜小于 6mm;对集中荷载较大的情况,分布钢筋的截面面积还应适当增大,其间距不宜大于 200mm。

在温度、收缩应力较大的现浇板区域,应在板的表面双向配置防裂构造钢筋。配筋率均不宜小于 0.1%,间距不宜大于 200mm。

防裂构造钢筋可利用原有钢筋贯通布置,也可另行设置钢筋并与原有钢筋按受拉钢筋的要求搭接或在周边构件中锚固。

b. 与主梁垂直的附加负筋

主梁是单向板长跨方向的支座,靠近主梁的板面荷载会直接传给主梁,在主梁边界附近的板面存在一定的负弯矩。因此,必须在主梁的上部板面附近配置附加上部构造钢筋,其直径不宜小于 8mm,间距不大于 200mm,且单位长度内的总截面面积不宜小于板中单位宽度内受力钢筋截面面积的 1/3。该构造钢筋伸入板内的长度从梁边算起,每边不宜小于板计算跨度 l_0 的 1/4(图 6-13)。

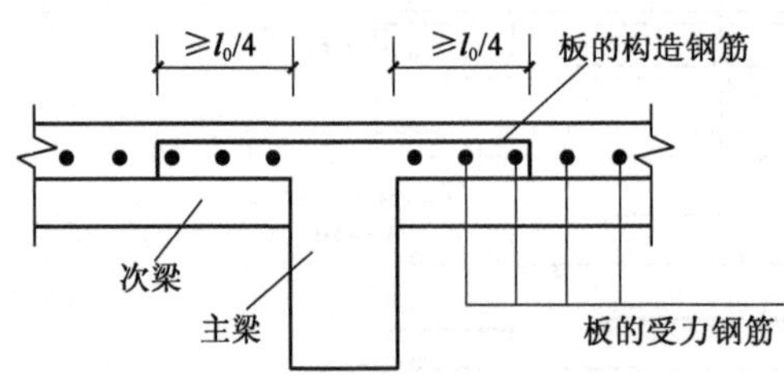

图 6-13　与主梁垂直的附加负筋

c. 沿墙边板的上部构造钢筋

对与支承结构整体浇筑或嵌固在承重砌体墙内的现浇混凝土板,应沿支承周边配置上部构造钢筋,其直径不宜小于 8mm,间距不宜大于 200mm,并应符合下列规定:

现浇楼盖周边与混凝土梁或混凝土墙整体浇筑的单向板,应在板边上部设置垂直于板边的构造钢筋,其截面面积不宜小于跨中相应方向纵向钢筋截面面积的 1/3;该钢筋自梁边或墙边伸入板内的长度,不宜小于受力方向板计算跨度的 1/4;在板角处该钢筋应沿两个垂直方向布置或按放射状布置;当柱角或墙的阳角突出到板内尺寸较大时,亦应沿柱边或阳角边布置构造钢筋,该构造钢筋伸入板内的长度应从柱边或墙边算起,上部构造钢筋应按受拉钢筋锚固在梁内、墙内和柱内。

嵌固在砌体墙内的现浇混凝土板,其上部与板边垂直的构造钢筋伸入板内的长度从墙边算起不宜小于板短边跨度的 1/7;在两边嵌固于墙内的板角部分,应配置双向上部构造钢筋,该钢筋伸入板内的长度从墙算起不宜小于板短边跨度的 1/4;沿板的受力方向配置的上部构造钢筋,其截面面积不宜小于该方向跨中受力钢筋截面面积的 1/3;沿非受力方向配置的上部构造钢筋,可适当减少。

2. 次梁的截面设计与配筋构造

次梁的跨度一般为 4～6m,梁高为跨度的 1/18～1/12;梁宽为梁高的 1/3～1/2。纵向钢筋的配筋率一般为 0.6%～1.5%。在现浇板肋梁楼盖中,板可作为次梁的上翼缘,在计算跨中截面配筋时,应按 T 形截面设计,在计算支座截面配筋时,按矩形截面设计。

次梁中受力筋的弯起和截断,原则上应按弯矩包络图确定,但对于相邻跨度相差不超过 20%,活荷载与恒荷载的比值 $q/g \leqslant 3$ 的连续梁,可按图 6-14 布置钢筋。

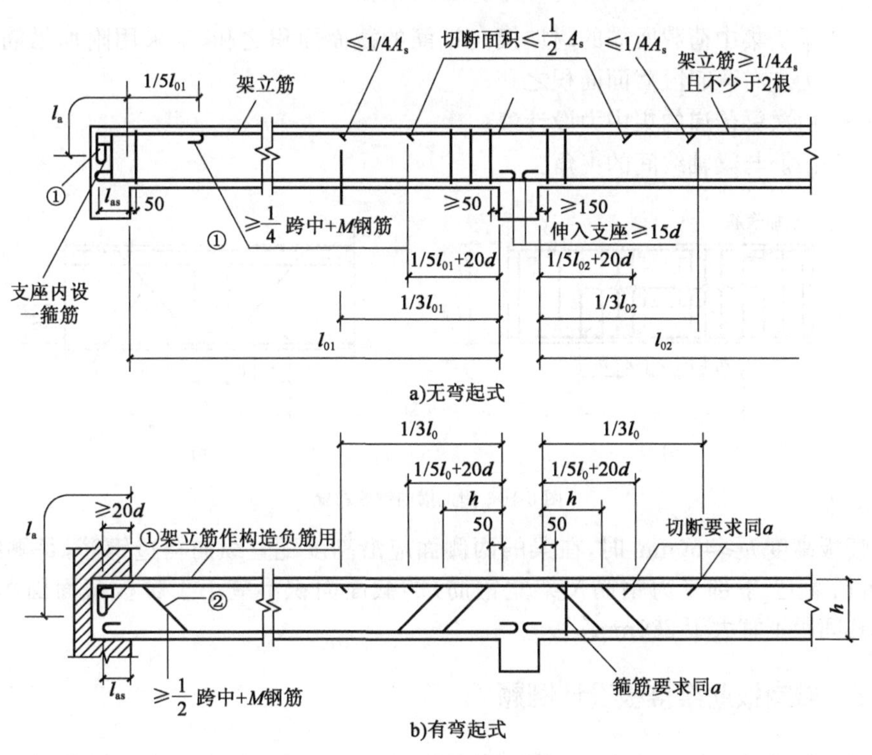

图 6-14 次梁配筋方式

3. 主梁的截面设计和配筋构造

主梁跨度一般为 5～8m,梁高为跨度的 1/15～1/10。计算梁受力纵筋时,跨中正弯矩按

T 形截面计算，支座负弯矩按矩形截面计算。

在主梁支座处，主梁与次梁截面的上部纵向钢筋相互交错重叠（图 6-15），降低了主梁在支座截面处的有效高度。因此，在计算主梁截面钢筋时，截面有效高度 h_0 应取：一排钢筋时 $h_0=h-(50\sim60)$mm，两排钢筋时 $h_0=h-(70\sim80)$mm，h 是截面高度。

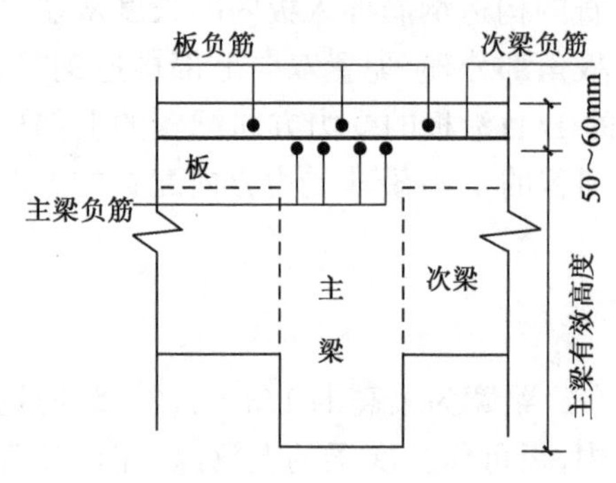

图 6-15　主梁支座截面的钢筋位置

主梁纵向钢筋的弯起和截断，原则上应按弯矩包络图确定。

次梁与主梁相交处，在主梁高度范围内受到次梁传来的集中荷载作用，该集中荷载通过次梁传至主梁腹部，有可能使梁腹部出现斜裂缝，特别是当集中荷载作用于主梁的受拉区时。为了防止斜裂缝的出现而引起局部破坏，设置横向附加钢筋，把此集中荷载传到主梁顶部受压区。附加横向钢筋可采用附加箍筋和吊筋。宜优先采用附加箍筋，附加箍筋应布置在长度为 $s=2h_1+3b$ 的范围内（图 6-16）。

附加箍筋和吊筋的总截面面积应按下式计算：

$$A_{sv}\geqslant F/f_{yv}\sin\alpha \tag{6-22}$$

式中：A_{sv}——承受集中荷载所需的附加横向钢筋的截面面积之和，当采用附加吊筋时，A_{sv} 应为左右弯起段截面面积之和；

F——由次梁传递的集中力设计值；

α——吊筋与梁轴线间的夹角。

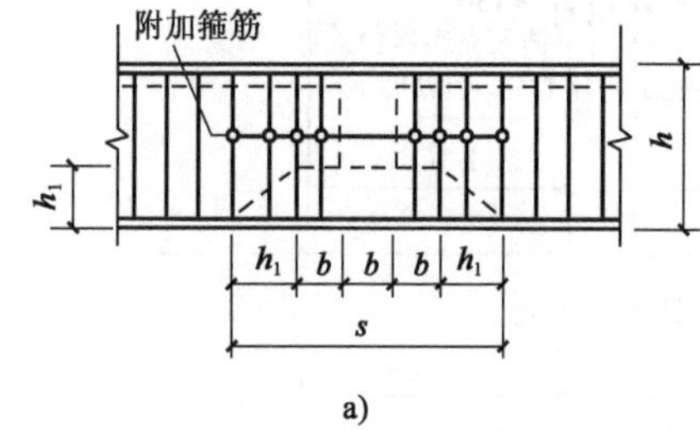

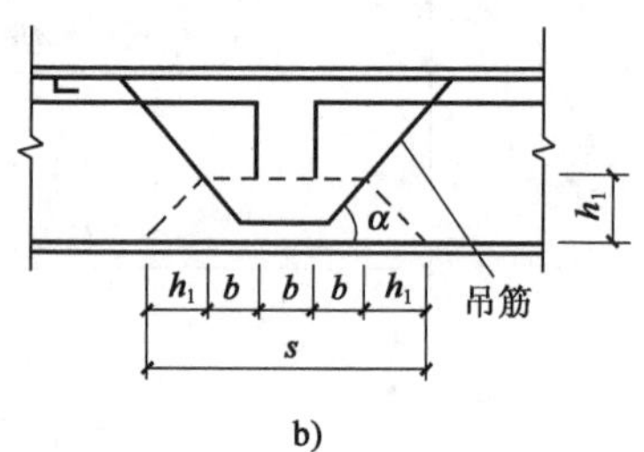

图 6-16　附加横向钢筋布置

当梁腹板高度 $h\geqslant450$mm 时，在梁的两侧面应沿高度配置纵向构造钢筋，每侧纵向构造钢筋（不包括梁上、下部受力钢筋及架立钢筋）的截面面积不应小于腹板截面面积（bh_w）的 0.1%，且其间距不宜大于 200mm。

6.2.5　单向板肋梁楼板设计例题

某多层内框架结构的工业厂房，平面尺寸 30.5m×20.3m，层高 5.5m，拟采用现浇钢筋混凝土单向板肋梁楼盖，试进行设计。

1. 设计资料

（1）楼面做法：水磨石面层，钢筋混凝土现浇，20mm 石灰砂浆抹底。

(2)楼面荷载:均布活荷载标准值 6kN/m^2。

(3)材料:混凝土强度等级 C25;梁内受力纵筋为 HRB335,其他为 HPB300 钢筋。

2. 楼盖的结构平面布置

确定主梁的跨度为 6.6m、次梁的跨度为 6.0m,主梁每跨内布置 2 根次梁,板的跨度为 2.2m。楼盖结构平面布置图见图 6-17。

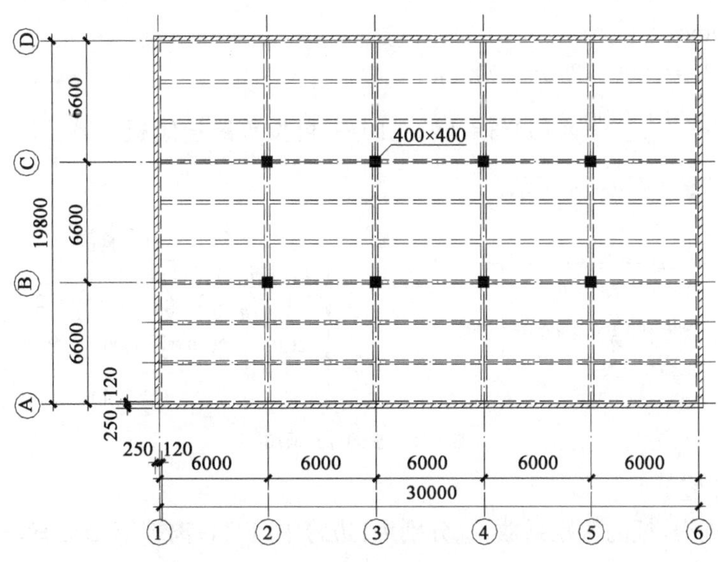

图 6-17 楼盖结构平面图

按高跨比条件,要求板厚 $h \geqslant 2200/40=55$mm;对工业建筑的楼板,要求 $h \geqslant 80$mm,取板厚 $h=80$mm。

次梁截面高度应满足 $h=l/18 \sim l/12=6000/18 \sim 6000/12=333 \sim 500$mm,取 $h=500$mm。截面宽度取为 $b=(1/2 \sim 1/3)h=166 \sim 250$mm,取 $b=200$mm。

主梁的截面高度应满足 $h=l/15 \sim l/10=440 \sim 660$mm,取 $h=650$mm;截面宽度取为 $b=300$mm。

3. 板的设计

(1)荷载

板的恒荷载标准值:

水磨石面层	0.65kN/m^2
80mm 钢筋混凝土板	0.08×25=2kN/m^2
20mm 石灰砂浆	0.02×17=0.34kN/m^2
小计	2.99kN/m^2
板的活荷载标准值:	6kN/m^2
恒荷载设计值	$g=1.2\times2.99=3.588$kN/m^2
活荷载设计值	$q=1.3\times6=7.8$kN/m^2

荷载总设计值　　　　　　　　$g+q=11.388\text{kN/m}^2$，近似取为 $g+q=11.4\text{kN/m}^2$

(2)计算简图

次梁截面为 200mm×500mm，现浇板在墙上的支承长度不小于 120mm，取板在墙上的支承长度为 120mm。按内力重分布设计，板的计算跨度：

边跨 $l_{01}=l_n+h/2=2200-100-120+80/2$

$=2020\text{mm}<l_n+a/2=2040\text{mm}$

取 $l_{01}=2020\text{mm}$。

中间跨 $l_{02}=l_n=2200-200=2000\text{mm}$

因跨度相差 $\frac{2020-2000}{2000}\times100\%=1\%<10\%$，可按等跨连续板计算。取 1m 宽板带作为计算单元，计算简图如图 6-18 所示。

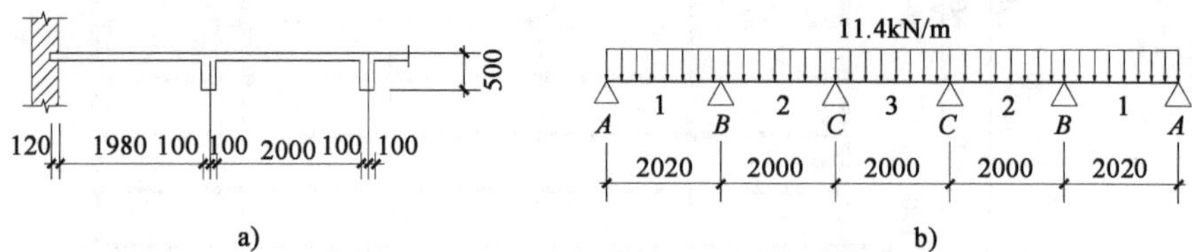

图 6-18　板的计算简图

(3)弯矩设计值

由表 6-2 可查得，板的弯矩系数 α_{mb} 分别为：边跨中，1/11；离端第二支座，−1/11；中跨中，1/16；中间支座，1/14。故

$$M_1=-M_B=(g+q)l_{01}^2/11=11.4\times2.02^2/11=4.23\text{kN}\cdot\text{m}$$

$$M_C=-(g+q)l_{02}^2/14=-11.4\times2.0^2/14=-3.26\text{kN}\cdot\text{m}$$

$$M_2=M_3=(g+q)l_{02}^2/16=-11.4\times2.0^2/16=2.85\text{kN}\cdot\text{m}$$

(4)正截面受弯承载力计算

板厚 80mm，$h_0=80-20=60\text{mm}$。C25 混凝土，$\alpha_1=1.0$，$f_c=11.90\text{N/mm}^2$；HPB300 钢筋，$f_y=270\text{N/mm}^2$。中间区格板与梁整体连接，考虑板的拱作用的影响，弯矩 M_2、M_3、M_C 降低 20%。板配筋计算的过程列于表 6-6。

板的配筋计算　　表 6-6

截面	1	B	2,3		C	
弯矩设计值（kN·m）	4.23	−4.23	2.85	2.85×0.8=2.28	−3.26	−3.26×0.8=−2.608
$\alpha_s=M/\alpha_1f_cbh_0^2$	0.0987	0.0987	0.0665	0.0532	0.076	0.0609
$\xi=1-\sqrt{1-2\alpha_s}$	0.104	0.104	0.0689	0.0547	0.0791	0.0629
$A_s=\xi bh_0\alpha_1f_c/f_y$	275.0	275.0	182.2	144.7	209.2	166.3
实际配筋（mm²）	φ8@140 $A_s=359$	φ8@140 $A_s=359$	φ6/8@150 $A_s=262$	φ6/8@180 $A_s=218$	φ6/8@140 $A_s=281$	φ6/8@150 $A_s=262$

4.次梁设计

(1)荷载设计

恒荷载设计值

板传来恒荷载	$3.588\times2.2=7.89\text{kN/m}$
次梁自重力	$0.2\times(0.5-0.08)\times25\times1.2=2.52\text{kN/m}$
次梁粉刷	$0.02\times(0.5-0.08)\times2\times17\times1.2=0.34\text{kN/m}$
小计	$g=10.75\text{kN/m}$

活荷载设计值

$$q=7.8\times2.2=17.16\text{kN/m}$$

荷载总设计值

$$g+q=27.91\text{kN/m}$$

(2)计算简图

次梁在砖墙上的支承长度为240mm,主梁截面为300mm×650mm,按考虑内力重分布设计,计算跨度:

边跨 $l_{01}=l_n+a/2=6000-120-300/2+240/2=5850\text{mm}$

$<1.025l_n=1.025\times5730=5873\text{mm}$

取 $l_{01}=5850\text{mm}$

中间跨 $l_{02}=l_n=6000-300=5700\text{mm}$

$\dfrac{5850-5700}{5700}\times100\%=2.6\%<10\%$

可按等跨度连续梁计算,次梁的计算简图如图6-19所示。

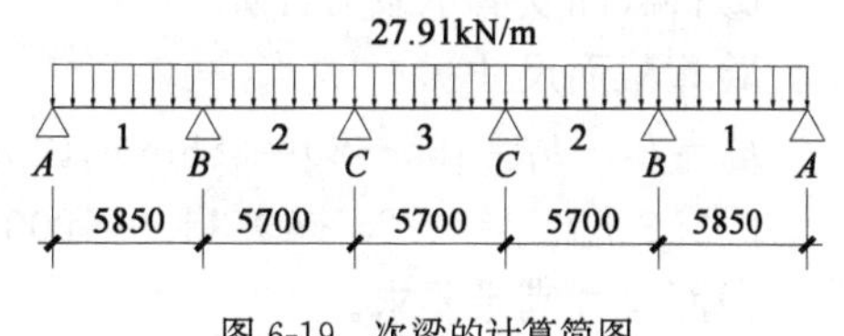

图6-19 次梁的计算简图

(3)内力计算

由表6-2、表6-3可分别查得弯矩系数和剪力系数。

弯矩设计值:$M_1=-M_B=(g+q)l_{01}^2/11=27.91\times5.85^2/11=86.83\text{kN}\cdot\text{m}$

$M_2=M_3=(g+q)l_{02}^2/16=27.91\times5.70^2/16=56.67\text{kN}\cdot\text{m}$

$M_C=-(g+q)l_{02}^2/14=27.91\times5.70^2/14=64.77\text{kN}\cdot\text{m}$

剪力设计值:$V_A=0.45(g+q)l_{n1}=0.45\times27.91\times5.73=71.97\text{kN}$

$V_{Bl}=0.60(g+q)l_{n1}=0.60\times27.91\times5.73=95.95\text{kN}$

$V_{Br}=0.55(g+q)l_{n2}=0.55\times27.91\times5.70=87.50\text{kN}$

$V_C=0.55(g+q)l_{n2}=0.55\times27.91\times5.70=87.50\text{kN}$

(4)承载力计算

①正截面受弯力承载力

正截面受弯承载力计算时，跨中按T形截面计算，翼缘宽度：

$b'_f = \frac{1}{3} \times 5700 = 1900\text{mm}$

$b + s_n = 200 + 2000 = 2200\text{mm}$

取 $b'_f = 1900\text{mm}$。跨中及支座截面均布置一排钢筋，$h_0 = h - 35 = 465\text{mm}$。

$\alpha_1 f_c b'_f h'_f (h_0 - h'_f/2) = 1.0 \times 11.9 \times 1900 \times 80 \times (465 - 80/2) = 768.74\text{kN}\cdot\text{m}$，均大于跨中弯矩设计值 M_1、M_2、M_3，因此各跨跨中截面均为第一类T形截面。

次梁正截面承载力计算过程见表6-7。

经判别，跨内截面均属于第一类T形截面。

次梁正截面受弯承载力计算 表6-7

截面	1	B	2	C
M(kN·m)	86.83	−86.83	56.67	−64.77
$\alpha_s = M/\alpha_1 f_c b h_0^2$	$\frac{86.83\times10^6}{1\times11.9\times1900\times465^2}$ $=0.018$	$\frac{86.83\times10^6}{1\times11.9\times200\times465^2}$ $=0.169$	$\frac{56.67\times10^6}{1\times11.9\times1900\times465^2}$ $=0.0116$	$\frac{64.77\times10^6}{1\times11.9\times200\times465^2}$ $=0.126$
$\xi = 1 - \sqrt{1-2\alpha_s}$	0.0182	$0.186<0.35$	0.0117	$0.135<0.35$
$A_s = \xi b h_0 f_c/f_y$	625	686	410	498
选配配筋(mm²)	2⌀16+1⌀18 $A_s=657$	3⌀18 $A_s=763$	3⌀14 $A_s=461$	2⌀18 $A_s=509$

②斜截面受剪承载力计算

验算截面尺寸：

$h_w = h_0 - h_f = 465 - 80 = 385\text{mm}$，因 $h_w/b = 385/200 = 1.925 < 4$，截面尺寸按下式验算：

$0.25\beta_c f_c b h_0 = 0.25\times1\times11.9\times200\times465 = 276.7\times10^3\text{N} > V_{max} = 95.95\text{kN}$

截面尺寸满足要求。

计算所需腹筋：

按支座 B 左侧截面计算。考虑塑性内力重分布时，箍筋数量应增大20%。由 $V_{cs} = 0.7 f_t b h_0 + f_{yv} A_{sv} h_0/s$，并考虑箍筋的增大，可得：

$$A_{sv}/s = 1.2(V_{Bl} - 0.7 f_t b h_0)/(f_{yv} h_0)$$
$$= 1.2\times(95950 - 0.7\times1.27\times200\times465)/(270\times465) = 0.127$$

取双肢箍ϕ6@150，$A_{sv}/s = 56.6/150 = 0.377 > 0.127$

验算配箍率下限值：

弯矩调幅时要求的配箍率下限为：$0.03 f_c/f_{yv} = 0.03\times11.9/270 = 1.32\times10^{-3}$，实际配箍率 $\rho_{sv} = A_{sv}/bs = 56.6/(200\times150) = 1.89\times10^{-3} > 1.32\times10^{-3}$，满足要求。

5. 主梁设计

(1)荷载设计值

为简化计算，将主梁自重等效为集中荷载。

次梁传来恒荷载　　　　$10.75\times6=64.5$kN

主梁自重(含粉刷)　　$[(0.65-0.08)\times0.3\times2.2\times25+2\times(0.65-0.08)\times0.02\times2.2\times17]\times1.2=12.31$kN

恒荷载设计值　　$G=64.5+12.31=76.81$kN，取 $G=77$kN

活荷载设计值　　$Q=17.16\times6=102.96$kN，取 $Q=103$kN

(2)计算简图

主梁按弹性理论计算，因梁、柱线刚度之比大于5，故可按连续梁计算，端部支承在墙上，支承长度为370mm；中间支承在400mm×400mm的混凝土柱上。其计算跨度：

边跨　$l_{n1}=6600-200-120=6280$mm，因 $0.025l_{n1}=157\text{mm}<\alpha/2=185$mm，取 $l_{01}=1.025l_{n1}+b/2=1.025\times6280+400/2=6637$mm，近似取 $l_{01}=6640$mm。

中跨　$l_{02}=6600$mm

主梁的计算简图见图6-20。跨度相差(6640−6600)/6600×100%=0.6%<10%，故可利用表6-1计算内力。

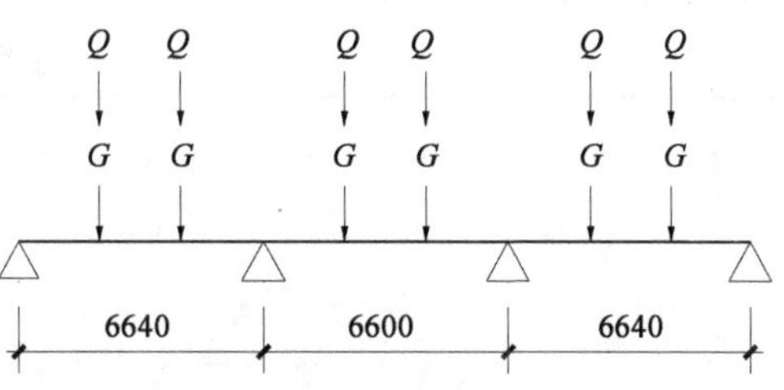

图6-20　主梁的计算简图

(3)内力设计值及包络图

①弯矩设计值

弯矩 $M=k_1Gl+k_2Ql$，式中系数 k_1、k_2 由表6-1中相应栏内查得。不同荷载组合下各截面的弯矩计算结果见表6-8。

主梁的弯矩计算　　　　表6-8

项次	荷载简图	$\frac{k}{M_1}$	$\frac{k}{M_B}$	$\frac{k}{M_2}$	$\frac{k}{M_C}$
①	G G　G G　G G	$\frac{0.244}{124.75}$	$\frac{-0.267}{-136.51}$	$\frac{0.067}{34.05}$	$\frac{-0.267}{-136.51}$
②	Q Q　　Q Q	$\frac{0.289}{197.65}$	$\frac{-0.133}{-90.96}$	$\frac{-0.133}{-90.41}$	$\frac{-0.133}{-90.96}$
③	Q Q	$\frac{-0.045}{-30.78}$	$\frac{-0.133}{-90.96}$	$\frac{0.200}{135.96}$	$\frac{-0.133}{-90.96}$
④	Q Q　Q Q	$\frac{0.229}{152.62}$	$\frac{-0.311}{-211.70}$	$\frac{0.17}{115.57}$	$\frac{-0.089}{-60.87}$
⑤	Q Q　Q Q	$\frac{-0.03}{-20.52}$	$\frac{-0.089}{-60.87}$	$\frac{0.17}{115.57}$	$\frac{-0.311}{-211.7}$

续上表

项次	荷 载 简 图	$\frac{k}{M_1}$	$\frac{k}{M_B}$	$\frac{k}{M_2}$	$\frac{k}{M_C}$
①+②	M_{1max},M_{2min},M_{3max}	322.4	−227.47	−56.36	−227.47
①+③	M_{1min},M_{2max},M_{3min}	93.97	−227.47	170.01	−227.47
①+④	M_{Bmax}	277.37	−348.21	149.62	−197.38
①+⑤	M_{Cmax}	104.23	−197.38	149.62	−348.21

②剪力设计值

剪力 $V=k_3G+k_4Q$,式中系数 k_3、k_4 由表 6-1 中相应栏内查得。不同荷载组合下各截面的剪力计算结果见表 6-9。

主梁的剪力计算 表 6-9

项次	荷 载 简 图	$\frac{k_1}{V_A}$	$\frac{k_2}{V_{Bl}}$	$\frac{k_3}{V_{Br}}$
①	G G G G G G	$\frac{0.733}{56.44}$	$\frac{-1.267}{-97.56}$	$\frac{1.00}{77.00}$
②	Q Q Q Q	$\frac{0.866}{89.20}$	$\frac{-1.134}{-116.8}$	$\frac{0}{0}$
④	Q Q Q Q	$\frac{0.689}{70.97}$	$\frac{-1.311}{-135.03}$	$\frac{1.222}{125.87}$
⑤	Q Q Q Q	$\frac{-0.089}{-9.17}$	$\frac{-0.089}{-9.17}$	$\frac{0.778}{80.13}$
①+②	V_{Amax},V_{Dmax}	145.64	214.36	77
①+④	V_{Bmax}	127.41	−232.59	202.87
①+⑤	V_{Cmax}	47.27	106.73	157.13

③弯矩、剪力包络图

各控制截面的弯矩和剪力绘于同一图上,即得弯距包络图和剪力包络图,如图 6-21 所示。

(4)承载力计算

①正截面受弯承载力

跨中按 T 形截面计算,因 $h'_f/h_0=80/615=0.13>0.1$,翼缘计算宽度按 $l/3=6.6/3=2.2\text{m}$和 $b+s_n=6\text{m}$ 中较小值确定,取 $b'_f=2.2\text{m}$;$h_0=650-35=615\text{mm}$。

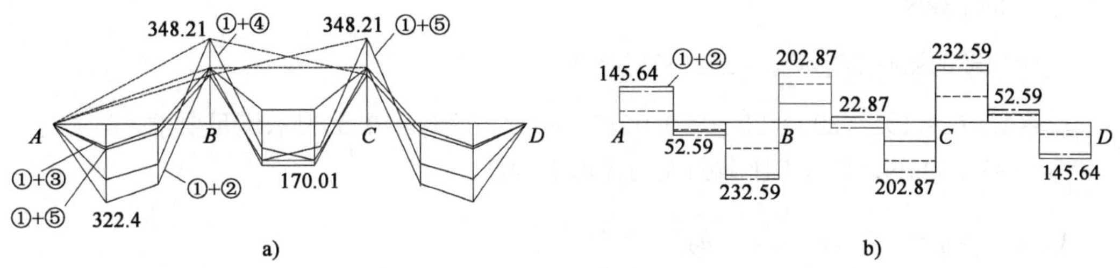

图 6-21　主梁的弯矩和剪力包络图(弯矩单位:kN·m;剪力单位:kN)

$\alpha_1 f_c b'_f h'_f (h_0 - h'_f/2) = 1.0\times11.9\times2200\times80\times(615-80/2)=1204.28\text{kN}\cdot\text{m}$,均大于跨中弯矩设计值 M_1、M_2、M_3,因此各跨跨中截面均为第一类T形截面。

支座截面及跨中负弯矩作用下的截面,按矩形截面计算。支座边的弯矩设计值 $M_B = M_{Bmax} - V_0 b/2 = -348.21+180\times0.40/2 = -312.21\text{kN}\cdot\text{m}$。纵向受力钢筋除支座截面为两排外,其余均为一排。两排钢筋时 $h_0=650-70=580\text{mm}$。正截面受弯承载力的计算过程见表 6-10。

主梁正截面承载力计算　　表 6-10

截面	1	B	2	
弯矩设计值(kN·m)	322.4	−312.21	170.01	−56.32
$\alpha_s = M/\alpha_1 f_c b h_0^2$	$\frac{322.4\times10^6}{11.9\times2200\times615^2}$ $=0.033$	$\frac{312.21\times10^6}{11.9\times300\times580^2}$ $=0.26$	$\frac{170.01\times10^6}{11.9\times2200\times615^2}$ $=0.0172$	$\frac{56.36\times10^6}{11.9\times300\times615^2}$ $=0.042$
$\gamma_s = \frac{1+\sqrt{1-2\alpha_s}}{2}$	0.983	0.846	0.99	0.978
选配配筋(mm²)	4⌀22+1⌀18 $A_s=1774.9$	6⌀22 $A_s=2281$	2⌀22+1⌀18 $A_s=1014.7$	2⌀22 $A_s=760$

主梁纵向钢筋的布置采用目前工程上常用的分离式方法布置,仅对支座负钢筋的切断位置按弯矩包络图确定,这里不用弯起钢筋承担剪力。

②斜截面受剪承载力

验算截面尺寸:

$H_w = h_0 - h'_f = 580-80=500\text{mm}$,因 $h_w/b=500/300=1.67<4$,截面尺寸按下式验算:$0.25\beta_c f_c b h_0 = 0.25\times1\times11.9\times300\times580 = 517.65\times10^3\text{N} > V_{max} = 232.59\text{kN}$

故截面尺寸满足要求。

计算所需腹筋:

采用φ 8@200 双肢箍筋时,

$$V_{cs} = 0.7 f_t b h_0 + f_{yv} A_{sv} h_0 / s$$

$$= 0.7\times1.27\times300\times580 + 270\times101\times580/200$$

$=233.8\text{kN}$

$V_A=145.64\text{kN}<V_{cs}$，$V_{Br}=202.87\text{kN}<V_{cs}$

$\rho_{sv}=A_{sv}/bs=101/(300\times200)=0.00168>0.24f_t/f_{yv}=0.00113$，满足要求。

$V_{Bl}=232.59\text{kN}>V_{cs}$，支座截面左边需增加箍筋。

$$A_{sv}/s=(V_{Bl}-0.7f_tbh_0)/(f_{yv}h_0)$$

$$=(232.59\times10^3-0.7\times1.27\times300\times580)/(270\times580)$$

$$=0.437$$

取Φ 8@100 双肢箍，$A_{sv}/s=101/100=1.01>0.437$，满足抗剪承载力及最小配箍率的要求。

次梁两侧附加横向钢筋的计算：

次梁传来的集中力设计值 $F=64.5+103=167.5\text{kN}$

主梁内支承次梁处需附加横向钢筋的面积：

$$A_{sv}=\frac{F}{2f_y\sin\alpha}=\frac{167.5\times10^3}{2\times300\times\sin45^\circ}=394\text{mm}^2$$

选用 2Φ16 作为吊筋（$A_{sv}=402\text{mm}^2$）。

6. 绘制施工图

板配筋、次梁配筋和主梁配筋图分别见图 6-22～图 6-24。这里采用目前工程上常用的分离式方法布置钢筋。对于主梁下部钢筋不弯起，全部深入支座，为了说明包络图的应用，仅对支座钢筋的截断长度用弯矩包络图和材料的抵抗弯矩图加以说明。按比例将弯矩包络图和材料的抵抗弯矩图绘于同一图上。确定钢筋的截断，首先根据每根钢筋的抗弯承载力与弯矩包络图的交点，确定钢筋的充分利用点和不需要点（理论截断点）；钢筋的实际截断点距钢筋的不需要点的距离，当 $V>0.7f_tbh_0$ 时应不小于 h_0，且不小于 $20d$，且从钢筋的充分利用点的延伸长度不应小于 $1.2l_a+h_0$。若按上述确定的截断点仍位于负弯矩受拉区内，则应延伸至不需要点以外不小于 $1.3h_0$，且不小于 $20d$，且从钢筋的充分利用点的延伸长度不应小于 $1.2l_a+1.7h_0$。

$$1.2l_a+h_0=1.2\times\alpha\frac{f_y}{f_t}d+h_0=1.2\times0.14\times\frac{300}{1.27}\times22+580=1453\text{mm}$$

按照上面的计算长度截断后的钢筋①、②、③的截断点仍位于负弯矩受拉区内，故从钢筋充分利用点的延伸长度不应小于 $1.2l_a+1.7h_0$。

$$1.2l_a+1.7h_0=1.2\times\alpha\frac{f_y}{f_t}d+1.7h_0=1.2\times0.14\times\frac{300}{1.27}\times22+1.7\times580=1859\text{mm}$$

在实际工程中，为了施工方便，对支座负钢筋常采用分批截断，以减少长度类别。本例①、②号钢筋第一批截断，③、④号钢筋第二批截断，且满足构造要求。

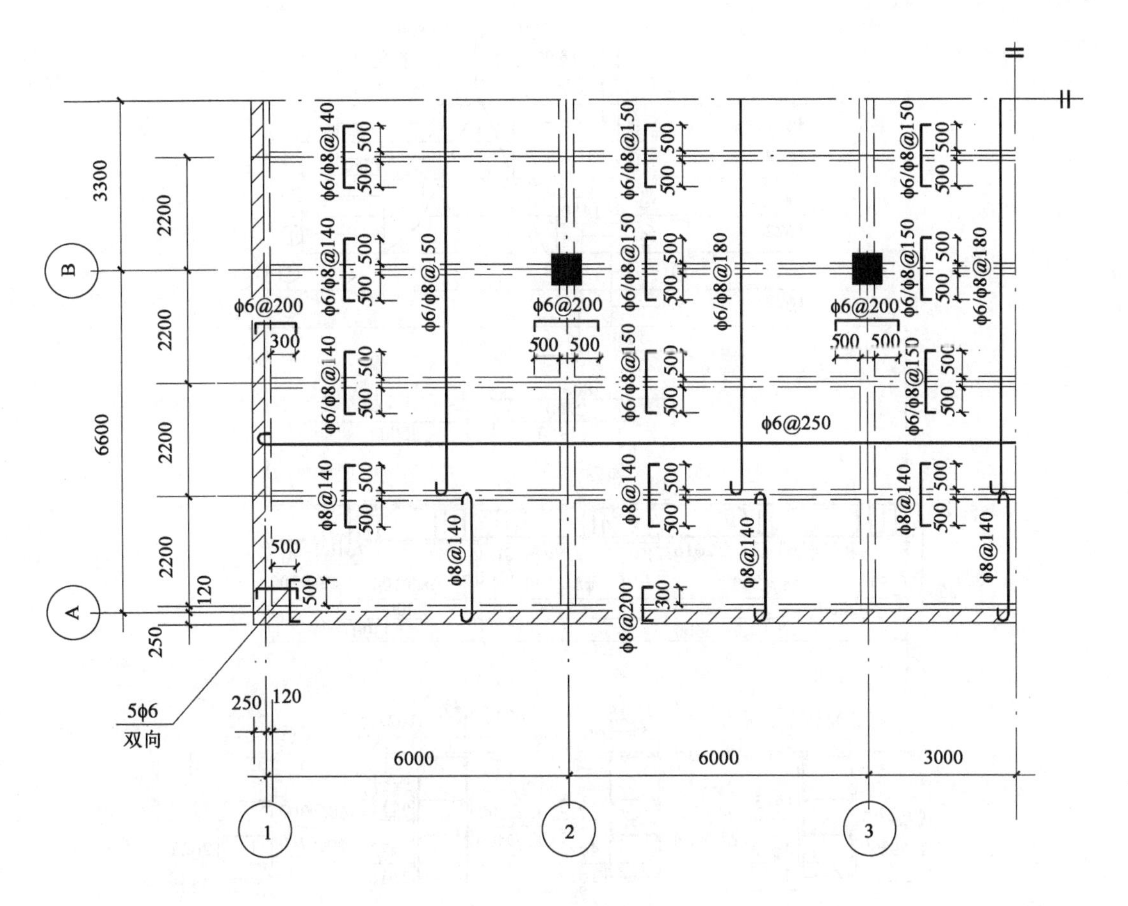

图 6-22 楼板配筋图

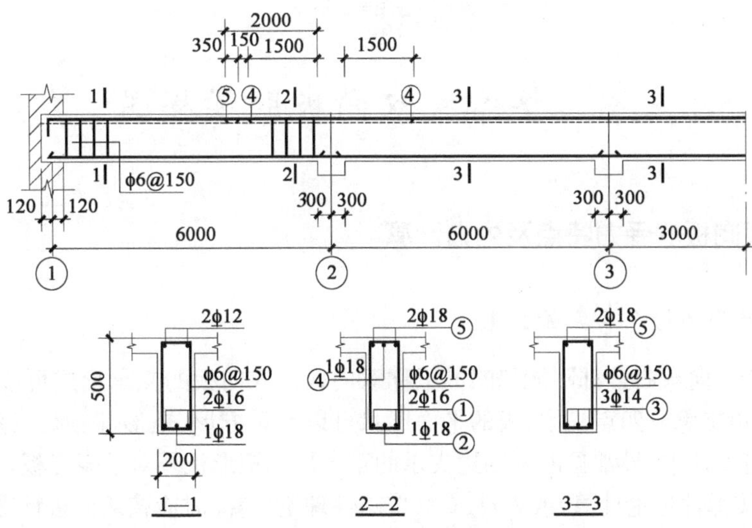

图 6-23 次梁配筋图

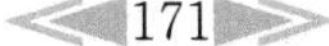

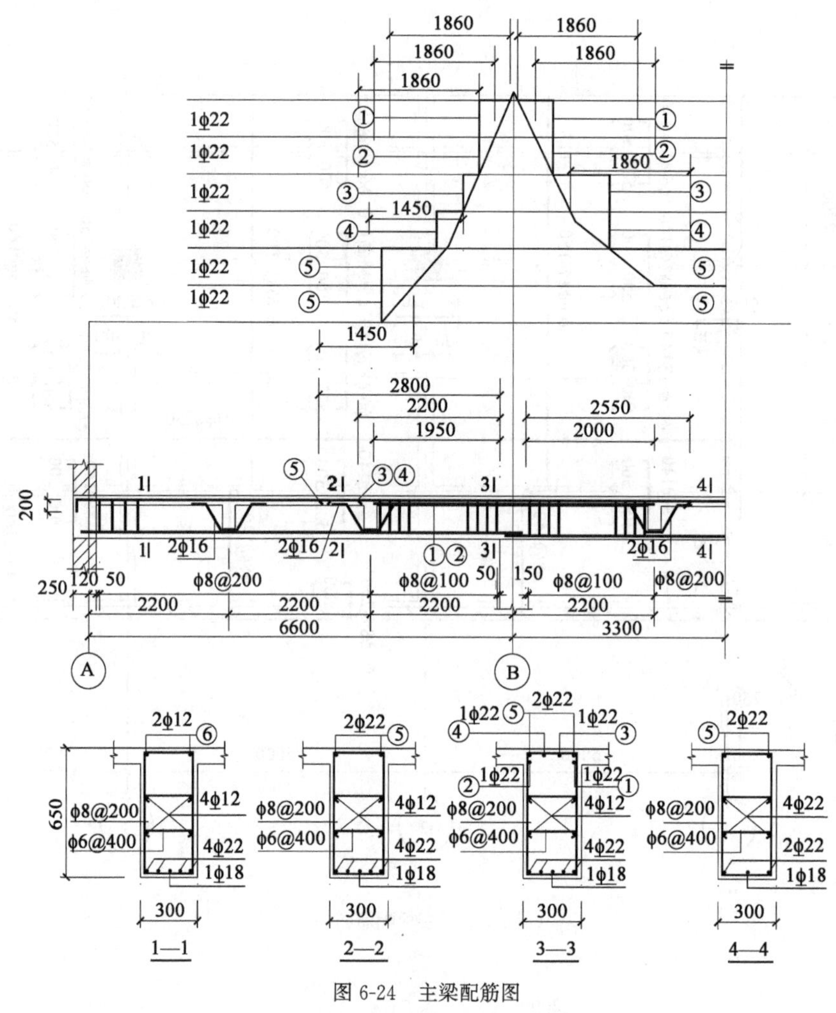

图 6-24　主梁配筋图

6.3　整体式双向板肋梁楼盖

6.3.1　双向板的受力特点及内力计算

1. 双向板的受力特点及实验结果

在纵横两个方向弯曲且都不能忽略的板称双向板。双向板的支承形式可以是四边支承、三边支承、两邻边支承或四点支承；板的平面形状可以是正方形、矩形、圆形、三角形或其他形状。在肋梁楼盖设计中，最常见的是四边支承的正方形和矩形板。对于矩形板，当长边和短边之比 $l_y/l_x \leqslant 2$(按弹性理论计算)或 $l_y/l_x \leqslant 3$(按塑性理论计算)时应按双向板计算。

对均布荷载作用下的四边简支板的实验研究表明：在裂缝出现前，板基本处于弹性工作阶段。两个方向配筋相同的正方形板，第一批裂缝出现在板底中间部分。随着荷载的增加，裂缝沿对角线方向向四角扩展(图 6-25a),裂缝的宽度不断增加,直至板的底部钢筋屈服而破坏。当接近破坏时,四角附近出现垂直于对角线方向的,大体呈圆形的环状裂缝(图 6-25b)。这些裂缝的出现,加剧了裂缝的进一步开展,此后板即破坏。在两个方向配筋相同的矩形板的第一批裂缝出现在板底中部,且平行于长边方向(这是由于短跨方向跨中的正弯矩大于长跨方向跨中的正弯矩)。随着荷载的不断增加,裂缝不断开展,并大致沿 45°伸向板的四角(图 6-26a)。在接近破坏时,板角区也产生环状裂缝(图 6-26b),最后导致破坏。对于四周与梁整浇的双向板,由于四周梁对板的约束在板面产生负弯矩。因此,随着荷载的增加,除板底出现上述裂缝外,在板顶也出现沿支承边的裂缝(图 6-27)。

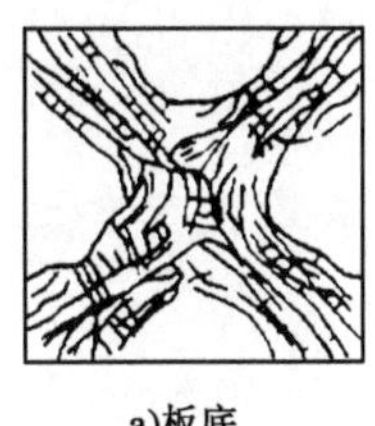

a)板底

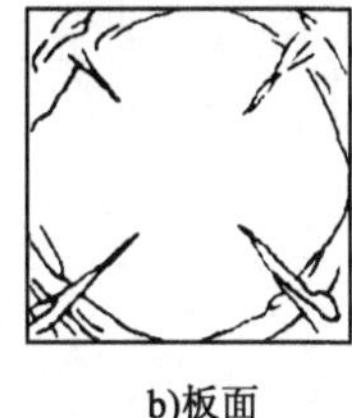

b)板面

图 6-25 四边简支正方形板的破坏裂缝

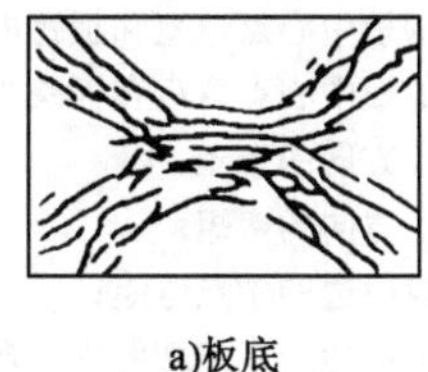

a)板底

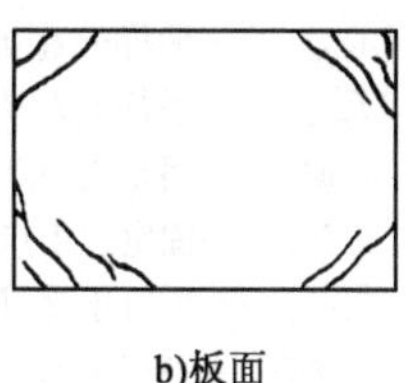

b)板面

图 6-26 四边简支长方形板的破坏裂缝

在双向板中,板四角出现环状裂缝的原因是由于板面四角受到墙体或支承梁的约束不能自由上翘,因而产生环状裂缝。

从上述双向板的裂缝开展方向及受力特点来看,在双向板中可按图 6-28 配置钢筋。

(1)板底双向配置平行于板边的正钢筋,以承担跨中正弯矩;

(2)支承边板面配置负钢筋,以承担支座负弯矩;

(3)在角部板面应配置对角线方向的斜钢筋,以承担板角的负弯矩;在角部板底配置垂直于对角线的钢筋以承担正弯矩。由于斜钢筋长短不等,施工不便,通常用平行于板边的钢筋所构成的钢筋网来替代斜钢筋。

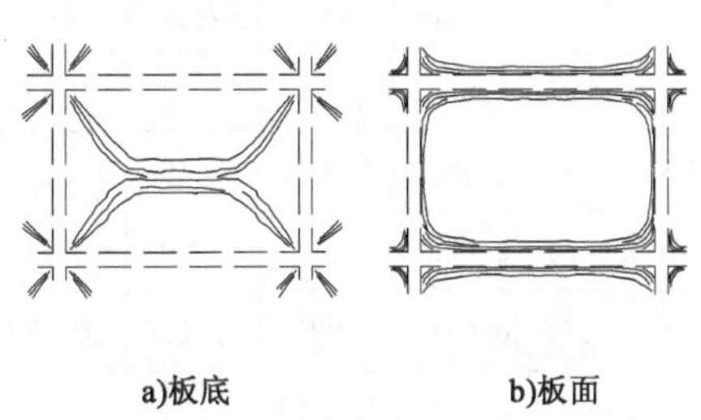

a)板底　　b)板面

图 6-27 边固支长方形板的破坏裂缝

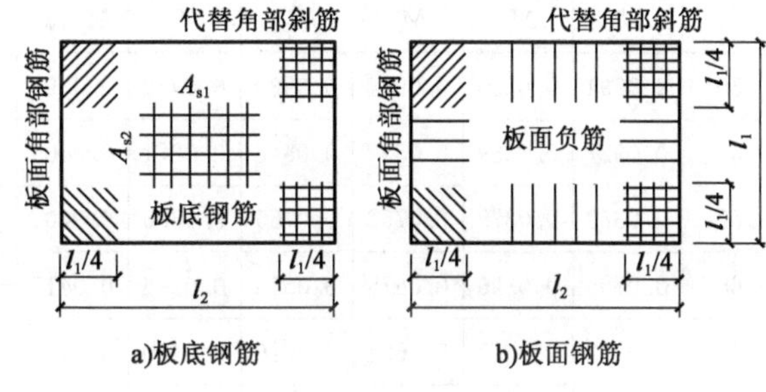

a)板底钢筋　　b)板面钢筋

图 6-28 双向板的配筋示意图

2. 双向板按弹性理论的内力计算

进行楼盖设计时,双向板上承受的荷载一般按均布荷载考虑,在工程计算中常采用实用的计算方法,按弹性薄板理论所编制的单区格双向板的计算表格来计算板的内力。根据不同的计算简图,可在表 6-11 中查得弯矩系数,按下式计算有关弯矩:

$$M = \text{表中系数} \times (g+q)l_x^2 \tag{6-23}$$

式中：M——跨中或支座处截面单位宽度内的弯矩；

g——作用在板上的永久荷载设计值；

q——作用在板上的可变荷载设计值；

l_x——板区格两个方向中较小跨度。

表中的系数是按泊松比 $\mu=1/6$ 求得的数。按式(6-23)计算弯矩时，不需要再考虑混凝土的泊松比。

弹性理论计算矩形双向板在均布荷载作用下的弯矩系数 表 6-11

符号说明：

$M_x, M_{x,\max}$——平行于 l_x 方向的板中心点弯矩和板跨内的最大弯矩；

$M_y, M_{y,\max}$——平行于 l_y 方向的板中心点弯矩和板跨内的最大弯矩；

M_x^0——固定边中点沿 l_x 方向的弯矩；

M_y^0——固定边中点沿 l_y 方向的弯矩；

M_{0x}——平行于 l_x 方向自由边的中点弯矩；

M_{0x}^0——平行于 l_x 方向自由边上固定端的支座弯矩。

==== 简支边 ////// 固定边 —— 自由边

边界条件	(1)四边简支		(2)三边简支一边固定									
l_x/l_y	M_x	M_y	M_x	$M_{x,\max}$	M_y	$M_{y,\max}$	M_y^0	M_x	$M_{x,\max}$	M_y	$M_{y,\max}$	M_x^0
0.50	0.0994	0.0335	0.0914	0.0930	0.0352	0.0397	−0.1215	0.0593	0.0657	0.0157	0.0171	−0.1212
0.55	0.0927	0.0359	0.0832	0.0846	0.0371	0.0405	−0.1193	0.0577	0.0633	0.0175	0.0190	−0.1187
0.60	0.0860	0.0379	0.0752	0.0765	0.0386	0.0409	−0.116	0.0556	0.0608	0.0194	0.0209	−0.1158
0.65	0.0795	0.0396	0.0676	0.0688	0.0396	0.0412	−0.1133	0.0534	0.0581	0.0212	0.0226	−0.1124
0.70	0.0732	0.0410	0.0604	0.0616	0.0400	0.0417	−0.1096	0.0510	0.0555	0.0229	0.0242	−1.1087
0.75	0.0673	0.0420	0.0538	0.0553	0.0400	0.0417	−0.1056	0.0485	0.0525	0.0244	0.0257	−0.1048
0.80	0.0617	0.0428	0.0478	0.0490	0.0397	0.0415	−0.1014	0.0459	0.0495	0.0258	0.0270	−0.1007
0.85	0.0564	0.0432	0.0425	0.0436	0.0391	0.0410	−0.0970	0.0434	0.0466	0.0271	0.0283	−0.0965
0.90	0.0516	0.0434	0.0377	0.0388	0.0382	0.0402	−0.0926	0.0409	0.0438	0.0281	0.0293	−0.0922
0.95	0.0471	0.0432	0.0334	0.0345	0.0371	0.0393	−0.0882	0.0384	0.0409	0.0290	0.0301	−0.0880
1.00	0.0429	0.0429	0.0296	0.0306	0.0360	0.0388	−0.0839	0.0360	0.0388	0.0296	0.0306	−0.0839

续上表

边界条件	(3)两对边简支,两对边固定						(4)两邻边简支,两邻边固定					
	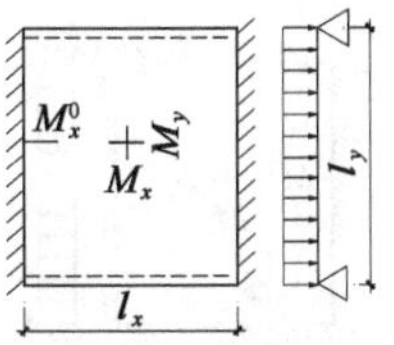			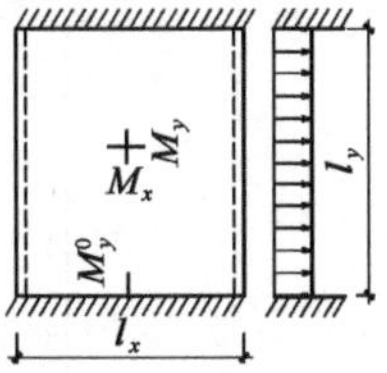			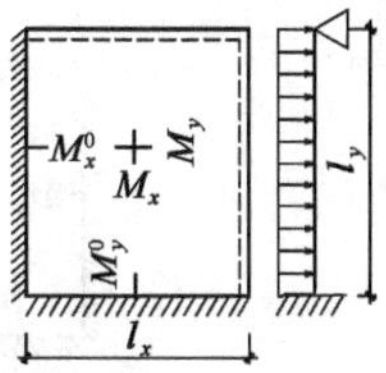					
l_x/l_y	M_x	M_y	M_y^0	M_x	M_y	M_x^0	M_x	$M_{x,\max}$	M_y	$M_{y,\max}$	M_x^0	M_y^0
0.50	0.0837	0.0367	−0.1191	0.0419	0.0086	−0.0843	0.0572	0.0584	0.0172	0.0229	−0.1179	−0.0786
0.55	0.0743	0.0383	0.1156	0.0415	0.0096	−0.0840	0.0546	0.0556	0.0192	0.0241	−0.1140	−0.0785
0.60	0.0653	0.0393	−0.1114	0.0409	0.0109	−0.0834	0.0518	0.0526	0.0212	0.0252	−0.1095	−0.0782
0.65	0.0569	0.0394	−0.1066	0.0402	0.0122	−0.0826	0.0486	0.0496	0.0228	0.0261	−0.1045	−0.0777
0.70	0.0494	0.0392	−0.1031	0.0391	0.0135	−0.0814	0.0455	0.0465	0.0243	0.0267	−0.0992	−0.0770
0.75	0.0428	0.0383	0.0959	0.0381	0.0149	−0.0799	0.0422	0.0430	0.0254	0.0272	−0.0938	−0.0760
0.80	0.0369	0.0372	−0.0904	0.0368	0.0162	−0.0782	0.0390	0.0397	0.0263	0.0278	−0.0883	−0.0748
0.85	0.0318	0.0358	−0.0850	0.0355	0.0174	−0.0763	0.0358	0.0366	0.0269	0.0284	−0.0829	−0.0733
0.90	0.0275	0.0343	−0.0767	0.0341	0.0186	−0.0743	0.0328	0.0337	0.0273	0.0288	−0.0776	−0.0716
0.95	0.0238	0.0328	−0.0746	0.0326	0.0196	−0.0721	0.0299	0.0308	0.0273	0.0289	−0.0726	−0.0698
1.00	0.0206	0.0311	−0.0698	0.0311	0.0206	−0.0698	0.0273	0.0281	0.0273	0.0289	−0.0677	−0.0677

边界条件	(5)一边简支,三边固定					
	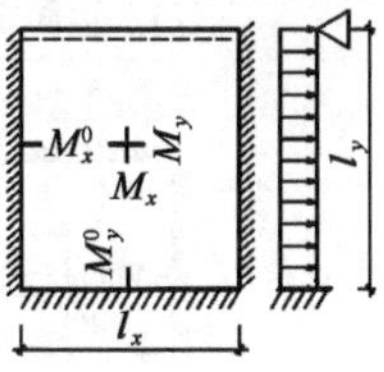					
l_x/l_y	M_x	$M_{x,\max}$	M_y	$M_{y,\max}$	M_x^0	M_y^0
0.50	0.0413	0.0424	0.0096	0.0157	−0.0836	−0.0569
0.55	0.0405	0.0415	0.0108	0.0160	−0.0827	−0.0570
0.60	0.0394	0.0404	0.0123	0.0169	−0.0814	−0.0571
0.65	0.0381	0.0390	0.0137	0.0178	−0.0796	−0.0572
0.70	0.0366	0.0375	0.0151	0.0186	−0.0774	−0.0572
0.75	0.0349	0.0358	0.0164	0.0193	−0.0750	−0.0572
0.80	0.0331	0.0339	0.0176	0.0199	−0.0722	−0.0570
0.85	0.0312	0.0319	0.0186	0.0204	−0.0693	−0.0567
0.90	0.0295	0.0300	0.0201	0.0209	−0.0663	−0.0563
0.95	0.0274	0.0281	0.0204	0.0214	−0.0631	−0.0558
1.00	0.0255	0.0261	0.0206	0.0219	−0.0600	−0.0500

续上表

边界条件	(5)一边简支,三边固定						(6)四边固定			
l_x/l_y	M_x	$M_{x,max}$	M_y	$M_{y,max}$	M_y^0	M_x^0	M_x	M_y	M_x^0	M_y^0
0.50	0.0551	0.0605	0.0188	0.0201	−0.0784	−0.1146	0.0406	0.0105	−0.0829	−0.0570
0.55	0.0517	0.0563	0.0210	0.0223	−0.0780	−0.1093	0.0394	0.0120	−0.0814	−0.0571
0.60	0.0480	0.0520	0.0229	0.0242	−0.0773	−0.1033	0.0380	0.0137	−0.0793	−0.0571
0.65	0.0441	0.0476	0.0244	0.0256	−0.0762	−0.0970	0.0361	0.0152	−0.0766	−0.0571
0.70	0.0402	0.0433	0.0256	0.0267	−0.0748	−0.0903	0.0340	0.0167	−0.0735	−0.0569
0.75	0.0364	0.0390	0.0263	0.0273	−0.0729	−0.0837	0.0318	0.0179	−0.0701	−0.0565
0.80	0.0327	0.0348	0.0267	0.0267	−0.0707	−0.0772	0.0295	0.0189	−0.0664	0.0559
0.85	0.0293	0.0312	0.0268	0.0277	−0.0683	−0.0711	0.0272	0.0197	−0.0626	−0.0551
0.90	0.0261	0.0277	0.0265	0.0273	−0.0656	−0.0653	0.0249	0.0202	−0.0588	−0.0541
0.95	0.0232	0.0246	0.0261	0.0269	−0.0629	−0.0599	0.0227	0.0205	−0.0550	−0.0528
1.00	0.0206	0.0219	0.0255	0.0261	−0.0600	−0.0550	0.0205	0.0205	−0.0513	−0.0513

边界条件	(7)三边固定,一边自由					
l_x/l_y	M_x	M_y	M_x^0	M_y^0	M_{0x}	M_{0x}^0
0.30	0.0018	−0.0039	−0.0135	−0.0344	0.0068	−0.0345
0.35	0.0039	−0.0026	−0.0179	−0.0406	0.0112	−0.0432
0.40	0.0063	0.0008	−0.0227	−0.0454	0.0160	−0.0506
0.45	0.0090	0.0014	−0.0275	−0.0489	0.0207	−0.0564
0.50	0.0166	0.0034	−0.0322	−0.0513	0.0250	−0.0607
0.55	0.0142	0.0054	−0.0368	−0.0530	0.0288	−0.0635
0.60	0.0166	0.0072	−0.0412	0.0541	0.0320	−0.0652
0.65	0.0188	0.0087	−0.0453	−0.0548	0.0347	−0.0661
0.70	0.0209	0.0100	−0.0490	0.0553	0.0368	−0.0663

续上表

l_x/l_y	M_x	M_y	M_x^0	M_y^0	M_{0x}	M_{0x}^0
0.75	0.0228	0.0111	−0.0526	0.0557	0.0385	−0.0661
0.80	0.0246	0.0119	−0.0558	−0.0560	0.0399	+0.0656
0.85	0.0262	0.0125	−0.558	−0.0562	0.0409	−0.0651
0.90	0.0277	0.0129	−0.0615	−0.0563	0.0417	−0.0644
0.95	0.0291	0.0132	−0.0639	−0.0564	0.0422	−0.0638
1.00	0.0304	0.0133	−0.0662	−0.0565	0.0427	−0.0632
1.10	0.0327	0.0133	−0.0701	−0.0566	0.0431	−0.0623
1.20	0.0345	0.0130	−0.0732	−0.0567	0.0433	−0.0617
1.30	0.0368	0.0125	−0.0758	−0.0568	0.0434	−0.0614
1.40	0.0380	0.0119	−0.0778	−0.0568	0.0433	−0.0614
1.50	0.0390	0.0113	0.0794	0.0569	0.0433	0.0616
1.75	0.0405	0.0099	−0.0819	−0.0569	0.0431	−0.0625
2.00	0.0413	0.0087	−0.0832	−0.0569	0.0431	−0.0637

多跨连续双向板多采用以单个区格板计算为基础的实用计算方法，该方法假定：支承梁的抗弯刚度很大，不计其竖向变形；而抗扭刚度很小，板在支座处可以转动。适用条件为：同一方向板的最小跨度与最大跨度之比不小于0.75，以免计算误差过大。具体计算步骤为：

(1)计算板跨中最大弯矩

为计算某区格板的跨中最大正弯矩，均布活荷载在本跨布置，然后在该区格前后左右每隔一个区格布置活荷载，形成棋盘式布置，如图6-29。有活荷载的区格内荷载为$g+q$，无活荷载的区格内荷载仅有恒载g。为利用单区格的计算表格，通常将棋盘式荷载分为两种情况：一种情况为各区格均作用相同的荷载$g+q/2$；另一种情况在各相邻区格分别作用$\pm q/2$，如图6-29所示，两种荷载作用下内力相加，即为连续双向板的最后跨中最大弯矩。对于均布荷载$g+q/2$的情况，板在支座处的转角很小，可认为中间区格板其支座都是固定支座，按四边固定查表，边区格和角区格内部支承视为固定，外边支座根据具体支承情况采用相应的计算表格。对于相邻区格作用$\pm q/2$的情况，中间区格板四周支承近似为简支，按四边简支板查表，边区格和角区格其内部支承视为简支，外边支承情况根据具体情况确定，按相应支承情况查表。

(2)计算支座最大负弯矩

支座最大负弯矩可近似地按均布活荷载布置，即各区格的荷载值为$g+q$，各内部区格板按四边固定计算负弯矩；边区格和角区格，内部支承条件视为固定，外部边界条件根据具体情况确定，按相应支承情况查表计算。

6.3.2 双向板支承梁的计算特点

双向板上的荷载向两个方向传递到板格四周的支承梁上，传递到梁上的荷载可按图6-30近似确定：从每区格四角作45°分角线与平行于长边的中线相交，将板划分为四小块，将作用在每块板上的荷载传递给支承梁上。因此传递到长边梁上的荷载呈梯形分布，传递到短边梁上的荷载呈三角形分布。

按弹性理论设计计算梁的支座弯矩时，可按支座弯矩等效的原则，将三角形荷载和梯形荷载等效为均布荷载 q_E，如图 6-31 所示。在等效荷载作用下，可按结构力学的方法求得支座弯矩，然后由原有梁上的梁荷载按照静力平衡的条件计算各跨跨内弯矩和支座剪力。当考虑塑性内力重分布计算支承梁内力时，可在按弹性理论求得支座弯矩基础上进行调幅。选定支座弯矩后，利用静力平衡条件求出跨中弯矩。

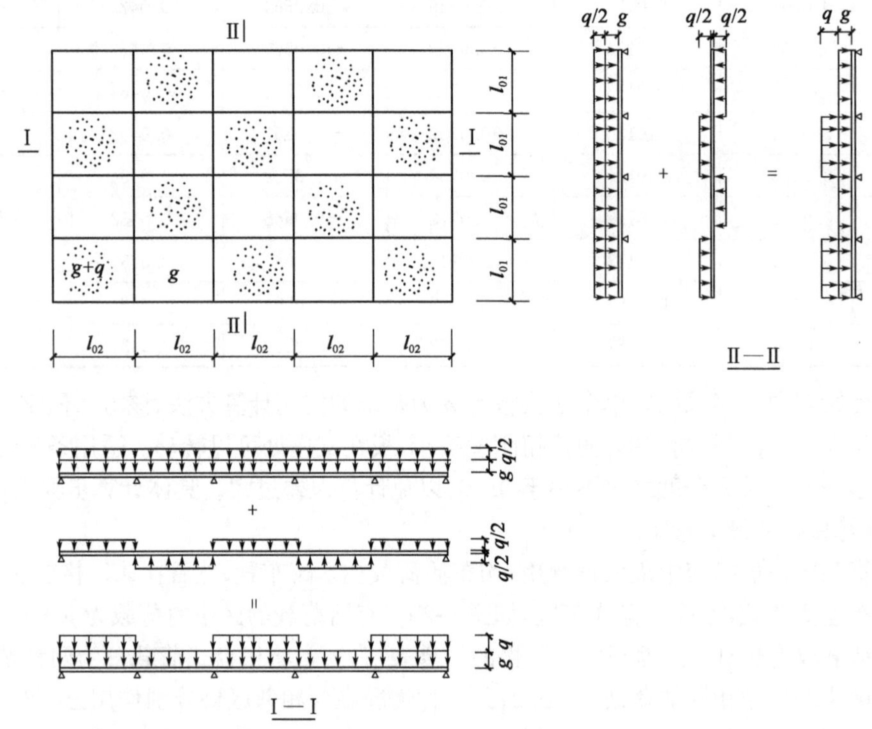

图 6-29　棋盘式荷载布置

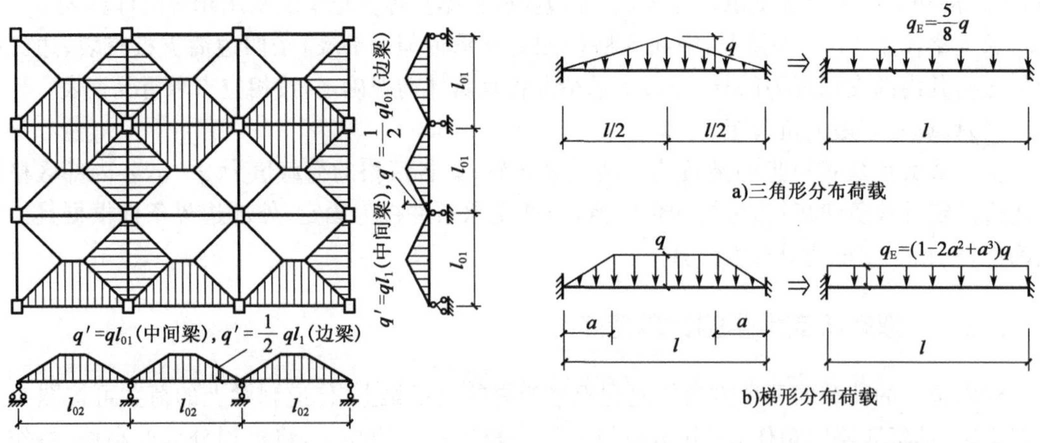

图 6-30　双向板支承梁上的荷载

图 6-31　分布荷载划为等效均布荷载

6.3.3 双向板肋梁楼盖截面设计与构造要求

1. 双向板的计算特点

由于双向板板内钢筋是两个方向布置，跨中沿短边方向的板底钢筋应放在沿长边方向板底钢筋的外侧。计算时在两个方向应采用各自的有效高度。短跨方向跨中的有效高度 $h_{ox}=h-20\text{mm}$，长跨方向跨中的有效高度 $h_{0y}=h-30\text{mm}$。

对于四边与梁整体连接的双向板，由于在两个方向受到支承梁对板的变形约束，整块板内存在拱效应使板内弯矩减小。为了利用这一有利因素，规范允许对四边与梁整结板的板，其弯矩设计值(无论按弹性理论还是按塑性理论)按下列情况进行折减：

(1)中间跨的跨中截面及中间支座截面减小 20%。

(2)边区格的跨中截面及第一内支座截面，当 $l_b/l_0<1.5$ 时减小 20%；当 $1.5\leqslant l_b/l_0\leqslant 20$ 时减小 10%。式中 l_0 为垂直于楼板边缘方向板的计算跨度，l_b 为沿楼板边缘方向板的计算跨度。

(3)楼板的角区格不折减。

2. 双向板的构造要求

双向板的厚度不小于 80mm，一般为 80～160mm。由于双向板的挠度不另作验算，双向板的厚度与短跨跨长的比值 h/l_x 应满足下述要求：

双向板 $$h/l_x\geqslant 1/40 \tag{6-24}$$

无梁支承的板

有柱帽 $$h/l_x\geqslant 1/35 \tag{6-25a}$$

无柱帽 $$h/l_x\geqslant 1/30 \tag{6-25b}$$

双向板的配筋方式与单向板类似也有弯起式和分离式两种。为施工方便，在工程中多采用分离式配筋，但是对于跨度及荷载较大的楼盖，为提高刚度和节约钢筋宜采用弯起式。

按弹性理论计算时，板的跨中弯矩不仅沿板长变化，而且沿板宽方向向两边逐渐减小，故板底钢筋也应向两边逐渐减小。考虑到施工方便，通常将每个区格按纵横两个方向划分为两个宽度均为 $l_x/4$ 的边缘板带和一个中间板带。边缘板带上单位宽度的配筋量为中间板带上单位宽度配筋量的一半。

受力筋的直径、间距和弯起点、切断点的位置，以及沿墙边、墙角处的构造钢筋均与单向楼盖的有关规定相同。

3. 双向板楼盖设计例题

某厂房采用双向板肋梁楼盖，结构布置如图 6-32 所示，支承梁截面取为 250mm×500mm，楼板厚取 120mm。

设计资料为：楼面活荷载为 $q_k=6\text{kN/m}^2$，20mm 厚水泥砂浆找平，25mm 厚水磨石地面，15mm 厚石灰砂浆板底粉刷；楼板采用 C20 混凝土，板中钢筋采用 HPB235 钢筋，试进行楼板设计。

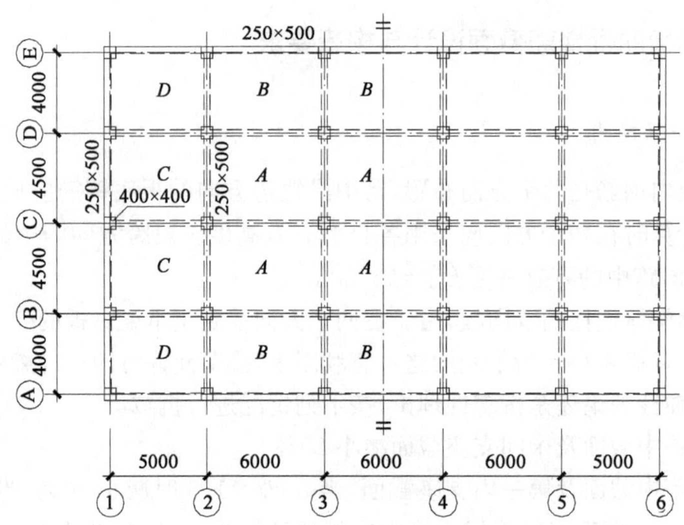

图 6-32 双向板楼盖结构平面布置图(尺寸单位:mm)

(1)荷载设计值

楼板恒载标准值:

25mm 厚水磨石地面	0.025×25=0.625kN/m^2
20mm 厚水泥砂浆找平	0.020×20=0.4kN/m^2
120mm 厚钢筋混凝土楼板	0.12×25=3.0kN/m^2
15mm 厚石灰砂浆	0.015×17=0.255kN/m^2
小计	4.28kN/m^2
恒荷载设计值	g=1.2×4.28=5.14kN/m^2
活荷载设计值	q=1.3×6=7.8kN/m^2

$g+q=5.14+7.8=12.94$kN/m^2

$g+q/2=9.04$kN/m^2

$q/2=3.9$kN/m^2

(2)弯矩计算

由于各区格板与梁整结,计算跨度取梁中线间的距离,将各区格分为 A、B、C、D 四类。计算过程见表 6-12。

(3)截面设计

假定选用φ 10 钢筋,则截面有效高度为:$h_{0x}=120-10/2-15=100$mm,$h_{0y}=90$mm。由于各区格板四周与梁整结,故弯矩设计值可按如下折减:

A 区格跨中与 *A-A* 支座弯矩减小 20%。

B、*C* 区格的跨中截面与 *A-B*、*A-C* 支座截面弯矩减小 20%。

D 区格不折减。

由表 6-12 计算可知,板间支座弯矩是不平衡的,可近似取相邻区格支座弯矩的平均值。在计算配筋时,近似取 $\gamma_s=0.95$,$A_s=M/(0.95f_yh_0)$,具体计算结果见表 6-13。

板的弯矩计算　　表6-12

区格		A	B	C	D
l_x/l_y		4.5/6.0=0.75	(4−0.125−0.05+0.25)/6=0.68	4.5/(5−0.125−0.05+0.25)=0.89	(4−0.125−0.05+0.25)/(5−0.125−0.05+0.25)=0.8
跨中	M_x	(0.0318×9.04+0.0673×3.9)×4.5²=11.14	(0.0349×9.04+0.0566×3.9)×4.075²=8.90	(0.0254×9.04+0.0398×3.9)×4.5²=7.79	(0.0295×9.04+0.0397×3.9)×4.075²=7.00
	M_y	(0.0179×9.04+0.042×3.9)×4.5²=6.59	(0.016×9.04+0.023×3.9)×4.075²=3.92	(0.0201×9.04+0.0408×3.9)×4.5²=6.90	(0.0189×9.04+0.0278×3.9)×4.075²=4.64
支座	M_x^0	−0.0701×12.94×4.5²=−18.37	−0.075×12.94×4.075²=−16.12	−0.0596×12.94×4.5²=−15.62	−0.0664×12.94×4.075²=−14.27
	M_y^0	−0.0565×12.94×4.5²=−14.80	−0.057×12.94×4.075²=−12.25	−0.054×12.94×4.5²=−14.15	−0.0559×12.94×4.075²=−12.01

板的配筋计算　　表6-13

截面			h_0 (mm)	M (kN·m/m)	A_s (mm²/m)	选配钢筋	实配钢筋
跨中	A区格	l_x方向	100	11.14×0.8	347	ϕ10@170	462
		l_y方向	90	6.59×0.8	228	ϕ8@150	335
	B区格	l_x方向	100	8.9×0.8	278	ϕ10@200	393
		l_y方向	90	3.92×0.8	136	ϕ8@200	251
	C区格	l_x方向	100	7.79×0.8	243	ϕ8@150	335
		l_y方向	90	6.9×0.8	239	ϕ8@150	335
	D区格	l_x方向	100	7.0	273	ϕ8@140	359
		l_y方向	90	4.64	201	ϕ8@150	335
支座	A−B		100	0.8×(18.37+16.12)/2	538	ϕ10@110	714
	A−C		100	0.8×(14.8+14.15)/2	451	ϕ10@130	604
	B−B		100	12.25	478	ϕ10@120	654
	B−D		100	(12.25+12.01)/2	473	ϕ10@120	654
	C−C		100	15.62	609	ϕ10@100	785
	C−D		100	(12.65+14.27)/2	525	ϕ10@100	785
	A−A(l_x方向)		100	18.37×0.8	573	ϕ10@100	785
	A−A(l_y方向)		100	14.80×0.8	462	ϕ10@130	604
	B边支座		100	16.12	628	ϕ10@95	826
	C边支座		100	14.15	552	ϕ10@110	714
	D边支座(l_x方向)		100	14.27	556	ϕ10@110	714
	D边支座(l_y方向)		100	12.01	468	ϕ10@120	654

(4)绘制配筋图

在实际工程中为方便设计与施工,各区格的边缘板带跨中的钢筋并未减半,板的配筋见图 6-33。

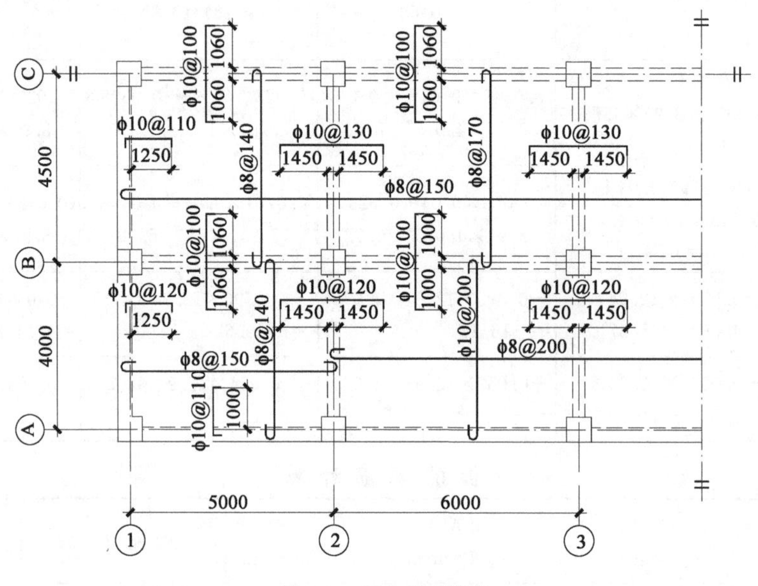

图 6-33　双向板配筋图

6.4　井 字 楼 盖

6.4.1　井字楼盖的特点

井字楼盖是双向板楼盖中特殊的一种,次梁交叉成井字形或十字形,它们相互交叉不分主次,协同工作,共同承受板上传来的荷载。这种楼盖除了楼板是四边支撑在梁上的双向板之外,两个方向的梁又各自支撑在四边的墙或周边的大梁上,称双重井式楼盖,又称井字楼盖。

井字楼盖有以下特点:

(1)可获得较大的自由空间。井字梁楼盖常用于大跨度的商业楼、图书馆、展览馆、火车站、候机楼等民用公共建筑及多层工业厂房等建筑。

(2)外形美观。纵横交叉成方格形或近似方格形的梁在不吊顶时也可获得好的美学效果。

(3)降低房屋的层高及总高度。井字楼盖的高度比一般楼盖小,因此可降低层高及总高度。

井字梁的布置方式主要有两种:一种是正交正放,即梁的走向与建筑平面周边平行;另一种是正交斜放,即梁的走向与建筑平面周边成一角度(一般为 45°)。井字梁两个方向的间距一般以 2～3m 最为经济,不宜超过 3.5m。井字梁在两个方向通常具有相同的截面尺寸,与普通肋梁楼盖相比尺寸较小。小梁的间距在两个方向以相等为好,区格均匀、外形美观。

6.4.2 井字楼盖的计算概述

井字楼盖中的区格板可按普通双向板计算,围成区格的井字梁的内力则按结构力学的交叉梁系进行计算或用空间结构计算软件进行计算。对常用的区格划分,也可按静力计算手册中的表格直接查得弯矩系数和剪力系数,比较方便地求出梁的弯矩、剪力,从而可以进行梁的截面设计。

6.4.3 井字楼盖的一般构造

井字梁两个方向的跨度比对梁的受力影响很大,应尽量布置成两个方向的梁等跨度。如果间距不等,则要求长跨与短跨之比在 1～2 之间,实际设计中尽量使长边与短边之比满足 $0.6 \leqslant l_x/l_y \leqslant 1.5$ 为宜。由于井字梁比单梁工作有利,因此梁高可比同跨度简支梁小。两个方向井字梁的高度 h 通常相等,一般取较小跨度跨长的 1/16～1/18。井字梁的计算与一般 T 形梁相同,由于梁截面同高,因此布筋时,短跨方向梁下部的纵向受拉钢筋应放在长跨方向梁下部纵筋的下面,这与双向板的配筋方向相同。另外在两个方向梁交点的格点处不能看成是梁的一般支座,而是梁的弹性支座。因此,两个方向的梁在布筋时,梁下面的纵向受拉钢筋不能在格点处断开,而应直通两端支座。在格点处两个方向的梁在其上部应配置适量的构造负钢筋,一般各配相当于各自纵向主筋 20%～50%的纵向构造钢筋,以防荷载不均匀分布时可能产生的负弯矩。井字梁和边梁的节点宜采用铰节点,但边梁的刚度仍要足够大,并采用相应的构造措施。若采用刚接节点,边梁需进行抗扭强度和刚度计算。边梁的截面高度大于或等于井字梁截面高度,并最好大于井字梁高度的 20%～30%。

6.5 楼　　梯

楼梯是多层及高层建筑的重要组成部分,通过由它来实现房屋的竖向交通。根据结构形式和受力特点主要分为:梁式楼梯、板式楼梯、螺旋楼梯、悬挑板式楼梯,分别见图 6-34a)、b)、c)、d)。板式楼梯和梁式楼梯是最常见的楼梯形式。下面主要介绍梁、板式楼梯的设计要点。

6.5.1 现浇板式楼梯的计算与构造

1. 板式楼梯的计算

板式楼梯由梯段板、休息平台和平台梁组成。梯段板是斜放的齿形板,支承在平台梁和楼梯梁上,底层下端一般支承在地垄梁上。最常见的是双跑楼梯,每层有两个梯段,也有采用单跑或三跑楼梯的。板式楼梯下表面平整,外观轻巧,施工支模方便,但斜板较厚,通常取梯段板斜长的 1/25～1/30。板式楼梯用料较多,不经济,一般适用于梯段板的水平长度不超过 3m。

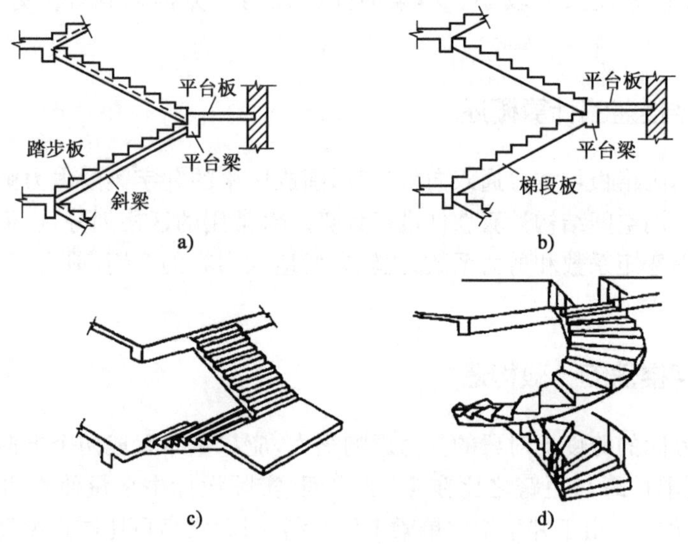

图 6-34 楼梯类型

(1)梯段板

梯段板近似认为是斜放的简支板，取 1m 宽板带作为计算单元，计算简图如图 6-35b)。由结构力学知识可知，斜置简支梁的跨中弯矩可按平置梁计算，跨长取斜梁的水平投影长度，荷载按水平方向计算，即 $M_{\max}=1/8(g+q)l_0^2$。由于平台板与平台梁为整体连接，梯段板两端受到一定的约束作用，故计算板的跨中弯矩时，可近似取：

$$M_{\max}=1/10(g+q)l_0^2 \tag{6-26}$$

式中：g、q——梯段板上沿水平方向均布竖向恒荷载和活荷载设计值；

l_0——沿水平方向的计算跨度。

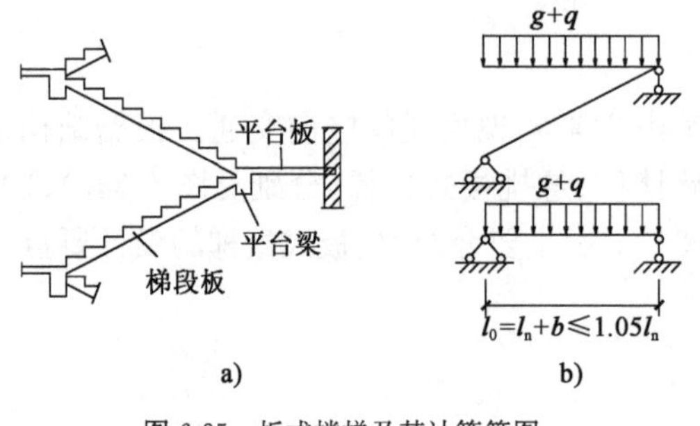

图 6-35 板式楼梯及其计算简图

(2)平台板和平台梁

平台板一般设计成单向板(有时也可能是双向板)，可取 1m 宽的板带计算。平台板的一端与平台梁整体连接，另一端可能支承在砖墙上，也可能与梁整浇。跨中弯矩可近似取 $pl_0^2/10$。平台梁的设计与一般梁相似，配筋计算时截面按倒 L 形截面计算。倒 L 形截面翼缘仅考虑平台板，不考虑梯段板参与工作。

2. 板式楼梯的构造措施

梯段板的厚度取(1/25～1/30)l_0，l_0 为板的斜向跨度。梯段板、平台板由于在支座附近有负弯矩作用，所以在两端 1/4 跨度范围内设置一定数量的上部钢筋。在垂直于受力方向设置分布钢筋，梯段板每踏步不少于 1 φ 6。当楼梯下净高不够时，可将楼层梁向内移动，这样板式楼梯的梯段板成为折板，折角处的配筋可按图 6-36 设置。

6.5.2 现浇梁式楼梯的计算与构造

梁式楼梯由踏步板、斜梁、平台板和平台梁组成(图 6-37)。

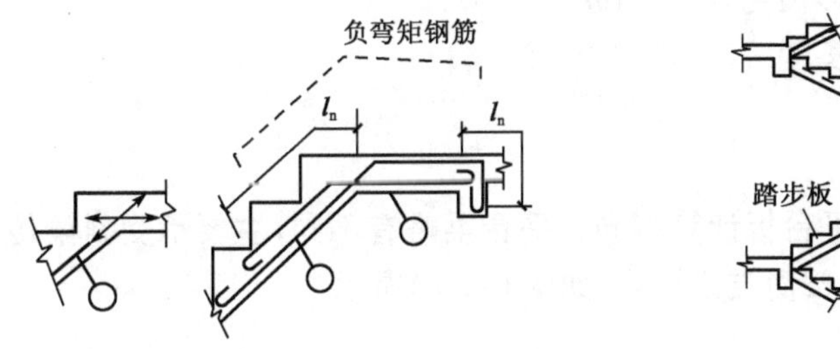

图 6-36 板内折角处配筋

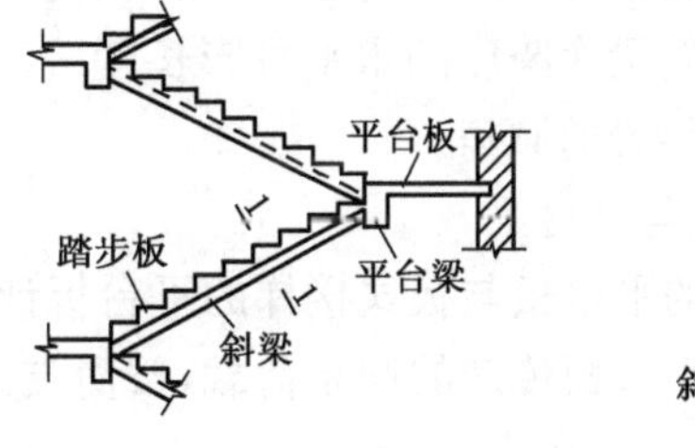

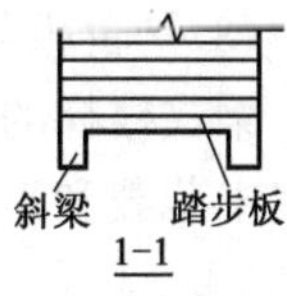

图 6-37 梁式楼梯的组成

1. 内力计算

(1)踏步板

踏步板是由斜板和三角形踏步组成,如图 6-38 所示。踏步板承受均布荷载,按支承于两侧斜梁上的简支板计算内力。配筋时取一个踏步作为计算单元,截面为梯形,计算厚度按梯形截面的平均高度,即

$$h = c/2 + d/\cos\alpha \tag{6-27}$$

式中:c——踏步高度;

d——斜板厚度;

α——梯段倾角。

(2)斜梁

梯段斜梁承受踏步传来的均布荷载及斜梁的自重,按两端简支于平台梁上的简支梁计算,计算简图见图 6-39a)。

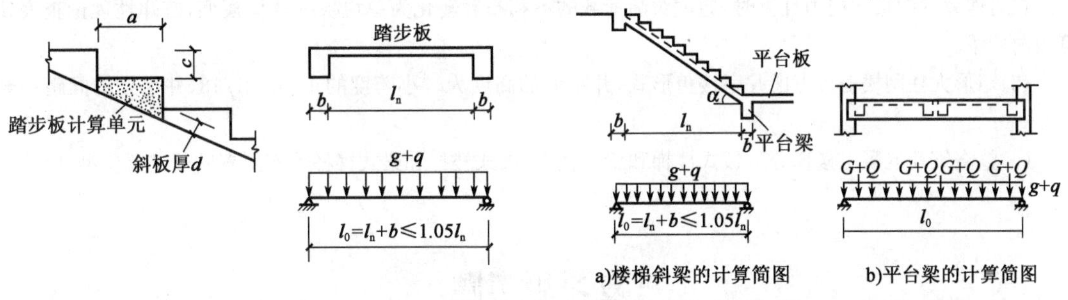

图 6-38 梁式楼梯踏步板的计算简图

图 6-39 梁式楼梯斜梁及平台梁的计算简图

跨中最大弯矩为:

$$M_{max} = \frac{1}{8}(g+q)l_0^2 \tag{6-28}$$

斜梁的最大剪力为：

$$V_{max} = \frac{1}{2}(g+q)l_0\cos\alpha \tag{6-29}$$

式中：g、q——侧斜梁上按单位水平长度计算的恒荷载、活荷载设计值；

l_0——斜梁计算跨度的水平投影长度 $l_0=l_n+b$；

l_n——斜梁净跨度的水平投影长度；

α——斜梁的倾角。

(3)平台板与平台梁

梁式楼梯的平台板与板式楼梯的平台板计算相同。平台梁略有不同，主要承受斜梁传来的集中荷载和平台板传来的均布荷载，按简支梁计算，如图 6-39b)所示。

2. 构造要求

踏步板的厚度 d 一般取 30～40mm，每级踏步内布置不少于 2 φ 6 的受力筋，且沿梯段方向布置不少于φ6@300 的分布筋。斜梁的计算高度应取 $h \geqslant l_0/12$，平台梁在斜梁支承处应设置吊筋或附加箍筋。

本章小结

(1)房屋建筑中现浇整体式钢筋混凝土楼盖和整浇钢筋混凝土楼梯是重要的梁板结构形式。整体钢筋混凝土楼盖按结构组成和布置又分为：单向板肋梁楼盖、双向板肋梁楼盖、井式楼盖和无梁楼盖。

(2)在对现浇单向板肋梁楼盖设计时有两种分析方法：按弹性理论和塑性理论的分析方法。一般板和次梁内力按考虑塑性内力重分布方法计算结构内力，主梁按弹性理论方法计算结构内力。

(3)在考虑塑性内力重分布计算钢筋混凝土连续梁、板时，为保证塑性铰具有足够的转动能力和结构的内力重分布，应采用塑性好的 HPB235、HRB335 级钢筋，截面受压区高度 $x \leqslant 0.35h_0$。

(4)双向板肋梁楼盖的计算也有按弹性理论和塑性理论两种分析方法，目前设计中多采用按弹性理论分析。在对连续双向板的内力计算时，通过对活荷载的不利布置转化为单块板的计算模型，按弹性理论查表计算板内弯距。

(5)矩形大柱网楼盖可考虑井字楼盖形式，井字梁的高度为较小跨度的 1/16～1/18，井字梁的间距一般为 2～3m。

(6)整浇钢筋混凝土楼梯分为板式楼梯和梁式楼梯，板式楼梯和梁式楼梯均按斜置的简支梁模型计算。

复习思考题

1. 楼盖结构有几种类型，各有何特点？
2. 现浇整体式钢筋混凝土肋梁楼盖结构设计的一般步骤是什么？
3. 什么是单向板和双向板？它们的受力特点有何不同？如何区分单向板和双向板？

4.现浇单向板肋梁楼盖按弹性理论计算内力时,如何确定板、次梁和主梁的计算简图?按塑性理论计算内力时,如何确定板和次梁的计算简图?

5.什么叫"塑性铰"?钢筋混凝土中的"塑性铰"与结构力学中的"理想铰"有何异同?

6.考虑塑性内力重分布计算钢筋混凝土连续梁时,为什么要限制截面受压区高度?

7.为什么要考虑活荷载的不利布置?说明对于连续梁确定活荷载不利布置的原则。

8.现浇单向板肋梁楼盖的板中有哪些构造钢筋?它们各有哪些作用?

9.试说明周边简支矩形板裂缝出现和开展的过程并绘出破坏时板底裂缝示意图。

10.常用楼梯有哪几种类型?如何计算梁式楼梯和板式楼梯中各构件的内力?

第7章 混凝土多高层房屋结构

7.1 多层及高层房屋的结构类型

7.1.1 概述

1. 房屋结构的分类

房屋结构的分类方法很多，按材料可分为：木结构、砌体结构、混凝土结构和钢结构等。木结构建筑由于要消耗大量的木材，对防火的要求也较高，目前我国已较少采用。砌体结构由于其造价低，耐火性好，材料来源丰富，施工技术要求低，在我国目前应用很广泛。但是，由于材料的强度低，延性差，只适用于多层建筑，不适用于高层建筑。混凝土结构由于其造价较低，材料来源丰富，刚度大，整体性好，施工方便等优点，因此在多层及高层建筑中广泛应用。钢材是建筑结构的理想材料，由于其强度和强度质量比高且抗震性好，施工速度快，适宜建造高层、超高层、大跨度结构。

建筑结构的类型按受力体系可分为：框架结构、框架—剪力墙结构、剪力墙结构、筒体结构等形式。

2. 混凝土结构高层建筑的发展概况

根据层数和高度，房屋建筑又可分为多层和高层建筑。我国《高层建筑混凝土结构技术规程》(JGJ 3—2010)将10层及10层以上或高度超过28m的房屋规定为高层建筑，并把常规高度的高层建筑称为A级高度的高层建筑，把超过A级高度限值的高层建筑称为B级高度的高层建筑。

目前高层建筑的建造较为普遍，1886年世界上第一栋高层建筑——家庭保险公司大厦(11层)在美国芝加哥建成，从此开创了现代高层建筑的历史阶段。1931年在纽约建成了著名的帝国大厦102层，381m高，成为当时最高的建筑。随着科学技术的发展，轻质、高强材料的研制成功，特别是电子计算机的广泛应用，使得高层、超高层建筑不断涌现。较为典型的高层建筑有：美国芝加哥的西尔斯大厦，110层，442m；朝鲜平壤的柳京饭店，105层，319.8m；马来西亚吉隆坡的石油双塔，88层，452m；我国香港的中环广场，78层，317m。进入20世纪80年代，随着我国经济的发展，高层建筑发展迅速。较为典型的建筑有：上海金茂大厦，88层，421m；深圳地王大厦，81层，325m；广州中天广场，80层，322m；广州中信广场，80层，391m。伴随我国经济实力的增强，新的设计、施工技术的应用，我国的高层建筑将会有更广阔的发展空间。

3. 多、高层结构的受力特点

建筑结构既要承受竖向荷载,又要承受水平荷载(风荷载或地震作用)。在竖向荷载作用下,结构所承受的轴力可近似认为与高度成线性关系[图 7-1a)];而水平向作用的风荷载或地震作用可近似认为呈倒三角形分布,此分布荷载在底部产生的弯矩与高度的三次方成正比[图 7-1b)],在结构顶部产生的位移与高度的四次方成正比[图 7-1c)]。因此,在一般的多层建筑中,水平荷载产生的内力及位移相对较小,竖向荷载是多层建筑的主要荷载;在高层建筑中,水平荷载成为影响结构内力、结构变形的主要因素,它往往决定着结构的方案、结构布置和构件的截面尺寸。

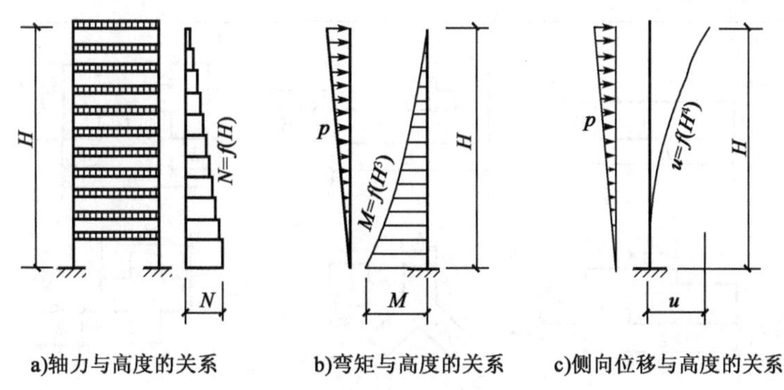

a)轴力与高度的关系　　b)弯矩与高度的关系　　c)侧向位移与高度的关系

图 7-1　高层建筑结构的受力特点

7.1.2　结构布置的一般原则

1. 结构高宽比的控制

当房屋产生过大的侧移和层间相对位移时,居住者会产生不舒适的感觉,甚至引起恐慌。因此,必须将结构的侧移控制在一个合理的范围内。限制结构的侧移除了限制结构的高度之外,还要限制结构的高宽比。因为高宽比越大,即结构越瘦高,水平荷载作用下所产生的侧移越大,重力荷载作用下产生的二次效应越显著,引起结构倾覆的危险性越大。一般应将结构的高宽比 H/B 控制在一定的范围内。这里,H 是指室外地面到檐口或主要屋面的高度,B 是指建筑平面短方向的有效宽度。《建筑抗震设计规范》(GB 50011—2010)对砌体房屋给出了高宽比的限值,见表 7-1。《高层建筑混凝土结构技术规程》(JGJ 3—2010)给出了各种钢筋混凝土结构房屋适用的高宽比,见表 7-2。

多层砌体房屋的高宽比限值　　表 7-1

抗震设防烈度	6 度	7 度	8 度	9 度
最大高宽比	2.5	2.5	2.0	1.5

2. 结构平面布置

结构的平面形状宜简单、规则、对称,尽量使结构的抗侧移刚度中心与结构的中心重合,以减少水平地震作用下的扭转影响。有抗风要求的建筑宜选用风作用效应小的,具有圆形、椭圆形等流线形周边的建筑平面。当建筑平面不完全规则，平面上有局部突出区段时，突出部分不宜过大，形状如图 7-2 所示，相关尺寸应符合表 7-3 的要求。

钢筋混凝土高层建筑结构适用的高宽比 表 7-2

结 构 类 型	非抗震设计	抗震设防烈度		
		6、7 度	8 度	9 度
框架	5	4	3	2
板柱—剪力墙	6	5	4	—
框架—剪力墙、剪力墙	7	6	5	4
框架—核心筒体	8	7	6	4
筒中筒	8	8	7	5

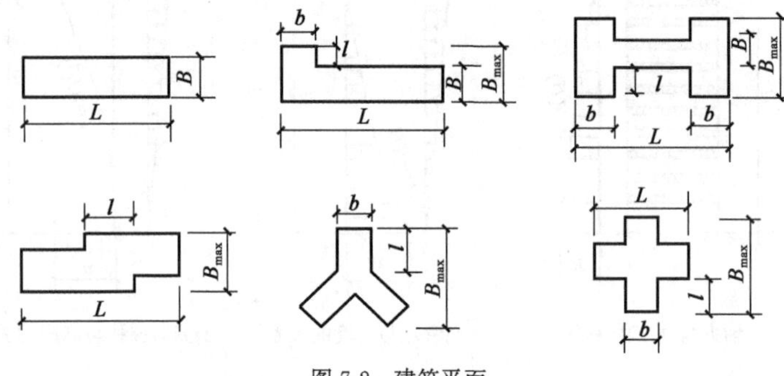

图 7-2 建筑平面

平面尺寸 L、l 的限值 表 7-3

设防烈度	L/B	l/B_{max}	l/b
6 度、7 度	≤6.0	≤0.35	≤2.0
8 度、9 度	≤5.0	≤0.30	≤1.5

3. 结构的竖向布置

结构的竖向应力要求结构体形规则、刚度和强度沿高度分布均匀，避免过大的外挑和内收，避免错层和局部夹层。高层建筑结构沿竖向的强度和刚度宜下大上小，逐渐均匀变化。当某层的侧向刚度小于相邻上层时，不宜小于相邻上部楼层刚度的 70%或其上相邻三层侧向刚度平均值的 80%(图 7-3)。A 级高度高层建筑楼层间抗侧力结构的受剪承载力不宜小于上一层的 80%，不应小于上一层的 65%；B 级高度高层建筑楼层间抗侧力结构的受剪承载力不应小于其上一层的 75%(图 7-4)。

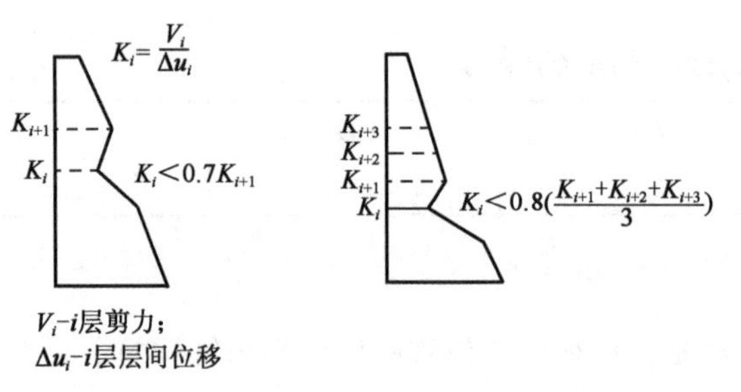

图 7-3 沿竖向的侧向刚度不规则

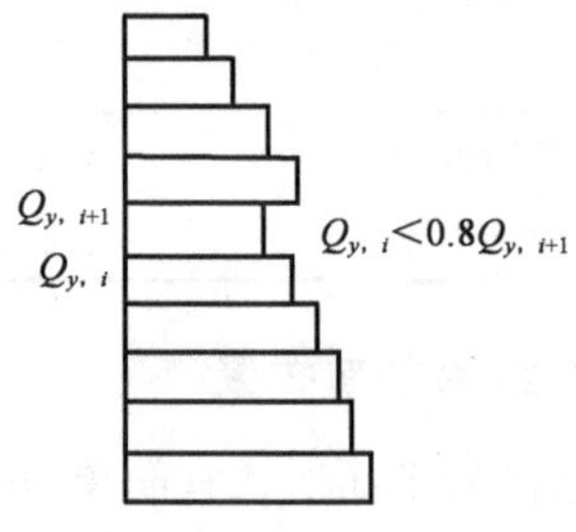

图 7-4 楼层承载力突变

对确实需要竖向收进或外挑的房屋，应满足一定的要求。抗震设计时，当结构上部楼层收进部位到室外地面的高度 H_1 与房屋高度 H 之比大于 0.2 时，上部楼层收进后的水平尺寸 B_1 不宜小于下部楼层水平尺寸 B 的 0.75 倍[图 7-5a)、图 7-5b)]；当上部结构楼层相对于下部结构楼层外挑时，下部楼层的水平尺寸 B 不宜小于上部楼层水平尺寸 B_1 的 0.9 倍，且水平外挑尺寸 a 不宜大于 4m[图 7-5c)、图 7-5d)]。

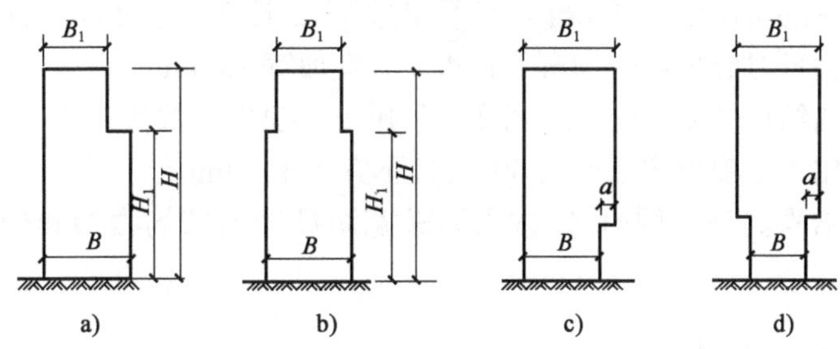

图 7-5　结构竖向收进和外挑

4. 变形缝的设置

变形缝分为伸缩缝和沉降缝，在地震区还有防震缝。

(1)伸缩缝

当房屋较长时，为了避免温度应力和混凝土收缩应力使房屋产生裂缝，而将房屋用伸缩缝分开。新浇混凝土在硬结过程中会产生收缩；已建成的结构由于外界温度的变化会产生热胀冷缩，当这种变形受到约束时，会在结构内部产生应力，导致裂缝的出现，影响正常使用。在多层建筑中，温度应力的危害一般发生在顶层，而在高层建筑中，温度应力的危害多在底部数层和顶部数层较为明显。

为了消除温度和收缩对结构造成的危害，可以用伸缩缝将上部结构从顶部到基础顶面断开，分成独立的温度区段。钢筋混凝土结构房屋伸缩缝的最大间距见表 7-4。

钢筋混凝土结构房屋伸缩缝的最大间距　　表 7-4

结构类别		室内或土中	露天
排架结构		100	70
框架结构	装配式	75	50
	整体式	55	35
剪力墙结构	装配式	65	40
	整体式	45	30

(2)沉降缝

一般多层建筑不同的结构单元高度相差不大，可不设沉降缝，除非地基情况差别较大。在高层建筑中主体结构与周围群房之间往往高度相差较大，重量相差悬殊，造成较大的沉降差。这时可以用沉降缝将二者从顶部到基础整个断开，使各部分自由沉降，避免由于沉降差引起附加应力，对结构造成危害。但是，高层建筑常常设置地下室，如再设置沉降缝，会使沉降缝部位防水处理困难，存在漏水隐患。另外，在地震区沉降缝两侧的上部建筑容易碰撞，造成危害。目前对该类问题的处理是不设沉降缝，将高低部分的结构连为整体，采用相应的措施减少沉降差。

(3)防震缝

当建筑平面复杂、不对称或各部分刚度、高度和质量相差悬殊时，在地震作用下会发生扭转，造成连接部位的破坏。对于这种平面形式，可设置防震缝将其分为几个较简单的结构单元。设置防震缝时，应有足够的宽度，防止地震时相临建筑物发生碰撞，造成损坏。防震缝的最小宽度应满足下列要求：

①框架结构房屋的防震缝宽度，当高度不超过 15m 时不应小于 100mm；超过 15m 时，6 度、7 度、8 度和 9 度每增加高度 5m、4m、3m 和 2m，宜加宽 20mm。

②框架—抗震墙结构房屋的防震缝宽度可采用第①项规定数值的 70%，抗震墙结构房屋的防震缝宽度可采用第①项规定数值的 50%；且不宜小于 70mm。

③防震缝两侧结构类型不同时，宜按需要较宽防震缝的结构类型和较低房屋高度确定缝宽。

7.1.3 框架结构体系

由梁、柱组成的能够承受竖向和水平作用的空间体系称为框架结构。框架结构按材料可分为钢框架和钢筋混凝土框架。目前我国较多采用的是钢筋混凝土框架。根据施工方法的不同，钢筋混凝土框架结构又可分为现浇式、装配式和装配整体式三种。在地震区多采用梁、柱、板全现浇的方案，全现浇框架的整体性好，抗震性好。在非地震区可采用装配式和装配整体式。

框架结构的优点是建筑平面布置灵活，柱网间距可大可小，既能提供较大的室内空间，又可通过设置隔墙(板)形成小房间。因此，框架结构体系广泛应用于商场、办公楼、学校、医院及工业厂房等建筑。

框架结构的变形以剪切变形为主，在层间剪力作用下，柱子产生层间位移。由于柱子断面尺寸小，侧向刚度弱，所以在水平荷载作用下位移较大，故钢筋混凝土框架结构多用于多层建筑，高层建筑用得较少。

《高层建筑混凝土结构技术规程》(JGJ 3—2010)规定在非抗震区，框架结构的最大适用高度为 70m，在抗震区，抗震设防烈度为 6 度、7 度、8 度、9 度时，框架结构的最大适用高度分别为 60m、55m、45m 及 25m。

7.1.4 剪力墙结构

1. 剪力墙结构的特点

由钢筋混凝土墙体承受竖向荷载和水平荷载的结构体系叫剪力墙结构体系。剪力墙结构体系具有整体性好、抗侧移刚度大、延性好等优点，该类结构无突出墙面的梁、柱，可降低建筑层高，充分利用空间，特别适用于 10～30 层的高层住宅和高层旅馆。剪力墙结构的主要缺点是平面布置不够灵活，难以获得较大的建筑空间，结构的自重大。剪力墙结构可以简化为下部固定在基础上的悬臂板，竖向荷载在墙体内主要产生向下的压力，侧向力在墙体内产生水平剪力和弯矩。在地震区水平方向主要承受地震作用，在《建筑抗震设计规范》(GB 50011—2010)中剪力墙又叫抗震墙。

2. 剪力墙结构的形式与布置

(1)剪力墙结构的形式

剪力墙根据墙面开洞大小情况分为无洞单肢剪力墙、整体和小开口剪力墙、联肢剪力墙、多肢剪力墙,另外根据剪力墙的落地情况及肢的长短,还有框支、短肢剪力墙。

无洞单肢剪力墙是剪力墙的立面上没有任何洞口,在水平荷载作用下犹如一根悬臂梁,其内力和变形可用材料力学的方法进行计算[图 7-6a)]。

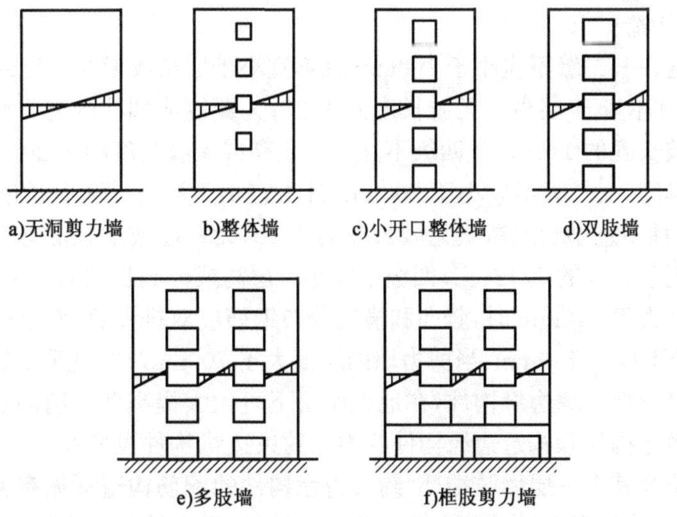

图 7-6 剪力墙的分类

整体和小开口剪力墙是墙面上只有很小的洞口,局部弯曲引起的应力很小,其值不超过整体弯曲应力的 15%,仍可用材料力学的方法进行计算,然后加以修正[图 7-6b)、图 7-6c)]。

当剪力墙的墙面上开有一排或几排较大的洞口,在水平荷载作用下截面上正应力的分布较直线规律有较大的差异。每根连梁的中部都有反弯点,而墙肢仅在少数楼层出现反弯点,墙肢变形仍以弯曲变形为主。这种墙体若只开有一列洞口则称为双肢墙[图 7-6d)],开有两列及以上洞口的称为多肢墙[图 7-6e)]。

在剪力墙结构的底部,有时因建筑使用功能的要求需设置大空间,上部楼层的部分剪力墙不能直接落地,需设置框架,做成转换层,形成部分框支剪力墙体系[图 7-6f)]。

短肢剪力墙是指墙肢截面高度与厚度之比为 5～8 的剪力墙结构,是近几年兴起的结构形式,在住宅建筑中应用较多。短肢剪力墙不宜过少,墙肢不宜过短,要设置剪力墙筒体(或一般剪力墙),构成短肢剪力墙—筒体结构体系(或一般剪力墙),共同抵抗水平力的作用。

(2)剪力墙结构的布置

在剪力墙结构中剪力墙应双向布置,避免单向布置,并宜使两个方向的刚度接近。为了减轻结构自重,节约混凝土,并使结构具有适宜的刚度,剪力墙布置不宜太密。剪力墙结构应具有延性,应设计成高宽比大于 2 的、以弯曲变形为主的延性剪力墙。为满足这个要求,较长的剪力墙宜开设洞口,将其分成长度较为均匀的若干墙段,墙段之间宜采用弱连梁连接,每个独立墙段的总高度与其截面高度之比不应小于 2。为了使墙体的配筋充分发挥其强度,《高层建筑混凝土结构技术规程》(JGJ 3—2010)规定,墙肢截面高度不宜大于8m。剪力墙宜自下至上连续布置,避免刚度突变。

框支剪力墙应有一定数量的剪力墙落地,以免薄弱层的刚度削弱太多。

《建筑抗震设计规范》(GB 50011—2010)规定,抗震墙(剪力墙)结构体系适用的最大高度,在设防烈度为6度、7度、8度(0.2g)、8度(0.3g)、9度区分别为140m、120m、100m、80m、60m。部分框支抗震墙(剪力墙)体系的最大适用高度在设防烈度为6度、7度、8度(0.2g)、8度(0.3g)区分别为120m、100m、80m、50m,9度区不采用。

(3)剪力墙的构造要求

剪力墙的厚度,一、二级不应小于160mm且不宜小于层高或无肢长度的1/20,三、四级不应小于140mm且不宜小于层高或无肢长度的1/25;无翼墙或端柱的剪力墙厚度,一、二级不宜小于层高或无肢长度的1/16,三、四级不宜小于层高或无肢长度的1/20。

底部加强区厚度一、二级不应小于200mm且不宜小于层高或无肢长度的1/16,三、四级不应小于160mm且不宜小于层高或无肢长度的1/20,无翼墙或端柱的剪力墙厚度,一、二级不宜小于层高或无肢长度的1/12,三、四级不宜小于层高或无肢长度的1/16。

剪力墙的厚度大于140mm时,竖向和横向分布钢筋应双排设置,双排间拉接筋间距不应大于600mm,直径不应小于6mm;当剪力墙的厚度大于700mm时,宜采用四排配筋。在墙肢端部按构造要求设置剪力墙边缘构件,在地震作用下可大大提高剪力墙的延性。剪力墙的边缘构件分为约束边缘构件和构造边缘构件两类。约束边缘构件设置在一、二级抗震设计的剪力墙底部加强部位及其上一层墙肢端部(约束边缘构件的配筋构造详见有关抗震设计教材)。三、四级抗震设计和非抗震设计的剪力墙以及一、二级抗震设计的剪力墙,除了设置约束边缘构件的部位,应在墙肢端部设置构造边缘构件。构造边缘构件设置在以下部位:当端部有端柱时,端柱即成为构造边缘构件[图7-7c)];当墙肢端部无端柱时,则应设置构造暗柱[图7-7a)];对带有翼缘的剪力墙,构造边缘构件可向翼缘扩大[图7-7b)]。约束边缘构件内配筋不少于4⌀12的纵筋,沿竖向的箍筋不少于φ6@250。

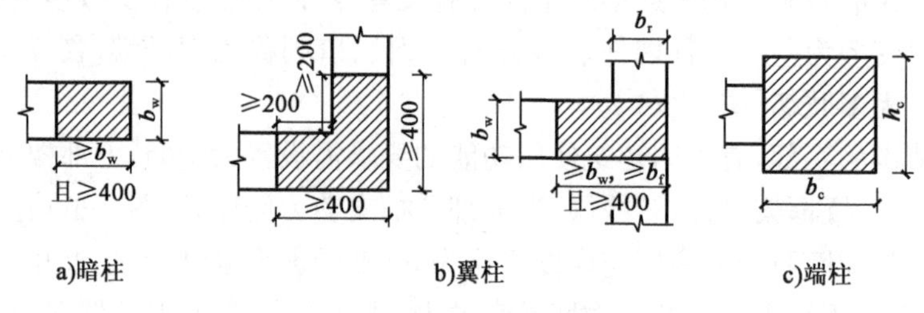

图7-7 剪力墙的构造边缘构件

7.1.5 框架—剪力墙结构

由框架和一定数量的剪力墙组成的结构体系叫框架—剪力墙结构体系,亦称框架—抗震墙体系。框架结构的侧向刚度小,抵抗水平荷载的能力差,但具有空间大、平面布置灵活的特点;剪力墙结构的侧向刚度大,抵抗水平荷载的能力强,但平面布置不够灵活。框架—剪力墙结构既能提供较大的空间,又具有较大的抗侧力刚度,因而广泛应用于10～20层的办公楼、教学楼、医院、宾馆等建筑中。

在水平荷载作用下，框架结构的变形是剪切型，上部层间变形小，下部层间变形大。剪力墙结构的变形是弯曲型，上部层间侧移大，下部层间侧移小。框架和剪力墙通过平面内刚度很大的楼板结合在一起，使它们水平位移协调一致，形成弯剪型变形（图 7-8），各层的层间侧移与层间剪力趋于均匀。

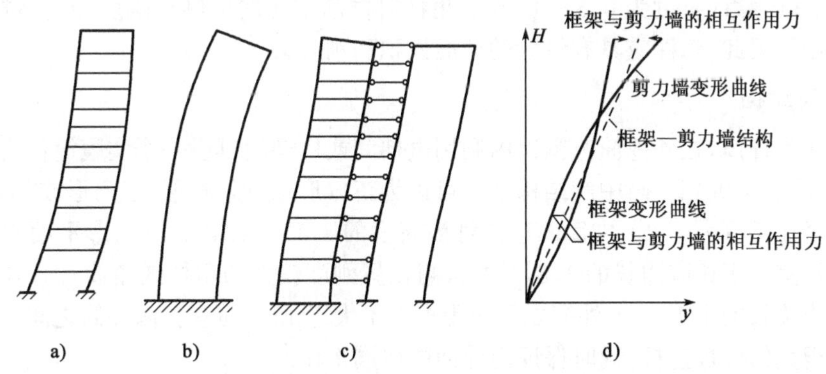

图 7-8　框架与剪力墙的相互作用

框架—剪力墙结构布置中的关键问题是剪力墙的布置，应符合下列要求：

(1)剪力墙宜均匀布置在建筑物的周边附近、楼梯间、电梯间、平面形状变化及恒荷载较大的部位，剪力墙的间距不宜过大。

(2)平面形状凹凸较大时，宜在凸出部分的端部附近布置剪力墙。

(3)纵横剪力墙宜组成 L 形、T 形、[形等形式。

(4)单片剪力墙底部承担的水平剪力不宜超过结构底部总水平剪力的 40%。

(5)剪力墙宜贯通建筑物的全高，宜避免刚度突变，剪力墙开洞时洞口宜上下对齐。

(6)剪力墙的布置宜使结构各主轴方向侧向刚度接近。

(7)《建筑抗震设计规范》(GB 50011—2010)规定框架—剪力墙结构的最大适用高度，在抗震设防烈度为 6 度、7 度、8 度（0.2g）、8 度（0.3g）、9 度区分别为 130m、120m、100m、80m、50m。

7.1.6　筒体结构

由封闭的剪力墙或密柱深梁形成的空间结构称为筒体结构。筒体结构可分为框筒、筒中筒、框架核心筒结构（图 7-9）及束筒结构。

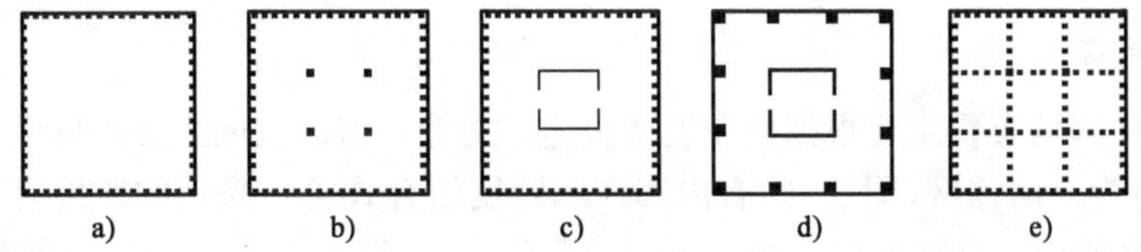

图 7-9　筒体结构平面

1. 框筒结构

由密排柱和跨高比较小的群梁构成密柱深梁框架，布置在建筑物的周围，形成框筒结构[图 7-9a)]。当框筒单独作为承重结构时，一般在中间需布置柱子来承受竖向荷载，以减小楼盖的跨度[图 7-9b)]，水平力全部由框筒结构承受，房屋中间的柱子仅承受竖向荷载，侧向力的作用很小，可忽略。框筒周边柱轴线间距一般为 2.0～3.0m，不宜大于 4.0m；窗群梁截面高度为 0.6～1.2m，截面宽度为 0.3～0.5m。角柱对框筒结构的抗侧移刚度和整体抗扭具有十分重要的作用。因此，角柱应具有较大的截面面积和刚度。

2. 筒中筒结构

以框筒作为外筒，在外框筒范围以内利用电梯间或楼梯间再设一个实腹筒作为内筒，便成为筒中筒结构[图 7-9c)]。筒中筒结构平面可以为正方形、矩形、圆形、三角形或其他形状。矩形平面的长宽比不宜大于 2。内筒的边长可为高度的 1/15～1/12。三角形平面宜切角，外筒的切角长度不宜小于相应边长的 1/8，其角部可设置刚度较大的角柱或角筒；内筒的切角长度不宜小于相应边长的 1/10。内外筒之间的距离以不大于 12m 为宜。内外筒之间一般不设柱，用水平刚度很大的楼板连接，同时保证内外筒的协同工作。

《建筑抗震设计规范》(GB 50011—2010)规定筒中筒结构的最大高度，在设防烈度为 6 度、7 度、8 度(0.2g)、8 度(0.3g)、9 度区分别为 180m、150m、120m、100m、80m。

3. 框架—核心筒结构

将筒中筒结构外部柱距加大，周边已不能形成筒的工作状态，相当于框架的作用，这类结构称为框架—核心筒结构[图 7-9d)]。框架—核心筒的受力性能与框架—剪力墙结构相似。这类结构建筑平面较为灵活，又有较大的侧向刚度，因此常被用于高层办公楼建筑中。

框架—核心筒结构适用的最大高度，在设防烈度为 6 度、7 度、8 度(0.2g)、8 度(0.3g)、9 度时分别为 150m、130m、100m、90m、70m。

4. 束筒结构

由多个单筒集成一体，形成空间刚度极大的抗侧力结构称为束筒结构，又称多筒结构[图 7-9e)]。美国的西尔斯大厦就是采用了束筒体系，在我国尚没有此类建筑形式。

7.2 框架结构体系的计算

7.2.1 框架结构布置

1. 柱网、层高

框架结构柱网的布置主要根据使用要求决定。工业厂房的柱网主要根据生产工艺的要求布置，柱距一般为 6m，柱网(图 7-10)有内廊式和跨度组合式等。采用的跨度有 6.0m、7.5m、9m、12m 等。框架结构层高根据生产设备的需要而定，一般为 3.9～7.2m。民用房屋的柱网尺寸一般在 4.0m 以上，常用的范围为 6～8m；常用的层高为 3m、3.3m、3.6m、3.9m、4.2m等。

2. 框架的布置

框架的承重方案有横向框架承重方案、纵向框架承重方案和纵横向框架混合承重方案。

横向承重方案是主梁沿房屋的横向布置，连系梁沿房屋的纵向布置，竖向荷载由横向梁传给柱子。由于横向主梁的截面尺寸大，纵向联系梁的截面尺寸小，所以横向抗侧移刚度大，同时可以增大窗子面积，有利于通风采光。

纵向承重方案是主梁沿房屋的纵向布置，横向布置连系梁，楼面荷载由纵向梁传给柱子。这种方案有利于提高室内净高，但房屋的横向刚度差，应用较少。

在柱网为正方形或接近正方形或楼面活荷载较大等情况下，往往采用纵横双向布置的承重方案。在现浇结构中，楼盖采用双向板或井字楼盖。这种方案房屋的整体刚度大，能够抵抗不同方向的风荷载及水平地震作用。

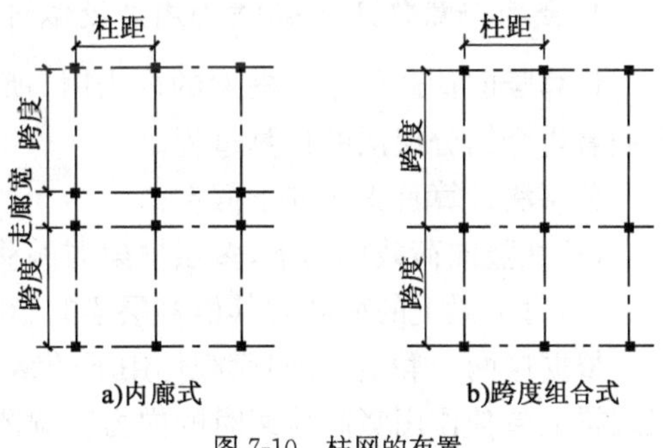

图 7-10 柱网的布置

7.2.2 框架结构的计算简图

框架结构较精确的计算方法应按空间模型采用有限元软件计算。对于较规则的框架结构，也可采用简化计算方法，将纵、横向框架分别按平面框架取计算单元(图 7-11)，忽略纵、横向框架之间的联系。

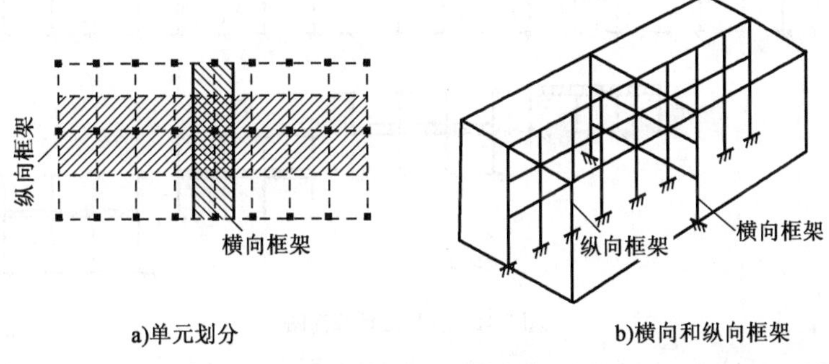

图 7-11 框架的计算简图

对现浇钢筋混凝土框架节点，将梁、柱节点简化为刚节点；对装配式框架结构，将梁柱节点简化为铰节点；对装配整体式框架结构，节点也按刚性节点处理，当然这种节点的刚性不如现浇式框架好。支座分为固定支座和铰支座，当为现浇混凝土柱时，支座简化为固定支座；当为预制柱杯型基础时，则应根据构造措施的不同可简化为固定支座或铰支座。

框架梁的跨度取柱子轴线间的距离，框架的层高取建筑层高，一层层高则取基础顶面至二层楼板面间的距离。

在计算梁的截面惯性矩 I 时，应考虑楼板的参与。对现浇楼盖，中框架取 $I=2I_0$，边框架取 $I=1.5I_0$；对装配整体式楼盖，中框架取 $I=1.5I_0$，边框架取 $I=1.2I_0$。其中，I_0 为矩形截面梁的截面惯性矩。对装配式楼盖，按梁的实际截面计算其惯性矩。

作用于楼面的竖向荷载有静荷载和活荷载。活荷载不可能以荷载规范所给定的标准值同时满布在所有楼面上，所以在设计楼面梁、墙、柱及基础时，应按《建筑结构荷载规范》(GBJ 50009—2001)的规定折减。风荷载和水平地震作用一般简化为作用于框架节点的水平集中力。

7.2.3 框架结构的内力计算及配筋计算

1. 竖向荷载作用下的结构内力近似计算

计算竖向荷载作用下框架的内力时，所用的近似方法有分层法、力矩分配法、迭代法等。下面着重介绍分层法的计算过程。

分层法计算首先作如下假定：

(1)在竖向荷载作用下，多层框架的侧移忽略不计。

(2)每层梁上的荷载对其他各层梁的影响忽略不计。

根据这两个假定，竖向荷载作用下的结构内力可按图 7-12a)进行叠加。图中实线部分为某层梁上单独作用竖向荷载时的内力影响范围，进而可按图 7-12b)的计算模型进行计算。实际上除底层柱的下端为固端外，其他节点均有转角。为了减小误差，对各计算简图在应用弯矩分配法时，除底层柱外，其他各层柱的线刚度均乘 0.9 的折减系数，各层柱的弯矩传递系数取 1/3(底层柱的传递系数仍取 1/2)。

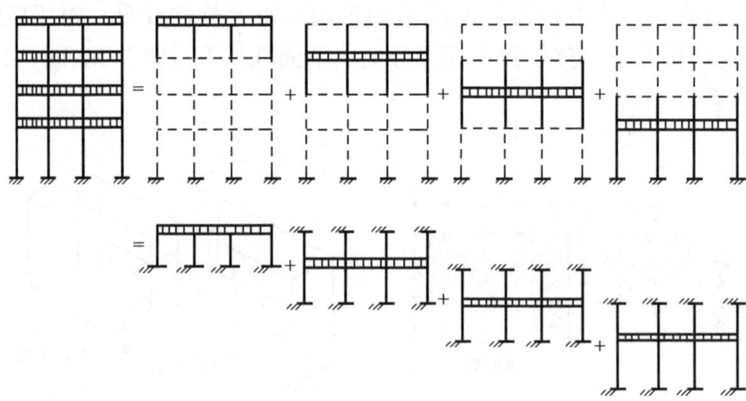

图 7-12 分层法计算简图

分层法适用于节点梁、柱线刚度比大于 3，且结构与竖向荷载分布都比较均匀的多高层框架的内力计算。其计算步骤如下：

(1)画出框架的分层计算简图。

(2)计算各节点的弯矩分配系数。

(3)计算每一跨梁的固端弯矩。

(4)对固端弯矩进行分配与传递。

(5)叠加各计算简图对应杆件的弯矩，作出弯矩图。

(6)按静力平衡条件作出其他内力图(轴力及剪力图)。

由分层法得到节点处的弯矩之和常常不为零，若要提高精度，可对节点不平衡弯矩再作一次分配。

2. 水平荷载作用下的框架内力近似计算

多层框架在水平荷载(如风荷载和水平地震)作用下,作简化计算时将水平分布的荷载简化为作用于框架节点的水平集中荷载。因此各杆的弯矩图都是直线形,每一杆件有一个零弯矩点即反弯点(图 7-13)。因为梁的轴向变形可忽略不计,故同一层内的各节点具有相同的侧向位移。如果能求出各柱反弯点的位置及各柱的剪力,便可求出各柱的柱端弯矩,进而可根据节点平衡求得梁端弯矩及整个框架的其他内力,这种方法称为反弯点法。采用该方法有以下基本假定:

(1)进行各柱间的剪力分配时,假定梁的线刚度与柱的线刚度之比为无限大,即不考虑节点发生转角。

(2)底层柱的反弯点在距柱底 2/3 层高处,其他层柱的反弯点位于层高的中点。

(3)梁端弯矩由节点平衡条件求出,并按节点左、右梁的线刚度进行分配。

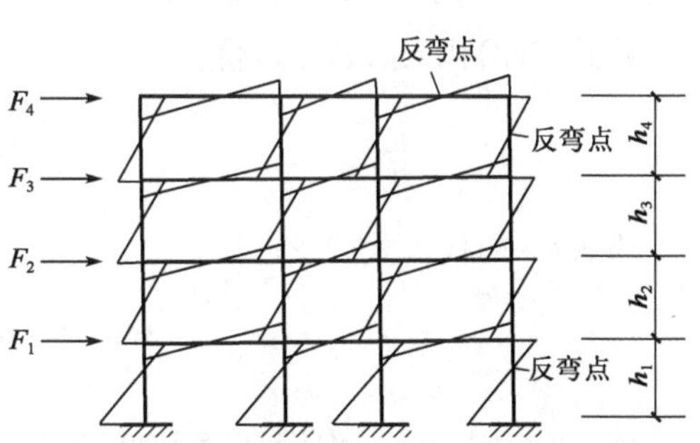

图 7-13　框架在水平力作用下的弯矩图

对于实际工程,当梁、柱线刚度比大于 3 时,由上述假定所引起的误差能够满足工程设计的精度要求。

设框架结构有 n 层,每层内有 m 个柱子[图 7-14a)],将框架第 j 层各柱在柱的反弯点处切开,代以剪力和轴力[图 7-14b)]。取上部为脱离体,由水平方向的平衡条件得:

$$V_j = \sum_{i=j}^{n} F_i \tag{7-1}$$

$$V_j = V_{j1} + \cdots + V_{jk} + \cdots + V_{jm} = \sum_{k=1}^{m} V_{jk} \tag{7-2}$$

式中:F_i——作用在第 i 层的水平力;

V_j——水平荷载在第 j 层产生的层间剪力;

V_{jk}——第 j 层第 k 柱的剪力;

m——第 j 层的柱子数;

n——楼层数。

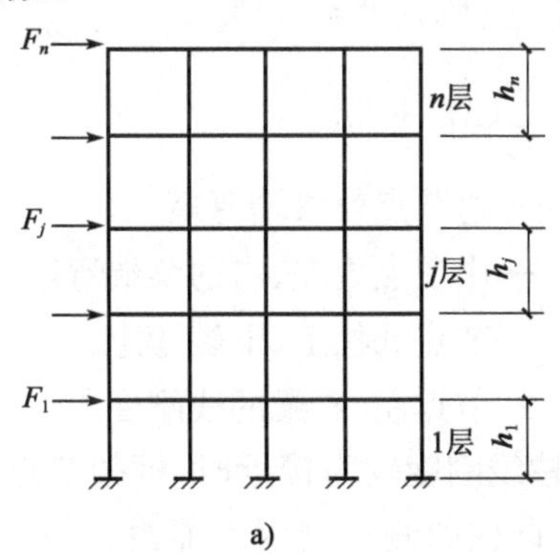

a)

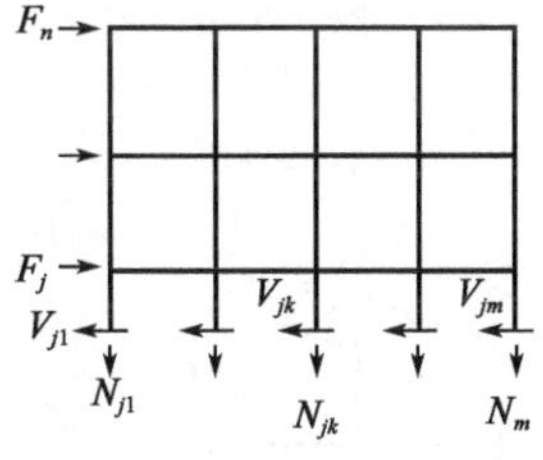

b)

图 7-14　反弯点法计算简图

忽略梁的轴向变形，由结构力学可知，第 j 层第 k 根柱的剪力 V_{jk} 和第 j 层的层间位移 Δu_j 之间有如下关系：

$$V_{jk}=\Delta u_j D_{jk} \tag{7-3}$$

$$D_{jk}=\frac{12i_{jk}}{h_j^2} \tag{7-4}$$

式中：D_{jk}——第 j 层第 k 根柱的侧移刚度；

h_j——第 j 层柱的高度；

i_{jk}——第 j 层第 k 柱的线刚度。

将式(7-3)代入式(7-2)，得：

$$\Delta u_j=\frac{V_j}{\sum\limits_{k=1}^{m}D_{jk}} \tag{7-5}$$

将式(7-5)代入式(7-3)，得：

$$V_{jk}=\frac{D_{jk}}{\sum\limits_{k=1}^{m}D_{jk}}V_j \tag{7-6}$$

因 V_{jk} 在同一楼层内沿高度不变，在反弯点处切开，由假定(2)便可求得各柱的杆端弯矩。对于底层柱，有：

$$M_{c1k}^{t}=V_{1k}\frac{h_1}{3}$$

$$M_{c1k}^{b}=V_{1k}\frac{2h_1}{3} \qquad [7\text{-}7a)]$$

对于上部各层柱，有：

$$M_{cjk}^{t}=M_{cjk}^{b}=V_{jk}\frac{h_j}{2} \qquad [7\text{-}7b)]$$

上式中的下标 jk 表示第 j 层第 k 根柱，上标 t、b 分别表示柱的顶端和底端。

求得柱端弯矩后，根据假定(3)可求得各梁端的弯矩(图 7-15)，对边柱节点有：

$$M_b=M_c^u+M_c^l \qquad [7\text{-}8a)]$$

对中柱节点有：

$$M_b^l=\frac{i_b^l}{i_b^l+i_b^r}(M_c^u+M_c^l)$$

$$M_b^r=\frac{i_b^r}{i_b^l+i_b^r}(M_c^u+M_c^l) \qquad [7\text{-}8b)]$$

式中：M_b——边节点处梁端弯矩；

M_b^l、M_b^r——中节点处左、右的梁端弯矩；

M_c^u、M_c^l——节点处柱上、下端弯矩；

i_b^l、i_b^r——节点左、右梁的线刚度。

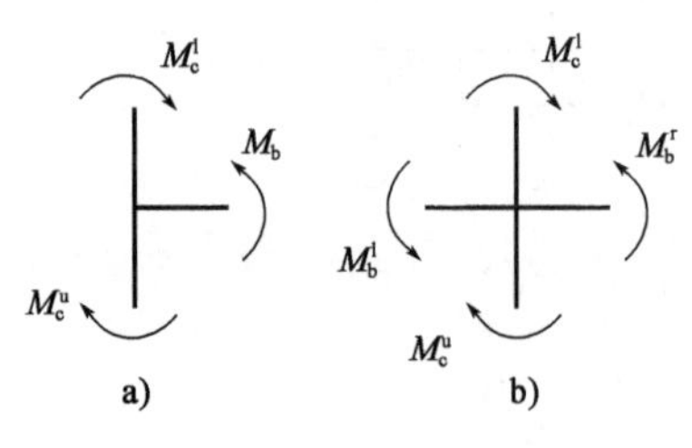

图 7-15　节点平衡弯矩

当梁柱线刚度较为接近时，框架节点对柱的约束应为弹性支承，即柱的侧移刚度不能由式(7-4)求得。另外，柱的反弯点高度也不符合假定(2)。再用反弯点法进行计算将带来较大的误差，此时可采用改进的反弯点法(D值法)。

3. 框架梁、柱的配筋计算

(1)控制截面和最不利内力组合

在对框架结构的梁、柱进行配筋计算时，通过内力组合找出控制截面上的最不利内力，作为截面配筋设计的依据。框架梁的控制截面是支座和跨中截面。这里注意，梁支座截面是指支座边缘处的截面。应根据轴线处的弯矩和剪力计算出柱边梁截面的弯矩和剪力，计算公式同第6章的式(6-13)～式(6-15)。柱的控制截面取柱的上、下端。

框架梁、柱的最不利内力组合为：

梁端截面——$+M_{max}$、$-M_{max}$、V_{max}；梁跨中截面——$+M_{max}$、$-M_{max}$(组合时可能出现)；柱端截面——$|M|_{max}$及相应的N、V，N_{max}及相应的M，N_{min}及相应的M。

(2)活荷载布置

①最不利活荷载布置法：利用影响线确定活荷载的不利位置，详见第6章。

②分跨计算组合法：该方法是将活荷载逐层逐跨单独地作用在结构上，分别计算出整个结构的内力，根据指定的截面组合出最不利内力。通常该方法借助于计算机完成。

③满布活荷载法：当活荷载较小时，把活荷载同时作用于所有的框架梁上。将算得的梁跨中弯矩乘以1.1～1.2的增大系数。

(3)荷载组合

对于非抗震设计的框架结构，承受的荷载类型主要有恒荷载、活荷载、风荷载。其基本组合有：恒荷载+活荷载；恒荷载+风荷载；恒荷载+0.9(活荷载+风荷载)。

(4)构件截面配筋

计算框架梁的配筋时，根据控制截面的最不利弯矩和剪力，按正截面承载力和斜截面承载力的计算方法确定所需纵筋和腹筋的量，再采取相应的构造措施。在竖向及水平荷载作用下，为了形成梁铰破坏机制及避免梁支座处负筋的拥挤现象，可对梁端进行塑性调幅。塑性调幅是对竖向荷载作用下的内力进行调幅，然后再进行内力组合。塑性调幅的原则详见第6章。

框架柱属于偏心受压构件，正截面受压承载力计算时，框架的中柱和边柱一般按单向偏心受压构件考虑，角柱常常按双向偏心受压构件考虑。另外，框架柱还应进行斜截面承载力计算。

7.2.4 框架结构的构造要求

1. 一般规定

(1)钢筋混凝土框架的混凝土强度等级不低于C20；纵向钢筋一般采用HRB335级、HRB400级、HRB500级。箍筋采用HPB300级或HRB335级。

(2)混凝土保护层的厚度根据混凝土所处的环境类别确定。

(3)框架梁的截面高度h可按$(1/18\sim1/10)l$确定，l为梁的计算跨度，梁净跨与截面高度之比不宜小于4。梁的截面高度不宜小于200mm，梁截面的高宽比不宜大于4。

(4)框架柱截面的边长，层数不超过2层时不宜小于300mm，抗震设计层数超过2层时不宜小于400mm；柱剪跨比宜大于2；柱截面高宽比不宜大于3。

(5)框架梁、柱应分别满足受弯构件和受压构件的构造要求；地震区的框架还应满足抗震设计要求。

2. 连接构造

非抗震时现浇框架纵向钢筋在节点区的锚固和搭接应符合图 7-16 的要求。

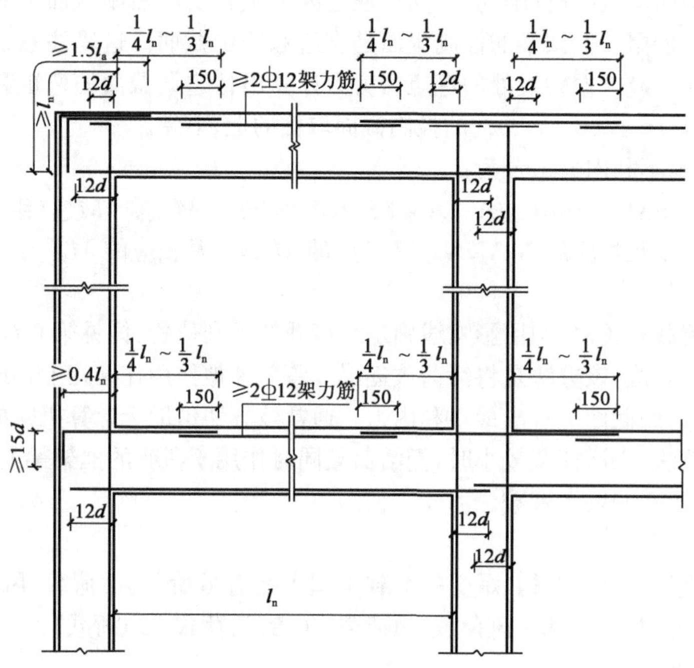

图 7-16　非抗震时现浇框架梁、柱纵向钢筋在节点区的锚固要求

顶层中节点柱纵向钢筋和边节点柱内侧纵向钢筋应伸至柱顶；当从梁底边计算的直线锚固长度不小于 l_a 时，可不必水平弯折，见图[7-17a)]，否则应向柱内或梁、板内水平弯折；当充分利用柱纵向钢筋的抗拉强度时，其锚固段弯折前的竖直投影长度不应小于 $0.5l_a$，弯折后的水平投影长度不宜小于 12 倍的柱纵向钢筋直径，见图[7-17b)]。

顶层端节点处，在梁宽范围以内的柱外侧纵向钢筋可与梁上部纵向钢筋搭接，搭接长度不应小于 $1.5l_a$；在梁宽范围以外的柱外侧纵向钢筋可伸入现浇板内，其伸入长度与伸入梁内的相同(图 7-18)。当柱外侧纵向钢筋的配筋率大于 1.2%时，伸入梁内的柱纵向钢筋宜分两批截断，其截断点之间的距离不宜小于 20 倍的柱纵向钢筋直径。

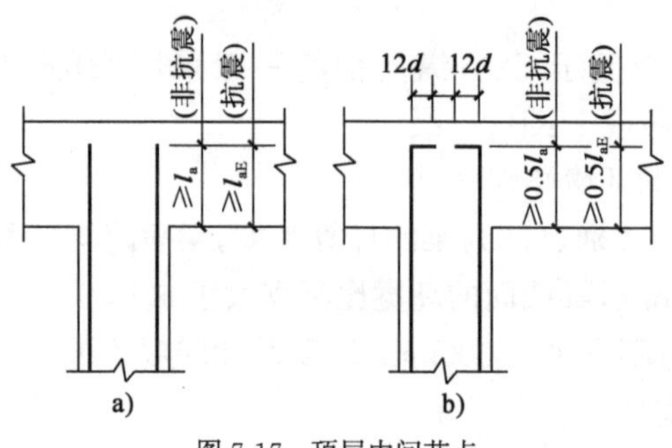

图 7-17　顶层中间节点

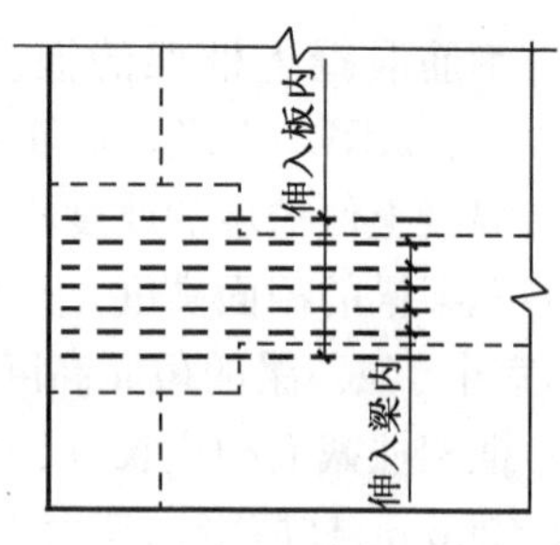

图 7-18　顶层端节点纵向钢筋的梁内搭接

梁上部纵向钢筋伸入端节点的锚固长度，直线锚固时不应小于 l_a，且伸过柱中心线的长度不宜小于 5 倍的梁纵向钢筋直径；当柱截面尺寸不足时，梁上部纵向钢筋应伸至节点对边并向下弯折，锚固段弯折前的水平投影长度不应小于 $0.4l_a$，弯折后的竖直投影长度应取 15 倍的梁纵向钢筋直径。

当计算中不利用梁下部纵向钢筋的强度时，其伸入节点内的锚固长度，对带肋钢筋应取不小于 12 倍的梁纵向钢筋直径，对光面钢筋不小于 15 倍。当计算中充分利用梁下部钢筋的抗拉强度时，直线锚固时的锚固长度不应小于 l_a；弯折锚固时锚固段的水平投影长度不应小于 $0.4l_a$，竖直投影长度应取 15 倍的梁纵向钢筋直径。

抗震设计时，框架梁、柱的纵向钢筋在框架节点区的锚固和搭接，应符合图 7-19 的要求。

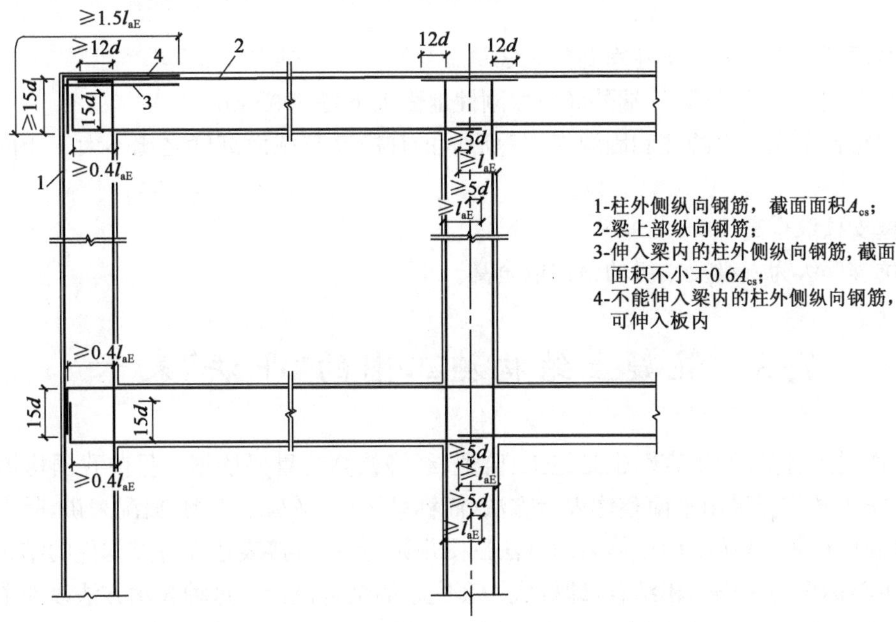

图 7-19 抗震时现浇框架梁、柱纵向钢筋在节点区的锚固要求

顶层中节点柱纵向钢筋和边节点柱内侧纵向钢筋应伸至柱顶；当从梁底边计算的直线锚固长度不小于 l_{aE}时，可不必水平弯折，见图 7-17a)，否则应向柱内或梁内、板内水平弯折，锚固段弯折前的竖直投影长度不应小于 $0.5l_{aE}$，弯折后的水平投影长度不宜小于 12 倍的柱纵向钢筋直径，见图 7-17b)。

顶层端节点处，柱外侧纵向钢筋可与梁上部纵向钢筋搭接，搭接长度不应小于 $1.5l_{aE}$，且伸入梁内的柱外侧纵向钢筋截面面积不宜小于柱外侧全部纵向钢筋截面面积的 65%；在梁宽范围以外的柱外侧纵向钢筋可伸入现浇板内，其伸入长度与伸入梁内的相同。当柱外侧纵向钢筋的配筋率大于 1.2%时，伸入梁内的柱纵向钢筋宜分两批截断，其截断点之间的距离不宜小于 20 倍的柱纵向钢筋直径。

梁上部纵向钢筋伸入端节点的锚固长度，直线锚固时不应小于 l_{aE}，且伸过柱中心线的长度不应小于 5 倍的梁纵向钢筋直径；当柱截面尺寸不足时，梁上部纵向钢筋应伸至节点对边并向下弯折，锚固段弯折前的水平投影长度不应小于 $0.4l_{aE}$，弯折后的竖直投影长度应取 15 倍的梁纵向钢筋直径。

梁下部纵向钢筋的锚固与梁上部纵向钢筋相同，但采用 90°弯折方式锚固时，竖直段应向上弯入节点内。

柱纵向钢筋的连接要求：截面边长大于 400mm 的柱，纵向钢筋间距不宜大于 200mm，不应小于 50mm，全部纵向钢筋的配筋率非抗震设计时不宜大于 6%，抗震设计时，不宜大于 5%，不应大于 6%，抗震设计时不应大于 5%。上、下柱的纵向受力钢筋宜采用等强度对焊形式，当受拉钢筋直径≤28mm，受压钢筋直径≤32mm 时，可采用搭接接头。

抗震设计时柱箍筋加密区有下列要求：

(1)柱上、下端加密区范围，取截面高度(圆柱直径)、柱净高的 1/6 和 500mm 三者的最大值。

(2)底层柱的下端不小于柱净高的 1/3。

(3)当有刚性地面时，除柱端外尚应取刚性地面上下各 500mm。

(4)剪跨比不大于 2 的柱和因填充墙等形成的柱净高与截面高度之比不大于 4 的柱全高范围。

(5)框支柱取全高。

(6)抗震等级为一级及二级的角柱取全高。

7.3 混凝土结构施工图的“平法”表示

施工图是工程师的“语言”，也是施工、监理、经济核算的重要依据。目前我国房屋建筑混凝土结构施工图广泛采用平面整体表示方法(简称平法)。平法施工图，概况来讲，是把结构构件的尺寸和配筋等，按照平面整体表示方法制图规则，整体直接表达在各类构件的结构平面布置图上，再与标准构造详图相结合，即构成一套完整的结构设计。这种表示方法改变了传统的那种将构件从结构平面布置图中索引出来，再逐个绘制配筋详图的烦琐方法。

7.3.1 柱平法施工图表示方法

柱平法施工图有列表注写和截面注写两种方式。柱在不同标准层截面多次变化时，可用列表注写方式，否则宜用截面注写方式。

1. 列表注写方式

在柱平面布置图上，分别在同一编号的柱中选择一个(有时几个)截面标注几何参数代号，用简明的柱表注写柱号、柱段起止高程、几何尺寸(含截面对轴线的偏心情况)与配筋的具体数值，并配以各种柱截面形状及箍筋类型图。这里柱平面布置图(含剪力墙)包括框架柱、框支柱、梁上柱和剪力墙上柱。

列表注写内容如下：

(1)柱编号。柱编号由类型代号和序号组成，其标注规则应按表 7-5 采用。

(2)各段柱的起始高程。自柱根往上以变截面位置或截面未变但配筋改变处为界分段注写。框架柱和框支柱的根部标高系指基础顶面标高；梁上柱的根部标高系指梁底面标高；剪力墙上柱的根部标高分两种：当柱纵筋锚在墙顶部时，其根部标高为墙顶面标高；当柱与剪力墙重叠一层时，其根部标高为墙顶面往下一层的结构层楼面标高。结构层楼面标高是指将建筑图中的各层地面和楼面标高值扣除建筑面层及垫层厚度后的标高，结构层号应与建筑楼层号对应一致。

(3)截面尺寸。对矩形截面，截面尺寸 $b\times h$ 及与轴线关系的几何参数代号 b_1、b_2 和 h_1、h_2 的具体数值，需对应各段柱分别标注。对于圆柱，表中 $b\times h$ 一栏改用在圆柱直径数字前加 d 表示。

(4)柱纵筋。若柱的纵筋直径相同，各边根数也相同时，可将纵筋注写在"全部纵筋"一栏中。

(5)柱箍筋。表中注明箍筋的类型号及肢数，箍筋的加密区与非加密区用斜线分开。

柱平法施工图列表注写方式示例见图 7-20。

2. 截面注写方式

在分标准层绘制的柱平面布置图的柱截面上，分别在同一编号的柱中选择一个截面，直接注写截面尺寸和配筋数值。柱的编号规则仍按表 7-5 采用。

柱编号规则 表 7-5

柱 类 型	代 号	序 号	柱 类 型	代 号	序 号
框架柱	KZ	XX	梁上柱	LZ	XX
框支柱	KZZ	XX	剪力墙上柱	QZ	XX
芯柱	XZ	XX			

(1)在柱定位图中，按一定比例放大绘制柱截面配筋图，在其编号后再注写截面尺寸 $b\times h$、角筋或全部纵筋及箍筋。

(2)当柱纵筋采用同一直径时，可标注全部钢筋；当纵筋采用两种直径时，需将角筋和各边中部筋的具体数值分开标注；当柱采用对称配筋时，可仅在一侧注写纵筋。

(3)如柱的分段截面尺寸和配筋均相同，仅分段截面与轴线的关系不同时，可将其编为同一柱号。但此时应在未画配筋的柱截面上注写该截面与轴线关系的具体尺寸。

柱平法施工图截面注写方式示例见图 7-21。

7.3.2 剪力墙平法施工图表示方法

剪力墙平法施工图也有列表注写和截面注写两种方式。剪力墙在不同标准层截面多次变化时，可用列表注写方式，否则宜用截面注写方式。剪力墙平面布置图可采取适当比例单独绘制，也可与柱或梁平面图合并绘制。当剪力墙较复杂或采用截面注写方式时，应按标准层分别绘制。

1. 列表注写方式

把剪力墙视为由墙柱、墙身和墙梁三类构件组成，因此列表注写方式就是对应于剪力墙平面布置图上的编号，分别在剪力墙柱表、剪力墙身表和剪力墙梁表中注写几何尺寸与配筋数值，并配以各种构件的截面图，来表达剪力墙的施工图。图 7-22 为剪力墙平法施工图列表注写方式示例。

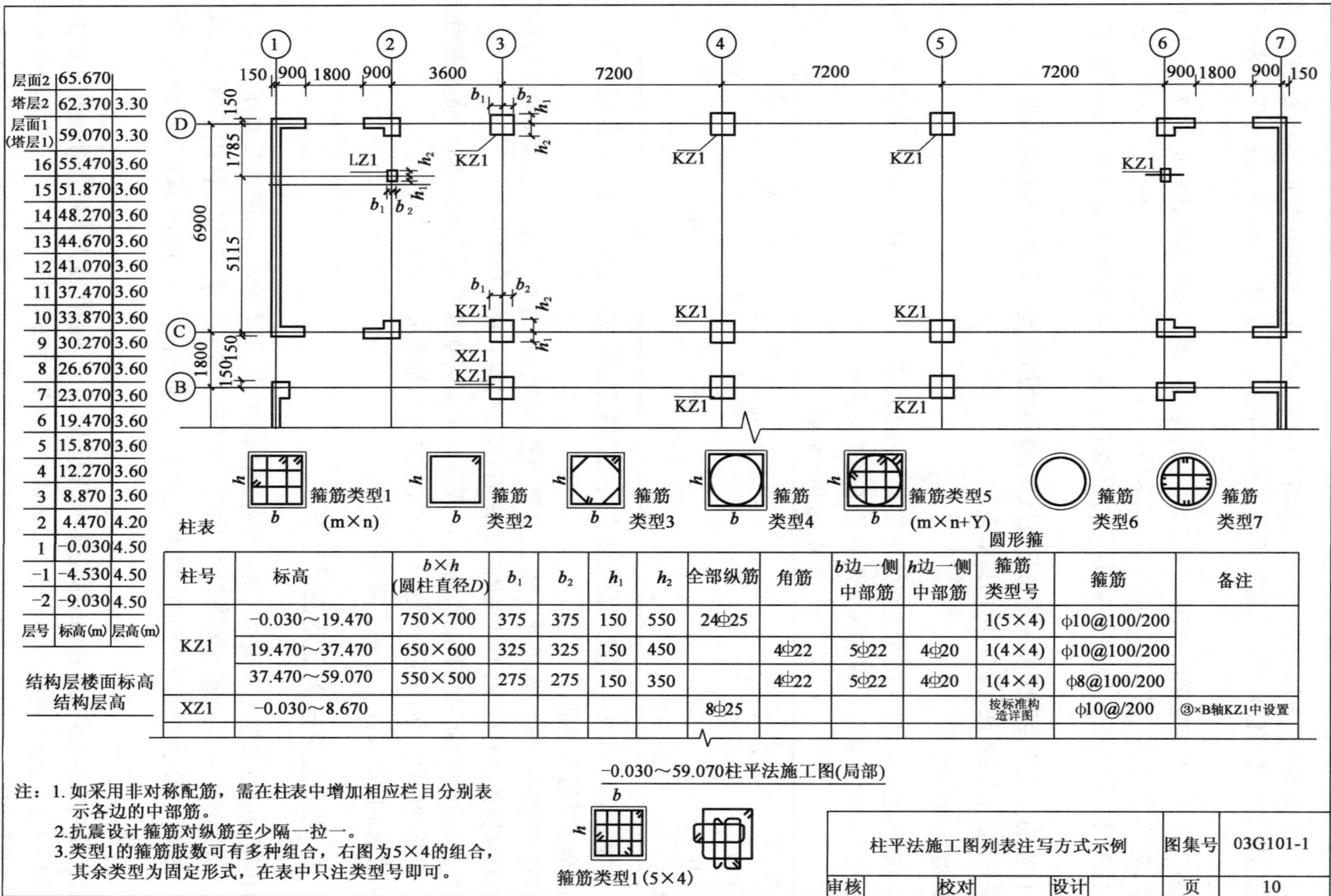

层面2 65.670
塔层2 62.370 3.30
层面1(塔层1) 59.070 3.30
16 55.470 3.60
15 51.870 3.60
14 48.270 3.60
13 44.670 3.60
12 41.070 3.60
11 37.470 3.60
10 33.870 3.60
9 30.270 3.60
8 26.670 3.60
7 23.070 3.60
6 19.470 3.60
5 15.870 3.60
4 12.270 3.60
3 8.870 3.60
2 4.470 4.20
1 -0.030 4.50
-1 -4.530 4.50
-2 -9.030 4.50
层号 标高(m) 层高(m)
结构层楼面标高
结构层高
箍筋类型1(m×n)
箍筋类型2
箍筋类型3
箍筋类型4
箍筋类型5(m×n+Y)
箍筋类型6
箍筋类型7
圆形箍
柱表
柱号 标高 b×h(圆柱直径D) b1 b2 h1 h2 全部纵筋 角筋 b边一侧中部筋 h边一侧中部筋 箍筋类型号 箍筋 备注
KZ1 -0.030~19.470 750×700 375 375 150 550 24Φ25 1(5×4) Φ10@100/200
19.470~37.470 650×600 325 325 150 450 4Φ22 5Φ22 4Φ20 1(4×4) Φ10@100/200
37.470~59.070 550×500 275 275 150 350 4Φ22 5Φ22 4Φ20 1(4×4) Φ8@100/200
XZ1 -0.030~8.670 8Φ25 按标准构造详图 Φ10@200 ③×B轴KZ1中设置
-0.030~59.070柱平法施工图(局部)
注：1. 如采用非对称配筋，需在柱表中增加相应栏目分别表示各边的中部筋。
2.抗震设计箍筋对纵筋至少隔一拉一。
3.类型1的箍筋肢数可有多种组合，右图为5×4的组合，其余类型为固定形式，在表中只注类型号即可。
箍筋类型1(5×4)
柱平法施工图列表注写方式示例
图集号 03G101-1
审核 校对 设计 页 10

图7-20 柱平法施工图列表注写方式示例

层号	标高(m)	层高(m)
层面2	65.670	—
塔层2	62.370	3.30
层面1 (塔层1)	59.070	3.30
16	55.470	3.60
15	51.870	3.60
14	48.270	3.60
13	44.670	3.60
12	41.070	3.60
11	37.470	3.60
10	33.870	3.60
9	30.270	3.60
8	26.670	3.60
7	23.070	3.60
6	19.470	3.60
5	15.870	3.60
4	12.270	3.60
3	8.670	3.60
2	4.470	4.20
1	-0.030	4.50
-1	-4.530	4.50
-2	-9.030	4.50

结构层楼面标高
结构层高

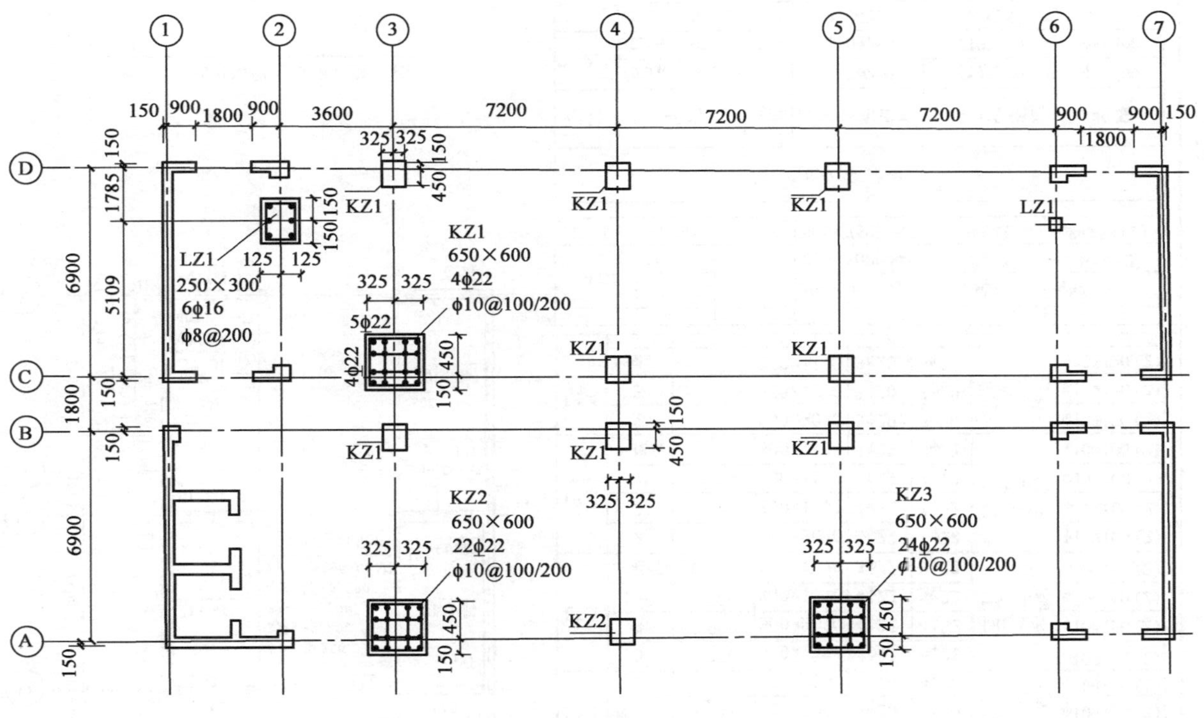

图7-21 柱平法施工图截面注写方式示例

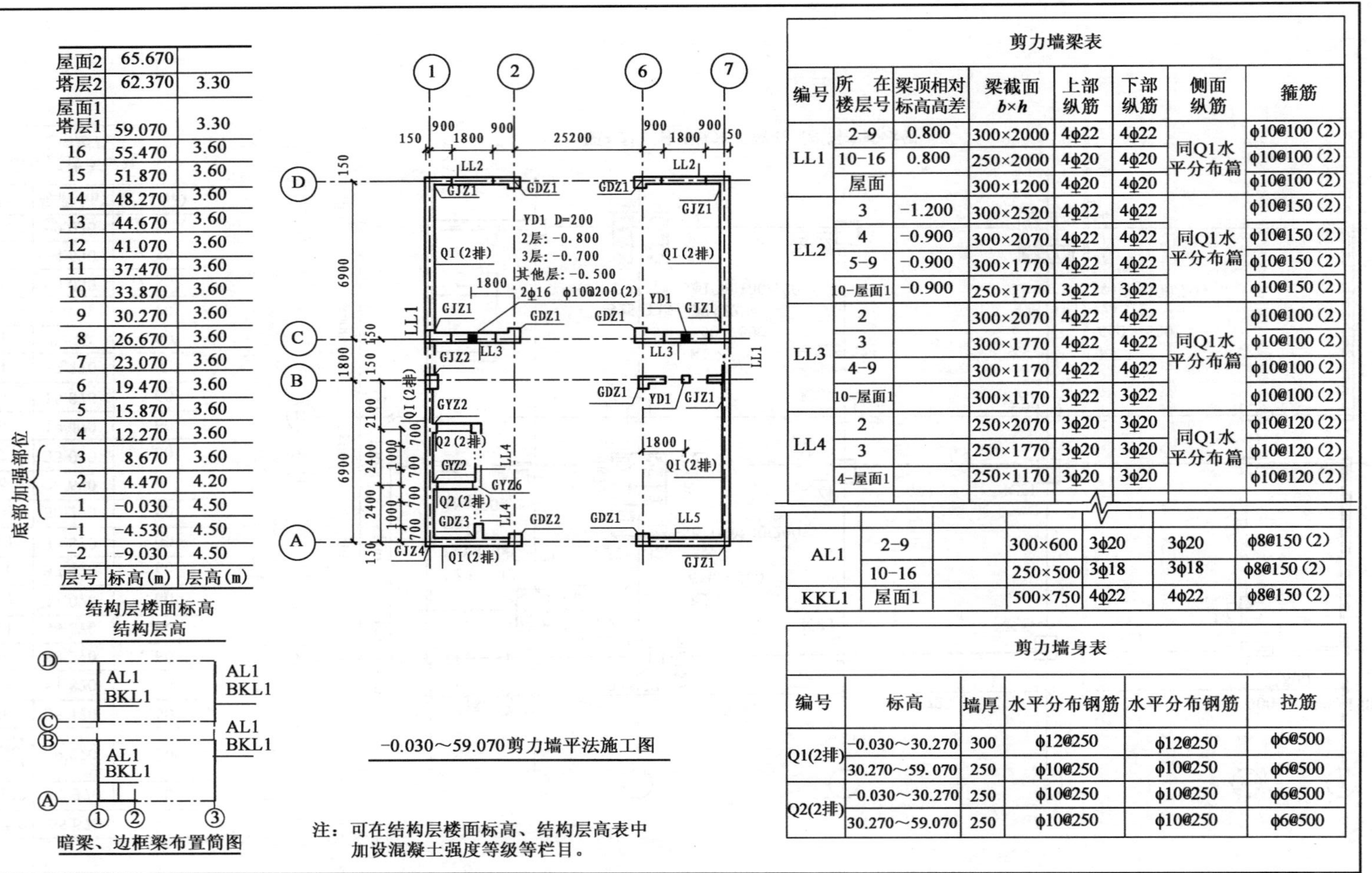

层号	标高(m)	层高(m)
屋面2	65.670	
塔层2	62.370	3.30
屋面1 塔层1	59.070	3.30
16	55.470	3.60
15	51.870	3.60
14	48.270	3.60
13	44.670	3.60
12	41.070	3.60
11	37.470	3.60
10	33.870	3.60
9	30.270	3.60
8	26.670	3.60
7	23.070	3.60
6	19.470	3.60
5	15.870	3.60
4	12.270	3.60
3	8.670	3.60
2	4.470	4.20
1	-0.030	4.50
-1	-4.530	4.50
-2	-9.030	4.50

底部加强部位

结构层楼面标高
结构层高

-0.030～59.070剪力墙平法施工图

注：可在结构层楼面标高、结构层高表中加设混凝土强度等级等栏目。

剪力墙梁表

编号	所在楼层号	梁顶相对标高高差	梁截面 $b\times h$	上部纵筋	下部纵筋	侧面纵筋	箍筋
LL1	2-9	0.800	300×2000	4ϕ22	4ϕ22	同Q1水平分布筋	ϕ10@100(2)
	10-16	0.800	250×2000	4ϕ20	4ϕ20		ϕ10@100(2)
	屋面		300×1200	4ϕ20	4ϕ20		ϕ10@100(2)
LL2	3	-1.200	300×2520	4ϕ22	4ϕ22	同Q1水平分布筋	ϕ10@150(2)
	4	-0.900	300×2070	4ϕ22	4ϕ22		ϕ10@150(2)
	5-9	-0.900	300×1770	4ϕ22	4ϕ22		ϕ10@150(2)
	10-屋面1	-0.900	250×1770	3ϕ22	3ϕ22		ϕ10@150(2)
LL3	2		300×2070	4ϕ22	4ϕ22	同Q1水平分布筋	ϕ10@100(2)
	3		300×1770	4ϕ22	4ϕ22		ϕ10@100(2)
	4-9		300×1170	4ϕ22	4ϕ22		ϕ10@100(2)
	10-屋面1		300×1170	3ϕ22	3ϕ22		ϕ10@100(2)
LL4	2		250×2070	3ϕ20	3ϕ20	同Q1水平分布筋	ϕ10@120(2)
	3		250×1770	3ϕ20	3ϕ20		ϕ10@120(2)
	4-屋面1		250×1170	3ϕ20	3ϕ20		ϕ10@120(2)
AL1	2-9		300×600	3ϕ20	3ϕ20		ϕ8@150(2)
	10-16		250×500	3ϕ18	3ϕ18		ϕ8@150(2)
KKL1	屋面1		500×750	4ϕ22	4ϕ22		ϕ8@150(2)

剪力墙身表

编号	标高	墙厚	水平分布钢筋	水平分布钢筋	拉筋
Q1(2排)	-0.030～30.270	300	ϕ12@250	ϕ12@250	ϕ6@500
	30.270～59.070	250	ϕ10@250	ϕ10@250	ϕ6@500
Q2(2排)	-0.030～30.270	250	ϕ10@250	ϕ10@250	ϕ6@500
	30.270～59.070	250	ϕ10@250	ϕ10@250	ϕ6@500

a)剪力墙平法施工图墙柱布置

图 7-22

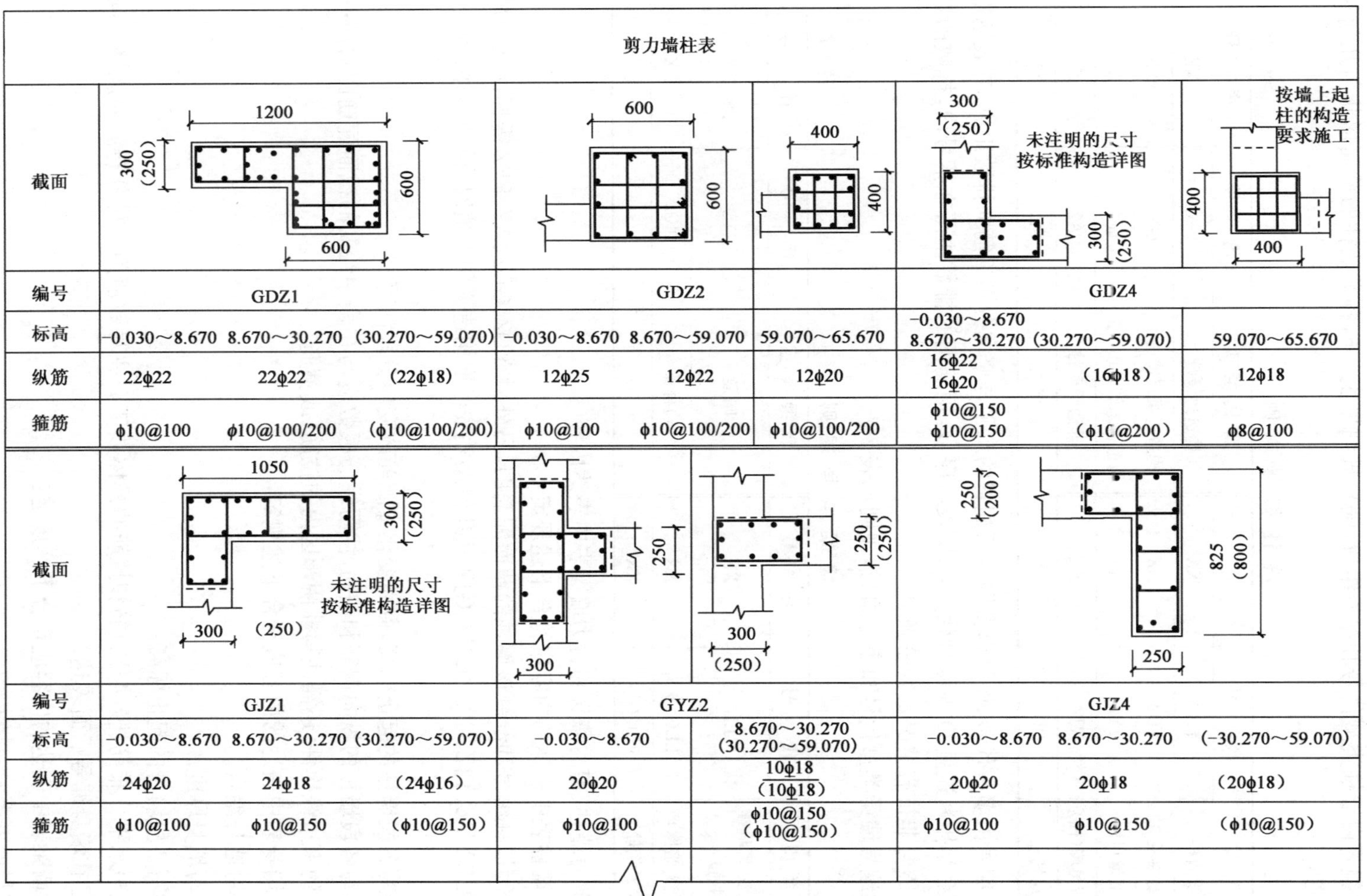

剪力墙柱表

截面	300 (250) 1200 600 600	600 600	400 400	300 (250) 未注明的尺寸按标准构造详图 300 (250)	按墙上起柱的构造要求施工 400 400
编号	GDZ1	GDZ2		GDZ4	
标高	-0.030～8.670 8.670～30.270 (30.270～59.070)	-0.030～8.670 8.670～59.070	59.070～65.670	-0.030～8.670 8.670～30.270 (30.270～59.070)	59.070～65.670
纵筋	22ф22 22ф22 (22ф18)	12ф25 12ф22	12ф20	16ф22 16ф20 (16ф18)	12ф18
箍筋	ф10@100 ф10@100/200 (ф10@100/200)	ф10@100 ф10@100/200	ф10@100/200	ф10@150 ф10@150 (ф1C@200)	ф8@100
截面	1050 300 (250) 未注明的尺寸按标准构造详图 300 (250)	250 300	250 (250) 300 (250)	250 (200) 825 (800) 250	
编号	GJZ1	GYZ2		GJZ4	
标高	-0.030～8.670 8.670～30.270 (30.270～59.070)	-0.030～8.670	8.670～30.270 (30.270～59.070)	-0.030～8.670 8.670～30.270 (-30.270～59.070)	
纵筋	24ф20 24ф18 (24ф16)	20ф20	10ф18 (10ф18)	20ф20 20ф18 (20ф18)	
箍筋	ф10@100 ф10@150 (ф10@150)	ф10@100	ф10@150 (ф10@150)	ф10@100 ф10@150 (ф10@150)	

b)剪力墙平法施工图墙柱列表大样

图7-22 剪力墙平法施工图列表注写方式示例

(1)剪力墙柱、剪力墙身和剪力墙梁编号规则

墙柱编号由墙柱类型代号和序号组成,编号规则见表 7-6,各类墙柱的截面形状与几何尺寸见图 7-23。

墙柱编号规则 表 7-6

墙柱类型	代号	序号	墙柱类型	代号	序号
约束边缘暗柱	YAZ	XX	构造边缘暗柱	GAZ	XX
约束边缘端柱	YDZ	XX	构造边缘翼墙(柱)	GYZ	XX
约束边缘翼墙(柱)	YYZ	XX	构造边缘转角墙(柱)	GJZ	XX
约束边缘转角墙(柱)	YJZ	XX	非边缘暗柱	AZ	XX
构造边缘端柱	GDZ	XX	扶壁柱	FBZ	XX

墙身编号由墙身代号、序号以及墙身所配置的水平与竖向分布钢筋的排数组成,其表达形式为 QXX(X 排),这里 Q 为墙身代号,XX 表示序号,钢筋网的排数注写在括号内,排数的数值根据抗震与非抗震情况及墙厚确定。

墙梁编号墙梁类型代号和序号组成,规则见表 7-7。

墙梁编号规则 表 7-7

墙梁类型	代号	序号	墙梁类型	代号	序号
连梁(无交叉暗撑及无交叉钢筋)	LL	XX	暗梁	AL	XX
连梁(有交叉暗撑)	LL(JC)	XX	边框梁	BKL	XX
连梁(有交叉钢筋)	LL(JG)	XX			

(2)剪力墙柱、剪力墙身和剪力墙梁表中表达内容

剪力墙柱表中表达的内容应符合下述规定:

①注写墙柱编号和绘制该墙柱的截面配筋图,另外对 YDZ、GDZ、AZ、FBZ 需标注几何尺寸,对 YAZ、YYZ、YJZ、GAZ、GYZ、GJZ 其几何尺寸按标准构造详图取值时,设计不注;否则,应注明。

②注写各段墙柱的起止标高,截面变化或配筋改变应分段注写。

③注写各段墙柱的纵向钢筋和箍筋,注写纵筋根数应与在表中绘制的截面配筋图对应一致。对于约束边缘构件,还需注写非阴影区内的拉筋(或箍筋)。

剪力墙身表中表达的内容应符合下述规定:

①注写墙身编号。

②注写墙身厚度。

③注写各段墙身的起止标高。

④注写水平分布筋、竖向分布筋和拉筋的具体数值。注写数值为一排分布筋的规格与间距,排数已在墙身编号后面表达。

剪力墙梁表中表达的内容应符合下述规定:

①注写墙梁编号,见表 7-7。

②注写墙梁所在的楼层号。

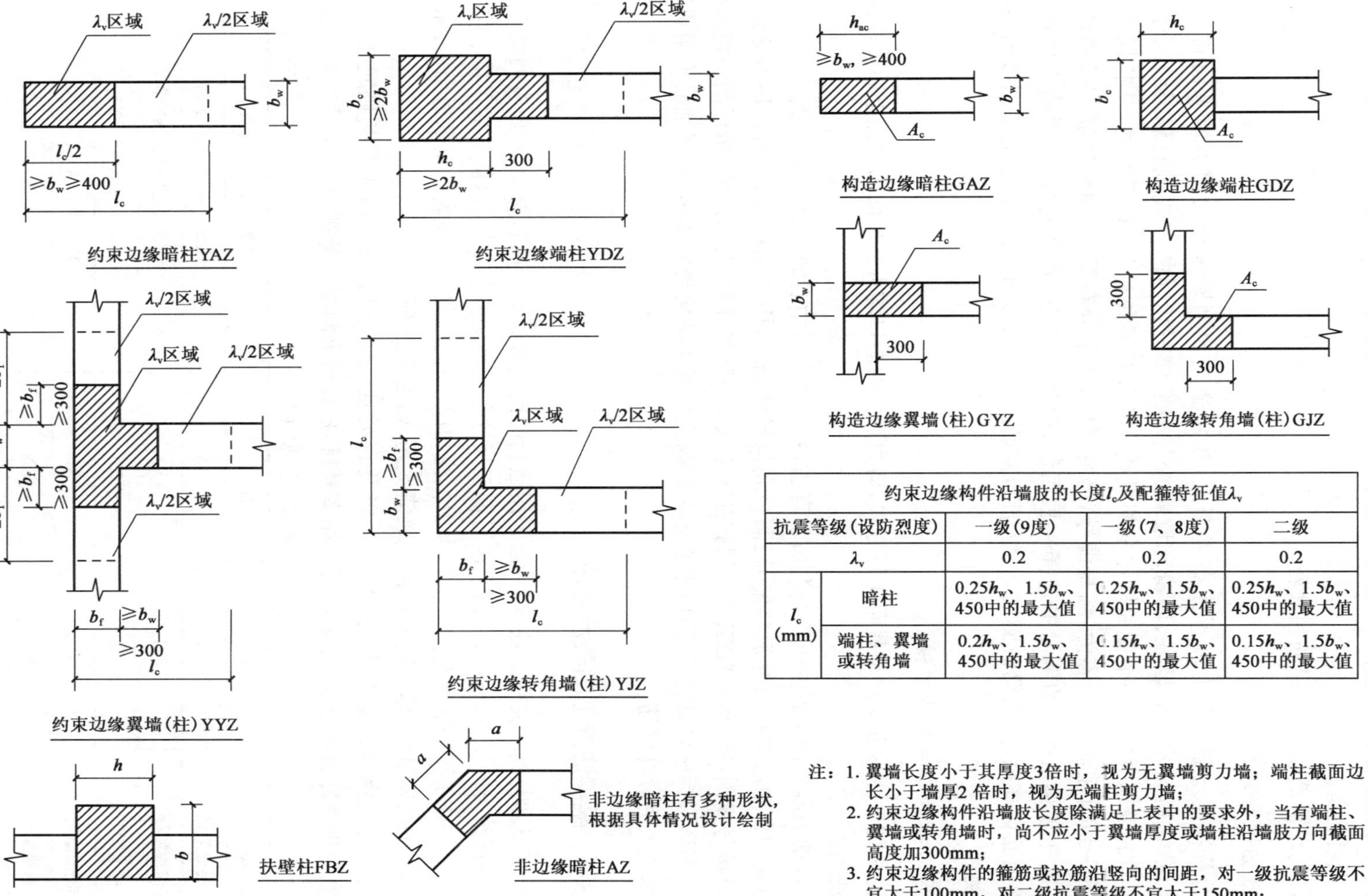

约束边缘构件沿墙肢的长度l_c及配箍特征值λ_v				
抗震等级(设防烈度)		一级(9度)	一级(7、8度)	二级
λ_v		0.2	0.2	0.2
l_c (mm)	暗柱	$0.25h_w$、$1.5b_w$、450中的最大值	$0.25h_w$、$1.5b_w$、450中的最大值	$0.25h_w$、$1.5b_w$、450中的最大值
	端柱、翼墙或转角墙	$0.2h_w$、$1.5b_w$、450中的最大值	$0.15h_w$、$1.5b_w$、450中的最大值	$0.15h_w$、$1.5b_w$、450中的最大值

注：1. 翼墙长度小于其厚度3倍时，视为无翼墙剪力墙；端柱截面边长小于墙厚2 倍时，视为无端柱剪力墙；
2. 约束边缘构件沿墙肢长度除满足上表中的要求外，当有端柱、翼墙或转角墙时，尚不应小于翼墙厚度或墙柱沿墙肢方向截面高度加300mm；
3. 约束边缘构件的箍筋或拉筋沿竖向的间距，对一级抗震等级不宜大于100mm，对二级抗震等级不宜大于150mm；
4. h_w为剪力墙墙肢的长度。

图7-23　各类墙柱的截面性质与集合尺寸

③注写墙梁顶面标高高差。高差是指墙梁顶面标高与其所在结构层楼面的标高之差，高者为正，低者为负。

④注写墙梁截面尺寸、纵筋和箍筋。

2. 截面注写方式

在分标准层绘制的剪力墙平面布置图上，先用适当比例原位放大剪力墙平面布置图（包括定位、截面尺寸），对墙柱、墙身和墙梁按与列表注写相同的方式进行编号。对于墙柱，从相同的编号中选择一个截面标注全部纵筋及箍筋的具体数值；对于墙身，从相同的编号中选择一道引注，引注内容为：墙身编号、墙身厚度、水平分布筋、竖向分布筋和拉筋的具体数值；对于墙梁从相同的编号中选择一根引注，引注内容为：墙梁编号、墙梁所在的楼层号、墙梁顶面标高高差、墙梁截面尺寸、纵筋和箍筋。图 7-24 为剪力墙平法施工图截面注写方式示例。

3. 剪力墙洞口的表示方法

无论是列表注写方式还是截面注写方式，剪力墙上的洞口均可在平面布置图上原位表达，表示方法为：

(1)在剪力墙平面布置图上绘制洞口示意图，并标注洞口中心的平面定位尺寸。

(2)从洞口中心进行引注洞口编号、洞口几何尺寸、洞口中心相对标高、洞口每边补强钢筋。洞口编号规则：矩形洞 JDXX，圆形洞 YDXX，XX 为序号；洞口几何尺寸：矩形洞洞宽×高（$b \times h$），圆形洞标洞口直径 D；洞口中心相对标高为相对于结构楼面标高；补强钢筋根据洞口尺寸按构造或另设补强筋。

7.3.3 梁平法施工图表示方法

将全部梁和与其相关联的柱、墙一起采用适当的比例绘制梁平面布置图，对所有的梁进行编号，对不同编号的梁各选一根在其上注写截面尺寸和配筋的具体数值，这就构成了梁平法施工图。梁平法施工图平面注写方式包括集中标注和原位标注，集中标注表达梁的通用值，原位标注表达梁的特殊数值，施工时原位标注取值优先，如图 7-25 所示。

梁的编号是由梁类型代号、序号、跨数以及有无悬挑代号几项组成，编号规则见表 7-8。其中跨数栏里 XX 表示跨数，A 表示梁一端有悬挑，B 表示梁两端有悬挑。

梁编号规则 表 7-8

梁类型	代号	序号	跨数及是否带有悬挑
楼层框架梁	KL	XX	(XX)、(XXA)或(XXB)
屋面框架梁	WKL	XX	(XX)、(XXA)或(XXB)
框支梁	KZL	XX	(XX)、(XXA)或(XXB)
非框架梁	L	XX	(XX)、(XXA)或(XXB)
悬挑梁	XL	XX	
井字梁	JZL	XX	(XX)、(XXA)或(XXB)

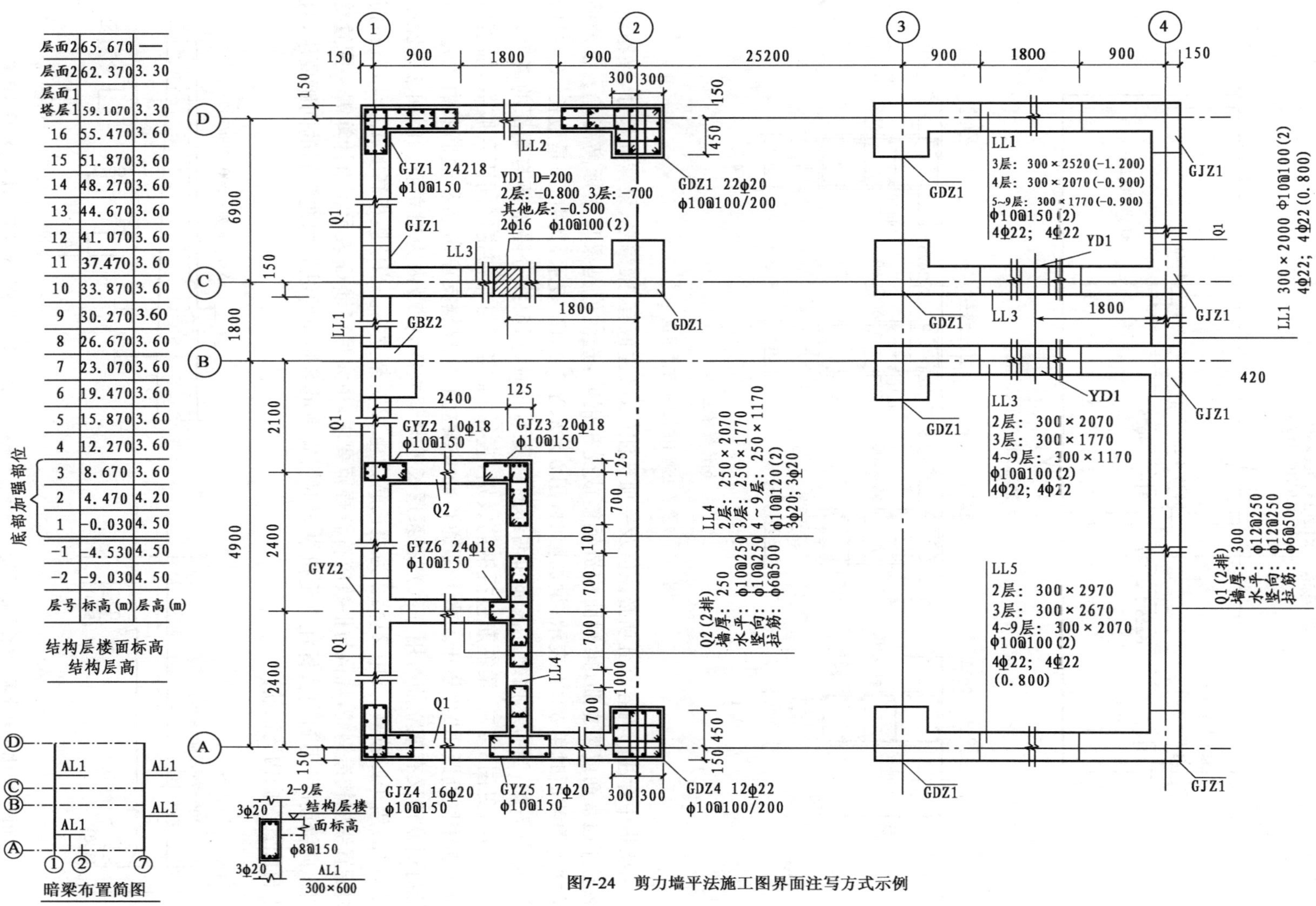

层号	标高(m)	层高(m)
屋面2	65.670	—
屋面2	62.370	3.30
屋面1 塔层1	59.070	3.30
16	55.470	3.60
15	51.870	3.60
14	48.270	3.60
13	44.670	3.60
12	41.070	3.60
11	37.470	3.60
10	33.870	3.60
9	30.270	3.60
8	26.670	3.60
7	23.070	3.60
6	19.470	3.60
5	15.870	3.60
4	12.270	3.60
3	8.670	3.60
2	4.470	4.20
1	-0.030	4.50
-1	-4.530	4.50
-2	-9.030	4.50

底部加强部位

结构层楼面标高
结构层高

暗梁布置简图

图7-24 剪力墙平法施工图界面注写方式示例

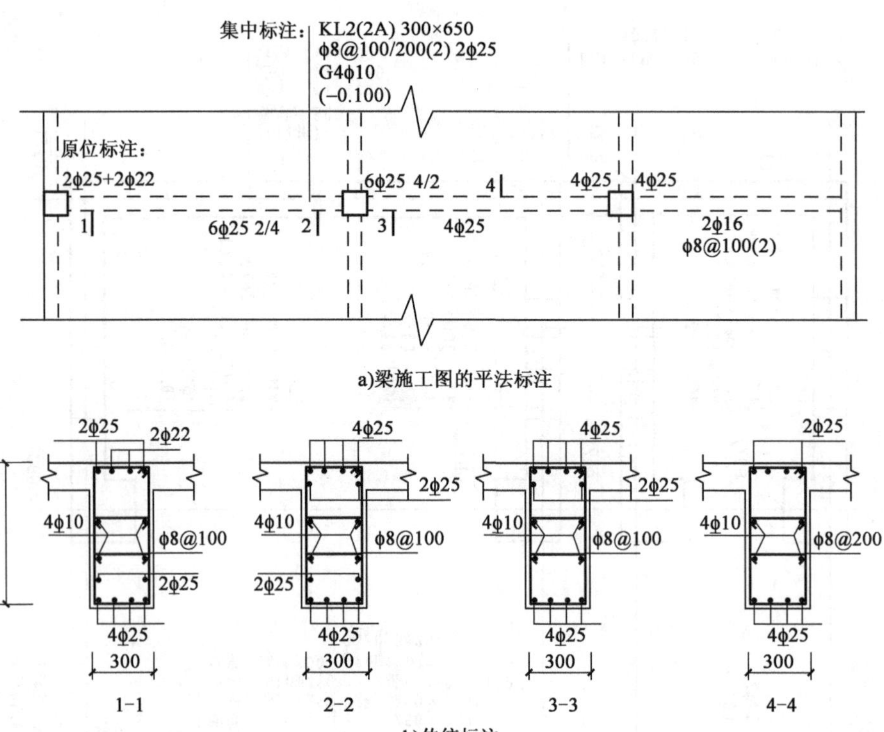

图 7-25 梁平法施工图表示方法示例

梁集中标注的内容有五项必注值及一项选注值，必注值有：梁编号、梁截面尺寸、梁箍筋、梁上部通常筋或架立筋、梁侧面构造钢筋或受扭钢筋，选注值是梁顶面标高高差。梁截面尺寸为等截面时用 $b\times h$ 表示；梁加腋时，用 $b\times h$、$YC_1\times C_2$ 表示，其中 C_1 是腋长，C_2 是腋高，见图 7-26；当有悬挑梁且根部和端部的高度不同时，用斜线分隔根部与端部的高度，即 $b\times h_1/h_2$，见图 7-27。梁箍筋包括钢筋级别、直径、加密区与非加密区间距及肢数，加密区与非加密区间距用"/"分开。梁上部通长筋或架立筋应根据支座负筋和箍筋肢数决定，当既有通常筋又有架立筋时用"+()"联系通长筋与架立筋，括号内为架立筋。例如 2Φ22+(2Φ12)用于四肢箍，其中 2Φ22 为通长筋，2Φ12 为架立筋。当梁腹板高度 $h_w\geqslant 450$mm 时须配置纵向构造钢筋，规格与根数应符合规范要求，用大写字母 G 表示。当计算需要配置受扭纵向钢筋时，用 N 打头标注。受扭纵向钢筋应满足梁侧面的纵向构造钢筋的间距要求，且不再配置纵向构造钢筋。

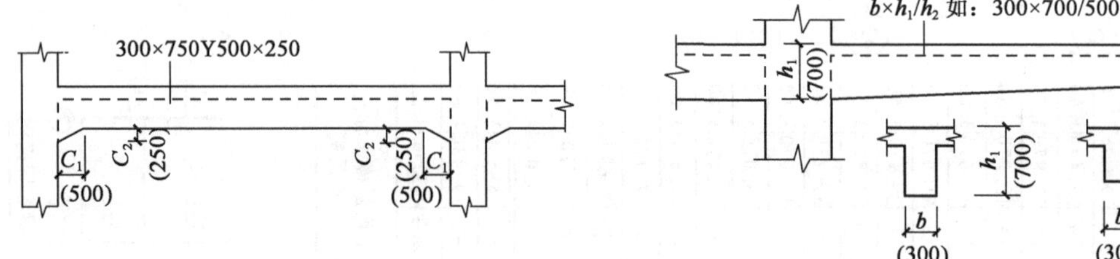

图 7-26 加腋梁截面尺寸注写示意图

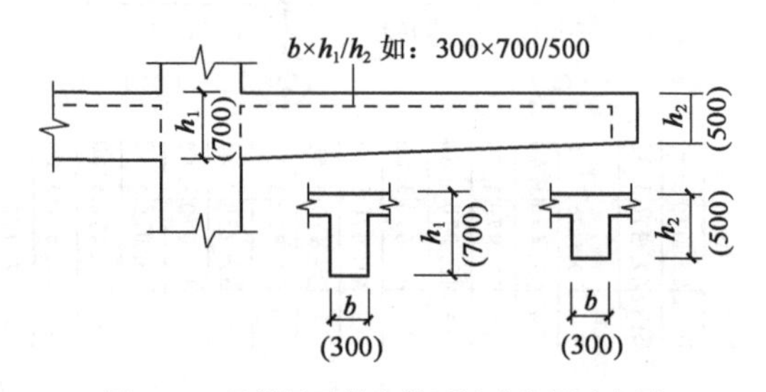

图 7-27 悬挑梁不等高截面尺寸注写示意图

梁底筋和支座面筋均采用原位标注。梁上部或下部纵向钢筋多于一排时，各排筋按从上往下的顺序用斜线“/”分开；同一排纵筋有两种直径时，则用加号“＋”将两种直径的纵筋相连，注写时角部纵筋写在前面。例：6ф25 4/2 表示上一排纵筋为 4ф25，下一排纵筋为 2ф25；2ф25＋2ф22 表示有四根纵筋，2ф25 放在角部，2ф22 放在中部。当梁的上、下部纵筋均为贯通筋时，可用“；”号将上部与下部的配筋值分隔开来标注。例：3ф22；3ф20 表示梁采用贯通筋，上部为 3ф22，下部为 3ф20。

本章小结

(1)多高层建筑的结构体系分为：框架结构、剪力墙结构、框架—剪力墙结构、筒体结构等形式。

(2)各种结构体系结构体系的特点、布置方法及构造措施，着重介绍剪力墙结构的形式、布置原则及一般构造。

(3)结构布置的一般原则有：结构的平面布置、结构的竖向布置、高宽比的限值、变形缝的设置。

(4)框架结构设计时，应首先进行结构选型和结构布置，初步选定梁、柱截面尺寸，确定结构计算简图和作用在结构上的荷载，然后再进行内力分析。

(5)竖向荷载作用下框架内力分析可采用分层法。分层法在分层计算时，将上、下柱远端的弹性支承改为固定端，同时将除底层外的其他各层柱的线刚度均乘以折减系数 0.9，柱的弯矩传递系数由 1/2 改为 1/3。

(6)水平荷载作用下框架内力分析可采用反弯点法。

(7)结构设计时应考虑活荷载最不利布置组合荷载效应。

(8)框架结构的构造措施。

(9)混凝土结构柱、墙、梁施工图的“平法”表示方法。

复习思考题

1. 钢筋混凝土多层及高层房屋有哪四种主要的结构体系？
2. 如何定义高层与多层建筑？
3. 结构布置的一般原则有哪些？
4. 建筑平面和立面布置要注意哪些问题？
5. 剪力墙结构的特点及适用情况如何？
6. 框架—剪力墙结构的特点及适用情况如何？
7. 简述筒体结构的特点及适用情况。筒体结构可分为哪三种形式？
8. 有哪几种变形缝？结构设计时应如何处理这几种变形缝？
9. 高层建筑的内力和侧移与高度的关系怎样？
10. 框架结构布置的原则是什么？框架有哪几种布置形式？各有何优缺点？
11. 框架梁、柱的主要内力有哪些？框架内力有哪些近似计算方法？各在什么情况下采用？

12. 分层法的思路与具体步骤如何？
13. 反弯法在计算中各采用了哪些假定？有哪些主要计算步骤？
14. 框架梁与柱、柱与柱的连接节点钢筋构造怎样？
15. 框架结构的控制截面及最不利内力组合如何？
16. 梁、柱截面尺寸的一般要求是什么？

第8章 砌体结构

8.1 砌体材料和砌体的力学性能

8.1.1 砌体材料

1. 块体

块体分为砖、砌块和石材三大类。砖与砌块通常是按块体的高度尺寸划分的，块体高度小于180mm者称为砖；大于等于180mm者称为砌块。

(1)砖

目前，用作承重砌体结构的砖有：烧结普通砖、烧结多孔砖和非烧结硅酸盐砖。

烧结普通砖以黏土、页岩、煤矸石、粉煤灰为主要成分，塑压成坯，经高温焙烧而成的实心或孔洞率小于25%的砖。烧结普通砖的规格为240mm×115mm×53mm，其强度可以满足一般结构的要求，且耐久性、保温隔热性好，生产工艺简单，砌筑方便，但由于毁坏土地资源，浪费能源，已基本禁用。

烧结多孔砖或空心砖能减轻墙体自重，改善砖砌体的保温隔热性能。由于其厚度较大，抗弯抗剪能力较强，并节省砂浆。孔洞率在25%～40%，孔的尺寸小而数量多的砖称为多孔砖，常用于承重部位；孔洞率≥40%，孔的尺寸大而数量少的砖称为空心砖，常用于非承重部位。

非烧结硅酸盐砖是以硅质材料和石灰为主要原料，压制成坯并经高压釜蒸汽养生而成，常用的有蒸压灰砂砖、蒸压粉煤灰砖、炉渣砖、矿渣砖等。其规格尺寸与实心黏土砖相同，但由于未经焙烧，其耐久性、耐热性、防水性等一般都不及烧结黏土砖。

(2)混凝土砌块

混凝土砌块有普通混凝土空心砌块、轻集料混凝土空心砌块、粉煤灰砌块、煤矸石砌块、炉渣混凝土砌块、加气混凝土砌块等。砌块按尺寸大小和质量分成小型、中型和大型砌块，小型砌块高度一般为180～350mm，中型砌块高度一般为360～900mm。

(3)石材

石材按加工程度，分为料石和毛石。料石又分细料石、半细料石、粗料石和毛料石。毛石的形状不规则，但要求毛石的中部厚度不小于200mm。

2. 砂浆

砂浆在砌体中起黏结、衬垫和传递应力的作用。砂浆可分为水泥砂浆、水泥混合砂浆和非水泥砂浆三种，其稠度、分层度和强度均需达到规定的要求。工程上由于块体的种类较多，确定砂浆强度等级时，应采用同类块体为砂浆强度试块底模。如蒸压灰砂砖砌体和蒸压粉煤灰砖砌体的抗压强度指标系采用同类砖为砂浆试块底模时所得砂浆强度而确定的，当采用黏土砖作底模时，其砂浆强度提高，实际上砌体的抗压强度约低10%。对于多孔砖砌体，应采用同类多孔砖侧面为砂浆强度试块底模。

砌体结构施工中很易产生砂浆强度等级低于设计强度等级的现象，其中砂浆材料配合比不准确、使用过期水泥等是主要原因。此外还应注意，应禁止脱水硬化的石灰膏、消石灰粉在砂浆中使用。

混凝土砌块的砌筑，应采用混凝土砌块专用砂浆及专用界面处理剂。砌块专用砂浆由水泥、砂、水以及根据需要掺入的掺合料和外加剂或助剂等组分，按一定比例，采用机械拌和制成。使用专用砂浆，可避免使用普通砂浆时由于砂浆中水分过早被砌块吸收而失去凝结硬化条件，从而引起墙体开裂、空鼓、渗漏的现象，同时有利于实现干法施工。

8.1.2 砌体种类

砌体结构是指用砖砌体、石砌体或砌块砌体建造的结构。根据配筋情况砌体结构可分为无筋砌体和配筋砌体两大类。

1. 无筋砌体

(1)砖砌体

普通砖砌体厚度有120mm(半砖)、240mm(一砖)、370mm(一砖半)、490mm(两砖)及620mm(两砖半)等；多孔砖墙体厚度有90mm、190mm、240mm、290mm及390mm等。由于多孔砖高度大，它在砌体中的强度利用率较高，因此相同条件下多孔砖砌体的抗压强度往往比实心砖砌体略高。此外，由于灰缝砂浆嵌入孔内的销键作用，多孔砖砌体抗剪强度比实心砖砌体提高18%～20%。几种常见砖规格见图8-1。

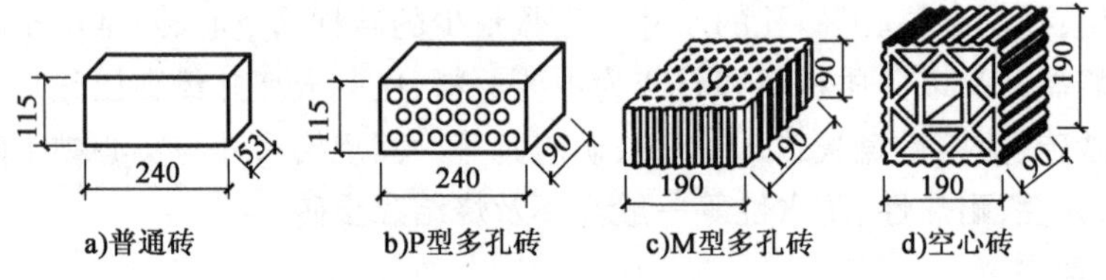

图8-1 常见砖规格(尺寸单位:mm)

灰砂砖和粉煤灰砖，由于砖表面比黏土砖平整、光滑，砂浆容易铺砌饱满、密实，因而一般其砌体抗压强度比黏土砖砌体稍高，但同时砖与砂浆的黏结力降低，使其抗剪强度通常仅为黏土砖砌体的70%～80%。

(2)砌块砌体

工程上常用的是小型砌块砌体。砌块的尺寸比砖大，砌筑时能节约砂浆，但对空心砌块来说，由于孔洞率较大，砂浆和块体的结合较差，砌块砌体的整体性和抗剪性能不如普通砖砌体。同时，砌块干缩性较大，当使用不当时，砌块砌体容易产生干缩裂缝。

(3)石砌体

由于石材加工困难，即使是料石，其表面也难以平整，因此石砌体中石材的强度利用率很低,砌体的抗剪强度较低,抗震性能较差。

2. 配筋砌体

在砌体中配置钢筋或钢筋混凝土的砌体称为配筋砌体。配筋砌体分为配筋砖砌体构件和配筋砌块砌体构件两大类。按配筋方式不同,配筋砌体可分为如下几种。

(1)横向配筋砌体

横向配筋砌体一般是在砖砌体的水平灰缝内配置钢筋网片(习惯上称为网状配筋砌体),主要用以提高砌体的抗压承载力,适宜在轴心受压和偏心距较小的受压构件中应用。

(2)组合砌体

组合砌体由砖砌体与钢筋混凝土或砂浆面层构成。钢筋混凝土或砂浆面层设置在垂直于弯矩作用方向的两侧,以提高构件的抗弯能力,适宜用于偏心距较大的受压构件。

(3)复合配筋砌体

复合配筋砌体在块体的竖向孔洞内设置钢筋混凝土芯柱,在水平灰缝内配置水平钢筋。这类砌体可较有效地提高墙体的抗弯和抗剪能力。

(4)约束砌体

约束砌体是指在墙体周边设置钢筋混凝土边框或构造梁、柱所形成的砌体,也称集中配筋砌体。这类砌体主要用于提高墙体的抗震性能,或用于提高墙体的抗压或局部受压承载力,应用比较广泛。

8.1.3 砌体的力学性能

1. 砌体受压破坏特征

根据试验,砌体轴心受压时从开始直至破坏,根据裂缝的出现和发展等特点,可划分为三个受力阶段,图 8-2 显示了砖砌体受压破坏的三个阶段。其他砌体的受压破坏特征也是如此,只是在第一阶段的压力大小,第二和第三阶段的发展速度,裂缝大小、数量及分布等有所差异而已。

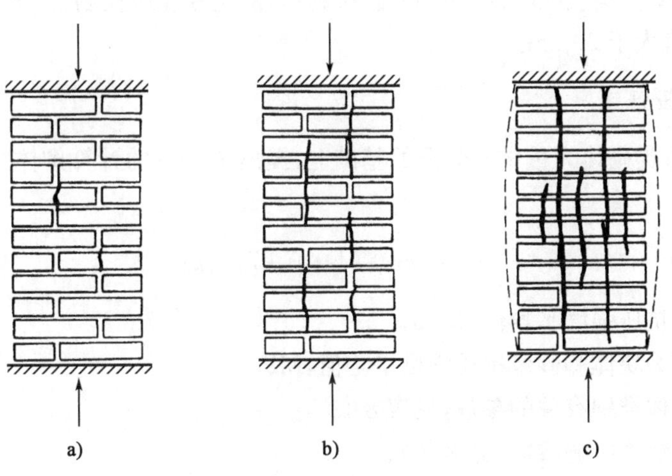

图 8-2 砌体受压破坏的三个阶段

试验结果表明：砌体在受压时首先是单块块体开裂，且砌体的抗压强度也远低于它所用块体的抗压强度。如图 8-2 所示的试验砖砌体，砖的强度为 10MPa，砂浆强度为 2.5MPa，实测砌体抗压强度为 2.4MPa。这可用砌体内单块块体的应力状态加以分析（图 8-3）：首先由于块体形状不完全规则平整、灰缝厚度不一且不均匀饱满密实，块体在砌体内并非均匀受压，而是在受压的同时还处于受弯和受剪状态；第二是块体的横向变形一般比砂浆小，由于二者的交互作用，砌体的横向变形将介于两种材料单独作用时的变形之间，亦即砖受砂浆的影响增大了横向变形，因此砖内出现了拉应力；此外，砂浆的弹性性质、竖向灰缝的不饱满密实等，也会使块体处于复杂受力状态。可见，砌体内的块体实际上是受到较大的压应力、弯曲与剪切应力、拉应力的共同作用，而块体都是脆性材料，其抗弯、抗剪和抗拉强度很低，因此砌体受压时，块体会首先开裂，使其抗压强度得不到充分发挥。

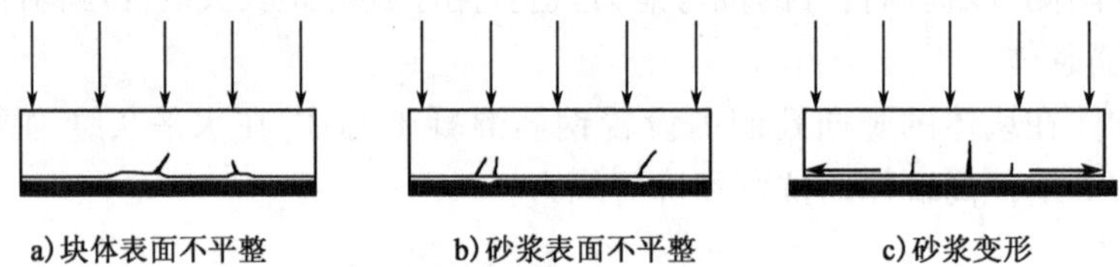

图 8-3　砌体中单个块体的受力状态

2. 影响砌体抗压强度的因素

从砌体的受压破坏特征可知，影响砌体抗压强度的因素包括块体和砂浆的强度、砂浆的变形性能与砌筑性能、块体的尺寸与形状、灰缝厚度、砌筑施工质量等。其中，块体和砂浆的强度指标是确定砌体强度最主要的因素。块体和砂浆的强度高，砌体的抗压强度亦高。以普通砖砌体为例，试验证明，提高砖的强度等级比提高砂浆强度等级对增大砌体抗压强度的效果好，一般情况下的砖砌体，当砖强度等级不变，砂浆强度等级提高一级，砌体抗压强度只提高约 15%；当砂浆强度等级不变，砖强度等级提高一级，砌体抗压强度可提高约 20%。但在毛石砌体中，提高砂浆强度等级对砌体抗压强度的影响较大。灰缝厚度的控制原则是既容易铺砌均匀密实，又尽可能薄。实践证明：砖和小型砌块砌体，灰缝厚度应控制在 8～12mm；料石砌体，灰缝厚度一般不宜大于 20mm。

3. 砌体的抗压强度

规范在统计各类砌体大量试验数据的基础上，提出了统一的计算砌体抗压强度平均值的一般公式。

$$f_m = k_1 f_1^{\alpha}(1 + 0.07 f_2) k_2 \tag{8-1}$$

式中：f_m——砌体抗压强度平均值，MPa；

f_1、f_2——分别为块体和砂浆抗压强度平均值，MPa；

k_1——与块体类别有关的参数，见表 8-1；

k_2——砂浆强度影响参数，见表 8-1；

α——与块体厚度有关的参数，见表 8-1。

k_1、k_2、α 参数取值 表 8-1

砌体种类	k_1	α	k_2
烧结普通砖、烧结多孔砖、蒸压灰砂砖、蒸压粉煤灰砖	0.78	0.5	当 $f_2<1$ 时，$k_2=0.6+0.4f_2$
混凝土砌块	0.46	0.9	当 $f_2=0$ 时，$k_2=0.8$
毛料石	0.79	0.5	当 $f_2<1$ 时，$k_2=0.6+0.4f_2$
毛石	0.22	0.5	当 $f_2<1$ 时，$k_2=0.6+0.4f_2$

注：1. 混凝土砌块砌体的轴心抗压强度平均值，当 $f_2>10$MPa 时应乘系数$(1.1-0.01f_2)$，MU20 的砌体应乘系数 0.95，且满足 $f_1\geqslant f_2$，$f_1\leqslant 20$MPa。

2. k_2 在表列条件以外时均等于 1.0。

4. 砌体的受拉、受弯和受剪性能

砌体抗拉和抗剪强度大大低于其抗压强度。抗压强度主要取决于块体的强度，而在大多数情况下，受拉、受弯和受剪破坏一般均发生于砂浆和块体的连接面上，因此抗拉、抗弯和抗剪强度将决定于灰缝强度，亦即决定于灰缝中砂浆和块体的黏结强度。

砌体在受拉、受弯、受剪时可能发生沿齿缝（灰缝）的破坏、沿块体和竖向灰缝的破坏以及沿通缝（灰缝）的破坏。工程上不允许采用沿水平通缝截面受拉的构件，而且只要提高块体的最低强度等级，轴心受拉砌体可避免沿块体和竖向灰缝破坏。和轴心受拉类似，砌体弯曲受拉也有三种破坏形式，但通过提高块体的最低强度等级，可避免发生沿块体和竖向灰缝的破坏。当砌体受剪时，构件的实际破坏情况可分为通缝抗剪、齿缝抗剪和阶梯形缝抗剪，但试验结果表明，这三种抗剪强度基本一样。

综上，砌体抗拉、抗弯、抗剪强度与砂浆强度有关，规范规定这些强度按下面统一公式确定。

砌体轴心抗拉强度平均值 $$f_{t,m}=k_3\sqrt{f_2} \tag{8-2}$$

砌体弯曲抗拉强度平均值 $$f_{tm,m}=k_4\sqrt{f_2} \tag{8-3}$$

砌体抗剪强度平均值 $$f_{v,m}=k_5\sqrt{f_2} \tag{8-4}$$

式(8-2)～式(8-4)中的系数 k_3、k_4、k_5 按表 8-2 取值。

砌体轴心抗拉、抗弯和抗剪强度的计算系数 表 8-2

砌体种类	k_3	k_4		k_5
		沿齿缝	沿通缝	
烧结普通砖、烧结多孔砖	0.141	0.250	0.125	0.125
蒸压灰砂砖、蒸压粉煤灰砖	0.09	0.18	0.09	0.09
混凝土砌块	0.069	0.081	0.056	0.069
毛石	0.075	0.113	—	0.188

5. 砌体的弹性模量和剪变模量

砌体的弹性模量是其应力与应变的比值，主要用于计算构件在荷载作用下的变形，是衡量

砌体抵抗变形能力的一个物理量。砌体受压时，变形主要集中于灰缝砂浆中，因此规范按砂浆强度等级确定砌体弹性模量，其中砖、砌块砌体的弹性模量与砌体的抗压强度设计值 f 成正比，见表 8-3。

砌体的弹性模量 表 8-3

砌 体 种 类	砂浆强度等级(MPa)			
	≥M10	M7.5	M5	M2.5
烧结普通砖、烧结多孔砖砌体	$1600f$	$1600f$	$1600f$	$1390f$
蒸压灰砂砖、蒸压粉煤灰砖砌体	$1060f$	$1060f$	$1060f$	$960f$
混凝土砌块砌体	$1700f$	$1600f$	$1500f$	—
粗料石、毛料石、毛石砌体	7300	5650	4000	2250
细料石、半细料石砌体	22000	17000	12000	6750

当需要计算墙体的剪切变形时，需用到砌体的剪变模量 G，规范近似取 $G=0.4E$。

6. 砌体的线膨胀系数和收缩率

温度变化引起砌体热胀、冷缩变形。当这种变形受到约束时，砌体会产生附加内力、附加变形及裂缝。砌体在浸水时体积膨胀，在失水时体积收缩。砌体的线膨胀系数、收缩率与砌体种类有关，见表 8-4，摩擦系数按表 8-5 取用。

砌体的线膨胀系数和收缩率 表 8-4

砌 体 类 别	线膨胀系数(10^{-6}/℃)	收缩率(mm/m)
烧结黏土砖砌体	5	−0.1
蒸压灰砂压、蒸压粉煤灰砖砌体	8	−0.2
混凝土砌块砌体	10	−0.2
轻骨料混凝土砌块砌体	10	−0.3
料石和毛石砌体	8	—

砌体的摩擦系数 表 8-5

材 料 类 别	摩擦面情况	
	干 燥 的	潮 湿 的
砌体沿砌体或混凝土滑动	0.70	0.60
木材沿砌体滑动	0.60	0.50
钢沿砌体滑动	0.45	0.35
砌体沿砂或卵石滑动	0.60	0.50
砌体沿粉土滑动	0.55	0.40
砌体沿黏性土滑动	0.50	0.30

8.2 砌体结构构件的承载力计算及构造要求

8.2.1 砌体结构设计基本规定

1. 设计表达式

砌体结构的正常使用极限状态，一般可由相应的结构措施得到保证，因此通常仅进行承载力计算与验算。

结构构件设计，应按下列公式中的最不利组合进行计算。

$$\gamma_0(1.2S_{Gk}+1.4S_{Q1k}+\sum_{i=2}^{n}\gamma_{Qi}\psi_{ci}S_{Qik})\leqslant R(f,a_k,\cdots) \tag{8-5}$$

$$\gamma_0(1.35S_{Gk}+1.4\sum_{i=1}^{n}\psi_{ci}S_{Qik})\leqslant R(f,a_k,\cdots) \tag{8-6}$$

当砌体结构作为一个刚体，需要验算整体稳定性，例如倾覆、滑移、漂浮等时，应按下式进行验算。

$$\gamma_0(1.2S_{G2k}+1.4S_{Q1k}+\sum_{i=2}^{n}S_{Qik})\leqslant 0.8S_{G1k} \tag{8-7}$$

式中：S_{G1k}——起有利作用的永久荷载标准值的效应；

S_{G2k}——起不利作用的永久荷载标准值的效应；

其他符号含义见 2.2.3 节。

2. 砌体强度设计值

各类砌体强度设计值，以龄期为 28d 的毛截面计算，当施工质量控制等级为 B 级时，应根据块体和砂浆的强度等级分别按表 8-6～表 8-12 采用。

烧结普通砖和烧结多孔砖砌体的抗压强度设计值(MPa)　　表 8-6

砖强度等级	砂浆强度等级					砂浆强度
	M15	M10	M7.5	M5	M2.5	0
MU30	3.94	3.27	2.93	2.59	2.26	1.15
MU25	3.60	2.98	2.68	2.37	2.06	1.05
MU20	3.22	2.67	2.39	2.12	1.84	0.94
MU15	2.79	2.31	2.07	1.83	1.60	0.82
MU10	—	1.89	1.69	1.50	1.30	0.67

蒸压灰砂砖和蒸压粉煤灰砖砌体的抗压强度设计值(MPa)　　表 8-7

砖强度等级	砂浆强度等级				砂浆强度
	M15	M10	M7.5	M5	0
MU25	3.60	2.98	2.68	2.37	1.05
MU20	3.22	2.67	2.39	2.12	0.94
MU15	2.79	2.31	2.07	1.83	0.82
MU10	—	1.89	1.69	1.50	0.67

轻集料混凝土砌块砌体的抗压强度设计值(MPa)　　表 8-8

砌块强度等级	砂浆强度等级			砂浆强度
	Mb10	Mb7.5	Mb5	0
MU10	3.08	2.76	2.45	1.44
MU7.5	—	2.13	1.88	1.12
MU5	—	—	1.31	0.78

注:1. 适用于孔洞率不大于35%的双排孔或多排孔轻骨料混凝土砌块砌体,轻骨料为火山渣、浮石和陶粒。

2. 对厚度方向为双排组砌的轻集料混凝土砌块砌体的抗压强度设计值,应按表中数值乘以0.8。

毛料石砌体的抗压强度设计值(MPa)　　表 8-9

毛料石强度等级	砂浆强度等级			砂浆强度
	M7.5	M5	M2.5	0
MU100	5.42	4.80	4.18	2.13
MU80	4.85	4.29	3.73	1.19
MU60	4.20	3.71	3.23	1.65
MU50	3.83	3.39	2.95	1.51
MU40	3.43	3.04	2.64	1.35
MU30	2.97	2.63	2.29	1.17
MU20	2.42	2.15	1.87	0.95

注:1. 毛料石块体高度为180~350mm。

2. 对下列各类料石砌体,应按表中数值分别乘以系数:细料石砌体1.5,半细料石砌体1.3,粗料石砌体1.2,干砌勾缝石砌体0.8。

毛石砌体的抗压强度设计值(MPa)　　表 8-10

毛石强度等级	砂浆强度等级			砂浆强度
	M7.5	M5	M2.5	0
MU100	1.27	1.12	0.98	0.34
MU80	1.13	1.00	0.87	0.30
MU60	0.98	0.87	0.76	0.26
MU50	0.90	0.80	0.69	0.23
MU40	0.80	0.71	0.62	0.21
MU30	0.69	0.61	0.53	0.18
MU20	0.56	0.51	0.44	0.15

单排孔混凝土和轻骨料混凝土砌块砌体的抗压强度设计值(MPa)　　表 8-11

砌块强度等级	砂浆强度等级				砂浆强度
	Mb15	Mb10	Mb7.5	Mb5	0
MU20	5.68	4.95	4.44	3.94	2.33
MU15	4.61	4.02	3.61	3.20	1.89
MU10	—	2.79	2.50	2.22	1.31

续上表

砌块强度等级	砂浆强度等级				砂浆强度
	Mb15	Mb10	Mb7.5	Mb5	0
MU7.5	—	—	1.93	1.71	1.01
MU5	—	—	—	1.19	0.70

注:1. 对错孔砌筑的砌体,应按表中数值乘以 0.8。

2. 对独立柱或厚度为双排组砌的砌块砌体,应按表中数值乘以 0.7。

3. 对 T 形截面砌体,应按表中数值乘以 0.85。

4. 表中轻骨料混凝土砌块为煤矸石和水泥煤渣混凝土砌块。

砌体的轴心抗拉强度设计值、弯曲抗拉强度设计值和抗剪强度设计值(MPa)　　表 8-12

强度类别	破坏特征及砌体种类		砂浆强度等级			
			≥M10	M7.5	M5	M2.5
轴心抗拉	沿齿缝	烧结普通砖、烧结多孔砖	0.19	0.16	0.13	0.09
		蒸压灰砂砖,蒸压粉煤灰砖	0.12	0.10	0.08	0.06
		混凝土砌块	0.09	0.08	0.07	—
		毛石	0.08	0.07	0.06	0.04
弯曲抗拉	沿齿缝	烧结普通砖、烧结多孔砖	0.33	0.29	0.23	0.17
		蒸压灰砂砖,蒸压粉煤灰砖	0.24	0.20	0.16	0.12
		混凝土砌块	0.11	0.09	0.08	—
		毛石	0.13	0.11	0.09	0.07
	沿通缝	烧结普通砖、烧结多孔砖	0.17	0.14	0.11	0.08
		蒸压灰砂砖,蒸压粉煤灰砖	0.12	0.10	0.08	0.06
		混凝土砌块	0.08	0.06	0.05	—
抗剪	烧结普通砖、烧结多孔砖		0.17	0.14	0.11	0.08
	蒸压灰砂砖,蒸压粉煤灰砖		0.12	0.10	0.08	0.06
	混凝土和轻骨料混凝土砌块		0.09	0.08	0.06	—
	毛石		0.21	0.19	0.16	0.11

注:1. 对于用形状规则的块体砌筑的砌体,当搭接长度与块体高度的比值小于 1.0 时,其轴心抗拉强度设计值 f_t 和弯曲抗拉强度设计值 f_{tm} 应按表中数值乘以搭接长度与块体高度比值后采用。

2. 对孔洞率不大于 35%的双排孔或多排孔轻集料混凝土砌块砌体抗剪强度设计值,可按表中混凝土砌块砌体抗剪强度设计值乘以 1.1。

3. 砌体强度设计值的调整

(1)当砌体的施工质量控制等级为 A 级时,可将表 8-6～表 8-12 中数值乘以 1.05 的系数;当砌体的施工质量控制等级为 C 级时,表 8-6～表 8-12 中数值应乘以 0.89 的系数。

(2)考虑实际工程中各种可能的因素,当遇到表 8-13 所列使用情况时,砌体强度设计值应乘以调整系数 γ_a。

砌体强度设计值调整系数 表 8-13

使用情况		γ_a
有吊车房屋砌体,跨度≥9m 的梁下烧结普通砖砌体,跨度≥7.5m 的梁下烧结多孔砖、蒸压灰砂砖、蒸压粉煤灰砖砌体,混凝土和轻骨料混凝土砌块砌体		0.9
构件截面面积<0.3m²,无筋砌体		0.7+A
构件截面面积<0.2m²,配筋砌体		0.8+A
采用水泥砂浆砌筑的砌体(配筋砌体,仅对砌体的强度设计值乘以调整系数)	表 8-6~表 8-11 中数值	0.9
	表 8-12 中数值	0.8
验算施工中房屋构件		1.1

注:1. 表中 A 为构件面积,构件截面面积以 m² 计。
2. 当砌体同时符合表中所列几种使用情况时,应将砌体的强度设计值连续乘以调整系数。

另外,对施工阶段砂浆尚未硬化的新砌砌体的强度和稳定性,可按砂浆强度为零进行验算。

8.2.2 受压构件的承载力计算

无筋砌体受压构件的承载力,除受截面尺寸、材料强度等级、偏心距大小的影响外,还和受压构件的计算高度(以高厚比 β 反映)有关。

1. 轴心受压构件承载力计算

$$N \leqslant \varphi_0 f A \tag{8-8}$$

$$\varphi_0 = \frac{1}{1+\alpha\beta^2} \tag{8-9}$$

式中:N——轴向力设计值;

φ_0——轴心受压稳定系数,对 $\beta \leqslant 3$ 短柱,取 $\varphi_0 = 1.0$;

f——砌体抗压强度设计值;

A——构件截面面积,按毛截面计算,对带壁柱墙的计算截面翼缘宽度 b_f,可按下列规定采用:多层房屋,当有门窗洞口时,可取窗间墙宽度,当无门窗洞口时,每侧翼墙宽度可取壁柱高度的 1/3,单层房屋,可取壁柱宽加 2/3 墙高,但不大于空间墙宽度和相邻壁柱间距离;

β——构件高厚比,详见 8.3.5 节;

α——与砂浆强度等级有关的系数,当砂浆强度等级大于或等于 M5 时,α 取 0.0015,当砂浆强度等级为 M2.5 时,α 取 0.002,当砂浆强度等级为 0 时,α 取 0.009。

2. 偏心受压构件承载力计算

$$N \leqslant \varphi f A \tag{8-10}$$

$$\varphi = \frac{1}{1+12\left[\frac{e}{h}+\sqrt{\frac{1}{12}\left(\frac{1}{\varphi_0}-1\right)}\right]^2} \tag{8-11}$$

式中：φ——偏心受压承载力影响系数；

e——轴向压力偏心距，$e \leqslant 0.6y$，y 为截面重心到轴向力所在偏心方向截面边缘的距离；

h——轴心力偏心方向边长，对 T 形或十字形截面，h 用 $h_T = 3.5i$ 替代，i 为截面回转半径；

其他符号含义及取值同前。

为便于应用，受压构件承载力影响系数根据砂浆强度等级、β 及 e/h 或 e/h_T 制成表格，如砂浆强度等级为 M5 及以上时，φ 值见表 8-14。

影响系数 φ 　表 8-14

β	e/h 或 e/h_T												
	0	0.025	0.05	0.075	0.1	0.125	0.15	0.175	0.2	0.225	0.25	0.275	0.3
≤3	1	0.99	0.97	0.94	0.89	0.84	0.79	0.73	0.68	0.62	0.57	0.52	0.48
4	0.98	0.95	0.90	0.85	0.80	0.74	0.69	0.64	0.58	0.53	0.49	0.45	0.41
6	0.95	0.91	0.86	0.81	0.75	0.69	0.64	0.59	0.54	0.49	0.45	0.42	0.38
8	0.91	0.86	0.81	0.76	0.70	0.64	0.59	0.54	0.50	0.46	0.42	0.39	0.36
10	0.87	0.82	0.76	0.71	0.65	0.60	0.55	0.50	0.46	0.42	0.39	0.36	0.33
12	0.82	0.77	0.71	0.66	0.60	0.55	0.51	0.47	0.43	0.39	0.36	0.33	0.31
14	0.77	0.72	0.66	0.61	0.56	0.51	0.47	0.43	0.40	0.36	0.34	0.31	0.29
16	0.72	0.67	0.61	0.56	0.52	0.47	0.44	0.40	0.37	0.34	0.31	0.29	0.27
18	0.67	0.62	0.57	0.52	0.48	0.44	0.40	0.37	0.34	0.31	0.29	0.27	0.25
20	0.62	0.57	0.53	0.48	0.44	0.40	0.37	0.34	0.32	0.29	0.27	0.25	0.23
22	0.58	0.53	0.49	0.45	0.41	0.38	0.35	0.32	0.30	0.27	0.25	0.24	0.22
24	0.54	0.49	0.45	0.41	0.38	0.35	0.32	0.30	0.28	0.26	0.24	0.22	0.21
26	0.50	0.46	0.42	0.38	0.35	0.33	0.30	0.28	0.26	0.24	0.22	0.21	0.19
28	0.46	0.42	0.39	0.36	0.33	0.30	0.28	0.26	0.24	0.22	0.21	0.19	0.18
30	0.42	0.39	0.36	0.33	0.31	0.28	0.26	0.24	0.22	0.21	0.20	0.18	0.17

对矩形截面构件，当轴向力偏心方向的截面边长大于另一方向的边长时，除按偏心受压计算外，还应对较小边长方向，按轴心受压进行验算。

当砌体材料的种类不同时，应将 β 乘以高厚比修正系数 γ_β（表 8-15）。

高厚比修正系数 γ_β 　表 8-15

砌体材料类别	γ_β
烧结普通砖、烧结多孔砖	1.0
混凝土及轻骨料混凝土砌块	1.1
蒸压灰砂砖、蒸压粉煤灰砖、细料石、半细料石	1.2
粗料石、毛石	1.5

注：对灌孔混凝土砌块，γ_β 取 1.0。

8.2.3 局部受压构件的承载力计算

1. 局部均匀受压

当砌体截面的局部受压面积上受到均匀分布的轴向压力作用时，其承载力计算公式为

$$N_l \leqslant \gamma f A_l \tag{8-12}$$

式中：N_l——局部受压面积上的轴向力设计值；

γ——砌体局部抗压强度提高系数；

f——砌体的抗压强度设计值，可不考虑强度调整系数 γ_a 的影响；

A_l——局部受压面积。

为简化计算，工程中几种常见均匀局部受压情况的 γ 值均按下式计算：

$$\gamma = 1 + 0.35\sqrt{\frac{A_0}{A_l} - 1} \tag{8-13}$$

式中：A_0——影响砌体局部抗压强度的计算面积，见图 8-4。

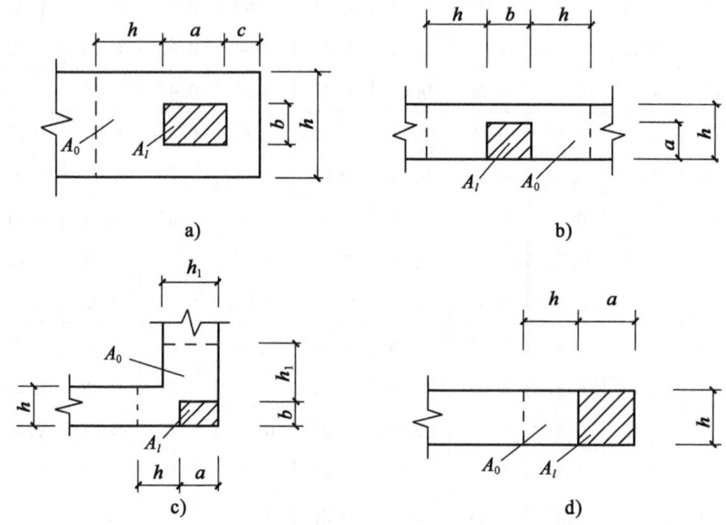

图 8-4 影响局部抗压强度的面积 A_0

为防止局部受压砌体发生劈裂破坏，按式(8-13)计算所得 γ 值加以限制：①在图 8-4a)的情况下，$\gamma \leqslant 2.5$；②在图 8-4b)的情况下，$\gamma \leqslant 2.0$；③在图 8-4c)的情况下，$\gamma \leqslant 1.5$；④在图 8-4d)的情况下，$\gamma \leqslant 1.25$；⑤对多孔砖砌体和按要求灌孔的砌块砌体，在①、②、③的情况下，尚应符合 $\gamma \leqslant 1.5$；对未灌孔混凝土砌块砌体，$\gamma \leqslant 1.0$。

2. 局部非均匀受压

(1)计算公式

当梁端支承面上有上部荷载作用时，梁端砌体的受力包括两部分：一部分为局部受压面积上的梁端非均匀压应力，另一部分为局部面积上由上部墙体传来的均匀压应力。但当上部墙体传来的均匀压应力相对较小时，上部砌体会形成内拱而将荷载传到梁端周围砌体，即产生卸荷作用(图 8-5)，为此引入上部荷载折减系数 ψ 加以考虑(式 8-16)。

因此，梁端支承处砌体的局部受压承载力按下列公式计算：

$$\psi N_0 + N_l \leqslant \eta\gamma f A_l \tag{8-14}$$

$$a_0 = 10\sqrt{\frac{h_c}{f}} \tag{8-15}$$

$$\psi = 1.5 - 0.5\frac{A_0}{A_l} \tag{8-16}$$

式中：ψ——上部荷载的折减系数，当 $A_0/A_l \geqslant 3$ 时，应取 $\psi=0$；

N_0——局部受压面积内上部轴向力设计值，$N_0=\sigma_0 A_l$；

σ_0——上部平均压应力设计值；

A_l——局部受压面积，$A_l=a_0 b$；

a_0——梁端有效支承长度（图 8-6），当 $a_0>a$ 时，应取 $a_0=a$；

a——梁端实际支承长度；

b——梁的截面宽度；

N_l——梁端支承压力设计值；

η——梁端底面压应力图形的完整系数，一般取 0.7，对于过梁和墙梁可取 1.0；

h_c——梁的截面高度。

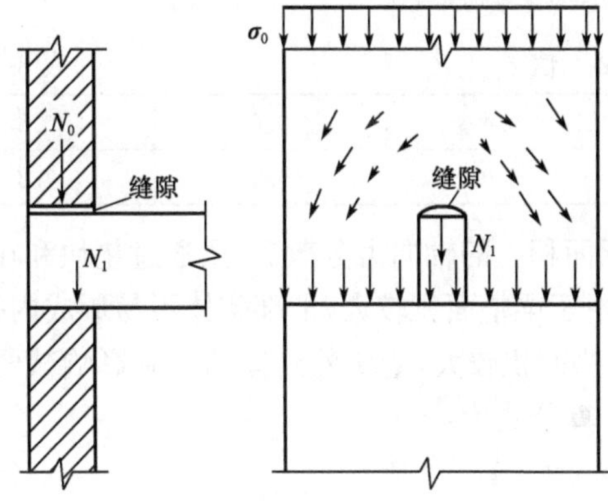

图 8-5　梁端上部砌体的卸荷作用

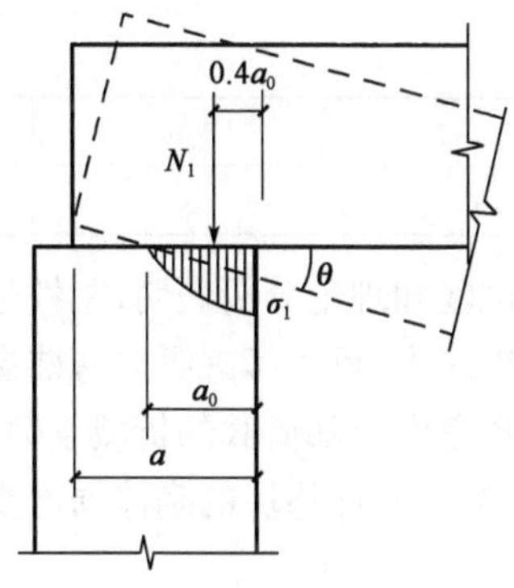

图 8-6　梁端有效支承长度

（2）梁端下设刚性垫块

当梁端下砌体局部受压承载力不满足设计要求时，通常采用增设刚性垫块的方法，将梁端集中轴向力分散到砌体更大的面积上，以满足砌体局部受压承载力要求。刚性垫块分预制和现浇两种，刚性垫块是指其高度 t_b 不小于 180mm，其自梁边挑出长度小于 t_b 的垫块；现浇垫块往往与梁浇筑成整体，其底面与梁底取平（图 8-7）；壁柱上垫块伸入翼墙内的长度不应小于 120mm，在计算其局部受压承载力时，计算面积 A_0 取壁柱面积，不计算翼缘部分（图 8-8）。一般说来，跨度大于 6m 的屋架和跨度大于 4.8m 的梁，其支承面下的砌体都应设置垫块。

根据试验与分析，梁端加了刚性垫块后，梁端有效支承长度 a_0 比不加垫块的要小，其值与上部传来的压应力 σ_0、砌体抗压强度和梁高度有关，可按式（8-17）确定。

$$a_0 = \delta_1\sqrt{\frac{h_c}{f}} \tag{8-17}$$

式中：δ_1——刚性垫块影响系数，按表 8-16 确定。

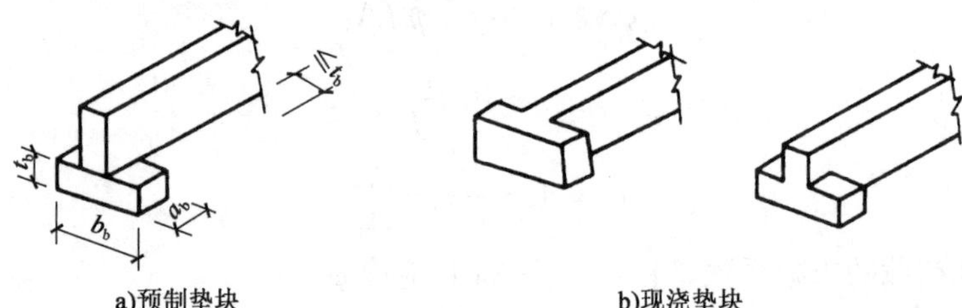

图 8-7 刚性垫块

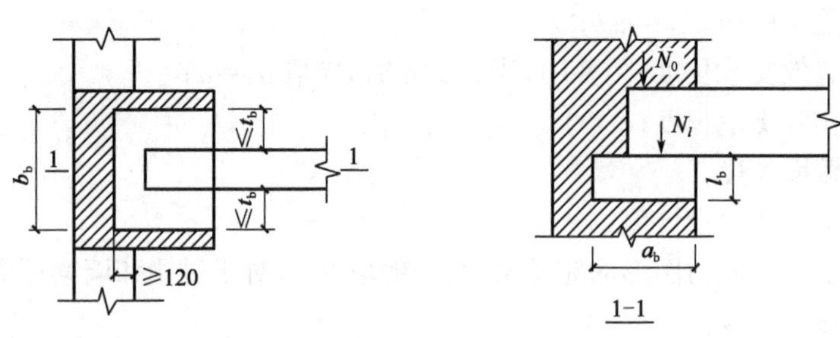

图 8-8 壁柱上设有垫块时梁端局部受压

系 数 δ_1 值 表 8-16

σ_0/f	0	0.2	0.4	0.6	0.8
δ_1	5.4	5.7	6.0	6.9	7.8

试验和理论分析表明，刚性垫块将局部受压面积上的轴向力分散后，梁通过垫块和在砌体上的轴向力，可不考虑纵向弯曲影响($\beta\leqslant3$)；但由于梁垫面积较大，上部砌体不易形成内拱，因此不再考虑上部荷载的折减系数 ψ；而且由于梁垫面积较大，垫块外砌体的有利影响减弱。由此，梁端设刚性垫块的砌体局部受压承载力的计算公式为：

$$N_0+N_l\leqslant\varphi\gamma_1 fA_b \tag{8-18}$$

$$N_0=\sigma_0A_b \tag{8-19}$$

$$A_b=a_bb_b \tag{8-20}$$

式中：N_0——垫块面积 A_b 内上部轴向力设计值；

φ——垫块上 N_0 及 N_1 合力的影响系数，其中 $\beta\leqslant3$，N_1 距墙内边缘的距离可取 $0.4a_0$；

γ_1——垫块外砌体面积的有利影响系数，取 $\gamma_1=0.8\gamma$，但不小于 1.0；

γ——砌体局部抗压强度提高系数，按公式(8-13)以 A_b 代替 A_l 计算得出；

A_b——垫块面积；

a_b——垫块伸入墙内的长度；

b_b——垫块的宽度。

(3)梁端下设垫梁

在实际工程中，常常有大梁或屋架端部支承在钢筋混凝土圈梁上的情况，该圈梁即垫梁。根据试验分析，当垫梁长度大于 πh_0 时，在局部集中荷载作用下，垫梁下砌体的竖向压应力分

布范围为 πh_0，应力峰值可达 1.5f，如图 8-9 所示。

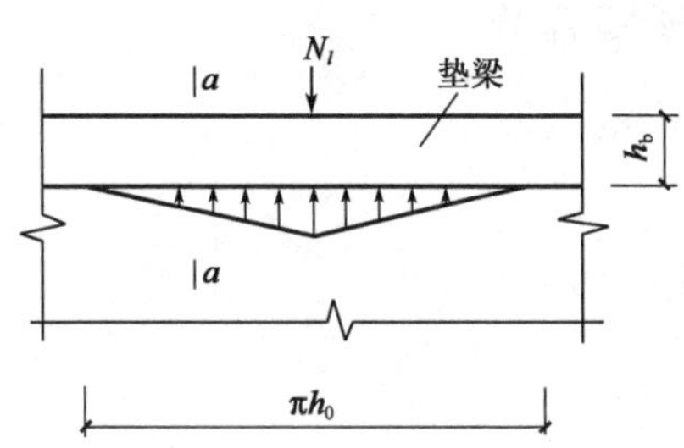

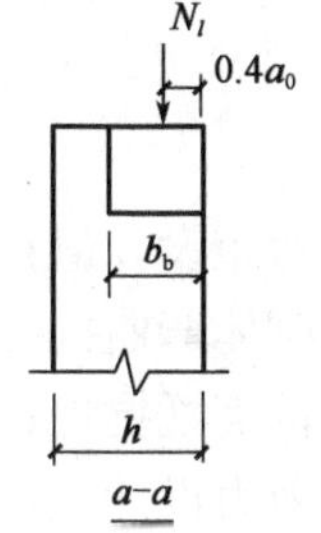

图 8-9　垫梁局部受压

由此垫梁下砌体局部受压承载力的计算公式为：

$$N_0 + N_l \leqslant 2.4\delta_2 f b_b h_0 \tag{8-21}$$

$$N_0 = \frac{\pi b_b h_0 \sigma_0}{2} \tag{8-22}$$

$$h_0 = 2\sqrt[3]{\frac{E_b I_b}{Eh}} \tag{8-23}$$

式中：N_0——垫梁上部轴向力设计值；

b_b——垫梁在墙厚方向的宽度(mm)；

δ_2——当荷载沿墙厚方向均匀分布时 δ_2 取 1.0，不均匀时 δ_2 可取 0.8；

h_0——垫梁折算高度；

E_b、I_b——分别为垫梁的混凝土弹性模量和截面惯性矩；

E——砌体的弹性模量；

h——墙体厚度。

垫梁上梁端有效支承长度 a_0 可按公式(8-17)计算。

8.2.4　砌体受拉、受弯、受剪构件

1. 受拉构件

实际工程中砌体受拉构件较少，一般只用于小型圆形水池或筒仓。如图 8-10 的水池池壁处于受拉状态。根据砌体轴心受拉破坏性能和抗拉强度表达式，砌体轴心受拉构件承载力应按下式计算：

$$N_t \leqslant f_t A \tag{8-24}$$

式中：N_t——轴心拉力设计值；

f_t——砌体的轴心抗拉强度设计值；

A——受拉截面面积。

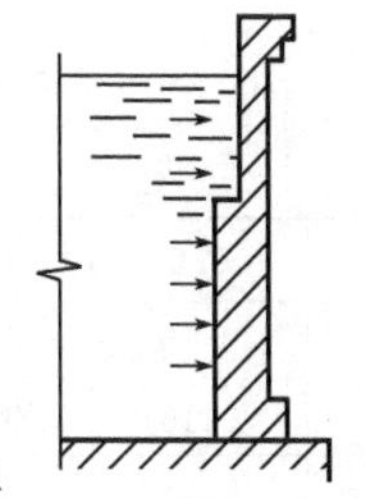

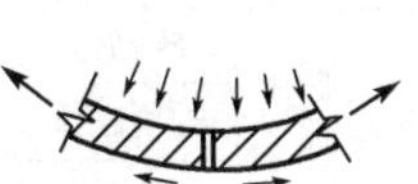

图 8-10　砌体受拉构件

2. 受弯构件

在实际工程中，常见的砌体受弯构件有砖砌平拱过梁和挡土墙，如图 8-11 所示。对受弯构件，应分

别进行受弯和受剪承载力计算：

$$M \leqslant f_{tm} W \tag{8-25}$$

$$V \leqslant f_v bz \tag{8-26}$$

式中： M——弯矩设计值；

f_{tm}——砌体弯曲抗拉强度设计值；

W——截面抵抗矩；

V——剪力设计值；

f_v——砌体的抗剪强度设计值；

z——内力臂，$z = I/S$，当截面为矩形时 $z = 2h/3$；

b、h、I、S——分别为截面宽度、高度、惯性矩、面积矩。

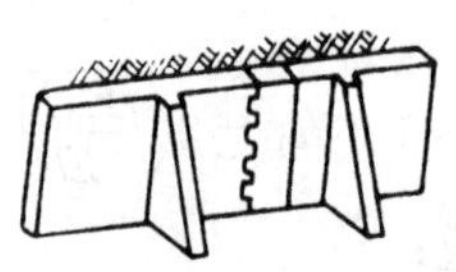
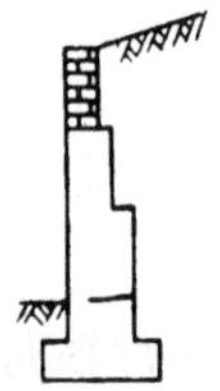

图 8-11 砌体受弯构件

3. 受剪构件

在砌体受剪截面处，除承受剪力外，还有垂直压力，如图 8-12 所示的砌体拱支座。因此沿通缝或沿阶梯截面的受剪承载力按下列公式计算：

$$V \leqslant (f_v + \alpha\mu\sigma_0)A \tag{8-27}$$

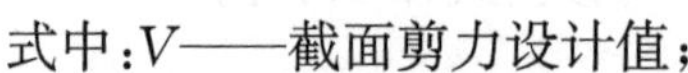

式中：V——截面剪力设计值；

A——水平截面面积。当有孔洞时，取净截面面积；

f_v——砌体抗剪强度设计值，对灌孔的混凝土砌块砌体取 f_{vg}；

α——修正系数。当 $\gamma_G = 1.2$ 时，砖砌体取 0.60，混凝土砌块砌体取 0.64；当 $\gamma_G = 1.35$ 时，砖砌体取0.64，混凝土砌块砌体取 0.66；

μ——剪压复合受力影响系数，α 与 μ 的乘积值可查表 8-17；

σ_0——永久荷载设计值产生的水平截面平均压应力。

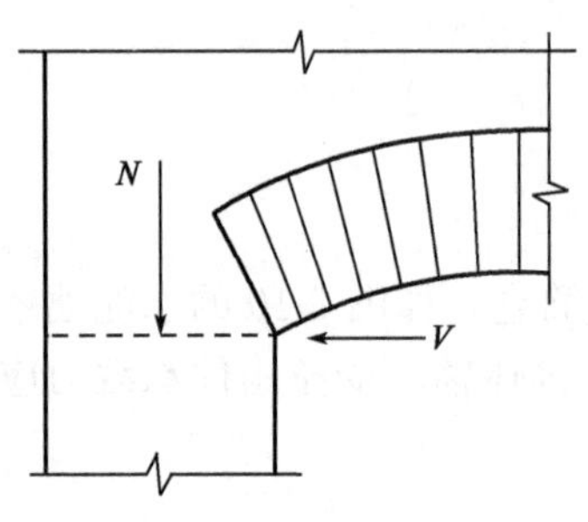

图 8-12 砌体受剪构件

$\alpha\mu$ 值 表 8-17

γ_G	σ_0/f	0.1	0.2	0.3	0.4	0.5	0.6	0.7	0.8
1.2	砖砌体	0.15	0.15	0.14	0.14	0.13	0.13	0.12	0.12
	砌块砌体	0.16	0.16	0.15	0.15	0.14	0.13	0.13	0.12
1.35	砖砌体	0.14	0.14	0.13	0.13	0.13	0.12	0.12	0.11
	砌块砌体	0.15	0.14	0.14	0.13	0.13	0.13	0.12	0.12

8.2.5 配筋砖砌体构件

配筋砖砌体构件分为网状配筋砖砌体受压构件(图 8-13)和组合砖砌体构件，组合砖砌体构件包括由砖砌体和钢筋混凝土面层或钢筋砂浆面层组成的组合构件(图 8-14)、砖砌体和钢筋混凝土构造柱组成的组合砖墙(图 8-15)。

1. 网状配筋砖砌体受压构件(图 8-13)

网状配筋砖砌体，由于在水平灰缝中增加了钢筋网片，能起到约束砖和砂浆受竖向压力后的横向变形，延缓了砖块的开裂及其发展，使砌体在一定程度上处于三向受压状态，因而能在较大程度上提高承载力。

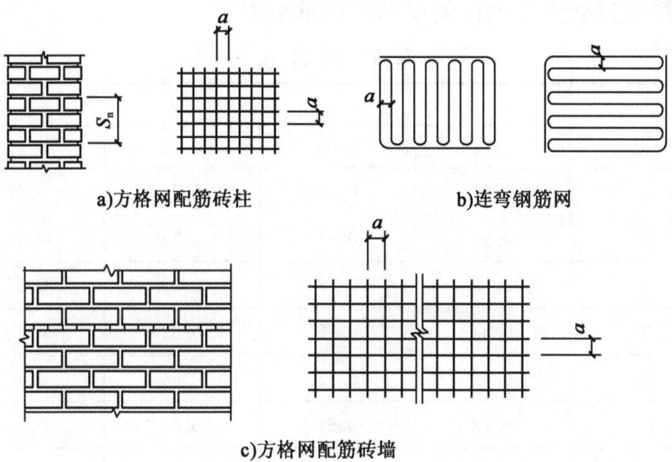

图 8-13 网状配筋砖砌体

为与无筋砌体受压构件承载力计算公式协调，网状配筋砖砌体受压构件承载力计算公式如下：

$$N \leqslant \varphi_n f_n A \tag{8-28}$$

$$f_n = f + 2\left(1 - \frac{2e}{y}\right)\frac{\rho}{100}f_y \tag{8-29}$$

式中：N——轴向力设计值；

φ_n——高厚比和配筋率以及轴向力的偏心距对网状配筋砖砌体受压构件承载力的影响系数，可按表 8-18 采用；

f_n——网状配筋砖砌体的抗压强度设计值；

A——截面面积；

e——轴向力的偏心距；

y——截面重心到轴向力所在偏心方向截面边缘的距离；

ρ——体积配筋率，当采用截面面积为 A_s 的钢筋组成的方格网，网格尺寸为 a 和钢筋网的竖向间距为 s_n 时，$\rho = 2A_s/as_n$，要求 $0.1\% \leqslant \rho \leqslant 1\%$；

f_y——钢筋的抗拉强度设计值，当 f_y 大于 320MPa 时，仍采用 320MPa。

当采用连弯钢筋网时，网的钢筋方向应互相垂直地沿砌体高度交错设置，计算时 s_n 取同一方向网的间距；钢筋网的钢筋直径宜采用 3～4mm，当采用连弯钢筋时，钢筋的直径不应大于 8mm；钢筋网中钢筋的间距，不应大于 120mm，并不应小于 30mm；钢筋网的竖向间距，不应大于五皮砖，并不应大于 400mm；网状配筋砖砌体所用的砂浆强度等级不应低于 M7.5，灰缝厚度应保证钢筋上下至少各有 2mm 厚的砂浆层。

试验研究表明：当偏心距超过截面核心范围（对于矩形截面 $e/h>0.17$）时或偏心距虽未超过截面核心范围，但构件的高厚比 $\beta>16$ 时，钢筋难以发挥作用，此时不宜采用网状配筋砖砌体构件。

此外，对矩形截面构件，当轴向力偏心方向的截面边长大于另一方向的边长时，除按偏心受压计算外，还应对较小边长方向按轴心受压进行验算；当网状配筋砖砌体构件下端与无筋砌体交接时，尚应验算交接处无筋砌体的局部受压承载力。

影响系数 φ_n 表 8-18

ρ	β	e/h				
		0	0.05	0.10	0.15	0.17
0.1	4	0.97	0.89	0.78	0.67	0.63
	6	0.93	0.84	0.73	0.62	0.58
	8	0.89	0.78	0.67	0.57	0.53
	10	0.84	0.72	0.62	0.52	0.48
	12	0.78	0.67	0.56	0.48	0.44
	14	0.72	0.61	0.52	0.44	0.41
	16	0.67	0.56	0.47	0.40	0.37
0.3	4	0.96	0.87	0.76	0.65	0.61
	6	0.91	0.80	0.69	0.59	0.55
	8	0.84	0.74	0.62	0.53	0.49
	10	0.78	0.67	0.56	0.47	0.44
	12	0.71	0.60	0.51	0.43	0.40
	14	0.64	0.54	0.46	0.38	0.36
	16	0.58	0.49	0.41	0.35	0.32
0.5	4	0.94	0.85	0.74	0.63	0.59
	6	0.88	0.77	0.66	0.56	0.52
	8	0.81	0.69	0.59	0.50	0.46
	10	0.73	0.62	0.52	0.44	0.41
	12	0.65	0.55	0.46	0.39	0.36
	14	0.58	0.49	0.41	0.35	0.32
	16	0.51	0.43	0.36	0.31	0.29

续上表

ρ	β	e/h				
		0	0.05	0.10	0.15	0.17
0.7	4	0.93	0.83	0.72	0.61	0.57
	6	0.86	0.75	0.63	0.53	0.50
	8	0.77	0.66	0.56	0.47	0.43
	10	0.68	0.58	0.49	0.41	0.38
	12	0.60	0.50	0.42	0.36	0.33
	14	0.52	0.44	0.37	0.31	0.30
	16	0.46	0.38	0.33	0.28	0.26
0.9	4	0.92	0.82	0.71	0.60	0.56
	6	0.83	0.72	0.61	0.52	0.48
	8	0.73	0.63	0.53	0.45	0.42
	10	0.64	0.54	0.46	0.38	0.36
	12	0.55	0.47	0.39	0.33	0.31
	14	0.48	0.40	0.34	0.29	0.27
	16	0.41	0.35	0.30	0.25	0.24
1.0	4	0.91	0.81	0.70	0.59	0.55
	6	0.82	0.71	0.60	0.51	0.47
	8	0.72	0.61	0.52	0.43	0.41
	10	0.62	0.53	0.44	0.37	0.35
	12	0.54	0.45	0.38	0.32	0.30
	14	0.46	0.39	0.33	0.28	0.26
	16	0.39	0.34	0.28	0.24	0.23

2. 钢筋混凝土或砂浆面层组合构件(图 8-14)

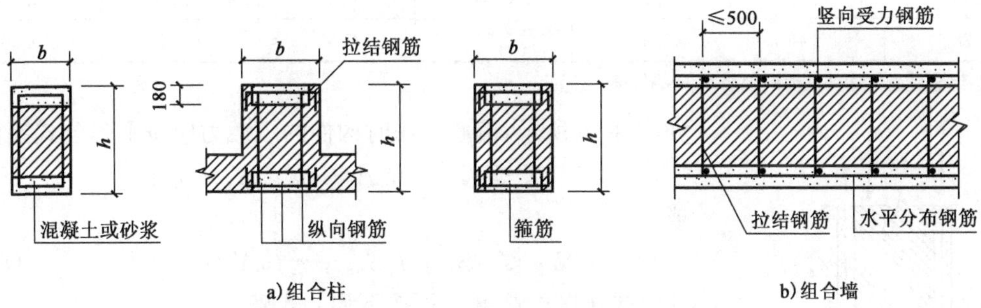

图 8-14 砖砌体和钢筋混凝土(或砂浆)面层组成的组合构件

当采用无筋砖砌体受压构件不能满足受力要求,或当轴向力的偏心距超过截面核心范围时,宜采用砖砌体和钢筋混凝土面层或钢筋砂浆面层组成的组合砖砌体构件。

钢筋混凝土或砂浆面层组合砖砌体构件的受力性能与钢筋混凝土构件相近，具有较高的承载力和延性，但采用水泥砂浆面层时受压钢筋应力达不到屈服强度。

(1)轴心受压

轴心受压时构件的承载力应按下式计算：

$$N \leqslant \varphi_{com}(fA + f_c A_c + \eta_s f'_y A'_s) \tag{8-30}$$

式中：φ_{com}——组合砖砌体构件的稳定系数，可按表 8-19 采用；

A——砖砌体的截面面积；

f_c——混凝土或面层水泥砂浆的轴心抗压强度设计值，砂浆的轴心抗压强度设计值可取为同强度等级混凝土的轴心抗压强度设计值的 70%，当砂浆为 M15 时，取 5.2MPa；当砂浆为 M10 时，取 3.5MPa；当砂浆为 M7.5 时，取 2.6MPa；

A_c——混凝土或砂浆面层的截面面积；

η_s——受压钢筋的强度系数，当为混凝土面层时，可取 1.0；当为砂浆面层时可取 0.9；

f'_y——钢筋的抗压强度设计值；

A'_s——受压钢筋的截面面积。

组合砖砌体构件的稳定系数 φ_{com} 表 8-19

高厚比 β	配筋率 ρ(%)					
	0	0.2	0.4	0.6	0.8	≥1.0
8	0.91	0.93	0.95	0.97	0.99	1.00
10	0.87	0.90	0.92	0.94	0.96	0.98
12	0.82	0.85	0.88	0.91	0.93	0.95
14	0.77	0.80	0.83	0.86	0.89	0.92
16	0.72	0.75	0.78	0.81	0.84	0.87
18	0.67	0.70	0.73	0.76	0.79	0.81
20	0.62	0.65	0.68	0.71	0.73	0.75
22	0.58	0.61	0.64	0.66	0.68	0.70
24	0.54	0.57	0.59	0.61	0.63	0.65
26	0.50	0.52	0.54	0.56	0.58	0.60
28	0.46	0.48	0.50	0.52	0.54	0.56

注：组合砖砌体构件截面的配筋率 $\rho = A'_s/bh$。

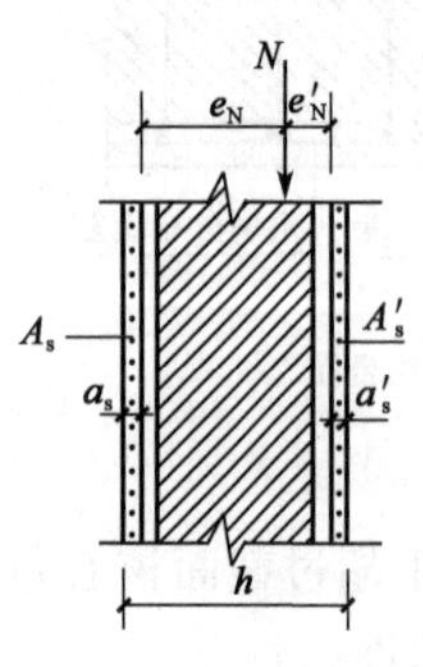

图 8-15 组合砌体偏压构件

如图 8-15 所示，偏心受压时构件的承载力应按下列公式计算：

$$N \leqslant fA' + f_c A'_c + \eta_s f'_y A'_s - \sigma_s A_s \tag{8-31}$$

或

$$Ne_N \leqslant fS_s + f_c S_{c,s} + \eta_s f'_y A'_s (h_0 - a'_s) \tag{8-32}$$

此时受压区的高度 x 可按下列公式确定：

$$fS_N + f_c S_{c,N} + \eta_s f'_y A'_s e'_N - \sigma_s A_s e_N = 0 \tag{8-33}$$

$$e_N = e + e_a + \left(\frac{h}{2} - a_s\right) \tag{8-34}$$

$$e'_N = e + e_a - \left(\frac{h}{2} - a'_s\right) \tag{8-35}$$

$$e_a = \frac{\beta^2 h}{2200}(1 - 0.022\beta) \tag{8-36}$$

式中：σ_s——钢筋 A_s 的应力；

A_s——距轴向力 N 较远侧钢筋的截面面积；

A'——砖砌体受压部分的面积；

A'_c——混凝土或砂浆面层受压部分的面积；

S_s——砖砌体受压部分的面积对钢筋 A_s 重心的面积矩；

$S_{c,s}$——混凝土或砂浆面层受压部分的面积对钢筋 A_s 重心的面积矩；

S_N——砖砌体受压部分的面积对轴向力 N 作用点的面积矩；

$S_{c,N}$——混凝土或砂浆面层受压部分的面积对轴向力 N 作用点的面积矩；

e_N、e'_N——分别为钢筋 A_s 和 A'_s 重心至轴向力 N 作用点的距离；

e——轴向力的初始偏心距，按荷载设计值计算，当 $e<0.05h$ 时，应取 $e=0.05h$；

e_a——组合砖砌体构件在轴向力作用下的附加偏心距；

h_0——组合砖砌体构件截面的有效高度，取 $h_0=h-a_s$；

a_s、a'_s——分别为钢筋 A_s 和 A'_s 重心至截面较近边的距离。

组合砖砌体钢筋 A_s 的应力正值为拉应力，负值为压应力，按下列规定计算。

小偏心受压时，即 $\xi>\xi_b$：

$$\sigma_s = 650 - 800\xi \tag{8-37}$$

$$-f'_y \leqslant \sigma_s \leqslant f_y \tag{8-38}$$

大偏心受压时，即 $\xi\leqslant\xi_b$：

$$\sigma_s = f_y \tag{8-39}$$

$$\xi = \frac{x}{h_0} \tag{8-40}$$

式中：ξ——组合砖砌体构件截面的相对受压区高度；

ξ_b——组合砖砌体构件截面的相对受压区高度界限值，HPB235 级钢筋取 0.55，HRB335 级钢筋取 0.425。

(2)构造要求

①面层混凝土强度等级宜采用 C20，面层水泥砂浆强度等级不宜低于 M10，砌筑砂浆的强度等级不宜低于 M7.5。

②竖向受力钢筋的混凝土保护层厚度，不应小于表 8-20 中的规定。竖向受力钢筋距砖砌体表面的距离不应小于 5mm。

混凝土保护层最小厚度(mm) 表 8-20

构件类别	环境条件	
	室内正常环境	露天或室内潮湿环境
墙	15	25
柱	25	35

注：当面层为水泥砂浆时，对于柱，保护层厚度可减小 5mm。

③砂浆面层的厚度，可采用 30～45mm。当面层厚度大于 45mm 时，其面层宜采用混凝土。

④竖向受力钢筋宜采用 HPB235 级钢筋，对于混凝土面层，亦可采用 HRB335 级钢筋。受压钢筋一侧的配筋率，对砂浆面层，不宜小于 0.1%，对混凝土面层，不宜小于 0.2%。受拉钢筋的配筋率，不应小于 0.1%。竖向受力钢筋的直径不应小于 8mm，钢筋的净间距，不应小于 30mm。

⑤箍筋的直径，不宜小于 4mm 及 0.2 倍的受压钢筋直径，并不宜大于 6mm。箍筋的间距，不应大于 20 倍受压钢筋的直径及 500mm，并不应小于 120mm。

⑥当组合砖砌体构件一侧的竖向受力钢筋多于 4 根时，应设置附加箍筋或拉结钢筋。

⑦对于截面长短边相差较大的构件如墙体等，应采用穿通墙体的拉结钢筋作为箍筋，同时设置水平分布钢筋。水平分布钢筋的竖向间距及拉结钢筋的水平间距，均不应大于 500mm［图 8-14b)］。

⑧组合砖砌体构件的顶部及底部，以及牛腿部位，必须设置钢筋混凝土垫块。竖向受力钢筋伸入垫块的长度，必须满足锚固要求。

3. 砖砌体钢筋混凝土构造柱组合砖墙

如图 8-16 所示，砖砌体和钢筋混凝土构造柱组合砖墙，由于构造柱分担荷载和约束作用，墙体的受压承载力提高，受压稳定性增强。试验和分析表明，构造柱间距是影响组合砖墙承载力的最主要因素，当构造柱间距在 2m 左右时作用较强，而一旦超过 4m 则作用很小。

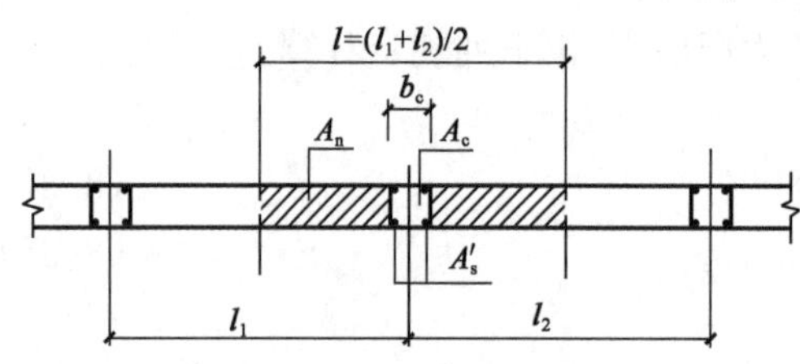

图 8-16　砖砌体和钢筋混凝土构造柱组成的组合墙

砖砌体和钢筋混凝土构造柱组成的组合砖墙的轴心受压承载力应按下列公式计算：

$$N \leqslant \varphi_{com}[fA_n + \eta(f_cA_c + f'_yA'_s)] \tag{8-41}$$

$$\eta = \left(\frac{1}{\frac{l}{b_c} - 3}\right)^{0.25} \tag{8-42}$$

式中：φ_{com}——组合砖墙的稳定系数，可按表 8-19 采用；

η——强度系数，当 $l/b_c<4$ 时取 4；

l——沿墙长方向构造柱的间距；

b_c——沿墙长方向构造柱的宽度；

A_n——砖砌体的净截面面积；

A_c——构造柱的截面面积。

构造柱组合砖墙的材料和构造应符合下列规定：

①砂浆的强度等级不应低于 M5，构造柱的混凝土强度等级不宜低于 C20。

②柱内竖向受力钢筋的混凝土保护层厚度，应符合表 8-20 的规定。

③构造柱的截面尺寸不宜小于 240mm×240mm，其厚度不应小于墙厚，边柱、角柱的截面

宽度宜适当加大。柱内竖向受力钢筋，对于中柱，不宜少于 4Φ12；对于边柱、角柱，不宜少于 4Φ14。构造柱的竖向受力钢筋的直径也不宜大于 16mm，其箍筋，一般部位宜采用φ6@200，楼层上下 500mm 范围内宜采用φ6@100。构造柱的竖向受力钢筋应在基础梁和楼层圈梁中锚固，并应符合受拉钢筋的锚固要求。

④组合砖墙砌体结构房屋，应在纵横墙交接处、墙端部和较大洞口的洞边设置构造柱，其间距不宜大于 4m。各层洞口宜设置在相应位置，并宜上下对齐。

⑤组合砖墙砌体结构房屋应在基础顶面、有组合墙的楼层处设置现浇钢筋混凝土圈梁。圈梁的截面高度不宜小于 240mm；纵向钢筋不宜小于 4Φ12，纵向钢筋应伸入构造柱内，并应符合受拉钢筋的锚固要求；圈梁的箍筋宜采用φ6@200。

⑥砖砌体与构造柱的连接处应砌成马牙槎，并应沿墙高每隔 500mm 设 2φ6 拉结钢筋，且每边伸入墙内不宜小于 600mm；组合砖墙的施工程序应为先砌墙后浇混凝土构造柱。

8.3 砌体结构房屋的墙、柱设计

8.3.1 房屋的结构布置方案

当前，砌体结构房屋一般是指水平承重构件(楼盖和屋盖)采用钢筋混凝土，而竖向承重构件(内外墙、柱及基础)采用砌体材料建造的房屋。水平和竖向承重构件互相连接，构成整体承重体系。根据竖向荷载传递路线、结构布置方式的不同，其结构布置方案可分为：横墙承重体系；纵墙承重体系；纵横墙承重体系；内框架及底层框架承重体系。

1. 横墙承重体系

当屋、楼盖上的荷载绝大部分传给房屋横墙，即房屋承重墙是横墙时，相应的承重体系称为横墙承重体系，如图 8-17 所示。这种房屋竖向荷载的主要传力途径为：屋(楼)面荷载→板→横墙→基础→地基。

横墙承重体系与其他承重体系比较，具有如下特点：

(1)房屋横墙间距小、数量多，房屋开间相对较小(一般为 3～4.5m)，加大房屋横向刚度，对于平面长宽比较大的房屋，有助于弥补房屋整体横向刚度的不足。与纵墙承重体系相比，横墙承重体系对于抵抗风荷载、地震作用较为有利。

(2)外纵墙不承重，承载力有富余，开窗灵活、方便，不受限制。

(3)屋、楼盖结构简单，施工方便。与纵墙承重相比，屋、楼盖用料较少。

横向承重体系适用于开间较小，开间尺寸相差不大的住宅、旅馆、宿舍等层数较多的民用建筑。

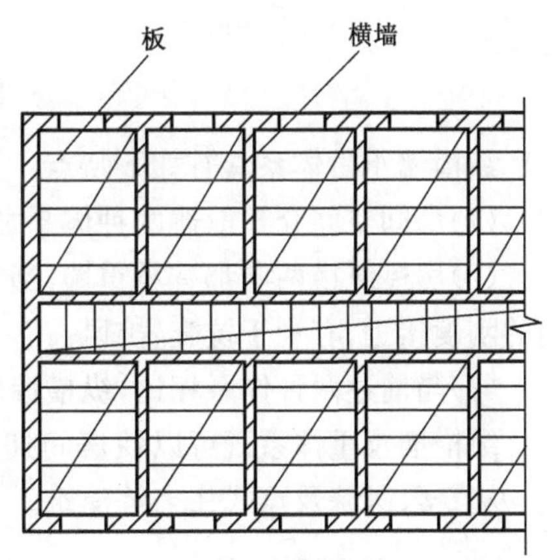

图 8-17　横墙承重体系

2. 纵墙承重体系

当屋、楼盖上的绝大部分荷载传给房屋纵墙，即房屋承重墙是纵墙时，相应的承重体系称为纵墙承重体系，如图 8-18 所示。这种房屋竖向荷载的主要传力途径为：屋(楼)面荷载→板→纵墙(或梁→纵墙)→基础→地基。

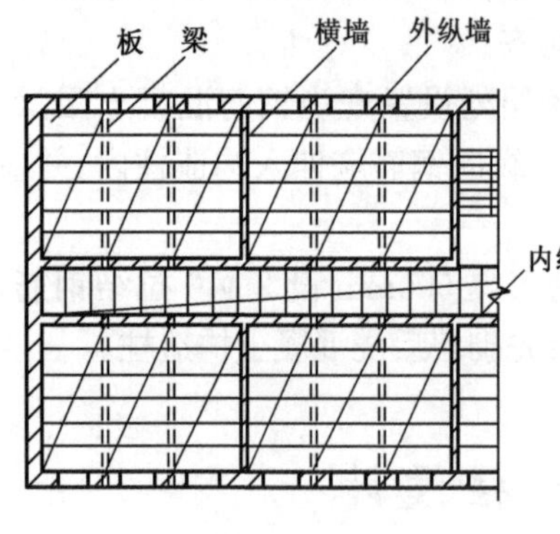

图 8-18　纵墙承重体系

与横墙承重体系比较，纵墙承重体系具有如下特点：

(1)房屋横墙间距大、数量少，房间可以有大空间，平面布置灵活，但房屋整体横向刚度相对较弱。

(2)由于外纵墙承重，墙体荷载大，在纵墙上开窗(门)受到一定限制。

(3)与横墙承重体系相比，墙体材料用料较少，屋、楼盖用料较多。

纵墙承重体系适用于使用上要求较大空间的教学楼、图书馆，以及空旷的中小型工业厂房、仓库、食堂等单层房屋，不宜用于多层砌体结构房屋。

3. 纵横墙承重体系

当屋、楼盖上的荷载一部分传给房屋横墙，另一部分传给房屋纵墙，即房屋的承重墙既有横墙又有纵墙，相应的承重体系称为纵横堵承重体系，如图 8-19 所示。这种房屋竖向荷载的主要传力途径为：屋(楼)面荷载→板→梁→纵墙、横墙→基础→地基。

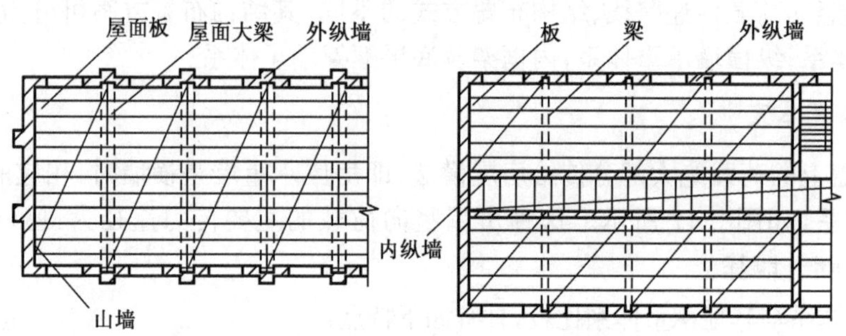

图 8-19　纵横墙承重体系

纵横墙承重体系具有如下特点：

(1)房间空间介于前述两种体系之间。

(2)房屋纵横两向都有承重墙，当房屋纵横两向墙体数量及平面尺寸接近时，房屋两个方向的刚度接近，有利于抗震、抗风。

(3)与前述两种体系相比，纵横墙均承重，墙体材料利用率高，墙体应力也比较均匀。

纵横墙承重体系既可以使房间拥有较大的使用空间，又有较好的空间刚度，适用于教学楼、办公楼、医院及点式住宅等建筑。

4. 内框架承重体系

当房屋需要较大空间，且允许中间设柱时，可取消房屋的内承重墙而用钢筋混凝土柱代替,即屋、楼盖主梁支承在外墙上,并与房屋内部所设的钢筋混凝土柱形成框架结构时,这样的承重体系称为内框架承重体系,如图 8-20 所示。这种房屋竖向荷载的主要传力途径为:屋(楼)面荷载→板→梁→外纵墙和柱→基础→地基。

内框架承重体系具有如下特点:

(1)房屋的使用空间较大,平面布置灵活,可节省材料,结构较为经济。

(2)横墙较少,房屋的空间刚度较小,抗震能力较差。

(3)混凝土柱和墙体材料的压缩性不同,基础形式也不一致,如果设计、施工不当,结构容易产生不均匀竖向变形,使结构产生较大的附加内力,并产生裂缝,特别是发生地震时易由于变形不协调而破坏。

内框架承重体系适用于层数不多的工业厂房、仓库和商店等需要较大空间的房屋。

5. 底层框架承重体系

对于沿街商住楼等建筑,使用上要求底部为大空间,这时底部可以用钢筋混凝土框架结构取代承重墙体,而上部仍采用砌体结构,形成下部一层或两层混凝土框架承托上部多层砌体结构,这样的承重体系称为底层框架承重体系,如图 8-21 所示。这种承重体系的传力途径为:上部砌体结构的墙体自重和楼面荷载→框架梁→框架柱→基础→地基。

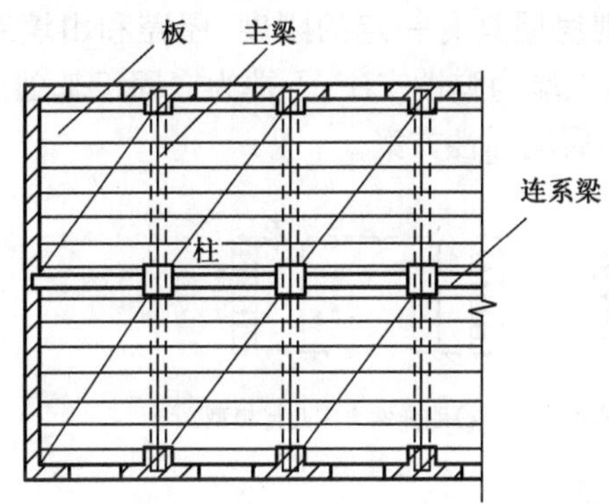

图 8-20　内框架承重体系

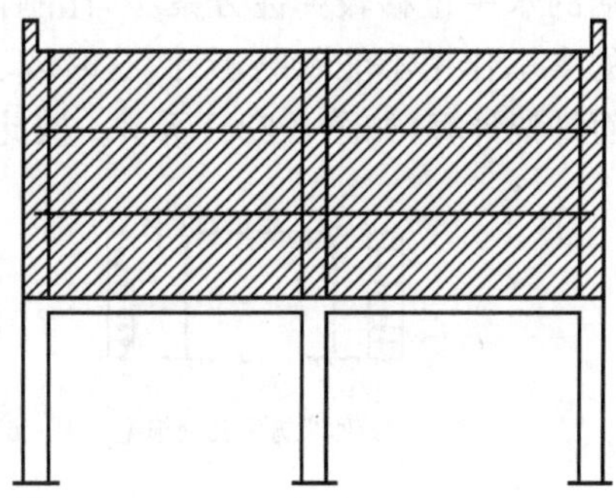

图 8-21　底层框架承重体系

底部框架承重体系具有如下特点:

(1)在建筑物底部,以柱代替承重墙体,可获得较大的使用空间。

(2)房屋上部刚度大,下部刚度小,下部结构薄弱,对抗震不利,因此在抗震、抗风地区应布置适当数量的纵、横向墙体。

8.3.2 房屋的静力计算方案

进行房屋墙体内力计算之前,首先要确定其计算简图,因此需要确定房屋的静力计算方案。房屋的静力计算方案,取决于它在水平荷载作用下的工作性状,这与它的空间刚度有关。

以两端设有山墙,中间无横墙的单层房屋为例,如图 8-22 所示,在水平荷载(如风荷载)作用下,纵墙会将一部分作用于其上的荷载传给屋盖结构(另一部分直接传给基础,再传给地基),并经屋盖结构传给两端山墙(横墙),再由山墙传给基础和地基,形成一空间受力体系。这时，屋盖如同一根支承在山墙上的水平梁，而山墙在其自身平面内为嵌固于基础顶面的悬臂梁。在外纵墙传来的水平荷载作用下，屋盖和山墙将产生弯、剪变形。设屋盖在跨中产生的水平挠度为 f_{max}，山墙顶端产生的水平位移为 Δ，那么，如果山墙的间距很小，且刚度很大，同时屋盖的水平刚度也很大，则房屋的空间刚度很大，f_{max}、Δ 必然都很小，或者说房屋纵墙的水平位移很小，以至可以忽略不计，这样在确定墙柱计算简图时，可以认为屋盖为纵墙的不动支座，墙、柱内力可按上端为不动铰支座、下端为嵌固于基础顶面的无侧移平面排架计算，如图 8-23a)所示。按此方法计算的属刚性方案；如果山墙的间距很大，屋盖的水平刚度也很小，或者山墙的刚度很小甚至无山墙时，则房屋的空间刚度很小，f_{max}、Δ 必然都很大，以至于由屋盖提供给外纵墙的水平反力小到可以忽略不计，这样在确定墙柱计算简图时，可以认为屋盖和山墙对外纵墙不起任何约束作用，墙、柱内力可按上端自由、下端为嵌固于基础顶面的平面排架(简称自由平面排架)计算，如图 8-23b)所示。按此方法计算的方案属弹性方案；如果屋盖和山墙的刚度介于上述二者之间，房屋具有一定的刚度，在水平荷载作用下，外纵墙顶端的水平位移较弹性方案小，比刚性方案大，则房屋具有一定的刚度，屋盖和山墙对外纵墙的支承作用不能忽略不计，这时墙、柱内力可按上端为弹性支座、下端为嵌固于基础顶面的平面排架计算，如图 8-23c)所示。按此方法计算的属刚弹性方案。

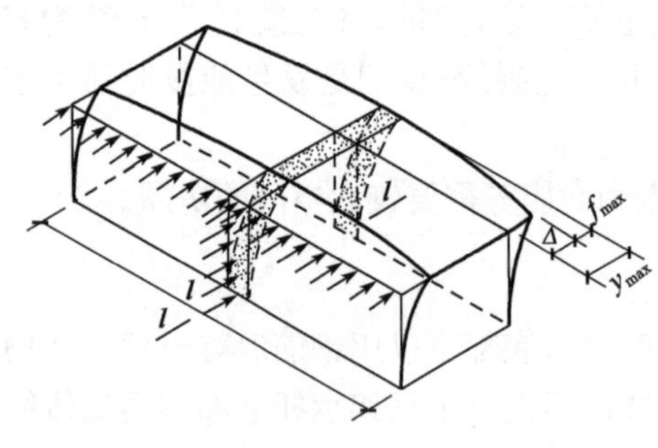

图 8-22 单层房屋在水平力作用下的变形

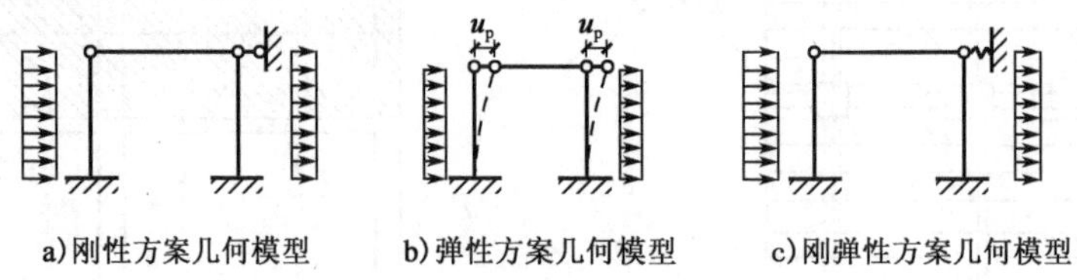

图 8-23 静力几何模型

刚弹性方案弹性支座的刚度取决于房屋的空间刚度(空间作用的大小)，《砌体结构设计规范》(GB 50003—2011)用空间性能影响系数 η 来表示房屋空间作用的大小，见表 8-21(表中楼盖或屋盖的类别代号同表 8-22)。η 值越大，表明考虑空间作用后的排架柱顶最大水平位移与自由平面排架的柱顶位移越接近，房屋的空间作用越小；η 值越小，则表明房屋的空间作用越大。因此，又可以称 η 为考虑空间作用后的侧移折减系数。为了便于计算，《砌体结构设计规范》(GB 50003—2011)偏安全地取多层房屋的空间性能系数 η_i(i 取 1～n，n 为房屋的层数)与单层房屋相同的数值。

房屋各层的空间性能影响系数 η_i 表 8-21

屋盖或楼盖类别	横墙间距 S(m)														
	16	20	24	28	32	36	40	44	48	52	56	60	64	68	72
1	—	—	—	—	0.33	0.39	0.45	0.50	0.55	0.60	0.64	0.68	0.71	0.74	0.77
2	—	0.35	0.45	0.54	0.61	0.68	0.73	0.78	0.82	—	—	—	—	—	—
3	0.37	0.49	0.60	0.68	0.75	0.81	—	—	—	—	—	—	—	—	—

在三个静力计算方案中，以刚性方案的墙、柱受力最有利，应用最多。

可见，房屋的静力计算方案主要与房屋的空间刚度有关，而房屋的空间刚度又主要与横墙间距、横墙本身刚度和楼(屋)盖的刚度有关，因此《砌体结构设计规范》(GB 50003—2011)根据楼、屋盖类别和横墙间距，按表 8-22确定静力计算方案。

房屋的静力计算方案 表 8-22

屋盖或楼盖类别		刚性方案	刚弹性方案	弹性方案
1	整体式、装配整体和装配式无檩体系钢筋混凝土屋盖或钢筋混凝土楼盖	$S<32$	$32\leqslant S\leqslant 72$	$S>72$
2	装配式有檩体系钢筋混凝土屋盖、轻钢屋盖和有密铺望板的木屋盖或木楼盖	$S<20$	$20\leqslant S\leqslant 48$	$S>48$
3	瓦材屋面的木屋盖和轻钢屋盖	$S<16$	$16\leqslant S\leqslant 36$	$S>36$

注:1. 表中 S 为房屋横墙间距，其长度单位为 m。

2. 对无山墙或伸缩缝处无横墙的房屋，应按弹性方案考虑。

横墙刚度是决定房屋静力计算方案的重要因素，因此刚性和刚弹性方案房屋的横墙应为刚度很大的刚性横墙。《砌体结构设计规范》(GB 50003—2011)规定，刚性横墙应符合下列要求:①横墙中开有洞口时，洞口的水平截面面积不应超过横墙截面面积的 50%;②横墙的厚度不宜小于 180mm;③单层房屋的横墙长度不宜小于其高度，多层房屋的横墙长度不宜小于 $H/2$(H 为横墙总高度)。

当横墙不能同时符合上述要求时，应对横墙的刚度进行验算。如其最大水平位移值 $u_{max}\leqslant H/4000$时，仍可视作刚性或刚弹性方案房屋的横墙;凡符合此刚度要求的一段横墙或其他结构构件(如框架等)，也可视作刚性或刚弹性方案房屋的横墙。

8.3.3 刚性方案房屋的墙、柱计算

1. 单层房屋承重纵墙计算

(1)计算单元和计算简图

计算单元应取荷载较大、截面削弱较多的有代表性的墙段。一般取一个开间作为计算单元，可按下列规定采用:对于带壁柱墙，可取壁柱宽加 2/3 墙高，但不大于窗间墙宽度和相邻壁柱间距离;对于无壁柱墙，可取 2/3 墙高，但不大于窗间墙宽度，如图 8-24 所示。

根据图 8-23a)所示，每片纵墙可以按下端固接、上端支承在不动铰支座的竖向构件单独进行计算，高度一般为基础顶面至梁底(或屋架底)之间的距离。

(2)竖向荷载作用下的内力计算

竖向荷载包括屋盖荷载和墙、柱自重。屋盖荷载包括屋盖构件自重、屋面活荷载(或雪荷载)，它通过屋架或屋面梁端部作用于墙、柱顶部。由于建筑结构设计标准化要求，屋架或屋面梁支承反力 N_P 作用点对于墙体截面形心线往往有一个偏心距 e_l(对屋架，N_P 一般距墙体或柱定位轴线 150mm;对屋面梁，N_P 与墙内边缘距离可取 $0.4a_0$)，如图 8-25 所示。因此，一般情况下，墙体上端承受着竖向偏心压力的作用，它可等效为由轴心压力 N_P 和弯矩 $M=N_Pe_l$

组成(图 8-26、图 8-27)。由结构力学方法可求得墙、柱上下端弯矩和支座反力:$M_A=M$, $M_B=-M/2$, $R_A=-R_B=-3M/2H$。

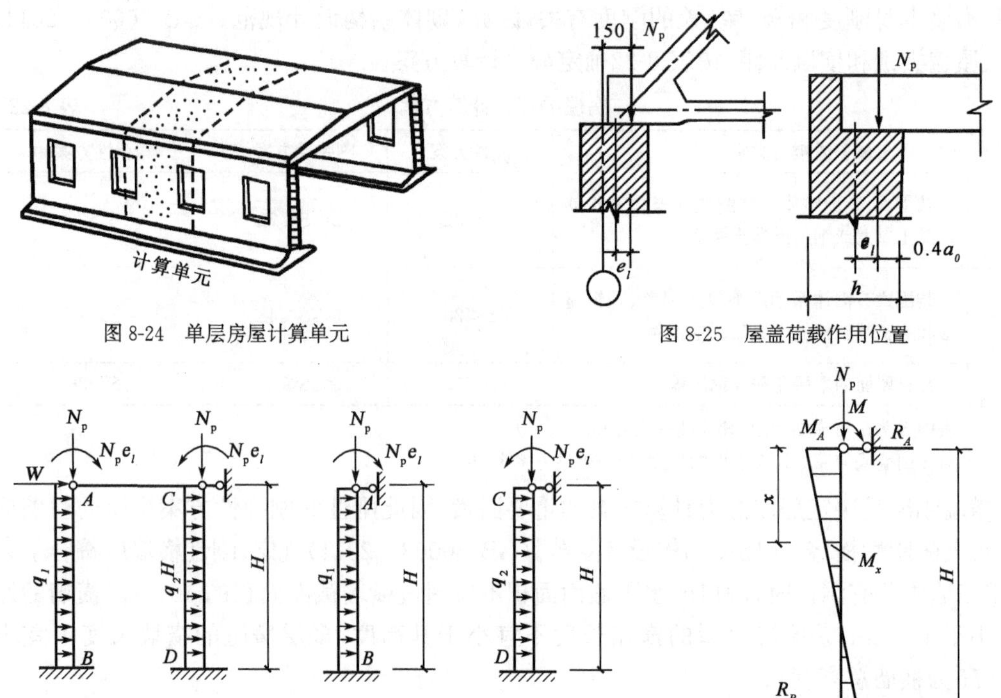

图 8-24 单层房屋计算单元

图 8-25 屋盖荷载作用位置

图 8-26 刚性方案计算简图

图 8-27 竖向荷载作用下的内力

墙、柱自重按砌体的实际自重(包括墙面粉刷和门窗重)计算,作用于墙柱截面形心线,因此当墙、柱为等截面时,自重不会产生弯矩。但当墙、柱为变截面且上下截面形心线距离为 e_l 时,上部墙、柱自重 G 对下部墙、柱截面将产生弯矩 $M=Ge_l$。因自重在屋架安装时已经存在,故其内力应按竖直的悬臂构件进行计算。

(3)风荷载作用下的内力计算

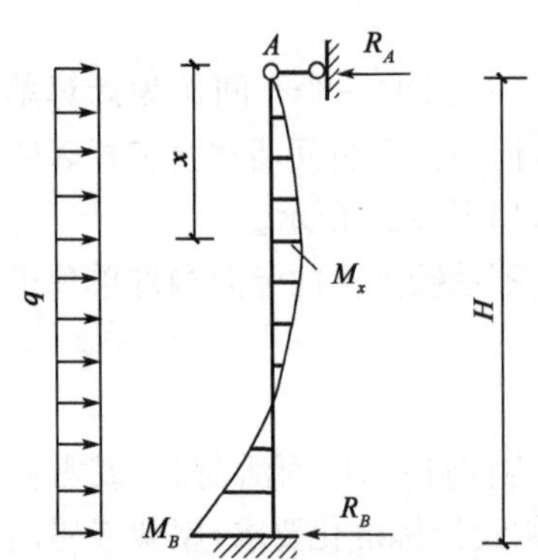

图 8-28 风荷载作用下的内力

风荷载包括作用于墙面和屋面的两部分荷载。作用在屋面(包括女儿墙)上的风荷载以集中力的形式作用在屋盖上,并通过屋盖传给横墙,再传至横墙基础和地基,在纵墙内不产生内力。墙面承受的风荷载可按均匀分布考虑,如图 8-28 所示,则可求得支座反力和内力为:$R_A=3qH/8$, $R_B=5qH/8$, $M_B=qH^2/8$。迎风面 $q=q_1$,背风面 $q=q_2$。

(4)控制截面及内力组合

单层房屋纵墙控制截面一般为基础顶面、墙顶和墙中部弯矩最大处。对于变截面墙、柱,还应视情况在变截面处增加两个控制截面,分别位于变截面上、下位置。墙上有梁时,还应验算梁下砌体局部受压承载力。

设计时,应根据使用过程中可能同时作用的荷载效应进行组合,求出上述控制截面的内力，并从中选取最不利内力组合，作为墙柱截面尺寸设计及其承载力验算依据。根据荷载规范，对单层房屋，采用的荷载组合有以下三种：①恒荷载＋风荷载；②恒荷载＋活荷载（除风荷载外）；③恒荷载＋0.9 活荷载（包括风荷载）。当考虑风荷载时还应分左风和右风，分别组合。

2. 多层刚性方案房屋承重纵墙计算

（1）计算单元

如图 8-29 所示，与单层房屋一样，计算单元应取荷载较大、截面削弱较多的墙段。一般取一个开间作为计算单元，其计算截面宽度可按下列规定采用：对于带壁柱墙，有门窗洞时，可取窗间墙宽度，无门窗洞时，取壁柱宽加 2/3 壁柱高（层高），但不超过开间宽；对于无壁柱墙，有门窗洞时，可取窗间墙宽度；无门窗洞时，取 2/3 层高，但不超过开间宽。

（2）竖向荷载作用下的计算简图和内力计算

竖向荷载作用下，多层刚性方案房屋的墙、柱如同一根竖向放置的连续梁，而屋盖、各层楼盖及基础则是连续梁的支承点。由于屋盖、楼盖中的梁板伸入墙内搁置，墙、柱截面受到削弱，使其所能传递的弯矩很小。因此为简化计算，可假定该连续梁在屋盖、楼盖处为铰接。因多层房屋基础顶面处墙、柱轴力远比弯矩要大，偏心距相对较小，按轴心受压和偏心受压的计算结果相差不大，因此在基础顶面处也按铰接考虑。这样，多层刚性方案房屋在竖向荷载作用下，墙、柱在每层高度范围内，均视作两端铰支的竖向构件（图 8-30）。各层墙柱计算高度：底层一般取二层楼板顶面至基础顶面之间距离（当基础埋置较深且有刚性地坪时，可取室外地面下 500mm 处），其余各层取层高。

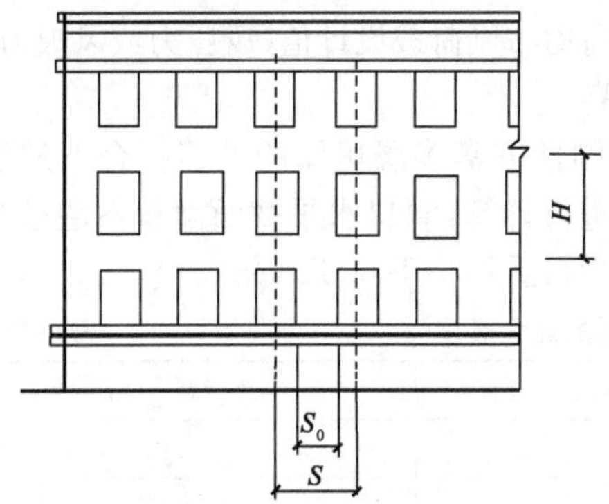

图 8-29　多层刚性方案房屋的计算单元

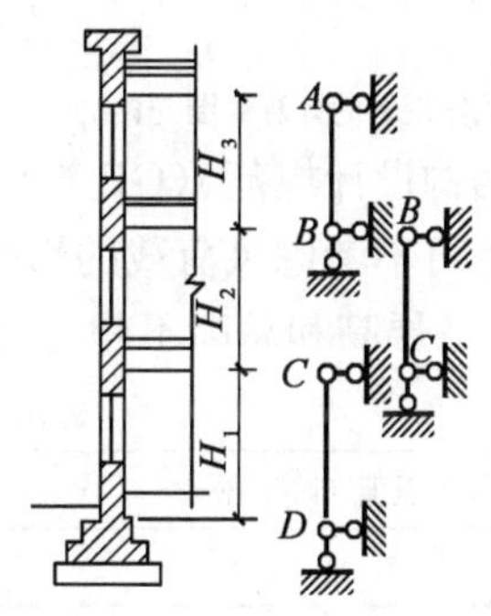

图 8-30　竖向荷载作用下计算简图

这样每层墙、柱可以取出来进行分别计算，如图 8-31 所示。在计算某层墙、柱时，以上各层传至该层顶端支承截面处的荷载不考虑弯矩，仅有竖向力 N_u，但本层墙顶楼盖传来的竖向力 N_l 应考虑偏心距 e_l，而且如果当上、下层墙厚度不同时，也应考虑 N_u 产生的偏心距 e_w。

当上、下层墙厚度相同时[图 8-31a)]，上部截面 I-I 的轴力和弯矩分别为：$N_{\mathrm{I}}=N_u+N_l$，$M_{\mathrm{I}}=Nl\cdot e_l$；下部截面 Ⅱ-Ⅱ 的轴力和弯矩分别为：$N_{\mathrm{II}}=N_u+N_l+N_w$，$M_{\mathrm{II}}=0$。其中 N_w 为计算层墙体自重（包括粉刷层及门窗自重）。

当上、下层墙厚度不相同时[图 8-31b)]，上部截面 I-I 的轴力和弯矩分别为：$N_{\mathrm{I}}=N_u+N_l$，$M_{\mathrm{II}}=N_le_l-N_ue_w$；下部截面Ⅱ-Ⅱ的轴力和弯矩分别为：$N_{\mathrm{II}}=N_u+N_l+N_w$，$M_{\mathrm{II}}=0$。

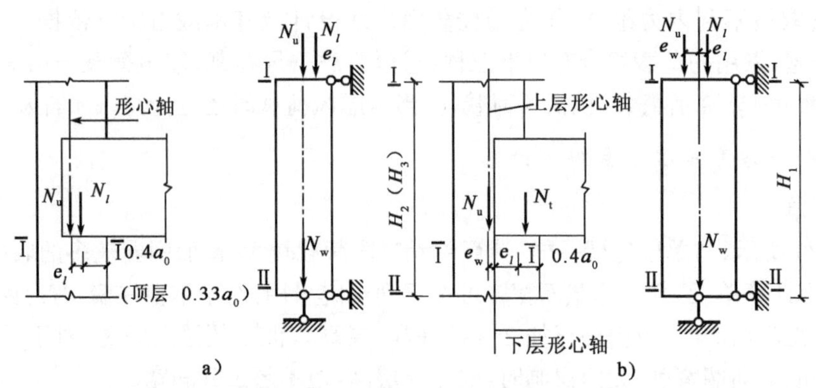

图 8-31 竖向荷载作用下受力分析

(3)风荷载作用下的计算简图和内力计算

由于墙体的设计控制截面一般位于每层的顶部或底部，若考虑楼盖对墙体连续性的削弱，也简化为铰，则将加大跨中截面弯矩，而减小了设计控制截面——支座截面的弯矩，这样显然对墙体设计是偏于不安全，因此在水平风荷载作用下，墙、柱宜视作以屋盖、楼盖为支承的竖向连续梁，如图 8-32 所示。假定风荷载在楼层高度范围内为均匀分布，则在风荷载作用下，支承处的墙、柱弯矩 M 为：

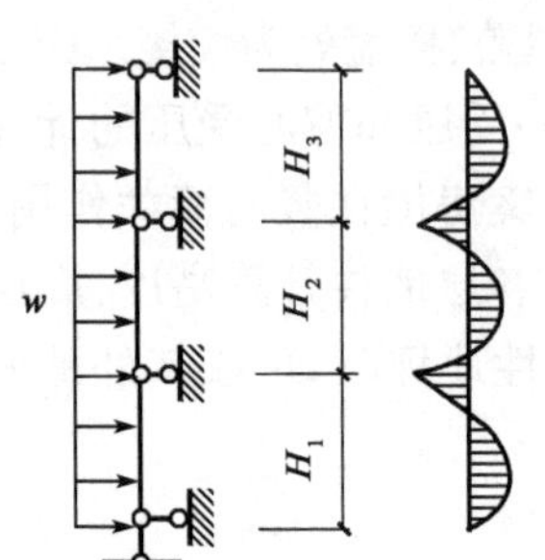

图 8-32 风荷载作用下的计算简图与内力

$$M = \frac{1}{12}wH_i^2 \tag{8-43}$$

式中：w——沿楼层高均布风荷载设计值(风压力或风吸力)；

H_i——各层层高。

《砌体结构设计规范》(GB 50003—2011)规定，刚性方案多层房屋的外墙符合下列要求时，静力计算可不考虑风荷载的影响，仅按竖向荷载进行计算：洞口水平截面面积不超过全截面面积的 2/3；层高和总高不超过表 8-23 的规定；屋面自重不小于 0.8kN/m²。

外墙不考虑风荷载影响时的最大高度 表 8-23

基本风压值 (kN/m²)	层 高 (m)	总 高 (m)
0.4	4.0	28
0.5	4.0	24
0.6	4.0	18
0.7	3.5	18

注：对于多层砌块房屋 190mm 厚的外墙，当层高不大于 2.8m，总高不大于 19.6m，基本风压不大于 0.7kN/m² 时可不考虑风荷载的影响。

一般刚性方案多层房屋大都能满足上述条件，因此只需计算竖向荷载作用下的内力，而无需与风荷载组合。

(4)设计控制截面

如图 8-31 所示，每层取两个控制截面。I-I 截面位于该层墙体顶部大梁(或板)底面，弯矩较大，按偏心受压计算；Ⅱ-Ⅱ截面位于该层墙体下部大梁(或板)底面，轴力较大，当不考虑风荷载作用时按轴心受压计算；对于底层墙，Ⅱ-Ⅱ截面取基础顶面。若多层砌体房屋中几层墙体的层高、计算截面和砌体的抗压强度都相同，只需计算其中的最下一层即可，但顶层上端截面偏心距较大，一般还需计算。同样地，墙上有梁时，还应验算梁下砌体局部受压承载力。

当楼面梁支承于墙上时，因梁端上下墙体的约束而使梁端产生约束弯矩，该约束弯矩进而在梁端上下墙体内产生弯矩。梁端约束弯矩随跨度增大而变大，当梁的跨度较大时，约束弯矩的作用不可忽略。为此《砌体结构设计规范》(GB 50003—2011)规定：对于梁跨度大于 9m 的墙承重的多层房屋，除按上述方法计算墙体承载力外，宜再按梁两端固结计算梁端弯矩，再将其乘以修正系数 γ 后，按墙体线性刚度分到上层墙底部和下层墙顶部，修正系数 γ 可按下式计算：

$$\gamma = 0.2\sqrt{\frac{a}{h}} \tag{8-44}$$

式中：a——梁端实际支承长度；

h——支承墙体的墙厚，当上下墙厚不同时取下部墙厚，当有壁柱时取 h_T。

此时Ⅱ-Ⅱ截面弯矩在不考虑风荷载时也不为零，应按偏心受压计算。

3. 多层刚性方案房屋承重横墙计算

(1)计算单元和计算简图

横墙的计算与纵墙类似。一般说来，纵墙长度较大，但其间距不大，符合表 8-22 中刚性方案房屋对横墙间距的要求(计算横墙时则为纵墙间距)，故横墙计算按刚性方案考虑。横墙一般承受屋盖和楼盖直接传来的均布线荷载，通常取单位宽度(1m)的横墙作为计算单元。

屋盖、楼盖搁置在横墙上，可视为横墙的侧向支承。由于楼板伸入墙身支承，较纵墙更加削弱了墙体在该处的整体性，因此每层横墙宜视为两端铰支的竖向构件，支承于屋盖或楼盖上(图 8-33)。至于底层墙与基础连接处，墙体虽未削弱，但由于相对于上部传来的轴向力而言，弯矩很小，可以忽略。每层构件高度的取值与纵墙相同。但当顶层为坡顶时，其高度取为层高加山墙尖高的 1/2，如图 8-33 所示。

(2)控制截面选取

承重横墙的控制截面一般取本层墙体的底部截面，此处轴力最大。若左右开间不等或楼面荷载不相等时，顶部截面将产生弯矩，则须验算此截面的偏心受压承载力(图 8-34)。当支承梁时，还须验算砌体的局部受压承载力。多层房屋中，当横墙的砌体材料及墙厚上下相同时，可只验算底层下部截面；如有改变则还要对材料或截面改变处进行验算。

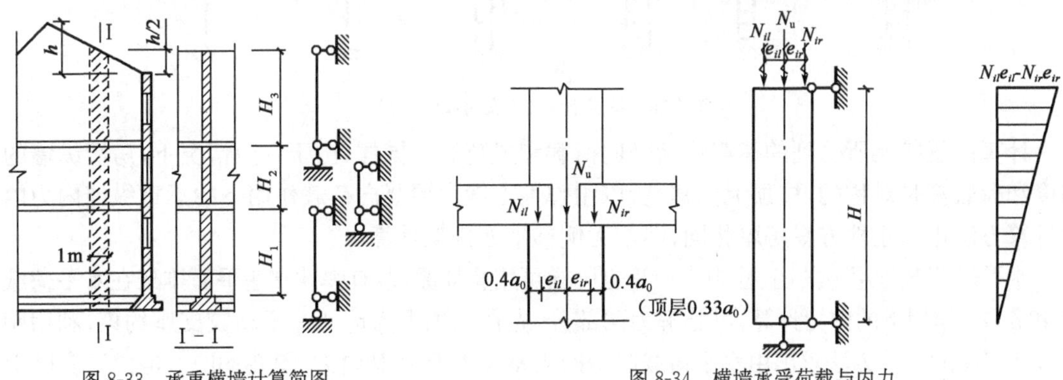

图 8-33　承重横墙计算简图

图 8-34　横墙承受荷载与内力

8.3.4　弹性与刚弹性方案房屋的墙、柱计算

1. 单层弹性方案房屋承重纵墙

单层弹性方案房屋承重纵墙内力可按不考虑空间作用的有侧移的平面排架计算，计算单元的选取与单层刚性方案房屋相同。

墙、柱内力按竖向荷载和水平荷载分别计算，然后进行内力组合，取不利内力进行截面承载力计算。在计算弹性方案房屋竖向荷载作用下的承重纵墙内力时，由于一般情况下，房屋纵墙的刚度和荷载都是对称的，柱顶无侧移，所以此时的内力计算方法同刚性方案房屋，即仍按无侧移平面排架计算。

水平风荷载作用下的墙、柱内力计算可用叠加原理，如图 8-35 所示。有侧移平面排架在水平荷载 W 和 q_1、q_2 作用下的内力计算，可分解为两部分：先在柱顶人为地加一不动铰支座约束，利用刚性方案房屋的计算方法求出由水平荷载产生的支座反力 R 及其内力[图 8-35b)]，但实际上 R 并不存在，所以第二部分是在一无荷载作用的排架上反向施加一柱顶反力 R，后求出内力[图 9-35c)]，最后叠加这两部分内力就可得到弹性方案房屋的内力。

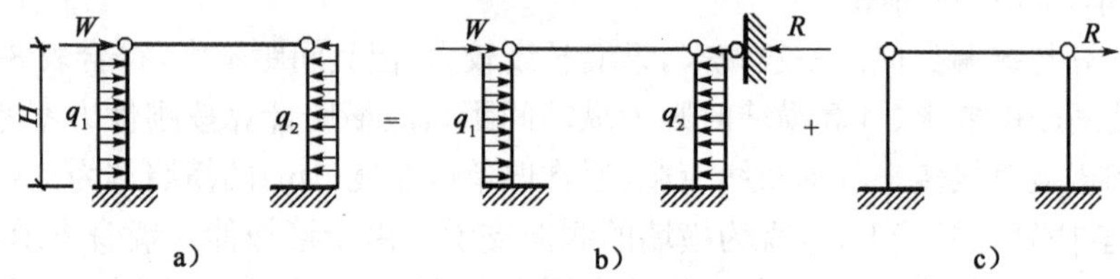

图 8-35　单层弹性方案房屋的计算

2. 单层刚弹性方案房屋承重纵墙

刚弹性方案单层房屋的空间刚度介于弹性方案与刚性方案之间。由于房屋的空间作用，墙(柱)顶在水平方向的侧移受到一定的约束作用。其计算简图与弹性方案的计算简图相类似，所不同的是单层刚弹性方案在排架顶加上一个弹性支座，以考虑房屋的空间工作。计算简图如图 8-36 所示。

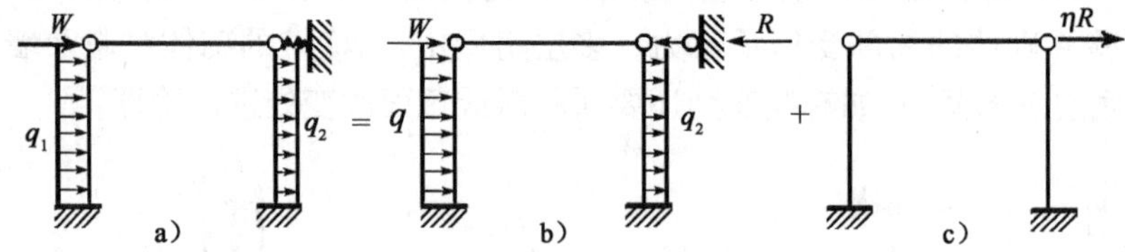

图 8-36　单层刚弹性方案房屋的计算

计算简图排架所受到的荷载包括竖向荷载和风荷载。同样，由于一般情况下，房屋纵墙的刚度和荷载都是对称的，柱顶无侧移，所以刚弹性方案房屋竖向荷载作用下的承重纵墙内力内力计算方法也与刚性方案房屋相同，即按无侧移平面排架计算。

水平风荷载作用下的墙、柱内力计算也同样可用叠加原理：有弹性支座平面排架在水平荷载 W 和 q_1、q_2 作用下的内力计算，可分解为两部分：先在柱顶人为地加一不动铰支座约束，利用刚性方案房屋的计算方法求出由水平荷载产生的支座反力 R 及其内力[图 8-36b)]，但由于实际上

R 并不存在,而且由于房屋空间刚度的影响,墙(柱)顶水平位移(μ_s)较弹性方案的有侧移排架(μ_p)小,它们的关系是 $\mu_s=\eta\mu_p$。设 X 为弹性支座反力,根据位移与内力成比例关系,可求得:

$$X=(1-\eta)R \tag{8-45}$$

所以第二部分应是在一无荷载作用的排架上反向施加一柱顶反力 ηR,后求出内力,见图 8-36c)。最后叠加这两部分内力就可得到刚弹性方案房屋的内力。

3. 多层刚弹性方案房屋

多层房屋由屋盖,楼盖和纵、横墙组成空间承重体系,除了在纵向各开间与单层房屋有相似空间作用之外,各层之间亦有相互约束的空间作用。因此其计算简图为一各楼层处设弹性支座的多层排架,如图 8-37a)所示。

在水平风荷载或不对称的竖向荷载作用下,刚弹性多层房屋墙、柱的内力分析,可仿照单层刚弹性方案房屋,考虑空间性能影响系数 η,取一个开间的多层房屋为计算单元,作为平面排架的计算简图,按下述方法进行:

①在平面计算简图的多层横梁与柱联结处加一水平铰支杆,计算其在水平荷载作用下无侧移时的内力和各支杆反力 $R_i(i=1,2,\cdots n)$见图 8-37b)。

②考虑房屋的空间作用,将支杆反力 R_i 乘以 η_i,反向施加于节点上,计算出排架内力,见图 8-37c)。

③叠加上述两种情况下求得的内力,即可得到所求内力。

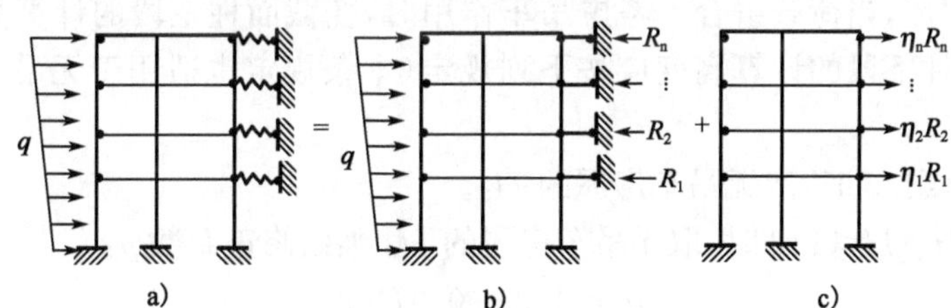

图 8-37　多层刚弹性方案房屋的计算

8.3.5　墙、柱的高厚比验算

砌体结构房屋中的墙、柱一般为受压构件,对于受压构件,无论是承重墙还是非承重墙,除了应满足承载力要求外,还必须保证其稳定性。高厚比 β 是指墙、柱计算高度 H_0 与墙厚或柱截面边长 h 的比值,显然,墙、柱高厚比越大,构件就越细长,其稳定性也就越差。《砌体结构设计规范》(GB 50003—2011)采用允许高厚比[β]来限制墙、柱的高厚比,这是保证墙、柱具有必要刚度和稳定性的重要构造措施之一。

1. 墙、柱计算高度

墙、柱计算高度 H_0,是以墙、柱的实际高度 H 为基础,考虑房屋类别和构件两端的约束条件来确定。《砌体结构设计规范》(GB 50003—2011)规定:受压构件的计算高度按表 8-24 采用。表中的构件高度 H 应按下列规定采用:

(1)在房屋底层,为楼板顶面到构件下端支点的距离。下端支点的位置,可取在基础顶面。当埋置较深且有刚性地坪时,可取室外地面下 500mm 处。

(2)在房屋其他层次,为楼板或其他水平支点间的距离。

(3)对于无壁柱的山墙，可取层高加山墙尖高度的1/2；对于带壁柱的山墙可取壁柱处的山墙高度。

受压构件的计算高度 H_0　　表8-24

<table>
<tr><td colspan="3" rowspan="2">房屋类别</td><td colspan="2">柱</td><td colspan="3">带壁柱墙或周边拉结的墙</td></tr>
<tr><td>排架方向</td><td>垂直排架方向</td><td>$S>2H$</td><td>$2H\geqslant S>H$</td><td>$S\leqslant H$</td></tr>
<tr><td rowspan="3">有吊车的单层房屋</td><td rowspan="2">变截面柱上段</td><td>弹性方案</td><td>$2.5H_u$</td><td>$1.25H_u$</td><td colspan="3">$2.5H_u$</td></tr>
<tr><td>刚性、刚弹性方案</td><td>$2.0H_u$</td><td>$1.25H_u$</td><td colspan="3">$2.0H_u$</td></tr>
<tr><td colspan="2">变截面柱下段</td><td>$1.0H_l$</td><td>$0.8H_l$</td><td colspan="3">$1.0H_l$</td></tr>
<tr><td rowspan="5">无吊车的单层和多层房屋</td><td rowspan="2">单跨</td><td>弹性方案</td><td>$1.5H$</td><td>$1.0H$</td><td colspan="3">$1.5H$</td></tr>
<tr><td>刚弹性方案</td><td>$1.2H$</td><td>$1.0H$</td><td colspan="3">$1.2H$</td></tr>
<tr><td rowspan="2">多跨</td><td>弹性方案</td><td>$1.25H$</td><td>$1.0H$</td><td colspan="3">$1.25H$</td></tr>
<tr><td>刚弹性方案</td><td>$1.10H$</td><td>$1.0H$</td><td colspan="3">$1.1H$</td></tr>
<tr><td colspan="2">刚性方案</td><td>$1.0H$</td><td>$1.0H$</td><td>$1.0H$</td><td>$0.4S+0.2H$</td><td>$0.6S$</td></tr>
</table>

注：1. 表中 H_u 为变截面柱的上段高度；H_l 为变截面柱的下段高度。

2. 对于上端为自由端的构件，$H_0=2H$。

3. 独立砖柱，当无柱间支撑时，柱在垂直排架方向的 H_0 应按表中数值乘以1.25后采用。

4. S 为房屋横墙间距。

5. 自承重墙的计算高度应根据周边支承或拉接条件确定。

对有吊车的房屋，当荷载组合不考虑吊车作用时，变截面柱上段的计算高度可按表8-24规定采用；变截面柱下段的计算高度应按下列规定（本条规定也适用于无吊车房屋的变截面柱）采用：

(1)当 $H_u/H\leqslant 1/3$ 时，取无吊车房屋的 H_0。

(2)当 $1/3<H_u/H<1/2$ 时，取无吊车房屋的 H_0 乘以修正系数 μ：

$$\mu=1.3-0.3I_u/I_l$$

式中：I_u——变截面柱上段的惯性矩；

I_l——变截面柱下段的惯性矩。

(3)当 $H_u/H\geqslant 1/2$ 时，取无吊车房屋的 H_0。但在确定高厚比 β 值时，应采用上柱截面。

2. 墙、柱的允许高厚比

影响墙、柱允许高厚比[β]的因素比较复杂，难以用理论推导的公式来计算，《砌体结构设计规范》(GB 50003—2011)在综合考虑了砌体类型、砂浆强度等级、横墙间距、砌体截面刚度、构造柱间距及截面、支承条件、构件重要性及房屋使用情况等多种因素的基础上，结合实践经验加以确定，见表8-25。

墙、柱的允许高厚比[β]值　　表8-25

砂浆强度等级	墙	柱
M2.5	22	15
M5.0	24	16
≥M7.5	26	17

注：1. 毛石墙、柱允许高厚比应按表中数值降低20%。

2. 组合砖砌体构件的允许高厚比，可按表中数值提高20%，但不得大于28。

3. 验算施工阶段砂浆尚未硬化的新砌砌体高厚比时，允许高厚比对墙取14，对柱取11。

对房屋中的次要墙体如非承重墙，由于仅承受自重作用，根据弹性稳定理论，在材料、截面及支承情况相同的条件下，构件仅承受自重作用时失稳的临界荷载比上端受集中荷载时要大。故验算非承重墙高厚比时，表 8-25中的[β]值可乘以大于 1 的修正系数 μ_1。对厚度 $h \leqslant 240$mm 的自承重墙，μ_1 应按下列规定采用：$h=240$mm，$\mu_1=1.2$；$h=90$mm，$\mu_1=1.5$；90mm$<h<$240mm，μ_1 可按插入法取值。

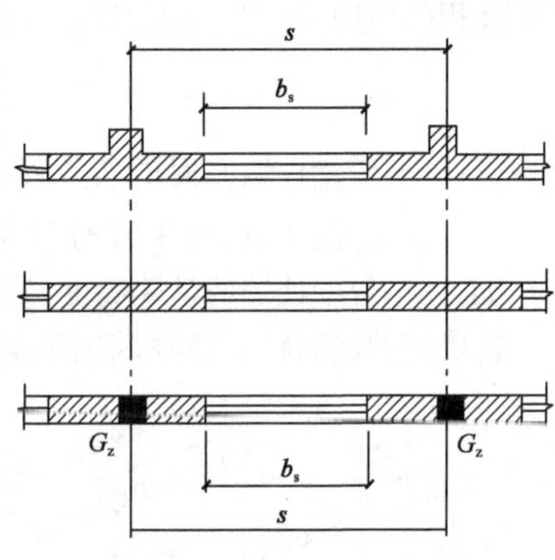

图 8-38　门窗洞口宽度示意图

上端为自由端墙的允许高厚比，除按上述规定提高外，尚可再提高 30%；对厚度小于 90mm 的墙，当双面用不低于 M10 的水泥砂浆抹面，包括抹面层的墙厚不小于 90mm 时，可按墙厚等于 90mm 验算高厚比。

对有门窗洞口的墙(图 8-38)，允许高厚比[β]应乘以修正系数 μ_2，μ_2 可按下式计算：

$$\mu_2 = 1 - 0.4\frac{b_s}{s} \tag{8-46}$$

式中：b_s——在宽度 s 范围内的门窗洞口总宽度；

s——相邻窗间墙或壁柱之间的距离。

当按公式(8-46)算得 μ_2 的值小于 0.7 时，应采用 0.7。当洞口高度等于或小于墙高的1/5时，可取 μ_2 等于 1.0。

3. 墙、柱高厚比验算

(1)矩形墙、柱的高厚比验算

$$\beta = \frac{H_0}{h} \leqslant \mu_1\mu_2[\beta] \tag{8-47}$$

式中：H_0——墙、柱的计算高度，按表 8-24 取用；

h——墙厚或矩形柱与 H_0 相对应的边长；

μ_1——自承重墙允许高厚比的修正系数；

μ_2——有门窗洞口墙允许高厚比的修正系数；

[β]——墙、柱的允许高厚比，按表 8-25 取用。

当与墙连接的相邻两横墙间的距离 $s \leqslant \mu_1\mu_2[\beta]h$ 时，相邻两横墙之间的墙体因受到了横墙很大的约束，而沿竖向不会丧失稳定，故此时墙的高度 H 可不受式(8-47)的限制。

对变截面柱，其高厚比可按上、下截面分别验算，其计算高度可按表 8-24 的规定采用。验算上柱的高厚比时，墙、柱的允许高厚比可按表 8-25 的数值乘以 1.3 后采用。

(2)带壁柱墙的高厚比验算

带壁柱墙的高厚比，应从两个方面进行验算，一方面，验算包括壁柱在内的整片墙体的高厚比，这相当于验算墙体的整体稳定；另一方面验算壁柱间墙的高厚比，这相当于验算墙体的局部稳定。

①整片墙的高厚比验算

将壁柱视为墙体的一部分，整片墙的计算截面即为 T 形，故在验算高厚比时，按等惯性矩和等面积的原则，将 T 形截面换算成矩形截面，换算后墙体的折算厚度为 h_T，即：

$$\beta=\frac{H_0}{h_T}\leqslant\mu_1\mu_2[\beta] \tag{8-48}$$

式中：h_T——带壁柱墙截面的折算厚度，$h_T=3.5i$，其中，i 为带壁柱墙截面的回转半径，即 $i=\sqrt{I/A}$，而 I、A 分别为带壁柱墙截面的惯性矩和截面积；

H_0——带壁柱墙的计算高度，确定时，墙体的长度应取相邻横墙间的距离（图 8-39 中 l）。

在确定截面回转半径时，带壁柱墙计算截面（图 8-40）的冀缘宽度应按下列规定采用。

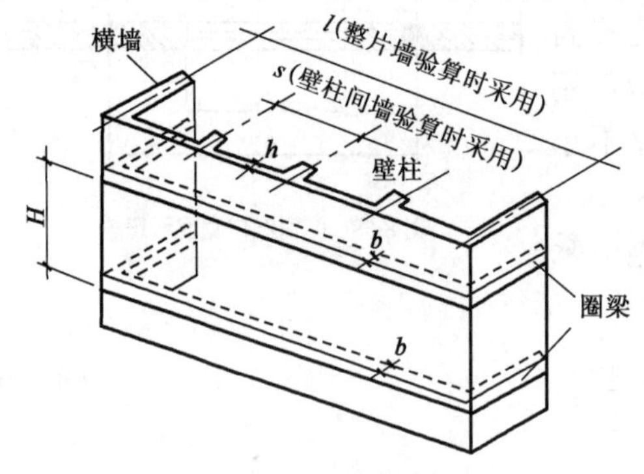

图 8-39　带壁柱的墙

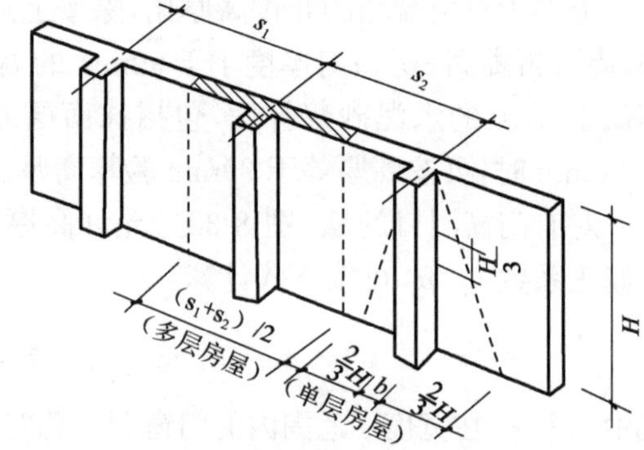

图 8-40　带壁柱墙计算截面取法

a. 对多层房屋，当有门窗洞口时，可取窗间墙宽度。若左、右壁柱间距不等时，可取左、右壁柱间距的平均值；当无门窗洞口时，每侧翼墙宽度可取壁柱高度的 1/3。

b. 对单层房屋，可取壁柱宽加 2/3 墙高，但不大于窗间墙宽度和相邻壁柱间距离。

②壁柱间墙高厚比验算

壁柱间墙的高厚比可按无壁柱墙公式（8-47）进行验算。此时可将壁柱视为壁柱间墙的不动铰支座。因此计算 H_0 时，s 取壁柱间距离，而且不论带壁柱墙体房屋的静力计算属于何种方案，H_0 一律按刚性方案确定。

(3)带构造柱墙的高厚比验算

同带壁柱墙一样，带构造柱墙的高厚比验算包括整体稳定和局部稳定验算两个方面。

①整片墙的高厚比验算

墙中设钢筋混凝土构造柱，且构造柱截面宽度不小于墙厚时，可提高墙体在使用阶段的稳定性和刚度，故高厚比验算公式为：

$$\beta=\frac{H_0}{h}\leqslant\mu_1\mu_2\mu_c[\beta] \tag{8-49}$$

$$\mu_c=1+\gamma\frac{b_c}{l} \tag{8-50}$$

式中：μ_c——带构造柱墙在使用阶段的允许高厚比提高系数；

γ——系数，对细料石、半细料石砌体，$\gamma=0$，对混凝土砌块、粗料石、毛料石及毛石砌体，$\gamma=1.0$，其他砌体，$\gamma=1.5$；

b_c——构造柱沿墙长方向的宽度；

l——构造柱的间距；

h——墙厚。

当确定墙的计算高度时，s 应取相邻横墙间的距离。为与组合砖墙承载力计算相协调，规范规定：当 $b_c/l>0.25$ 时，取 $b_c/l=0.25$，当 $b_c/l<0.05$ 时，取 $b_c/l=0$。

②构造柱间墙高厚比验算

构造栓间精高原比验算与壁柱间墙高厚比验算相同，只是 s 为构造柱间距离。

应当注意，考虑构造柱的高厚比验算不适用于施工阶段。由于在施工过程中大多是先砌墙后浇筑构造柱，故应注意采取措施保证带构造柱墙在施工阶段的稳定性。

设有钢筋混凝土圈梁的带壁柱墙或带构造柱墙，当 $b/s\geqslant 1/30$ 时，可将圈梁视作壁柱间墙或构造间墙的不动铰支点（b 为圈梁宽度）。这是由于圈梁的水平刚度较大，能够限制壁柱间墙或构造柱间墙侧向变形。如果 $b/s<1/30$，且不允许增加圈梁宽度，可按墙体平面外等刚度原则增加圈梁高度，以满足壁柱间墙或构造柱间墙不动铰支点的要求。此时，壁柱间墙或构造柱间墙的高度可取圈梁之间的距离（图 8-39）。

8.4 过梁、墙梁、挑梁、雨篷

8.4.1 过梁

1. 过梁的类型及适用范围

过梁为砌体结构门窗洞口上常用的构件，按照所采用材料的不同可分为平拱砖过梁、钢筋砖过梁和钢筋混凝土过梁，如图 8-41 所示。

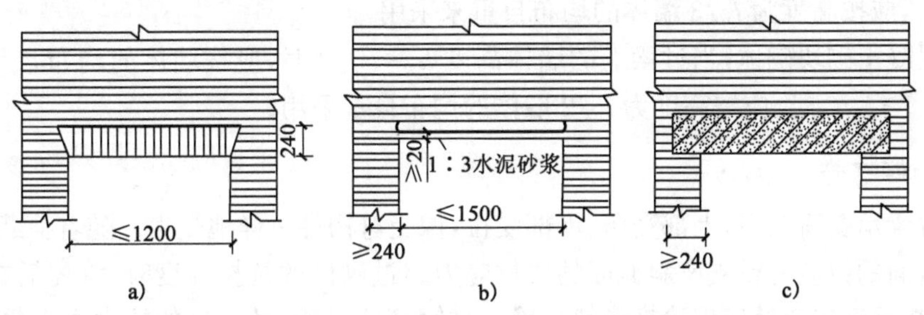

图 8-41 常用过梁的类型

平拱砖和钢筋砖过梁具有节约钢筋和水泥、造价低廉等优点，但整体性差，对振动荷载和地基不均匀沉降反应敏感，而且跨越能力较差。因此，《砌体结构设计规范》（GB 50003—2011）规定：钢筋砖过梁的跨度不应超过 1.5m；砖砌平拱过梁的跨度不应超过 1.2m；对有较大振动荷载或可能产生不均匀沉降的房屋，应采用钢筋混凝土过梁。此外，砖砌过梁还应符合下列构造要求：砖砌过梁截面计算高度内的砂浆不宜低于 M5；砖砌平拱用竖砖砌筑部分的高度不应小于 240mm；钢筋砖过梁表面砂浆层处的钢筋，其直径不应小于 5mm，间距不宜大于 120mm，钢筋伸入支座砌体内的长度不宜小于 240mm，砂浆层的厚度不宜小于 30mm。

2. 过梁的荷载

作用在过梁上的荷载包括墙体自重和过梁上部的梁板荷载。试验表明，当过梁上的墙体高度超过一定高度时，过梁与墙体共同工作明显，过梁上墙体形成内拱将一部分荷载直接传递给支座。为此，规范做出如下规定：

(1)梁、板荷载取值

如图 8-42a)所示，对砖和小型砌块砌体，当梁、板下的墙体高度 $h_w < l_n$ 时(l_n 为过梁的净跨)，应计入梁、板传来的荷载；当梁、板下的墙体高度 $h_w \geqslant l_n$ 时，可不考虑梁、板荷载。

(2)墙体荷载取值[图 8-42b)]

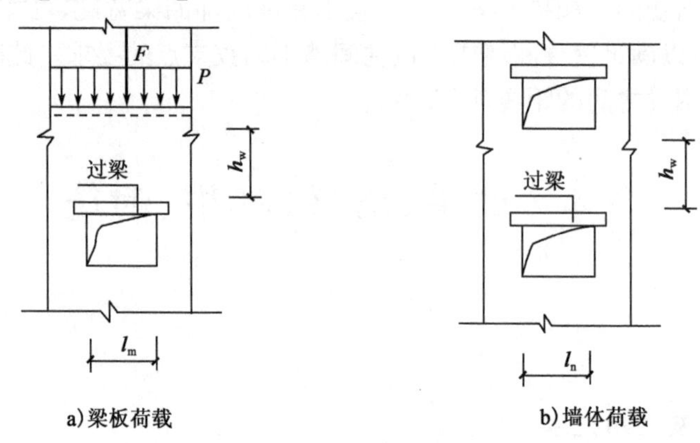

图 8-42 过梁上的荷载计算

①对砖砌体，当过梁上的墙体高度 $h_w < l_n/3$ 时，应按墙体的均布自重采用。当墙体高度 $h_w \geqslant l_n/3$ 时，应按高度为 $l_n/3$ 墙体的均布自重来采用。

②对混凝土砌块砌体，当过梁上的墙体高度 $h_w < l_n/2$ 时，应按墙体的均布自重采用。当墙体高度 $h_w \geqslant l_n/2$ 时，应按高度为 $l_n/2$ 墙体的均布自重采用。

3. 过梁的计算

砖砌过梁承受荷载后，上部受压、下部受拉，像受弯构件一样地受力。随着荷载的增大，当跨中竖向截面的拉应力或支座斜截面的主拉应力超过砌体的抗拉强度时，将先后在跨中出现竖向裂缝，在靠近支座处出现阶梯形斜裂缝。对钢筋砖过梁，其下部的拉力由钢筋承受，过梁的工作机理如同带拉杆的三铰拱，因此有两种可能的破坏形式：正截面受弯破坏和斜截面受剪破坏。对砖砌平拱过梁，其下部的拉力由两端砌体提供的推力平衡，这时过梁像一个三铰拱一样工作，因此过梁除可能发生受弯破坏和受剪破坏外，还可能发生支座的滑动剪切破坏，如图 8-43 所示。

(1)砖砌平拱过梁

根据砖砌平拱过梁的工作机理，应进行跨中正截面的受弯承载力和支座斜截面的受剪承载力计算以及支座的抗滑验算。

跨中正截面受弯承载力按式(8-25)计算，其中砌体的弯曲抗拉强度设计值 f_{tm} 采用沿齿缝截面的弯曲抗拉强度值；支座斜截面的受剪承载力按式(8-26)计算；必要时，支座的抗滑受剪承载力可按式(8-27)验算。

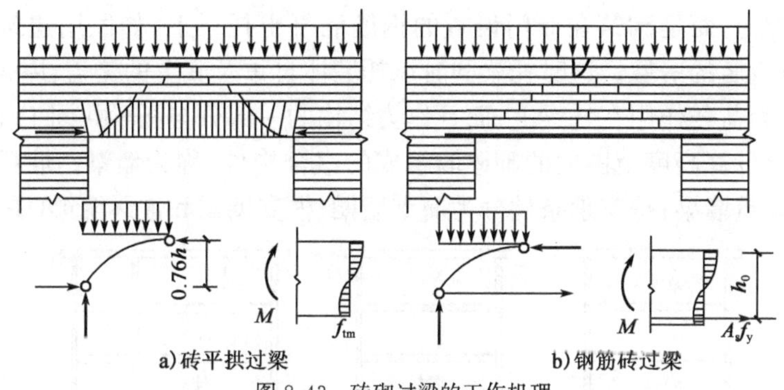

图 8-43　砖砌过梁的工作机理

一般情况下，砖砌平拱过梁的承载力主要由受弯承载力控制。根据受弯承载力条件算出的砖砌平拱过梁的允许均布荷载设计值见表 8-26。

砖砌平拱允许均布荷载设计值(kN/m)　　　　表 8-26

墙厚(mm)	240			370			490		
砂浆强度等级	M5	M7.5	M10	M5	M7.5	M10	M5	M7.5	M10
允许均布荷载	8.18	10.31	11.73	12.61	15.90	18.09	16.70	21.05	23.96

注：砂浆为混合砂浆。当使用水泥砂浆时，表中数值乘 0.75。

(2)钢筋砖过梁

根据钢筋砖过梁的工作机理，应进行跨中正截面的受弯承载力和支座斜截面的受剪承载力计算。

钢筋砖过梁正受弯承载力可按下式计算：

$$M \leqslant 0.85 h_0 f_y A_s \tag{8-51}$$

式中：M——按简支梁计算的跨中弯矩设计值；

f_y——钢筋的抗拉强度设计值；

A_s——受拉钢筋的截面面积；

h_0——过梁截面的有效高度，为受拉钢筋重心至梁截面下边缘的距离，$h_0=h-a_s$；

a_s——受拉钢筋重心至截面下边缘的距离，一般取 15～20mm；

h——过梁的截面计算高度，取过梁底面以上的墙体高度，但不大于 $l_n/3$；当考虑梁、板传来的荷载时，则按梁、板下的高度采用。

钢筋砖过梁的斜截面受剪承载力同砖砌平拱过梁。

(3)钢筋混凝土过梁

钢筋混凝土过梁受弯、受剪承载力计算同一般钢筋混凝土受弯构件。过梁的弯矩按简支梁计算，计算跨度取(l_n+a)和 $1.05l_n$ 之较小者，其中 a 为过梁在支座上的支承长度。过梁梁端支承处砌体局部受压承载按式(8-14)计算，其中梁端上部由墙体传来的荷载影响可不考虑，即取 $\psi=0$。

8.4.2　墙梁

1. 概述

多层砌体房屋的底层往往因使用功能要求形成大空间，使其上的某些承重或非承重墙不能直接砌筑在基础上，而是砌筑在专门设置的钢筋混凝土托梁上，如民用建筑中的底层为商店、上部为住宅或旅店的房屋。这时托梁同时承托墙体自重及其上的楼盖、屋盖的荷载或其他荷载，墙体不仅作为荷载作用在托梁上，而且作为结构的一部分与托梁共同工作。这种由钢筋混凝土托梁和梁上计算高度范围内的砌体墙组成的组合构件，称为墙梁。墙梁按承载性质分为承重墙梁和自承重墙梁；按支承条件分为简支墙梁、框支墙梁和连续墙梁(图 8-44)。

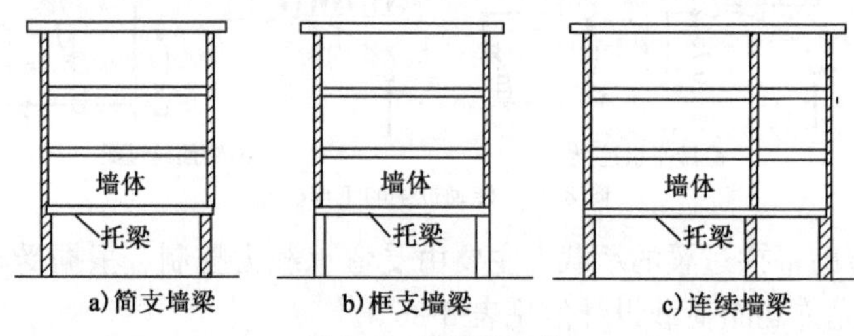

图 8-44　墙梁的类型

试验研究及有限元分析表明，墙梁的受力性能与钢筋混凝土深梁类似。对于无洞口墙梁和孔洞对称于跨中的开洞墙梁，为拉杆拱组合受力机构，墙体主要受压，托梁处于小偏心受拉状态，墙梁顶部荷载由墙体的内拱作用和托梁的拉杆作用共同承受；对于偏开洞墙梁，洞口偏于墙体的一侧，由于偏开洞的干扰，其受力较为复杂，墙体内形成一个大拱并套一个小拱，托梁既作为拉杆，又作为小拱的弹性支座而承受较大的弯矩，因而托梁处于大偏心受拉状态，墙梁为梁—拱组合受力机构，如图 8-45 所示。墙梁的受力特点决定了墙梁破坏的可能形态包括弯曲破坏、剪切破坏(斜拉破坏或斜压破坏或劈裂破坏)和局部受压破坏。墙梁的受力特点和破坏形态是确定其计算简图、计算荷载和承载力计算的依据。

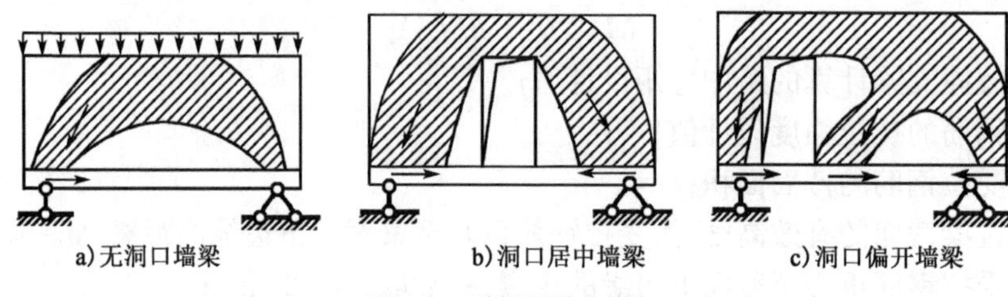

图 8-45　墙梁的受力特点

2. 一般设计规定

采用烧结普通砖、烧结多孔砖砌体和配筋砌体的墙梁设计应符合表 8-27 的规定，表中 h_w 为墙体计算高度，h_b 为托梁截面高度，l_{0i} 为墙梁计算跨度，b_h 为洞口宽度，h_h 为洞口高度(对窗洞取洞顶至托梁顶面距离)，如图 8-46 所示。

墙梁的一般规定　　表 8-27

墙梁类别	墙体总高度(m)	跨度(m)	墙高 h_w/l_{0i}	托梁高 h_b/l_{0i}	洞宽 b_h/l_{0i}	洞高 h_h
承重墙梁	≤18	≤9	≥0.4	≥1/10	≤0.3	≤$5h_w/6$ 且 h_w-h_h≥0.4m
自承重墙梁	≤18	≤12	≥1/3	≥1/15	≤0.8	

注：1. 采用混凝土小型砌块砌体的墙梁可参照该表使用。

2. 墙体总高度指托梁顶面到檐口的高度，带阁楼的坡屋面应算到山尖墙 1/2 高度处。

3. 对自承重墙梁，门窗洞上口至墙顶的距离不应小于 0.5m。

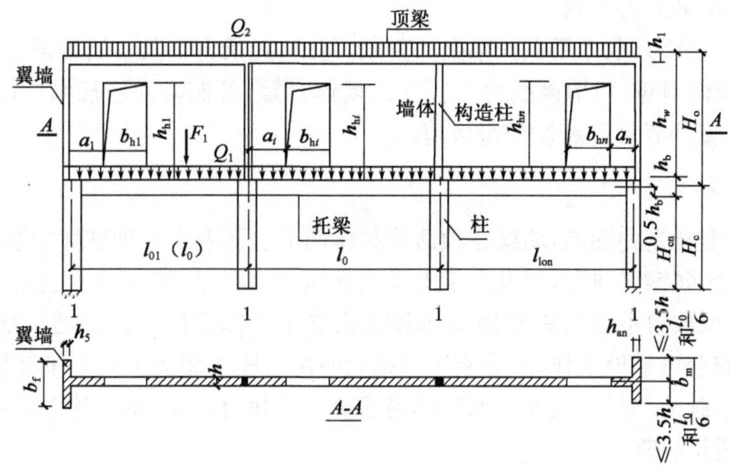

图 8-46　墙梁的计算简图

墙梁计算高度范围内每跨允许设置一个洞口，洞口边至支座中心的距离 a_i：边支座不应小于 $0.15l_{0i}$（自承重墙梁不宜小于 $0.1l_{0i}$），中支座不应小于 $0.7l_{0i}$。对多层房屋的墙梁，各层洞口宜设置在相同位置，并宜上、下对齐。

3. 计算简图和计算荷载

(1)计算简图

在墙梁中，墙体总高度往往大于墙梁的跨度。分析表明，当墙体高度 $h_w > l_0$（墙梁计算跨度）时，主要是 $h_w = l_0$ 范围内的墙体参与组合作用。墙梁的计算简图如图 8-46 所示，各计算参数应按下列规定采用。

①墙梁计算跨度 $l_0(l_{0i})$，对简支墙梁和连续墙梁取 $1.1l_n(1.1l_{ni})$ 或 $l_c(l_{ci})$ 两者的较小值；$l_n(l_{ni})$ 为净跨，$l_c(l_{ci})$ 为支座中心线距离。对框支墙梁，取框架柱中心线间的距离 $l_c(l_{ci})$。

②墙体计算高度 h_w，取托梁顶面上一层墙体高度，当 $h_w > l_0$ 时，取 $h_w = l_0$（对连续墙梁和多跨框支墙梁，l_0 取各跨的平均值）。

③墙梁跨中截面计算高度 H_0，取 $H_0 = h_w + 0.5h_b$。

④翼墙计算宽度 b_f，取窗间墙宽度或横墙间距的 2/3，且每边不大于 $3.5h$（h 为墙体厚度）和 $l_0/6$。

⑤框架柱计算高度 H_c，取 $H_c = H_{cn} + 0.5h_b$；H_{cn} 为框架柱的净高，取基础顶面至托梁底面的距离。

(2)计算荷载

墙梁的组合作用须在结构材料达到强度后才能充分发挥作用，故墙梁上的计算荷载应按使用阶段和施工阶段分别计算。墙梁上的计算荷载，应按下列规定采用：

①使用阶段墙梁上的荷载

a. 承重墙梁。托梁顶面的荷载设计值 Q_1、F_1，取托梁自重及本层楼盖的恒荷载和活荷载；墙梁顶面的荷载设计值 Q_2，取托梁以上各层墙体自重，以及墙梁顶面以上层楼（屋）盖的恒荷载和活荷载；集中荷载可沿作用的跨度近似化为均布荷载。

b. 自承重墙梁。墙梁顶面的荷载设计值 Q_2，取托梁自重及托梁以上墙体自重。

②施工阶段托梁上的荷载

在施工阶段，墙梁只取作用在托梁上的荷载，包括：托梁自重及本层楼盖的恒荷载；本层楼盖的施工荷载；墙体自重，可取高度为 $l_{0max}/3$ 的墙体自重，开洞时尚应按洞顶以下实际分布的墙体自重复核，l_{0max}为各计算跨度的最大值。

4. 承载力计算

根据墙梁的组合受力性能，墙梁在顶面荷载作用下主要发生三种破坏形态，即由于跨中或洞口边缘处托梁纵向钢筋屈服，以及由于支座上部纵向钢筋屈服而产生的正截面破坏；墙体或托梁斜截面抗剪承载力不足的斜截面破坏和托梁支座上部砌体被压碎的局部受压破坏。因此，为保证墙梁安全可靠地工作，应分别进行托梁使用阶段正截面承载力和斜截面受剪承载力计算、墙体受剪承载力和托梁支座上部砌体局部受压承载力计算，还应对托梁在施工阶段的受弯、受剪承载力进行验算。

计算分析表明，自承重墙梁可满足墙体受剪承载力和砌体局部受压承载力的要求，因此可不必验算墙体受剪承载力和砌体局部受压承载力。

(1)托梁正截面承载力

①托梁跨中截面

托梁跨中截面处于偏心受拉状态，其跨中截面弯矩 M_{bi}及轴心拉力 N_{bti}可按下列公式计算：

$$M_{bi} = M_{1i} + \alpha_M M_{2i} \tag{8-52}$$

$$N_b t_i = \eta_N \frac{M_{2i}}{H_0} \tag{8-53}$$

对简支墙梁：

$$\alpha_M = \psi_M\left(1.7\frac{h_b}{l_0} - 0.03\right) \tag{8-54}$$

$$\psi_M = 4.5 - 10\frac{a}{l_0} \tag{8-55}$$

$$\eta_N = 0.44 + 2.1\frac{h_w}{l_0} \tag{8-56}$$

对连续墙梁和框支墙梁：

$$\alpha_M = \psi_M\left(2.7\frac{h_b}{l_0} - 0.08\right) \tag{8-57}$$

$$\psi_M = 3.8 - 8\frac{a}{l_0} \tag{8-58}$$

$$\eta_N = 0.8 + 2.6\frac{h_w}{l_0} \tag{8-59}$$

式中：M_{1i}——荷载设计值 Q_1、F_1 作用下的简支梁跨中弯矩或按连续梁或框架分析的托梁各跨跨中最大弯矩；

M_{2i}——荷载设计值 Q_2 作用下的简支梁跨中弯矩或按连续梁或框架分析的托梁各跨跨中弯矩中的最大值；

α_M——考虑墙梁组合作用的托梁跨中弯矩系数，可按式(8-54)或式(8-57)计算，但对自承重简支墙梁应乘以 0.8，当式(8-54)中的 $h_b/l_0 > 1/6$ 时，取 $h_b/l_0 = 1/6$，当式(8-57)中的$h_b/l_{0i}>1/7$时，取$h_b/l_{0i}=1/7$；

η_N——考虑墙梁组合作用的托梁跨中轴力系数，可按式(8-56)或式(8-59)计算，但对自承重简支墙梁应乘以0.8，当$h_w/l_{0i}>1$时，取$h_w/l_{0i}=1$；

ψ_M——洞口对托梁弯矩的影响系数，对无洞口墙梁取1.0，对有洞口墙梁可按式(8-55)或式(8-58)计算；

a——洞口边至墙梁最近支座的距离，当$a>0.35l_0$时，取$a=0.35l_0$。

②托梁支座截面

研究表明，连续墙梁和框支墙梁的托梁支座截面处于大偏心受压状态。为了简化计算并偏于安全考虑，忽略轴向压力的影响按受弯构件计算，其弯矩M_{bj}可按下列公式计算：

$$M_{bj}=M_{1j}+\alpha_M M_{2j} \tag{8-60}$$

$$\alpha_M=0.75-\frac{a_i}{l_{0i}} \tag{8-61}$$

式中：M_{1j}——荷载设计值Q_1、F_1作用下按连续梁或框架分析的托梁支座弯矩；

M_{2j}——荷载设计值Q_2作用下按连续梁或框架分析的托梁支座弯矩；

α_M——考虑组合作用的托梁支座弯矩系数，无洞口墙梁取0.4，有洞口墙梁可按式(8-61)计算，当支座两边的墙体均有洞口时，a_i取较小值。

对于多跨框支墙梁，由于边柱与边柱之间存在大拱效应，使边柱轴力增大，中柱轴力减小。因此，对在墙梁顶面荷载Q_2作用下的多跨框支墙梁的框支柱，当边柱的轴力不利时，应乘以修正系数1.2。

(2)托梁斜截面承载力

墙梁的托梁斜截面受剪承载力应按钢筋混凝土受弯构件计算，其剪力V_{bj}可按下式计算：

$$V_{bj}=V_{1j}+\beta_V V_{2j} \tag{8-62}$$

式中：V_{1j}——荷载设计值Q_1、F_1作用下按连续梁或框架分析的托梁支座边剪力或简支梁支座边剪力；

V_{2j}——荷载设计值Q_2作用下按连续梁或框架分析的托梁支座边剪力或简支梁支座边剪力；

β_V——考虑组合作用的托梁剪力系数，无洞口墙梁边支座取0.6，中支座取0.7；有洞口墙梁边支座取0.7，中支座取0.8。对自承重墙梁，无洞口时取0.45，有洞口时取0.5。

(3)墙梁的墙体受剪承载力

墙梁的墙体受剪承载力，应按下列公式计算：

$$V_2\leqslant\xi_1\xi_2\left(0.2+\frac{h_b}{l_{0i}}+\frac{h_t}{l_{0i}}\right)fhh_w \tag{8-63}$$

式中：V_2——在荷载设计值Q_2作用下墙梁支座边剪力的最大值；

ξ_1——翼墙或构造柱影响系数，对单层墙梁取1.0，对多层墙梁，当$b_f/h=3$时取1.3，当$b_f/h=7$或设置构造柱时取1.5，当$3<b_f/h<7$时，按线性插入取值；

ξ_2——洞口影响系数，无洞口墙梁取1.0，多层有洞口墙梁取0.9，单层有洞口墙梁取0.6；

h_t——墙梁顶面圈梁截面高度。

(4)托梁支座上部砌体局部受压承载力

托梁支座上部砌体局部受压承载力,应按下列公式计算:

$$Q_2 \leqslant \xi f h \tag{8-64}$$

$$\xi = 0.25 + 0.08\frac{b_f}{h} \tag{8-65}$$

式中:ξ——局压系数,当$\xi>0.81$时,取$\xi=0.81$。

当$b_f/h\geqslant 5$或墙梁支座处设置上、下贯通的落地构造柱时可不验算局部受压承载力。

此外,托梁尚应按混凝土受弯构件进行施工阶段的受弯、受剪承载力验算。

(5)墙梁的一般构造要求

①材料。托梁的混凝土强度等级不应低于C30;纵向钢筋宜采用HRB335、HRB400或RRB400级钢筋;承重墙梁的块体强度等级不应低于MU10,计算高度范围内墙体的砂浆强度等级不应低于M10。

②墙体。框支墙梁的上部砌体房屋,以及设有承重的简支墙梁或连续墙梁的房屋,应满足刚性方案房屋的要求;墙梁的计算高度范围内的墙体厚度,对砖砌体不应小于240mm,对混凝土小型砌块砌体不应小于190mm;墙梁洞口上方应设置混凝土过梁,其支承长度不应小于240mm,且洞口范围内不应施加集中荷载;承重墙梁的支座处应设置落地翼墙,翼墙厚度,对砖砌体不应小于240mm,对混凝土砌块砌体不应小于190mm,翼墙宽度不应小于墙梁墙体厚度的3倍,并与墙梁墙体同时砌筑。当不能设置翼墙时,应设置落地且上、下贯通的构造柱;当墙梁墙体在靠近支座1/3跨度范围内开洞时,支座处应设置落地且上、下贯通的构造柱,并应与每层圈梁连接;墙梁计算高度范围内的墙体,每天可砌高度不应超过1.5m,否则,应加设临时支撑。

③托梁。有墙梁房屋的托梁两边各一个开间及相邻开间处应采用现浇混凝土楼盖,楼板厚度不宜小于120mm,当楼板厚度大于150mm时,宜采用双层双向钢筋网,楼板上应少开洞,洞口尺寸大于800mm时应设洞边梁;托梁每跨底部的纵向受力钢筋应通长设置,不得在跨中段弯起或截断。钢筋接长应采用机械连接或焊接;墙梁的托梁跨中截面纵向受力钢筋总配筋率不应小于0.6%;托梁距边支座边$l_0/4$范围内,上部纵向钢筋面积不应小于跨中下部纵向钢筋面积的1/3。连续墙梁或多跨框支墙梁的托梁中支座上部附加纵向钢筋从支座边算起每边延伸不少于$l_0/4$;承重墙梁的托梁在砌体墙、柱上的支承长度不应小于350mm。纵向受力钢筋伸入支座应符合受拉钢筋的锚固要求;当托梁高度$h_b\geqslant 500$mm时,应沿梁高设置通长水平腰筋,直径不应小于12mm,间距不应大于200mm;墙梁偏开洞口的宽度及两侧各一个梁高h_b范围内,直至靠近洞口的支座边的托梁箍筋直径不宜小于8mm,间距不应大于100mm,如图8-47所示。

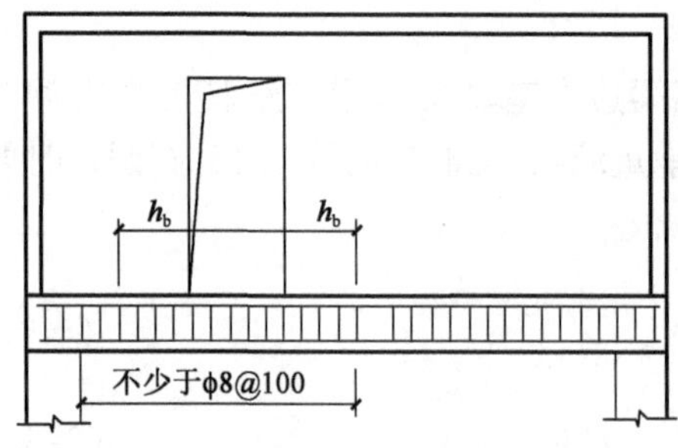

图8-47　偏开洞时托梁箍筋加密区

8.4.3　挑梁

在混合结构房屋中,常常利用埋入墙内一定长度的钢筋混凝土悬臂梁来承托走廊、阳台等荷载,这种梁称为挑梁。挑梁有三种可能形式:倾覆破坏、挑梁下砌体局部受压破坏、挑梁正截面受弯破坏或斜截面受剪破坏。因此，挑梁在进行正截面和斜截面设计之前，必须先进行抗倾覆验算和挑梁下砌体的局部受压承载力验算。

1. 抗倾覆验算

如图 8-48 所示，图中 O 点为挑梁丧失稳定时的计算倾覆点。则挑梁不发生倾覆破坏的条件为：

$$M_{ov} \leqslant M_r \tag{8-66}$$

式中：M_{ov}——挑梁的荷载设计值对计算倾覆点产生的倾覆力矩；

M_r——挑梁的抗倾覆力矩设计值。

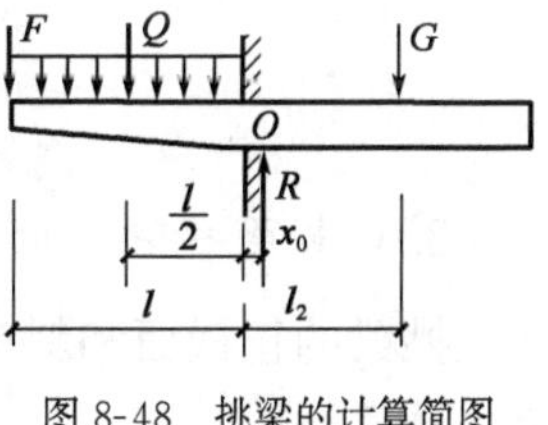

图 8-48 挑梁的计算简图

计算倾覆点 O 至墙外边缘的距离 x_0(mm)，可按下列规定采用：当 $l_1 \geqslant 2.2h_b$ 时，$x_0 = 0.3h_b$，且不大于 $0.13l_1$；当 $l_1 < 2.2h_b$，$x_0 = 0.13l_1$。其中 l_1 为挑梁埋入砌体的长度(mm)，h_b 为挑梁的截面高度(mm)。当挑梁下有构造柱时，计算倾覆点到墙外边缘的距离可取 $0.5x_0$。

挑梁的抗倾覆力矩设计值可按下式计算：

$$M_r = 0.8G_r(l_2 - x_0) \tag{8-67}$$

式中：G_r——挑梁的抗倾覆荷载，为挑梁尾端上部 45°扩展角的阴影范围(其水平长度为 l_3)内本层的砌体与楼面恒荷载标准值之和(图 8-49)；

l_2——G_r 作用点至墙外边缘的距离。

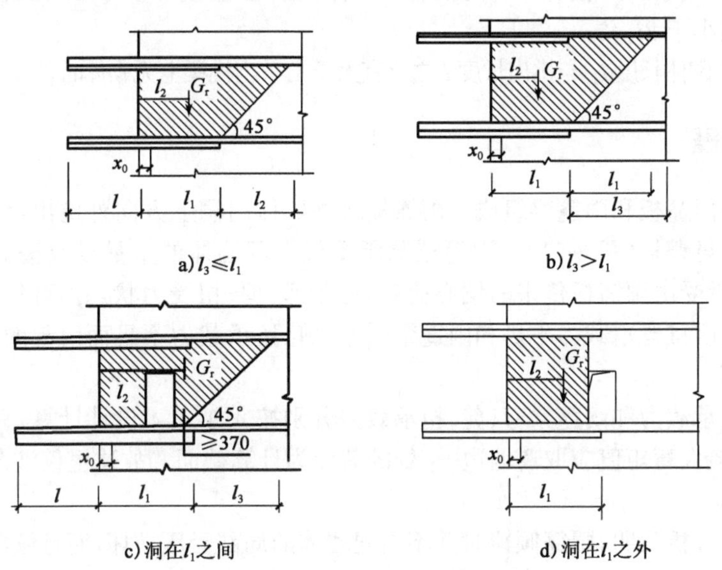

图 8-49 挑梁的抗倾覆荷载

2. 砌体局部受压承载力验算

挑梁下砌体的局部受压承载力，可按下式验算：

$$N_l \leqslant \eta\gamma f A_l \tag{8-68}$$

式中：N_l——挑梁下的支承压力，可取 $N_l = 2R$，R 为挑梁的倾覆荷载设计值；

η——梁端底面压应力图形的完整系数，可取 0.7；

γ——砌体局部抗压强度提高系数，对图 8-50a）可取 1.25；对图 8-50b）可取 1.5；

A_1——挑梁下砌体局部受压面积，可取 $A_1=1.2bh_b$，b 为挑梁的截面宽度。

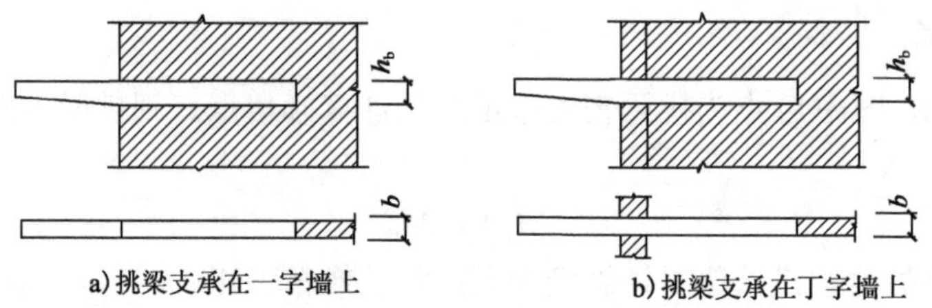

图 8-50　挑梁下砌体局部受压

3. 正截面和斜截面设计

挑梁的正截面和斜截面设计时，其最大弯矩设计值 M_{max} 和最大剪力设计值 V_{max} 应按下列公式计算：

$$M_{max}=M_{ov} \tag{8-69}$$

$$V_{max}=V_0 \tag{8-70}$$

式中：V_0——挑梁荷载设计值在挑梁墙外边缘处截面产生的剪力。

4. 构造要求

（1）纵向受力钢筋至少应有 1/2 的钢筋面积伸入梁尾端，且不少于 2 ϕ 12。其余钢筋伸入支座的长度不应小于 $2l_1/3$。

（2）挑梁埋入砌体长度 l_1 与挑出长度 l 之比宜大于 1.2；当挑梁上无砌体时，l_1 与 l 之比宜大于 2。

8.4.4　雨篷

雨篷一般由雨篷板和雨篷梁组成。雨篷板自外墙体门洞上方向外挑出，为嵌固在雨蓬梁上的钢筋混凝土悬臂板（图 8-51）。雨篷梁除承受梁上部墙体的重量以及楼盖梁板可能传来的荷载外，主要承受由雨篷板传来的偏心荷载，处于弯、剪、扭受力状态。可见，雨蓬的破坏除了其中的雨篷板因抗弯承载力不足和雨篷梁因弯、剪、扭承载力不足而引起的外，另一破坏形式就是倾覆破坏。

雨篷板受弯承载力和雨篷梁弯、剪、扭承载力分别按 4.1、4.4 设计计算，只是计算雨篷板受弯承载力时，最大弯矩值应取离墙边 x_0 处的截面为计算截面。故这里仅涉及雨篷的倾覆破坏及抗倾覆验算。

试验和理论分析表明，雨篷倾覆时并不引起墙体的局部受压破坏，而且倾覆时的旋转点位置以下式确定：

$$x_0=0.13l_1 \tag{8-71}$$

式中：l_1——墙厚，见图 8-51。

雨篷的抗倾覆验算可按挑梁的计算公式（8-66）进行计算。但其中抗倾覆荷载 G_r 的取值范围如图 8-51 及图 8-52 的阴影部分所示，图中 G_r 距墙外边缘的距离为 $l_2=l_1/2$，$l_3=l_n/2$。

若计算不能满足上述要求，表明抗倾覆可靠度不足，应采取措施加强抗倾覆能力。例如将雨篷梁向两端延长，增加它在砌体内的支承长度，以增加梁上抗倾覆荷载值（雨篷板则不必加宽)。当倾覆力矩过大,延长梁仍不能满足要求时,可将梁延长到两边横墙处,并在横墙内设拖梁或将雨篷梁与附近的结构构件(过梁、圈梁等)连成整体。

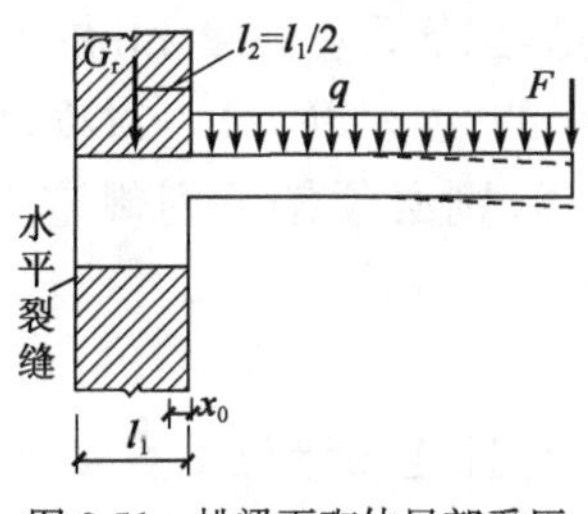

图 8-51 挑梁下砌体局部受压

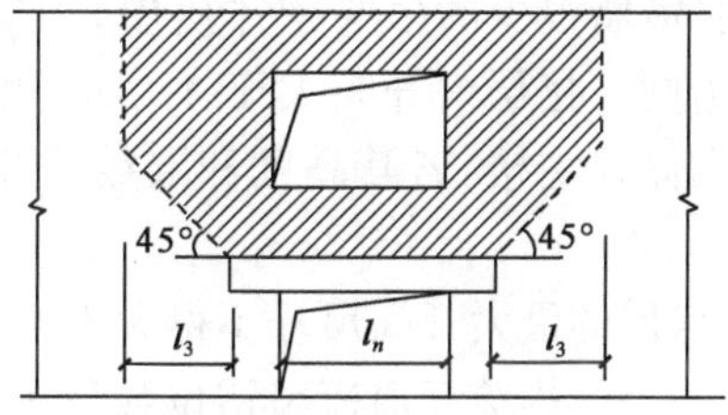

图 8-52 挑梁下砌体局部受压

8.5 砌体结构房屋的抗震构造要求

震害调查表明,未经抗震设计的砌体结构房屋因砌体材料的延性不好,加上结构整体连接性能较差,抗震性能弱,在地震中容易造成损坏。但是,震害调研和国内外大量试验研究也表明,砌体结构房屋只要进行抗震设计,采取合理的抗震构造措施,确保施工质量,仍能有效地应用于地震设防区。砌体结构房屋在地震中破坏情况可分为两类:一类是结构或构件承载力不足引起的破坏,另一类是房屋结构布置不当或在构造上存在缺陷引起的破坏。因此砌体结构的抗震设计包括抗震承载力验算和抗震构造措施。限于篇幅,这里仅介绍其抗震构造措施。

1. 房屋总高度、层数、高宽比的限制

砌体结构房屋层数越多、总高度越大、层高越高、高宽比越大,则房屋所受的地震作用效应越大,由房屋整体弯曲在墙体中产生的附加应力也越大,震害可能越严重。同时,由于我国当前砌体材料的强度等级较低,房屋层数越多、高度越大,将使墙体截面加厚,结构自重和地震作用都将相应加大,对抗震十分不利。故提出砌体结构房屋总高度、层数和高宽比的限值,见表8-28。

多层砌体房屋总高度(m)、层数和高宽比限值 表 8-28

多层砌体房屋	最小墙厚(mm)	设防烈度							
		6 度		7 度		8 度		9 度	
		高度	层数	高度	层数	高度	层数	高度	层数
普通砖	240	24	八	21	七	18	六	12	四
多孔砖	240	21	七	21	七	18	六	12	四
多孔砖	190	21	七	18	六	15	五	—	—
小砌块	190	21	七	21	七	18	六	—	—
最大高宽比		2.5		2.5		2		1.5	

注:1. 房屋的总高度指室外地面到主要屋面板板顶或檐口的高度,半地下室从地下室室内地面算起。全地下室和嵌固条件好的半地下室应允许从室外地面算起;对带阁楼的坡屋面应算到山尖墙的 1/2 高度处。
2. 室内外高差大于 0.6m 时,房屋总高度应允许比表中数据适当增加,但不应多于 1m。
3. 表中小砌块砌体房屋不包括配筋混凝土小型空心砌块砌体房屋。
4. 单面走廊房屋的总宽度不包括走廊宽度。
5. 建筑平面接近正方形时,其高宽比宜适当减小。

对医院、教学楼等横墙较少的多层砌体房屋，总高度应比表 8-28 的规定降低 3m，层数相应减少一层；普通砖、多孔砖和小砌块砌体承重房屋的层高，不应超过 3.6m。

各层横墙很少的多层砌体房屋，还应根据具体情况再适当降低总高度和减少层数(横墙较少指同一楼层内开间大于 4.20m 的房间占该层总面积的 40%以上)。对横墙较少的多层砖砌体住宅楼，若其高度和层数仍按表 8-28 的规定采用，则必须按下列规定采取加强措施。

(1)房屋的最大开间尺寸不得大于 6.6m。

(2)一个结构单元内横墙错位数量不宜超过总墙数的 1/3，且连续错位不宜多于两道，错位的墙体交接处均应增设构造柱，且楼、屋面板应采用现浇钢筋混凝土板。

(3)横墙和内纵横墙上洞口的宽度不宜大于 1.5m，外纵墙上洞口的宽度不宜大于 2.1m 或开间尺寸的一半，内外墙上洞口位置不应影响外纵墙和横墙的整体连接。

(4)所有纵横墙均应在楼、屋盖标高处设置加强的现浇钢筋混凝土圈梁，圈梁的截面高度不宜小于 150mm，上下纵筋各不应少于 3φ10。

(5)所有纵横墙交接处及横墙的中部，均应增没满足下列要求的构造柱：在横墙内的柱距不宜大于层高，在纵墙内的柱距不宜大于 4.2m，最小截面尺寸不宜小于 240mm×240mm，配筋宜符合表 8-29 的要求。

构造柱的纵筋和箍筋设置要求 表 8-29

位置	纵向钢筋(HPB235 级)			箍筋		
	最大配筋率	最小配筋率	最小直径(mm)	加密区范围	加密区间距(mm)	最小直径(mm)
角柱	1.8%	0.8%	φ14	全高	100	φ6
中柱			φ14	上端 700 下端 500		
边柱	1.4%	0.6%	φ12			

(6)同一结构单元的楼、屋面板应设置在同一标高处。

(7)房屋的底层和顶层，在窗台板处宜设置现浇钢筋混凝土带，其厚度为 60mm，宽度不小于 240mm，纵向钢筋不少于 3φ6，两端伸入墙体不宜小于 360mm。

2. 墙体的布置

墙体是承担地震作用的主要构件，墙体的布置和间距对房屋的空间刚度和整体性影响很大。因而，对建筑物的抗震性能有重大影响。

(1)结构布置

多层砌体房屋的结构体系，应优先采用横墙承重或纵横墙共同承重的结构体系，纵横墙的布置宜均匀对称，沿平面内宜对齐，沿竖向应上下连续，同一轴线上的窗间墙宽度宜均匀。

(2)横墙间距

在横向水平地震作用下，横墙是主要抗侧力构件之一。它们要同时满足传递横向水平地震作用时承载力和水平刚度的要求。为了能满足楼(屋)盖对传递水平地震作用所需的水平刚度要求，多层砌体结构房屋抗震横墙的间距不应超过表 8-30 的要求。多层砌体房屋的顶层，最大横墙间距可适当放宽。

房屋抗震横墙最大间距(mm) 表 8-30

房屋类别		设防烈度			
		6度	7度	8度	9度
多层砌体	现浇和装配整体式钢筋混凝土	18	18	15	11
	装配式钢筋混凝土	15	15	11	7
	木	11	11	7	4

(3)墙段的局部尺寸

墙体的局部尺寸不足,不仅可能在承重部位发生失稳,而且某些重要部位墙体的局部破坏,往往牵动全局,直接引起房屋的倒塌。为防止房屋因局部失效而造成整栋结构的破坏甚至倒塌,房屋中砌体墙段的局部尺寸宜符合表 8-31 的要求。

房屋的局部尺寸限值(m) 表 8-31

部位	6度	7度	8度	9度
承重窗间墙最小宽度	1.0	1.0	1.2	1.5
承重外墙尽端至门窗洞边最小距离	1.0	1.0	1.2	1.6
非承重外墙尽端至门窗洞边最小距离	1.0	1.0	1.0	1.0
内墙阳角至门窗洞边最小距离	1.0	1.0	1.5	2.0
无锚固女儿墙(非出入口处)的最大高度	0.5	0.5	0	0

注:1.局部尺寸不足时应采取局部加强措施弥补。

2.出入口处的女儿墙应有锚固。

(4)平立面布置和防震缝设置

平面上凹凸曲折,立面上高低错落的砌体结构房屋,在地震中的震害往往比较严重。其原因有二:一是由于各部分的质量和刚度分布不均匀,地震时各部分变形差异,使各部分的连接产生应力集中;二是由于房屋的质量中心和刚度中心不重合,地震时,房屋在产生剪切和弯曲的同时,还产生扭转,从而大大加剧了地震的破坏作用。对突出屋面的细长部位,还将由于鞭梢效应而使地震作用加大。为此,房屋的平立面布置和防震缝的设置应遵循下列原则与要求:

①房屋的平立面布置

平面布置:应避免墙体局部突出和凹进,若为L形或Z形平面,应将转角交叉部分的墙体拉通,使水平地震作用能通过贯通的墙体传到相连的另一侧。如侧翼伸出较长(超过房屋的宽度),则应以防震缝分割成若干独立的单元,以免由于刚度中心和质量中心不一致,引起扭转振动以及在转角处因应力集中而导致破坏。

立面布置:应避免局部的突出和错层,如必须布置局部突出的建筑物时,应采取措施,在变截面处加强连接,采用刚度较小的结构或减轻突出部分结构的自重。

②防震缝的设置

凡体形复杂、高低互相交错的部分,震害都较严重。因此,当设防烈度为8度和9度且有下列情况之一时,宜设置防震缝,且缝的两侧应设置墙体。

a.房屋的立面高差在6m以上。

b.房屋有错层,且楼板高差较大。

c.各部分结构刚度、质量截然不同。

防震缝应沿房屋全高设置，两侧应布置抗震墙，基础可不设防震缝。防震缝宽度不宜过窄，以免发生垂立于缝方向的振动时，由于两部分振动周期不同，互相碰撞而加剧破坏。防震缝的宽度应根据地震烈度和房屋高度确定，一般取50～100mm。当房屋中设有沉降缝或伸缩缝时，也应符合防震缝的要求。

3.抗震构造措施

(1)钢筋混凝土构造柱

钢筋混凝土构造柱是指在房屋内，外墙或纵、横墙交接处设置的竖向钢筋混凝土构件，是砌体房屋结构上采用的一项重要构造措施，它能起到了约束墙体的变形、加强结构的整体性以及良好的抗倒塌作用。试验研究表明：在砖砌体交接处设置钢筋混凝土构造柱后，墙体的刚度虽然增大不多，但抗剪能力可提高10%～20%，变形能力明显增大，延性可提高3～4倍。为此，规范规定，多层普通砖、多孔砖房，应按下列要求设置现浇钢筋混凝土构造柱：

①构造柱设置部位，一般情况下应符合表8-32的要求。

②外廊式和单面走廊式的多层房屋，应根据房屋增加一层后的层数，按表8-32的要求设置构造柱，且单面走廊两侧的纵墙均应按外墙处理。

③教学楼、医院等横墙较少的房屋，应根据房屋增加一层后的层数，按表8-32的要求设置构造柱，当教学楼、医院等横墙较少的房屋为外廊式或单面走廊式时，应按②要求设置构造柱，但当6度不超过四层、7度不超过三层和8度不超过二层时，应按增加二层后的层数对待。

砖房构造柱设置要求 表8-32

<table>
<tr><th colspan="4">各设防烈度对应的房屋层数</th><th rowspan="2">各种层数和烈度均设置的部位</th><th rowspan="2">随层数和烈度变化而增设的部位</th></tr>
<tr><th>6度</th><th>7度</th><th>8度</th><th>9度</th></tr>
<tr><td>四、五</td><td>三、四</td><td>二、三</td><td>—</td><td rowspan="3">外墙四角，错层部位横墙与外纵墙交接处，较大洞口两侧，大房间内、外墙交接处</td><td>7、8度时，楼梯、电梯的四角，每隔15m左右的横墙与外墙交接处</td></tr>
<tr><td>六、七</td><td>五</td><td>四</td><td>二</td><td>隔开间横墙(轴线)与外墙交接处，山墙与内纵墙交接处；7～9度时楼梯、电梯的四角</td></tr>
<tr><td>八</td><td>六、七</td><td>五、六</td><td>三、四</td><td>内墙(轴线)与外墙交接处，内墙的局部较小墙垛处；7～9度时楼梯、电梯的四角；9度时，内纵墙与横墙(轴线)交接处</td></tr>
</table>

多层普通砖、多孔砖房屋的构造柱具体做法应符合下列要求，如图8-53所示。

①构造柱最小截面可采用240mm×180mm，纵向钢筋宜采用4Φ12，箍筋间距不宜大于250mm，且在柱上下端宜适当加密，7度时超过六层、8度时超过五层和9度时，构造柱纵向钢筋宜采用4Φ14，箍筋间距不应大于200mm；房屋四角的构造柱可适当加大截面及配筋。

②构造柱与墙连接处应砌成马牙槎并应沿墙高每隔500mm设2φ6拉结钢筋，每边伸入墙内不宜小于1m。

③构造柱与圈梁连接处，构造柱的纵筋应穿过圈梁，保证构造柱纵筋上下贯通。

④构造柱可不单独设置基础，但应伸入室外地面下 500mm，或与埋深小于 500mm 的基础圈梁相连。

⑤房屋高度和层数接近表 8-28 的限值时，纵、横墙内构造柱间距尚应符合下列要求：

a. 横墙内的构造柱间距不宜大于层高的二倍；下部 1/3 楼层的构造柱间距适当减小。

b. 当外纵墙开间大于 3.9m 时，应另设加强措施。内纵墙的构造柱间距不宜大于 4.2m。

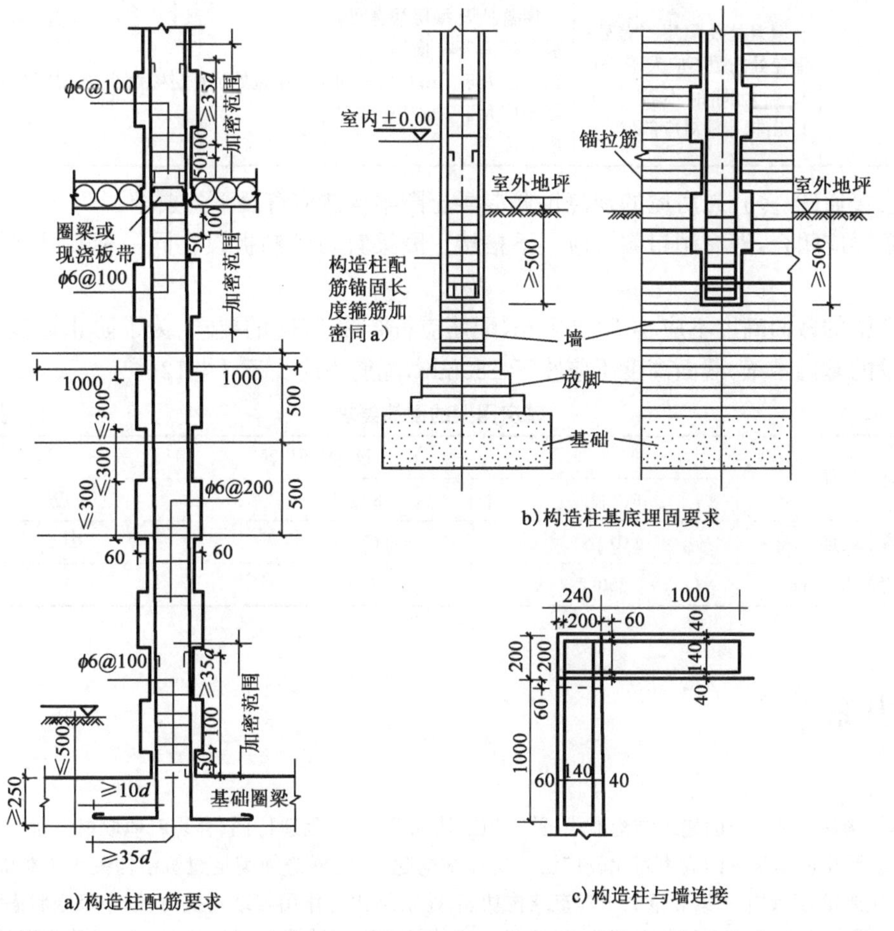

图 8-53 构造柱具体做法要求

(2)钢筋混凝土圈梁

圈梁的抗震作用主要是增强纵、横墙的连接，与构造柱整体连接形成约束框架，共同发挥对结构的约束作用，限制墙体尤其是外纵墙和山墙在平面外的变形。由于水平地震作用一般为倒三角形分布，顶层受力和侧移均较大，故顶层设置圈梁更为重要。

圈梁设置的位置、间距与地震烈度、楼(屋)盖类型以及承重墙体布置有关。装配式钢筋混凝土或木楼(屋)盖多层砖房，当为横墙承重时，应按表 8-33 的要求设置圈梁；当为纵墙承重时，每层均应设置圈梁，且抗震横墙上的圈梁间距应按表 8-33 要求适当加密；现浇或装配整体式钢筋混凝土楼(屋)盖与墙体有可靠连接时，房屋可不另设圈梁，但楼板应与构造柱有可靠的连接。

砖房现浇钢筋混凝土圈梁设置要求 表 8-33

墙的类别	设防烈度		
	6、7度	8度	9度
外墙及内纵墙	屋盖处及隔层楼盖处	屋盖处及每层楼盖处	屋盖处及每层楼盖处
内横墙	屋盖处及隔层楼盖处；屋盖处间距不应大于7m；楼盖处间距不应大于15m；构造柱对应部位	屋盖处及每层楼盖处；屋盖处沿所有横墙，且间距不应大于7m；楼盖处间距不应大于7m；构造柱对应部位	屋盖处及每层楼盖处，各层所有横墙

多层普通砖、多孔砖房屋的现浇钢筋混凝土圈梁构造应符合下列要求：

①圈梁应闭合，遇有洞口圈梁应上下搭接。圈梁宜与预制板设在同一标高处或圈梁紧靠板底；

②圈梁的截面高度不应小于120mm，配筋应符合表8-34的要求；为了防止地基不均匀沉降而增设的基础圈梁，截面高度不应小于180mm，配筋不应少于4Φ12。

砖房圈梁的配筋要求 表 8-34

配筋	设防烈度		
	6、7度	8度	9度
最小配筋	4Φ10	4Φ12	4Φ14
最大箍筋间距(mm)	250	200	150

本章小结

砌体结构是一种传统的建筑结构形式，具有施工技术简单、工程造价低、容易就地取材等优点，在我国城乡低层和多层房屋建筑中的应用尚比较广泛。砌体结构建筑，同样必须满足建筑结构关于承载能力和正常使用的功能要求，因此本书第2章关于建筑结构功能、建筑结构上作用与结构抗力、概率极限状态设计法、建筑结构抗震设计等基本概念和基本理论，也是学习砌体结构设计计算的必备基础。对目前常用的钢筋混凝土混合砌体结构，其中的混凝土结构和构件的设计理论及计算方法详见第4章和第6章。

复习思考题

1. 带壁柱墙计算截面的翼缘宽度如何确定？
2. 墙梁按承载性质和支承条件各分为哪几种？
3. 为什么墙梁的计算荷载要按使用阶段和施工阶段分别计算？
4. 墙梁的承载力计算包括哪些内容？
5. 简述挑梁的承载力计算内容和构造要求。

6. 雨篷梁处于怎样的受力状态？若雨篷的抗倾覆可靠度不足，可采取哪些措施来解决？

7. 砌体结构房屋在地震中破坏情况可分为哪两类？砌体结构房屋的抗震设计包括哪几方面内容？

8. 抗震设计对砌体房屋的高度、层数、高宽比、横墙最大间距、房屋局部尺寸等有哪些要求和限制？

9. 构造柱和圈梁各起什么作用？设置抗震构造柱和圈梁时，有哪些规定？

10. 已知一轴心受压柱，承受纵向力 N=118 kN，柱截而尺寸为 490mm×370mm，计算高度 H_0=3.6m，采用 MU10 烧结普通砖、M5 混合砂浆，试验算该柱承载力。

11. 试验算一矩形截面偏心受压柱的承载能力。已知：柱截面尺寸为 370mm×620mm，柱的计算高度为 5.4m，承受纵向力设计值 N=108 kN，由荷载设计值产生的偏心距 e=0.185m，采用 MU10 砖及 M5 混合砂浆砌筑。

12. 验算某教学楼的窗间墙，截面如题图 8-1 所示，轴向力设计值 N=450kN，弯矩设计值 M=3.5kN·m（荷载偏向翼缘一侧），教学楼层高3.6m，计算高度 H_0=3.6m，采用 MU10 烧结普通砖及 M5 混合砂浆砌筑。

13. 某钢筋混凝土柱尺寸为 200mm×240mm，支承在厚度为 240mm 砖墙上，砖墙采用 MU10 烧结普通砖及 M2.5 混合砂浆砌筑，柱传给墙的轴向力设计值 N=100kN，如题图 8-2 所示，试进行砌体局部受压验算。

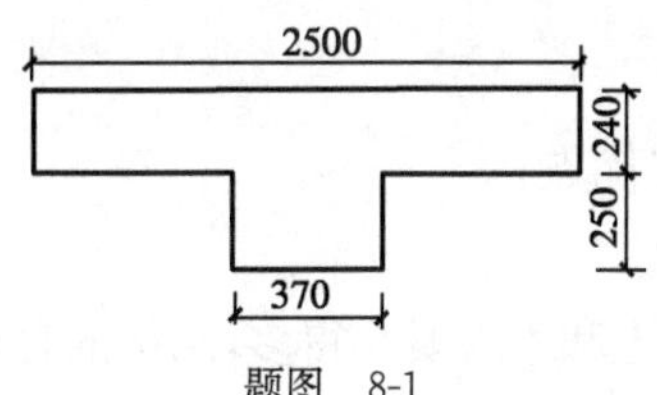

题图 8-1

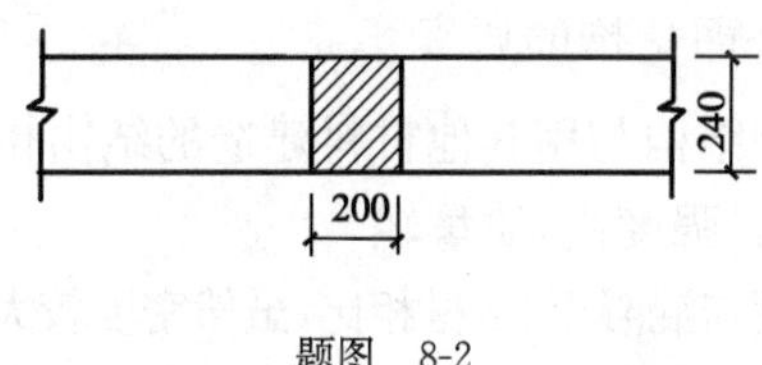

题图 8-2

14. 某房屋砖柱截面 490mm×370mm，采用 MU15 烧结普通砖和 M5 水泥砂浆砌筑，层高 4.5m，假定为刚性方案，试验算该柱的高厚比。

15. 已知砖砌平拱过梁净跨 l_n=1.2m，采用 MU10 烧结普通砖和 M2.5 混合砂浆砌筑，墙厚 240mm，在距洞口顶面 1.0m 处作用梁板荷载 3.5kN/m，试验算该过梁承载力。

16. 已知钢筋砖过梁净跨 l_n=1.5m，墙厚 180mm，采用 MU10 烧结普通砖和 M2.5 混合砂浆砌筑，钢筋砖过梁配筋 2Φ6，求该过梁所能承受的允许均布荷载。

第 9 章　钢　结　构

9.1　概　　述

9.1.1　钢结构的特点、应用及发展

钢结构是土木工程的主要结构形式之一，通常由型钢和钢板等制成的梁、桁架、柱、板等构件组成，各部分之间用焊缝、螺栓或铆钉连接，有些钢结构还部分采用钢丝绳或钢丝束。钢结构在房屋建筑、地下建筑、桥梁、塔桅、海洋平台、港口建筑、矿山建筑、水工建筑、气柜球罐和容器管道中都得到广泛采用。下面分别介绍钢结构的特点、应用及发展概况。

1. 钢结构的优点

钢结构与用其他材料建造的结构相比，具有以下许多优点：

(1)强度高，质量轻

钢与混凝土、木材相比，虽然密度较大，但其强度较混凝土和木材要高得多，结构的轻质性可以用材料的密度与强度的比值α来衡量，α越小，结构相对越轻。钢材，$\alpha=(1.7\sim3.7)\times10^{-4}$ /m；木材，$\alpha=5.4\times10^{-4}$ /m；钢筋混凝土，$\alpha=18\times10^{-4}$ /m。因此，在同样受力的情况下，钢结构与钢筋混凝土结构和木结构相比，构件较小，质量较轻。

在同样受力的情况下，钢结构的构件较小，而承载能力更大，因而可达到其他建筑材料难以达到的跨越能力，特别适用于建造跨度大、高度高和承载重的结构。

(2)材质均匀，可靠性高

钢材由钢厂生产，控制严格，质量较稳定，比较符合理想的各向同性弹塑性材料，因此目前采用的计算理论能够较好地反映钢结构的实际工作性能，可靠性高。

(3)塑性和韧性好

塑性和韧性是概念上完全不同的两个物理量。塑性是指结构或构件承受静力荷载时，材料吸收变形能的能力。塑性好，结构在一般情况下不会由于偶然超载而突然断裂，给人以安全保证。韧性是指结构或构件承受动力荷载时，材料吸收能量的多少。韧性好，说明材料具有良好的动力工作性能。

(4)工业化程度高，工期短

钢结构都为工厂制作，具备成批大件生产和成品精度高等特点，采用工厂制造、工地安装的施工方法，有效地缩短工期，为降低造价、发挥投资的经济效益创造条件。

(5)密封性好

钢结构采用焊接连接后可以做到安全密封,能够满足一些要求气密性和水密性好的高压容器、大型油库、气柜油罐和管道等的要求。

(6)抗震性能好

钢结构由于自重轻和结构体系相对较柔,受到的地震作用较小,钢材又具有较高的抗拉和抗压强度以及较好的塑性和韧性,因此在国内外的历次地震中,钢结构是损坏最轻的结构,已被公认为是抗震设防地区特别是强震区的最合适结构。

(7)耐热性较好

温度在 250℃以内,钢材性质变化很小,因此,钢结构适用于热车间。但当结构表面长期受辐射热达 150℃时,应采用隔热板加以防护。当温度达到 300℃以上时,强度逐渐下降;当温度达到 600℃时,强度几乎为零,在这种场合,对钢结构必须采取保护措施。

2. 钢结构的缺点

钢结构的下列缺点有时会影响钢结构的应用:

(1)钢材价格相对较贵

采用钢结构后结构造价会略有增加,往往影响业主的选择。其实上部结构造价占工程总投资的比例是很小的,采用钢结构与采用钢筋混凝土结构间的结构费用差价占工程总投资的比例就更小。以高层建筑为例,前者约为 10%,后者则不到 2%。显然,结构造价单一因素不应作为决定采用何种材料的主要依据。如果综合考虑各种因素,尤其是工期优势,则钢结构将日益受到重视。

(2)耐锈蚀性差

钢结构一般都需仔细除锈、镀锌或刷涂料(油漆),以后隔一定时间又要重新维修,这种经常性除锈、油漆和维护的费用较高。目前国内外正在发展各种高性能的涂料和不易锈蚀的耐候钢,钢结构耐锈蚀性差的问题有望得到解决。

(3)耐火性差

钢结构耐火性较差,在火灾中,未加防护的钢结构一般只能维持 20 分钟左右。因此需要防火时,应采取防火措施,如在钢结构外面包混凝土或其他防火材料,或在构件表面喷涂防火涂料等。

现在钢材已经被认为是可以持续发展的材料,因此,从长远发展的观点,钢结构将有很好的应用发展前景。

3. 钢结构的应用

在工程结构中,钢结构的应用范围极其广泛。如一些高度或跨度较大的结构、荷载或吊车起重量很大的结构、有较大振动的结构、高温车间的结构、密封要求很高的结构、要求能活动或经常装拆的结构等,采用其他建筑材料目前尚有困难或不很经济则可考虑采用钢结构。属于这类性质的结构大致有:

(1)单层厂房结构

钢结构一般用于重型车间的承重骨架,例如冶金工厂的平炉车间、初轧车间;重型机器厂的铸钢车间、水压机车间、锻压车间;造船厂的船台车间;飞机制造厂的装配车间,以及其他工厂跨度较大车间的屋架、吊车梁等。我国鞍钢、武钢、包钢和上海宝钢等几个著名的冶金联合企业的

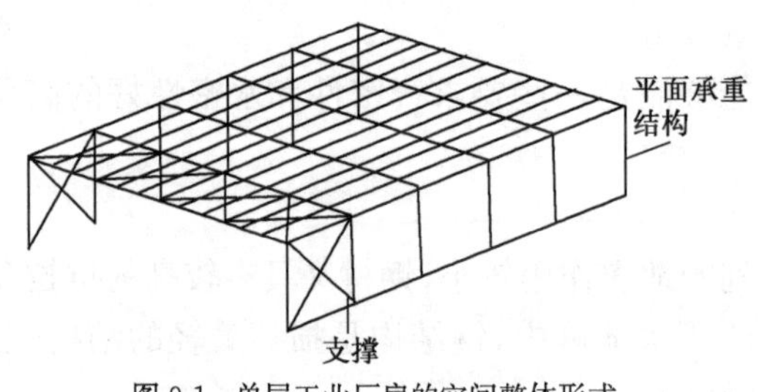

图 9-1 单层工业厂房的空间整体形式

许多车间都采用了各种规模的钢结构厂房。

单层工业厂房常用的结构形式是由一系列的平面承重结构用支撑构件连成空间整体(图 9-1)。在这种结构形式中,外荷载主要由平面承重结构承担,纵向水平荷载由支撑承受和传递。平面承重结构可有多种形式,最常见的为横梁与柱刚接的门式刚架和横梁(桁架)与柱铰接的排架。

(2)大跨度建筑的屋盖结构

结构跨度越大,自重在全部荷载中所占比重也就越大,减轻结构自重可以获得明显的经济效果。因此,钢结构强度高而质量轻的优点对于大跨结构特别突出,例如公共建筑中的体育馆、大会堂、影剧院等,工业建筑中的飞机装配车间、大型飞机检修库等。大跨度建筑屋盖结构的结构形式众多,常用的有以下几种:

①平板网架。

②网壳。

③空间桁架或空间刚架体系。

④悬索。

⑤杂交结构,杂交结构是指不同结构形式组合在一起的结构,如拉索与平板网架组合在一起组成斜拉网架。

⑥张拉集成结构,张拉集成结构是一种主要用拉索通过预应力张拉与少量压杆组成的结构,这种结构形式可以跨越较大空间,是目前空间结构中跨度最大的结构,具有极佳的经济指标。

⑦索膜结构。

(3)多层和高层建筑

多层、高层及超高层建筑所承受的风荷载或地震作用随着房屋高度的增加而迅速增加,如何有效地承受水平力是考虑结构形式的一个重要问题。根据高度的不同,多层、高层及超高层建筑可采用以下合适的结构形式:

①刚架结构,图 9-2a)为梁和柱刚性连接形成的多层多跨刚架,承受水平荷载。

②刚架—支撑结构,即由刚架和支撑体系(包括抗剪桁架、剪力墙和核心筒)组成的结构,图 9-2b)即为刚架—抗剪桁架结构。

③框筒、筒中筒、束筒等筒体结构,图 9-2c)为束筒结构形式。

④巨型结构包括巨型桁架和巨型框架,如图 9-2d)所示。

(4)大跨度桥梁

用于桥梁的主要结构形式有如下几种:

①实腹板梁式结构,可以采用 I 形截面或箱形截面,如图 9-3a)所示。

②桁架式结构,如图 9-3b)所示。

③拱或刚架式结构,如图 9-3c)所示。

④拱与梁桁架的组合结构,如图 9-3d)所示。

⑤斜拉结构,如图 9-3e)所示。

⑥悬索结构,如图 9-3f)所示。

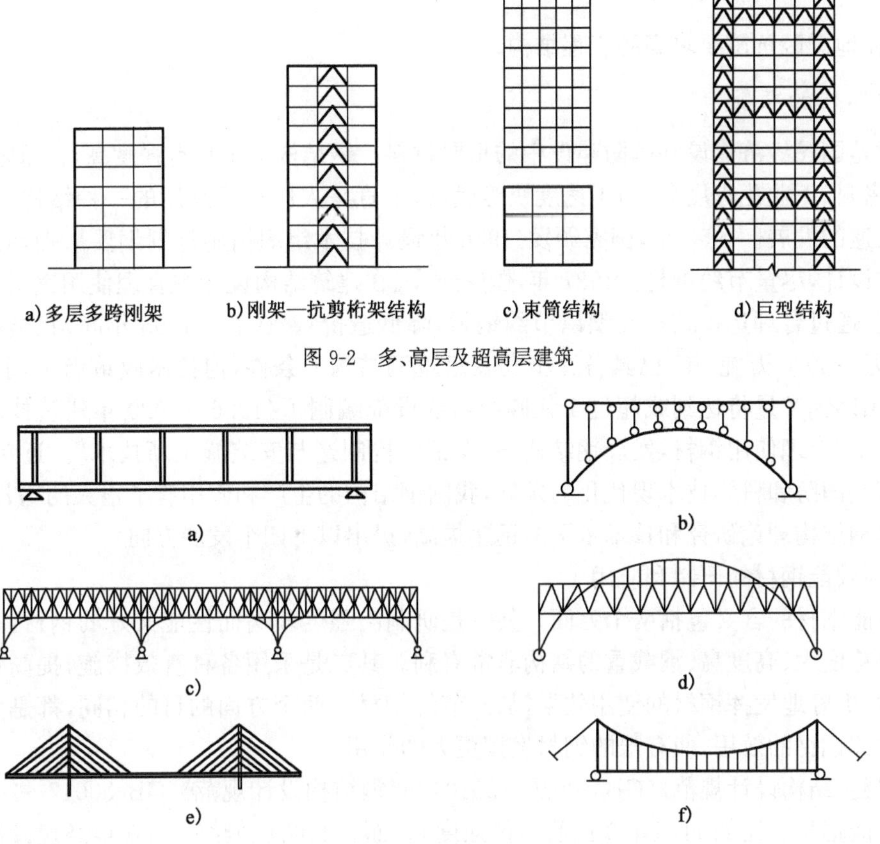

图 9-2　多、高层及超高层建筑

图 9-3　桥梁结构

(5)塔桅结构

如输电线路塔架、无线电广播发射桅杆、电视播映发射塔、环境气象塔、排气塔、卫星或火箭发射塔等高耸结构常采用钢结构。

塔桅结构的主要形式为：

①桅杆结构[图 9-4a)]。杆身依靠纤绳的牵拉而站立,杆身可采用圆管或三角形、四边形等格构杆件。

②塔架结构。塔架立面轮廓线可采用直线形、单折线形、多折线形和带有拱形底座的多折线形图[9-4b)]等,平面可分为三角形、四边形、六边形、八边形等。

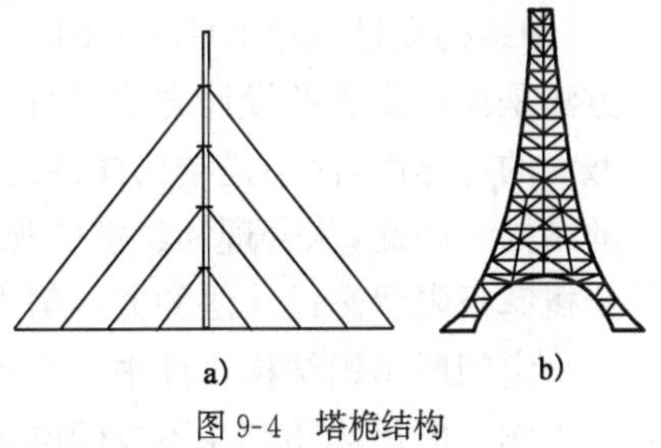

图 9-4　塔桅结构

(6)容器和大直径管道等壳体结构

如储液罐、储气罐、大直径输油(气)和输煤浆管道、水工压力管道、囤仓以及炉体结构等。

(7)可拆卸、搬移的结构

如装配式活动房屋、流动式展览馆、军用桥梁等,采用钢结构特别合适。

(8)轻型结构

跨度不大,屋面轻的工业和商业房屋常采用冷弯薄壁型钢结构或小角钢、圆钢组成的轻型钢结构。

(9)在地震区抗震要求高的工程结构。

4. 钢结构的发展

钢材是国民经济建设和国防建设中的重要材料。钢结构由于具有强度高、自重轻、可靠性好、容易密封、工业化程度高、施工速度快等优点,一直是人们喜爱采用的一种结构,近百年来得到了快速的发展。1956 年,国家颁发《1956 年设计技术组织措施计划纲要》,强调最大限度采用标准设计,尽量节约钢材。1987 年,国家颁发《在建筑结构设计中合理使用钢材的若干规定》,规定"通过合理选择结构类型以节约钢材,降低造价"。1985～1995 年间,我国钢产量达到 5000 万～8000 万吨/年,已具备逐步发展建筑钢结构的条件,但技术政策尚未调整。1996 年,我国预期钢产量将达到或超过 1 亿吨/年,建设部编制了《1996～2020 年建筑技术发展政策》,提出了"合理使用钢材,发展钢结构、开发钢结构制造与安装施工新技术"。近年来,随着工业、农业、国防和科学技术现代化的发展,我国钢结构的生产和应用有了很大的增长和发展。

根据钢结构理论研究和技术水平的迅速提高,提出以下四个发展方向:

(1)高效能钢材的研制和应用

高效能钢材的含义包括两个方面。其一是研制出强度较高而性能又好的钢材,采用高强度钢材对跨度大、高度高、承载重的结构非常有利。其二是采用各种有效措施,提高钢材的有效承载力,更好地发挥钢材的使用效果,从而节约钢材。两个方面的目的相同,都是为了最大限度地发挥钢材的效用,使有限的钢材发挥更大的作用。

《混凝土结构设计规范》(GB 50010—2010)和《钢结构设计规范》(GB 50017—2003)优先推广高性能钢材。比如 HRB400 钢筋不仅强度高,而且黏结性能好,2000 年经建设部与原国家冶金局协调后,我国钢厂已能生产且已生产出包括细直径在内的各种直径的 HRB400 级钢筋,所以,新规范不仅在纵向受力钢筋上推广使用这种钢筋,而且在箍筋上推广使用这种钢筋,这样可以明显降低钢筋用量。即使在分布钢筋上推广使用这种钢筋,与光面的 HPB235 级钢筋相比,也可以有效地减小混凝土的裂缝宽度。

(2)钢结构设计理论的深入研究

《钢结构设计规范》(GB 50017—2003)采用以近似概率理论为基础的极限状态设计法,这种方法是比较先进的设计方法,但这种方法还有待发展,因为它计算的可靠度还只是构件或某一截面的可靠度,而不是结构体系的可靠度,也不适用于疲劳计算的反复荷载或动力荷载作用下的结构。因此,从合理和经济的观点出发,以后应多多积累统计资料,向采用更为先进合理的全概率极限状态设计法的方向努力。

稳定问题是钢结构设计中的突出问题,很多学者对各类构件都作了不少理论分析和实验研究工作。但仍然还存在不少问题尚未解决或未很好解决。如:压弯构件的弯扭屈曲,薄板屈曲后强度,各种刚架体系的稳定以及空间结构的稳定等,所有这些问题有待进一步深入研究。

(3)结构形式的革新和应用

随着钢材品种的增加、制造方法的改善、新结构形式的采用、计算方法和设计理论的发展,使钢结构在工业与民用房屋、桥梁以及其他工程结构中得到更广泛的应用。新的结构形式有薄壁型钢结构、网架结构、网壳结构、悬挂结构和预应力钢结构等。钢结构的主要优点是轻质高强，故宜用于大跨度结构和高层结构。在钢结构中，网架、桁架、悬索、索—膜、充气等适应于大跨度屋盖的结构形式近年来发展迅速。采用新结构对减少耗钢量有重要意义。埃菲尔铁塔是1889年巴黎博览会建造的标志性建筑，高320m，用钢9000t，如图9-5所示，它不仅满足了展览功能，并且以其造型优美、结构合理、建筑与结构的完美统一而被世人称颂，一直保留至今。1974年美国芝加哥市建成了西尔斯大厦(Sears Tower)，如图9-6所示，大厦19层、高443m(包括天线高500m)，底层平面为68.6m×68.6m的正方形，采用了将大框筒分为9个小框筒的束筒体系，小框筒为22.9m×22.9m的正方形，向上在50层、66层和90层分别减少2或3个小框筒，最后剩两个小框筒到顶。

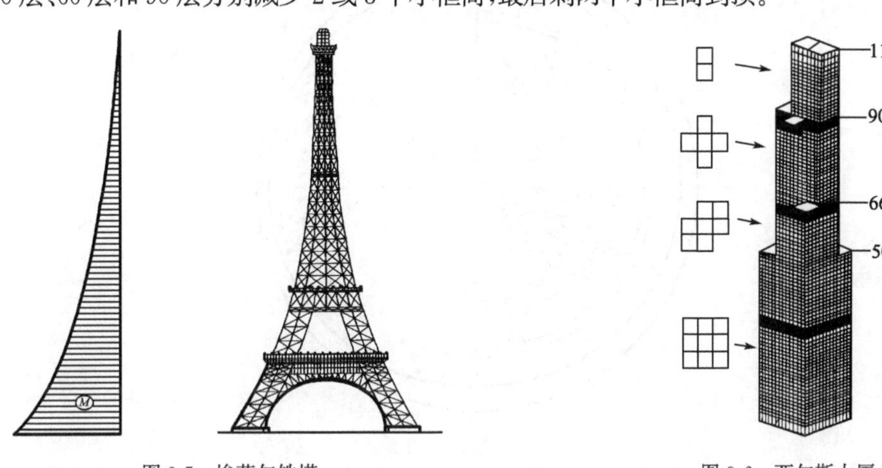

图9-5 埃菲尔铁塔　　图9-6 西尔斯大厦

网架结构是由很多杆件通过节点，按照一定规律组成的网状空间杆系结构。网架结构根据外形可分为平板网架和曲面网架。通常情况下，平板网架简称为网架；曲面网架简称为网壳。网架结构对各种平面形式的建筑物适应性很强，首都体育馆、上海体育馆和上海文化广场的平面分别为矩形、圆形和梯形，都采用了平板网架，经济效果很好。北京工人体育馆(图9-7)，建成于1961年，建筑平面为圆形，能容纳15000名观众，比赛大厅直径94m，建筑面积42000m^2，大厅屋盖采用圆形双层悬索结构，由索网、外环和内环三部分组成，支承在外围7.5m宽的环形框架结构上，框架结构共四层，为休息廊和附属用房。

轻型钢结构近年来也得到较多的应用和较大的发展，主要用于荷载较小的各种屋盖结构，包括轻钢门架结构。

(4)钢和混凝土组合构件的应用

钢和混凝土组合构件是一种各取所长的结构。钢材抗拉和抗压的强度相同，但受压构件决定于稳定承载力，致使钢材强度得不到充分发挥。混凝土则宜于受压，两种材料结合能充分发挥各自的长处，是一种很合理的结构。如组合梁，钢管混凝土柱，型钢混凝土梁和型钢混凝土柱等。组合梁是指钢梁和所支承的钢筋混凝土板组合成一个整体而共同受弯的构件，组合梁的优点是：混凝土板受压而钢梁受拉，充分发挥了两种材料各自的优点，同时还减小了梁的高度，取得了较大的经济效益。在圆钢管中浇灌混凝土的构件，称为钢管混凝土构件。钢管混凝土结构的塑性、抗震性都很好，比钢筋混凝土柱施工简便。

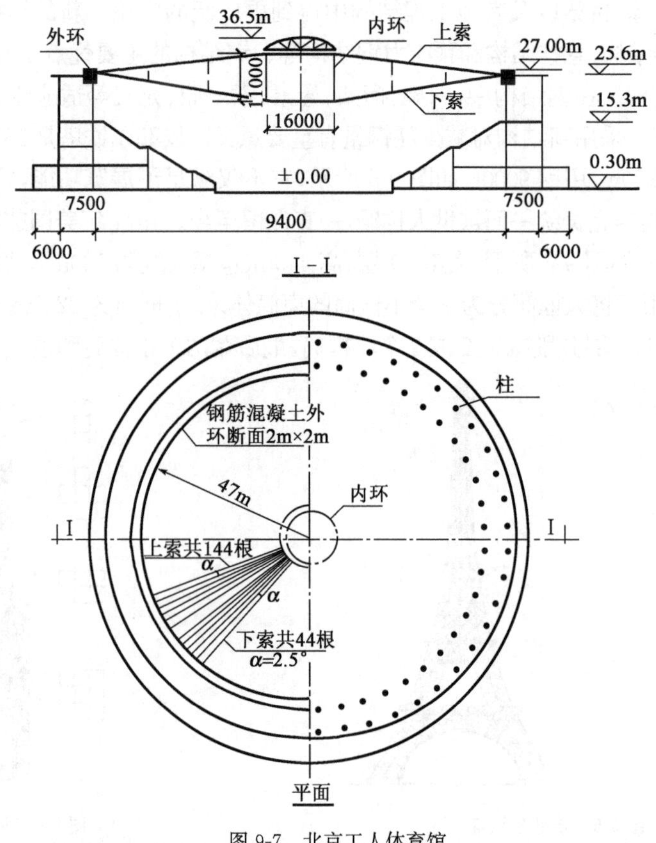

图 9-7　北京工人体育馆

9.1.2　钢结构的设计方法

1. 钢结构设计的目的

结构设计的目的在于使所设计的结构在设计使用年限内,满足预定功能的基础上,既能安全可靠地工作,又经济合理。结构的设计使用年限是指设计的结构或结构构件不需进行大修即可按其预定目的使用的时期。各类工程结构的设计使用年限不是统一的,例如,桥梁应比房屋的设计使用年限长,大坝的设计使用年限更长。《钢结构设计规范》(GB 50017—2003)第 1 章总则第 1.0.1 条明确指出:"为在钢结构设计中贯彻执行国家的技术经济政策,做到技术先进、经济合理、安全使用、确保质量,特制定本规范"。因此说,结构计算的目的在于保证所设计的结构和构件满足预期的各种功能,这些功能包括:安全性、适用性、耐久性。

可靠和经济常常是相互矛盾的,因此,结构设计要解决的根本问题是在结构的可靠和经济之间选择一种最佳的平衡,力求以最经济的途径与适当的可靠度满足各种预定的功能要求,也正是这一对矛盾推动着钢结构设计方法不断向前发展。

综上所述,结合钢结构的特点和性质,进行钢结构设计还要完成下述基本功能要求:

(1)保证结构安全可靠。构件在运输、安装和使用过程中应具有足够的强度、刚度、整体稳定性和局部稳定性。

(2)满足建筑物的使用要求。建筑外形尽量简洁、美观。

(3)在设计中采用先进的设计理论,新型的结构形式和连接方式。优先选用高强度低合金钢等优质钢材,减轻结构自重和节省钢材。

(4)设计时尽量使结构构造简单,制造、运输、安装方便,从而缩短施工周期,降低造价。

(5)采取有效措施,提高钢结构的防锈蚀能力和满足钢结构的防火要求。

《工程结构可靠性设计统一标准》(GB 50153—2008)规定:在结构设计时,应根据下列要求采取适当的措施,使结构不出现或少出现可能的损坏:

①避免、消除或减少结构可能受到的危害。

②采用对可能受到的危害反应不敏感的结构类型。

③采用当单个构件或结构的有限部分被意外移除或结构出现可接受的局部损坏时,结构的其他部分仍能保存的结构类型。

④不宜采用无破坏预兆的结构体系。

⑤使结构具有整体稳固性。

2.目前我国建筑钢结构设计中采用的方法

除疲劳计算外,我国现行的钢结构设计方法是:以概率理论为基础的极限状态设计方法,以可靠指标度量结构构件的可靠度,采用以分项系数的设计表达式进行设计。

《工程结构可靠性设计统一标准》(GB 50153—2008)规定,若整个结构或结构的一部分超过某一特定状态就不能满足设计规定的某一功能要求,此特定状态称为该功能的极限状态。也就是说,结构的极限状态就是指结构或构件能满足设计规定的某一功能要求的临界状态。能完成预定的各项功能时,结构处于有效状态;反之,则处于失效状态,有效状态和失效状态的分界,称为极限状态,是结构开始失效的标志。

极限状态可分为承载能力极限状态和正常使用极限状态两类:

(1)承载能力极限状态

结构或构件达到最大承载能力或者达到不适于继续承载的变形状态,称为承载能力极限状态。超过承载能力极限状态后,结构或构件就不能满足安全性的要求。当结构或结构构件出现下列状态之一时,应认为超过了承载能力极限状态:

①结构构件或连接因超过材料强度而破坏,或因过度变形而不适于继续承载。

②整个结构或其一部分作为刚体失去平衡(如倾覆等)。

③结构转变为机动体系。

④结构或结构构件丧失稳定(如压屈等)。

⑤结构因局部破坏而发生连续倒塌。

⑥地基丧失承载力而破坏(如失稳等)。

⑦结构或结构构件的疲劳破坏。

承载能力极限状态的设计表达式见式(2-7)。

(2)正常使用极限状态

结构或构件达到正常使用或耐久性能中某项规定限度的状态称为正常使用极限状态。超过了正常使用极限状态,结构或构件就不能保证适用性和耐久性的功能要求。当结构或结构构件出现下列状态之一时，应认为超过了正常使用极限状态：

①影响正常使用或外观的变形（如过大变形、过宽裂缝等）。

②影响正常使用或耐久性能的局部损坏。

③影响正常使用的振动。

④影响正常使用的其他特定状态。

结构或构件应按承载能力极限状态进行设计，按正常使用极限状态进行验算。

钢构件因材料强度高而截面小，且组成构件的板件又较薄，使失稳成为承载能力极限状态的极为重要的方面。许多钢构件用来承受多次重复的动力荷载，桥梁、吊车梁都属这类构件。在反复循环荷载作用下，有可能出现疲劳破坏。

正常使用极限状态的设计表达式见式(2-12)。

9.2 钢结构的钢材

9.2.1 钢结构对材料的要求

钢结构在使用过程中常常需要在不同的环境和条件下承受各种荷载，钢结构的原材料是钢材，钢材的种类繁多，性能差别很大，适用于钢结构的钢材只是其中的小部分。所以对适用于钢结构的钢材提出了以下性能要求：

1. 钢结构对钢材性能的要求

(1)较高的强度

即屈服强度（屈服点）f_y 和抗拉强度 f_u 比较高。屈服点高可以减小截面，从而减轻自重，节约钢材，降低造价。抗拉强度高可以增加结构的安全保障。

(2)足够的变形能力

即良好的塑性和韧性。塑性好则结构破坏前变形比较明显，从而可减小脆性破坏的危险性，并且塑性变形还能调整局部高峰应力，使之趋于平缓。韧性好表示在动荷载作用下破坏时要吸收比较多的能量，也降低了脆性破坏的危险程度。

(3)耐疲劳性能及适应环境能力要求

即要求材料本身具有良好的抗动力荷载性能及较强的适应低温、高温等环境变化的能力。

(4)良好的加工性能

即适合冷、热加工，同时具有良好的可焊性，不因这些加工而对强度、塑性及韧性带来较大的有害影响。

(5) 耐久性能要求

耐久性能主要指材料的耐锈蚀能力要求，即要求钢材具备在外界环境作用下仍能维持其原有力学及物理性能基本不变的能力。

(6)生产与价格方面的要求

即要求钢材易于施工、价格合理。

2. 钢材的选用原则

钢材选用的原则是既要使结构安全可靠和满足使用要求，又要最大限度节约钢材和降低造价。为保证承重结构的承载力和防止在一定条件下可能出现的脆性破坏，应综合考虑下列因素：

(1)结构的重要性

根据使用要求和使用条件，结构可分为重要的、一般的和次要的。例如重型工业建筑结构、大跨度结构，以及高层和超高层建筑结构等，应选用质量好的钢材。对一般工业与民用建筑结构，可按工作性质选用普通质量的钢材。

(2)荷载特征

对直接承受动力荷载的结构构件应选用质量和韧性较好的钢材；对承受静力或间接动力荷载的结构构件可采用一般质量的钢材。

(3)连接方法

钢结构连接可为焊接或非焊接(螺栓或铆钉)。焊接结构钢材的质量要求应高于同样情况的非焊接结构钢材，碳、硫、磷等有害元素的含量应较低，塑性和韧性应较好。

(4)结构的工作环境温度

对经常处于或可能处于较低负温下工作的钢结构，尤其是焊接结构，应选用化学成分和机械性能质量较好和脆性转变温度低于结构工作环境温度的钢材，以避免发生脆性断裂。

厚度大的钢材由于轧制时压缩比小，其强度、冲击韧性和焊接性能都较差；且易产生三向残余应力。因此，构件厚度大的焊接结构应采用质量好的钢材。

按以上要求，我国《钢结构设计规范》(GB 50017—2003)中具体规定：承重结构采用的钢材应具有抗拉强度、伸长率、屈服强度和硫、磷含量的合格保障，对焊接结构还应具有碳含量的合格保证。焊接承重结构以及重要的非焊接承重结构采用的钢材还应具有冷弯试验的合格保证。而钢结构的种类繁多，我国《钢结构设计规范》(GB 50017—2003)推荐承重结构宜采用的钢有碳素结构钢中的 Q235 及低合金高强结构钢中的 Q345、Q390 和 Q420 四种。

3. 钢材的种类和牌号

目前我国在建筑钢结构中，通常采用碳素结构钢和低合金高强度结构钢。

碳素结构钢的牌号由代表屈服点的字母 Q、屈服点的数值(N/mm^2)、质量等级符号和脱氧方法符号等四个部分按顺序组成。如 Q235-AF 表示屈服强度为 235N/mm^2 的 A 级沸腾钢；Q235-Bb表示屈服强度为 235N/mm^2 的 B 级半镇静钢；Q235-C 表示屈服强度为235N/mm^2的 C 级镇静钢。

低合金高强度结构钢是在冶炼过程中添加一种或几种少量合金元素，其总量低于 5%的钢材。其牌号与碳素结构钢牌号的表示方法相同，常用的低合金钢有 Q345、Q390、Q420 等。

9.2.2 建筑钢材的主要性能

由于钢结构在使用过程中要受到各种形式的各种作用，所以要求钢材必须具有能抵抗各种作用而不超过容许变形和不会引起破坏的能力。钢材在各种作用下所表现出来的各种特性，如弹性、塑性、韧性、强度等称为力学性能。钢材的力学性能指标是结构设计的重要依据，这些指标主要是依据试验来测定的。

1. 钢材在单向均匀拉力作用下的性能

钢材的单向均匀拉伸比压缩、剪切等试验简单易行，试件受力明确，对钢材缺陷的反应比较敏感，试验所得各项机械性能指标对于其他受力状态的性能也具有代表性。因此，它是钢材机械性能的常用试验方法。具体详见第 3 章内容，在此不再赘述。

钢材的拉伸试验所得屈服点 f_y、抗拉强度 f_u 和伸长率 δ，是钢结构设计对钢材机械性能要求的三项重要指标。f_y、f_u 反映钢材强度，其值越大承载力越高。钢结构设计中，常把钢材应力达到屈服点 f_y 作为评价钢结构承载能力（抗拉、抗压、抗弯强度）极限状态的标志，即取 f_y 作为钢材的标准强度 f_{yk}。

2. 伸长率

塑性性能试件被拉断时的绝对变形值与试件原标距之比的百分数，称为伸长率。当试件标距长度与试件直径（圆形试件）之比为 10 时，以 δ_{10} 表示；当该比值为 5 时，以 δ_5 表示。钢材的伸长率是反映钢材塑性（或延性）的指标之一。其值越大，钢材破坏吸收的应变能越多，塑性越好。建筑用的钢材不仅要求强度高，还要求塑性好，以便调整局部高应力，提高结构抗脆断的能力。

3. 冷弯性能

冷弯试验又称为弯曲试验，是指钢材在冷加工（即在常温下加工）产生塑性变形时，对产生裂缝的抵抗能力。钢材的冷弯性能是用冷弯试验来检验钢材承受规定弯曲程度的弯曲变形性能，并显示其缺陷的程度。

冷弯试验方法是在材料试验机上，通过冷弯冲头加压（图 9-8）。当试件弯曲至某一规定角度 α 时（一般取 $\alpha=180°$），检查试件弯曲部分的外面、里面和侧面，如无裂纹、裂断或分层，即认为试件冷弯性能合格。冷弯试验一方面可以检验钢材能否适应构件加工制作过程中的冷作工艺，另一方面还可暴露出钢材的内部缺陷（如颗粒组织、结晶状况，夹杂物分布及夹层情况，内部微观裂纹气泡等），冷弯试验可进一步检验钢材的塑性及可焊性。因此它是评价钢材机械性能优劣的一项综合性指标。

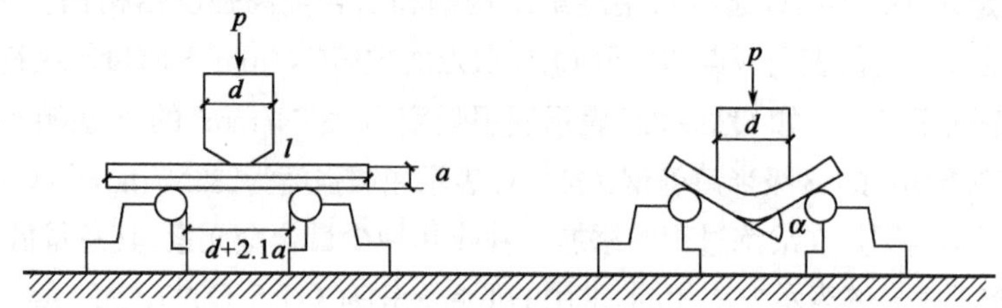

图 9-8　冷弯试验示意图

a-冷弯试件的厚度；l-冷弯试件的长度；d-符合试验要求的弯心直径；α-符合试验要求的试件弯曲角度

4. 冲击韧性

钢材的强度和塑性指标是由静力拉伸试验获得的，这些指标用于承受动力荷载的结构时，有很大的局限性。钢材的韧性是钢材在塑性变形和断裂过程中吸收能量的能力，也是表示钢材抵抗冲击荷载的能力，与钢材的塑性有关而又不同于塑性，它是强度与塑性的综合表现。

韧性指标是由冲击试验获得的，它是判断钢材在冲击荷载作用下是否出现脆性破坏的重要指标之一。冲击试验用夏氏(Charpy)带 V 形缺口的标准试件，在冲击试验机上通过动摆施加冲击荷载，使之断裂(图 9-9)，由此测出试件受冲击荷载发生断裂所吸收的冲击功，即为材料的冲击韧度，用 A_{KV}表示，其单位为 J(焦耳)。A_{KV}值越高，材料在动载下抵抗脆性破坏的能力越强，韧性越好。因此它是衡量钢材强度、塑性及材质的一项综合指标。

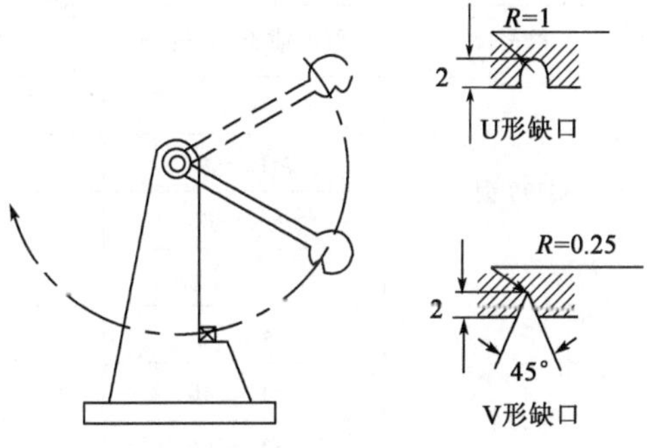

图 9-9　冲击韧性试验示意图

5. 可焊性

钢材的可焊性，是指在一定的工艺和结构条件下，钢材经过焊接后能够获得良好的焊接接头的性能。可焊性可分为施工上的可焊性和使用性能上的可焊性。施工上的可焊性，是指焊缝金属产生裂纹的敏感性以及由于焊接加热的影响，近缝区钢材硬化和产生裂纹的敏感性。可焊性好是指在一定的焊接工艺条件下，焊缝金属和近缝区钢材均不产生裂纹。使用性能上的可焊性，是指焊接接头和焊缝的缺口韧性(冲击韧性)和热影响区的延伸性(塑性)。要求焊接构件在施焊后的力学性能不低于母材的力学性能。钢材的可焊性与钢材的品种、焊缝构造及所采取的焊接工艺规程有关。只要焊缝构造设计合理并遵循恰当的工艺规程，我国钢结构设计规范所规定的几种建筑钢材(当含碳量不超过 0.2%时)，均有良好的可焊性。

6. 钢材的强度设计值

钢结构设计一般取钢材屈服强度(屈服点)作为强度极限，钢材的强度设计值，应根据钢材厚度或直径按表 9-1 采用。

钢材的强度设计值(N/mm^2)　　表 9-1

钢材		抗拉、抗压和抗弯 f	抗剪 f_v	端面承压(刨平顶紧)f_{ce}
牌号	厚度或直径(mm)			
Q235 钢	≤16	215	125	325
	>16～40	205	120	
	>40～60	200	115	
	>60～100	190	110	
Q345 钢	≤16	310	180	400
	>16～40	295	170	
	>40～60	265	155	
	>60～100	250	145	

续上表

钢材		抗拉、抗压和抗弯 f	抗剪 f_v	端面承压（刨平顶紧）f_{ce}
牌号	厚度或直径(mm)			
Q390 钢	≤16	350	205	415
	>16～40	335	190	
	>40～60	315	180	
	>60～100	295	170	
Q420 钢	≤16	380	220	440
	>16～40	360	210	
	>40～60	340	195	
	>60～100	325	185	

注：表中厚度系指计算点的钢材厚度，对轴心受拉和轴心受压构件系指截面中较厚板件的厚度。

9.3 钢结构的连接

钢结构是由钢板、型钢等组合连接制成的基本构件，如梁、柱、桁架等，运到工地后通过安装连接组成整体结构，如屋盖、厂房、桥梁等，因此在钢结构中，连接占有很重要的地位。设计任何钢结构都会遇到连接问题，连接将直接影响钢结构的制造安装和经济指标以及使用性能。连接设计应符合安全可靠、节约钢材、构造简单、制造安装方便等原则。

9.3.1 钢结构连接的类型和特点

1. 钢结构的连接方法

钢结构的连接方法通常有焊接连接、铆钉连接和螺栓连接(图 9-10)。

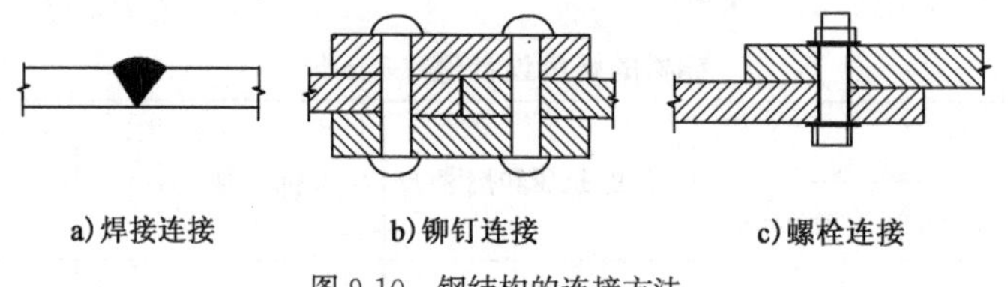

图 9-10 钢结构的连接方法

(1)焊接连接

焊接连接是现代钢结构最主要的连接方式，它的优点是任何形状的结构都可用焊缝连接，构造简单。焊接连接一般不需拼接材料，省钢省工，而且能实现自动化操作，生产效率较高。除少数直接承受动力荷载结构的某些连接，如重工作制吊车梁和柱，吊车梁和制动梁，制动梁和柱的相互连接，以及桁架式吊车梁的节点连接，从目前使用情况看不宜采用焊接外，焊接可广泛用于工业与民用建筑钢结构。但是，焊缝质量易受材料、操作的影响，因此对钢材性能要求较高。高强度钢更要有严格的焊接程序，焊缝质量要通过多种途径的检验来保证。

(2)铆钉连接

需要先在构件上开孔,用加热的铆钉进行铆合,有时也可用常温的铆钉进行铆合,但需要较大的铆合力。铆钉连接由于费钢费工,现在很少采用。但是,铆钉连接传力可靠,韧性和塑性较好,质量易于检查,对经常受动力荷载作用,荷载较大和跨度较大的结构,有时仍然采用铆接结构。

(3)螺栓连接

螺栓连接采用的螺栓有普通螺栓和高强度螺栓之分。普通螺栓的优点是装卸便利,不需特殊设备。普通螺栓分C级螺栓和A、B级螺栓两种。C级螺栓直径与孔径相差1.0~1.5mm,便于安装,但螺杆与钢板孔壁不够紧密,螺栓不宜受剪。A、B级螺栓的栓杆与栓孔的加工都有严格要求,受力性能较C级螺栓为好,但费用较高。

高强度螺栓连接有两种类型:一种是只依靠摩擦阻力传力,并以剪力不超过接触面摩擦力作为设计准则,称为摩擦型高强度螺栓连接。另一种是当剪力超过摩擦力时,构件间发生相互滑移,螺栓杆身与孔壁接触,开始受剪和孔壁承压,到连接接近破坏时,剪力全部由杆身承担,称为承压型高强度螺栓连接。高强度螺栓是用高强度钢材制成并经热处理,用特制的、能控制扭矩或螺栓拉力的扳手,拧紧到使螺栓有较高的规定拉力值,相应把被连接的板件高度夹紧。摩擦型连接的剪切变形小,弹性性能好,施工较简单,可拆卸,耐疲劳,特别适用于承受动力荷载的结构。承压型连接的承载力高于摩擦型,连接紧凑,但剪切变形大,故不得用于承受动力荷载的结构中。

普通螺栓和高强度螺栓连接的优点是安装方便,特别适用于工地安装连接;也便于拆卸,适用于需要装拆结构的连接和临时性连接。其缺点是需要在板件上开孔和拼装时对孔,增加制造工作量;螺栓孔还使构件截面削弱,且被连接的板件需要相互搭接或另加角钢或拼接板等连接件,因而多费钢材。

2. 焊缝连接的形式

(1)按构件的相对位置分类

焊接的连接形式按构件的相对位置,可分为对接接头、搭接接头、T形接头和角接接头(图9-11)。

(2)按构造分类

焊接连接形式按构造可分为对接焊缝和角焊缝两种形式。对接焊缝位于被连接板件或其中一个板件的平面内(如图9-11的上排各图所示)。角焊缝位于两个被连接板件的边缘位置(如图9-11的下排各图所示)。

对接焊缝位于板件同一平面且截面相同,因而传力均匀平顺,没有明显的应力集中,受力性能较好,尤其是在对接接头和直接承受动力荷载的接头中;但要求下料和装配的尺寸准确,即要求准确保证板件间的适当间隙,通常还要求在板件边缘开一定形式的坡口,制造费工。角焊缝位于板件边缘,传力线曲折,受力情况较复杂,容易引起应力集中和受力不均匀;但在下料和装配时对板件边缘不需开坡口,尺寸和位置要求稍低,使用灵活,制造较方便,故应用比较广泛。

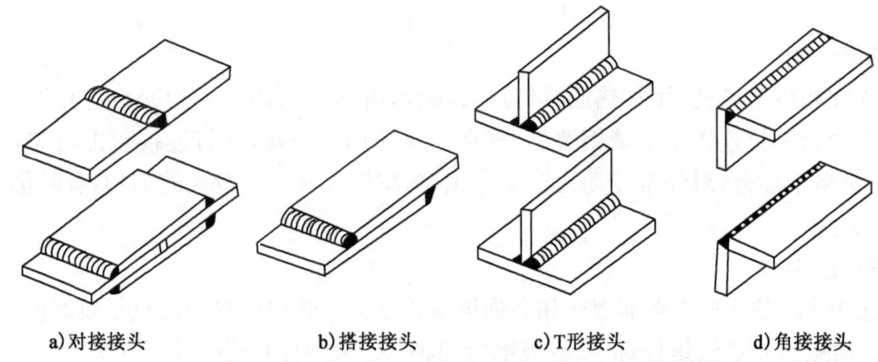

a)对接接头　b)搭接接头　c)T形接头　d)角接接头

图 9-11　焊接的连接形式(上排各图—对接焊缝;下排各图—角焊缝)

对接焊缝按作用力的方向可分为直焊缝和斜焊缝(图 9-12)。角焊缝按作用力的方向可分为侧焊缝、端焊缝和斜焊缝(图 9-13)。它沿长度方向的布置分连续角焊缝和间断角焊缝(图 9-14)。连续焊缝受力情况较好,间断焊缝容易引起应力集中现象,重要结构应避免采用,但可用于一些次要的构件或次要的焊接连接中。

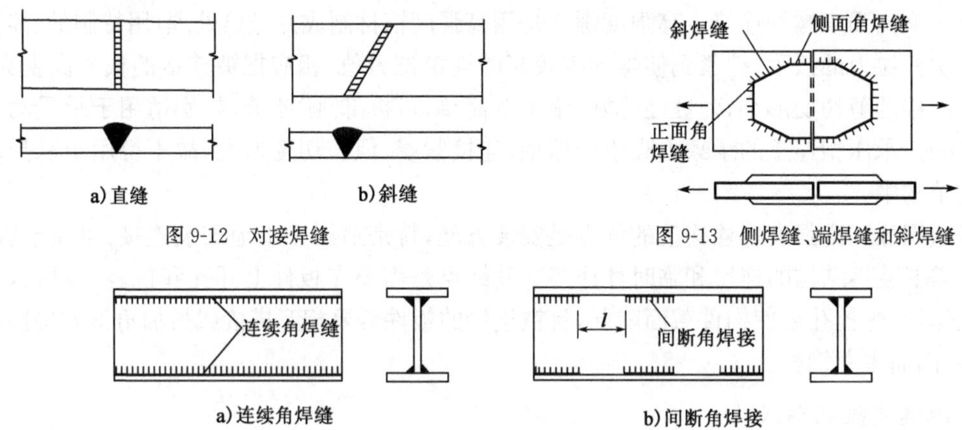

a)直缝　b)斜缝

图 9-12　对接焊缝

图 9-13　侧焊缝、端焊缝和斜焊缝

a)连续角焊缝　b)间断角焊接

图 9-14　连续角焊缝与间断角焊缝

(3)按施焊位置分

焊缝按施焊位置分平焊、横焊、立焊和仰焊等。平焊也叫俯焊[图 9-15a)],俯焊的焊接工作最方便,质量也最好,应尽量采用。横焊[图 9-15b)]和立焊[图 9-15c)]的质量及生产效率比俯焊差一些;仰焊[图 9-15d)]的操作条件最差,焊缝质量不易保证,因此应尽量避免采用。有时因构造需要,在一条焊缝中有俯焊、仰焊和立焊(或横焊),称它为全方位焊接。

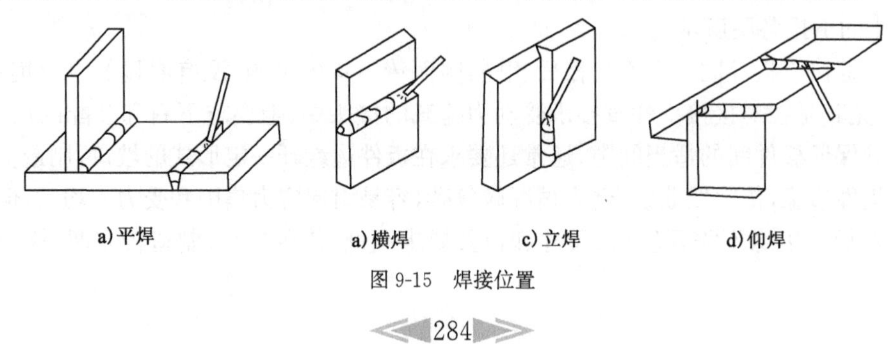

a)平焊　a)横焊　c)立焊　d)仰焊

图 9-15　焊接位置

焊缝的焊接位置是由连接构造决定的，在设计焊接结构时要尽量采用便于俯焊的焊接构造。要避免焊缝立体交叉和在一处集中大量焊缝，同时焊缝的布置要尽量对称于构件形心。

3. 焊缝缺陷及焊缝质量检验

(1)焊缝缺陷

焊缝缺陷指焊接过程中产生于焊缝金属或附近热影响区钢材表面或内部的缺陷。常见的缺陷有裂纹、焊瘤、烧穿、弧坑、气孔、夹渣、咬边、未熔合、未焊透、焊缝尺寸不符合要求、焊缝成形不良等。裂纹是焊缝连接中最危险的缺陷。产生裂纹的原因很多，如钢材的化学成分不当；焊接工艺条件（如电流、电压、焊速、施焊次序等）选择不合适；焊件表面油污未清除干净等。

(2)焊缝质量检验

焊缝质量检验一般可用外观检查及内部无损检验，前者检查外观缺陷和几何尺寸，后者检查内部缺陷。内部无损检验目前广泛采用超声波检验，使用灵活、经济，对内部缺陷反应灵敏，但不易识别缺陷性质；有时还用磁粉检验、荧光检验等较简单的方法作为辅助。此外还可采用 X 射线或 γ 射线透照或拍片，X 射线应用较广。《钢结构工程施工质量验收规范》(GB 50205—2001)规定焊缝按其检验方法和质量要求分为一级、二级和三级。三级焊缝只要求对全部焊缝作外观检查且符合三级质量标准；一级、二级焊缝除进行外观检查外，还要求一定数量的超声波检验并符合相应级别的质量标准。一级对焊缝缺陷的限制很严，二级对焊缝缺陷的限制较严，因而一、二级质量检验适用于直接承受动力荷载和对焊缝质量要求高的结构中。

4. 焊缝的强度设计值

焊缝连接的强度是以破坏强度作为极限状态，规范 GBJ 50017—2003 规定的焊缝强度设计值见表 9-2。

焊缝的强度设计值(N/mm²) 表 9-2

焊接方法和焊条型号	构件钢材		对接焊缝				角焊缝
	牌号	厚度或直径(mm)	抗压 f_c^w	焊接质量为下列等级时，抗拉 f_t^w		抗剪 f_v^w	抗拉、抗压和抗剪 f_f^w
				一级、二级	三级		
自动焊、半自动焊和 E43 型焊条的手工焊	Q235 钢	≤16	215	215	185	125	160
		>16～40	205	205	175	120	
		>40～60	200	200	170	115	
		>60～100	190	190	160	110	
自动焊、半自动焊和 E50 型焊条的手工焊	Q345 钢	≤16	310	310	265	180	200
		>16～35	295	295	250	170	
		>35～50	265	265	225	155	
		>50～100	250	250	210	145	

续上表

焊接方法和焊条型号	构件钢材		对接焊缝				角焊缝
	牌号	厚度或直径(mm)	抗压 f_c^w	焊接质量为下列等级时,抗拉 f_t^w		抗剪 f_v^w	抗拉、抗压和抗剪 f_f^w
				一级、二级	三级		
自动焊、半自动焊和 E55 型焊条的手工焊	Q390 钢	≤16	350	350	300	205	220
		>16~35	335	335	285	190	
		>35~50	315	315	270	180	
		>50~100	295	295	250	170	
	Q420 钢	≤16	380	380	320	220	220
		>16~35	360	360	305	210	
		>35~50	340	340	290	195	
		>50~100	325	325	275	185	

注:1. 自动焊和半自动焊所采用的焊丝和焊剂,应保证其熔敷金属的力学性能不低于现行国家标准《埋弧焊用碳钢焊丝和焊剂》(GB/T 5293—1999)中相关的规定。

2. 焊缝质量等级应符合现行国家标准《钢结构工程施工质量验收规范》(GB 50205—2001)的规定。其中厚度小于8mm 钢材的对接焊缝,不应采用超声波探伤确定焊缝质量等级。

3. 对接焊缝在受压区的抗弯强度设计值取 f_c^w,在受拉区的抗弯强度设计值取 f_t^w。

4. 表中厚度系指计算点的钢材厚度,对轴心受拉和轴心受压构件系指截面中较厚板件的厚度。

9.3.2 焊接连接

1. 对接焊缝的构造要求

对接焊缝的焊件常需做成坡口,故又叫坡口焊缝。对接焊缝的形式有直边缝、单边 V 形缝、双边 V 形缝、U 形缝、K 形缝、X 形缝等(图 9-16)。当焊件厚度很小时(t≤10mm,t 为钢板厚度),可采用直边缝。对于一般厚度(t=10~20mm)的焊件,因为直边缝不易焊透,可采用有斜剖口的单边 V 形缝或双边 V 形缝,斜剖口和焊缝根部共同形成一个焊条能够运转的施焊空间,使焊缝易于焊透。对于较厚的焊件(t≥20mm),则应采用 V 形缝、U 形缝、K 形缝、X 形缝。

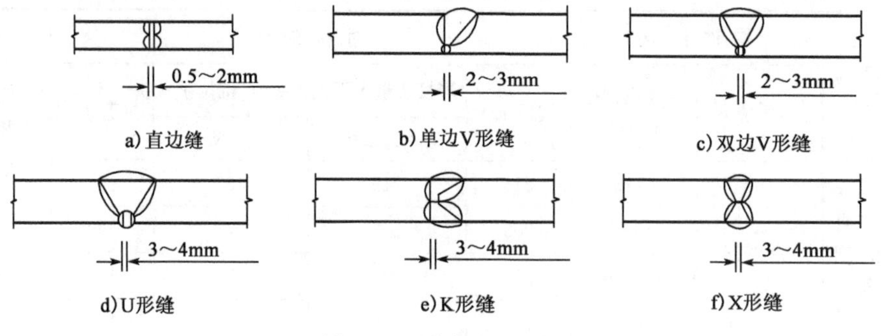

图 9-16　对接焊缝的形式

对接焊缝的优点是用料经济,传力平顺均匀,没有明显的应力集中,对于承受动力荷载作用的焊接结构,采用对接焊缝最为有利。但对接焊缝的焊件边缘需要进行剖口加工,焊件长度必须精确,施焊时焊件要保持一定的间隙。对接焊缝的起点和终点,常因不能熔透而出现凹形的焊口,受力后易出现裂缝及应力集中。为避免出现这种不利情况,施焊时常将焊缝两端施焊至引弧板上，然后再将多余的部分割掉(图 9-17)。采用引弧板是很麻烦的，在工厂焊接时可采用引弧板，在工地焊接时，除了受动力荷载的结构外，一般不用引弧板，而是在计算时扣除焊缝两端各 t(t 为板厚)的长度。

在钢板厚度或宽度有变化的焊接中，为了使构件传力均匀，应在板的一侧或两侧做成坡度不大于 1∶4 的斜角，形成平缓的过渡(图 9-18)。

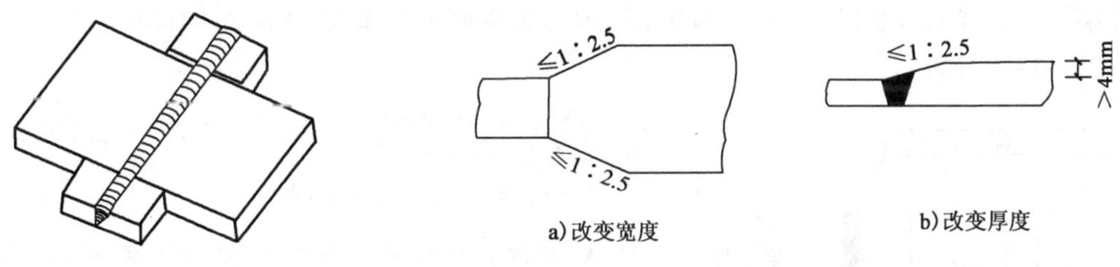

图 9-17 引弧板

图 9-18 不同宽度或厚度钢板的对接

2. 对接焊缝的强度

由于对接焊缝形成了被连接构件截面的一部分，合理选用与焊件钢材的强度和性能相适应的焊条，则一般能保证焊缝的强度不低于母材的强度。对于对接焊缝的抗压强度能够做到这一点，但抗拉强度就不一定能够做到，因为焊缝中的缺陷如气泡、夹渣、裂纹等对抗拉强度的影响随焊缝质量检验标准的要求不同而有所不同。质量为三级的对接焊缝，可能内部缺陷较多，虽然对其抗剪和抗压强度影响不大，但对其抗拉强度(包括受弯时的抗拉强度)却有很大影响。设计规范取抗拉强度设计值是抗压强度设计值的 0.85 倍。

因此，一、二级对接焊缝和没有拉应力构件中的三级对接焊缝都与主体钢材等强度，即只要钢材强度计算已经能满足设计要求，则焊缝强度同样也能满足。只对有拉应力构件中的三级直焊缝，才需专门进行焊缝抗拉强度的计算。对接直焊缝的截面与被连接钢材的截面相同，故焊缝截面的应力情况与被连接钢材截面相同，设计时采用与被连接构件相同的计算公式。计算不满足时首先应考虑把直焊缝移到拉应力较小的部位，不便移动时可改用二级直焊缝或三级直焊缝。斜焊缝一般做成 $\tan\theta \leqslant 1.5$，即 $\theta \leqslant 56.3°$时，斜焊缝的强度不低于母材强度，可不再进行验算。

3. 对接直焊缝承受轴心力的计算

由于对接焊缝是焊件截面的组成部分，焊缝中的应力分布情况基本上与焊件原来的情况相同，故计算方法与构件的强度计算一样。轴心受力的对接直焊缝(图 9-19)，可按下式计算：

$$\sigma = \frac{N}{l_w t} \leqslant f_t^w \quad 或 \quad f_c^w \tag{9-1}$$

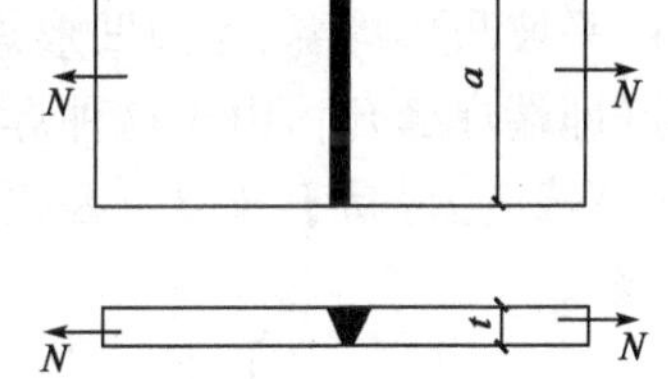

图 9-19 对接直焊缝承受轴心力

式中：N——轴心拉力或压力的设计值，kN；

l_w——焊缝的计算长度，当采用引弧板施焊时，取焊缝实际长度；当无法采用引弧板时，取实际长度减去 $2t$，mm；

t——在对接接头中为连接件的较小厚度，不考虑焊缝的余高；在 T 形接头中为腹板厚度，mm；

f_t^w, f_c^w——对接焊缝的抗拉、抗压强度设计值。抗压焊缝和质量等级为一、二级的抗拉焊缝与母材等强，三级抗拉焊缝强度为母材的85%，按表9-2采用，N/mm²。

[例9-1] 要求验算图9-19所示钢板的对接焊缝的强度。图中 $a=540\text{mm}, t=22\text{mm}$，轴心力的设计值为 $N=2000\text{kN}$。钢材为Q235-B，手工焊，焊条为E43型，三级质量检验标准，施焊时加引弧板。

[解] (1)查表9-2得 $f_t^w=175\text{N/mm}^2$；因为施焊时加引弧板，所以 $l_w=540\text{mm}$。

(2)焊缝正应力：

$$\sigma=\frac{N}{l_w t}=\frac{2000\times10^3}{540\times22}=168.4<f_t^w=175\text{N/mm}^2$$

所以，焊缝强度满足要求。

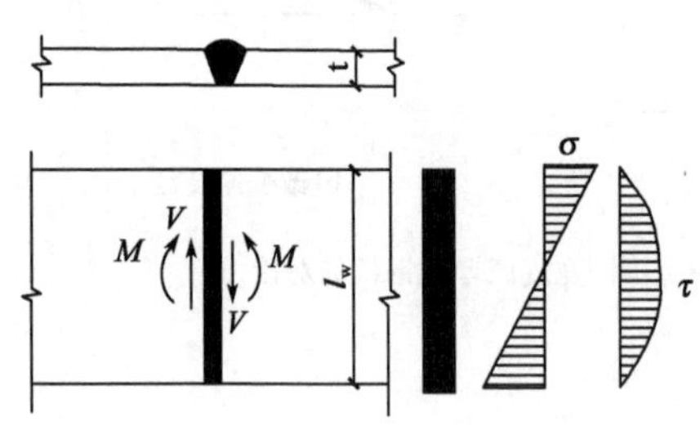

图9-20 对接直焊缝承受弯矩和剪力共同作用

4. 对接直焊缝承受弯矩和剪力共同作用的计算

如图9-20所示是对接接头受到弯矩和剪力的共同作用，由于焊缝截面是矩形，正应力与剪应力图形分别为三角形与抛物线形，其最大值应分别满足下列强度条件：

$$\sigma_{max}=\frac{M}{W_w}=\frac{6M}{l_w^2 t}\leqslant f_t^w \tag{9-2}$$

$$\tau_{max}=\frac{VS_w}{I_w t}=1.5\frac{V}{l_w t}\leqslant f_v^w \tag{9-3}$$

式中：W_w——焊缝截面模量，mm³；

S_w——焊缝截面面积矩，对矩形截面 $S_w=\frac{1}{2}l_w t\times\frac{1}{4}l_w=\frac{1}{8}l_w^2 t$，mm³；

I_w——焊缝截面惯性矩，对矩形截面 $I_w=\frac{1}{12}l_w^3 t$，mm；

f_v^w——对接焊缝的抗剪强度设计值，按表9-2采用，N/mm²。

5. 角焊缝的构造要求

角焊缝可分为直角角焊缝和斜角角焊缝（图9-21）。直角角焊缝的截面形式有普通焊缝、平坡凸形焊缝、等边凹形焊缝等几种（图9-22）。一般情况下用普通焊缝，当为正面角焊缝（即端焊缝）时，由于这种焊缝受力时应力线弯折，应力集中现象较严重，在焊缝根角上形成高峰应力，易于开裂。因此在承受动力荷载的连接中，可采用平坡凸形焊缝或等边凹形焊缝。

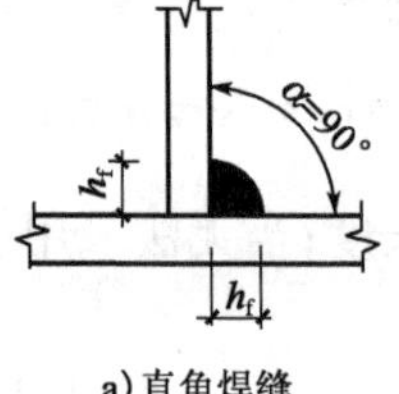

a)直角焊缝

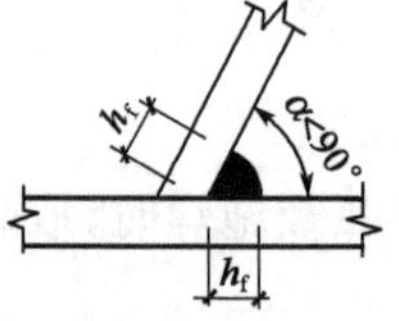

b)斜角角焊缝（锐角角焊缝）

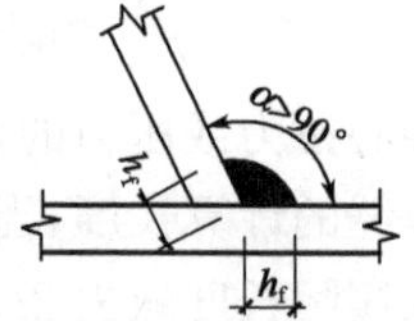

c)斜角角焊缝（钝角角焊缝）

图9-21 角焊缝的分类

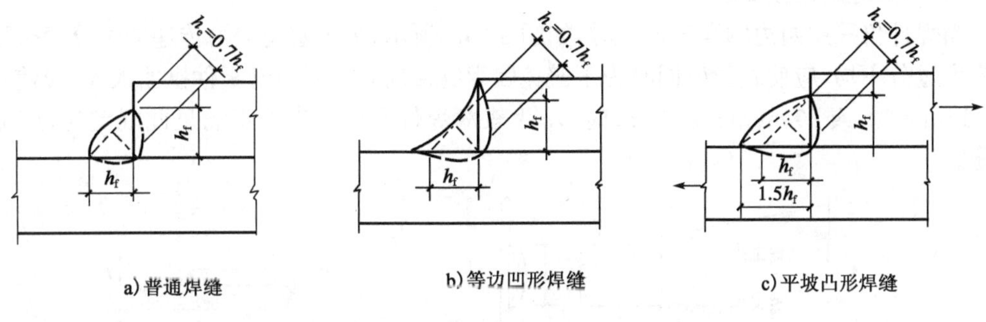

图 9-22　角焊缝的截面形式

(1)焊脚尺寸 h_f

角焊缝的焊脚尺寸 h_f 是指焊缝根角至焊缝外边的尺寸(图 9-22),图中的 h_e 是焊缝截面的有效高度。焊脚尺寸不宜太小,以保证焊缝的最小承载能力,并防止焊缝因冷却过快而产生裂缝。对于手工焊角焊缝应满足 $h_f \geqslant 1.5\sqrt{t}$,其中 t 为较厚焊件厚度(单位:mm),对于自动焊角焊缝,$h_f \geqslant 1.5\sqrt{t}-1$,对于 T 形连接的单面角焊缝,$h_f \geqslant 1.5\sqrt{t}+1$;当焊件厚度等于或小于 4mm 时,则 h_f 等于焊件厚度。

角焊缝的焊脚尺寸不宜太大,以避免焊缝穿透较薄的焊件。h_f 不宜大于较薄焊件厚度的 1.2倍(钢管结构除外)。在板边缘的角焊缝,当板厚 $t \leqslant 6$mm,$h_f \leqslant t$;当 $t > 6$mm 时,$h_f \leqslant t-(1\sim2)$mm。圆孔或槽孔内的 h_f 不宜大于圆孔直径的 1/3 或槽孔短径的 1/3。角焊缝的焊脚尺寸如图 9-23 所示。

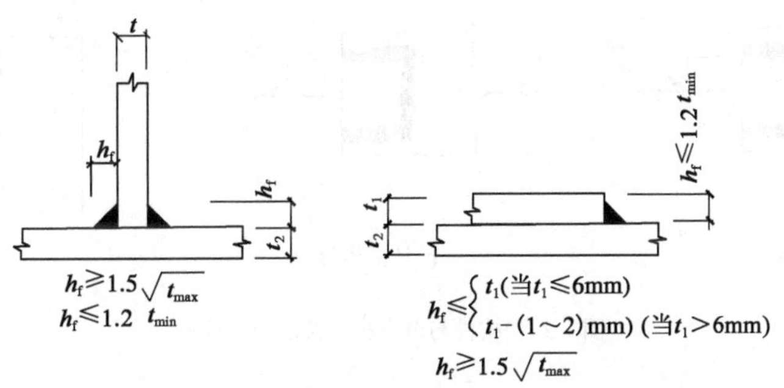

图 9-23　角焊缝的焊脚尺寸

(2)焊缝长度 l_w

角焊缝的最小计算长度 l_w 不得小于 $8h_f$ 和 40mm(常用≥50mm)。因为长度过小会使杆件局部加热严重,且起弧、落弧可能引起的弧坑相距太近,加上一些可能产生的缺陷,使焊缝不够可靠。侧焊缝的计算长度 l_w 也不宜大于 $60h_f$。当大于上述规定时,其超过部分在计算中不予考虑。因为侧焊缝应力沿长度分布不均匀,两端较中间大,焊缝越长其差别也越大,太长时侧焊缝两端应力可先达到极限而破坏,此时焊缝中部还未充分发挥其承载力,这种应力分布不均匀,对承受动力荷载的构件更加不利。因此受动力荷载的侧焊缝长度比受静力荷载的侧焊缝长度限制严格。若内力沿侧焊缝全长均匀分布,例如工字梁的腹板与翼缘连接焊缝,其计算长度不受此限。

(3)角焊缝的搭接要求

当焊件仅采用两边侧焊缝连接时,如图 9-24a)所示,为了避免应力传递的过分弯折而使板件应力过分不均,应使 $l_w \geq b$;同时为了避免因焊缝横向收缩时引起板件拱曲太大,应使 $b < 16t$($t > 12$mm 时)或 200mm($t \leq 12$mm 时),t 为较薄焊件厚度。当 b 不满足此规定时,应加焊端焊缝。

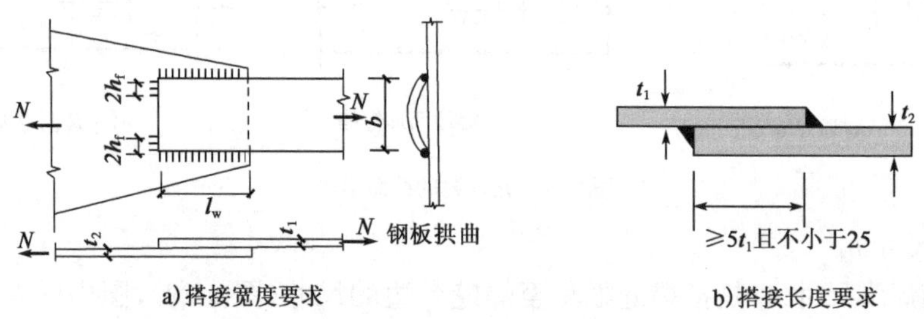

a)搭接宽度要求　　b)搭接长度要求

图 9-24　角焊缝的搭接要求

为了减小连接中产生过大的焊接残余应力,在搭接连接中,其搭接长度不得小于较薄焊件厚度的 5 倍,同时不得小于 25mm,如图 9-24b)所示。

(4)角焊缝的选择

杆件与节点板的连接焊缝,一般采用两边侧焊缝,也可采用三面围焊或 L 形焊缝(图 9-25)。当角焊缝的端部在构件转角处时,可作长度为 $2h_f$ 的绕角焊。所有围焊和绕角焊的转角处,必须连续施焊,以免起、灭弧缺陷发生在应力集中较大的转角处,从而改善连接的工作。

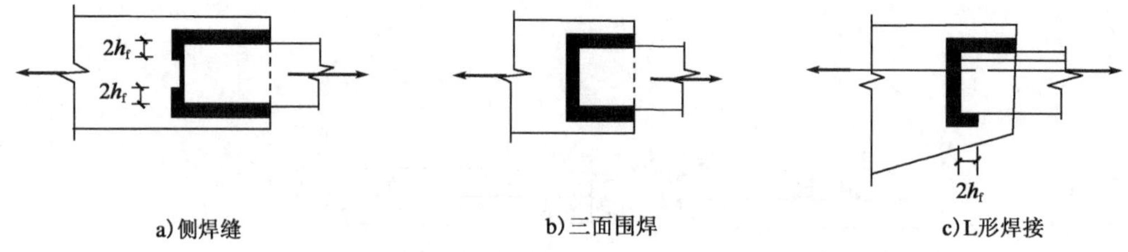

a)侧焊缝　　b)三面围焊　　c)L形焊接

图 9-25　构件与节点板连接的角焊缝

6. 角焊缝的强度

角焊缝的应力分布比较复杂,角焊缝的强度受到很多因素的影响,有明显的分散性,端焊缝与侧焊缝工作差别很大,要精确计算很困难,因此根据系列试验和理论研究成果,采用规范规定的实用计算方法,可以得到安全可靠的结果。

一般认为 $0.7h_f$ 为直角角焊缝的有效厚度 h_e(喉部尺寸如图 9-26 所示)。直角角焊缝的破坏常发生在喉部及其附近,通常认为直角角焊缝是以 45°方向的最小截面(即有效厚度与焊缝计算长度的乘积)作为有效截面或计算截面。虽然这些假定和实际情况有一定出入,但通过大量试验证明是可以保证安全的,已为大多数国家所采用。

7. 承受轴心力作用时角焊缝的计算

(1)当力垂直于焊缝长度方向时(图 9-27),称为端焊缝,即正面角焊缝,按下式计算:

$$\sigma_f=\frac{N}{\sum h_e l_w}\leqslant\beta_f f_f^w \tag{9-11}$$

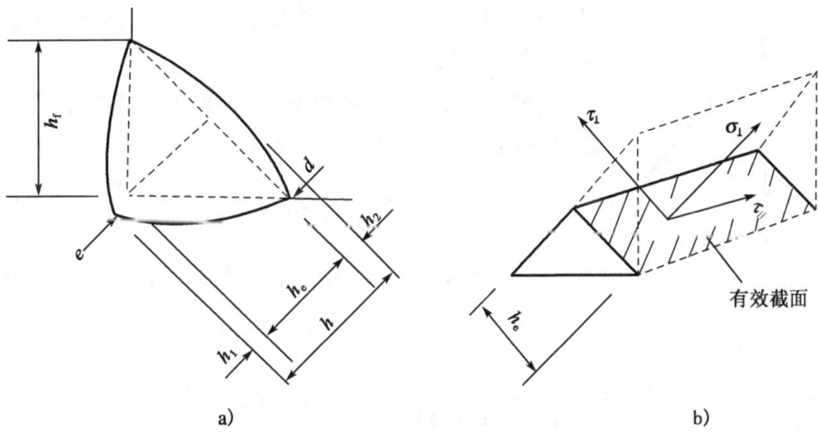

图 9-26　焊缝计算截面

(2)当力平行于焊缝长度方向时(图 9-28),称为侧焊缝,即侧面角焊缝,按下式计算:

$$\tau_f=\frac{N}{\sum h_e l_w}\leqslant f_f^w \tag{9-14}$$

(3)当力作用方向与焊缝长度方向既不平行也不垂直时(图 9-29),称为斜焊缝,即斜面角焊缝,按下式计算:

$$\sqrt{\left(\frac{\sigma_f}{\beta_f}\right)^2+\tau_f^2}\leqslant f_f^w \tag{9-15}$$

式中:σ_f——按焊缝有效截面($h_e l_w$)计算,垂直于焊缝长度方向的应力,N/mm²;

τ_f——按焊缝有效截面计算,沿焊缝长度方向的剪应力,N/mm²;

h_e——角焊缝的有效厚度,对直角角焊缝等于 0.7h_f,其中 h_f 为较小焊脚尺寸,mm;

l_w——角焊缝的计算长度,考虑到每条焊缝两端的起弧、灭弧缺陷,实际焊缝长度为焊缝计算长度加 2h_f,mm;

f_f^w——角焊缝的强度设计值,按表 9-2 采用,N/mm²;

β_f——正面角焊缝的强度设计值增大系数。对承受静力荷载和间接承受动力荷载的结构,β_f=1.22;对直接承受动力荷载的结构,β_f=1.0。

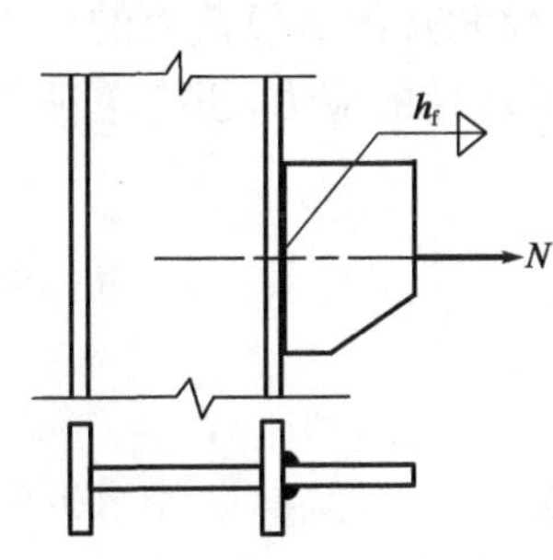

图 9-27　端焊缝受轴心力作用

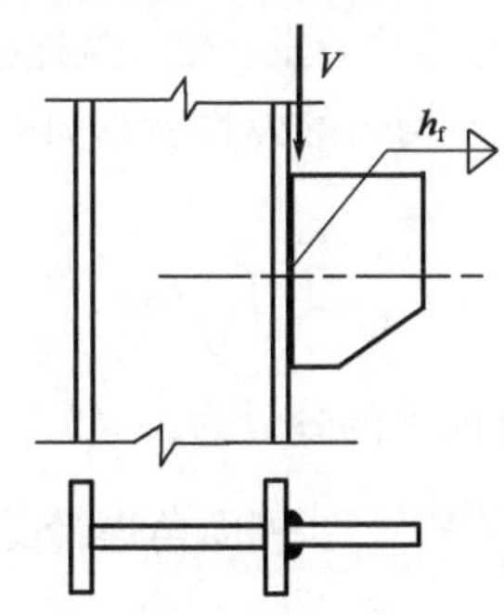

图 9-28　侧焊缝受轴心力作用

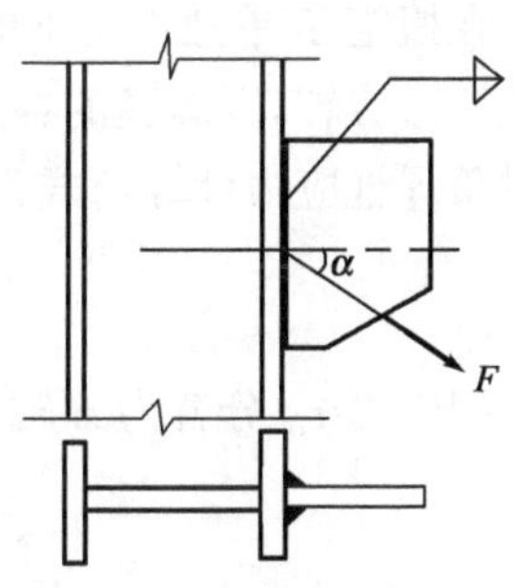

图 9-29　斜焊缝受轴心力作用

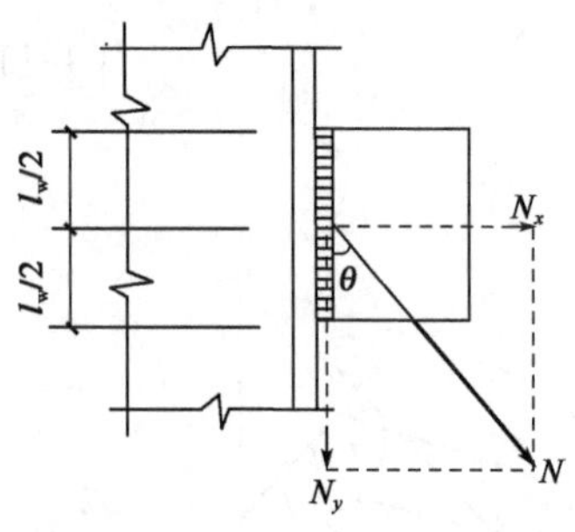

图 9-30 例题 9-2 图(单位:mm)

[例 9-2] 验算图 9-30 所示的直角角焊缝的强度。已知焊缝承受的斜向力 $N=270$ kN(静荷载设计值),$\theta=60°$,角焊缝的焊脚尺寸 $h_f=8$mm,实际长度 $l_w=150$mm,钢材为Q235-B,手工焊,焊条为 E43 型。

[解] (1)将斜向力分解为垂直于焊缝和平行于焊缝的分力,即:

$$N_x=N\cdot\sin\theta=N\cdot\sin60°=270\times\frac{\sqrt{3}}{2}=233.8\text{kN}$$

$$N_y=N\cdot\cos\theta=N\cdot\cos60°=270\times\frac{1}{2}=135\text{kN}$$

(2)计算 σ_f 和 τ_f:

$$\sigma_f=\frac{N_x}{2h_e l_w}=\frac{233.8\times10^3}{2\times0.7\times8\times(150-2\times8)}=155.8\text{N/mm}^2$$

$$\tau_f=\frac{N_y}{2h_e l_w}=\frac{135\times10^3}{2\times0.7\times8\times(150-2\times8)}=89.95\text{N/mm}^2$$

(3)验算斜焊缝的强度:

由表 9-2 查得 $f_f^w=160\text{N/mm}^2$;焊缝同时承受 σ_f 和 τ_f 作用,可用式(9-6)验算:

$$\sqrt{\left(\frac{\sigma_f}{\beta_f}\right)^2+\tau_f^2}=\sqrt{\left(\frac{155.8}{1.22}\right)^2+89.95^2}=156.2\leqslant f_f^w=160\text{N/mm}^2$$

所以,该连接满足焊缝强度要求。

8. 承受弯矩作用时角焊缝的计算

在弯矩 M 单独作用下的角焊缝连接中(图 9-31),角焊缝有效截面上的应力呈三角形分布,属正面角焊缝受力性质。其最大应力的计算公式为:

$$\sigma_f=\frac{M}{W_w}=\frac{M}{\frac{\sum(h_e l_w^2)}{6}}=\frac{6M}{\sum(h_e l_w^2)}\leqslant\beta_f f_f^w \tag{9-6}$$

式中:W_w——角焊缝有效截面的截面模量,mm³。

9. 承受扭矩作用时角焊缝的计算

在扭矩 T 单独作用下的角焊缝连接中(图 9-32),被连接板件围绕角焊缝有效截面的形心发生微微旋转,围焊缝的各点将产生不均匀的弹性变形,因而引起不均匀的应力,扭矩单独作用时角焊缝应力计算公式为:

$$\tau_A=\frac{T\cdot r_A}{J} \tag{9-7}$$

把应力 τ_A 分解为 x 轴和 y 轴方向上的分量为:

$$\tau_{Ax}^T=\frac{T\cdot r_{Ay}}{J}\quad\text{(侧面角焊缝受力性质)} \tag{9-8}$$

$$\sigma_{Ay}^T=\frac{T\cdot r_{Ax}}{J}\quad\text{(正面角焊缝受力性质)} \tag{9-9}$$

式中：J——角焊缝有效截面的极惯性矩，$J=I_x+I_y$，mm⁴；

r_A——角焊缝上 A 点到形心点的距离，mm；

r_{Ax}、r_{Ay}——焊缝 A 点到焊缝形心的坐标距离，mm。

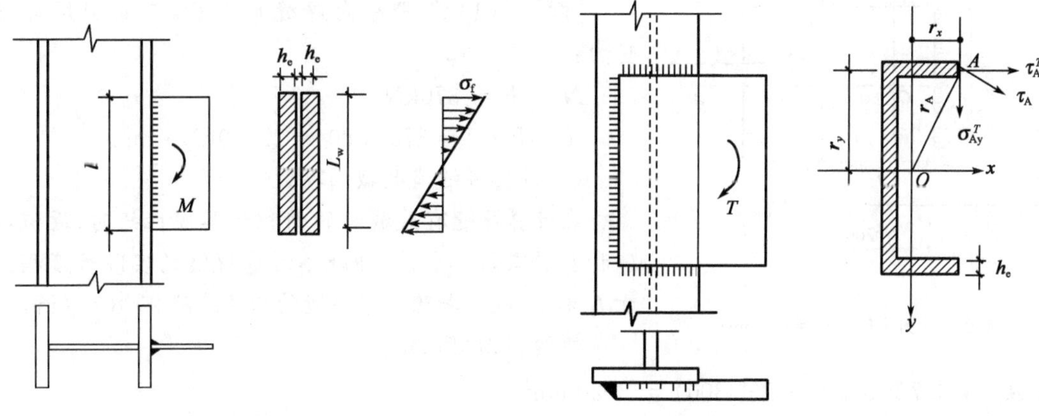

图 9-31　弯矩作用时角焊缝的应力

图 9-32　扭矩作用时角焊缝的应力

10. 复杂受力下角焊缝的计算

当角焊缝同时承受多种力共同作用时，应分别计算角焊缝在各分力作用下的应力，求出最危险点的应力分量，然后求其矢量和，并带入式(9-10)进行验算。

$$\sqrt{\left(\sum\frac{\sigma}{\beta_f}\right)^2+(\sum\tau)^2}\leqslant f_f^w \tag{9-10}$$

[例 9-3]　验算图 9-33 所示连接焊缝的强度能否满足要求。已知连接承受集中静力荷载 $P=100$kN 的作用，偏心距离为 300mm。被连接构件由 Q235 钢材制成，焊条为 E43 型。已知焊脚尺寸 $h_f=8$mm，$f_f^w=160$N/mm²，验算施焊时不用引弧板。

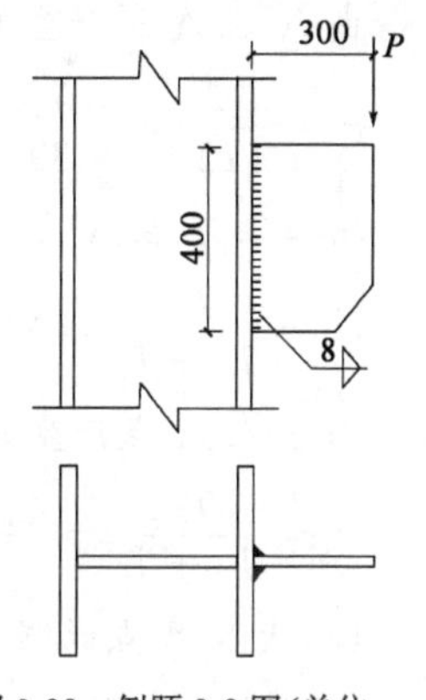

图 9-33　例题 9-3 图(单位：mm)

[解]　(1)将外力 P 向焊缝形心简化，得

$V=P=100$kN

$M=P\cdot e=30000$kN·mm

(2)由 V 在焊缝中产生的剪应力为：

$$\tau_f=\frac{V}{2\times0.7h_fl_w}=\frac{100\times10^3}{2\times0.7\times8\times(400-2\times8)}$$

$$=23.25\text{N/mm}^2$$

(3)由 M 在焊缝中产生的正应力为：

$$\sigma_f=\frac{6M}{2\times0.7h_fl_w^2}=\frac{6\times3\times10^7}{2\times0.7\times8\times(400-2\times8)^2}=108.99\text{N/mm}^2$$

(4)代入强度条件：

$$\sqrt{(\frac{\sigma_f}{1.22})^2+\tau_f^2}=\sqrt{(\frac{108.99}{1.22})^2+23.25^2}=92.31\text{N/mm}^2<f_f^w=160\text{N/mm}^2$$

所以，强度满足要求。

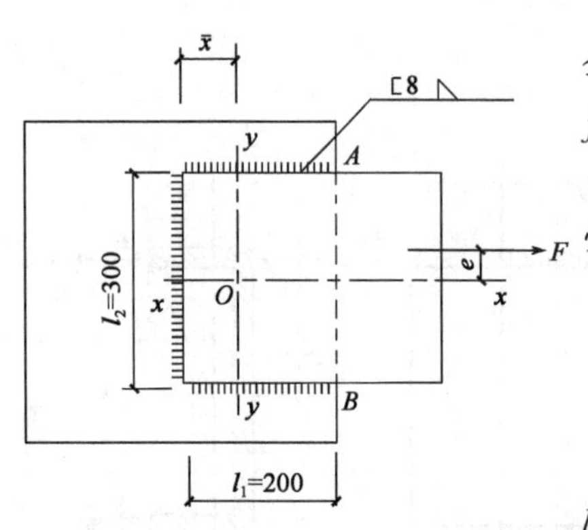

图 9-34　例题 9-4 图(单位:mm)

[例 9-4]　验算图 9-34 所示的围焊缝连接是否安全。已知 $l_1=200\text{mm}$, $l_2=300\text{mm}$, $e=80\text{mm}$, $h_f=8\text{mm}$, $f_f^w=160\text{N/mm}^2$,静荷载设计值$F=370\text{kN}$, $\bar{x}=60\text{mm}$。

[解]　(1)将 F 移向焊缝形心 O,三面围焊焊缝受力:

$$N=F=370\text{kN}$$

$$T=F\cdot e=370\times 80=29600\text{kN}\cdot\text{mm}$$

(2)计算焊缝有效截面参数

在计算焊缝有效截面的面积和其惯性矩时,近似取 l_1 和 l_2 为其计算长度,即既不考虑焊缝的实际长度稍大于 l_1 和 l_2,也不扣除水平焊缝的两端缺陷 $2\times 8=16\text{mm}$。

焊缝截面惯性矩:

$$A_w=0.7\times 8(200\times 2+300)=3920\text{mm}^2$$

$$I_x=\frac{1}{12}\times 0.7\times 8\times 300^3+2\times 0.7\times 8\times 200\times 150^2=6.3\times 10^7\text{mm}^4$$

$$I_y=2\times\frac{1}{12}\times 0.7\times 8\times 200^3+2\times 0.7\times 8\times 200\times(100-60)^2+0.7\times 8\times 300\times 60^2=1.71\times 10^7\text{mm}^4$$

(3)计算危险点的应力

在 N 作用下,焊缝各点受力均匀;在 T 作用下,A、B 两点产生的应力最大,但在 A 点其应力的水平分量与 N 产生的应力同方向,因而该焊缝在外力 F 作用下,A 点最危险。

由 N 在 A 点产生的应力为 τ_f^N:

$$\tau_f^N=\frac{N}{A_w}=\frac{370\times 10^3}{3920}=94.4\text{N/mm}^2$$

由扭矩 T 在 A 点产生的应力的水平分量为:

$$\tau_f^T=\frac{Tr_y}{I_x+I_y}=\frac{2.96\times 10^7\times 150}{8.01\times 10^7}=55.4\text{N/mm}^2$$

由 T 在 A 点产生的应力的垂直分量为:

$$\sigma_f^T=\frac{Tr_x}{I_x+I_y}=\frac{2.96\times 10^7\times(200-60)}{8.01\times 10^7}=51.7\text{N/mm}^2$$

(4)代入 A 点的强度条件:

$$\sqrt{\left(\frac{\sigma_f^T}{1.22}\right)^2+(\tau_f^N+\tau_f^T)^2}=\sqrt{\left(\frac{51.7}{1.22}\right)^2+(94.4+55.4)^2}=155.7<f_f^w=160\text{N/mm}^2$$

所以,该连接安全。

11. 焊接连接的计算步骤

通过前面的讲述,总结焊接连接的计算步骤如下:

(1)首先画出焊缝的计算截面。

(2)计算焊缝或焊缝群的形心。

(3)将焊缝所受外力等效简化到形心处，求得作用在焊缝截面形心处的各内力分量(如M、N、V、T等)；

(4)求各内力分量在焊缝计算截面可能的危险点上引起的应力分量，若该应力分量平行于焊缝长度方向，则为剪应力性质；若该应力分量垂直于焊缝长度方向，则为正应力性质。

(5)将各危险点同一方向上的各应力分量分别代数叠加后，得到合成的应力，代入公式验算其强度。

9.3.3 螺栓连接

1. 螺栓的排列和构造要求

螺栓在构件上的排列应简单、统一、整齐而紧凑，通常分为并列和错列两种形式(图 9-35)。并列比较简单整齐，所用连接板尺寸小，但并列排放的螺栓孔对构件截面的削弱较错列方式大。螺栓错列排放不如并列紧凑，栓孔对构件截面削弱小，连接板尺寸较大。

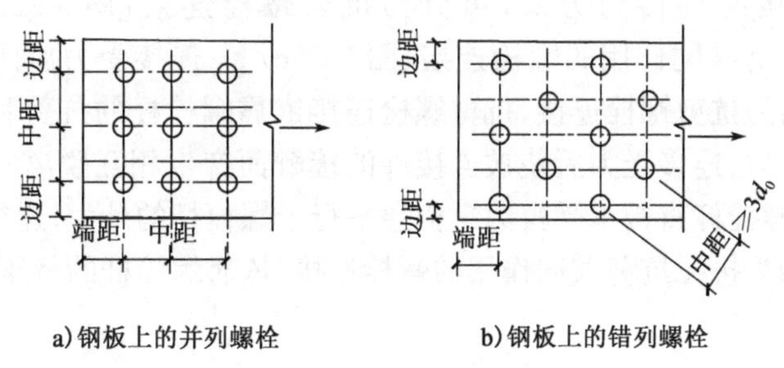

a)钢板上的并列螺栓　　b)钢板上的错列螺栓

图 9-35　钢板上螺栓的排列要求

螺栓在构件上排列时应考虑下列要求：

(1)受力要求

在受力方向上，螺栓的端距过小时，钢板有剪断的可能。当各排螺栓距和线距过小时，构件有沿直线或折线破坏的可能。对受压构件，当沿作用力方向的螺栓距过大时，在被连接的板件间易发生张口或鼓曲现象。因此，从受力的角度规定了最大和最小的容许间距。

(2)构造要求

当螺栓栓距及线距过大时，被连接的构件接触面就不够紧密，潮气容易浸入缝隙而产生腐蚀，所以规定了螺栓的最大容许间距。

(3)施工要求

螺栓的布置必须考虑保证有一定的空间能够用扳手拧螺帽，所以栓距和线距不能过小，因此规定了螺栓最小容许间距。

根据上述要求，钢板上螺栓的排列规定见图 9-35 和表 9-3。

螺栓的最大和最小容许间距 表 9-3

名　称	位置和方向			最大容许距离（取两者的较小值）	最小容许距离
中心间距	外排（垂直内力或顺内力方向）			$8d_0$ 或 $12t$	$3d_0$
	中间排	垂直内力方向		$16d_0$ 或 $24t$	
		顺内力方向	构件受压力	$12d_0$ 或 $18t$	
			构件受拉力	$16d_0$ 或 $24t$	
	沿对角线方向			—	
中心至构件边缘距离	顺内力方向			$4d_0$ 或 $8t$	$2d_0$
	垂直内力方向	剪切或手工气割边			$1.5d_0$
		轧制边、自动气割或锯割边	高强度螺栓		$1.5d_0$
			其他螺栓		$1.2d_0$

注：1. d_0 为螺栓孔径，t 为外层较薄板件厚度。

2. 钢板边缘与刚性构件（如角钢、槽钢等）相连的螺栓最大间距，可按中间排数值采用。

2. 普通螺栓连接的分类

普通螺栓连接按螺栓传力方式，可分为抗剪螺栓连接[图 9-36a)]、抗拉螺栓连接[图 9-36b)]和抗拉抗剪共同作用的螺栓连接[图 9-36c)]。连接受力后使被连接件的接触面产生相对滑移倾向的为抗剪螺栓连接，抗剪螺栓连接依靠螺栓杆的抗剪和孔壁承压来传递垂直于螺栓杆方向的外力；连接受力后使被连接件的接触面产生相互脱离倾向的为抗拉螺栓连接，抗拉螺栓则是由螺栓杆直接承受拉力来传递平行于螺栓杆的外力；连接受力后产生相对滑移和脱离倾向并存的为抗拉抗剪共同作用的螺栓连接，依靠螺栓杆的承压、抗剪和直接承受拉力来传递外力。

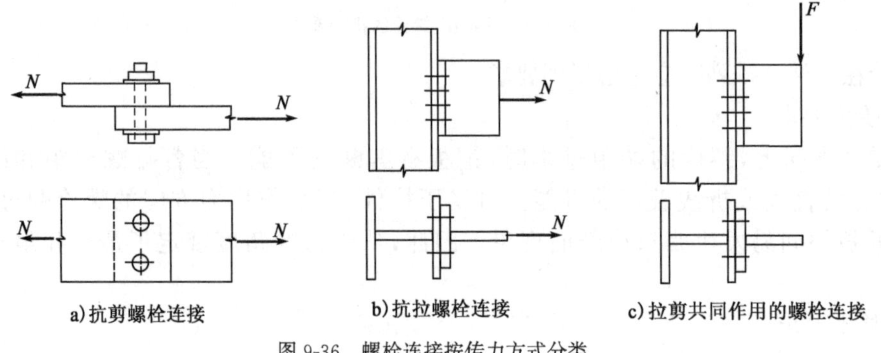

图 9-36　螺栓连接按传力方式分类

3. 高强度螺栓连接的分类

高强度螺栓连接，按受力特性分为摩擦型高强度螺栓和承压型高强度螺栓，摩擦型高强度螺栓是依靠被连接构件间的摩擦力传递外力，当剪力等于摩擦力时，即为连接的设计极限荷载。承压型高强度螺栓连接的传力特征是当剪力超过摩擦力时，构件间产生相互滑移，螺杆与孔壁接触，由摩擦力和螺杆的剪力、承压共同传力。以螺杆被剪坏或承压破坏为承载力的极限。它的承载力比摩擦型的高得多,但变形较大,不适用于直接承受动力荷载结构的连接。

我国目前主要采用摩擦型高强度螺栓,有较高的传力可靠性和连接整体性,承受动力荷载和疲劳的性能也较好,对工地现场连接尤为适宜。承压型高强度螺栓只允许用在承受静力或间接动力荷载的结构中,允许发生一定滑移变形的连接中,在抗剪连接中可减少螺栓用量。

高强度螺栓连接的主要技术要求是钢材、螺栓预拉力和构件接触面(摩擦面)处理及其相应抗滑移系数。

4. 螺栓连接的强度设计值

规范(GB 50017—2003)规定的螺栓连接的强度设计值见表 9-4。

螺栓连接的强度设计值(N/mm²) 表 9-4

螺栓的性能等级、锚栓和构件钢材的牌号		普通螺栓 C级螺栓 抗拉 f_t^b	普通螺栓 C级螺栓 抗剪 f_v^b	普通螺栓 C级螺栓 承压 f_c^b	普通螺栓 A级、B级螺栓 抗拉 f_t^b	普通螺栓 A级、B级螺栓 抗剪 f_v^b	普通螺栓 A级、B级螺栓 承压 f_c^b	锚栓 抗拉 f_t^b	承压型连接高强度螺栓 抗拉 f_t^b	承压型连接高强度螺栓 抗剪 f_v^b	承压型连接高强度螺栓 承压 f_c^b
普通螺栓	4.6级、4.8级	170	140	—	—	—	—	—	—	—	—
	5.6级	—	—	—	210	190	—	—	—	—	—
	8.8级	—	—	—	400	320	—	—	—	—	—
锚栓	Q235钢	—	—	—	—	—	—	140	—	—	—
	Q345钢	—	—	—	—	—	—	180	—	—	—
承压型连接高强度螺栓	8.8级	—	—	—	—	—	—	—	400	250	—
	10.9级	—	—	—	—	—	—	—	500	310	—
构件	Q235钢	—	—	305	—	—	405	—	—	—	470
	Q345钢	—	—	385	—	—	510	—	—	—	590
	Q390钢	—	—	400	—	—	530	—	—	—	615
	Q420钢	—	—	425	—	—	560	—	—	—	655

注:1. A级螺栓用于 $d \leqslant 24$mm 和 $l \leqslant 10d$ 或 $l \leqslant 150$mm(按较小值)的螺栓;B级螺栓用于 $d > 24$mm 和 $l > 10d$ 或 $l > 150$mm(按较小值)的螺栓。d 为公称直径,l 为螺杆公称长度。

2. A、B级螺栓孔的精度和孔壁表面粗糙度,C级螺栓孔的允许偏差和孔壁表面粗糙度,均应符合现行国家标准《钢结构工程施工质量验收规范》(GB 50205—2001)的要求。

5. 钢材和强度设计值的折减

前面介绍规范 GB 50017—2003 规定的钢材和连接强度设计值是在结构处于正常工作情况下求得的,对处于不利情况下的结构构件和连接,其强度设计值应予适当折减,即将表 9-1、表 9-2、表 9-4 规定的强度设计值乘以相应的折减系数。

(1)单面连接的单角钢:

①按轴心受力计算强度和连接时乘以系数 0.85。

②按轴心受压计算稳定性:等边角钢乘以系数 $0.6+0.0015\lambda$,但不大于 1.0;短边相连的

不等边角钢乘以系数 0.5+0.0025λ，但不大于 1.0；长边相连的不等边角钢乘以系数 0.7；λ 为长细比，对中间无联系的单角钢压杆，应按最小回转半径计算，当 $\lambda<20$ 时，取 $\lambda=20$。

(2)无垫板的单面施焊对接焊缝乘以系数 0.85。

(3)施工条件较差的高空安装焊缝和铆钉连接乘以系数 0.90。

(4)沉头和半沉头铆钉连接乘以系数 0.80。

当几种情况同时存在时，其折减系数应连乘。

6. 普通螺栓连接的性能

普通螺栓连接按螺栓传力方式，可分为抗剪螺栓连接、抗拉螺栓连接和拉剪螺栓连接。

抗剪螺栓连接达到极限承载力时，可能的破坏形式有五种，见图 9-37。

(1)当栓杆直径较小，板件较厚时，栓杆可能先被剪断[图 9-37a)]。

(2)当栓杆直径较大，板件较薄时，板件可能先被挤坏[图 9-37b)]，由于栓杆和板件的挤压是相对的，故也可把这种破坏叫做螺栓承压破坏。

(3)板件可能因螺栓孔削弱太多而被拉断[图 9-37c)]。

(4)由于钢板端部的螺孔端距太小，端距范围内的板件有可能被栓杆冲剪破坏[图 9-37d)]。

(5)由于连接钢板太厚，杆身受弯而破坏[图 9-37e)]。

上述第(3)种破坏形式属于构件的强度计算，第(4)种破坏形式由螺栓端距 $e\geqslant 2d_0$ 来保证，第(5)种破坏形式由限制螺栓杆长 $l\leqslant 5d$ 来保证。因此，抗剪螺栓连接的计算只考虑第(1)种和第(2)种破坏形式。

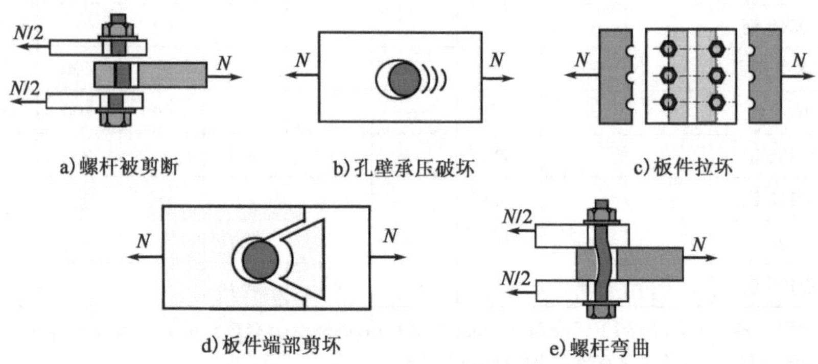

图 9-37 抗剪螺栓连接的破坏形式

7. 单个普通螺栓的承载力设计值

(1)单个普通螺栓的抗剪承载力设计值

普通螺栓连接的抗剪承载力，应考虑螺栓杆受剪和孔壁承压两种情况。假定螺栓受剪面上的剪应力是均匀分布的，则单个抗剪螺栓的抗剪承载力设计值为：

$$N_v^b = n_v \frac{\pi d^2}{4} f_v^b \tag{9-11}$$

式中：n_v——受剪面数目，单剪 $n_v=1$，双剪 $n_v=2$，四剪 $n_v=4$；

d——螺栓杆直径，mm；

f_v^b——普通螺栓抗剪强度设计值,按表 9-4 采用,N/mm²。

单个抗剪螺栓的承压承载力设计值为:

$$N_c^b = d\sum t f_c^b \tag{9-12}$$

式中:$\sum t$——在同一受力方向的承压构件的较小总厚度,mm;

f_c^b——普通螺栓承压强度设计值,按表 9-4 采用,N/mm²。

(2)单个普通螺栓的抗拉承载力设计值

在受拉螺栓连接中,外力使被连接构件的接触面互相脱开而使螺栓受拉,最后螺杆被拉断而破坏。

单个受拉螺栓的抗拉承载力设计值为:

$$N_t^b = \frac{\pi d_e^2}{4} f_t^b = A_e f_t^b \tag{9-13}$$

式中:d_e——螺栓螺纹处的有效直径,mm 或 cm;

A_e——螺栓螺纹处的有效面积,按表 9-5 采用,mm² 或 cm²;

f_t^b——普通螺栓的抗拉强度设计值,按表 9-4 采用,N/mm²。

螺栓螺纹处的有效截面面积 表 9-5

螺栓直径 d(mm)	螺距 p(mm)	螺栓有效直径 d_e(mm)	螺栓有效面积 A_e(mm²)
16	2	14.1236	156.7
18	2.5	15.6545	192.5
20	2.5	17.6545	244.8
22	2.5	19.6545	303.4
24	3	21.1854	352.5
27	3	24.1854	459.4
30	3.5	26.7163	560.6
33	3.5	19.7163	693.6
36	4	32.2472	816.7
39	4	35.2472	975.8
42	4.5	37.7781	1121
45	4.5	40.7781	1306
48	5	43.3090	1473
52	5	47.3090	1758
56	5.5	50.8399	2030
60	5.5	54.8399	2362
64	6	58.3708	2676
68	6	62.3708	3055
72	6	66.3708	3460

续上表

螺栓直径 d (mm)	螺距 p (mm)	螺栓有效直径 d_e(mm)	螺栓有效面积 A_e(mm^2)
76	6	70.3708	3889
80	6	74.3708	4344
85	6	79.3708	4948
90	6	84.3708	5591
95	6	89.3708	6273
100	6	94.3708	6995

注：表中的螺栓有效面积系按下式算得：$A_e = \frac{\pi}{4}(d - \frac{13}{24}\sqrt{3}p)^2$（此表摘自规范 GBJ 17—1988❶）。

8. 普通剪力螺栓群的计算

螺栓群的计算是在单个螺栓计算的基础上进行的。在轴向力作用下的螺栓群，不论是剪力螺栓或拉力螺栓，均假定所有螺栓受力相等。已知一个螺栓的抗剪设计承载力和承压设计承载力，或已知一个螺栓的抗拉设计承载力，就可算出所需要的螺栓数目，并取整数进行排列。但对在力矩作用下或轴力、力矩共同作用下的螺栓群，需先选定螺栓数目并进行排列，然后验算。此外，轴心受拉的连接还需验算构件净截面的强度。

(1)剪力螺栓群在轴向力作用下的计算

当外力通过螺栓群形心时，所需要的螺栓数目：

$$n = \frac{N}{\beta \cdot N_{v,\min}^{b}} \tag{9-14}$$

式中：N——连接的轴心拉力或轴心压力，kN；

$N_{v,\min}^{b}$——一个螺栓抗剪承载力设计值与承压承载力设计值的较小值，kN；

β——为防止端部螺栓首先破坏而导致连接破坏的可能性，规范规定当螺栓沿受力方向的连接长度 $l_1 > 15d_0$（d_0 为螺栓孔径）时，应将螺栓的承载力设计值乘以折减系数 β。

$\beta = 1.1 - \frac{l_1}{150d_0}$；当 $l_1 > 60d_0$ 时，取 $\beta = 0.7$；当 $l_1 \leqslant 15d_0$ 时，取 $\beta = 1.0$。

由于螺栓孔削弱了构件的截面，因此在排列好所需的螺栓后，还需验算构件的净截面强度：

$$\sigma = \frac{N}{A_n} \leqslant f \tag{9-15}$$

式中：f——钢材抗拉强度设计值，按表 9-1 采用，N/mm^2；

A_n——连接件或构件在所验算截面上的净截面面积，mm^2。

净截面强度验算截面应选择最不利截面，即内力最大或净截面面积较小的截面。

[例 9-5] 两截面为 14mm×400mm 的钢板，采用双盖板和 C 级普通螺栓拼接，螺栓 M20，钢材 Q235，承受轴心拉力设计值 N=940kN，试设计此连接。

❶目前该规范已被《钢结构设计规范》(GB 50017—2003)取代。

[解] (1)确定连接盖板截面

采用双盖板拼接，截面尺寸选 7mm×400mm，与被连接钢板截面面积相等，钢材亦采用 Q235。

(2)确定所需螺栓数目和螺栓排列布置

由表 9-4 查得 $f_v^b=140\text{N/mm}^2$，$f_c^b=305\text{N/mm}^2$。

单个螺栓受剪承载力设计值：

$$N_v^b = n_v \frac{\pi d^2}{4} f_v^b = 2 \times \frac{\pi \times 20^2}{4} \times 140 = 87920\text{N}$$

单个螺栓承压承载力设计值：

$$N_c^b = d \sum t f_c^b = 20 \times 14 \times 305 = 85400\text{N}$$

取 N_v^b 和 N_c^b 的较小值为单个受剪螺栓的承载力设计值 $N_{v,\min}^b$，则连接一侧所需螺栓数目为：

$$n = \frac{N}{N_{v,\min}^b} = \frac{940 \times 10^3}{85400} = 11 \text{ 个}$$

取 $n=12$ 个。

采用图 9-38 所示的并列布置。连接盖板尺寸采用 2－7mm×400mm×490mm，其螺栓的中距、边距和端距均满足表 9-3 的构造要求。

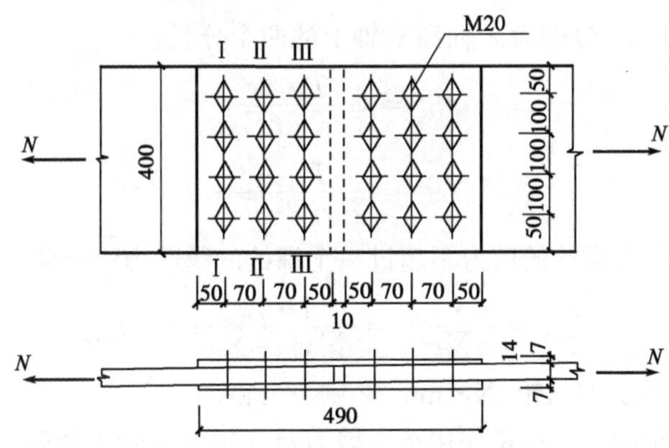

图 9-38 例题 9-5 图

(3)验算连接板件的净截面强度

由表 9-1 查得 $f=215\text{N/mm}^2$。连接钢板在截面Ⅰ-Ⅰ受力最大为 N，连接盖板则是截面Ⅲ-Ⅲ受力最大亦为 N，但因两者钢材、截面均相同，故只需验算连接钢板。设螺栓孔径 $d_0=21.5\text{mm}$。

$$A_n = (b - n_1 d_0)t = (400 - 4 \times 21.5) \times 14 = 4396\text{mm}^2$$

$$\sigma = \frac{N}{A_n} = \frac{940 \times 10^3}{4396} = 213.8\text{N/mm}^2 < f = 215\text{N/mm}^2$$

所以，净截面强度满足要求。

(2)剪力螺栓群在扭矩作用下的计算

螺栓群在扭矩作用下，每个螺栓实际受剪。计算时假定连接件为刚体，螺栓为弹性体，在扭矩作用下各螺栓均绕螺栓群中心旋转，其受力大小与其到螺栓群形心的距离成正比，方向与螺栓至形心的直线垂直(图 9-39)。

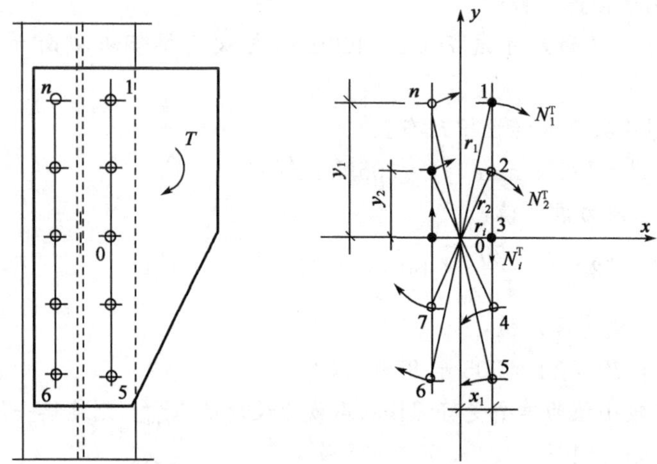

图 9-39 剪力螺栓群在扭矩作用下的计算

在扭矩作用下，螺栓 i 产生的剪力为：

$$N_i^T = \frac{T \cdot r_i}{\sum r_i^2} = \frac{T \cdot r_i}{\sum x_i^2 + \sum y_i^2} \tag{9-16}$$

为便于计算，可将 N_i^T 分解为 x 轴和 y 轴上的两个分量：

$$N_{ix}^T = \frac{T \cdot y_i}{\sum x_i^2 + \sum y_i^2} \tag{9-17}$$

$$N_{iy}^T = \frac{T \cdot x_i}{\sum x_i^2 + \sum y_i^2} \tag{9-18}$$

设计时要求最大受力螺栓的剪力不超过一个螺栓的承载力设计值：

$$N_{max}^T = \frac{T \cdot r_{max}}{\sum r_i^2} = \frac{T \cdot r_{max}}{\sum x_i^2 + \sum y_i^2} \leqslant N_{v,min}^b \tag{9-19}$$

式中： T——连接承受的扭矩，N·mm 或 kN·mm；

$N_i^T, N_{ix}^T, N_{iy}^T$——第 i 个螺栓在扭矩作用下的剪力及 x 轴和 y 轴上的两个分量，kN；

r_i——第 i 个螺栓距离螺栓群中心(形心)的距离，mm；

x_i, y_i——第 i 个螺栓在 x 轴和 y 轴上的坐标距离，mm。

由于计算是由受力最大螺栓的承载力控制，而此时其他螺栓受力较小，不能充分发挥作用，因此这是一种偏安全的弹性设计方法。

(3)剪力螺栓群在扭矩、剪力和轴心力共同作用下的计算

剪力螺栓群在扭矩、剪力和轴心力共同作用下的连接如图 9-40 所示，应分别算出在扭矩、剪力和轴心力作用下受力最大螺栓的受力，将其分解到 x 轴和 y 轴两个方向，然后相同方向的受力叠加，螺栓群中受力最大的螺栓在扭矩、剪力和轴心力共同作用下的合力按下式验算：

$$N_1 = \sqrt{(N_{1x}^T + N_{1x}^N)^2 + (N_{1y}^T + N_{1y}^V)^2} \leqslant N_{v,min}^b \tag{9-20}$$

式中：

$$N_{1x}^N = \frac{N}{n}; N_{1y}^V = \frac{V}{n}$$

$$N_{ix}^{\mathrm{T}}=\frac{T\cdot y_i}{\sum x_i^2+\sum y_i^2};N_{iy}^{\mathrm{T}}=\frac{T\cdot x_i}{\sum x_i^2+\sum y_i^2};N_{\mathrm{v,min}}^{\mathrm{b}}=\min\{N_{\mathrm{v}}^{\mathrm{b}},N_{\mathrm{c}}^{\mathrm{b}}\}$$

如果图中 $x_1>3y_1$，则可假定 $y_i=0$；反之，如果 $y_1>3x_1$，则可假定 $x_i=0$。

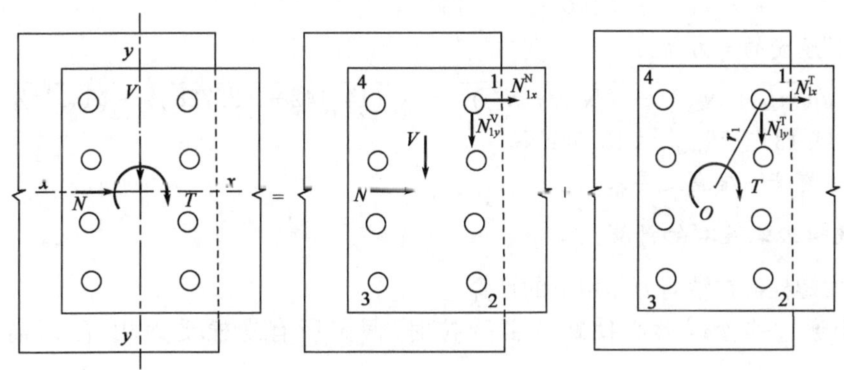

图 9-40 螺栓群受扭矩、剪力和轴心力共同作用

［例 9-6］ 试验算图 9-41 所示的受斜向拉力设计值 $F=120\mathrm{kN}$ 作用的C级普通螺栓连接的强度。螺栓 M20，钢材 Q235。

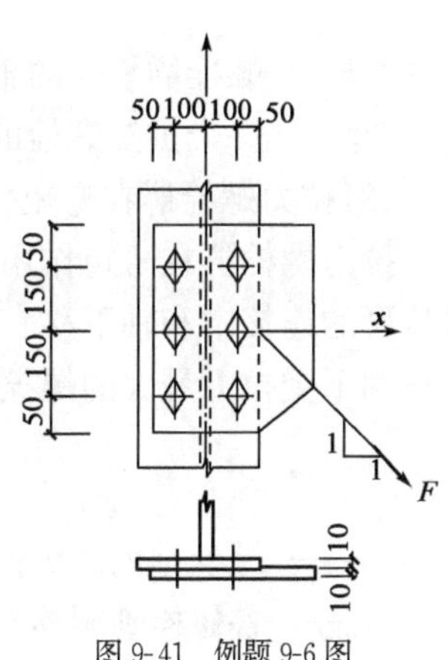

图 9-41 例题 9-6 图

［解］ (1)单个螺栓的承载力设计值

由表 9-4 查得 $f_{\mathrm{v}}^{\mathrm{b}}=140\mathrm{N/mm^2}$，$f_{\mathrm{c}}^{\mathrm{b}}=305\mathrm{N/mm^2}$。

单个螺栓受剪承载力设计值：

$$N_{\mathrm{v}}^{\mathrm{b}}=n_{\mathrm{v}}\frac{\pi d^2}{4}f_{\mathrm{v}}^{\mathrm{b}}=1\times\frac{\pi\times20^2}{4}\times140=43960\mathrm{N}$$

单个螺栓承压承载力设计值：

$$N_{\mathrm{c}}^{\mathrm{b}}=d\sum tf_{\mathrm{c}}^{\mathrm{b}}=20\times10\times305=61000\ \mathrm{N}$$

取 $N_{\mathrm{v}}^{\mathrm{b}}$ 和 $N_{\mathrm{c}}^{\mathrm{b}}$ 的较小值为单个受剪螺栓的承载力设计值，即：

$N_{\mathrm{v,min}}^{\mathrm{b}}=43960\mathrm{N}$

(2)内力计算

将力 F 简化到螺栓群形心 O，则作用于螺栓群形心 O 的轴力 N、剪力 V 和扭矩 T 分别为：

$$N=\frac{F}{\sqrt{2}}=\frac{120}{\sqrt{2}}=84.85\mathrm{kN}$$

$$V=\frac{F}{\sqrt{2}}=\frac{120}{\sqrt{2}}=84.85\mathrm{kN}$$

$$T=Ve=84.85\times150=12728\mathrm{kN\cdot mm}$$

(3)螺栓强度验算

在轴力 N、剪力 V 和扭矩 T 作用下，1 号螺栓最为不利，其受力为：

$$N_{1x}^{\mathrm{N}}=\frac{N}{n}=\frac{84.85}{6}=14.142\mathrm{kN}$$

$$N_{1y}^{\mathrm{V}}=\frac{V}{n}=\frac{84.85}{6}=14.142\mathrm{kN}$$

$$N_{1x}^{T}=\frac{T\cdot y_1}{\sum x_i^2+\sum y_i^2}=\frac{12728\times150}{6\times100^2+4\times150^2}=12.728\text{kN}$$

$$N_{1y}^{T}=\frac{T\cdot x_1}{\sum x_i^2+\sum y_i^2}=\frac{12728\times100}{6\times100^2+4\times150^2}=8.485\ \text{kN}$$

螺栓"1"承受的合力为：

$$N_1=\sqrt{(N_{1x}^{T}+N_{1x}^{N})^2+(N_{1y}^{T}+N_{1y}^{V})^2}=\sqrt{(14.142+12.728)^2+(14.142+8.485)^2}$$
$$=35.13\leqslant N_{v,\min}^{b}=43.96\text{kN}$$

所以，该螺栓连接满足要求。

9. 普通拉力螺栓群的计算

(1)拉力螺栓群在轴向力作用下的计算

当外力通过螺栓群形心使螺栓群受拉时，假定所有螺栓受力相等，所需的螺栓数目为：

$$n=\frac{N}{N_t^b}\qquad(\text{取不小于 2 的整数})\tag{9-21}$$

式中：N——螺栓群承受的轴心拉力设计值，kN；

N_t^b——一个抗拉螺栓的承载力设计值，kN，由式(9-13)计算。

(2)拉力螺栓群在弯矩作用下的计算

拉力螺栓群在弯矩作用下(图 9-42)，上部螺栓受拉，因而有使连接上部分离开的趋势，使螺栓群的连接中和轴下移。按弹性方法计算，通常假定中和轴在最下边一排螺栓处。因此，弯矩作用下受拉力最大的螺栓按下式计算：

$$N_1^M=\frac{M\cdot y_1}{m\sum y_i^2}\leqslant N_t^b\tag{9-22}$$

式中：m——螺栓排列的纵向列数；

y_i——各螺栓到螺栓群中和轴的距离；

y_1——y_i 中的最大值。

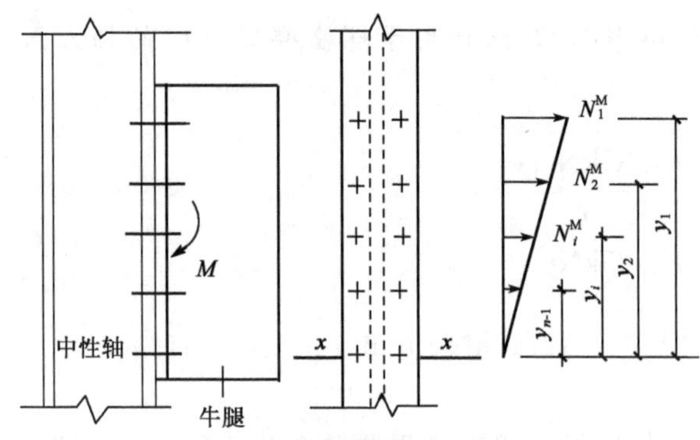

图 9-42　拉力螺栓群受弯矩作用

[例 9-7]　牛腿用 C 级普通螺栓和承托板与柱连接，如图 9-43 所示，承受竖向荷载设计值 $F=200\text{kN}$，偏心距 $e=200\text{mm}$。试验算该螺栓连接是否满足要求。已知构件和螺栓均用 Q235-B 钢材，螺栓为 M20，孔径 21.5mm。

［解］ 由表 9-4 查得 $f_t^b=170\text{N/mm}^2$，由表 9-5 查得螺栓螺纹处的有效截面面积 $A_e=2.45\text{cm}^2$。

(1)受力分析

牛腿的剪力 $V=F=200\text{kN}$，由端板刨平顶紧于承托板传递；

弯矩 $M=F\cdot e=200\times0.2=40\text{kN}\cdot\text{m}$，由螺栓连接传递，使螺栓弯矩受拉。

(2)计算螺栓受到的最大拉力

对最下排螺栓形心 O 轴取矩，最大受力螺栓(最上排螺栓 1)的拉力为：

$$N_1=My_1/\sum y_i^2=(40\times0.32)/[2\times(0.08^2+0.16^2+0.24^2+0.32^2)]=33.3\text{kN}$$

(3)单个螺栓的受拉承载力设计值：

$$N_t^b=A_e f_t^b=245\times170=41.7\text{kN}$$

(4)承载力验算

由于 $N_1=33.3\text{kN}<N_t^b=41.7\text{kN}$

所以该螺栓群的连接强度能满足要求。

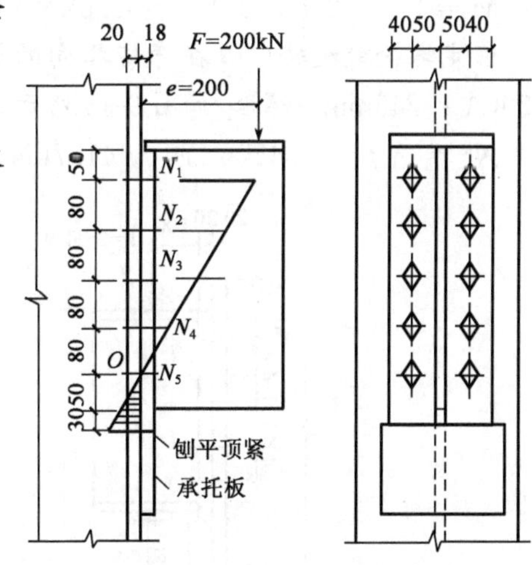

图 9-43 例题 9-7 图

10. 同时抗剪和抗拉普通螺栓连接的计算

图 9-44 是螺栓连接中螺栓同时受剪和受拉的常用形式。由于未用承托，竖向力 N_y 使连接承受剪力 $V=N_y$。通常假定剪力由全部螺栓均匀分担，则每个螺栓所承受的剪力为：$N_v=\dfrac{V}{n}$；轴心拉力 N_x 使各个螺栓均匀受拉，每个承受拉力 $N_t=\dfrac{N_x}{n}$。若为偏心拉力 N_x 或弯矩 M 使各个螺栓不均匀受拉，应求出最大受拉螺栓所受拉力 N_t，其计算方法按式(9-23)计算。

根据实验结果，应验算最大受力螺栓同时承受剪力和拉力时满足强度要求。其中剪力引起螺栓受剪和螺栓杆与构件孔壁间承压，拉力或弯矩引起螺栓杆受拉。因此，应同时满足下列两个验算公式：

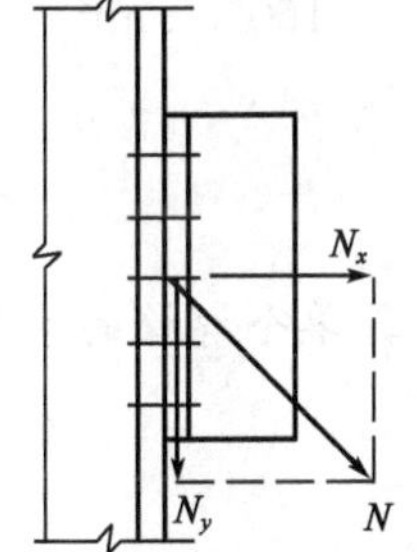

图 9-44 螺栓连接中螺栓同时受剪和受拉

$$\sqrt{\left(\frac{N_v}{N_v^b}\right)^2+\left(\frac{N_t}{N_t^b}\right)^2}\leqslant1 \tag{9-23}$$

$$N_v\leqslant N_c^b \tag{9-24}$$

式中：N_v、N_t——一个螺栓承受的剪力设计值和由偏心拉力引起的螺栓最大拉力，kN；

N_v^b、N_t^b、N_c^b——一个螺栓的抗剪、抗拉和孔壁承压承载力设计值，kN。

［例 9-8］ 如图 9-45 所示为短横梁与柱翼缘的连接，该连接承受剪力 $V=255\text{kN}$，$e=120\text{mm}$，螺栓为 C 级，梁端竖板下有承托板。钢材为 Q235-B，手工焊，焊条为 E43 型，要求按考虑承托板传递全部剪力 V 以及不承受剪力 V 两种情况设计此连接。

［解］ 由表 9-4 和表 9-5 查得 $f_v^b=140\text{N/mm}^2$，$f_t^b=170\text{N/mm}^2$，$f_c^b=305\text{N/mm}^2$，$A_e=2.45\text{cm}^2$。

(1)考虑承托板传递全部剪力

承托板传递全部剪力 $V=255\text{kN}$，螺栓群只承受由偏心力引起的弯矩：

$M=Ve=255\times0.12=30.6\text{kN}\cdot\text{m}$

假定螺栓群旋转中心在弯矩指向的最下排螺栓的轴线 O 处。假设布置 5 排 2 列 10 个 M20（$A_e=245\text{mm}^2$）螺栓，如图 9-45 所示。单个螺栓的抗拉承载力设计值为：

$N_t^b=A_e f_t^b=245\times170=41.7\text{kN}$

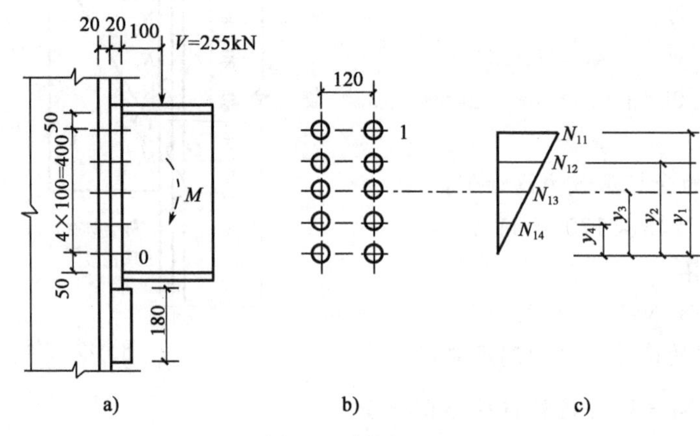

图 9-45 例题 9-8 图

螺栓 1 的最大拉力：

$$N_1=\frac{M\cdot y_1}{\sum y_i^2}=\frac{30.6\times10^3\times400}{2\times(100^2+200^2+300^2+400^2)}=20.4\text{kN}<N_t^b=41.7\text{kN}$$

设承托板与柱翼缘连接角焊缝为两面侧焊缝，并按构造要求取焊脚尺寸 $h_f=10\text{mm}$（此处过程省略），则焊缝应力为：

$$\tau_f=\frac{1.35V}{h_e\sum l_w}=\frac{1.35\times255\times10^3}{2\times0.7\times10\times(180-2\times10)}=153.7\text{N/mm}^2<f_f^w=160\text{N/mm}^2$$

故该连接设计满足要求。

(2)不考虑承托板承受剪力

螺栓群同时承受剪力 $V=255\text{kN}$ 和弯矩 $M=30.6\text{kN}\cdot\text{m}$ 作用。先计算单个螺栓的承载力设计值。

受剪承载力设计值：

$$N_v^b=n_v\frac{\pi d^2}{4}f_v^b=1\times\frac{\pi\times20^2}{4}\times140=44.0\text{kN}$$

承压承载力设计值：

$N_c^b=d\sum t\cdot f_c^b=20\times20\times305=122\text{kN}$

抗拉承载力设计值：

$N_t^b = 41.7\text{kN}$

单个螺栓的最大拉力：

$N_t = 20.4\text{kN}$

单个螺栓的剪力：

$$N_v = \frac{V}{n} = \frac{255}{10} = 25.5\text{kN} < N_c^b = 122\text{kN}$$

剪力和拉力共同作用下：

$$\sqrt{\left(\frac{N_v}{N_v^b}\right)^2 + \left(\frac{N_t}{N_t^b}\right)^2} = \sqrt{\left(\frac{25.5}{44.0}\right)^2 + \left(\frac{20.4}{41.7}\right)^2} = 0.758 < 1$$

故该连接设计满足要求。

11. 高强度螺栓连接的构造

(1)材料

高强度螺栓常用钢材有优质碳素钢中的35号钢、45号钢，合金钢中的20锰钛硼钢等。制成的螺栓有8.8级和10.9级。8.8级的抗拉强度为$f_u=800\text{N/mm}^2$，屈强比$f_y/f_u=0.8$；10.9级的抗拉强度为$f_u=1000\text{N/mm}^2$，屈强比$f_y/f_u=0.9$。

(2)受力性能

高强度螺栓连接和普通螺栓连接的主要区别是，普通螺栓连接在抗剪时依靠孔壁承压和螺栓抗剪来传递剪力，在扭紧螺帽时螺栓产生的预拉力很小，其影响可以忽略。而高强度螺栓除了其材料强度高之外还给螺栓施加很大的预拉力，使被连接构件的接触面之间产生挤压力，因而垂直于螺栓杆的方向有很大摩擦力。

高强度螺栓按传力机理分为摩擦型高强度螺栓和承压型高强度螺栓。这两种螺栓的构造、安装基本相同。但是摩擦型高强度螺栓依靠摩擦力传递荷载。而承压型高强度螺栓在剪力不超过摩擦力时与摩擦型高强度螺栓相同，当荷载再增大时，连接板间将发生相对滑移，连接依靠螺杆抗剪和孔壁承压来传力，与普通螺栓相同。

摩擦型高强度螺栓的连接较承压型高强度螺栓的变形小，承载力低，耐疲劳、抗动力荷载性能好。而承压型高强度螺栓连接承载力高，但抗剪变形大，所以一般仅用于承受静力荷载和间接承受动力荷载结构中的连接。

12. 高强度螺栓的计算

(1)摩擦型高强度螺栓

①摩擦型高强度螺栓的抗剪承载力设计值：

$$N_v^b = 0.9 n_f \mu P \tag{9-25}$$

式中：N_v^b——一个摩擦型高强度螺栓的抗剪承载力设计值，kN；

n_f——传力摩擦面数，单剪时，$n_f=1$，双剪时$n_f=2$；

μ——高强度螺栓摩擦面抗滑移系数，按表9-6查取；

P——每个高强度螺栓的预拉力，按表9-7查取，kN。

对于一个承受剪力N_v的螺栓需满足：

$$N_v \leqslant N_v^b \tag{9-26}$$

②摩擦型高强度螺栓的抗拉承载力设计值：

$$N_t^b = 0.8P \tag{9-27}$$

式中：N_t^b——一个高强度螺栓的抗拉承载力设计值，kN。

对于一个承受拉力 N_t 的螺栓需满足：

$$N_t \leqslant N_t^b \tag{9-28}$$

③同时受剪、受杆轴方向拉力时的一个摩擦型高强螺栓的承载力设计值：

$$N_v^b = 0.9n_f\mu(P - 1.25N_t) \tag{9-29}$$

$$N_t^b = 0.8P \tag{9-30}$$

对于一个既承受剪力 N_v，又承受拉力 N_t 的螺栓需同时满足：

$$N_v \leqslant N_v^b$$

$$N_t \leqslant N_t^b$$

摩擦面的抗滑移系数 μ 表 9-6

在连接处构件接触面的处理方法	构件的钢号		
	Q235 钢	Q345、Q390 钢	Q420 钢
喷砂(丸)	0.45	0.50	0.50
喷砂(丸)后涂无机富锌漆	0.35	0.40	0.40
喷砂(丸)后生赤锈	0.45	0.50	0.50
钢丝刷清除浮锈或未经处理的干净轧制表面	0.30	0.35	0.40

一个高强度螺栓的预拉力 P(kN) 表 9-7

螺栓的性能等级	螺栓的公称直径(mm)					
	M16	M20	M22	M24	M27	M30
8.8	80	125	150	175	230	280
10.9	100	155	190	225	290	355

(2)承压型高强度螺栓

承压型高强度螺栓连接的传力特征是剪力超过摩擦力时，构件间发生相互滑移，螺栓杆身与孔壁接触，开始受剪和孔壁承压。另一方面，摩擦力随外力继续增大而逐渐减弱，到连接接近破坏时，剪力全部由杆身承担。承压型高强度螺栓连接以螺栓或钢板破坏为承载能力的极限状态，可能的破坏形式和普通螺栓相同。采用承压型高强度螺栓连接，应满足在正常使用状态时，螺栓连接不出现滑移现象。承压型高强度螺栓的预拉力 P 与摩擦型连接的高强度螺栓相同。

①承压型高强度螺栓的抗剪承载力设计值

在抗剪连接中，每个承压型高强度螺栓的承载力设计值的计算方法与普通螺栓相同，但当剪切面在螺纹处时，其受剪承载力设计值应按螺纹处的有效面积进行计算。

为防止承压型高强螺栓受剪变形过大，所受剪力不得大于按摩擦型高强度螺栓计算的抗剪承载力的 1.3 倍。

②承压型高强度螺栓的抗拉承载力设计值

在受拉连接中，每个承压型高强度螺栓的抗拉承载力设计值与普通螺栓计算方法相同：

$$N_t^b = \frac{\pi d_e^2}{4} f_t^b = A_e f_t^b \tag{9-31}$$

式中：f_t^b——一个承压型高强度螺栓的抗拉强度设计值，按表 9-4 采用，N/mm^2。

③同时受剪、受杆轴方向拉力的承压型高强螺栓的强度计算

一个同时受剪、受拉的承压型高强度螺栓，其强度应同时满足以下条件：

$$\sqrt{\left(\frac{N_v}{N_v^b}\right)^2 + \left(\frac{N_t}{N_t^b}\right)^2} \leqslant 1 \tag{9-32}$$

$$N_v \leqslant N_c^b/1.2 = \frac{d \cdot \sum t \cdot f_c^b}{1.2} \tag{9-33}$$

式中：N_v，N_t——一个螺栓承受的剪力和拉力，kN；

N_v^b，N_t^b，N_c^b——一个高强度螺栓的抗剪、抗拉和孔壁承压承载力设计值，kN。

13. 螺栓连接的计算步骤

通过前面的讲述，总结螺栓连接的计算步骤如下：

(1)将螺栓群所受外力简化到螺栓群形心，求得作用在形心处的各内力分量(如 M、N、V、T)。

(2)定性分析可能受力最大的螺栓，计算各内力分量在该螺栓引起的剪力和拉力。要特别注意由弯矩引起的拉力，对普通螺栓和对高强度螺栓，有不同的旋转中心，拉力计算公式中的 y_i 值是该螺栓至旋转中心的距离。

(3)将得到的各剪力和拉力分量进行向量合成。

(4)按螺栓只受剪、只受拉或剪力和拉力共同作用的三种类型，代入有关验算公式进行强度验算。

需要注意，当设计螺栓连接时，除均匀受剪和均匀受拉情况可直接计算出需要的螺栓数外，一般情况应根据经验和构造要求，布置好螺栓，再按步骤验算，如不满足要求，应重新调整螺栓数目和布置再验算，到满足要求时为止。

9.4 钢结构构件

9.4.1 轴心受力构件

1. 轴心受力构件的应用、特点和截面形式

轴心受力构件是指承受通过构件截面形心轴线的轴向力作用的构件，如图 9-46a)所示的轴心受拉构件和如图 9-46b)所示的轴心受压构件。

在钢结构中，屋架、托架、塔架和网架等各种类型的平面或空间钢桁架以及支撑系统，通常均由轴心受拉和轴心受压构件所组成，如图 9-47、图 9-48 所示。

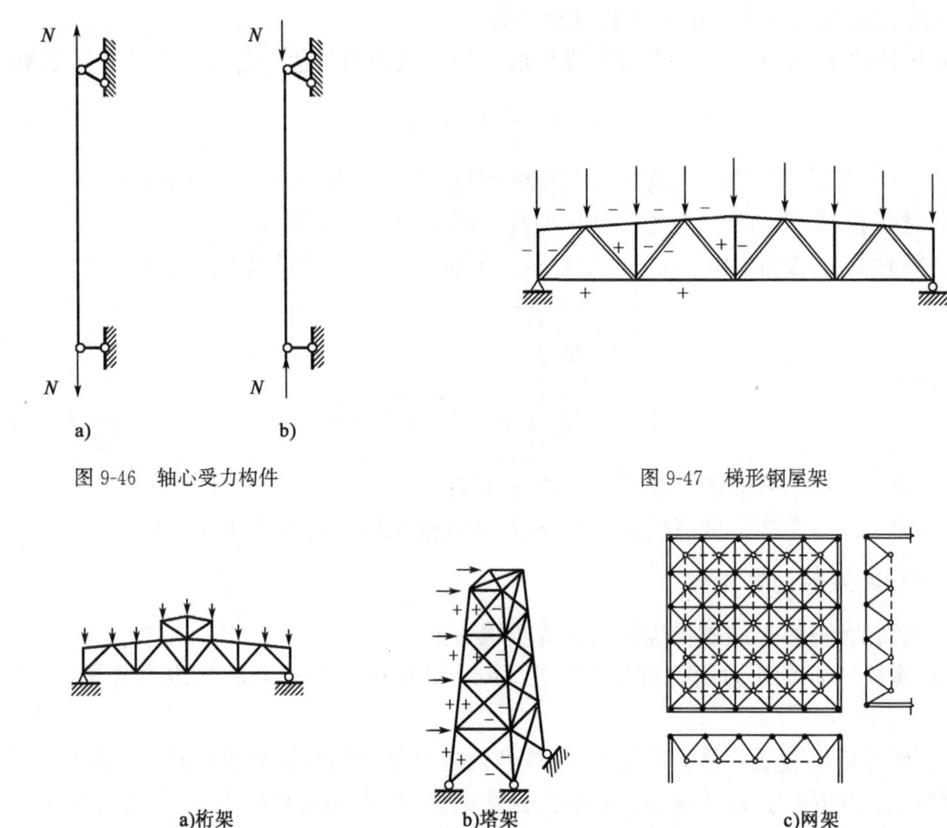

图 9-46　轴心受力构件

图 9-47　梯形钢屋架

图 9-48　轴心受力构件在工程中的应用

轴心受拉和轴心受压构件(包括轴心受压柱),按其截面组成形式,可分为实腹式构件和格构式构件两种。实腹式构件具有整体连通的截面,构件构造简单,制造方便,与其他构件连接也较方便,整体受力和抗剪性能好,但截面尺寸大时钢材用量较多,其常用截面形式很多。可直接选用单个型钢截面,如圆钢、钢管、角钢、T 形钢、槽钢、工字钢、H 形钢等,如图 9-49a)所示;也可选用由型钢或钢板组成的组合截面,如图 9-49b)所示;一般桁架结构中的弦杆和腹杆,除 T 形钢外,常采用角钢或双角钢组合截面,如图 9-49c)所示;在轻型结构中可采用冷弯薄壁型钢截面,如图 9-49d)所示。以上这些截面中,截面紧凑(如圆钢和组成板件宽厚比较小截面)或对两主轴刚度相差悬殊者(如单槽钢、工字钢),一般只可能用于轴心受拉构件。而受压构件通常采用由型钢、角钢或双角钢组合为开展、组成板件宽而薄的截面。

格构式构件一般由两个或多个分肢用缀件(缀材)联系组成,如图 9-50 所示。采用较多的是两分肢格构式构件,其缀件一般设置在分肢翼缘两侧平面内。分肢通常采用轧制槽钢或工字钢,承受荷载大时可采用焊接工字形或槽形组合截面。格构式构件中,垂直于分肢腹板平面的主轴叫做实轴,垂直于分肢缀件平面的主轴叫做虚轴。缀件分缀条和缀板两类,其作用是将各分肢连成整体,使其共同受力,并承受绕虚轴弯曲时产生的剪力。缀条常采用单角钢,与分肢翼缘组成桁架体系,对承受横向剪力有较大的刚度。缀板常采用钢板,必要时也可采用型钢,每隔一定距离在每个缀板平面内设置一个,与分肢翼缘组成刚架体系。在构件产生绕虚轴弯曲而承受横向剪力时，其变形比缀条体系稍大，因而刚度略低，所以通常用于受拉构件或压力较小的受压构件。

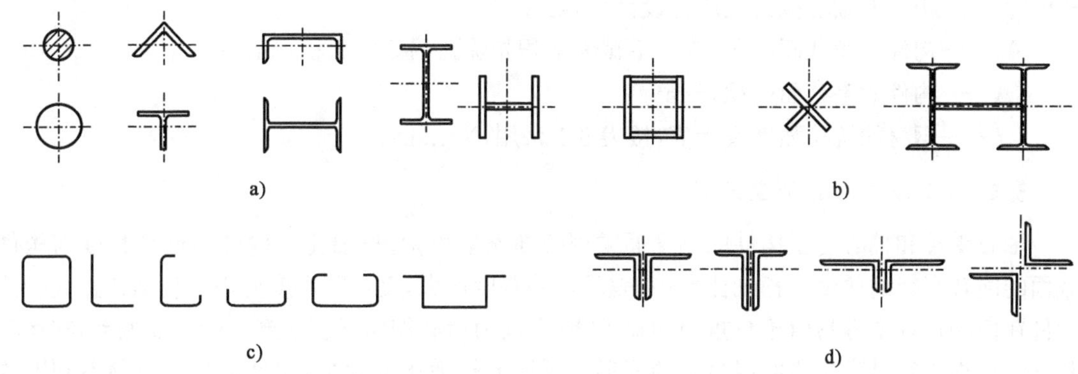

图 9-49　轴心受力实腹式构件的截面形式

轴心受力构件的计算应同时满足承载能力极限状态和正常使用极限状态的要求。对于承载能力极限状态，受拉构件一般以强度控制(包括疲劳强度)，以钢材的屈服点为构件强度承载力的极限状态(疲劳计算以容许应力幅为标准)；而受压构件需同时满足强度和稳定性的要求，强度承载力以钢材的屈服点为极限状态，稳定承载力以构件的临界应力为极限状态。对于正常使用极限状态，是通过保证构件的刚度，限制其长细比来达到的。因此，按受力性质的不同，轴心受拉构件的计算包括强度和刚度计算，而轴心受压构件的计算则包括强度、刚度和稳定性(包括构件的整体稳定性、组成板件的局部稳定性)的计算。

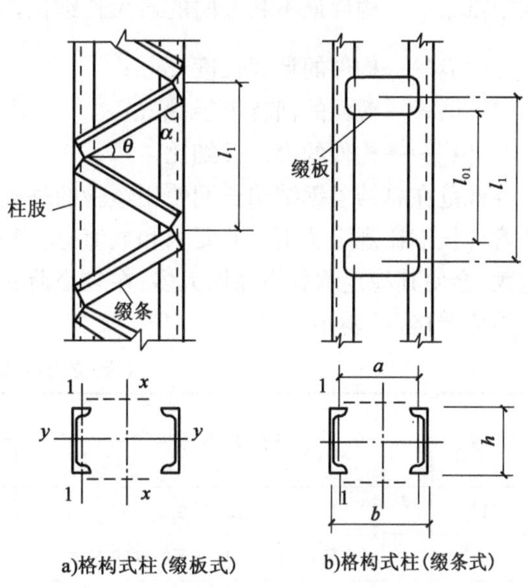

图 9-50　轴心受力格构式构件的截面形式及缀材布置

2. 轴心受力构件的强度

无孔洞等削弱的轴心受拉或受压构件中，轴心力作用使截面内引起均匀的受拉或受压正应力，以全截面刚达到屈服应力为强度极限状态。因为这时构件塑性变形很大，已达到不适于继续承载的状态。在强度计算中，要求构件内力设计值 N 除以毛截面面积 A 得到的应力不应超过钢材抗拉或抗压强度设计值 f，即：

$$\sigma = N/A \leqslant f \tag{9-34}$$

有孔洞等削弱的轴心受拉或轴心受压构件，在孔洞处截面上的应力分布是不均匀的，在靠近孔边处产生应力集中现象，应力高于平均应力。但当应力高的纤维达到屈服应力后，轴心力继续增加，截面发展塑性变形，应力渐趋均匀。到达极限状态时，净截面上的应力为均匀屈服应力。这时钢结构设计规范规定的强度计算要求为：构件内力设计值 N 除以净截面面积 A_n

得到的应力，不应超过钢材抗拉或抗压强度设计值 f，即：

$$\sigma = N/A_n \leqslant f \tag{9-35}$$

式中：N——构件的轴心拉力或压力设计值，kN；

A_n——构件的净截面面积，等于毛截面面积扣除孔洞截面面积，mm^2；

A——构件的毛截面面积，mm^2；

f——钢材的抗拉强度设计值，按表 9-1 采用，N/mm^2。

3. 轴心受力构件的刚度计算

轴心受拉和轴心受压构件的刚度通常用长细比来衡量，长细比是构件的计算长度与构件截面的回转半径的比值。长细比愈小，表示构件刚度愈大，反之则刚度愈小。长细比过大会使构件在使用过程中容易由于自重而明显下挠；在动力荷载作用下容易产生较大的振动；在运输和安装过程中容易产生弯曲或过大的变形。压杆的长细比过大时，除具有前述各种不利因素外，还使得构件的极限承载力显著降低，同时，初弯曲和自重产生的挠度也将对构件的整体稳定带来不利影响。因此设计时应使构件长细比不超过规定的容许长细比，即：

$$\lambda_{max} = \left(\frac{l_0}{i}\right)_{max} \leqslant [\lambda] \tag{9-36}$$

式中：λ_{max}——构件最不利方向的最大长细比，$\lambda_{max} = \max\left(\lambda_x = \frac{l_{0x}}{i_x}, \lambda_y = \frac{l_{0y}}{i_y}\right)$；

l_0——构件的计算长度，mm；

i——截面的回转半径，mm；

$[\lambda]$——构件的容许长细比。

规范在总结了钢结构长期使用经验的基础上，根据构件的重要性和荷载情况，对受拉构件的容许长细比规定了不同的要求和数值，见表 9-8。对于受压构件，长细比更为重要。长细比过大，会使其稳定承载力降低太多，在较小荷载下就会丧失整体稳定；因而其容许长细比限制应更为严格，见表 9-9。

受拉构件的容许长细比 表 9-8

项　次	构 件 名 称	承受静力荷载或间接承受动力荷载的结构		直接承受动力荷载的结构
		一般建筑结构	有重级工作制吊车的厂房	
1	桁架的杆件	350	250	250
2	吊车梁或吊车桁架以下的柱间支撑	300	200	—
3	其他拉杆、支撑、系杆等(张紧的圆钢除外)	400	350	—

注：1. 承受静力荷载的结构中，可仅计算受拉构件在竖向平面内的长细比。

2. 在直接或间接承受动力荷载的结构中，计算单角钢受拉构件的长细比时，应采用角钢的最小回转半径；但计算在交叉点相互连接的交叉杆件平面外的长细比时，可采用与角钢肢边平行轴的回转半径。

3. 中、重级工作制吊车桁架下弦杆的长细比不宜超过 200。

4. 在设有夹钳吊车或刚性料耙等硬钩吊车的厂房中，支撑(表中第 2 项除外)的长细比不宜超过 300。

5. 受拉构件在永久荷载与风荷载组合作用下受压时，其长细比不宜超过 250。

6. 跨度等于或大于 60m 的桁架，其受拉弦杆和腹杆的长细比不宜超过 300(承受静力荷载或间接承受动力荷载)或 250(直接承受动力荷载)。

受压构件的容许长细比 表 9-9

项 次	构 件 名 称	容 许 长 细 比
1	柱、桁架和天窗架中的杆件	150
	柱的缀条、吊车梁或吊车桁架以下的柱间支撑	
2	支撑(吊车梁或吊车桁架以下的柱间支撑除外)	200

注:1. 桁架(包括空间桁架)的受压腹杆,当其内力等于或小于承载能力的 50%时,容许长细比值可取 200。

2. 计算单角钢受压构件的长细比时,应采用角钢的最小回转半径;但计算在交叉点相互连接的交叉杆件平面外的长细比时,可采用与角钢肢边平行轴的刚转半径。

3. 跨度等于或大于 60m 的桁架,其受压弦杆和端压杆的容许长细比值宜取 100,其他受压腹杆可取 150(承受静力荷载或间接承受动力荷载)或 120(直接承受动力荷载)。

4. 由容许长细比控制截面的杆件,在计算其长细比时,可不考虑扭转效应。

计算构件长细比时,应分别考虑绕截面两个主轴即 x 轴和 y 轴的长细比 λ_x 和 λ_y,应都不超过规定的容许长细比$[\lambda]$:

$$\left.\begin{aligned}\lambda_x = l_{0x}/i_x \leqslant [\lambda] \\ \lambda_y = l_{0y}/i_y \leqslant [\lambda]\end{aligned}\right\} \tag{9-37}$$

式中:l_{0x}、l_{0y} ——分别为绕截面主轴即 x 轴和 y 轴的构件计算长度,mm;

i_x、i_y ——分别为绕截面主轴即 x 轴和 y 轴的截面回转半径,mm。

构件计算长度 l_0(l_{0x}、l_{0y})取决于其两端支承情况。例如,两端铰接时 l_0 等于构件几何长度 l,即 $l_0=l$;一端铰接一端固定时 $l_0=0.7l$。

4. 轴心受压构件的整体稳定

钢材的强度高,需要的截面面积比较小,当构件轴心受压时,其承载力往往决定于稳定。构件的稳定性和强度是承载力完全不同的两个方面。强度承载力取决于所用钢材的屈服点,而稳定承载力取决于临界应力,往往与屈服点无关。对轴心受压构件,除构件很短及有孔洞等削弱时可能发生强度破坏外,通常由整体稳定控制其承载力。轴心受压构件丧失整体稳定常常是突发性的,容易造成严重后果,应予特别重视。

一根理想轴心受压杆,当轴心压力 N 小于某值时,杆件处于直杆平衡状态,这时如果由于偶然外力的作用而发生弯曲,当偶然外力停止作用,杆件立即恢复到直杆平衡状态,这种状态称为稳定状态。当偶然外力停止作用,杆件不恢复到直杆而处于微微弯曲的平衡状态时,称为临界状态。当轴心压力 N 达到某值时,杆件不再保持平衡状态而不断弯曲直至破坏,称为轴心受压杆件失去整体稳定性。杆件处于临界状态时的荷载称为临界力,这时的应力称为临界应力,临界力就是构件的稳定承载力。理想轴心受压杆件在荷载作用下具有两种稳定平衡状态——直杆稳定平衡状态和曲杆稳定平衡状态。

轴心受压构件整体失稳的破坏形式与截面形式有密切关系,与构件的细长程度有时也有关系。一般情况下,双轴对称截面,如工字形截面、H 形截面在失稳时只出现弯曲变形,称为弯曲失稳(弯曲屈曲),如图 9-51a)所示。单轴对称截面,如不对称工字形截面、槽钢形截面、T 形截面等,在绕非对称轴失稳时也是弯曲失稳,而绕对称轴失稳时,不仅出现弯曲变形还有扭转变形,称为弯扭失稳(弯扭屈曲),如图 9-51c)所示。无对称轴的截面,如不等肢 L 形截面,在失稳时均为弯扭失稳。对于十字形截面和 Z 形截面,除会出现弯曲失稳外,还可能出现只有扭转变形的扭转失稳(扭转屈曲)，如图 9-51b)所示。

实际轴心压杆与理想轴心压杆有很大区别。实际轴心压杆都带有多种初始缺陷，如杆件的初弯曲、初扭曲、荷载作用的初偏心、制作引起的残余应力和材性的不均匀等。这些初始缺陷使轴心压杆在受力一开始就会出现弯曲变形，因此实际轴心压杆的稳定极限承载力不再是长细比的唯一函数。这个情况也得到了大量试验结果的证实。因此,《钢结构设计规范》规定了实腹式轴心压杆整体稳定的实用计算公式：

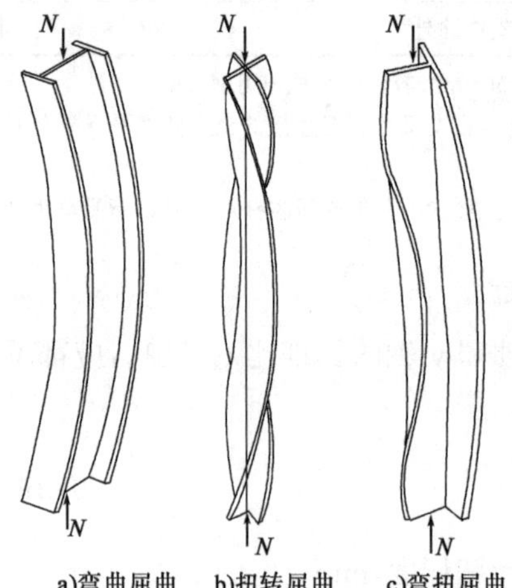

a)弯曲屈曲　b)扭转屈曲　c)弯扭屈曲

图 9-51　轴心受压构件的屈曲形态

$$\frac{N}{\varphi A} \leqslant f \tag{9-38}$$

式中：N——压杆的轴心压力，N 或 kN；

A——压杆的毛截面面积，mm^2；

f——钢材的抗拉强度设计值，按表 9-1 采用，N/mm^2；

φ——轴心受压构件的整体稳定系数(取截面两主轴稳定系数较小者)，根据构件的长细比、钢材屈服强度和表 9-10 的截面分类，按表 9-11～表 9-14采用。

轴心受压构件的截面分类(板厚 $t<40$mm)　　表 9-10

截面形式	对 x 轴	对 y 轴
轧制	a类	a类
轧制，$b/h \leqslant 0.8$	a类	b类
轧制，$b/h>0.8$；焊接，翼缘为焰切边；焊接；轧制；轧制等边角钢	b类	b类

续上表

截面形式		对 x 轴	对 y 轴
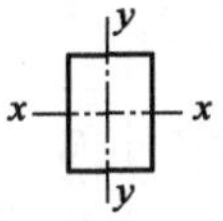 轧制，焊接（板件宽厚比大于20） 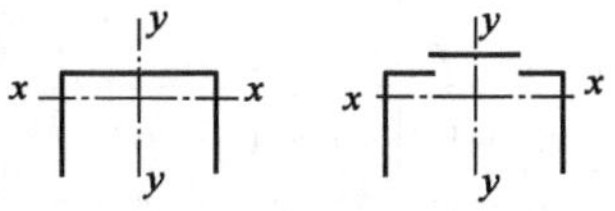	轧制或焊接	b类	b类
焊接 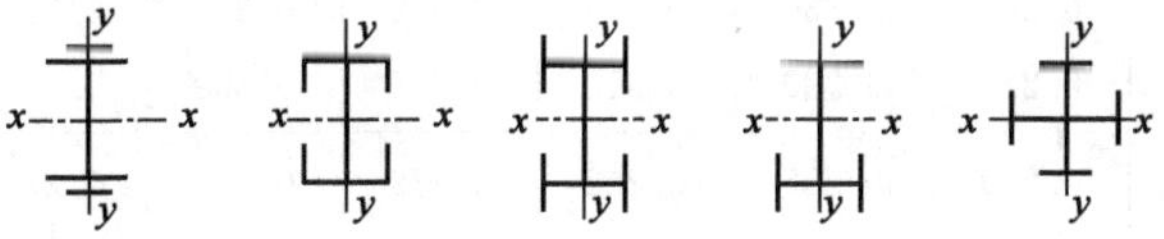	轧制截面和翼缘为焰切边的焊接截面 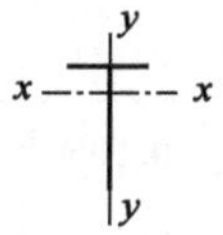	b类	b类
格构式 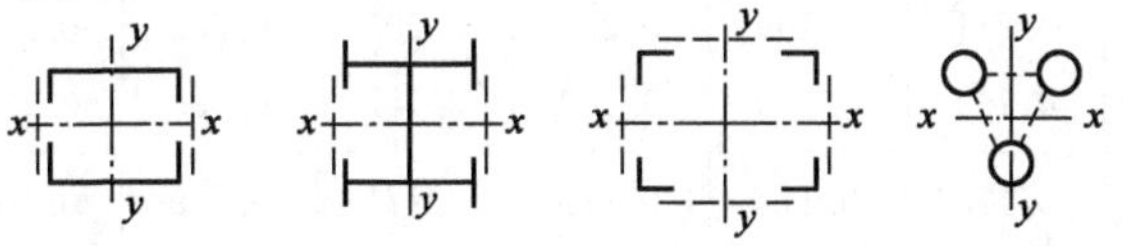	焊接，板件边缘焰切 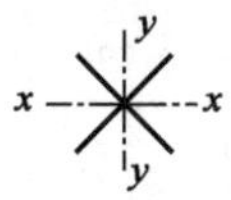	b类	b类
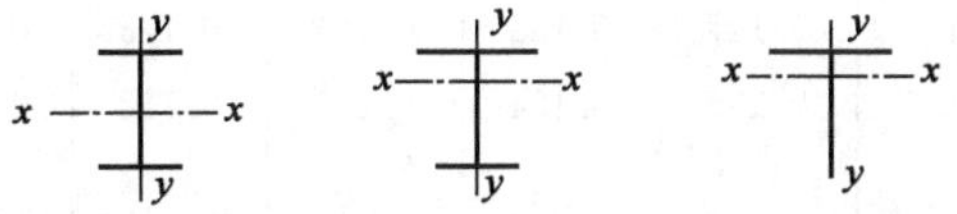 焊接，翼缘为轧制剪切边		b类	c类
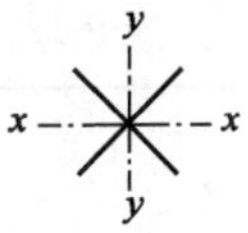 焊接，板件边缘轧制或剪切 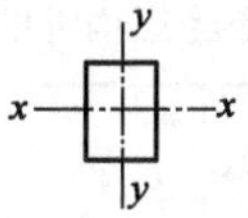	焊接，板件宽厚比小于等于20	c类	c类

a类截面轴心受压构件的稳定系数 φ 表 9-11

$\lambda\sqrt{\frac{f_y}{235}}$	0	1	2	3	4	5	6	7	8	9
0	1.000	1.000	1.000	1.000	0.999	0.999	0.998	0.998	0.997	0.996
10	0.995	0.994	0.993	0.992	0.991	0.989	0.988	0.986	0.985	0.983
20	0.981	0.979	0.977	0.976	0.974	0.972	0.970	0.968	0.966	0.964
30	0.963	0.961	0.959	0.957	0.955	0.952	0.950	0.948	0.946	0.944
40	0.941	0.939	0.937	0.934	0.932	0.929	0.927	0.924	0.921	0.919
50	0.916	0.913	0.910	0.907	0.904	0.900	0.897	0.894	0.890	0.886
60	0.883	0.879	0.875	0.871	0.867	0.863	0.858	0.854	0.849	0.844
70	0.839	0.834	0.829	0.824	0.818	0.813	0.807	0.801	0.795	0.789
80	0.783	0.776	0.770	0.763	0.757	0.750	0.743	0.736	0.728	0.721
90	0.714	0.706	0.699	0.691	0.684	0.676	0.668	0.661	0.653	0.645
100	0.638	0.630	0.622	0.615	0.607	0.600	0.592	0.585	0.577	0.570

续上表

$\lambda\sqrt{\frac{f_y}{235}}$	0	1	2	3	4	5	6	7	8	9
110	0.563	0.555	0.548	0.541	0.534	0.527	0.520	0.514	0.507	0.500
120	0.494	0.488	0.481	0.475	0.469	0.463	0.457	0.451	0.445	0.440
130	0.434	0.429	0.423	0.418	0.412	0.407	0.402	0.397	0.392	0.387
140	0.383	0.378	0.373	0.369	0.364	0.360	0.356	0.351	0.347	0.343
150	0.339	0.335	0.331	0.327	0.323	0.320	0.316	0.312	0.309	0.305
160	0.302	0.298	0.295	0.292	0.289	0.285	0.282	0.279	0.276	0.273
170	0.270	0.267	0.264	0.262	0.259	0.256	0.253	0.251	0.248	0.246
180	0.243	0.241	0.238	0.236	0.233	0.231	0.229	0.226	0.224	0.222
190	0.220	0.218	0.215	0.213	0.211	0.209	0.207	0.205	0.203	0.201
200	0.199	0.198	0.196	0.194	0.192	0.190	0.189	0.187	0.185	0.183
210	0.182	0.180	0.179	0.177	0.175	0.174	0.172	0.171	0.169	0.168
220	0.166	0.165	0.164	0.162	0.161	0.159	0.158	0.157	0.155	0.154
230	0.153	0.152	0.150	0.149	0.148	0.147	0.146	0.144	0.143	0.142
240	0.141	0.140	0.139	0.138	0.136	0.135	0.134	0.133	0.132	0.131
250	0.130	—	—	—	—	—	—	—	—	—

b 类截面轴心受压构件的稳定系数 φ 表 9-12

$\lambda\sqrt{\frac{f_y}{235}}$	0	1	2	3	4	5	6	7	8	9
0	1.000	1.000	1.000	0.999	0.999	0.998	0.997	0.996	0.995	0.994
10	0.992	0.991	0.989	0.987	0.985	0.983	0.981	0.978	0.976	0.973
20	0.970	0.967	0.963	0.960	0.957	0.953	0.950	0.946	0.943	0.939
30	0.936	0.932	0.929	0.925	0.922	0.918	0.914	0.910	0.906	0.903
40	0.899	0.895	0.891	0.887	0.882	0.878	0.874	0.870	0.865	0.861
50	0.856	0.852	0.847	0.842	0.838	0.833	0.828	0.823	0.818	0.813
60	0.807	0.802	0.797	0.791	0.786	0.780	0.774	0.769	0.763	0.757
70	0.751	0.745	0.739	0.732	0.726	0.720	0.714	0.707	0.701	0.694
80	0.688	0.681	0.675	0.668	0.661	0.655	0.648	0.641	0.635	0.628
90	0.621	0.614	0.608	0.601	0.594	0.588	0.581	0.575	0.568	0.561
100	0.555	0.549	0.542	0.536	0.529	0.523	0.517	0.511	0.505	0.499
110	0.493	0.487	0.481	0.475	0.470	0.464	0.458	0.453	0.447	0.442
120	0.437	0.432	0.426	0.421	0.416	0.411	0.406	0.402	0.397	0.392
130	0.387	0.383	0.378	0.374	0.370	0.365	0.361	0.357	0.353	0.349
140	0.345	0.341	0.337	0.333	0.329	0.326	0.322	0.318	0.315	0.311
150	0.308	0.304	0.301	0.298	0.295	0.291	0.288	0.285	0.282	0.279

续上表

$\lambda\sqrt{\frac{f_y}{235}}$	0	1	2	3	4	5	6	7	8	9
160	0.276	0.273	0.270	0.267	0.265	0.262	0.259	0.256	0.254	0.251
170	0.249	0.246	0.244	0.241	0.239	0.236	0.234	0.232	0.229	0.227
180	0.225	0.223	0.220	0.218	0.216	0.214	0.212	0.210	0.208	0.206
190	0.204	0.202	0.200	0.198	0.197	0.195	0.193	0.191	0.190	0.188
200	0.186	0.184	0.183	0.181	0.180	0.178	0.176	0.175	0.173	0.172
210	0.170	0.169	0.167	0.166	0.165	0.163	0.162	0.160	0.159	0.158
220	0.156	0.155	0.154	0.153	0.151	0.150	0.149	0.148	0.146	0.145
230	0.144	0.143	0.142	0.141	0.140	0.138	0.137	0.136	0.135	0.134
240	0.133	0.132	0.131	0.130	0.129	0.128	0.127	0.126	0.125	0.124
250	0.123	—	—	—	—	—	—	—	—	—

c类截面轴心受压构件的稳定系数 φ 表 9-13

$\lambda\sqrt{\frac{f_y}{235}}$	0	1	2	3	4	5	6	7	8	9
0	1.000	1.000	1.000	0.999	0.999	0.998	0.997	0.996	0.995	0.993
10	0.992	0.990	0.988	0.986	0.983	0.981	0.978	0.976	0.973	0.970
20	0.966	0.959	0.953	0.947	0.940	0.934	0.928	0.921	0.915	0.909
30	0.902	0.896	0.890	0.884	0.877	0.871	0.865	0.858	0.852	0.846
40	0.839	0.833	0.826	0.820	0.814	0.807	0.801	0.794	0.788	0.781
50	0.775	0.768	0.762	0.755	0.748	0.742	0.735	0.729	0.722	0.715
60	0.709	0.702	0.695	0.689	0.682	0.676	0.669	0.662	0.656	0.649
70	0.643	0.636	0.629	0.623	0.616	0.610	0.604	0.597	0.591	0.584
80	0.578	0.572	0.566	0.559	0.553	0.547	0.541	0.535	0.529	0.523
90	0.517	0.511	0.505	0.500	0.494	0.488	0.483	0.477	0.472	0.467
100	0.463	0.458	0.454	0.449	0.445	0.441	0.436	0.432	0.428	0.423
110	0.419	0.415	0.411	0.407	0.403	0.399	0.395	0.391	0.387	0.383
120	0.379	0.375	0.371	0.367	0.364	0.360	0.356	0.353	0.349	0.346
130	0.342	0.339	0.335	0.332	0.328	0.325	0.322	0.319	0.315	0.312
140	0.309	0.306	0.303	0.300	0.297	0.249	0.291	0.288	0.285	0.282
150	0.280	0.277	0.274	0.271	0.269	0.266	0.264	0.261	0.258	0.256
160	0.254	0.251	0.249	0.246	0.244	0.242	0.239	0.237	0.235	0.233
170	0.230	0.228	0.226	0.224	0.222	0.220	0.218	0.216	0.214	0.212
180	0.210	0.208	0.206	0.205	0.203	0.201	0.199	0.197	0.196	0.194
190	0.192	0.190	0.189	0.187	0.186	0.184	0.182	0.181	0.179	0.178
200	0.176	0.175	0.173	0.172	0.170	0.169	0.168	0.166	0.165	0.163

续上表

$\lambda\sqrt{\frac{f_y}{235}}$	0	1	2	3	4	5	6	7	8	9
210	0.162	0.161	0.159	0.158	0.157	0.156	0.154	0.153	0.152	0.151
220	0.150	0.148	0.147	0.146	0.145	0.144	0.143	0.142	0.140	0.139
230	0.138	0.137	0.136	0.135	0.134	0.133	0.132	0.131	0.130	0.129
240	0.128	0.127	0.126	0.125	0.124	0.124	0.123	0.122	0.121	0.120
250	0.119	—	—	—	—	—	—	—	—	—

d类截面轴心受压构件的稳定系数 φ 表 9-14

$\lambda\sqrt{\frac{f_y}{235}}$	0	1	2	3	4	5	6	7	8	9
0	1.000	1.000	0.999	0.999	0.998	0.996	0.994	0.992	0.990	0.987
10	0.984	0.981	0.978	0.974	0.969	0.965	0.960	0.955	0.949	0.944
20	0.937	0.927	0.918	0.909	0.900	0.891	0.883	0.874	0.865	0.857
30	0.848	0.840	0.831	0.823	0.815	0.807	0.799	0.790	0.782	0.774
40	0.766	0.759	0.751	0.743	0.735	0.728	0.720	0.712	0.705	0.697
50	0.690	0.683	0.675	0.668	0.661	0.654	0.646	0.639	0.632	0.625
60	0.618	0.612	0.605	0.598	0.591	0.585	0.578	0.572	0.565	0.559
70	0.552	0.546	0.540	0.534	0.528	0.522	0.516	0.510	0.504	0.498
80	0.493	0.487	0.481	0.476	0.470	0.465	0.460	0.454	0.449	0.444
90	0.439	0.434	0.429	0.424	0.419	0.414	0.410	0.405	0.401	0.397
100	0.394	0.390	0.387	0.383	0.380	0.376	0.373	0.370	0.366	0.363
110	0.359	0.356	0.353	0.350	0.346	0.343	0.340	0.337	0.334	0.331
120	0.328	0.325	0.322	0.319	0.316	0.313	0.310	0.307	0.304	0.301
130	0.299	0.296	0.293	0.290	0.288	0.285	0.282	0.280	0.277	0.275
140	0.272	0.270	0.267	0.265	0.262	0.260	0.258	0.255	0.253	0.251
150	0.248	0.246	0.244	0.242	0.240	0.237	0.235	0.233	0.231	0.229
160	0.227	0.225	0.223	0.221	0.219	0.217	0.215	0.213	0.212	0.210
170	0.208	0.206	0.204	0.203	0.201	0.199	0.197	0.196	0.194	0.192
180	0.191	0.189	0.188	0.186	0.184	0.183	0.181	0.180	0.178	0.177
190	0.176	0.174	0.173	0.171	0.170	0.168	0.167	0.166	0.164	0.163
200	0.162	—	—	—	—	—	—	—	—	—

注：1. 表 9-11～表 9-14 中的 φ 值按下列公式计算：

当 $\lambda_n=\frac{\lambda}{\pi}\sqrt{f_y/E}\leqslant 0.215$ 时，$\varphi=1-\alpha_1\lambda_n^2$；

当 $\lambda_n>0.215$ 时，$\varphi=\frac{1}{2\lambda_n^2}\left[(\alpha_2+\alpha_3\lambda_n+\lambda_n^2)-\sqrt{(\alpha_2+\alpha_3\lambda_n+\lambda_n^2)^2-4\lambda_n^2}\right]$。

式中，α_1、α_2、α_3 为系数，根据表 9-9 的截面分类，按表 9-15 采用。

2. 当构件的 $\lambda\sqrt{f_y/235}$ 值超出表 9-11～表 9-14 的范围时，则 φ 值按注 1 所列公式计算。

系数 α_1、α_2、α_3 表 9-15

截面类型		α_1	α_2	α_3
a类		0.41	0.986	0.152
b类		0.65	0.965	0.300
c类	$\lambda_n \leqslant 1.05$	0.73	0.906	0.595
	$\lambda_n > 1.05$		1.216	0.302
d类	$\lambda_n \leqslant 1.05$	1.35	0.868	0.915
	$\lambda_n > 1.05$		1.375	0.432

5. 轴心受压构件的局部稳定

轴心受压构件中的板件如工字形、H形截面的翼缘和腹板等均处于受压状态，为节约材料，轴心受压构件的板件一般宽厚比都较大，由于压应力的存在，如果板件的宽度与厚度之比较大，就可能在构件丧失整体稳定或强度破坏之前，各自先发生屈曲，即板件偏离其原来的平面位置而发生波浪状的鼓曲变形。图9-52为一工字形截面轴心受压构件发生局部失稳的现象，图9-52a)为腹板失稳情况，图9-52b)为翼缘失稳情况。因为板件失稳是发生在整体构件的局部部位，所以称为轴心受压构件丧失局部稳定或局部屈曲。构件丧失局部稳定后还可能继续承载，但板件的局部屈曲对构件的承载力有所影响，有可能导致构件较早地丧失承载能力(由于部分板件因局部屈曲退出受力将使其他板件受力增大，也可能使对称工字型截面变为不对称)，加速构件的整体失稳。

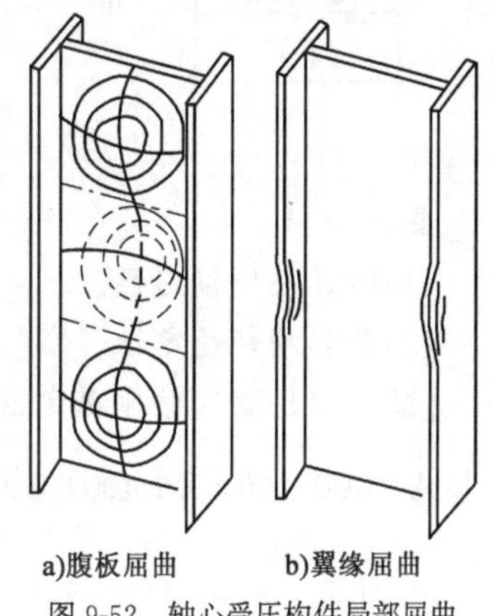
a)腹板屈曲 b)翼缘屈曲

图9-52 轴心受压构件局部屈曲

为了保证一般钢结构轴心受压构件的局部稳定，通常是采用限制其板件宽(高)厚比的办法来实现，即限制板件宽度(高度)与厚度之比不要过大。《钢结构设计规范》规定了轴心受压构件的板件宽(高)厚比限值。工字形截面的轴心受压构件中，腹板计算高度与其厚度之比，应符合下式要求：

$$\frac{h_0}{t_w} \leqslant (25 + 0.5\lambda)\sqrt{\frac{235}{f_y}} \tag{9-39}$$

翼缘板自由外伸宽度与其厚度之比，应符合下式要求：

$$\frac{b}{t} \leqslant (10 + 0.1\lambda)\sqrt{\frac{235}{f_y}} \tag{9-40}$$

式中：h_0——腹板的计算高度，mm；

t_w——腹板的厚度，mm；

f_y——钢材的屈服强度，N/mm^2；

b——翼缘板的自由外伸宽度，对焊接构件，取腹板边至翼缘板(肢)边缘的距离，对轧制构件，取内圆弧起点至翼缘板(肢)边缘的距离，工字形截面的板件尺寸如图9-53所示，mm；

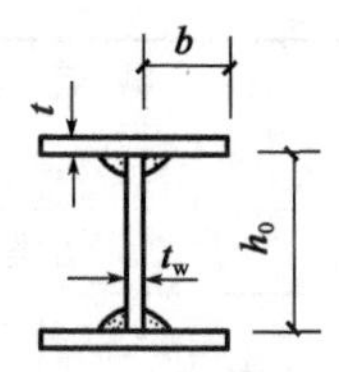

图 9-53　工字形截面的板件尺寸

t——翼缘板的厚度，工字形截面的板件尺寸如图 9-53 所示，mm；

λ——取构件两个方向长细比的较大值，当 $\lambda<30$ 时，取 $\lambda=30$；当 $\lambda>100$ 时，取 $\lambda=100$。

[例 9-9]　有一实腹式轴心受压柱，承受轴心压力设计值为 3500kN，计算长度 $l_{0x}=10\text{m}$，$l_{0y}=5\text{m}$，截面为焊接组合工字形，尺寸如图 9-54 所示，翼缘为剪切边，钢材为 Q235，容许长细比 $[\lambda]=150$。对 x 轴为 b 类截面，对 y 轴为 c 类截面。

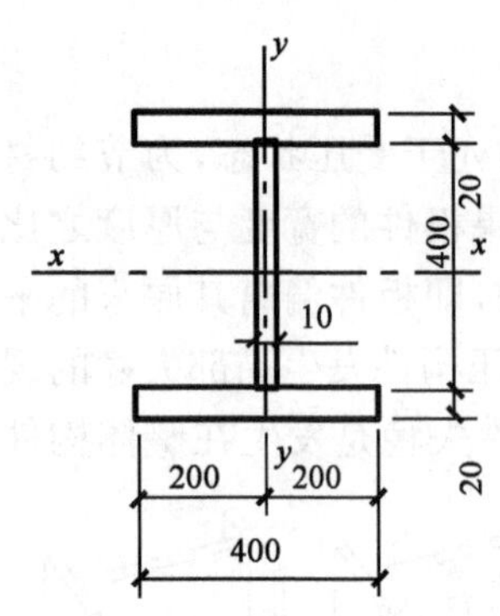

b类截面：

λ	30	40	50	60	70	80	90
φ	0.936	0.899	0.856	0.807	0.751	0.688	0.621

c类截面：

λ	30	40	50	60	70	80	90
φ	0.902	0.839	0.775	0.709	0.643	0.578	0.517

图 9-54　例题 9-9 图

要求：

(1)验算整体稳定性。

(2)验算局部稳定性。

[解]　(1)验算整体稳定性

$$A=400\times20\times2+400\times10=2\times10^4\text{mm}^2$$

$$I_x=\left(\frac{1}{12}\times400\times20^3+400\times20\times210^2\right)\times2+\frac{1}{12}\times10\times400^3=7.595\times10^8\text{mm}^4$$

$$I_y=\frac{1}{12}\times20\times400^3\times2+\frac{1}{12}\times400\times10^3=2.134\times10^8\text{mm}^4$$

$$i_x=\sqrt{\frac{I_x}{A}}=\sqrt{\frac{7.595\times10^8}{2\times10^4}}=194.87\text{mm}$$

$$i_y=\sqrt{\frac{I_y}{A}}=\sqrt{\frac{2.134\times10^8}{2\times10^4}}=103.30\text{mm}$$

$$\lambda_x=\frac{l_{0x}}{i_x}=51.32<[\lambda]=150$$

$$\lambda_y=\frac{l_{0y}}{i_y}=48.40<[\lambda]=150$$

对 x 轴为 b 类截面，对 y 轴为 c 类截面，查表：$\varphi_x=0.850>\varphi_y=0.785$。

$\frac{N}{\varphi_y A}=222.9>f=215\text{N/mm}^2$，如果承受静力荷载，材料为镇静钢，则在允许范围之内。

(2)验算局部稳定

翼缘宽厚比：$\frac{b}{t}=\frac{200-5}{20}=9.75<(10+0.1\lambda)\sqrt{\frac{235}{f_y}}=10+0.1\times51.32=15.13$

腹板高厚比：$\frac{h_0}{t_w}=\frac{400}{10}=40<(25+0.5\lambda)\sqrt{\frac{235}{f_y}}=25+0.5\times51.32=50.66$

所以整体稳定和局部稳定均满足要求。

6. 实腹式轴心受压柱的截面设计

实腹式轴心受压构件的截面设计的步骤是：先选择截面的形式，然后根据整体稳定和局部稳定等要求选择截面尺寸，最后进行截面验算。

(1)实腹式轴心受压柱的截面形式

实腹式轴心受压柱一般采用双轴对称截面，不对称截面的轴心受压柱会发生弯扭失稳，往往不很经济。常用截面形式有轧制普通工字钢、H 型钢、焊接工字形截面、型钢和钢板的组合截面、圆管和方管截面等，如图 9-55 所示。

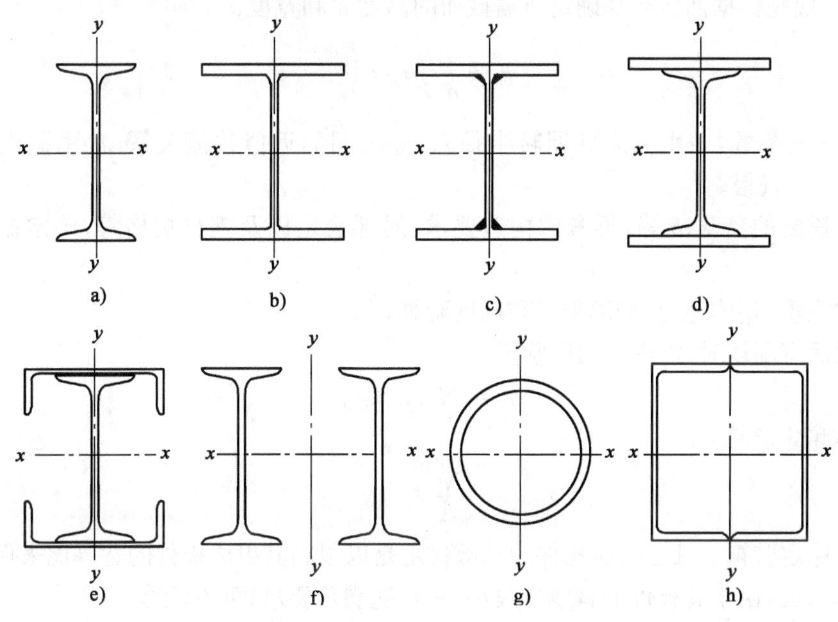

图 9-55　实腹式轴心受压构件的常用截面形式

(2)选择轴心受压实腹柱的截面应考虑的原则

①面积的分布应尽量开展，以增加截面的惯性矩和回转半径，提高构件的整体稳定承载能力和刚度，达到用料合理。

②使构件在两个主轴方向的稳定系数接近，两个主轴方向的稳定承载力基本相同，以充分发挥截面的承载能力。一般情况下，取两个主轴方向的长细比接近相等，即 $\lambda_x=\lambda_y$ 来保证稳定性。

③便于与其他构件进行连接。

④尽可能构造简单，制造省工，取材方便。

(3)截面设计步骤

截面设计时，首先按上述原则选定合适的截面形式，再初步选择截面尺寸，然后进行强度、整体稳定、局部稳定、刚度等的验算。

①假定柱的长细比 $\lambda_x=\lambda_y=\lambda$，求出需要的截面积 A。一般假定 $\lambda_x=\lambda_y=\lambda=50\sim100$，当压力大而计算长度小时取较小值，反之取较大值。根据 λ、截面分类和钢种可查得稳定系数 φ，截面面积为：

$$A=\frac{N}{\varphi f} \tag{9-41}$$

②求两个主轴所需要的回转半径：

$$i_x=\frac{l_{0x}}{\lambda};i_y=\frac{l_{0y}}{\lambda}$$

③由已知截面面积 A、两个主轴的回转半径 i_x、i_y 优先选用轧制型钢，如普通工字钢、H 型钢等。当现有型钢规格不满足所需截面尺寸时，可以采用组合截面，这时需先初步定出截面的轮廓尺寸，一般是根据回转半径确定所需截面的高度 h 和宽度 b。

$$h\approx\frac{i_x}{\alpha_1};b\approx\frac{i_y}{\alpha_2}$$

式中：α_1、α_2——系数，表示 h、b 和回转半径 i_x、i_y 之间的近似数值关系，常用截面由表 9-16 查得。

④由所需要的 A、h、b 等，再考虑构造要求、局部稳定以及钢材规格等，确定截面的初选尺寸。

⑤构件强度、整体稳定、局部稳定和刚度验算。

a. 当截面有削弱时，需进行强度验算：

$$\sigma=N/A_{\mathrm{n}}\leqslant f$$

b. 整体稳定验算：

$$\frac{N}{\varphi A}\leqslant f$$

c. 局部稳定验算。轴心受压构件的局部稳定是以限制其组成板件的宽厚比来保证的。对于热轧型钢截面，由于其板件的宽厚比较小，一般能满足要求，可不验算。

对于常用的工字形截面轴心受压构件，腹板高厚度比应符合下式要求：

$$\frac{h_0}{t_{\mathrm{w}}}\leqslant(25+0.5\lambda)\sqrt{\frac{235}{f_{\mathrm{y}}}}$$

翼缘板宽厚比应符合下式要求：

$$\frac{b}{t}\leqslant(10+0.1\lambda)\sqrt{\frac{235}{f_{\mathrm{y}}}}$$

d. 刚度验算。轴心受压实腹柱的长细比应符合规范所规定的容许长细比(表 9-9)要求。

各种截面回转半径的近似值

表 9-16

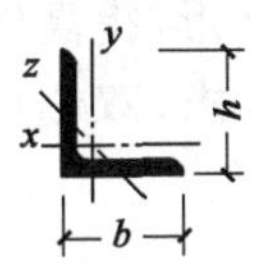 $i_x=0.30h$ $i_y=0.90b$ $i_z=0.195h$	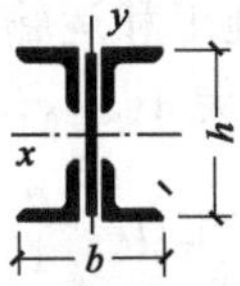 $i_x=0.40h$ $i_y=0.21b$	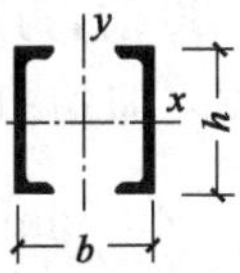 $i_x=0.38h$ $i_y=0.44b$	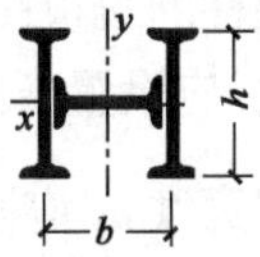 $i_x=0.32h$ $i_y=0.49b$
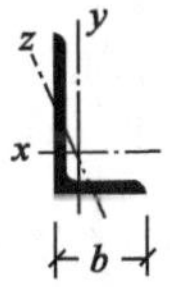 $i_x=0.32h$ $i_y=0.28b$ $i_z=0.09(b+h)$	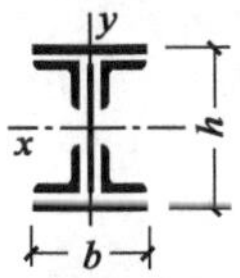 $i_x=0.45h$ $i_y=0.235b$	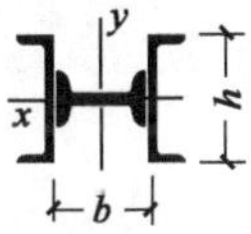 $i_x=0.32h$ $i_y=0.58b$	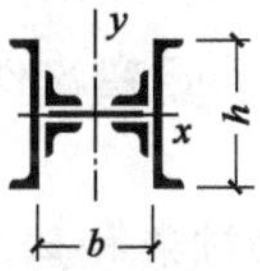 $i_x=0.29h$ $i_y=0.50b$
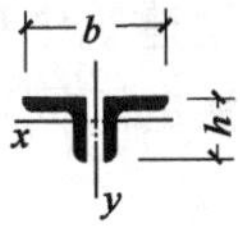 $i_x=0.30h$ $i_y=0.215b$	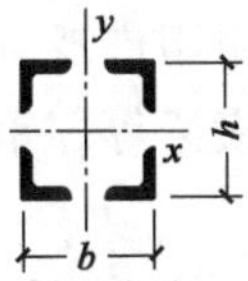 $i_x=0.43h$ $i_y=0.43b$	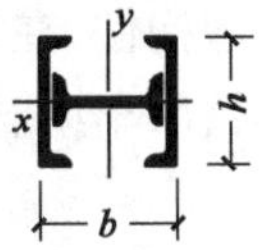 $i_x=0.32h$ $i_y=0.40b$	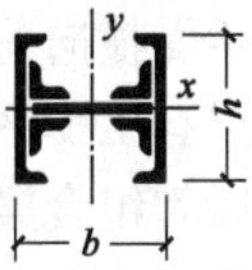 $i_x=0.29h$ $i_y=0.45b$
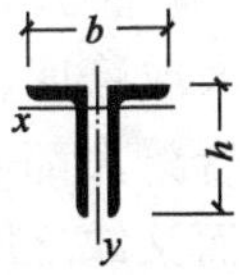 $i_x=0.32h$ $i_y=0.20b$	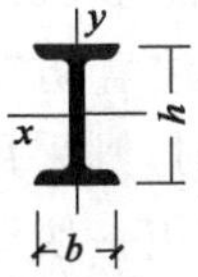 $i_x=0.39h$ $i_y=0.20b$	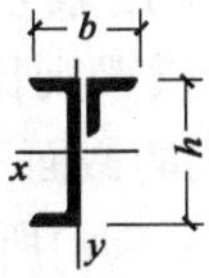 $i_x=0.38h$ $i_y=0.21b$	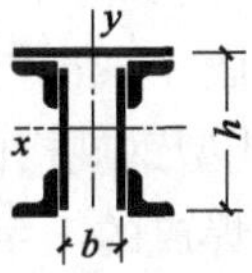 $i_x=0.39h$ $i_y=0.53b$
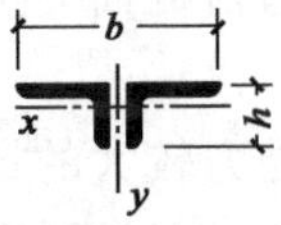 $i_x=0.28h$ $i_y=0.24b$	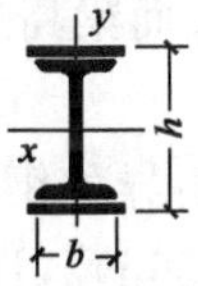 $i_x=0.42h$ $i_y=0.22b$	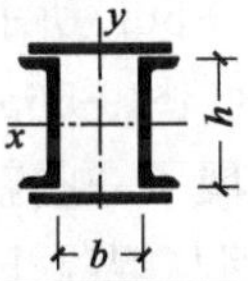 $i_x=0.44h$ $i_y=0.32b$	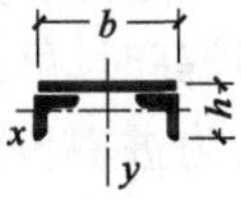 $i_x=0.28h$ $i_y=0.37b$
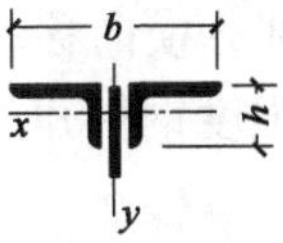 $i_x=0.30h$ $i_y=0.17b$	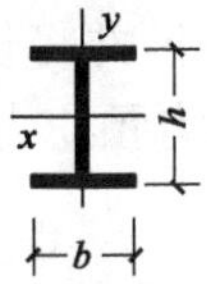 $i_x=0.43h$ $i_y=0.24b$	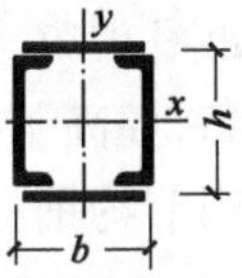 $i_x=0.44h$ $i_y=0.38b$	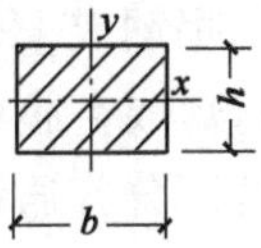 $i_x=0.39h$ $i_y=0.29b$
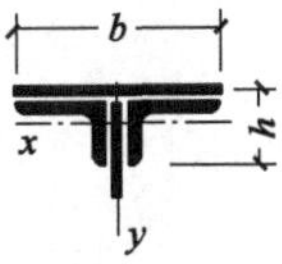 $i_x=0.28h$ $i_y=0.21b$	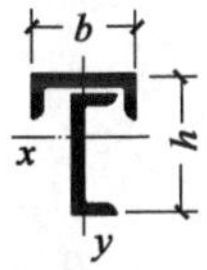 $i_x=0.365h$ $i_y=0.275b$	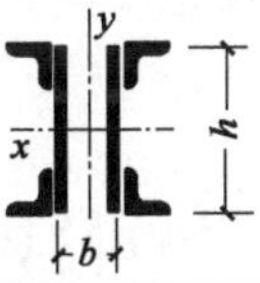 $i_x=0.37h$ $i_y=0.54b$	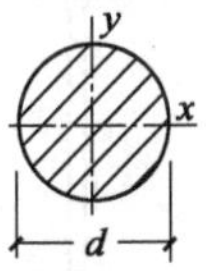 $i_x=0.25d$ $i_y=0.25d$
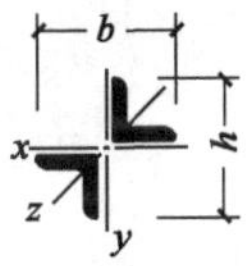 $i_x=0.21h$ $i_y=0.21b$ $i_z=0.185h$	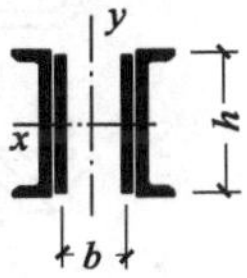 $i_x=0.35h$ $i_y=0.56b$	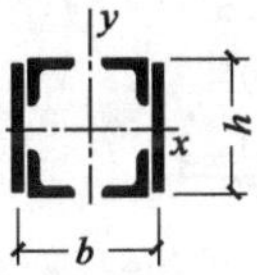 $i_x=0.37h$ $i_y=0.45b$	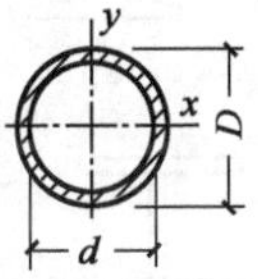 $i_x=i_y$ $=0.175(D+d)$
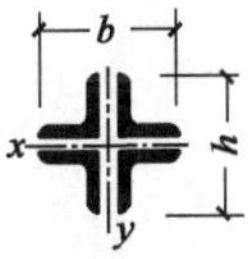 $i_x=0.21h$ $i_y=0.21b$	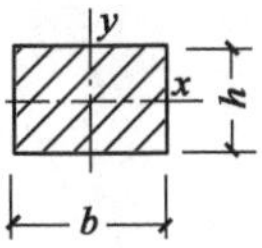 $i_x=0.39h$ $i_y=0.29b$	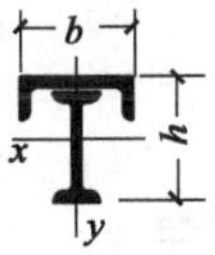 $i_x=0.40h$ $i_y=0.24b$	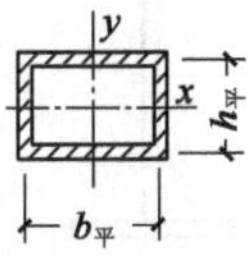 $i_x=0.40h_{平}$ $i_y=0.40b_{平}$
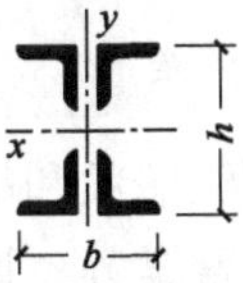 $i_x=0.45h$ $i_y=0.24b$	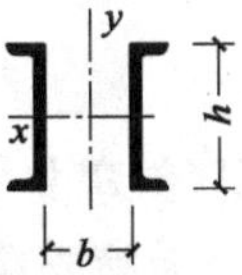 $i_x=0.38h$ $i_y=0.60b$	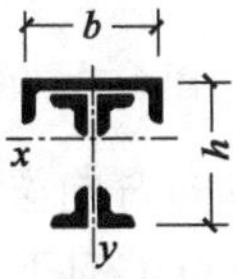 $i_x=0.41h$ $i_y=0.29b$	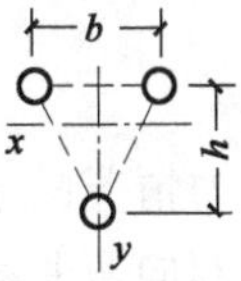 $i_x=0.47h$ $i_y=0.47b$

(4)构造要求

当实腹柱的腹板高厚比 $h_0/t_w > 80$ 时,为防止腹板在施工和运输过程中发生变形,提高柱的抗扭刚度,应设置横向加劲肋。横向加劲肋的间距不得大于 $3h_0$,其截面尺寸要求,双侧加劲肋的外伸宽度 b_s 应满足:$b_s \geq \left(\frac{h_0}{30}+40\right)$mm;厚度 t_s 应满足:$t_s > \frac{b_s}{15}$。

9.4.2 受弯构件

1. 梁的种类和截面形式

钢梁是承受横向荷载作用的受弯构件,在建筑结构中应用广泛。在工业和民用建筑中最常见到的钢梁有工作平台梁、楼盖梁、吊车梁、檩条和墙架横梁等。钢梁按制作方法的不同可以分为型钢梁和组合梁两大类。

型钢梁以热轧工字钢和槽钢应用较广[图 9-56a)、图 9-56b)],采用冷弯薄壁型钢[图 9-56c)、图 9-56d)]作檩条和墙架横梁则比较经济,但应注意防锈。当荷载较大或跨度较大,由于热轧型钢规格的限制,型钢梁的截面不能满足要求时,则采用组合梁。组合梁大都采用三块钢板焊成的工字形截面,如图 9-56e)所示。当翼缘需用一块厚度较大的板而又缺乏厚板供应时,可采用两层翼缘板,如图 9-56f)所示。当荷载很大而梁高受到限制或者对截面的抗扭刚度要求较高时,可采用箱形截面[图 9-56g)]。

近年来,为进一步节省钢材,发展了一些新型组合梁,如:异种钢组合梁,让受力较大的翼缘板采用比腹板强度更高的钢材;钢与混凝土组合梁[图 9-56h)],让混凝土受压,钢材受拉;蜂窝梁,将工字钢或 H 型钢的腹板如图 9-57 所示的折线切开,并将切开的下半部分横向移动半个切口后,焊成空腹梁,增加了梁高,提高了抗弯刚度。还有预应力钢梁,用高强度钢材并预加应力,代替部分普通钢材,从而达到节约钢材的目的。

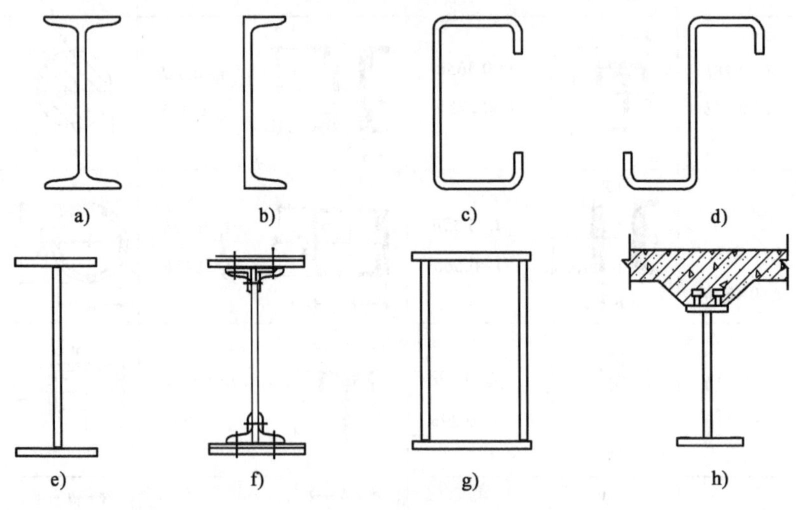

图 9-56 钢梁的截面形式

按梁受力情况的不同,可分为单向弯曲梁和双向弯曲梁(斜弯曲梁)。屋面檩条、墙梁和吊车梁等都是双向弯曲梁。按支承条件的不同,受弯构件可分为简支梁、连续梁、悬臂梁等。按在结构体系传力系统中的作用不同，受弯构件分为主梁、次梁等。按截面形式和尺寸沿构件轴线是否变化，有等截面受弯构件和变截面受弯构件之分。在一些情况下，使用变截面梁可以节省钢材，但也可能会增加制作成本。按截面构成方式的不同，受弯构件可分实腹式截面和空腹式截面，前者又分为型钢截面与焊接组合截面。

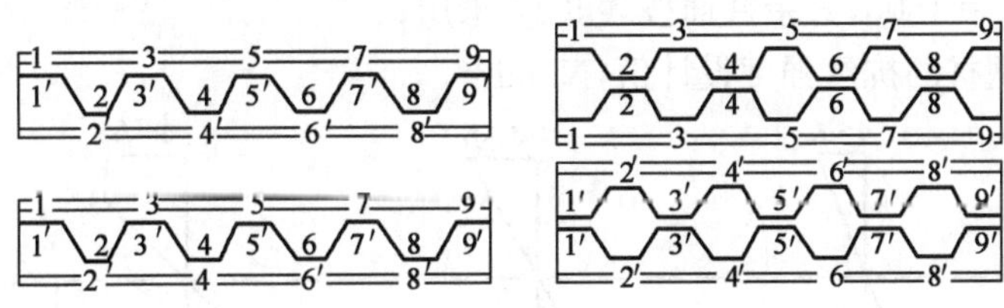

图 9-57 蜂窝梁

2. 梁的强度

一个构件的强度常是指构件截面上某一点的应力，或整个截面上的内力值，在构件破坏前达到所用材料强度极限的强度。对于钢梁的设计必须同时考虑第一和第二两种极限状态。第一种极限状态即承载力极限状态。在钢梁的设计中包括强度、整体稳定和局部稳定三个方面。设计时要求在荷载设计值的作用下，梁的弯曲正应力、剪应力、局部压应力和折算应力均不超过规范规定的相应的强度设计值。整根梁不会发生侧向弯扭屈曲；组成梁的板件不会出现波状的局部屈曲。第二种极限状态即正常使用的极限状态。在钢梁的设计中主要考虑梁的刚度。设计时要求梁有足够的抗弯刚度，即在荷载标准值的作用下，梁的最大挠度不大于规范规定的容许挠度值。

(1)抗弯强度

梁在受弯时的应力－应变曲线与受拉时相似，屈服点也接近。因此，钢材的理想弹塑性体的假定，在梁的强度计算中仍然适用。梁在弯矩作用下，截面中正应力的发展过程可分为三个阶段：①弹性阶段[图 9-58b)]，此时正应力为直线分布，梁最外边缘的正应力不超过屈服点；②弹塑性阶段[图 9-58c、图 9-58d)]，梁边缘部分出现塑性，应力达到屈服点，而在中和轴附近材料仍处于弹性；③塑性阶段[图 9-58e)]，梁截面全部进入塑性，应力均等于屈服点，形成塑性铰，截面会自由转动。这时，梁的承载力已达到极限。实际上，一般梁的截面中，除存在正应力外，还同时存在剪应力，有时还有局部压应力，在这种复杂应力状态下，梁在形成塑性铰之前就已达到极限承载能力。在一般情形下，常以最大边缘应力达到屈服点作为强度极限状态的标志，只在一定条件下，才允许考虑塑性变形的发展。设计时，梁的正应力、剪应力和局部压应力均不应超过规范规定的相应的强度设计值。如果在梁的某些部位中，上述三种应力或其中二种应力都较大时(例如梁的翼缘截面改变处、连续梁的支座处等)，还应验算折算应力。此外，在组合梁中尚须计算焊缝连接、铆钉连接或螺栓连接的强度。

规范对在主平面内受弯的实腹梁的抗弯强度计算如下：

在弯矩 M_x 作用下
$$\frac{M_x}{\gamma_x W_{nx}} \leqslant f \tag{9-42}$$

在弯矩 M_x、M_y 作用下
$$\frac{M_x}{\gamma_x W_{nx}} + \frac{M_y}{\gamma_y W_{ny}} \leqslant f \tag{9-43}$$

式中：M_x、M_y——绕 x 轴和 y 轴的弯矩(对工字形截面，x 轴为强轴，y 轴为弱轴)，N·mm 或 kN·mm；

W_{nx}、W_{ny}——对 x 轴和 y 轴的净截面抵抗矩，mm^3；

γ_x、γ_y——截面塑性发展系数，对工字形截面 $\gamma_x=1.05$，$\gamma_y=1.20$；对箱形截面 $\gamma_x=\gamma_y=1.05$，其余截面按表 9-17 采用；

f——钢材的抗弯强度设计值，N/mm^2。

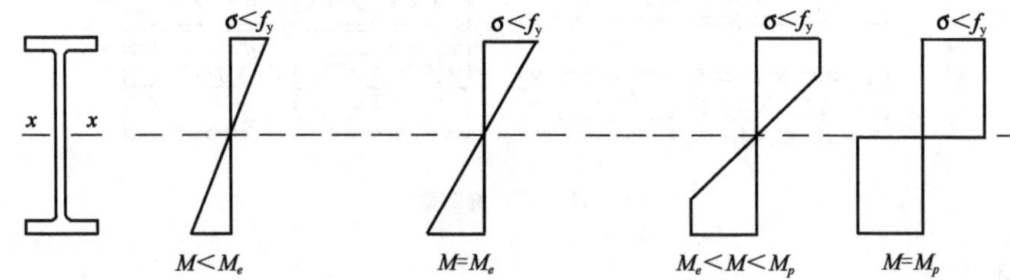

a)工字形梁 b)全截面弹性 c)截面最外边缘纤维应力达到屈服点 d)部分截面塑性 e)全截面塑性

图 9-58 工字形截面梁的正应力分布

直接承受动力荷载时，仍按式(9-35)和式(9-36)计算，但不考虑塑性变形的发展，即取 $\gamma_x=\gamma_y=1.0$。

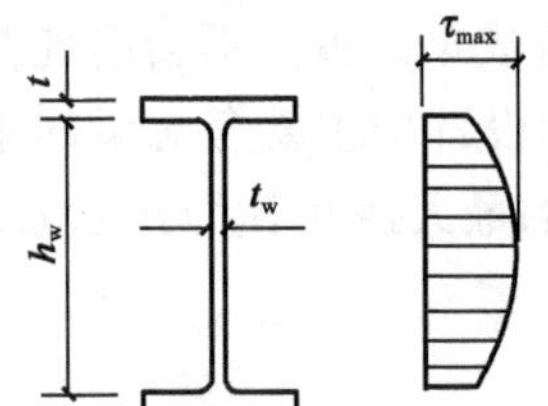

图 9-59 梁腹板上的剪应力

当梁的抗弯强度不够时，增大梁截面的任一尺寸均可，但以增大梁的高度最有效。

(2)抗剪强度

一般情况下，梁既承受弯矩，同时又承受剪力。工字形截面梁腹板上的剪应力分布如图 9-59所示。

钢结构设计规范以截面最大剪应力达到所用钢材抗剪屈服点作为抗剪承载力极限状态。截面上的最大剪应力发生在腹板中和轴处。因此，在主平面内受弯的实腹构件，其抗剪强度应按下式计算：

$$\tau_{max}=\frac{VS}{It_w}\leqslant f_v \tag{9-44}$$

式中：V——计算截面沿腹板平面作用的剪力，kN；

S——计算剪应力处以上(或下)毛截面对中和轴的面积矩，mm^3；

I——毛截面惯性矩，mm^4；

t_w——腹板厚度，mm；

f_v——钢材的抗剪强度设计值，N/mm^2。

轧制工字钢和槽钢因受轧制条件限制，腹板厚度 t_w 相对较大，当无较大的截面削弱(如切割或开孔等)时，可不计算剪应力。当梁的抗剪强度不足时，最有效的办法是增大腹板的面积，但腹板高度 h_w 一般由梁的刚度条件和构造要求确定，故设计时常采用加大腹板厚度 t_w 的办法来增大梁的抗剪强度。

(3)局部承压强度

当梁的翼缘受有沿腹板平面作用的固定集中荷载(包括支座反力)且该荷载处又未设置支承加劲肋时[图 9-60a)]，或受有移动的集中荷载(如吊车的轮压)时[图 9-60b)]，集中荷载通过翼缘传给腹板，腹板边缘集中荷载作用处，会有很高的局部横向压应力。为保证这部分腹板不致受压破坏，必须验算腹板计算高度边缘的局部承压强度。

截面塑性发展系数 γ_x、γ_y 值 表 9-17

项 次	截 面 形 式	γ_x	γ_y
1	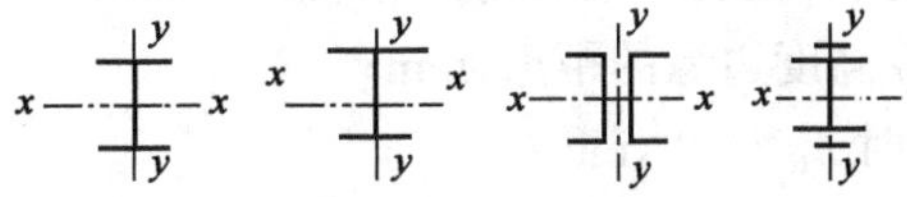	1.05	1.2
2	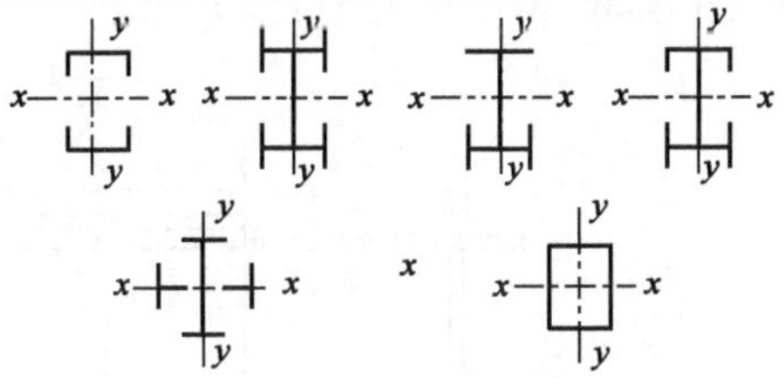		1.05
3	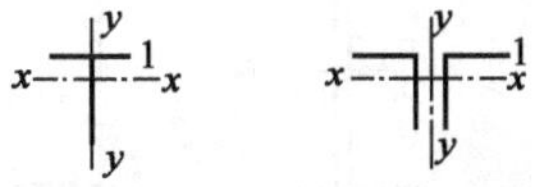	$\gamma_{x1}=1.05$ $\gamma_{x2}=1.2$	1.2
4	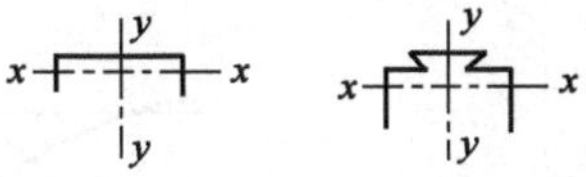		1.05
5	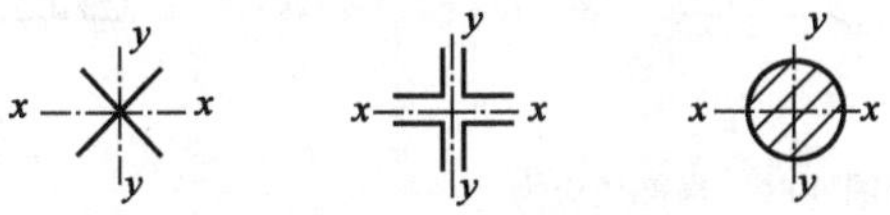	1.2	1.2
6	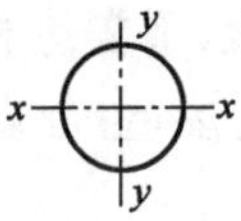	1.15	1.15
7	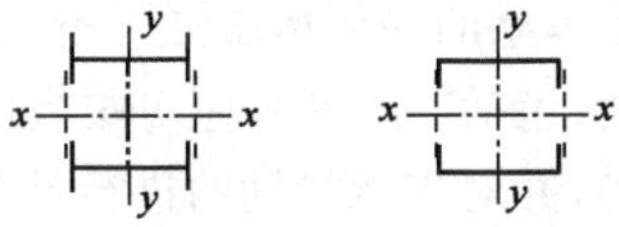	1.0	1.05
8	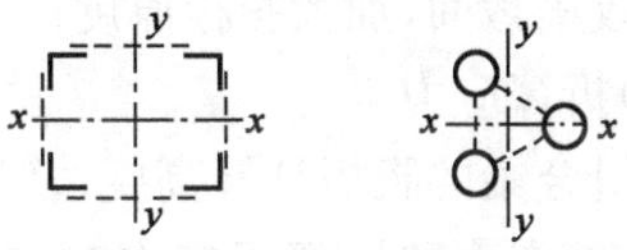		1.0

在集中荷载作用下，翼缘像一个支承在腹板上的弹性地基梁。腹板计算高度边缘的压应力分布如图 9-60b)的曲线所示。假定集中荷载从作用处以 1∶2.5(在 h_y 高度范围)和 1∶1(在 h_R 高度范围)扩散，均匀分布于腹板计算高度边缘。按这种假定计算的均布压应力与理论的局部压应力的最大值很接近。梁的局部承压强度按下式计算：

$$\sigma_c=\frac{\psi F}{t_w l_z}\leqslant f \tag{9-45}$$

式中：F——集中荷载，对动力荷载应考虑动力系数，kN；

ψ——集中荷载增大系数，对重级工作制吊车轮压，$\psi=1.35$；对其他荷载，$\psi=1.0$；

l_z——集中荷载在腹板计算高度边缘的假定分布长度，mm，按下式计算：

跨中集中荷载 $l_z = a + 5h_y + 2h_R$

梁端支反力 $l_z = a + 2.5h_y + a_1$

式中：a——集中荷载沿梁跨度方向的支承长度，对吊车轮压可取为 50mm；

h_y——自梁承载的边缘到腹板计算高度边缘的距离，mm；

h_R——轨道的高度，计算处无轨道时 $h_R = 0$，mm；

a_1——梁端到支座板外边缘的距离，按实取，但不得大于 $2.5h_y$，mm。

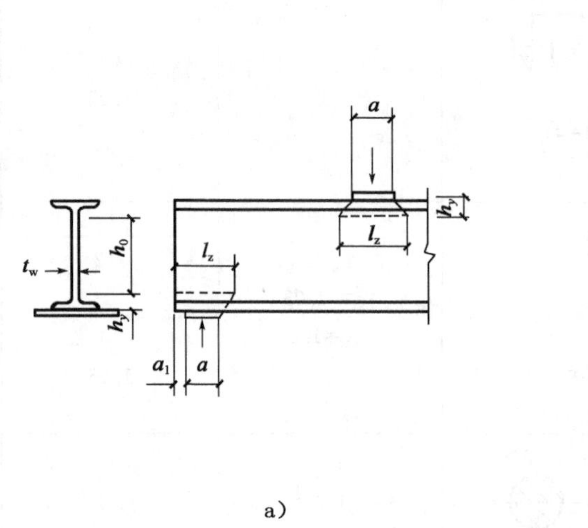

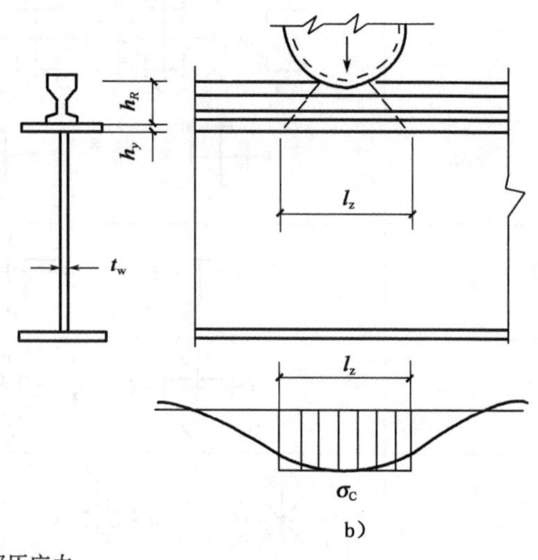

图 9-60 局部压应力

腹板的计算高度 h_0：对轧制型钢梁为腹板在与上、下翼缘相交接处两内弧起点间的距离；对焊接组合梁，为腹板高度；对铆接（或高强度螺栓连接）组合梁，为上、下翼缘与腹板连接的铆钉（或高强度螺栓）线间最近距离。

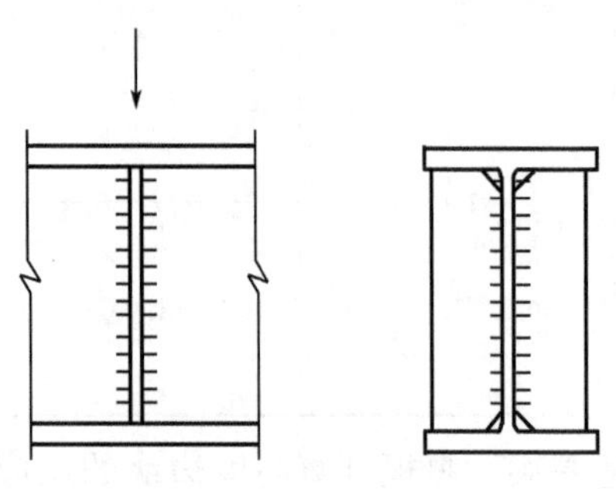

图 9-61 腹板的加强

当计算梁的局部承压强度不能满足要求时，在固定集中荷载处（包括支座处），应对腹板用支承加劲肋予以加强（图 9-61），并对支承加劲肋进行计算；对移动集中荷载，则只能修改梁截面，加大腹板厚度。

(4)折算应力

在组合梁的腹板计算高度边缘处，当同时受有较大的正应力、剪应力和局部压应力时，或同时受有较大的正应力和剪应力时（如连续梁的支座处或梁的翼缘截面改变处等），应按下式验算该处的折算应力：

$$\sqrt{\sigma^2 + \sigma_c^2 - \sigma\sigma_c + 3\tau^2} \leqslant \beta_1 f \tag{9-46}$$

式中：σ、τ、σ_c——腹板计算高度边缘同一点上的同时产生的正应力、剪应力和局部压应力，σ 和 σ_c 以拉应力为正值，压应力为负值，N/mm^2；

β_1——计算折算应力的强度设计值增大系数，当 σ 和 σ_c 异号时，取 $\beta_1 = 1.2$，当 σ 和 σ_c 同号或 $\sigma_c = 0$ 时，取 $\beta_1 = 1.1$。

τ 和 σ_c 按式(9-37)和(9-38)计算，σ 应按下式计算：

$$\sigma = \frac{M}{I_n} y_1 \tag{9-47}$$

式中：I_n——梁的净截面惯性矩，mm^4；

y_1——所计算点至梁中和轴的距离，mm。

3. 梁的刚度

梁的截面一般常由整体稳定和抗弯强度来控制。如梁高而短，就可能取决于抗剪强度；而细长的梁则往往由刚度控制。梁的刚度不足，就不能保证正常使用。如楼盖梁的挠度过大，就会给人一种不安全的感觉，而且还会使天花板抹灰等脱落，影响整个结构的使用功能；而吊车梁的挠度过大，还会加剧吊车运行时的冲击和振动，甚至使吊车不能正常运行等。因此，限制梁在正常使用时的最大挠度，就显得十分必要了。

受弯构件的刚度要求是：

$$\upsilon \leqslant [\upsilon] \tag{9-48}$$

式中：υ——由荷载的标准值所产生的最大挠度，mm；

$[\upsilon]$——规范规定的受弯构件的容许挠度，按表 9-18 采用。

受弯构件的容许挠度 表 9-18

项　次	构件类别	挠度容许值	
		$[\nu_T]$	$[\nu_Q]$
1	吊车梁和吊车桁架(按自重和起重量最大的一台吊车计算挠度) (1)手动吊车和单梁吊车(含悬挂吊车) (2)轻级工作制桥式吊车 (3)中级工作制桥式吊车 (4)重级工作制桥式吊车	 $l/500$ $l/800$ $l/1000$ $l/1200$	—
2	手动或电动葫芦的轨道梁	$l/400$	—
3	有重轨(质量等于或大于 38kg/m)轨道的工作平台梁 有轻轨(质量等于或小于 24kg/m)轨道的工作平台梁	$l/600$ $l/400$	—
4	楼(屋)盖梁或桁架、工作平台梁(第 3 项除外)和平台板 (1)主梁或桁架(包括设有悬挂起重设备的梁和桁架) (2)抹灰顶棚的次梁 (3)除(1)、(2)款外的其他梁(包括楼梯梁) (4)屋盖檩条 　支承无积灰的瓦楞铁和石棉瓦屋面者 　支承压型金属板、有积灰的瓦楞铁和石棉瓦等屋面者 　支承其他屋面材料者 (5)平台板	 $l/400$ $l/250$ $l/250$ $l/150$ $l/200$ $l/200$ $l/150$	 $l/500$ $l/350$ $l/300$ — — — —
5	墙架构件(风荷载不考虑阵风系数) (1)支柱 (2)抗风桁架(作为连续支柱的支承时) (3)砌体墙的横梁(水平方向) (4)支承压型金属板、瓦楞铁和石棉瓦墙面的横梁(水平方向) (5)带有玻璃窗的横梁(竖直和水平方向)	 — — — — $l/200$	 $l/400$ $l/1000$ $l/300$ $l/200$ $l/200$

注：1. l 为受弯构件的跨度(对悬臂梁和伸臂梁为悬伸长度的 2 倍)。

2. $[\nu_T]$为永久和可变荷载标准值产生的挠度(如有起拱应减去拱度)的容许值；$[\nu_Q]$为可变荷载标准值产生的挠度的容许值。

梁的挠度可按材料力学和结构力学的方法计算，也可由结构静力计算手册取用，计算梁的挠度值时，应采用荷载的标准值。

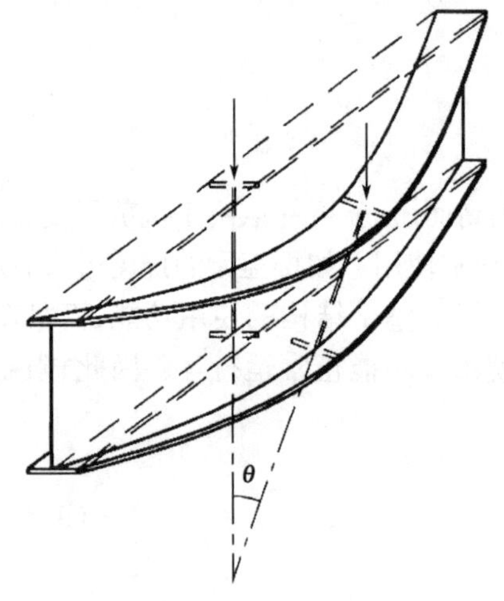

图 9-62　受弯构件的整体失稳

4. 梁的整体稳定

单向受弯构件在荷载作用下，虽然最不利截面上的弯矩或者弯矩与其他内力的组合效应还低于截面的承载强度，但构件可能突然偏离原来的弯曲变形平面，发生侧向挠曲和扭转（图 9-62），称为受弯构件的整体失稳。失稳时构件的材料都处于弹性阶段，称为弹性失稳，不然则称为弹塑性失稳。受弯构件整体失稳后，一般不能再承受更大荷载的作用，不仅如此，若构件在平面外的弯曲及扭转（称为弯扭变形）的发展不能予以抑制，就不能保持构件的静态平衡并发生破坏。整体失稳是受弯构件的主要破坏形式之一。设计钢梁时应保证其不发生整体失稳。

(1)梁的整体稳定的计算

钢结构设计规范规定在最大刚度主平面内单向受弯的钢梁应按下式计算整体稳定性：

$$\frac{M_x}{\varphi_b W_x} \leqslant f \tag{9-49}$$

双向受弯钢梁同时在两个主平面内承受弯矩，其整体失稳仍将是在弱轴侧向的弯扭失稳，理论分析较为复杂，一般按经验近似公式计算。规范规定双向受弯工字形截面钢梁或 H 型钢梁的整体稳定应按下式计算：

$$\frac{M_x}{\varphi_b W_x} + \frac{M_y}{\gamma_y W_y} \leqslant f \tag{9-50}$$

式中：M_x、M_y——绕强轴（x 轴）、弱轴（y 轴）作用的最大弯矩，N · mm 或 kN · mm；

W_x、W_y——按受压纤维确定的对 x 轴和对 y 轴的毛截面抵抗矩，mm^3；

φ_b——绕强轴弯曲所确定的梁整体稳定系数，为整体稳定临界应力与钢材屈服强度的比值。

下面具体说明 φ_b 的计算。

等截面焊接工字形和轧制 H 型钢（图 9-63）简支梁的整体稳定系数 φ_b 应按下式计算：

$$\varphi_b = \beta_b \frac{4320Ah}{\lambda_y^2 W_x}\left[\sqrt{1+\left(\frac{\lambda_y t_1}{4.4h}\right)^2} + \eta_b\right]\frac{235}{f_y} \tag{9-51}$$

式中：β_b——梁整体稳定的等效临界弯矩系数，按表 9-19 采用；

λ_y——梁在侧向支承点间对截面弱轴 y-y 的长细比，$\lambda_y = l_1/i_y$，对跨中无侧向支承点的梁，l_1 为其跨度；对跨中有侧向支承点的梁，l_1 为受压翼缘侧向支承点间的距离（梁的支座处视为有侧向支承）。i_y 为梁毛截面对 y 轴的截面回转半径，mm；

A——梁的毛截面面积，mm^2；

h、t_1——梁截面的全高和受压翼缘厚度，mm；

η_b——截面不对称影响系数；对双轴对称截面[图 9-63a)、图 9-63d)]：$\eta_b=0$；对单轴对称工字形截面[图 9-63b)、图 9-63c)]：加强受压翼缘，$\eta_b=0.8(2\alpha_b-1)$；加强受拉翼缘，$\eta_b=2\alpha_b-1$；$\alpha_b=\dfrac{I_1}{I_1+I_2}$，式中 I_1 和 I_2 分别为受压翼缘和受拉翼缘对 y 轴的惯性矩。

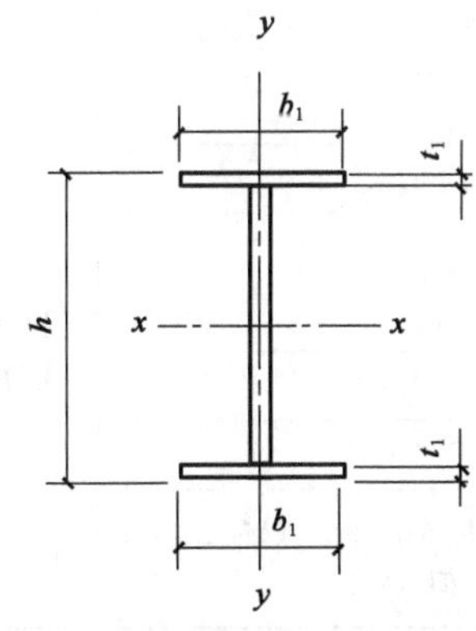

a) 双轴对称焊接工字形截面

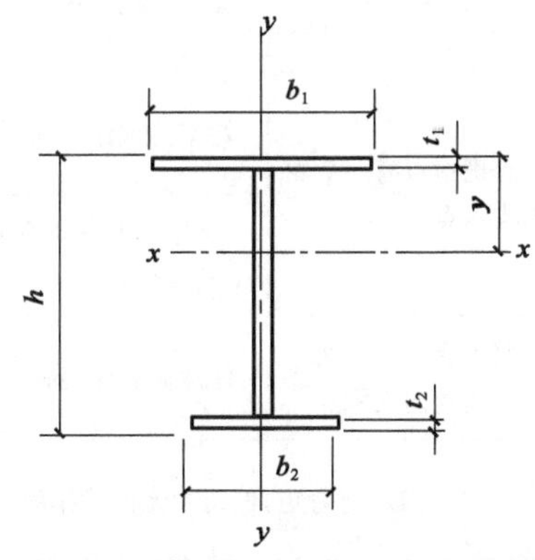

b) 加强受压翼缘的单轴对称焊接工字形截面

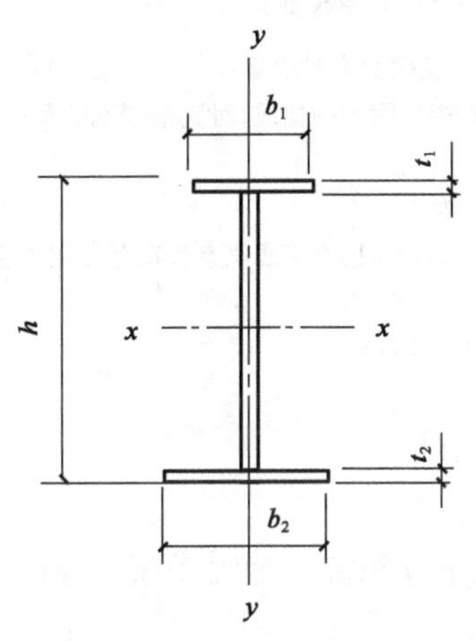

c) 加强受拉翼缘的单轴对称焊接工字形截面

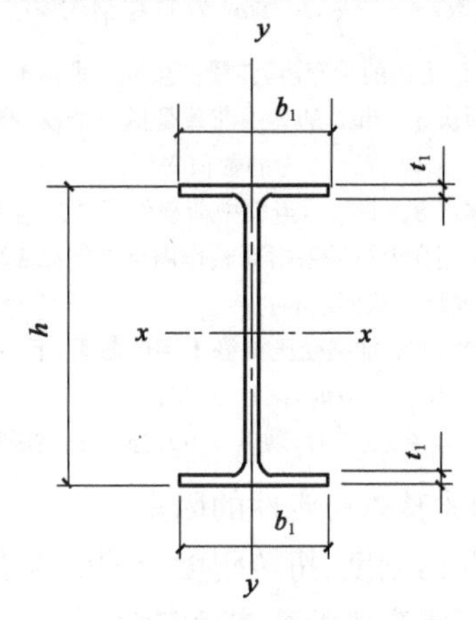

d) 轧制H型钢截面

图 9-63　焊接工字形和轧制 H 型钢截面

对较长的构件，处于弹性阶段，φ_b 值是小于 1.0 的；对于支承间距离较短的构件，处于弹塑性阶段，可能出现 φ_b 大于 1.0 的情况，这时应按弹塑性方法来考虑修正。工程设计上通常给出 φ_b 的近似公式、计算表格或计算曲线。当计算出的 φ_b 值大于 0.6 时，应以 φ_b' 代替 φ_b，φ_b' 的计算公式如下：

$$\varphi_b'=1.1-0.4646/\varphi_b+0.1269/(\varphi_b^{3/2}) \tag{9-52}$$

对于轧制普通工字钢简支梁、轧制槽钢简支梁、双轴对称工字形等截面(含 H 型钢)，悬臂梁的整体稳定系数和受弯构件整体稳定系数的近似计算方法可参考《钢结构设计规范》(GB 50017—2003)附录 B。

H 型钢和等截面工字形简支梁的系数 β_b 表 9-19

项次	侧向支承	荷载		$\xi\leqslant 2.0$	$\xi>2.0$	适用范围
1	跨中无侧向支承点	均布荷载作用在	上翼缘	$0.69+0.13\xi$	0.95	图 9-63a)、图 9-63b)和图 9-63d)
2			下翼缘	$1.73-0.20\xi$	1.33	
3		集中荷载作用在	上翼缘	$0.73+0.18\xi$	1.09	
4			下翼缘	$2.23-0.28\xi$	1.67	
5	跨度中点有一个侧向支承点	均布荷载作用在	上翼缘	1.15		图 9-63 中的所有截面
6			下翼缘	1.4		
7		集中荷载作用在截面高度上任意位置		1.75		
8	跨中有不少于两个等距离侧向支承点	任意荷载作用在	上翼缘	1.2		
9			下翼缘	1.4		
10	梁端有弯矩,但跨中无荷载作用			$1.75-1.05(M_2/M_1)+0.3(M_2/M_1)^2$,但$\leqslant 2.3$		

注:1. ξ 为参数,$\xi=\frac{l_1 t_1}{b_1 h}$,$l_1$ 和 b_1 为 H 型钢或等截面工字形简支梁受压翼缘的自由长度和宽度。

2. M_1、M_2 为梁的端弯矩,使梁产生同向曲率时 M_1 和 M_2 取同号,产生反向曲率时取异号,$|M_1|\geqslant|M_2|$。

3. 表中项次 3、4 和 7 的集中荷载是指一个或少数几个集中荷载位于跨中央附近的情况,对其他情况的集中荷载,应按表中项次 1、2、5、6 内的数值采用。

4. 表中项次 8、9 的 β_b,当集中荷载作用在侧向支承点处时,取 $\beta_b=1.20$。

5. 荷载作用在上翼缘系指荷载作用点在翼缘表面,方向指向截面形心;荷载作用在下翼缘系指荷载作用点在翼缘表面,方向背向截面形心。

6. 对 $\alpha_b>0.8$ 的加强受压翼缘工字形截面,下列情况的 β_b 值应乘以相应的系数:

项次 1:当 $\xi\leqslant 1.0$ 时,乘以 0.95;

项次 3:当 $\xi\leqslant 0.5$ 时,乘以 0.90;当 $0.5<\xi\leqslant 1.0$ 时,乘以 0.95。

(2)影响梁整体稳定性的因素

①梁的侧向刚度、扭转刚度及翘曲刚度越大,梁整体稳定性越好。加强受压翼缘的工字形截面更有利于提高梁的整体稳定性。

②梁侧向支承点间的距离越小,梁整体稳定性越好。

③荷载类型的影响,依纯弯曲、均布荷载和跨中一个集中荷载的顺序,后者较前者更有利于梁整体稳定性。

④荷载作用于上翼缘时,梁整体稳定性降低;荷载作用于下翼缘时,梁整体稳定性提高。

(3)梁整体稳定性的保证

构件的整体稳定主要依赖于构件的整体状况,如端部约束条件、支承间长度及荷载沿构件的分布等。规范规定符合下列情况之一的钢梁可不计算其整体稳定性:

①当有足够刚度的铺板(如钢筋混凝土板、钢板)覆盖在受弯构件的受压翼缘上并与其牢固连接时,能有效阻止受压翼缘的侧向变形。

②H 型钢或等截面工字形简支梁受压翼缘的自由长度 l_1 与其宽度 b_1 之比不超过表 9-20 所规定的数值时。

H 型钢或等截面工字形简支梁不需计算整体稳定性的最大 l_1/b_1 值 表 9-20

钢号	跨中无侧向支承点的梁		跨中受压翼缘有侧向支承点的梁，不论荷载作用于何处
	荷载作用在上翼缘	荷载作用在下翼缘	
Q235	13.0	20.0	16.0
Q345	10.5	16.5	13.0
Q390	10.0	15.5	12.5
Q420	9.5	15.0	12.0

注：1. l_1 指受压翼缘的自由长度。对跨中无侧向支承点的梁，l_1 为其跨度；对跨中有侧向支承点的梁，l_1 为受压翼缘侧向支承点的距离（梁的支座处视为有侧向支承）。

2. 其他钢号的梁不需计算整体稳定性的最大 l_1/b_1 值，应取 Q235 钢的数值乘以 $\sqrt{235/f_y}$。

3. 梁的支座处，应采取构造措施以防止梁端截面的扭转。

5. 梁的局部稳定

在钢梁的设计中，除了强度和整体稳定问题外，为了保证梁的安全承载还须考虑局部稳定的问题。轧制型钢梁的规格和尺寸，都满足局部稳定要求，不需进行验算。对于组合梁，为了获得经济的截面尺寸，常常采用宽而薄的翼缘板和高而薄的腹板。如果梁受压翼缘的宽度与厚度之比太大，或腹板的高度与厚度之比太大，常会在梁发生强度破坏或丧失整体稳定之前，梁的组成板件偏离原来的平面位置而发生波状鼓曲（图 9-64），这种现象称为钢梁的局部失稳。梁的翼缘或腹板发生局部屈曲，虽然不致于使梁立即达到极限承载能力而破坏，但局部失稳会恶化梁的受力性能，因而也必须避免。

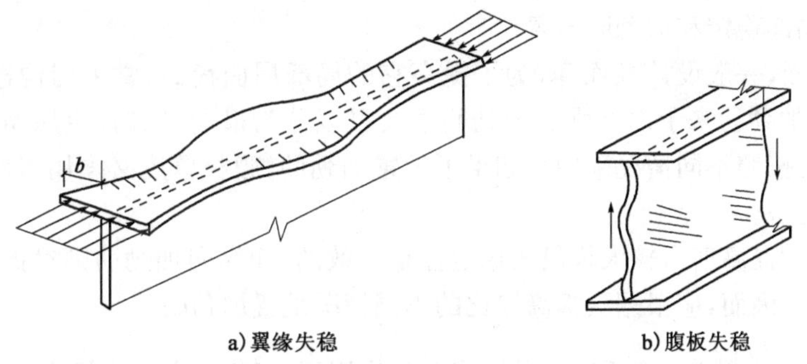

图 9-64 受弯构件的局部失稳

（1）受压翼缘的局部稳定

为了保证受压翼缘不会局部失稳，应使其宽度与厚度之比符合一定的要求。因此规范规定：若为弹性设计，梁受压翼缘的自由外伸宽度 b 与其厚度 t 之比（图 9-65），即宽厚比应满足：

$$\frac{b}{t} \leqslant 15\sqrt{\frac{235}{f_y}} \tag{9-53}$$

当超静定梁按塑性设计方法设计，即允许截面上出现塑性铰并要求有一定转动能力时，翼缘的应变发展较大，甚至达到应变硬化的程度，对其翼缘的宽厚比要求就更严一些，此时，应满足：

$$\frac{b}{t} \leqslant 9\sqrt{\frac{235}{f_y}} \tag{9-54}$$

当梁允许出现部分塑性时，规范规定此时的翼缘悬伸宽厚比应满足：

$$\frac{b}{t} \leqslant 13\sqrt{\frac{235}{f_y}} \tag{9-55}$$

式中：b——梁受压翼缘自由外伸宽度，mm：对焊接构件，取腹板边至翼缘板（肢）边缘的距离；对轧制构件，取内圆弧起点至翼缘板（肢）边缘距离。

对于箱形截面梁取两腹板之间的部分（图 9-66）应满足：

$$\frac{b_0}{t} \leqslant 40\sqrt{\frac{235}{f_y}} \tag{9-56}$$

式中：t——梁受压翼缘厚度，mm。

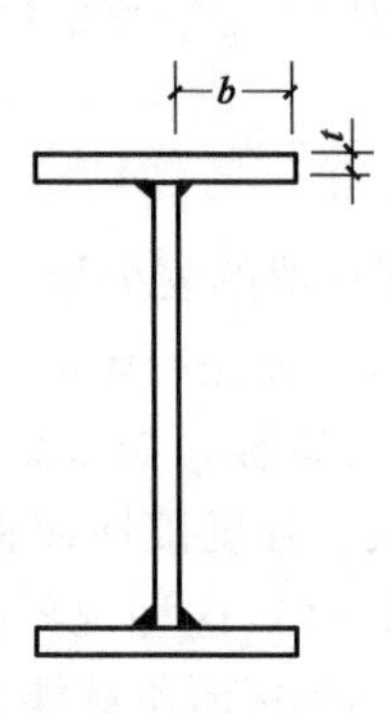

图 9-65　翼缘宽厚比

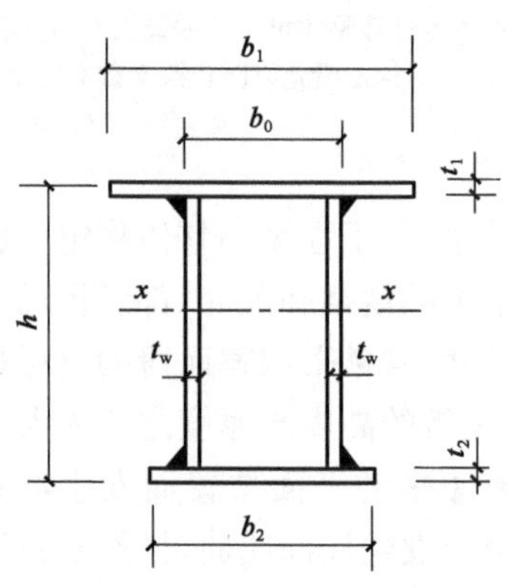

图 9-66　箱形截面梁

（2）腹板的局部稳定和加劲肋布置

对于梁的腹板，一般设计高而薄，为了提高它的局部屈曲荷载，常采用构造措施，亦即如图 9-67所示设置加劲肋来予以加强。加劲肋主要可以分为横向、纵向、短加劲肋和支承加劲肋等几种，设计时按照不同情况采用。如果不设置加劲肋，腹板厚度必须用得较大，而大部分应力很低，不够经济。

横向加劲肋对提高剪力较大板段的稳定性是有效的，而纵向加劲肋则对提高弯矩较大板段的稳定性有利。因而，应根据腹板高厚比的不同情况配置加劲肋。

①当 $\frac{h_0}{t_w} \leqslant 80\sqrt{\frac{235}{f_y}}$ 时，腹板在各种应力单独作用下，都不会失去局部稳定。规范规定：对无局部压应力的梁，可不配置加劲肋；对有局部压应力的梁（如吊车梁）宜按构造要求配置横向加劲肋，其间距 a 应满足：$0.5h_0 \leqslant a \leqslant 2h_0$。

②当 $80\sqrt{\frac{235}{f_y}} < \frac{h_0}{t_w} \leqslant 170\sqrt{\frac{235}{f_y}}$ 时，腹板虽不能在弯曲应力作用下失稳，但可能在剪应力作用下失稳，应按计算配置合适的横向加劲肋。

③当 $\frac{h_0}{t_w} > 170\sqrt{\frac{235}{f_y}}$ 时，腹板既可能在剪应力作用下，也可能在弯曲正应力作用下丧失局部稳定。除应按计算配置横向加劲肋外，尚应在受压区配置纵向加劲肋。必要时还应在受压区配置短加劲肋。

④梁的支座处和上翼缘受有较大固定集中荷载处，宜设置支承加劲肋。

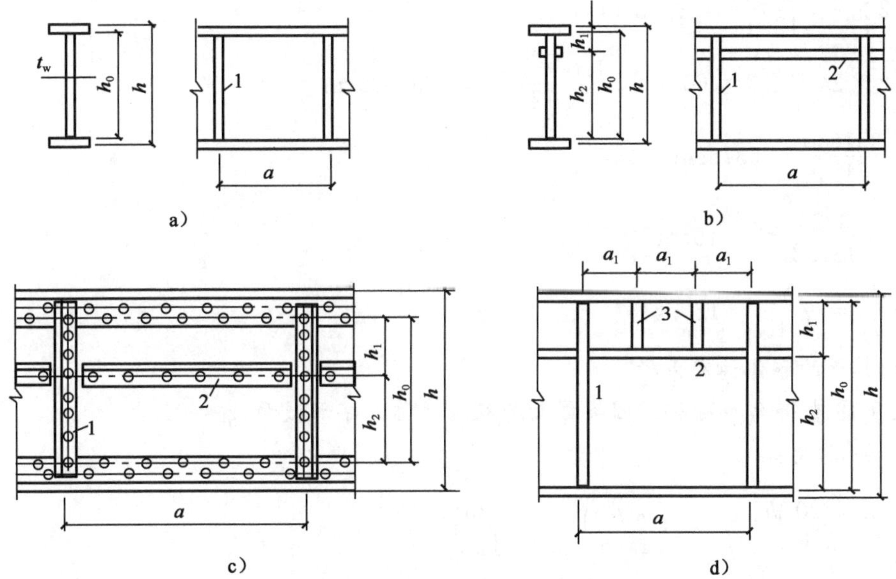

图 9-67 梁的腹板加劲肋

1-横向加劲肋;2-纵向加劲肋;3-短加劲肋

［**例 9-10**］ 焊接工字形截面简支梁(图 9-68),跨度 15m,在距两端支座 5m 处分别支承一根次梁,由次梁传来的集中荷载(设计值)$F=200\text{kN}$,钢材为 Q235,试验算其整体稳定性。

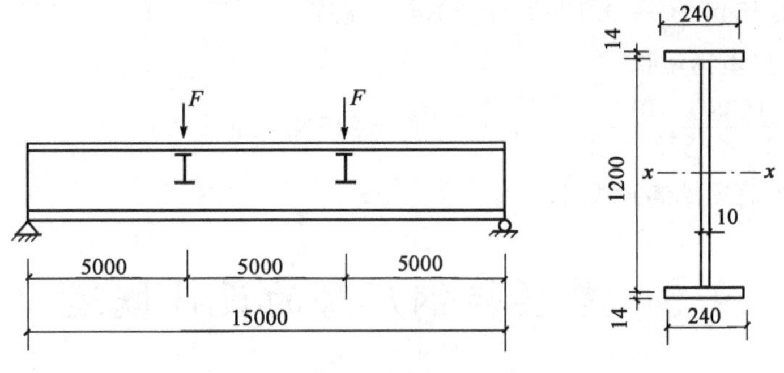

图 9-68 例题 9-10 图

［**解**］ (1)近似认为次梁可作为本例梁的侧向支承,故梁受压翼缘的自由长度 l_1 为 5m。l_1 与梁受压翼缘宽度 b_1 之比为:$\frac{l_1}{b_1}=\frac{500}{24}=20.8>16$,由表 9-20 可知,应计算梁的整体稳定。

(2)受力及截面特性计算

设梁自重的设计值为 2.4kN/m。

梁跨中最大弯矩为:

$$M=200\times5+\frac{1}{8}\times2.4\times15^2=1068\text{kN}\cdot\text{m}$$

梁的截面特性:

$$A=2\times24\times1.4+1.0\times120=187.2\text{cm}^2$$

$$I_y = 2\times\frac{1.4\times24^3}{12} = 3226\text{cm}^4$$

$$I_x = 2\times24\times1.4\times60.7^2 + \frac{1.0\times120^3}{12} = 391600\text{cm}^4$$

$$W_x = \frac{391600}{61.4} = 6378\text{cm}^3$$

$$i_y = \sqrt{\frac{3226}{187.2}} = 4.15\text{cm}$$

$$\lambda_y = \frac{l_1}{i_y} = \frac{500}{4.15} = 120.5$$

(3)计算梁的整体稳定系数

由表 9-19 查得 $\beta_b = 1.20$。因梁截面为双轴对称工字形截面，$\eta_b = 0$。

按式(9-52)得：

$$\varphi_b = \beta_b\frac{4320Ah}{\lambda_y^2W_x}\left[\sqrt{1+\left(\frac{\lambda_y t_1}{4.4h}\right)^2}+\eta_b\right]\frac{235}{f_y}$$

$$=1.2\times\frac{4320\times187.2\times122.8}{120.5^2\times6378}\left[\sqrt{1+\left(\frac{120.5\times1.4}{4.4\times122.8}\right)^2}+0\right]\times\frac{235}{235}$$

$$=1.348 > 0.6$$

由式(9-53)计算 φ_b'：

$$\varphi_b' = 1.1 - 0.4646/\varphi_b + 0.1269/(\varphi_b^{3/2}) = 0.837$$

(4)计算梁的整体稳定性

$$\frac{M}{\varphi_b' W_x} = \frac{1068\times10^6}{0.837\times6378\times10^3} = 200 < f = 215\text{N/mm}^2$$

所以梁的整体稳定性满足要求。

9.5 单层轻钢厂房的设计概述

9.5.1 单层轻钢厂房的组成和特点

1. 单层轻钢厂房的组成

就国内外目前的应用情况来看，单层轻钢厂房多采用由横梁、柱组成的门式刚架结构，部分轻钢厂房采用由屋架和柱组成的横向平面框架结构。本节主要阐述单层门式刚架结构。

单层门式刚架结构是指以轻型焊接 H 型钢(等截面或变截面)、热轧 H 型钢(等截面)或冷弯薄壁型钢等构成的实腹式门式刚架或格构式门式刚架作为主要承重骨架，用冷弯薄壁型钢(槽形、卷边槽形、Z 形等)做檩条、墙梁；以压型金属板(压型钢板、压型铝板)做屋面、墙面；采用聚苯乙烯泡沫塑料、硬质聚氨酯泡沫塑料、岩棉、矿棉、玻璃棉等作为保温隔热材料并适当设置支撑的一种轻型房屋结构体系，如图 9-69 所示。在目前的实际工程中，门式刚架的梁、柱构件多采用焊接变截面的H形截面，单跨刚架的梁、柱节点采用刚接，多跨时多采用刚接和铰接并用。柱脚与基础刚接或铰接。

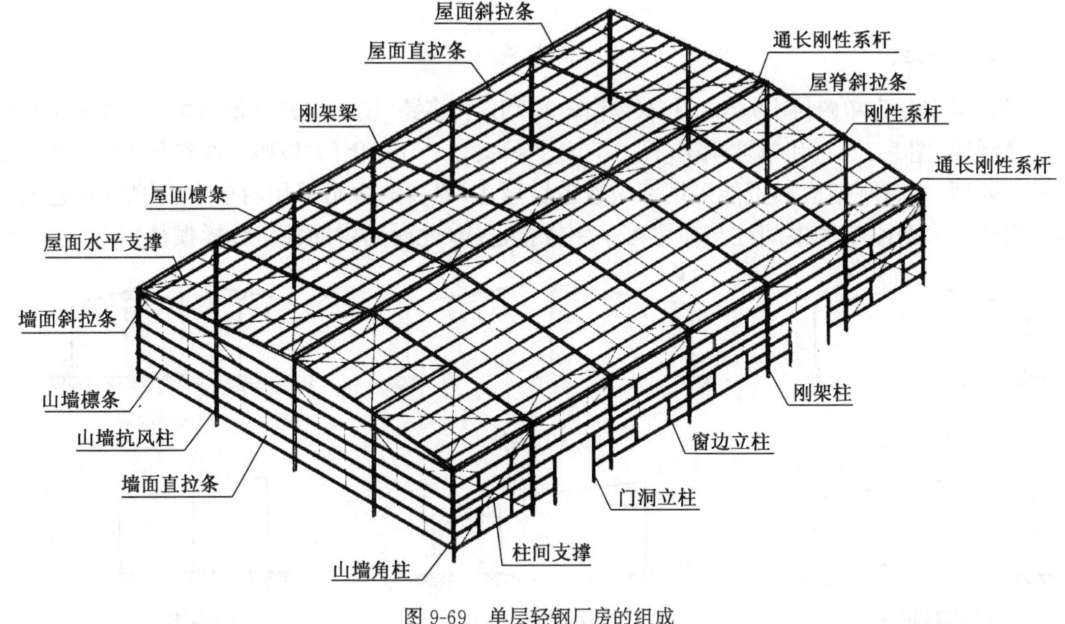

图 9-69 单层轻钢厂房的组成

2. 单层轻钢厂房的特点

(1)结构自重较轻

由于单层轻钢厂房的围护结构是由压型金属板、玻璃棉及冷弯薄壁型钢等材料组成，屋面、墙面的质量都很轻，因此支承它们的门式刚架也很轻。由于单层轻钢厂房结构的质量轻，地基的处理费用相对较低，基础可以相对做得比较小。同时在相同地震烈度下，单层轻钢厂房结构的地震反应小。但是风荷载对单层轻钢厂房结构构件的受力影响较大，风荷载产生的吸力可能会使屋面金属压型板、檩条的受力变号，当风荷载较大或房屋较高时，风荷载可能是刚架设计的控制荷载。

(2)施工周期短

门式刚架结构的主要构件和配件均为工厂制作，质量易于保证，工地安装方便。除基础施工外，基本没有湿作业。刚架柱和刚架梁之间的连接一般采用高强度螺栓刚性连接，施工速度较快。刚架构件的刚度较好，其平面内、外的刚度差别较小，为制造、运输、安装提供了较有利的条件。

(3)综合经济效益高

由于近年来采用了计算机辅助结构设计，门式刚架结构的设计周期较短；与屋架结构相比，门式刚架结构的构件截面尺寸较小，可以有效地利用建筑空间，从而降低房屋的高度，减小建筑体积；门式刚架结构的工程周期短，资金回报快，投资效益高。

(4)柱网布置比较灵活

门式刚架结构的围护体系采用金属压型板，柱网布置不受模数限制，布置比较灵活，柱距大小主要根据使用要求和用钢量最省的原则来确定。

9.5.2 结构布置

1. 结构形式

门式刚架分为单跨[图 9-70a)]、双跨[图 9-70b)]、多跨[图 9-70c)]、带挑檐的[图 9-70d)]、带毗屋刚架[图 9-70e)]和单坡刚架[图 9-70f)]等形式。为简化门式刚架的节点构造，便于屋面排水处理，多跨刚架应尽可能采用双坡或单坡屋盖，必要时也可采用由多个双坡屋盖组成的多跨刚架。多跨刚架的中间柱与横梁可采用铰接连接(此时的中间柱俗称摇摆柱)。

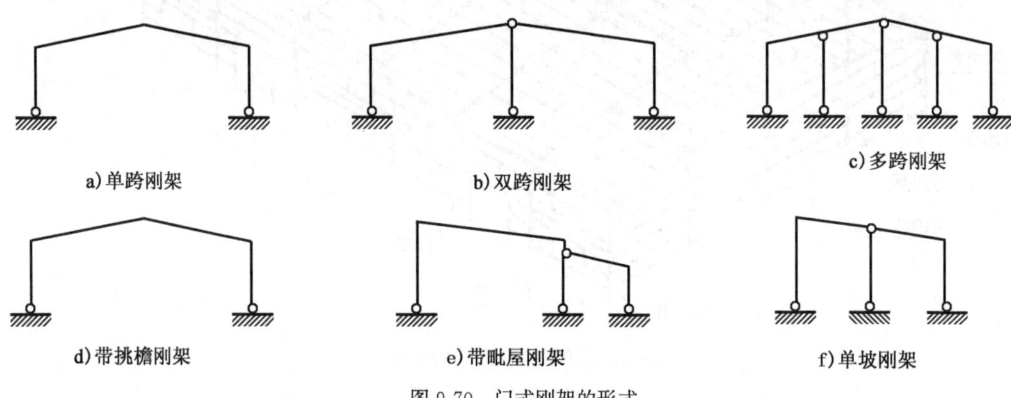

图 9-70 门式刚架的形式

根据工艺和建筑要求确定。门式刚架的合理间距应综合考虑刚架跨度、荷载条件及使用要求等因素，一般宜取 6m、7m、9m。

2. 支撑布置

(1)柱间支撑布置

柱间支撑的间距应根据房屋纵向柱距、受力情况和安装条件确定，如图 9-71 所示。当无吊车时，宜取 30～45m。厂房有吊车时柱间支撑宜设在温度区段的中部，温度区段较长时可设在温度区段的三分点处，且间距不宜大于 60m。当建筑物宽度大于 60m 时，内柱列宜适当增加柱间支撑。

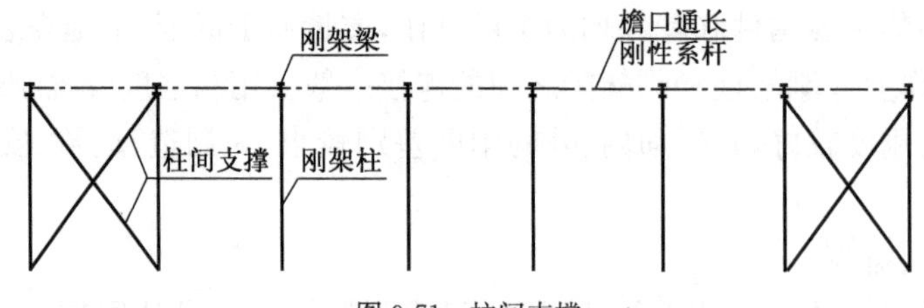

图 9-71 柱间支撑

(2)屋盖横向水平支撑布置

屋盖横向水平支撑宜设在温度区间端部的第一个柱间[图 9-72a)]或第二个柱间[图 9-72b)]。当屋盖横向水平支撑设在第二个柱间时，在第一个柱间的相应位置应设置刚性系杆。在刚架转折处(单跨房屋边柱柱顶和屋脊以及多跨房屋某些中间柱柱顶和屋脊)，应沿房屋全长设置刚性系杆。柱间支撑和屋盖横向水平支撑必须布置在同一柱间内，以形成几何不变体系，抵抗纵向荷载。

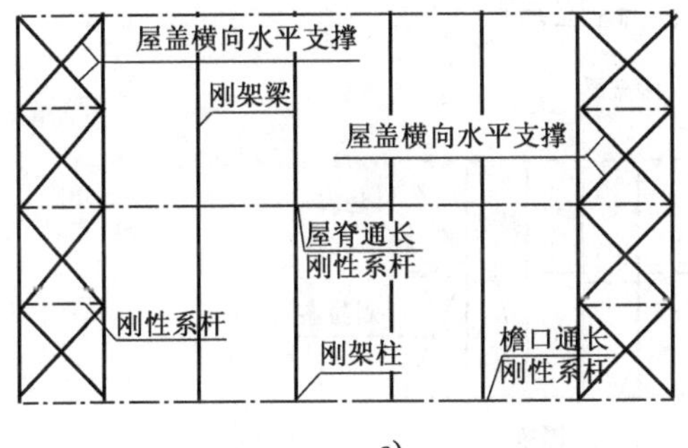

a)

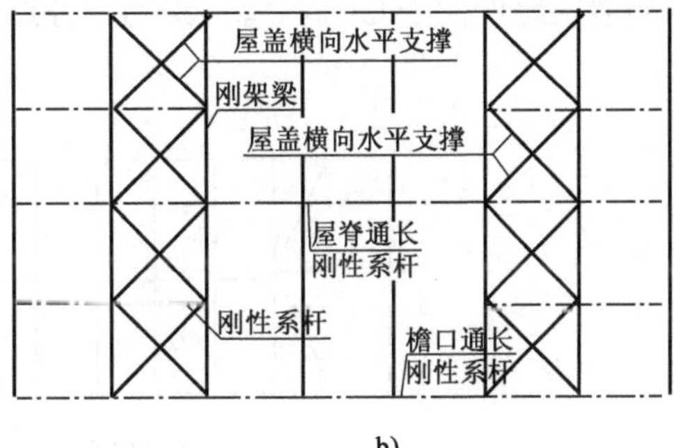

b)

图 9-72 屋面水平支撑布置

(3)隅撑布置

门式刚架斜梁的两端一般为负弯矩区，斜梁下翼缘和柱内翼缘在该处受压。为了保证刚架梁下翼缘和柱内翼缘的平面外稳定性，可在受压翼缘两侧布置隅撑(山墙处刚架仅布置在一侧)或柱与墙梁之间布置隅撑，如图 9-73 所示。

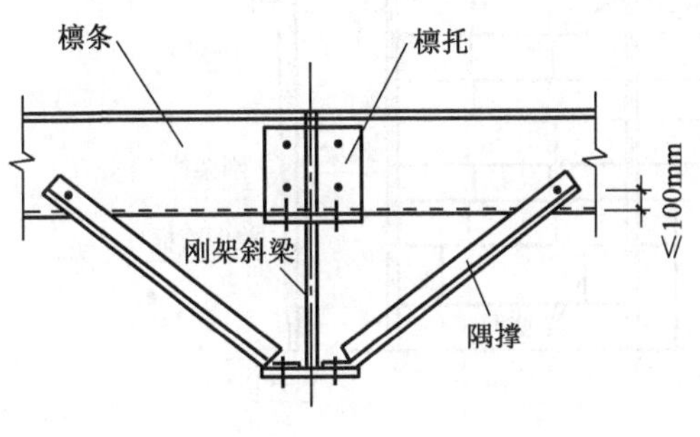

图 9-73 隅撑的连接

3. 檩条

门式刚架轻钢结构一般采用实腹式檩条，其优点是构造简单，制造及安装方便，常用于跨度为 3～6m 的情况。截面形式有槽钢、普通工字钢、焊接 H 型钢、卷边 C 形、直卷边 Z 形或斜卷边 Z 形冷弯薄壁型钢，如图 9-74 所示。

拉条可作为檩条的侧向支承点，减小檩条在平行于屋面方向上的跨度，提高檩条的承载能力，减少檩条在使用和施工过程中产生的侧向变形和扭转。当檩条跨度 l=4～6m 时，宜设置一道拉条；当 l>6m 时，宜设置两道拉条。

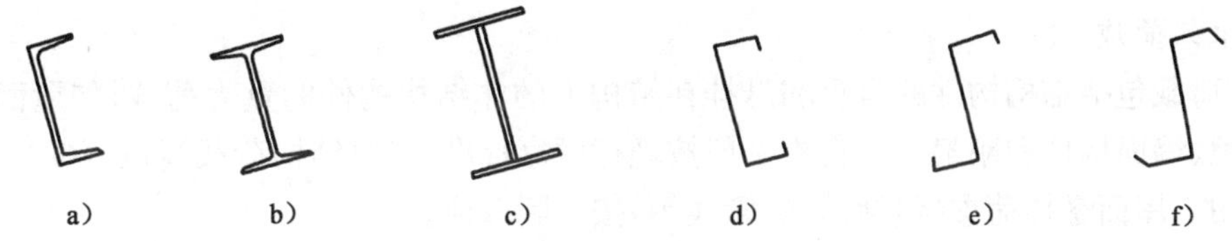

图 9-74 实腹式檩条的截面形式

拉条和撑杆(图 9-75)是提高檩条侧向稳定性的重要构造措施，拉条仅传递拉力，撑杆主要承受压力。撑杆的主要作用是限制屋脊、檐口和天窗两侧边檩条向上和向下两个方向的侧向弯曲，撑杆处应同时设置斜拉条，将檩条沿屋面坡度方向的分力传到钢梁或钢柱上。

4. 墙梁

墙梁的布置应综合考虑门窗洞口、墙面围护材料的要求。纵墙墙梁(图 9-76)一般直接与刚架柱相连，门式刚架的柱距即为墙梁的跨度；墙梁的间距取决于墙板的材料强度、尺寸、所受荷载的大小等，墙梁的间距一般不超过 2.5m。当墙梁跨度为 4～6m 时，宜在跨中设一道拉条；当墙梁跨度大于 6m 时，宜在跨间三分点处各设一道拉条。

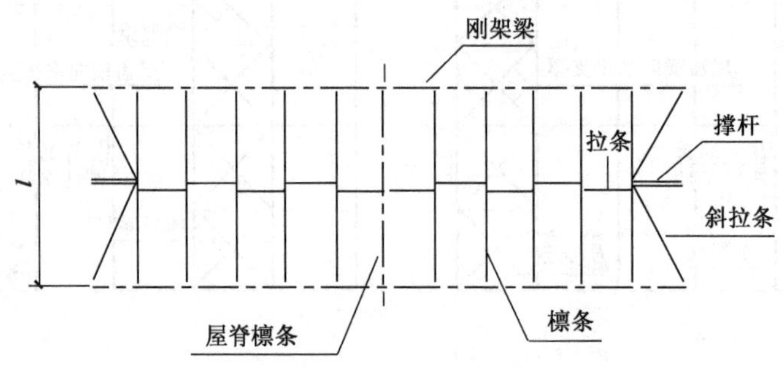

图 9-75　拉条和撑杆

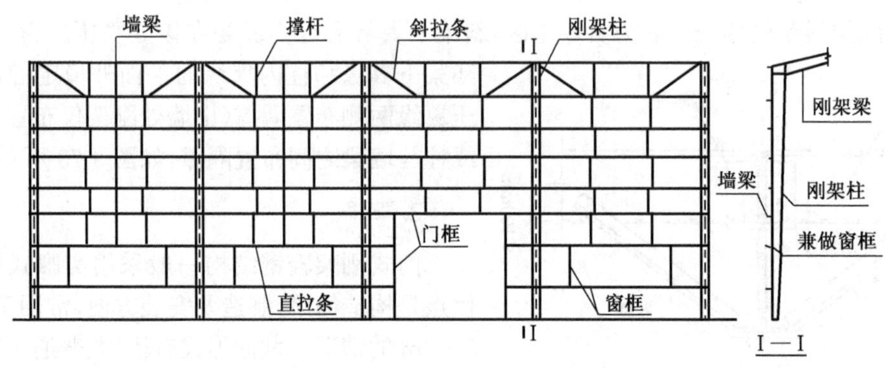

图 9-76　墙梁布置

9.5.3　刚架设计

1. 荷载

(1)永久荷载

永久荷载包括结构构件的自重和悬挂在结构上的非结构构件的重力荷载，如屋面、檩条、支撑、吊顶、墙面构件和刚架等。自重一般按现行国家标准《建筑结构荷载规范》(GB 50009—2012)采用。屋面悬挂荷重(包括吊顶、管线等)按实际取值。

(2)可变荷载

可变荷载包括屋面均布活荷载、雪荷载、积灰荷载、风荷载、悬挂或桥式吊车荷载(包括竖向轮压及水平制动力)。屋面均布活荷载标准值(按水平投影面积计算)一般为 0.5kN/m²，对受荷水平投影面积超过 60m² 的刚架结构，屋面均布活荷载标准值可取不小于 0.3kN/m²。

(3)地震作用

地震作用按现行国家标准《建筑抗震设计规范》(GB 50011—2010)的规定进行计算。

(4)风荷载

风荷载按《门式刚架轻型房屋钢结构技术规程》(CECS 102:2002)附录A的规定进行计算。

2. 荷载效应组合

(1)屋面均布活荷载不与雪荷载同时考虑,应取二者中较大值。

(2)积灰荷载应与雪荷载或屋面均布活荷载中的较大值同时考虑。

(3)施工或检修集中荷载不与屋面材料或檩条自重以外的其他荷载同时考虑。

(4)当需要考虑地震作用时,风荷载不与地震作用同时考虑。

3. 内力计算

变截面门式刚架应采用弹性分析方法,一般取受力最大的单榀刚架(图9-77),刚架梁、柱内力的计算可采用计算机或专用程序,按平面计算方法进行。

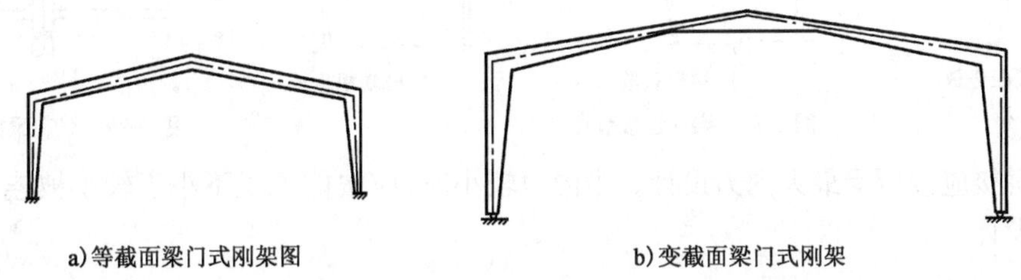

图9-77 门式刚架

在门式刚架的内力和位移计算中,各构件计算模型的定位轴线可按图9-77确定:柱的轴线可取通过柱下端(较小端)中心的竖向轴线,横梁轴线取通过变截面梁段最小端中心并与横梁上表面平行的轴线。

4. 构件设计

门式刚架的主结构为刚架梁和刚架柱组成的平面受力体系,刚架边柱以压弯为主,刚架梁以受弯为主,刚架中柱以受压为主。一般刚架梁、柱截面采用焊接工字形截面并利用腹板的屈曲后强度,截面绕弱轴的抗弯性能较差,依靠支撑体系保证构件的平面外稳定。

刚架柱按压弯杆件进行计算,一般应验算强度、刚度、弯矩作用平面内的整体稳定,弯矩作用平面外的整体稳定和局部稳定。

对于水平刚架横梁,可不考虑轴力的影响,只需按受弯构件进行验算,一般应验算强度(包括抗弯强度、抗剪强度、局部压应力和折算应力等)、整体稳定、局部稳定和挠度。对于实腹式刚架的变截面横梁,应按压弯构件计算强度和稳定。

9.5.4 节点连接

1. 梁与柱连接节点

刚架梁柱节点通常采用梁端板通过高强螺栓与柱相连的节点形式。有端板竖放、端板斜放和端板平放三种形式，如图 9-78 所示。端板连接的螺栓应成对地对称布置。在受拉翼缘和受压翼缘的内外两侧均应设置，并宜使每个翼缘的螺栓群中心与翼缘的中心重合或接近，为此应采用将端板伸出截面高度范围以外的外伸式连接。

2. 梁和梁拼接节点

梁和梁拼接节点通常采用如图 9-79 所示端板竖放的节点形式，由端板通过高强螺栓传递梁端弯矩。根据节点内力的大小，端板可采用图中伸出截面的外伸式端板连接形式或采用端板不外伸而与构件平齐、螺栓布置在构件截面内部的平齐式连接节点形式。

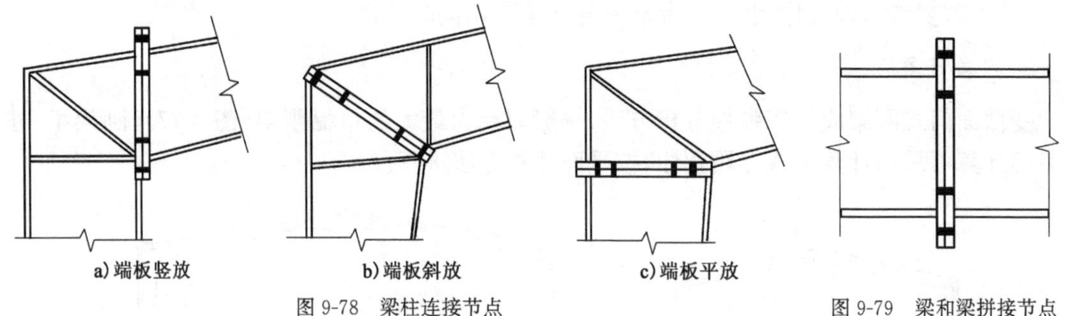

a) 端板竖放　b) 端板斜放　c) 端板平放

图 9-78　梁柱连接节点

图 9-79　梁和梁拼接节点

斜梁拼接应按所受最大内力设计。当内力较小时，应按能承受不小于较小被连接截面承载力一半设计。

3. 柱脚节点

门式刚架的柱脚，一般采用平板式铰接柱脚(图 9-80)，当有桥式吊车或刚架侧向刚度过弱时，则应采用刚接柱脚。

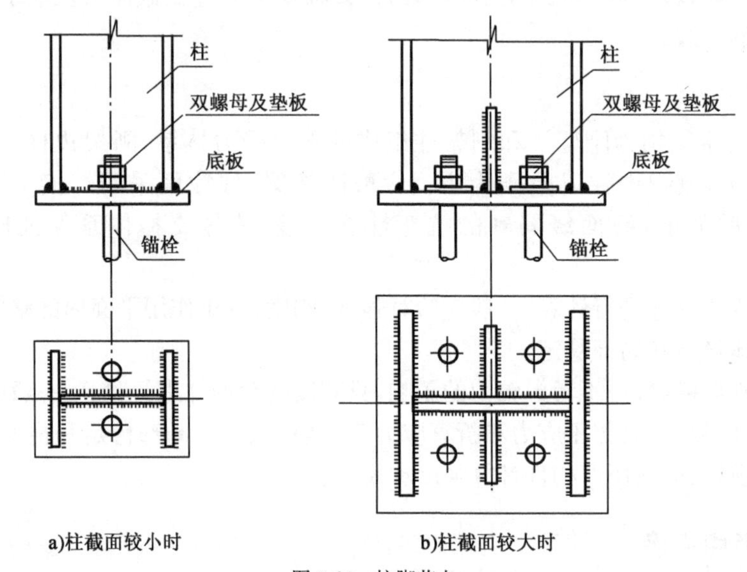

a)柱截面较小时　b)柱截面较大时

图 9-80　柱脚节点

柱脚节点的底板与柱的下端通过焊缝连接。铰接柱脚的锚栓起安装时定位和临时稳定作用，刚接柱脚的锚栓承担并传递拉力。在柱脚设计中，锚栓不能承受柱脚底部的水平力，此水平力可由基础混凝土与柱脚底板间的摩擦力承受和传递，当水平力大于摩擦力时，可设置抗剪键承受。锚栓和底板的尺寸和规格应通过计算确定，但底板厚度不宜小于 16mm(也不宜小于柱中较厚板件的厚度)，锚栓直径不宜小于 20mm。

本章小结

(1)概述部分主要介绍了钢结构的特点、应用、发展和钢结构的设计方法。

(2)建筑钢材的主要性能有钢材在单向均匀拉力作用下的性能、冷弯性能、冲击韧性和可焊性等；钢结构对材料的要求主要有较高的强度、足够的变形能力和良好的加工性能。

(3)钢结构的连接方法通常有焊接连接、铆钉连接和螺栓连接。焊接连接部分主要包括对接焊缝和角焊缝的构造与计算，螺栓连接部分主要包括普通螺栓连接和高强度螺栓连接的构造和计算。

(4)在进行轴心受力构件的设计时，应同时满足第一极限状态和第二极限状态的要求。轴心受拉构件的设计需分别进行强度和刚度的验算；而轴心受压构件的设计需分别进行强度、稳定和刚度的验算。

(5)钢梁的设计必须同时考虑第一和第二两种极限状态的要求。在钢梁的设计中包括强度、刚度、整体稳定和局部稳定四个方面。设计时要求在荷载设计值作用下，梁的弯曲正应力、剪应力、局部压应力和折算应力均不超过规范规定的相应的强度设计值。整根梁不会侧向弯扭屈曲；组成梁的板件不会出现波状的局部屈曲。在荷载标准值作用下，梁的最大挠度不大于规范规定的容许挠度。

(6)单层轻钢厂房多采用由横梁、柱组成的门式刚架结构，主要概述单层轻钢厂房的组成和特点、门式刚架的结构布置、刚架设计和节点连接。

复习思考题

1. 钢结构的特点是什么？
2. 钢结构的主要结构形式有哪些？
3. 承载能力极限状态和正常使用极限状态的概念和含义是什么？
4. 焊接连接的构造特点是什么？
5. 螺栓连接的构造特点是什么？
6. 普通螺栓连接的分类和特点是什么？
7. 高强度螺栓连接的分类和特点是什么？
8. 轴心受力构件的基本要求是什么？
9. 钢结构对材料的要求有哪些？
10. 钢材的选用原则是什么？
11. 建筑钢材的主要性能有哪些？
12. 焊缝连接的形式有哪些？
13. 焊缝质量检验是什么？
14. 概述焊接连接的计算步骤。
15. 螺栓在构件上的排列时应考虑哪些要求？

16. 抗剪螺栓连接达到极限承载力时，可能的破坏形式有哪些？

17. 概述螺栓连接的计算步骤。

18. 选择轴心受压实腹柱的截面应考虑的原则有哪些？

19. 影响梁整体稳定性的因素有哪些？

20. 受弯构件的基本要求是什么？

21. 钢梁的整体失稳和局部失稳的概念是什么？

22. 轻型门式刚架的支撑体系由哪些组成？为什么要设置隅撑？

23. 门式刚架轻型房屋钢结构的柱脚一般采用刚接还是铰接？

24. 试验算如题图 9-1 所示钢板的对接焊缝的强度。图中 $a=600\text{mm}$，$t=22\text{mm}$，轴心力的设计值为 $N=2150\text{kN}$。钢材为 Q235-B，手工焊，焊条为 E43 型，三级质量检验标准的焊缝，施焊时加引弧板。

25. 试验算如题图 9-2 所示的围焊缝连接是否安全。已知 $l_1=200\text{mm}$，$l_2=300\text{mm}$，$e=80\text{mm}$，$h_f=8\text{mm}$，$f_f^w=160\text{N/mm}^2$，静荷载设计值 $F=350\text{kN}$，$\bar{x}=60\text{mm}$。

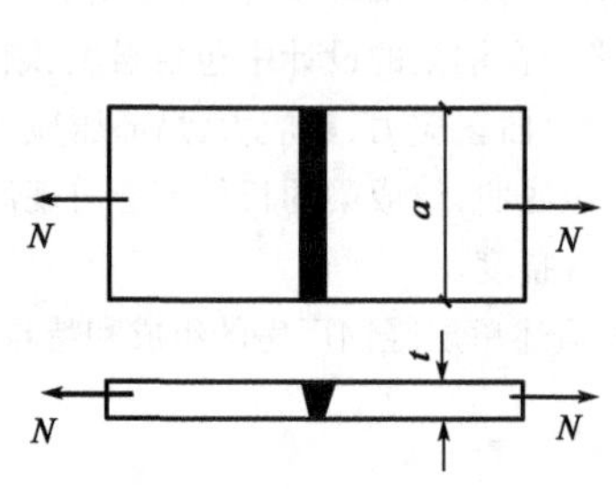

题图 9-1

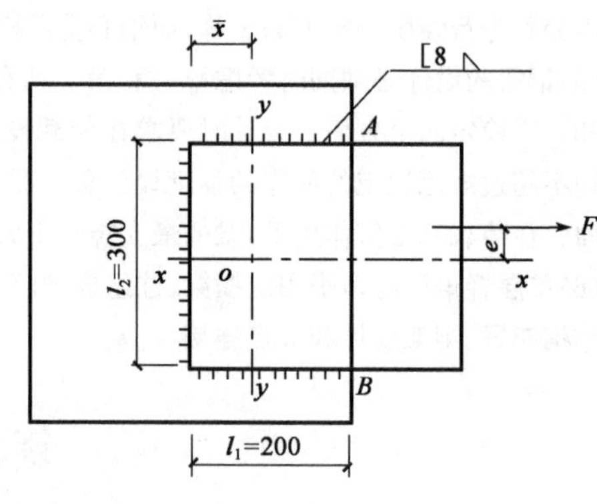

题图 9-2

26. 验算如题图 9-3 所示承受静力荷载的连接中角焊缝的强度。已知 $f_f^w=160\text{N/mm}^2$，其他条件如图所示。施焊时无引弧板。

27. 如题图 9-4 所示两钢板截面为 $-18\text{mm}\times400\text{mm}$，钢材为 Q235-A，承受轴心力设计值 $N=1200\text{kN}$，采用 M22C 级螺栓拼接，要求验算该连接是否安全。

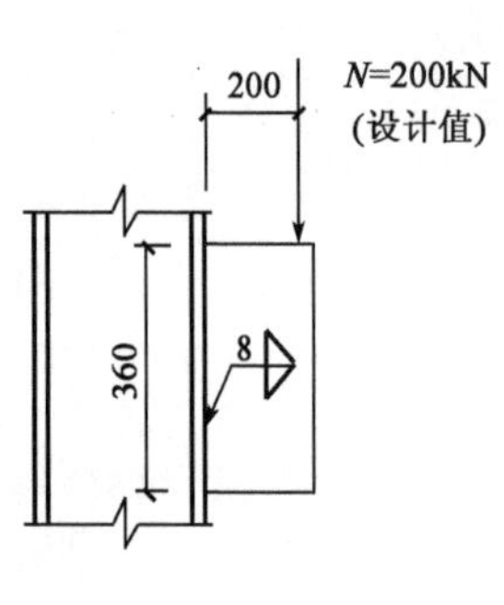

题图 9-3

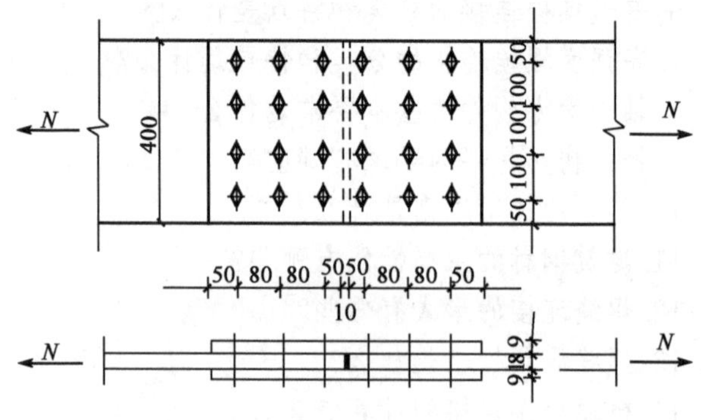

题图 9-4

28. 有一牛腿，用粗制螺栓连接于钢柱上，牛腿下有一支托板承受剪力，螺栓采用 M20，有效直径 d_e=17.6545mm，钢材 Q235-A，焊条 E43，栓距 70mm，螺栓 5 排 2 列，共 10 个，荷载如题图 9-5 所示。要求验算螺栓强度。

29. 试验算如题图 9-6 所示用双盖板拼接的钢板连接是否安全。钢材为 Q235-B，采用 8.8 级的 M20 承压型连接高强度螺栓，作用在螺栓群形心处的轴心拉力设计值 N=850kN。

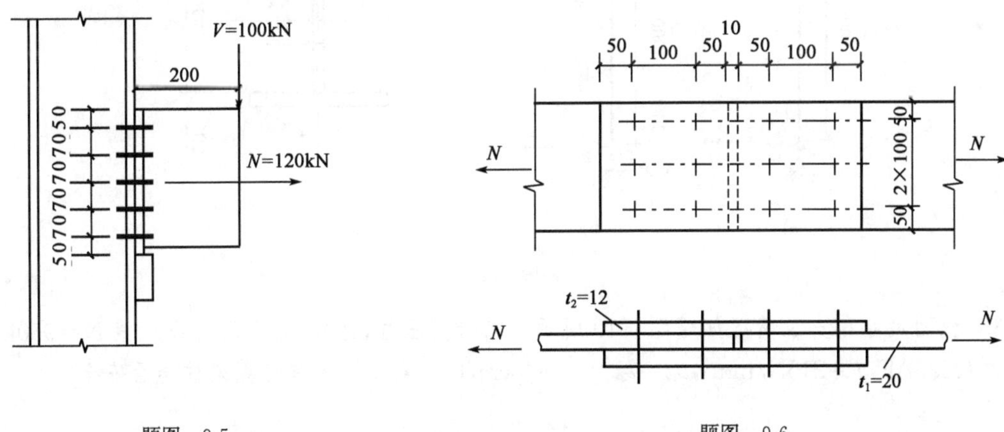

题图 9-5 题图 9-6

30. 某桁架上弦杆，截面为 2∠125×9 的组合 T 形截面，如题图 9-7 所示，节点板厚 12mm。承受轴心压力设计值 800kN，l_{0x}=150cm，l_{0y}=300cm。钢材为 Q235，截面无削弱。试验算此压杆的稳定性。

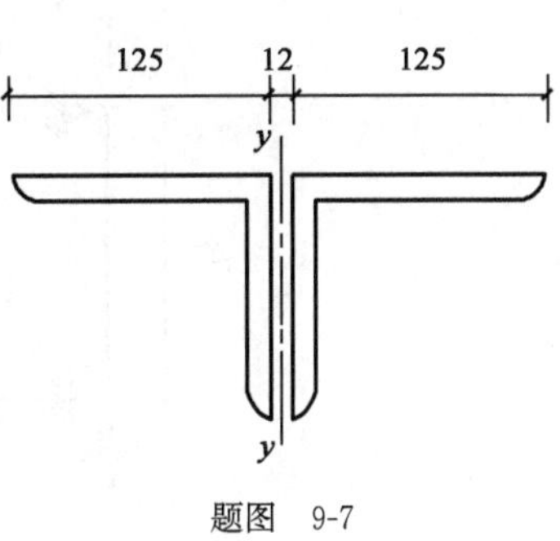

题图 9-7

31. 试验算如题图 9-8 所示的焊接组合工字形截面柱是否安全，翼缘为剪切边。承受轴心压力设计值为 N=3300kN。钢材为 Q235-B，截面无削弱，容许长细比[λ]=150，f=215N/mm²。

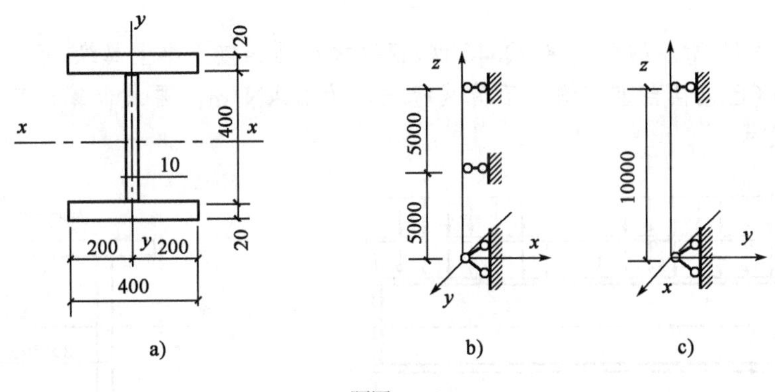

题图 9-8

32. 一工字形截面轴心受压柱如题图 9-9 所示，在跨中截面每个翼缘和腹板上各有两个对称布置的 d=24mm 的孔，钢材用 Q235AF，f=215N/mm²，翼缘为焰切边。试求其能承担的最大承载能力设计值。局部稳定已得保证，不必验算，容许长细比[λ]=150。

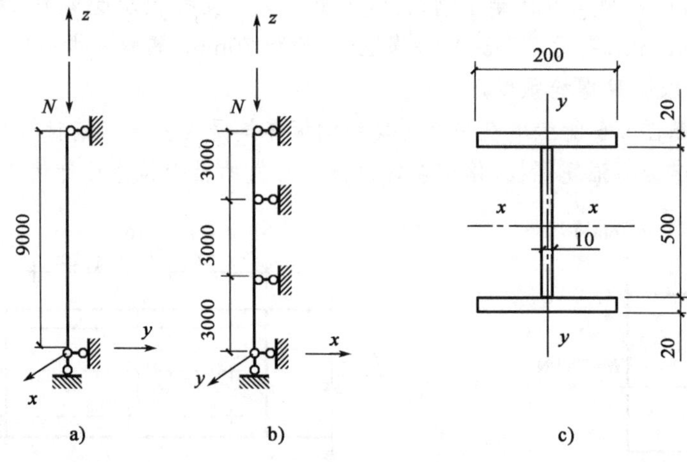

题图 9-9

33. 截面尺寸和支承情况如题图 9-10 所示的轴心受压柱，已知：轴心压力设计值 $N=950\text{kN}$，钢材为 Q235AF，$f=215\text{N/mm}^2$，$l_{0x}=l_{0y}=l=440\text{cm}$，b 类截面。要求验算该柱是否安全？

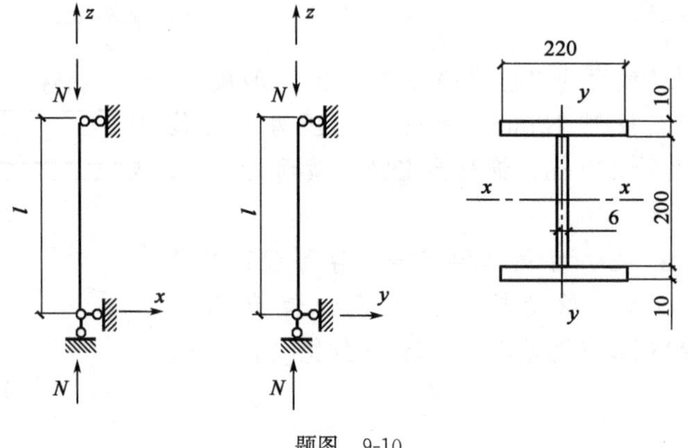

题图 9-10

34. 如题图 9-11 所示的简支梁，Q345 钢，密铺板牢固连接于梁上翼缘，承受均布恒荷载标准值为 20kN/m(已包括自重)，均布活荷载标准值为 30kN/m。要求计算该简支梁的强度和刚度是否满足要求。

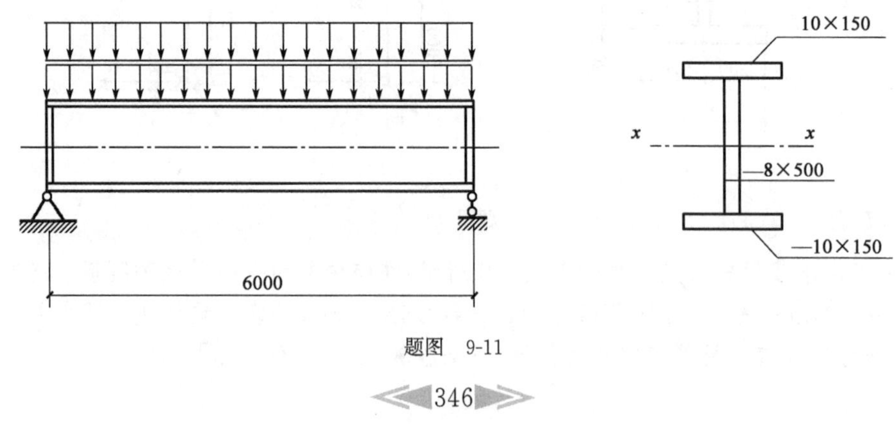

题图 9-11

35. 如题图 9-12 所示的等截面简支梁跨度为 6m，钢材为 Q345，跨中无侧向支承点，上翼缘作用有均布荷载设计值 $q=320\text{kN/m}$。要求验算该简支梁的整体稳定性。

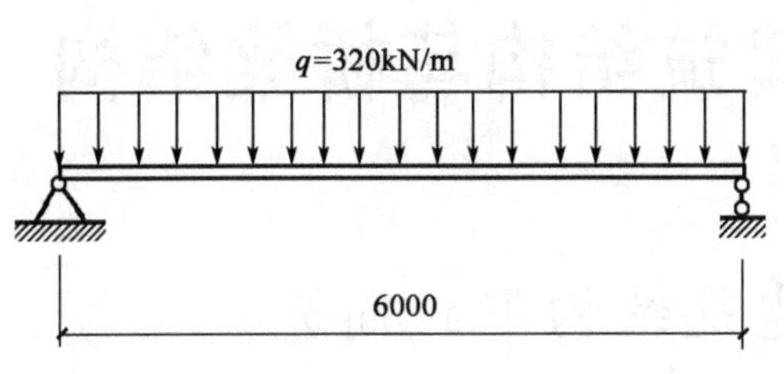

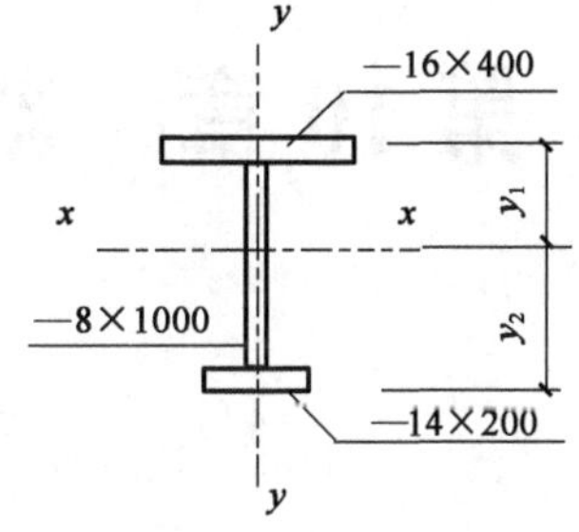

题图 9-12

第 10 章　新型建筑结构与桥梁结构

10.1　新型建筑结构形式简介

传统的建筑结构以钢筋混凝土结构为主，近几十年来，预应力混凝土结构、钢结构、组合结构越来越多地得到应用。随着国民经济的进一步发展，用高新技术加快传统建筑产业的技术进步和优化升级，提高建筑业的整体素质，成为国家优先发展的重点领域之一。新材料、新技术、新工艺的应用使建筑业有了较大的发展。因此，新型建筑结构形式的开发与应用成为了建筑业的重点发展方向。

随着建筑业的发展，多高层建筑、大跨度建筑以及各种特殊建筑都在建筑材料上、造型上和规模上提出了越来越高的要求，促使各种新型的结构形式和体系获得了进一步完善和补充。新型的结构形式和体系主要应用在高层建筑和大跨度空间结构上，包括巨型结构、错列桁架结构、拱结构、网架结构、空间薄壳结构、悬索结构、空间折板结构等。

1. 成束筒结构

成束筒结构体系又称组合筒结构体系，在平面内设置多个筒体组合在一起，形成整体刚度很大的结构体系。最典型的成束筒体系建筑应为美国芝加哥的西尔斯大厦(图 10-1)，地上 110 层，地下 3 层，高 443m，包括两根 TV 天线高 475.18m，采用钢结构成束筒体系。1～50 层由 9 个小方筒连组成一个大方形筒体，在 51～66 层截去一条对角线上的两个筒，67～90 层又截去另一对角线上的另两个筒，91 层及以上只保留两个筒，为了减少剪切力，只在每一处向里收缩的下两层处(设备层)设置斜角撑，形成立面的参差错落，使立面富有变化和层次，简洁明快。

2. 巨型结构

巨型结构由多级结构组成，一般有巨型框架结构、巨型桁架结构和巨型支撑结构。

巨型框架结构由楼、电梯井组成大尺寸箱形截面巨型柱，每隔若干层设置 1～2 层楼高的巨型梁(图 10-2)。它们组成刚度极大的巨型框架，是承受水平力和竖向荷载的一级结构；上下层巨型框架梁之间的楼层梁柱形成二级结构，其荷载直接传递到一级结构上，其自身承受的荷载较小，构件截面较小，增加了建筑布置的灵活性和有效使用面积。

巨型桁架结构以大截面的竖杆和斜杆组成悬臂桁架，主要承受水平和竖向荷载。楼层竖向荷载通过楼盖、梁和柱传递到桁架的主要构件上。

巨型支撑结构体系是由巨型空间支撑、支撑平面内的次框架及结构内部的次框架组成。巨型空间支撑承担绝大部分竖向荷载和水平荷载；支撑平面内的次框架及结构内部的次框架将每组若干楼层的竖向荷载和局部水平荷载向巨型支撑结构体系的主构件传递。香港中国银行大楼采用了巨型支撑结构体系，结构采用 4 角 12 层高的巨型钢柱支撑，室内无一根柱子，如图 10-3 所示。该巨型支撑结构体系采用型钢混凝土角柱，分别与三个方向的水平杆和斜杆连接，角柱截面向上分段减小。每隔 12 层设置一根水平杆，采取桁架式结构，占一个楼层高度。支撑斜杆跨越 12 个楼层的高度，斜杆倾角接近 45°。

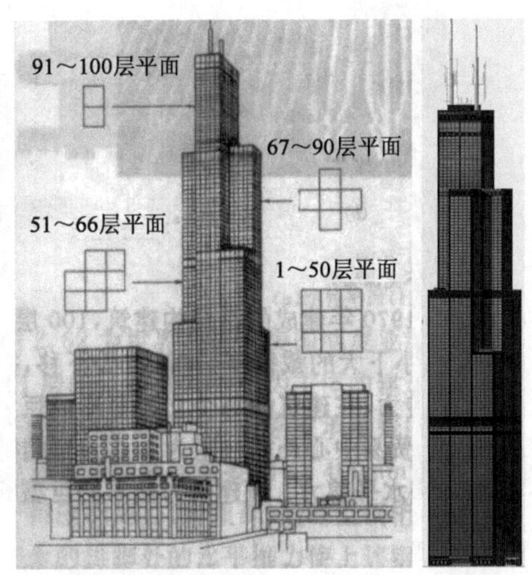

图 10-1 美国芝加哥西尔斯大厦

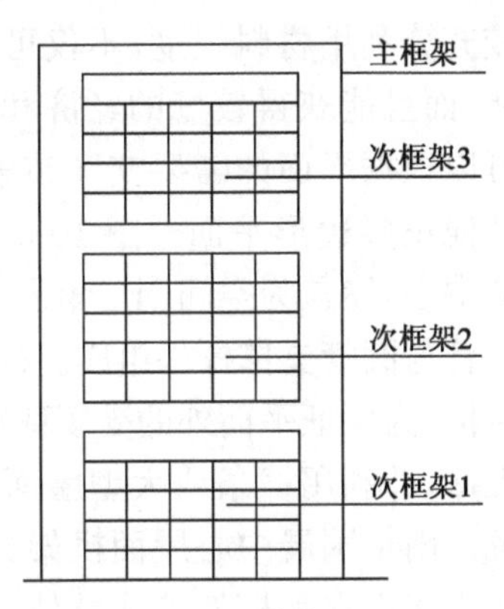

图 10-2 巨型框架结构

3. 错列桁架结构

错列桁架结构体系产生于 20 世纪 60 年代中期，是由美国钢铁联合企业资助麻省理工学院研制出的新型结构体系。错列桁架结构体系的基本结构组成是柱子、平面钢桁架和楼板，如图 10-4 所示。柱子沿房屋周边布置，中间无柱，桁架的高度与层高相同，长度与房屋宽度相同，且桁架在相邻柱子上为上下层错列布置，楼板一端搁置在桁架的上弦，另一端则搁置在相邻桁架的下弦。这样，在建筑上可获得两倍柱距的大开间，便于建筑平面自由布置，具有良好的适应性。

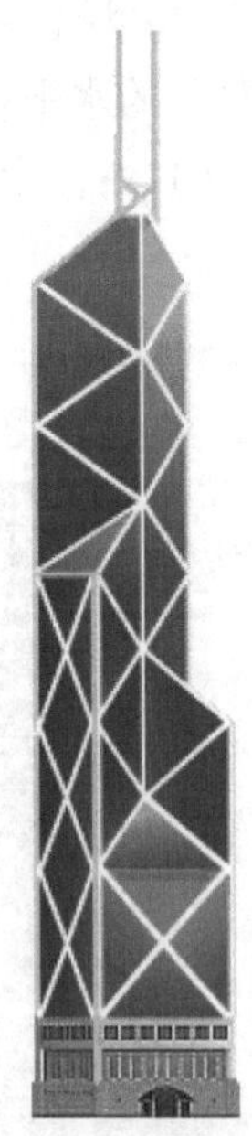

图 10-3　香港中国银行大楼

图 10-4　错列桁架钢结构

4. 拱结构

在房屋建筑和桥梁工程中，拱是广泛应用的一种结构形式。由于拱结构受力性能较好，能够较充分利用材料强度，不仅可以采用多种材料建造，而且能获得较好的经济和建筑效果。拱结构可以根据平面的需要交叉布置，构成圆形平面或其他正多边形平面。图 10-5 所示为南京国际展览中心，屋盖为空间倒三角形拱结构，由三根弧形钢管与圆管支撑杆件组成。拱为平面受压或压弯结构，为保证平面外的受压稳定性，必须设置横向支撑，并利用檩条或大型屋面板体系提供侧向约束。南京国展中心屋面拱架共十榀，相邻两榀拱架之间由水平檩架连成整体结构，以保证平面外的稳定性。

图 10-5　南京国际展览中心

5. 网架结构

网架结构是由许多杆件按照一定规律组成的网状结构，可分为单层、双层和多层。网架结构多采用钢管或角钢制作，结点多为空心球结点或钢板焊接结点。网架结构受力性能好，传力途径简捷，质量轻，刚度大，抗震性能好。此外，网架结构的经济指标好，施工安装简便，网架杆件和节点便于定型化、商品化。网架的平面布置灵活，屋盖平整有利于吊顶、安装管道和设备。近三四十年来在世界各国获得了迅速发展和广泛应用。20 世纪 60 年代美国建成了当时跨度最大的平板网架——加利福尼亚大学体育馆 91m×122m（正放四角锥）。此后，网架结构的应用在世界范围内得到了迅速地推广。目前，世界上最大的网架结构是巴西圣保罗展览中心屋盖结构，平面尺寸为 260m×260m，为正放四角铝管网架，共有杆件 41800 根、25 个支承点。

网架结构可分为交叉桁架体系和角锥体系两类。

交叉桁架体系由若干平面桁架相互交叉组成。竖向平面桁架的形式与一般平面桁架相似，根据平面桁架布置方式及交角的不同，可分为两向正交正放网架[图 10-6a)]、两向正交斜放网架[图 10-6b)]和三向网架[图 10-6c)]。

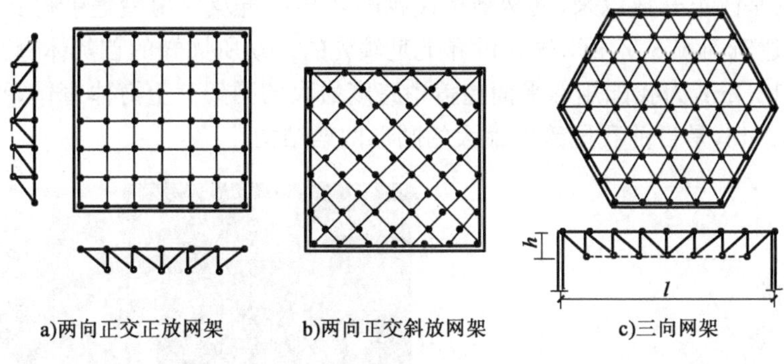

a)两向正交正放网架　b)两向正交斜放网架　c)三向网架

图 10-6

角锥体系是由三角锥、四角锥或六角锥单元组成的空间网架结构。由三角锥单元组成的叫三角锥体网架，由四角锥和六角锥单元组成的分别叫四角锥和六角锥体网架。它比交叉桁架体系网架刚度大，受力性能好。

四角锥网架上、下弦平面均为正方形网格，上、下弦网格相互错开半格，使下弦平面正方形的四个顶点对应于上弦平面正方形的形心，并以腹杆连接，即形成若干四角锥体。常用的四角锥网架分为正放和斜放两种，如图 10-7 所示。正放是指锥的底边与相应的建筑平面周边平行；而斜放是指四角锥单元的底边与建筑平面周边夹角为 45°。斜放比正方四角锥网架受力更为合理。因为四角锥斜放后，上弦杆短，对受压有利，下弦杆虽长，但为受拉构件，这样可以充分发挥材料强度。

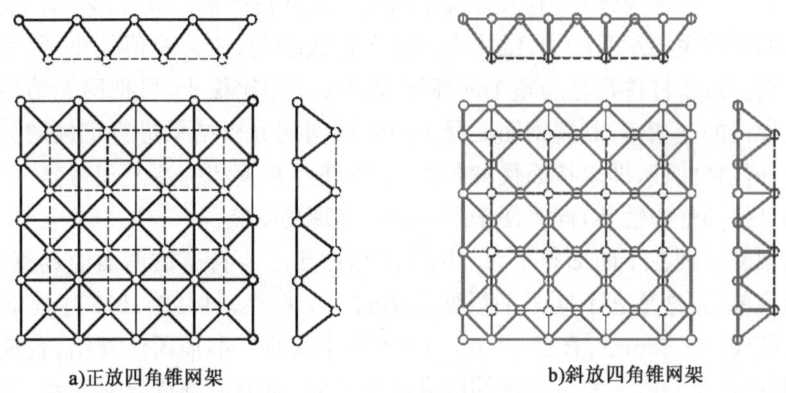

a)正放四角锥网架　b)斜放四角锥网架

图 10-7

三角锥网架的构成特点是以等腰三角锥体为组成单元，由于三角形的稳定性，因而整体抗弯、抗扭刚度好。这种网架受力均匀，刚度较四角锥好，是目前广泛采用的一种形式。它适合于矩形、三边形、梯形、六边形和圆形等建筑平面。

三角锥网架常用的形式有两种。一种是上、下弦平面均为正三角形的网格，如图 10-8 所示；另一种是跳格三角锥网架，其上弦为三角形网格，下弦为三角形和六角形网格，天津塘沽车站候车室就属此类，其平面为圆形，直径为 47.18m。跳格三角锥网架的杆件较少，用料较省，构造也较简单，但空间刚度不如前者。

我国自 1964 年建成第一幢网架结构——上海师范学院球类馆屋盖以来，网架结构在我国发展迅速。尤其是改革开放以来，网架结构在我国公共建筑及厂房屋盖中得到大面积的推广应用，年增覆盖建筑面积 8 亿 m^2，这在世界上是领先的。众所周知的首都体育馆(图 10-9)，平面尺寸 99m×112.2m，为我国矩形平面屋盖中跨度最大的网架。上海体育馆，平面为圆形，直径 110m，挑檐 7.5m，是目前我国跨度最大的圆形网架结构。

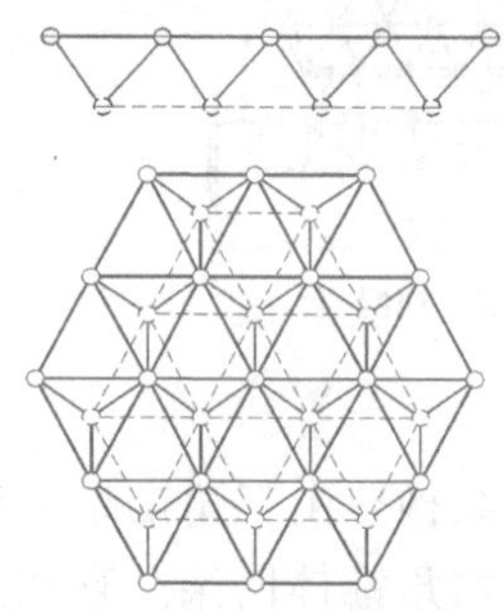

图 10-8　正三角锥网架

图 10-9　正三角锥网架

成都双流机场机库(平面尺寸 87m×140m)、上海虹桥机场机库(平面尺寸 95m×150m)等大型机场的机库都采用了大跨度网架结构。为增大结构刚度、降低内力峰值、小材大用，方便制作、运输和安装，我国在 20 世纪 80 年代后期开始采用三层网架。首都机场四机位机库，平面尺寸(153+153)m×90m，采用斜放四角锥焊接球节点三层网架，这是我国跨度最大的三层网架。

6. 网壳结构

网壳结构即为网状的壳体结构，或者说是曲面状的网格结构。其外形为壳，是格构化的壳体。网壳结构的杆件主要承受轴力，结构内力分布比较均匀，应力峰值较小，因而可以充分发挥材料强度作用。由于杆件尺寸与整个网壳结构的尺寸相比很小，可把网壳结构近似看成各向同性或各向异性的连续体，利用钢筋混凝土薄壳结构的分析结果进行定性的分析。网壳结构中可以用直杆代替曲杆，即以折面代替曲面，如果杆件布置和构造处理得当，可以具有与薄壳结构相似的良好的受力性能，同时便于工厂制造和现场安装。

网壳与网架的区别在于曲面与平面。网壳结构由于本身特有的曲面而具有较大的刚度，因而有可能做成单层，这是它不同于平板型网架的一个特点。例如，1975 年建成的美国新奥尔良"超级穹顶"(Superdome)，直径 207m。1993 年建成的日本福冈体育馆，直径 222m，且具有可开合性，其球形屋盖由三块可旋转的扇形网壳组成，扇形沿圆周导轨移动，体育馆即可呈全封闭、开启 1/3 或开启 2/3 等不同状态。

网壳结构在 20 世纪 50 年代就开始在我国应用于体育馆和公共会堂。我国采用的网壳形式多种多样，如柱面、球面、双曲抛物面、扭面以及双曲扁壳等。1994 年建成的天津新体育馆，平面为圆形，直径108m，挑檐13.5m，曾是我国圆形平面跨度最大的球面网壳。图10-10所示是1998年建成的长春五环体育馆，为环肋式网壳，平面尺寸146m×192m，是目前我国同类结构中跨度最大、覆盖建筑面积最大的。

备受关注的国家大剧院的占地总面积11.9hm²，总投资26.9亿元，是一座极具现代浪漫感的建筑，如图10-11所示。其建筑外部围护为钢结构壳体，呈半椭圆球形，长212m、宽143m、高45m，包括顶部结构、下部短轴梁架、下部长轴梁架等。设计钢构件总数近4万个，仅仅环向系杆就要用11840根，它是世界上最大的椭圆网壳钢结构建筑。

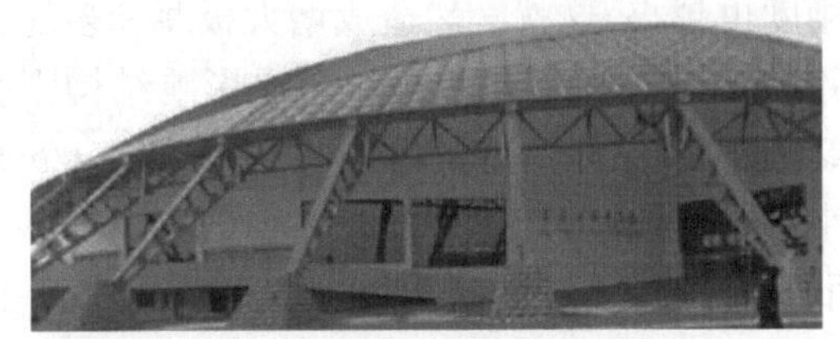

图10-10 长春五环体育馆

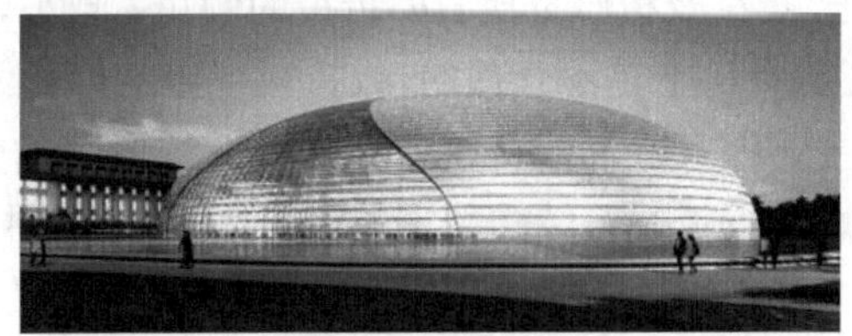

图10-11 国家大剧院

7. 薄壳结构

壳体是指两个曲面限定的曲面结构，两曲面间的距离，即壳体的厚度t远小于其他尺寸。壳体具有良好的承载能力，能以较小的厚度承担巨大的荷载。壳与板相比，其优越性类似于拱与梁的情况，对于要求自重轻而又要具有足够强度和刚度的结构物，常采用壳体形式。应此，在土建工程、船舶工程、机械工程、化学工程、核工程以及航空与宇航工程的各个领域中，壳体都得到了广泛的应用。根据实际的工程情况，我们可以采用钢、混凝土、塑料、轻金属以及复合材料等各种工程材料来制造壳体。

薄壳一般采用类似于薄板理论的基本假设：

(1)变形前垂直于中面的直线素在变形后仍然是直的，与挠曲了的中面垂直，且其长度保持不变。

(2)平行于中面面素上的法向应力与其他应力相比可忽略不计，可称为壳层无挤压假设。

根据上述两个假设，可把薄壳看成是由无限多平行于中面的曲面层所组成；各曲面层之间将互不挤压，各层变形均受到直法线的约束。这样可将薄壳变形问题归结为面的变形问题。

薄壳常用于屋盖结构，尤其适用于较大跨度的建筑物，如展览大厅、俱乐部、飞机库、工业厂房、仓库等。薄壳结构的曲面形式按其形成的几何特点可分为旋转曲面、平移曲面和直纹曲面三种。以一平面曲线作为母线，绕其平面内的轴旋转形成的曲面，此曲面称旋转曲面。一竖向曲母线沿另一竖向曲导线平移所形成的曲面称平移曲面。一段直线的两端各沿两根固定曲线移动形成的曲面称直纹曲面。直纹曲面又可分为双曲抛物面、柱状面和锥状面。直纹曲面壳体的最大优点是建造时模板容易制作，故工程应用较多。

图10-12所示为罗马小体育宫，是网格穹窿形薄壳屋顶。整个薄壳屋顶由1620块菱形槽板拼装而成，壁厚只有25mm。菱形槽板间布置钢筋现浇成“肋”，上面再浇一层混凝土，形成整体兼作防水层。该建筑是意大利奈尔维的结构设计代表作之一，在现代建筑史上占有重要地位。

8. 折板结构

折板结构是以一定角度整体联系的薄板体系。它受力性能良好，构造简单，施工较方便，模板消耗量少。它不仅可用于屋盖结构，而且也在挡土墙、囤仓等工程中采用。

图 10-12　罗马小体育宫

折板结构的形式主要分为有边梁的和无边梁的两种。无边梁的折板由若干等厚度的平板和横隔构件组成，预制 V 形折板就是其中的一种。有边梁的折板一般为现浇结构，由板、边梁和横隔构件三部分组成。

影响折板结构形式的主要参数有倾角 α、高跨比 f/l_1 及板厚宽比 t/b。折板的倾角 α 越小，其刚度也越小，这就必然造成增大板厚和多配置钢筋，经济上是不合理的，故折板屋盖的倾角 α 不宜小于 25°。高跨比 f/l_1 也是影响结构刚度的主要因素之一，跨度越大，要求折板屋盖的矢高越大，以保证足够的刚度。板厚宽比 t/b 则是影响折板屋盖结构稳定的重要因素，该参数越小，结构越容易产生平面外失稳破坏。

建于巴黎的联合国教科文组织总部会议大厅采用两跨连续的折板刚架结构，如图 10-13 所示。大厅两边支座为折板墙，中间支座为支承于六根柱子上的大梁。

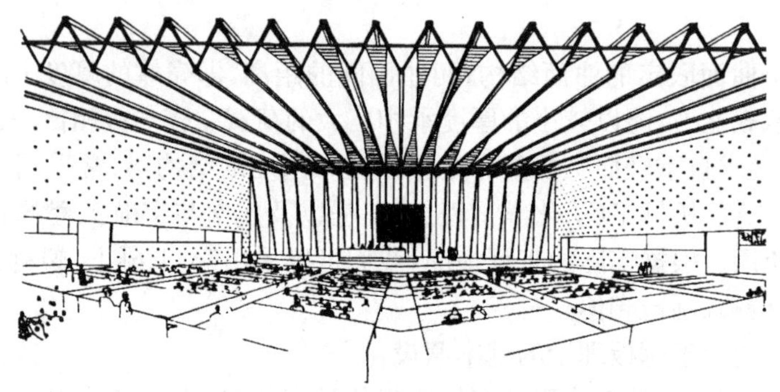

图 10-13　联合国教科文组织总部会议大厅

9. 悬索结构

悬索结构是以一系列受拉的索作为主要承重构件，这些索按一定规律组成各种不同形式的体系，并悬挂在相应的支撑结构上。悬索一般采用由高强钢丝组成的高强钢丝束、钢绞线或钢丝绳，也可采用圆钢筋、带钢或薄钢板等材料。

悬索结构受力合理，用料经济，造型美观，施工也很便捷。它作为承重结构有着悠久的历史，古代帐篷就是房屋悬索结构的雏形。世界上我国最早使用竹、藤等材料做成跨越河流山川的悬索桥，例如四川灌县的安澜桥。20 世纪 50 年代后，因钢材强度不断提高，受悬索桥的启示，国外开始试用高强钢丝悬索结构来覆盖大跨度空间。由于主要结构构件均承受拉力，可方便地创造出各种新颖独特的建筑造型。

悬索结构形式极其丰富多彩，根据组成方法和受力特点，可分为单层悬索体系、双层悬索体系和组合悬索体系等。

单层悬索体系的特点是由许多平行的单根拉索组成，拉索两端悬挂在稳定的支承结构上。其工作方式与单根悬索相似，是一种可变体系，在恒载作用下呈悬链线形式，在不对称荷载或局部荷载作用下产生大的位移。索的张紧程度与索的稳定性成正比。此外，单层悬索结构的抗风能力差，在风吸力作用下悬索内的拉力下降，稳定性进一步降低。当屋面较轻时，甚至可被风掀起，故单层悬索结构宜采用重屋面，如装配式钢筋混凝土板，利用较大的均布荷载使悬索始终保持较大的张紧力，以加强维持其原始形状的能力。另一种方法是设置横向加劲梁或加劲桁架。加劲梁的作用是分配局部荷载及将索连成整体。

合理可靠地解决水平力的传递是悬索结构设计中的重要问题。图 10-14 表示了三种不同的悬索支承体系。图 10-14a)表示悬索直接锚挂在框架顶部，索的水平力由框架传至基础；图 10-14b)表示索的水平力由斜拉索拉向地锚平衡；图 10-14c)中索的支承结构为水平桁架与山墙顶部的压弯构件组成的闭合框架，水平梁在索的水平力作用下抗弯工作，支顶在水平梁两端的压弯构件承受水平梁断的反力，索的水平力在闭合框架内自相平衡。

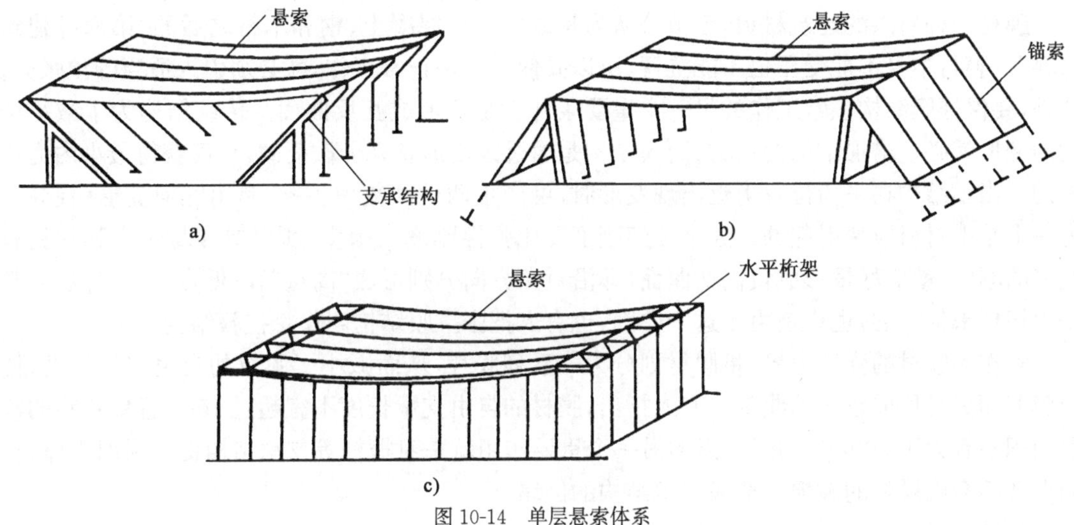

图 10-14　单层悬索体系

双层悬索体系是由一系列下凹的承重索和上凸的稳定索组成，每对索之间通过受拉钢索或受压撑杆连系，构成如桁架形式的平面体系，称索桁架。

双层悬索体系中，设置了相反曲率的稳定索及相应的连系杆，不仅能够有效地抵抗风吸力作用，而且可以对体系施加预应力。通过张拉承重索或稳定索，或对它们都施行张拉，均可使索系绷紧，在承重索和稳定索内保持足够的预拉力，以使索系具有必要的形状稳定性。此外，由于存在预应力，稳定索能与承重索一起抵抗竖向荷载作用，从而整个体系的刚度得到提高。采用预应力双层索系是解决悬索屋盖形状稳定性问题的一个十分有效的途径。预应力双层索系具有良好的结构刚度和形状稳定性，因此可以采用轻屋面，如石棉板、纤维水泥板、彩色涂层压型钢板及高效能的保温材料。此外，双层悬索体系还具有较好的抗震性能。

悬索结构的计算一般按弹性理论，假定索是理想柔性的，既不能受压，也不能抗弯，但承重索和稳定索之间的连杆绝对刚性。在基本假定的基础上可建立索曲线的平衡微分方程，并可根据荷载及边界条件求出索的张力。

混合悬挂体系是采用柔性的悬索体系与刚性的受弯构件(梁、网架、网壳、桁架等)相结合，可组成共同抵抗外荷载的各种混合体系。此类结构或用钢索悬挂其他构件，或由钢索对其他构件提供附加支点，或用刚性的构件来加强悬索的稳定性，以减小不均匀荷载作用下的机构性位移。桥梁中的斜拉桥和悬索桥也属于这类混合体系。

10. 膜结构

膜结构又叫张拉膜结构(Tensioned Membrane structure),是以建筑织物,即膜材料为张拉主体,与支撑构件或拉索共同组成的结构体系,它以其新颖独特的建筑造型,良好的受力特点,成为大跨度空间结构的主要形式之一。

膜结构之所以能满足大跨度自由空间的技术要求,关键在于其有效的空间预张力系统。有人把膜结构称为"预应力软壳",预张力使"软壳"各个部分(索、膜)在各种最不利荷载下的内力始终大于零,即永远处于拉伸状态。

张拉膜结构的基本组成单元通常有:膜材、索与支承结构(桅杆、拱或其他刚性构件)。

膜材一种新兴的建筑材料,已被公认为是继砖、石、混凝土、钢和木材之后的"第六种建筑材料"。膜材本身不能受压也不能抗弯,所以要使膜结构正常工作,就必须引入适当的预张力。此外,要保证膜结构正常工作的另一个重要条件就是要形成互反曲面。传统结构为了减小结构的变形就必须增加结构的抗力;而膜结构是通过改变形状来分散荷载,从而获得最小内力增长的。当膜结构在平衡位置附近出现变形时,可产生两种回复力:一个是由几何变形引起的;另一个是由材料应变引起的。通常几何刚度要比弹性刚度大得多,所以要使每一个膜片具有良好的刚度,就应尽量形成负高斯曲面,即沿对角方向分别形成"高点"和"低点"。"高点"通常是由桅杆来提供的,也许是由于这个原因,也有人把张拉膜结构叫作悬挂膜结构。

索作为膜材的弹性边界,将膜材划分为一系列膜片,从而减小了膜材的自由支承长度,使薄膜表面更易形成较大的曲率。有人指出,膜材的自由支承长度不宜超过15m,且单片膜的覆盖面积不宜大于500m^2。此外,索的另一个重要作用就是对桅杆等支承结构提供附加支撑,从而保证不会因膜材的破损而造成支承结构的倒塌。

膜结构设计主要包括以下内容。

(1)初始态分析:确保生成形状稳定、应力分布均匀的三维平衡曲面,并能够抵抗各种可能的荷载工况;这是一个反复修正的过程。

(2)荷载态分析:张拉膜结构自身质量很轻,仅为钢结构的1/5,混凝土结构的1/40;因此膜结构对地震力有良好的适应性,而对风的作用较为敏感。此外还要考虑雪荷载和活荷载的作用。由于目前观测资料尚少,故对膜结构的设计通常采用安全系数法。

(3)主要结构构件尺寸的确定,及对支承结构的有限元分析。当支承结构的设计方法与膜结构不同时,应注意不同设计方法间的系数转换。

(4)连接设计:包括螺栓、焊缝和次要构件尺寸。

(5)剪裁设计:这一过程应具备必要的试验数据,包括所选用膜材的杨氏模量和剪裁补偿值(应通过双轴拉伸试验确定)。

根据材质分类结构膜可分两种:

(1)平面不织膜:由各种塑料在加热液化状态下挤出的膜,它有不同厚度、透明度及颜色,最通用的是聚乙烯膜,或以聚乙烯和聚氯乙烯热熔后制成的复合膜,其抗紫外线及自洁性强,此种膜张力强度不大,属于半结构性的膜材。

(2)织布合成膜:以聚酯丝织成的布心,双面涂以PVC树脂,再用热熔法覆盖上一层聚氟乙烯膜，制成复合膜。因布心的张力强度较大可以使用于多种的张拉型结构，跨度可达 8～10m。

在过去十年中，中国的许多城市都在筹划建设新的体育设施。由于膜结构质量很轻，常被采用。1997 年在上海举行第七届全国运动会，膜结构被用在主体育场的看台挑篷，总面积达 36100m²。这是中国第一次将膜材制成的屋顶用在大面积的永久性建筑上，具有深远的影响。

2006 年竣工的佛山世纪莲体育中心是我国最大的膜结构工程之一，如图 10-15 所示。整个屋盖成圆环型，外径为 310m，内径为 125m。内环是由 10 根直径 80mm 的钢索组成的受拉环。外环是受压环，分上下两层，上层直径 310m，由直径 1m 的钢管混凝土组成，下层直径 275m，由直径 1.4m 的钢管混凝土组成，两层钢环间隔 20m，中间由钢管混凝土斜柱连接起来，形成倒圆台形。上下钢环各有 40 条径向钢索，与内圈受拉环相连。上层索叫脊索，下层索叫谷索。脊索和谷索之间铺上白色的 PVC 膜材料，形成有 40 个起伏的折板型张拉膜屋顶，外形宛若一朵盛开的莲花。膜的展开面积为 78000m²，投影面积为 53400m²。

图 10-15 佛山世纪莲体育中心

11. 攀达结构

攀达穹顶结构不仅是一种施工方法，也是一种合理地选择施工手法的结构体系。它是为更合理、更安全、更经济地建造穹顶状的结构，利用一维自由度的机构原理而开发的大跨度空间结构体系。

从结构中取走某些构件，几何学上就会成为几何可变的机构，在结构力学中一般不作研究。但利用几何可变机构的装置，在我们周围是屡见不鲜的。最简单的二维例子就是平行曲柄机构，一般称为攀达图架。在制图用的放缩尺、电车的集电器、SL 机车的动轮等方面有广泛的应用。一些结构工程师把攀达图架应用到结构设计和结构施工中，攀达原理最先用于穹顶建筑方案，它有以下几个优点：

(1)在接近地面拼装，省去大量脚手架，屋面板等建筑作法可在地面施工，各专业在屋顶结构中的设施如设备管道、灯光等也可在地面附近安装，且安装精度容易保证。

(2)高空作业减少，施工安全性大大提高，且监理、质量监控方便。

(3)结构在水平方向呈自约束体系，施工过程中也可以抵抗风及地震荷载的作用。

(4)施工速度快、造价低。

12. 杂交、仿生结构形式

图 10-16 为 2003 年竣工的浙江黄龙体育中心，在建筑上首次将斜拉桥的结构概念运用于体育场的挑篷结构之中。该挑篷结构由吊塔、斜拉索、内环梁、网壳、外环梁和稳定索组成，总覆盖面积 21000m²，为一无视觉障碍的体育场。网壳结构支撑于钢箱形内环梁和预应力钢筋混凝土外环梁上。内环梁通过斜拉索悬挂在两端的吊塔上。吊塔为 85m 高的预应力混凝土筒体结构，筒体外侧施加预应力。外环梁为支承于看台框架上的预应力钢筋混凝土箱形梁。内环梁采用 1600mm×2200mm×25(30)mm 的箱形钢梁。网壳采用双层类四角锥焊接球节

点形式。斜拉索与稳定索采用了7ϕ 5高强度钢绞线，由此形成一个复杂的空间杂交结构。

图10-17是国家游泳中心，被称为“水立方”，是176.5m×176.5m×29.4m的立方体，建筑面积7953m^2，混凝土结构地下2层，地上4层。其墙体和屋盖结构创造性地采用了新型多面体空间刚架结构体系(图10-18)。该结构的弦杆选用矩形钢管，腹杆选用圆钢管，节点为焊接球节点。虽然结构的构成类似网架结构，但结构构件的受力状况完全不同于网架结构的二力杆。而表现为类似空腹网架的刚接梁。“水立方”的覆盖结构采用乙烯—四氟乙烯共聚物ETFE(四氟乙烯)制成的膜材料，质量轻、强度大，由于自身的绝水性，它可以利用自然雨水完成自身清洁，是一种新兴的环保材料。犹如一个个“水泡泡”的ETFE膜，具有较好抗压性，厚度仅如同一张纸的ETFE膜构成的气枕，甚至可以承受一辆汽车的重力。屋盖和墙体的内外表面均覆以充气枕，最大的单个气枕面积约71m^2，跨度9m左右。

图10-16 浙江黄龙体育中心

图10-17 国家游泳中心“水立方”

图10-19是2008年北京奥运会主体育场“鸟巢”的效果图。其屋盖主体结构是由两向不规则斜交的平面桁架系组成的椭圆平面网架结构，每榀桁架与内环相切或接近相切，被称为鸟巢形网架。通过高低不同的24个桁架绕一周排列，就形成平面椭圆形的布局(图10-20)。建筑顶面呈鞍形，长轴为332.3m，短轴为296.4m，最高点高度为68.5m，最低点高度为42.8m。大跨度屋盖支撑在24根桁架柱之上，柱距为37.96m，均匀分布在椭圆形结构的最外圈，承受了建筑的大部分力。外圈的钢柱扭曲上升，纷繁交错，里面的混凝土柱子也没有一根是垂直的，倾斜的柱子通过横梁取得平衡。一个不可思议的“无规则”体就出现在现实中。钢结构大量采用由钢板焊接而成的箱形构件，交叉布置的主桁架与屋面及立面的次结构一起形成了“鸟巢”的特殊建筑造型。主结构完成后，在“鸟巢”顶部的网架结构外表面贴上一层半透明的膜，以此来解决采光和围护的矛盾。图10-21所示为施工中的鸟巢。

图10-18 场馆内看“水立方”

图10-19 鸟巢效果图

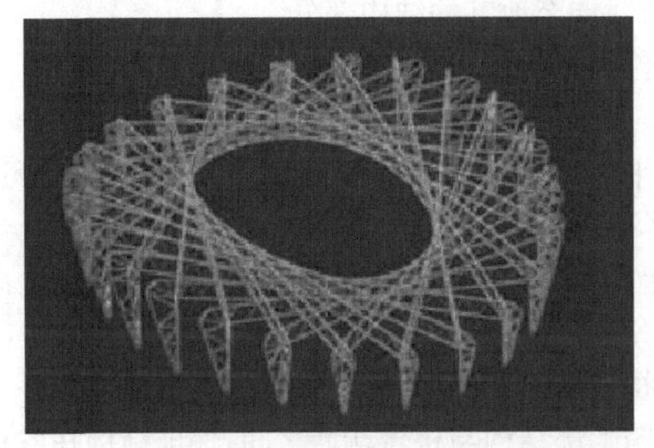

图 10-20　鸟巢主结构布置图

图 10-21　施工中的鸟巢

10.2　桥　梁　结　构

10.2.1　桥梁结构简介

桥梁建筑经过长期的发展，已成为土木工程领域形式多样，与人类的生活与文明进步密切相关的建筑物。桥梁是供铁路、道路、渠道、管线、行人等跨越河流、山谷或其他交通线路等障碍时所使用的承载结构物。

1. 桥梁的基本组成

桥梁由五个"大部件"与五个"小部件"所组成。五大部件包括桥跨结构、支座系统、桥墩、桥台及墩台基础，五小部件是指桥面铺装、排水防水系统、栏杆、伸缩缝和灯光照明。分别介绍如下：

(1)五大部件

①桥跨结构。桥跨结构又称桥孔结构或上部结构，是路线遇到障碍(如江河、山谷或其他路线等)中断时，跨越这类障碍的结构物。见图 10-22。

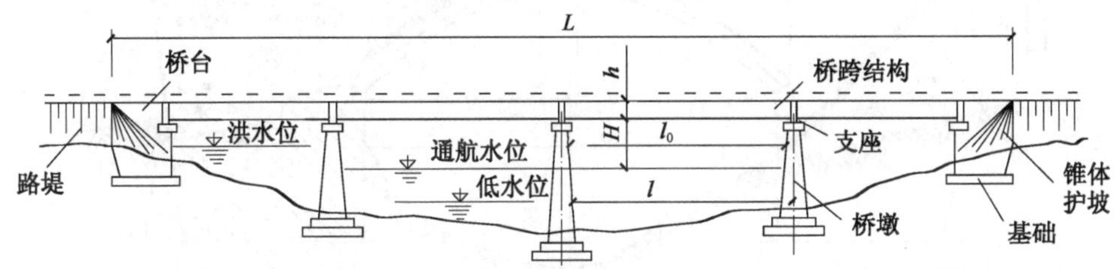

图 10-22　桥梁的基本组成

②支座系统。它支承桥跨结构并传递荷载于桥梁墩(台)上，它应保证桥跨结构在荷载、温度变化或其他因素作用下所预计的位移功能。

③桥墩。它是在河中或岸上支承两侧桥跨上部结构的建筑物。

④桥台。桥台设在桥的两端，一端与路堤相接，并防止路堤滑坍；另一端则支承桥跨结构的端部。为保护桥台和路堤填土，桥台两侧常做一些防护工程。

⑤墩台基础。它是保证桥梁墩台安全并将荷载传至地基的结构部分。

上述前两个部件是桥跨上部结构,后三个部件即是桥跨下部结构。

(2)五小部件

①桥面铺装,或称行车道铺装。桥面铺装的平整、耐磨性、不翘曲、不渗水是保证行车舒适的关键。特别是在钢箱梁上铺设沥青路面的技术要求甚严。

②排水防水系统。该系统应迅速排除桥面上积水,并使渗水的可能性降至最小限度。此外,城市桥梁排水系统应保证桥下无滴水现象。

③栏杆,或称防撞栏杆。它既是保证安全的构造措施,又是提高观赏性的装饰部件之一。

④伸缩缝。设在桥跨上部结构之间,或在桥跨上部结构与桥台端墙之间,保证结构在各种因素作用下的变位。

⑤灯光照明。现代城市中标志式的大跨桥梁都装置了多变幻的灯光照明,增添了城市中光彩夺目的晚景。

桥梁建筑除了上述基本结构外,有时还有路堤、护岸、导流结构物等附属工程。

2. 桥梁专业术语

①水位。河流中的水位是变动的,在枯水季节的最低水位称为低水位;洪峰季节河流中的最高水位称为高水位。桥梁设计中按规定的设计洪水频率计算所得的高水位,称为设计洪水位。如果该河属通航河流,满足正常通航要求的最高和最低水位称为通航水位。

②跨径。净跨径对梁式桥是设计洪水位上相邻两个桥墩(或桥台)之间的净距(图 10-22);对拱式桥是每孔拱跨两个拱脚截面最低点之间的水平距离(图 10-23),用 l_0 表示。总跨径是多孔桥梁中各孔净跨径的总和,也称为桥梁孔径 $\sum l_0$,它反映了桥下宣泄洪水的能力。计算跨径 l 对于具有支座的桥梁,是指桥跨结构相邻两个支座中心之间的距离(图 10-22);对拱桥,是两相邻拱脚截面形心之间的水平距离。桥跨结构的力学计算是以 l 为基准的。

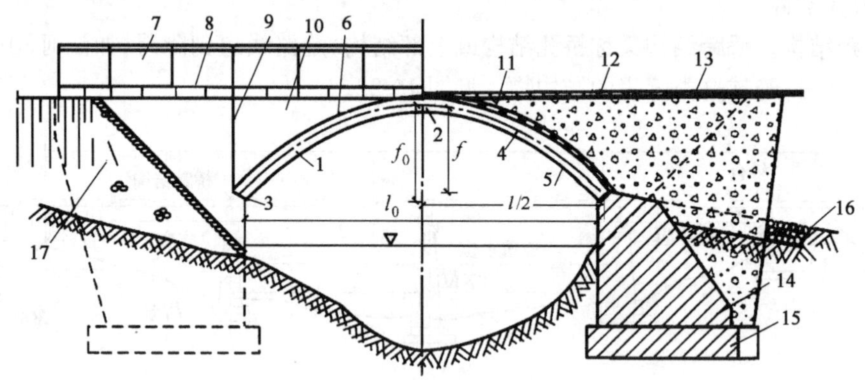

图 10-23　拱桥的主要组成部分

1-主拱圈;2-拱顶;3-拱脚;4-拱轴线;5-拱腹;6-拱背;7-栏杆;8-人行道块石;9-伸缩缝;10-侧墙;11-防水层;12-填料;13-桥面;14-桥台;15-基础;16-盲沟;17-锥体护坡

③桥梁全长。桥梁全长简称桥长,有桥台的桥梁应为两岸桥台侧墙或八字墙尾端的距离(图 10-22),以 L 表示;无桥台的桥梁应为桥面系长度。

④桥梁高度。桥梁高度简称桥高,是指桥面与低水位之间的高差,或为桥面与桥下线路路

面之间的距离。桥高在某种程度上反映了桥梁施工的难易性。

⑤桥下净空高度。桥下净空高度是设计洪水位或计算通航水位至桥跨结构最下缘之间的距离,以 H 表示,它应满足排洪和通航要求。

⑥建筑高度与容许建筑高度。建筑高度是桥上行车路面(或轨顶)与桥跨结构最低边缘的高差,用 h 表示(图 10-22),它不仅与桥梁的结构体系和跨径大小有关,而且还随行车部分在桥上布置的高度位置而异。公路或铁路定线中所确定的桥面(或轨顶)高程与桥下通航或排洪必需的净空高度之差,又称为容许建筑高度。

⑦净矢高与计算矢高。净矢高是从拱顶截面形心至相邻两拱脚截面下缘最低点之连线的垂直距离,以 f_0 表示(图 10-22)。计算矢高是拱顶截面形心至相邻两拱脚截面形心之连线的垂直距离,以 f 表示,如图 10-22 所示。

⑧矢跨比与净矢跨比。矢跨比是拱桥中拱圈(或拱肋)的计算矢高 f 与计算跨径 l 之比 (f/l),也称拱矢度,它是反映拱桥受力特性的一个重要指标。f_0/l_0 称为净矢跨比。

3. 桥梁的分类

作为一种结构,从力学的角度出发,桥梁的结构体系划分在桥梁的分类中有着特别重要的意义。结构工程上的受力构件,总离不开拉、压和弯三种基本受力方式。由基本构件所组成的各种结构物,在力学上也可归纳为梁式、拱式、悬吊式三种基本体系以及它们之间的各种组合。组合式桥是由几个不同的基本类型结构所组成的桥,常见的有斜拉桥、系杆拱桥、桁架拱桥、刚架拱桥、刚架系杆拱桥等。各种各样的组合式桥根据其所组合的基本类型不同,其受力特点也不同,往往是所组合的基本类型结构受力特点的综合表现。

除了上述按受力特点分成不同的结构体系外,人们还习惯地按桥梁的用途、大小规模和建筑材料等其他方面来进行划分。

①按用途来划分,有公路桥、铁路桥、公铁两用桥、人行桥、农桥、运水桥(渡槽)及其他专用桥梁(如通过管路、电缆等)。

②按桥梁全长和跨径的不同,分为特大桥、大桥、中桥和小桥。《公路工程技术标准》(JTG B01—2003)规定的大、中、小桥划分标准见表 10-1。其中,单孔跨径 L_K 用以反映技术复杂程度;多孔跨径总长 L 用以反映建设规模。

桥梁按跨径分类 表 10-1

桥 梁 分 类	多孔桥梁总长 L(m)	单孔跨径 L_K(m)
特大桥	$L \geqslant 500$	$L_K \geqslant 150$
大桥	$100 \leqslant L < 500$	$40 \leqslant L_K < 150$
中桥	$30 < L < 100$	$20 \leqslant L_K < 40$
小桥	$8 \leqslant L \leqslant 30$	$5 \leqslant L_K < 20$

③按主要承重结构所使用的材料划分,有木桥、圬工桥(包括砖、石、混凝土桥)、钢桥、钢筋混凝土桥、预应力混凝土桥、组合桥。目前,在我国公路上应用最广泛的是钢筋混凝土桥、预应力混凝土桥和圬工桥。

④按跨越障碍的性质,可分为跨河桥、跨线桥(立交桥)、高架桥、栈桥。高架桥一般指跨越深沟峡谷以代替高路堤的桥梁。为将车道升高至周围地面以上并使其下面的空间可以通行车

辆或作其他用途(如堆栈、店铺等)而修建的桥梁,称为栈桥。

⑤按上部结构的行车道位置,分为上承式桥、下承式桥和中承式桥。桥面布置在主要承重结构之上者称为上承式桥。桥面布置在承重结构之下的称为下承式桥。桥面布置在桥跨结构高度中间的称为中承式桥。

另外,按桥梁的平面形状,又可分为直线桥、斜桥、曲线桥;按施工方法可分为整体式的和节段式的。按其他分类还可分为军用桥、民用桥;临时便桥、永久性桥;开启桥、固定桥;浮桥、漫水桥。限于篇幅,本节主要介绍公路桥梁中的固定桥,并仅就桥跨上部结构展开论述。

10.2.2 桥梁结构的主要类型及受力特点

1. 梁式桥

梁式体系是古老的结构体系,在现代桥梁工程实践中得到广泛应用和发展,主要结构体系有简支梁桥、悬臂梁桥、连续梁桥等,如图 10-24 中 a)、b)、c)、d)所示。

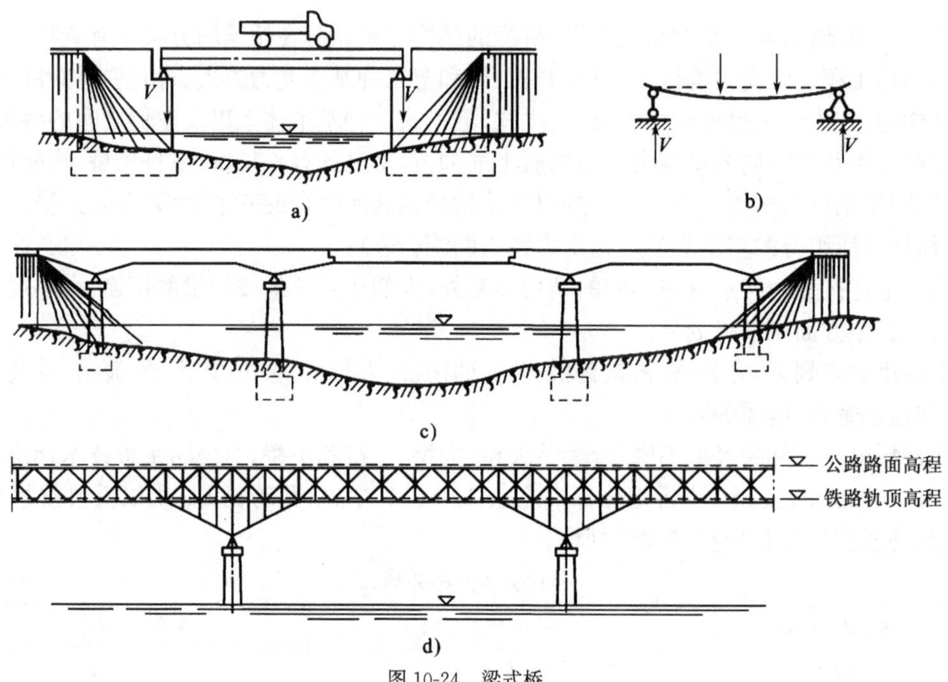

图 10-24 梁式桥

梁作为承重结构是以它的抗弯能力来承受荷载的。下面结合主梁弯矩图对梁式桥几种常见结构体系进行比较说明。恒载弯矩图如图 10-25 所示,当跨径 l 和恒载集度 g 相同时,简支梁的跨中弯矩值最大,悬臂体系和连续体系则由于支点负弯矩的存在,使跨中正弯矩值显著减小。从表征材料用量的弯矩图面积大小(绝对值)而言,悬臂和连续体系也比简支梁小得多。如以图 10-25b)所示的悬臂梁的中跨恒载弯矩图形为例,当 $l_x=l/4$ 时,正、负弯矩面积的总和仅为同跨径简支梁的 1/3.2。再从活载方面来看,如果只在图 10-25b)中孔布载,则其跨中的最大正弯矩仍然与简支梁一样。但对于带有挂梁的多孔悬臂梁[图 10-25c)],活载对于中间孔只按较小跨径(通常只有桥孔跨径的 0.4～0.6 倍)的简支挂梁产生正弯矩,因此它比简支梁的弯矩小得多。活载作用对连续梁也产生同样的效果。

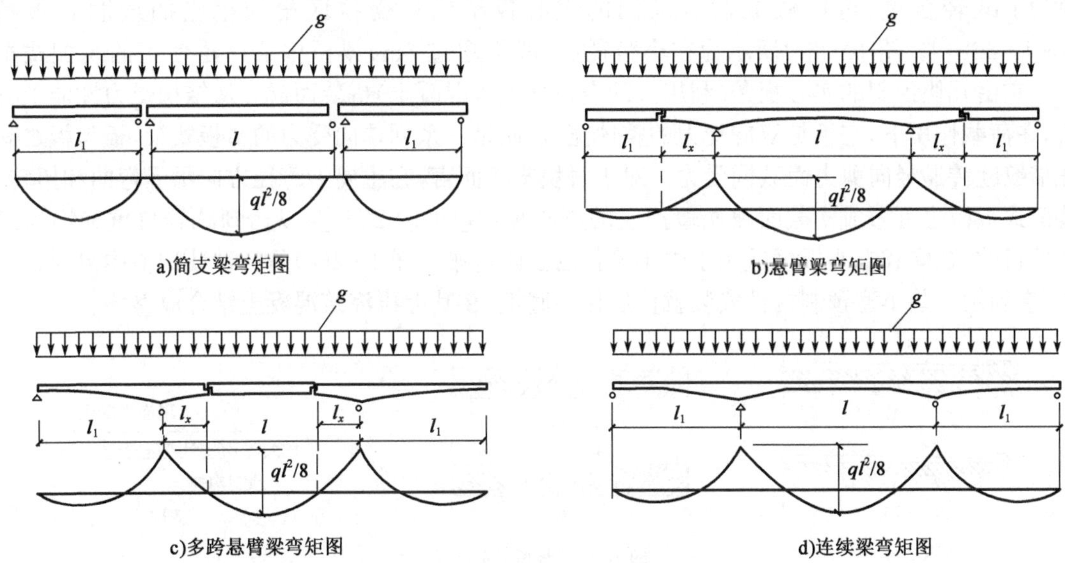

图 10-25　梁式桥恒载弯矩比较图

简支梁桥当跨径超过 20～25m 时，鉴于跨中恒载弯矩和活载弯矩将迅速增大，致使主梁的截面尺寸和自重显著增加，这样不但材料耗用量大而且不经济，同时很大的安装质量也给装配式施工造成困难。与简支梁桥相比较，悬臂梁桥和连续梁桥等利用支座上的卸载弯矩去减少跨中弯矩、降低主梁的高度，从而减少材料用量和结构自重，而结构自重的降低又进一步减小了恒载的内力，以同等截面抗弯能力的构件可建成更大跨径的桥梁。对于较大跨径的梁式桥，为了降低材料用量指标，就宜采用能减小跨中弯矩值的其他体系桥梁，如悬臂体系、连续体系的梁桥等。然而，对于钢筋混凝土材料，由于负弯矩区使受拉区处于行车道一面，因此需要配置大量的防裂钢筋来防止混凝土开裂对桥梁的使用和耐久性的危害。因此，钢筋混凝土悬臂体系和连续体系的梁桥仅适用于中小跨径，大量的悬臂和连续体系桥梁采用的是预应力混凝土结构。预应力混凝土连续梁桥具有整体性能好、结构刚度大、变形小、抗震性能好等优点，更突出的是在使用上，主梁变形挠曲线平缓、桥面伸缩缝少、行车舒适。此外，这种桥型的设计施工均较成熟，施工质量和施工工期能得到控制，成桥后养护工作量小。所以，在其适用跨径 60～150m 范围内，预应力混凝土连续梁应用最广泛。

根据主梁的截面形式，梁式桥可分为空腹式和实腹式。实腹式梁桥可分为板桥、肋板梁式桥和箱形梁桥。空腹式梁桥主要指桁架式桥跨结构，即桁梁桥。

(1)板桥

板桥的承重结构就是矩形截面的钢筋混凝土或预应力混凝土板，其主要特点是构造简单，施工方便，而建筑高度较小。从力学性能上分析，位于受拉区域的混凝土材料不但不能发挥作用，反而增大了结构的自重，当跨径稍大时就显得笨重而不经济。因此，板桥一般为简支梁桥，跨径在 10m 左右。

图 10-26a)表示整体式板桥的横截面，这种板在车辆荷载作用下除了沿跨径方向弯曲受力

外，在横向也发生挠曲变形，因此它是一块双向受力的板，其受力钢筋需沿两个方向布置。有时为了减轻自重，也可做成留有圆洞的空心板桥或将受拉区稍加挖空的矮肋式板桥[图 10-26b)]。图 10-26c)所示为在小跨径(一般不超过 8m)梁桥中最广泛使用的装配式板桥。它由几块预制的实心板条(利用板间企口缝填入混凝土)拼装而成。从结构受力性能上分析，在荷载作用下，它不是双向受力的整体宽板，而是一系列单向受力的窄板式梁，板与板之间凭借铰缝传递竖向剪力而共同受力。对于每块窄板而言，它主要沿跨径方向承受弯曲和扭转。装配式板桥也可做成横截面被显著挖空的空心板桥[图 10-26d)]，以达到减轻自重和增大跨径的目的，装配式空心板桥适用于中小跨径的公路桥梁。图 10-26e)是一种装配整体组合式板桥，它利用一些小型预制构件安装就位后作为底模，在其上再浇筑混凝土结合成整体。

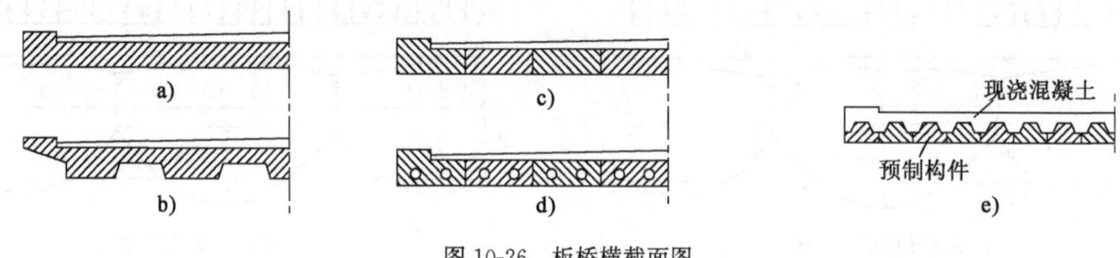

图 10-26　板桥横截面图

(2)肋板式梁桥

在横截面内形成明显肋形结构的梁桥称为肋板式梁桥，或简称肋梁桥。肋板式梁桥的横截面可分为 Π 形[图 10-27a)]和 T 形[图 10-27b)、c)、d)]两种基本类型。这类桥以梁肋(或称腹板)与顶部的钢筋混凝土桥面板结合在一起作为承重结构。由于肋与肋之间处于受拉区域的混凝土得到很大程度的挖空，显著减轻了结构自重。特别对于仅承受正弯矩作用的简支梁来说，既充分利用了扩展的混凝土桥面板的抗压能力，又有效地发挥了集中布置在梁肋下部的受拉钢筋的作用，从而使结构构造与受力性能达到较理想的配合。与板桥相比，对于梁肋较高的肋梁桥来说，由于混凝土抗压和钢筋受拉所形成的力偶臂较大，因而肋梁桥也具有更大的抵抗荷载弯矩的能力。目前，中等跨径(13～15m)的梁桥，通常采用肋板式梁桥。

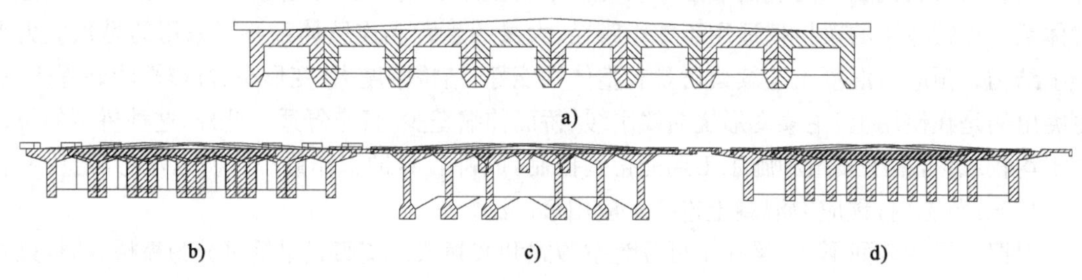

图 10-27　肋板式梁桥横截面

(3)箱形梁桥

横截面呈一个或几个封闭箱形的梁桥称为箱形梁桥。这种结构除了梁肋和上部翼缘板外，在底部尚有扩展的底板，因此它提供了能承受正、负弯矩足够的混凝土受压区；箱形梁桥的另一重要特点是，在一定的截面面积下能获得较大的抗弯惯性矩，而且抗扭刚度也特别大，在偏心活载作用下各梁肋的受力比较均匀。因此，箱形截面能适用于较大跨径的悬臂梁桥和连续梁桥，也可用来修建全截面均参与受力的预应力混凝土简支梁桥，但不宜用于普通钢筋混凝土简支梁桥。图 10-28a)和图 10-28b)所示为单室和多室的整体式箱形梁桥的横截面。图 10-28c)表示装配式的多室箱形截面,其腹板和底板的一部分构成 L 型和倒 T 形的预制构件,在底板上留出纵向的现浇接头。

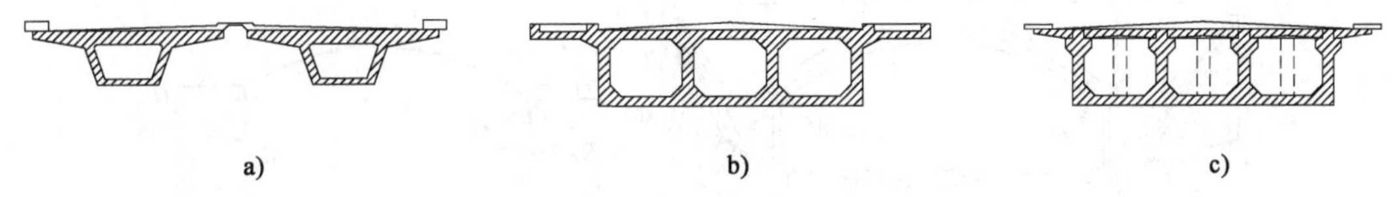

图 10-28　箱形梁桥横截面

(4)桁架式梁桥

与实腹式梁相比,桁架自重轻、跨越能力大、截面抗弯刚度和抗扭刚度大,杆件以承受轴向力为主,能充分发挥材料性能。桁架式梁桥主要是铁路桥梁或公铁两用桥,且多为钢桥。钢桁梁桥在竖向荷载作用下,其传力途径是:荷载通过桥面传给纵梁,由纵梁传给横梁,再由横梁传给主桁节点,然后通过主桁的受力传给支座,最后由支座传给墩台及基础。主桁是桁梁桥的主要组成部分,它的图式选择是否合理,对桁梁桥的设计质量起着重要作用。常用的主桁几何图式见图 10-29。

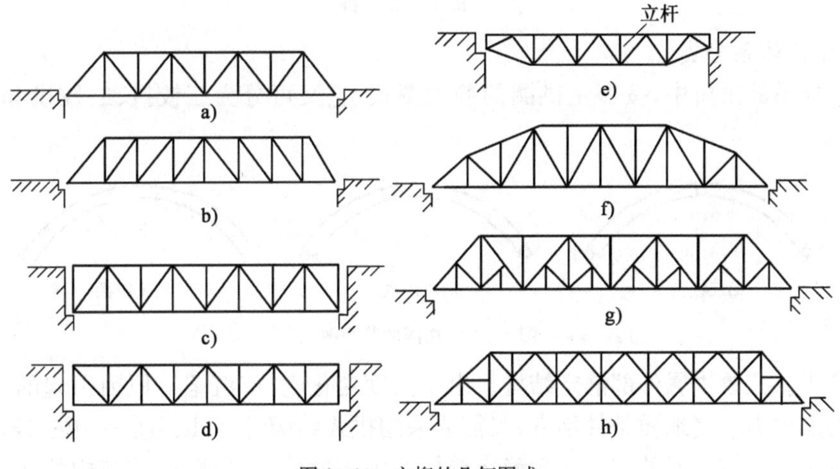

图 10-29　主桁的几何图式

2. 拱式桥

从广义上说,拱桥可以按结构体系分为简单体系拱桥、拱梁组合体系桥与刚架系杆拱桥。在简单体系的拱桥中,桥面系是局部承力与传力结构,不考虑与主拱联合受力。简单体系拱是有推力拱,拱的水平推力直接由墩台或基础承受。在拱梁组合体系桥中,桥面系的纵梁与主拱圈共同受力。组合体系拱可以是有推力拱,也可以是无推力拱。刚架系杆拱桥面系也不参与主拱圈总体受力,这一点与简单体系拱相似,但在两拱脚之间用预应力系杆来平衡拱的恒载水平推力,在这一点上又类似于无推力的拱梁组合体系桥。由于拱梁组合体系桥与刚架系杆拱桥又可以划归为组合结构体系,因此,此处拱式桥是指简单体系拱桥。

拱式桥的主要承重结构是拱肋或拱箱。这种结构体系在竖向荷载作用下,桥墩或桥台将承受水平推力(图 10-30)。同时,这种水平推力将显著抵消荷载所引起在拱圈或拱肋内的弯矩作用。因此，与同跨径的梁相比，拱的弯矩和变形要小得多。鉴于拱桥的承重结构以受压为主，通常就可用抗压强度强的材料（如石、混凝土、钢筋混凝土与钢管混凝土等）来建造。

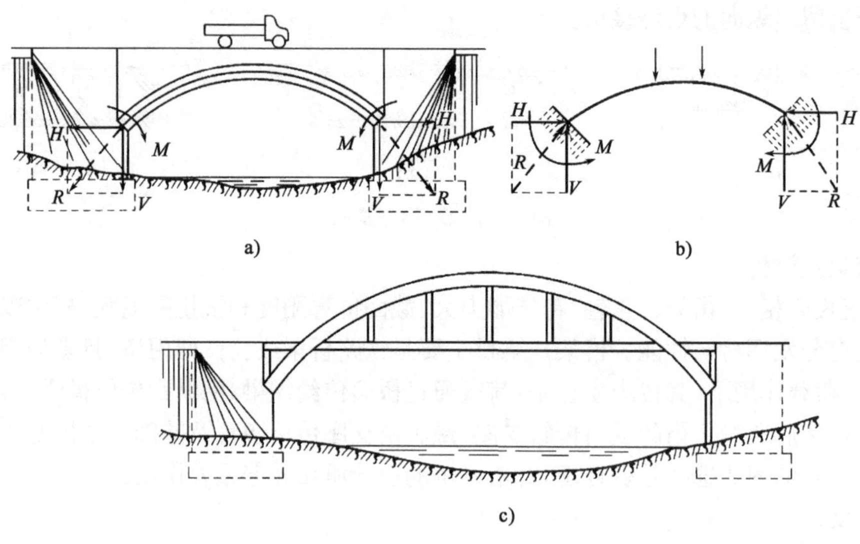

图 10-30 拱式桥

(1)按结构体系分类

在简单体系的拱桥中，按照主拱圈的静力图式，它又可分为三铰拱、二铰拱和无铰拱，见图 10-31。

图 10-31 拱圈的静力图式

①三铰拱。三铰拱属外部静定结构。由于温度变化、支座沉陷等原因引起的变形不会在拱内产生附加内力。当地质条件不良，又需要采用拱式结构时，可以考虑采用三铰拱。

②二铰拱。二铰拱属外部一次超静定结构。由于取消了拱顶铰，使结构整体刚度较三铰拱大，而较之无铰拱可以减小基础位移、温度变化、混凝土收缩和徐变等引起的附加内力。

③无铰拱。无铰拱也叫固端拱或固定拱，属外部三次超静定结构。在自重及外荷载作用下，拱内的弯矩分布比二铰拱均匀，材料用量省。由于不设铰，结构的整体刚度大，构造简单，施工方便，维护费用少。但拱脚变位、温度变化、混凝土收缩等产生的附加内力较三铰拱和二铰拱大。不过随着跨径的增大，附加内力在结构总内力中的比重会相对减小。

(2)按行车道位置分类

拱桥按行车道（桥面系）的位置，可分为上承式、下承式和中承式，见图 10-32。

(3)按主拱截面形式分类

按主拱的横截面形式划分，常见的有板拱、肋拱、双曲拱、箱拱，如图 10-33 所示。

板拱构造简单、施工方便，但截面抗弯惯矩不大，适用于中、小跨径的圬工拱桥。肋拱加大了拱圈高度，提高了截面的抵抗矩，多用于较大跨径的拱桥。因拱肋是以受压为主的构件，需要考虑稳定问题。当两拱肋都是位于竖向平面时(平行肋拱),一般应在肋之间设置横向连接系,形成组拼拱。当拱的宽跨比较小时,有时将两拱肋向内倾斜,使两拱肋的拱顶部分相互靠近,形成内倾拱,以提高其横向稳定性。这种拱因拱肋很像提篮的把手,故又称为提篮拱。有的中下承式的肋拱不采用横向联系的,即无风撑拱。双曲拱主拱圈的横截面由一个或数个横向小拱组成,其特点是钢筋用量省,施工吊装简便,但整体性较差,极易产生应力集中与开裂,现已极少采用。箱拱由于截面挖空,截面抗弯惯性矩远大于相同截面积的板拱,从而能大大减小弯曲应力并节省材料,而且闭口箱形截面的抗扭刚度大,结构的整体性和稳定性均较好,是国内外大跨径钢筋混凝土拱桥主拱圈截面的基本形式。

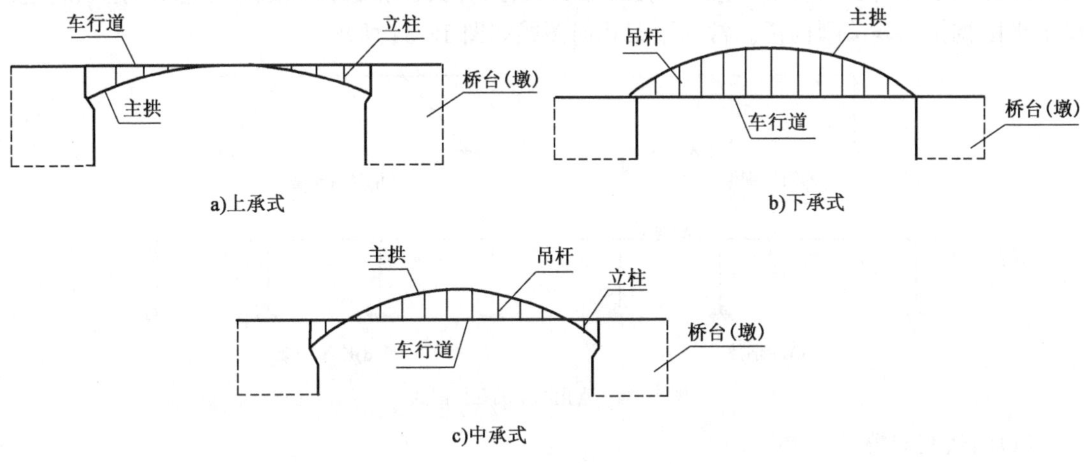

图 10-32 拱式桥车承形式

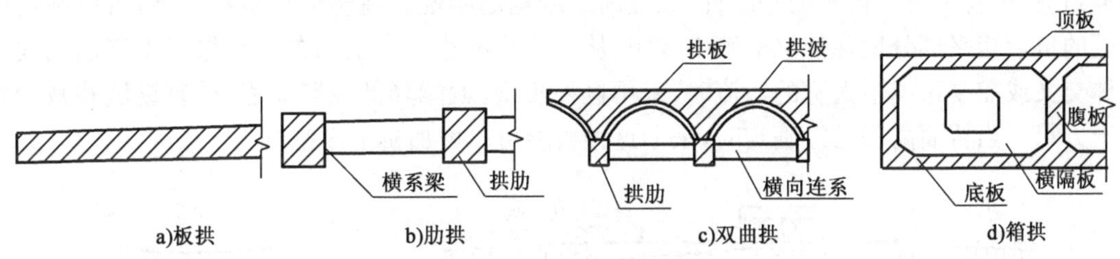

图 10-33 拱的横截面形式

(4)按拱轴线形分类

拱轴线的形状直接影响主拱截面内力的分布与大小。最理想的拱轴线是与拱上各种荷载的压力线相吻合,这时主拱截面只承受轴向压力,而无弯矩及剪力作用,应力最均匀,材料强度能得到充分利用。这样的拱轴线,称之为合理拱轴线。但事实上,理想的拱轴线是不可能得到的,因为主拱不仅受到恒载作用,也承受活载、温度变化和材料的收缩徐变等作用。选择拱轴线的基本原则,就是使它尽量接近荷载的压力线。目前,拱桥常用的拱轴线有以下几种:

①圆弧线。线性简单,施工放样方便,但是在一般情况下,圆弧线拱轴线与恒载压力线偏离较大,使拱圈各截面受力不均匀,因此,圆弧线常用于 15~20m 以下的小跨径拱桥。

②抛物线。在竖向均布荷载作用下,可推导出拱的合理拱轴线是二次抛物线。对于恒载强度比较接近均匀的拱桥,例如矢跨比较小的空腹式钢筋混凝土拱桥和中、下承式拱桥,往往

可以采用二次抛物线作为拱轴线。在某些大跨径拱桥中,为了使拱轴线尽可能与恒载压力线相吻合,也有采用高次抛物线(如三次、四次抛物线)作为拱轴线的。

③悬链线。实腹式拱桥,若沿桥纵向的恒载集度是由拱顶向拱脚连续分布,逐渐增大,则可推导出其恒载压力线为一条(倒)悬链线。因此,一般认为悬链线是实腹式拱桥的合理拱轴线。

3. 刚架桥

刚架体系是介于梁与拱之间的一种结构体系,它是由受弯的上部梁(或板)结构与承压的下部柱(或墩)整体结合在一起的结构,整个体系是压弯结构,也是有推力的结构。刚架桥可以是单跨或多跨的,单跨刚架桥主要有直腿刚架(又称为门式刚架)和斜腿刚架,多跨刚架桥主要有 T 形刚构桥和连续刚构桥。常用刚架几何图式如图 10-34 所示。

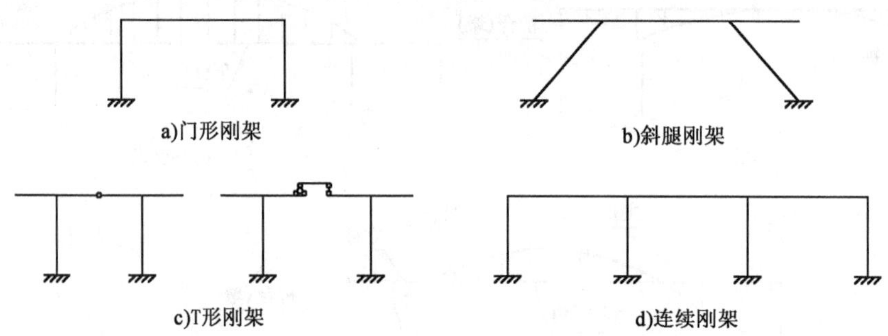

图 10-34　常用刚架的几何图式

(1)门式刚架桥

门式刚架桥(图 10-35)的主要特点是将桥台台身与主梁固结,既省掉了主梁与桥台之间的伸缩缝,改善了桥头行车的平顺性,又提高了结构的刚性。在竖向荷载作用下,可以利用固结端的负弯矩来部分地降低梁的跨中弯矩,从而达到减小梁高的目的。在城市中当遇到线路立体交叉或需要跨越不太宽的河流时,采用这种桥型,就能降低线路高程,改善纵坡和减少路堤土方量。当桥面高程已经确定时,采用这种桥型可以增加桥下净空。

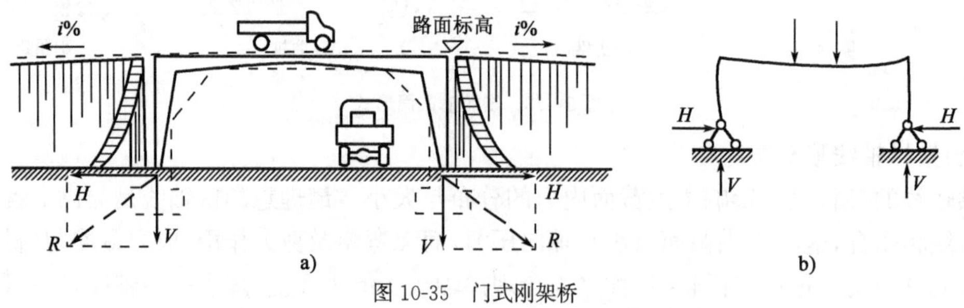

图 10-35　门式刚架桥

但由于台梁固结,其受力状态介于梁桥和拱桥之间,由此也带来以下一些致命的缺点:薄壁台身(或立柱)除承受轴向压力外,还承受横向弯矩,并且在基脚处还产生水平推力,因此对地基基础要求高;预应力、徐变、收缩、温度变化以及基础变位等因素会产生较大的次内力;台身与主梁连接处的角隅截面的负弯矩和主拉应力很大,常常会产生劈裂裂缝。

(2)斜腿刚架桥

斜腿刚架桥由一对斜置的撑杆与梁体固结后形成,如图 10-36 所示,它在受力方面具有如下优点：

①斜腿刚架桥的主跨相当于一座折线拱式桥，其压力线接近于拱桥的受力状态，斜腿以受压为主，比门式刚架的立墙或立柱受力更合理，故其跨越能力也大。

②斜腿刚架桥的两端具有较长的伸臂长度，通过调整边跨与中跨的跨长比，可以使梁端支座成为单向受压铰支座而不致向上翘起，从而改善行车条件，同时在恒载作用下边跨对主跨的跨中弯矩也能起到卸载作用，有利于将主跨的梁高减薄。

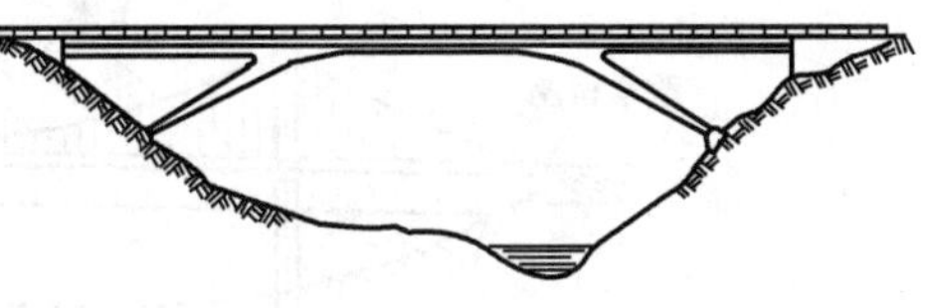

图 10-36　斜腿刚架桥

然而，斜腿刚架桥仍存在结构次应力大、节点负弯矩大以及节点构造复杂、施工难度大等缺点，限制了其推广应用。

(3)T 形刚构桥和连续刚构桥

T 形刚构桥和连续刚构桥是采用悬臂施工法而发展起来的一种预应力混凝土结构体系，因其施工时的受力状态与使用时基本一致，故省料、省工、省时。

根据立面的总体布置情况，T 形刚构桥又可分为两种类型：两 T 构之间带铰和两 T 构之间带挂梁，如图 10-37 所示。T 形刚构桥的优点是静定结构，能减少次内力、简化主梁配筋；结构对称有利于对称悬臂施工；缺点是桥墩因承受弯矩较大而粗大费料；结构中间带铰或挂梁，在铰处易形成明显的折线变形，对行车不利；主结构以受单一的负弯矩为主，徐变、收缩对变形的影响较大，施工预拱度的设置与长期变形的控制要求高。

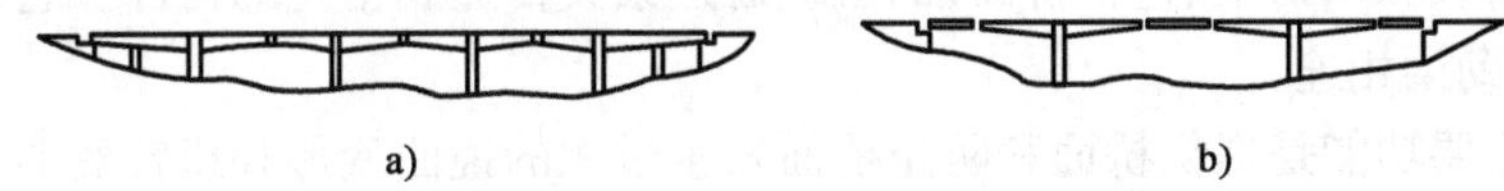

图 10-37　T 形刚构桥

预应力混凝土连续刚构桥(图 10-38)是预应力混凝土 T 形刚构与连续梁的组合。连续刚构桥悬臂施工法与 T 形刚构桥相同，但在跨中要浇筑合龙段，张拉预应力束，使之连成整体。这种桥型数跨相连，跨中不设铰或挂梁，行车舒适。连续刚构由于墩梁固结，除保持了连续梁的受力优点外，还节省了大型支座的费用，减少了桥墩及基础的工程量，改善了结构在水平荷载下的受力性能，并简化施工工序。同时，墩梁固结使得桥梁顺桥向抗弯刚度和横桥向抗扭刚度较大，能满足特大跨径桥梁的受力要求，故跨径超过 100m 公路桥梁，多采用预应力混凝土连续刚构桥。但由于墩梁固结，结构为多次超静定，连续刚构桥对温度变化、混凝土收缩徐变、行车制动力等因素产生的次内力敏感。为适应各种外力所引起的纵向位移，通常选择抗压刚度大、抗推刚度较小的双薄壁式柔性墩。然而，桥墩柔性大导致对梁的嵌固作用小，需考虑主梁纵向变形与转动的影响和墩身偏心受压时的稳定性，设计墩身尺寸时应对连续刚构的抗推刚度进行分析比较后确定。在桥墩较矮时，它的应用受到限制。

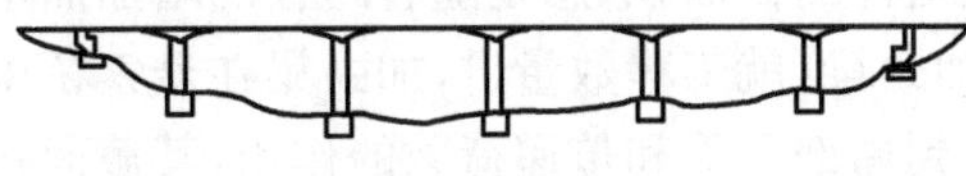

图 10-38　连续刚构桥

4. 悬索桥

(1)悬索桥的构成

悬索桥上部结构的主要构件为索塔、主缆和加劲梁，其次还有吊索、鞍座、索夹等。主缆两端的锚固体，虽常被视为下部结构，但它是地锚式悬索桥的重要组成部分。悬索桥各组成部分及名称见图 10-39。

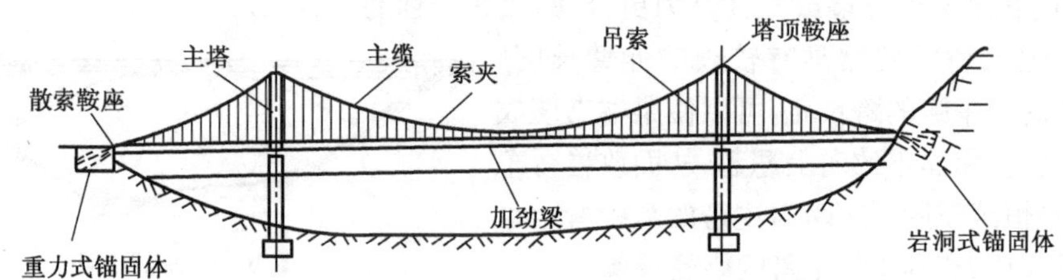

图 10-39 悬索桥概貌

主塔是支承主缆的重要构件。悬索桥的活载和恒载(包括桥面、加劲梁、吊索、主缆及其附属构件如塔顶鞍座和索夹等重力)通过主塔传递到下部的塔墩和基础。

主缆是通过塔顶鞍座悬挂在主塔上并锚固于两端锚固体中的柔性承重构件，主缆本身又通过索夹和吊索承受活载和加劲梁(包括桥面)的恒载，除此之外，它还分担一部分横向风荷载并将它直接传递到塔顶。

索夹位于每根吊索和主缆的连接节点上，实际它是主缆和吊索的连接件。索夹以套箍的形式紧固在主缆上，它在主缆上夹紧后产生一定的摩阻力来抵抗滑移，从而固定了吊索与主缆的节点位置。同时，它也是固定主缆外形的主要措施。

吊索是将活载和加劲梁(包括桥面)的恒载通过索夹传递到主缆的构件。它的上端与索夹相连，下端与加劲梁相连。

加劲梁的主要功能是提供桥面和防止桥面发生过大的挠曲变形和扭转变形。桥面上的活载及加劲梁的恒载通过吊索和索夹传至主缆。加劲梁是悬索桥承受风荷载和其他横向水平力的主要构件。

鞍座是塔顶上承受主缆的重要构件，通过它可使主缆中的拉力以垂直力和不平衡水平力的方式均匀地传给塔顶。主缆在进入锚固体之前必须通过索鞍座将主缆分散后以索股为单位分散锚固。

主缆的锚固体是将主缆中的拉力传给地基的构件，通常有重力式锚固体和岩洞式锚固体。重力式依靠锚固体的巨大自重力来抵抗主缆的垂直分力，水平分力则由锚固体与地基之间的摩阻力(包括侧壁的)或嵌固阻力来抵抗。岩洞式则由锚固体将主缆中的拉力直接传递给岩洞周壁。

(2)悬索桥的特点

同其他桥型相比，悬索桥具有如下优势：

①在材料用量方面。其他各种桥型的主要承重构件的截面积，总是随着跨径的增加而增加，致使材料用量增加很快。但是大跨径悬索桥的加劲梁(就工程数量讲，加劲梁在悬索桥中要占相当大的比例)不是主要承重构件，加劲梁仅起到局部承受和传递荷载的作用，其截面积并不需要随着跨径而增加，特别是地锚式悬索桥。

②在构件设计方面。许多构件截面积的增大是容易受到客观制约的，例如梁的高度、杆件的外廓尺寸、钢材的供料规格等，但是悬索桥的主缆、锚碇和主塔这三项主要承重构件在扩充其截面积或承载能力方面所遇到的困难则较小。

③在受力和跨越能力方面。众所周知，在拉、压、弯受力方式中，受拉是最合理的。由于主缆受拉，且其截面设计较容易，因此悬索桥的跨越能力是目前所有桥型中最大的，常可因地制宜地选择一跨跨过江河或海峡主航道的布置方案，以避免深水桥墩的修建，满足通航要求。

④在施工方面。悬索桥的施工总是先将主缆架好，这样，主缆就是一个现成的悬吊式脚手架。在架梁过程中，梁段可以挂在主缆之下，虽然也必须采取一定的措施防御大风的袭击，但同其他桥所用的悬臂施工方法相比，风险较小。

当然，悬索桥也有一些缺点：由于悬索是柔性结构，刚度较小，当活载作用时，悬索会改变几何形状，引起桥跨结构产生较大的挠曲变形；在风荷载、车辆冲击荷载等动荷载作用下容易产生振动。

(3)悬索桥的形式

①主索锚固方式。分为地锚式和自锚式两种。绝大部分悬索桥，特别是大跨径的悬索桥，都是地锚式悬索桥。地锚式悬索桥的形状如图 10-39 所示，即主缆的拉力由桥梁端部的重力式锚固体(锚锭)或岩洞式锚固体(岩锚)传递给地基，因此在锚固体处一般要求地基具有较大的承载力，最好是有良好的岩层。

悬索桥有时也采用自锚式(图 10-40)。自锚式悬索桥的主缆拉力是直接传递给它的加劲梁来承受。主缆拉力的垂直分力(一般较小)可以起到边跨端支点的部分反力作用而使加劲梁底下的端支点得以减小，但水平分力则以轴向压力的方式传递到加劲梁中，因此自锚式悬索桥的跨径不宜过大，否则，为了抵抗巨大的主缆水平分力，加劲梁的截面将非常庞大而很不合理、很不经济。自锚式悬索桥的另一缺点是施工比较困难，一般必须先架设加劲梁，然后再架设主缆。自锚式悬索桥通常用于两岸地基承载力较差或在城市闹区，无法布置庞大的主缆锚锭建筑物的情况。

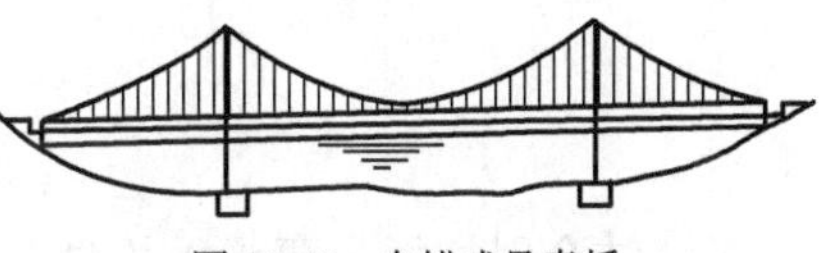
图 10-40　自锚式悬索桥

②孔跨布置形式。按悬吊的孔跨数分，悬索桥有单跨、三跨、多跨(四跨及以上)，如图 10-41 所示。其中三跨悬索桥是最常见的一种形式，因为它的结构比较合理。

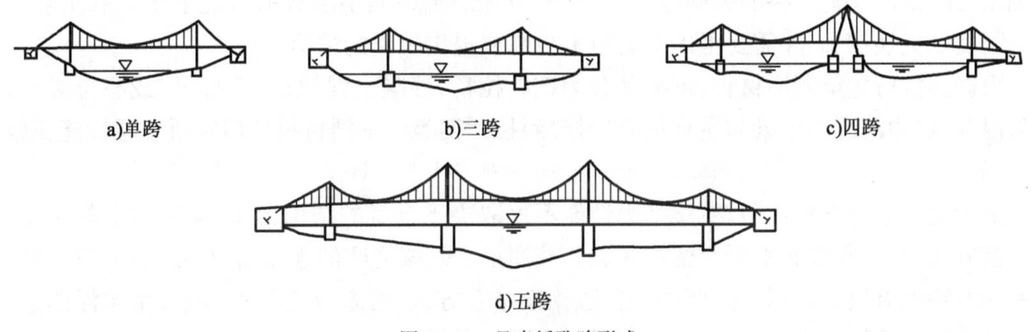

图 10-41　悬索桥孔跨形式

相对于三跨悬索桥，单跨悬索桥由于边跨主缆基本上仅承受自重力，在架设时主塔顶部鞍座的预偏量(偏向边跨侧)要增大；而多跨悬索桥，常因中间桥塔与两边桥塔的塔高不同导致主缆的垂度偏大，使悬索桥的整体刚度减小，且当任意跨上有活载作用时，在主缆拉力的水平分力于塔顶处重新达到平衡之前，塔顶将向水平分力大的一侧产生较大的变位，随之在加劲梁上产生较大的挠曲变形和弯矩。

5. 斜拉桥

斜拉桥又称斜张桥，是典型的悬索结构和梁式结构组合的结构体系，见图 10-42。这一结构体系由加劲梁、斜拉索和索塔组成，充分利用了悬索结构和梁结构的特点，其组合达到相当合理的程度。在结构体系中，主梁直接承受桥面荷载引起的弯矩和剪力，桥塔两侧的斜拉索为梁结构提供弹性支承，显著减少了梁的弯矩和剪力，因此减小了梁体尺寸，大大提高了主梁的跨越能力。斜拉桥受桥下净空和桥面高程的限制少。斜拉桥虽与悬索桥一样都属于缆索承重结构，但其整体刚度更大，抗风稳定性比悬索桥好，不需悬索桥那样的集中锚碇构造，便于采用悬臂施工等。但其不足之处是，它是多次超静定结构，设计计算复杂；索与梁或塔的连接构造比较复杂；施工中高空作业较多，且施工控制等技术要求严格。

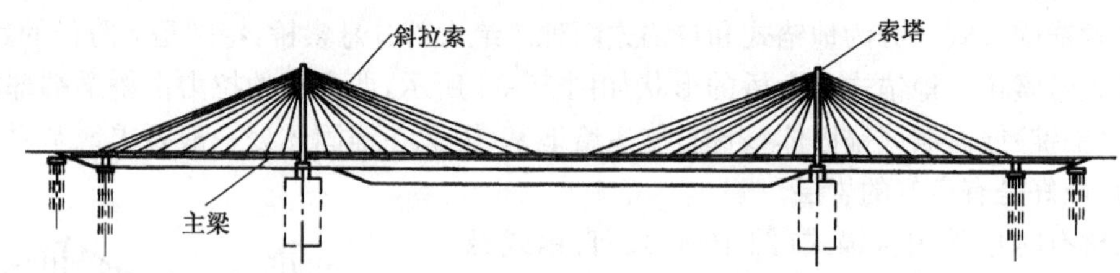

图 10-42　斜拉桥简图

下面结合斜拉桥主要承重构件对其结构形式及受力特点进行简要介绍。

(1)主梁

主梁直接承受车辆荷载，是斜拉桥主要承重构件之一。主梁截面形式，应根据跨径、索距、桥宽等不同需要，综合考虑结构的力学要求、抗风稳定性、施工方法等选用。一般说来，梁式桥主梁的横截面形式都可用于斜拉桥的主梁，但需注意到由于梁在跨间支承在一排或两排斜索支点上，要求横截面的抗扭刚度比较好，而且要便于斜索与主梁的连接。拉索间距大时，主梁由弯矩控制设计；对于单索面而言，由扭转控制设计；对于双索面密索体系，主梁设计主要应考虑轴压力因素以及整个桥的纵向弯曲。另外，应考虑到在减小活载的情况下主梁有足够的强度和刚度以更换拉索，并需要考虑个别拉索拉断或退出工作的情况。

根据斜拉桥主梁所用材料，可将其分为钢斜拉桥、混凝土斜拉桥、组合梁(或叠合梁)斜拉桥与混合梁(边跨混凝土梁与主跨钢梁连接)斜拉桥四类。不同材料的斜拉桥主梁性能比较见表 10-2。

由于受拉索的支承作用，主梁受力性能不仅取决于自身的结构体系，同时与塔的刚度、梁塔连接方式、索的刚度和索形等密切相关。按照塔、墩、梁之间的连接情况，不同的斜拉桥结构体系受力特点有较大差别。按照塔、梁、墩相互结合方式，可划分为飘浮体系、半飘浮体系、塔梁固结体系和刚构体系和 T 构体系，见图 10-43。

飘浮体系[图 10-43a)]：塔墩固结、塔梁分离，主梁除两端有支承外，其余全部用拉索支承，属于一种在纵向可稍作浮动的多跨弹性支承连续梁。空间动力分析表明，斜拉索是不能对梁提供有效横向支承的，为了抵抗由于风力等引起主梁的横向水平位移，一般应在索塔和主梁之间设置侧向限位支座。为了防止纵向飓风和地震荷载产生过大的摆动，应在塔上设置高阻尼的主梁水平弹性限位装置。飘浮体系在主跨满载时，索塔处的主梁截面无负弯矩峰值；由于主梁可以随索塔的缩短而下降，这种体系能减小温度、混凝土收缩和徐变内力影响。密索体系中主梁各截面的变形和内力的变化较平缓，受力较均匀；地震时，允许全梁纵向摆荡成为长周期运动，从而吸震消能，因此主跨超过 400m 以上时一般采用飘浮体系。为形成这种纵向能摆动的飘浮体系，索在竖直面内的布置应为辐射形或扇形。飘浮体系采用悬臂施工时，索塔处主梁需临时固结，以抵抗施工过程中的不平衡弯矩和纵向剪力。由于施工不可能做到完全对称，成桥后解除临时固结时，主梁会发生纵向摆动。

不同材料的斜拉桥主梁的性能比较 表 10-2

项　目	钢斜拉桥	组合梁斜拉桥	混凝土斜拉桥		性能要求
			预制拼装	就地浇筑	
恒载	A	B	C	C	减轻桥梁自重
质量	C	B	A	A	空气动力质量阻尼
材料阻尼	C	B	A	A	改善空气动力响应
徐变	A	B	C	D	尺寸线形的稳定性
收缩	A	B	C	D	尺寸线形的稳定性
耐久性	C	B	A	A	最佳耐久性
改造的难易	B	A	C	C	易于改造
施工的难易	B	A	C	D	连接的难易
路面造价	B	A	A	A	降低路面造价
拉索的连接	C	B	A	A	简易并方便更换
拉索疲劳	C	B	A	A	降低活载/恒载比值
基本造价	D	C	B	A	与跨径及地区有关

注：表中 A、B、C、D 表示优→劣等级。

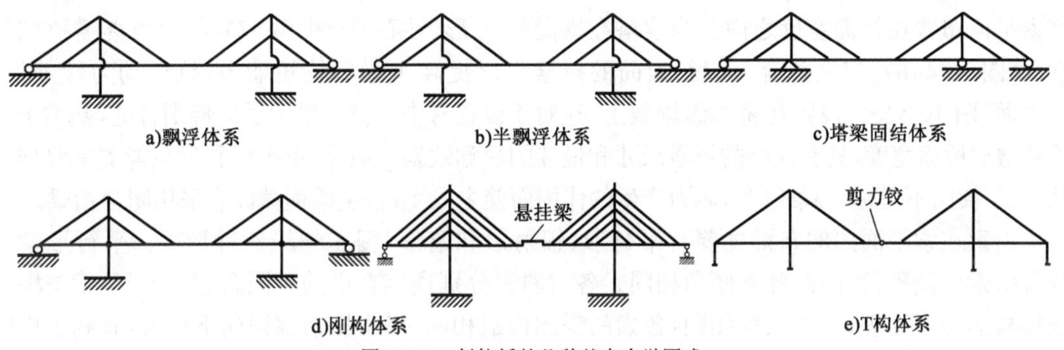

图 10-43　斜拉桥的几种基本力学图式

半飘浮体系[图 10-43b)]：塔墩固结，主梁在塔墩上设置竖向支承，成为多点弹性支承的连续梁。全部设活动支座时可避免不对称约束而导致不均衡温度变位。主梁的水平位移由斜拉索制约。若采用一般支座，满载时索塔处主梁有负弯矩尖峰，温度、收缩、徐变次内力仍较大。若在墩顶设置一种可以调节高度的支座或弹簧支承来替代零号索，并在成桥时调整支座反力，可以消除大部分收缩、徐变等的不利影响，并且在经济和减小纵向漂移方面将会有一定好处。

塔梁固结体系[图 10-43c)]：在塔、梁固结的同时，索塔处梁下设置支座形成全支承体系，其主梁的内力与挠度直接同塔、梁的弯曲刚度比值有关。塔梁固结体系可以显著减小主梁中央段承受的轴向拉力，索塔或主梁的温度内力极小。但在中跨满载时，主梁在墩顶处转角位移导致索塔倾斜，使塔顶产生较大的水平位移，从而显著地增大主梁跨中挠度和边跨负弯矩；另外上部结构反力过大，支座构造复杂，日后养护、更换困难，且动力特性不理想，对抗风抗震不利，故一般仅用于小跨径斜拉桥。

刚构体系[图 10-43d)]：指塔、墩、梁固结的结构体系。采用刚构体系能克服塔梁固结体系大吨位支座的制作困难并提供稳定的施工条件，但是其动力性能差，尤其在窄桥情况下，故宜用于独塔斜拉桥的设计中。

T 构体系[图 10-43e)]：可以克服刚构体系温度应力的影响，即在斜拉桥主跨中央部分插入一小跨悬挂结构或是以"剪力铰"代替悬挂结构。与刚构体系的区别是 T 构体系的主梁跨中区域无轴拉力，但于养护及行车舒适不利。

(2)斜拉索

斜拉索是斜拉桥的重要组成部分，并显示了斜拉桥的特点。斜拉桥桥跨结构的自重力和桥上荷载，绝大部分通过斜拉索传递到索塔上。

拉索的布置是斜拉桥设计中的重要内容。它不仅影响桥梁的结构性能，而且影响到施工方法和经济性。斜拉索按其所组成的平面，通常分为单索面和双索面，而双索面又可分为双平行索面和双斜索面，见图 10-44。

a)平行双索面

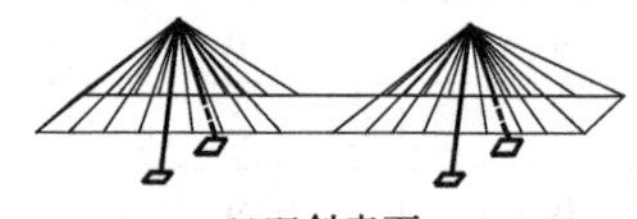
b)双斜索面

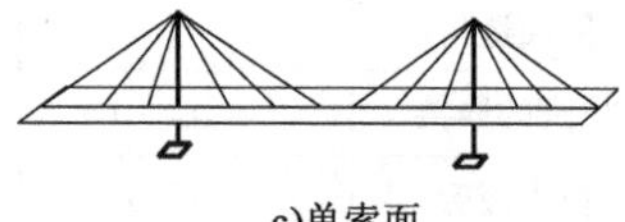
c)单索面

图 10-44　索面横桥向布置

平行双索面[图 10-44a)]又有两种布置方式：一是将索平面布置在桥面宽度外侧，另一是将索平面布置在桥面宽度之内。当索塔在横向为 A 形、钻石形(图 10-47)时，就可能需要双斜索面[图 10-44b)]与之配合。双斜索面的拉索可以提高主梁的抗扭能力，抗风动力性能好。单索面[图 10-44c)]设置在桥梁纵轴线上，这对于设置有中央分车带的桥梁特别合适，基本上不需要增加桥面宽度，具有最小的桥墩尺寸和最佳的视觉效果。但是，单平面斜索只能支承竖向荷载，由于横向不对称活载或(和)风力产生的作用而使主梁受扭，主梁横截面宜采用闭合箱梁。

斜索在索平面内的布置主要有平行形、辐射形和扇形(图 10-45)三种形式。平行形索面的各斜索彼此平行，因此各索倾角相同。各对斜索分别连接在塔的不同高度上，于是索与塔的连接构造易于处理；由于倾角相同，各索的锚固构造相同，塔中压力逐段向下加大，有利于塔的稳定性。但是这种形式索的用钢量大；各对索拉力的差别将在塔身各段产生较大的弯矩；由于是几何可变体系，对内力及变形的分布较不利，不过可以用边跨内设置辅助墩的办法来加以改善。辐射形索面是将全部斜索汇聚到塔顶，使各根斜索都具有可能的最大倾角。由于索力主要由垂直力的需要而定，因此斜索拉力较小；而且辐射索使结构形成几何不变体系，对变形及内力分布都有利。但是，有较多数量的斜索汇集到塔顶，将使锚头拥挤，构造处理较困难；塔身从顶到底都受到最大压力，自由长度较大，塔身刚度要保证压曲稳定的要求。扇形索是介于辐射形和平行形之间的形式，一般在塔上和梁上分别按等间距布置，兼顾了以上两种形式的优点而减少了其缺点,因此有较多的斜拉桥采用这种形式。

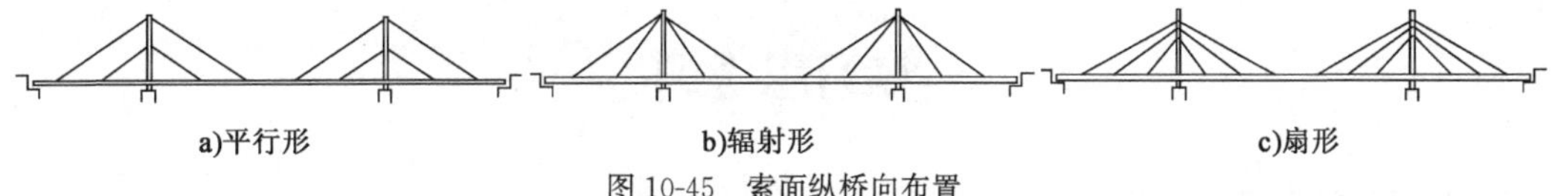

图 10-45 索面纵桥向布置

(3)索塔

索塔结构除本身的自重力引起轴力外,控制设计的外力往往是水平荷载(风或地震力)所引起的弯矩,还必须考虑通过斜拉索传递给塔身的主梁及桥面系的自重力,以及桥面系所承受的竖向荷载(活载)和水平荷载。因而从总体受力来说,斜拉桥的主塔结构不仅要承受巨大的轴力,还要承受很大的弯矩。

从顺桥向看,经常采用的主塔结构形式有单柱式、A 字形和倒 Y 形等,见图 10-46。单柱式索塔构造简单,而 A 字形和倒 Y 形索塔刚度大,能抵抗较大的弯矩。

从横桥向看,斜拉桥索塔形式有柱式、门式、A 形、倒 Y 形及菱形等,见图 10-47。柱式塔构造简单,但承受横向水平力的能力差。单柱式通常用于主梁抗扭刚度较大的单索面斜拉桥。门式塔系两根索塔组成的门形框架,构造较单柱式塔复杂,但抵抗横向水平荷载的能力较强。双柱及门式塔一般适用于桥面宽度不大的双索面斜拉桥。A 形和倒 Y 形及菱形等索塔的特点是结构横向刚度大,但构造、受力复杂,施工难度较大。对于抗风、抗震要求较高的桥及大跨径或特大跨径斜拉桥,经常采用这类形式的索塔结构。

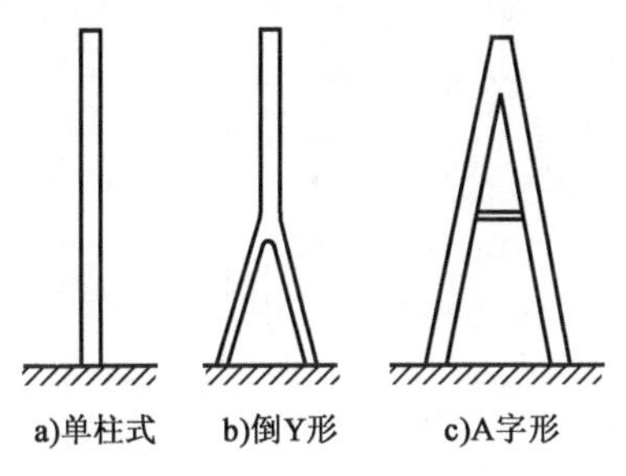

图 10-46 索塔的纵向构造形式

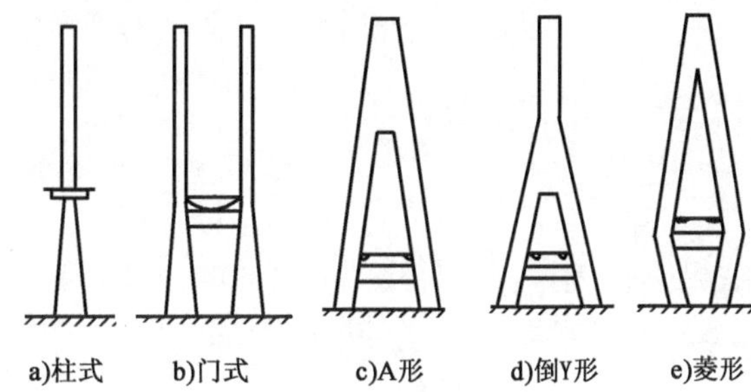

图 10-47 索塔的横向构造形式

本章小结

高层建筑和大跨度空间结构的新型结构形式和体系包括巨型结构、错列桁架结构、拱结构、网架结构、空间薄壳结构、悬索结构、空间折板结构等。

桥梁是工程建设中常见的大型结构物,相对于一般建筑物,桥梁结构的设计、施工及管理的难度与要求更高。虽然桥梁结构有专门的设计规范,但其基本原理与建筑结构是相同或相通的,如概率极限状态设计法(第 2 章)与桥梁结构的半概率极限状态设计法是相通的;钢筋混凝土构件(第 4 章)、预应力混凝土构件(第 5 章)、钢结构构件与连接(第 9 章)等设计原理,与混凝土、预应力混凝土、钢结构等桥梁构件及连接的设计原理是相同的。

复习思考题

1. 桥梁由哪几部分组成?
2. 对于不同的桥型,计算跨径都是如何确定的?
3. 请阐述梁式桥、拱式桥、刚架桥、斜拉桥和悬索桥的主要受力特点。
4. 拱式桥与梁式桥的主要区别是什么?
5. 拱桥矢跨比与拱脚水平推力的关系如何?
6. 拱桥按结构体系分类有哪几种类型?阐述每一类型的特性。
7. 预应力混凝土连续梁、连续刚构桥的主要优点是什么?
8. 刚架桥有哪些类型?各有什么特点?
9. 为什么悬索桥的跨越能力特别大?
10. 悬索桥有哪些主要构件?各主要构件的功能是什么?
11. 悬索桥加劲梁的支承形式有几种?各自有何优点?
12. 斜拉桥与悬索桥的不同之处在哪里?
13. 斜拉桥拉索纵、横平面布置常采用哪种形式?

附　　表

附表-1　纵向受力钢筋的混凝土保护层最小厚度(mm)

环境类别	板、墙、壳	梁、柱、杆
一	15	20
二a	20	25
二b	25	35
三a	30	40
三b	40	50

注:1.混凝土强度等级不大于C25时,表中保护层厚度数值应增加5mm;

2.钢筋混凝土基础宜设置混凝土垫层,基础中钢筋的混凝土保护层厚度应从垫层顶面算起,且不应小于40mm。

附表-2　混凝土强度设计值(N/mm^2)

强度种类	混凝土强度等级													
	C15	C20	C25	C30	C35	C40	C45	C50	C55	C60	C65	C70	C75	C80
f_c	7.2	9.6	11.9	14.3	16.7	19.1	21.1	23.1	25.3	27.5	29.7	31.8	33.8	35.9
f_t	0.91	1.10	1.27	1.43	1.57	1.71	1.80	1.89	1.96	2.04	2.09	2.14	2.18	2.22

附表-3　普通钢筋和预应力钢筋强度设计值

普通钢筋强度设计值(N/mm^2)

牌　　号	抗拉强度设计值 f_y	抗压强度设计值 f'_y
HPB300	270	270
HRB335、HRBF335	300	300
HRB400、HRBF400、RRB400	360	360
HRB500、HRBF500	435	410

预应力钢筋强度设计值(N/mm^2)

种　　类	极限强度标准值 f_{ptk}	抗压强度标准值 f_{py}	抗压强度标准值 f'_{py}
中强度预应力钢丝	800	510	410
	970	650	
	1270	810	
消除应力钢丝	1470	1040	410
	1570	1110	
	1860	1320	

续上表

种　　类	极限强度标准值 f_{ptk}	抗压强度标准值 f_{py}	抗压强度标准值 f'_{py}
钢绞线	1570	1110	390
	1720	1220	
	1860	1320	
	1960	1390	
预应力螺纹钢筋	980	650	410
	1080	770	
	1230	900	

附表-4　钢筋混凝土矩形和T形截面受弯构件正截面受弯承载力计算系数表

ξ	γ_s	α_s	ξ	γ_s	α_s
0.01	0.995	0.010	0.27	0.865	0.234
0.02	0.990	0.020	0.28	0.860	0.241
0.03	0.985	0.030	0.29	0.855	0.243
0.04	0.980	0.039	0.30	0.850	0.255
0.05	0.975	0.048	0.31	0.845	0.262
0.06	0.970	0.053	0.32	0.84	0.269
0.07	0.965	0.067	0.33	0.835	0.275
0.08	0.960	0.077	0.34	0.830	0.282
0.09	0.955	0.085	0.35	0.825	0.289
0.10	0.950	0.095	0.36	0.820	0.295
0.11	0.945	0.104	0.37	0.815	0.301
0.12	0.940	0.113	0.38	0.810	0.309
0.13	0.935	0.121	0.39	0.805	0.314
0.14	0.930	0.130	0.40	0.800	0.320
0.15	0.925	1.139	0.41	0.795	0.326
0.16	0.920	0.147	0.42	0.790	0.332
0.17	0.915	0.155	0.43	0.785	0.337
0.18	0.910	0.164	0.44	0.780	0.343
0.19	0.905	0.172	0.45	0.775	0.349
0.20	0.900	0.180	0.46	0.770	0.354
0.21	0.895	0.188	0.47	0.765	0.359
0.22	0.890	0.196	0.48	0.760	0.365
0.23	0.885	0.203	0.49	0.755	0.370
0.24	0.880	0.211	0.50	0.750	0.375
0.25	0.875	0.219	0.51	0.745	0.380
0.26	0.870	0.226	0.518	0.741	0.384

续上表

ξ	γ_s	α_s	ξ	γ_s	α_s
0.52	0.740	0.385	0.57	0.715	0.403
0.53	0.735	0.390	0.58	0.710	0.412
0.54	0.730	0.394	0.59	0.705	0.416
0.55	0.725	0.400	0.60	0.700	0.420
0.56	0.720	0.404	0.614	0.693	0.426

附表-5 钢筋的计算截面面积及理论质量

公称直径(mm)	不同根数钢筋的计算截面面积(mm^2)									单根钢筋理论质量($kg\cdot m^{-1}$)
	1	2	3	4	5	6	7	8	9	
6	28.3	57	85	113	142	170	198	226	255	0.222
6.5	33.2	66	100	133	166	199	232	265	299	0.260
8	50.3	101	151	201	252	302	352	402	453	0.395
8.2	52.8	106	158	211	264	317	370	423	475	0.432
10	78.5	157	236	314	393	471	550	628	707	0.617
12	113.1	226	339	452	565	678	791	904	1017	0.888
14	153.9	308	461	615	769	923	1077	1231	1385	1.21
16	201.1	402	603	804	1005	1206	1407	1608	1809	1.58
18	254.6	509	763	1017	1272	1527	1781	2036	2290	2.00
20	314.2	628	942	1256	1570	1884	2199	2513	2827	2.47
22	380.1	760	1140	1520	1900	2281	2261	3041	3421	2.98
25	490.9	982	1473	1964	2454	2945	3436	3927	4418	3.85
28	615.8	1232	1847	2463	3079	3695	4310	4926	5542	4.83
32	804.2	1609	2413	3217	4021	4826	5630	6434	7238	6.31
36	1017.9	2036	3054	4072	5089	6107	7125	8143	9161	7.99
40	1256.6	2513	3770	5027	6283	7540	8796	10053	11310	9.87
50	1964	3928	5892	7856	9820	11784	13748	15712	17676	15.42

注:表中直径 d=8.2mm 的计算截面面积及理论重量仅适用于有纵肋的热处理钢筋。

附表-6 板宽 1m 内各种钢筋间距的钢筋截面面积(mm^2)

钢筋间距(mm)	钢筋直径(mm)										
	6	6～8	8	8～10	10	10～12	12	12～14	14	14～16	16
70	404	561	719	920	1112	1369	1616	1907	2199	2536	2872
75	373	524	671	859	1047	1277	1508	1780	2052	2367	2681
80	354	491	629	805	981	1198	1414	1669	1924	2218	2513
85	333	462	592	758	924	1127	1331	1571	1811	2088	2365
90	314	437	559	716	872	1064	1257	1483	1710	1972	2234

续上表

钢筋间距(mm)	钢筋直径(mm)										
	6	6～8	8	8～10	10	10～12	12	12～14	14	14～16	16
95	298	414	529	678	826	1008	1190	1405	1620	1868	2116
100	283	393	503	644	785	958	1131	1335	1539	1776	2011
110	257	357	457	585	714	871	1028	1214	1339	1614	1828
120	236	327	419	537	654	798	942	1112	1283	1480	1676
125	226	314	402	515	628	766	905	1068	1231	1420	1608
130	218	302	387	495	604	737	870	1027	1184	1366	1547
140	202	281	359	460	561	684	808	954	1099	1268	1436
150	189	262	335	429	523	639	754	890	1026	1183	1340
160	177	246	314	403	491	599	707	834	962	1110	1257
170	166	231	296	379	462	564	665	785	905	1044	1183
180	157	281	279	358	436	532	628	742	855	985	1117
190	149	207	265	339	413	504	595	702	810	934	1058
200	141	196	251	322	393	479	565	668	770	888	1005
220	129	179	229	293	357	435	514	607	700	807	914
240	118	164	210	268	327	399	471	556	641	740	838
250	113	157	201	258	314	385	452	534	616	710	804
260	109	151	193	248	302	369	435	513	592	682	773
280	101	140	180	230	280	342	404	477	550	634	718
300	94	131	168	215	262	319	377	445	513	592	670
320	88	123	157	201	245	299	353	417	481	554	628

附表-7　纵向受力钢筋的最小配筋率 ρ_{min}(%)

受力类型			最小配筋百分率
受压构件	全部纵向钢筋	强度等级 500MPa	0.50
		强度等级 400MPa	0.55
		强度等级 300MPa、335MPa	0.60
	一侧纵向钢筋		0.20
受压构件、偏心受拉、轴心受拉构件一侧的受拉钢筋			0.20 和 $45f_t/f_y$ 中的较大值

注:1. 受压构件全部纵向钢筋最小配筋百分率，当采用C60以上强度等级的混凝土时，应按表中规定增加0.10；

2. 板类受弯构件(不包括悬臂板)的受拉钢筋，当采用强度等级400MPa，500MPa的钢筋时，其最小配筋百分率应允许采用0.15和 $45f_t/f_y$ 中的较大值；

3. 偏心受拉构件中的受压钢筋时，应按受压构件一侧纵向钢筋考虑；

4. 受压构件的全部纵向钢筋和一侧纵向钢筋的配筋率以及轴心受拉构件和小偏心受拉构件一侧受拉钢筋的配筋率均应按构件的全截面面积计算；

5. 受弯构件、大偏心受拉构件一侧受拉钢筋的配筋率应按全截面面积扣除受压翼缘面积 $(b'_f-b)h'_f$ 后的截面面积计算；

6. 当钢筋沿构件截面周边布置时，"一侧纵向钢筋"系指沿受力方向两个对边中一边布置的纵向钢筋。

附表-8　热轧等边角钢的规格及截面特性

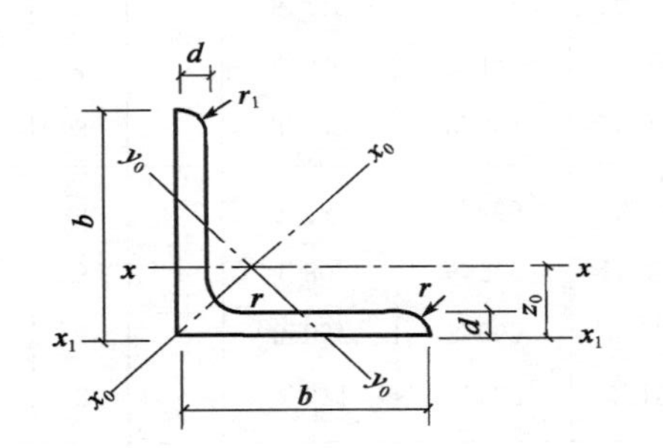

b-边宽；　　I-截面惯性矩；　　z_0-形心距离；

d-边厚；　　W-截面抵抗矩；　　r_1-$d/3$(边端内圆弧半径)；

r-内圆弧半径；　　i-回转半径。

尺寸(mm)			截面面积	质量	x-x				x_0-x_0			y_0-y_0				x_1-x_1	z_0
b	d	r	A(cm²)	(kg·m⁻¹)	I_x (cm⁴)	i_x (cm)	$W_{x\min}$ (cm³)	$W_{x\max}$ (cm³)	I_{x0} (cm⁴)	i_{x0} (cm)	W_{x0} (cm³)	I_{y0} (cm⁴)	i_{y0} (cm)	$W_{y0\min}$ (cm³)	$W_{y0\max}$ (cm³)	I_{x1} (cm⁴)	(cm)
20	3	3.5	1.132	0.889	0.40	0.59	0.29	0.66	0.63	0.75	0.45	0.17	0.39	0.20	0.23	0.81	0.60
	4		1.459	1.145	0.50	0.58	0.36	0.78	0.78	0.73	0.55	0.22	0.38	0.24	0.29	1.09	0.64
25	3	3.5	1.432	1.124	0.82	0.76	0.46	1.12	1.29	0.95	0.73	0.34	0.49	0.33	0.37	1.57	0.73
	4		1.859	1.459	1.03	0.74	0.59	1.34	1.62	0.93	0.92	0.43	0.48	0.40	0.47	2.11	0.76
30	3	4.5	1.749	1.373	1.46	0.91	0.68	1.72	2.31	1.15	1.09	0.61	0.59	0.51	0.56	2.71	0.85
	4		2.276	1.786	1.84	0.90	0.87	2.08	2.92	1.13	1.37	0.77	0.58	0.62	0.71	3.63	0.89

续附表-8

尺寸(mm)			截面面积 A(cm²)	质量 (kg·m⁻¹)	x-x				x_0-x_0			y_0-y_0				x_1-x_1	z_0 (cm)
b	d	r			I_x (cm⁴)	i_x (cm)	$W_{x\min}$ (cm³)	$W_{x\max}$ (cm³)	I_{x0} (cm⁴)	i_{x0} (cm)	W_{x0} (cm³)	I_{y0} (cm⁴)	i_{y0} (cm)	$W_{y0\min}$ (cm³)	$W_{y0\max}$ (cm³)	I_{x1} (cm⁴)	
36	3	4.5	2.109	1.656	2.58	1.11	0.99	2.59	4.09	1.39	1.61	1.07	0.71	0.76	0.82	4.67	1.00
	4		2.756	2.163	3.29	1.09	1.28	3.18	5.22	1.38	2.05	1.37	0.70	0.93	1.05	6.25	1.04
	5		3.382	2.654	3.95	1.08	1.56	3.68	6.24	1.36	2.45	1.65	0.70	1.09	1.26	7.84	1.07
40	3	5	2.359	1.852	3.59	1.23	1.23	3.28	5.69	1.55	2.01	1.49	0.79	0.96	1.03	6.41	1.09
	4		3.086	2.423	4.60	1.22	1.60	4.05	7.29	1.54	2.58	1.91	0.79	1.19	1.31	8.56	1.13
	5		3.792	2.977	5.53	1.21	1.96	4.72	8.76	1.52	3.01	2.30	0.78	1.39	1.58	10.74	1.17
45	3	5	2.659	2.088	5.17	1.39	1.58	4.25	8.20	1.76	2.58	2.14	0.90	1.24	1.31	9.12	1.22
	4		3.486	2.737	6.65	1.38	2.05	5.29	10.56	1.74	3.32	2.75	0.89	1.54	1.69	12.18	1.26
	5		4.292	3.369	8.04	1.37	2.51	6.20	12.74	1.72	4.00	3.33	0.88	1.81	2.04	15.25	1.30
	6		5.076	3.985	9.33	1.36	2.95	6.99	14.76	1.70	4.64	3.89	0.88	2.06	2.38	18.36	1.33
50	3	5.5	2.971	2.332	7.18	1.55	1.96	5.36	11.37	1.96	3.22	2.98	1.00	1.57	1.64	12.50	1.34
	4		3.897	3.059	9.26	1.54	2.56	6.70	14.69	1.94	4.16	3.82	0.99	1.96	2.11	16.69	1.38
	5		4.803	3.770	11.21	1.53	3.13	7.90	17.79	1.92	5.03	4.64	0.98	2.31	2.56	20.90	1.42
	6		5.688	4.465	13.05	1.51	3.68	8.95	20.68	1.91	5.85	5.42	0.98	2.63	2.98	25.14	1.46
56	3	6	3.343	2.624	10.19	1.75	2.48	6.86	16.14	2.20	4.08	4.24	1.13	2.02	2.09	17.56	1.48
	4		4.390	3.446	13.18	1.73	3.24	8.63	20.92	2.18	5.28	5.46	1.11	2.52	2.69	23.43	1.53
	5		5.415	4.251	16.02	1.72	3.97	10.22	25.42	2.17	6.42	6.61	1.10	2.98	3.26	29.33	1.57
	8		8.367	6.568	23.63	1.68	6.03	14.06	37.37	2.11	9.44	9.89	1.09	4.16	4.85	47.24	1.68

续附表-8

尺寸(mm)			截面面积 $A(cm^2)$	质量 $(kg \cdot m^{-1})$	x-x				x_0-x_0			y_0-y_0				x_1-x_1	z_0 (cm)
b	d	r			I_x (cm^4)	i_x (cm)	$W_{x\min}$ (cm^3)	$W_{x\max}$ (cm^3)	I_{x0} (cm^4)	i_{x0} (cm)	W_{x0} (cm^3)	I_{y0} (cm^4)	i_{y0} (cm)	$W_{y0\min}$ (cm^3)	$W_{y0\max}$ (cm^3)	I_{x1} (cm^4)	
63	4	7	4.978	3.907	19.03	1.96	4.13	11.22	30.17	2.46	6.78	7.89	1.26	3.29	3.45	33.35	1.70
	5		6.143	4.822	23.17	1.94	5.08	13.33	36.77	2.45	8.25	9.57	1.25	3.90	4.20	41.73	1.74
	6		7.288	5.721	27.12	1.93	6.00	15.26	43.03	2.43	9.66	11.20	1.24	4.46	4.91	50.14	1.78
	8		9.515	7.469	34.46	1.90	7.75	18.59	54.56	2.39	12.25	14.33	1.23	5.47	6.26	67.11	1.85
	10		11.657	9.151	41.09	1.88	9.39	21.34	64.85	2.36	14.56	17.33	1.22	6.36	7.53	84.31	1.93
70	4	8	5.570	4.372	26.39	2.18	5.14	14.16	41.80	2.74	8.44	10.99	1.40	4.17	4.32	45.74	1.86
	5		6.875	5.397	32.21	2.16	6.32	16.89	51.08	2.73	10.32	13.34	1.39	4.95	5.26	57.21	1.91
	6		8.160	6.406	37.77	2.15	7.48	19.39	59.93	2.71	12.11	15.61	1.38	5.67	6.16	68.73	1.95
	7		9.424	7.398	43.09	2.14	8.59	21.68	68.35	2.69	13.81	17.82	1.38	6.34	7.02	80.29	1.99
	8		10.667	8.373	48.17	2.13	9.68	23.79	76.37	2.68	15.43	19.98	1.37	6.98	7.86	91.92	2.03
75	5	9	7.412	5.818	39.96	2.32	7.30	19.73	63.30	2.92	11.94	16.61	1.50	5.80	6.10	70.36	2.03
	6		8.797	6.905	46.91	2.31	8.63	22.69	74.38	2.91	14.02	19.43	1.49	6.65	7.14	84.51	2.07
	7		10.160	7.976	53.57	2.30	9.93	25.42	84.96	2.89	16.02	22.18	1.48	7.44	8.15	98.71	2.11
	8		11.503	9.030	59.96	2.28	11.20	24.93	95.07	2.87	17.93	24.86	1.47	8.19	9.13	112.97	2.15
	10		14.126	11.089	71.98	2.26	13.64	32.40	113.92	2.84	21.48	30.05	1.46	9.56	11.01	141.71	2.22
80	5	9	7.912	6.211	48.79	2.48	8.34	22.70	77.33	3.13	13.67	20.25	1.60	6.66	6.98	85.36	2.15
	6		9.397	7.376	57.35	2.47	9.87	26.16	90.98	3.11	16.08	23.72	1.59	7.65	8.18	102.50	2.19
	7		10.860	8.525	65.58	2.46	11.37	29.38	104.07	3.10	18.40	27.10	1.58	8.58	9.35	119.70	2.23
	8		12.303	9.658	73.50	2.44	12.83	32.36	116.60	3.08	20.61	30.39	1.57	9.46	10.48	136.97	2.27
	10		15.126	11.874	88.43	2.42	15.64	37.68	140.09	3.04	24.76	36.77	1.56	11.08	12.65	171.74	2.35

续附表-8

尺寸(mm)			截面面积 $A(cm^2)$	质量 $(kg \cdot m^{-1})$	x-x				x_0-x_0			y_0-y_0				x_1-x_1	z_0 (cm)
b	d	r			I_x (cm^4)	i_x (cm)	W_{xmin} (cm^3)	W_{xmax} (cm^3)	I_{x0} (cm^4)	i_{x0} (cm)	W_{x0} (cm^3)	I_{y0} (cm^4)	i_{y0} (cm)	W_{y0min} (cm^3)	W_{y0max} (cm^3)	I_{x1} (cm^4)	
90	6	10	10. 637	8. 350	82. 77	2. 79	12. 61	33. 99	131. 26	3. 51	20. 63	34. 28	1. 80	9. 95	10. 51	145. 87	2. 44
	7		12. 301	9. 656	94. 83	2. 78	14. 54	38. 28	150. 47	3. 50	23. 64	39. 18	1. 78	11. 19	12. 02	170. 30	2. 48
	8		13. 944	10. 946	106. 47	2. 76	16. 42	42. 30	168. 97	3. 48	26. 55	43. 97	1. 78	12. 35	13. 49	194. 80	2. 52
	10		17. 167	13. 476	128. 58	2. 74	20. 07	45. 57	203. 90	3. 45	32. 04	53. 26	1. 76	14. 52	16. 31	244. 07	2. 59
	12		20. 306	15. 940	149. 22	2. 71	23. 57	55. 93	236. 21	3. 41	37. 12	62. 22	1. 75	16. 49	19. 01	293. 76	2. 67
100	6	12	11. 932	9. 367	114. 95	3. 01	15. 68	43. 04	181. 98	3. 91	25. 74	47. 92	2. 00	12. 69	13. 18	200. 07	2. 67
	7		13. 796	10. 830	131. 86	3. 09	18. 10	48. 57	208. 98	3. 89	29. 55	54. 74	1. 99	14. 26	15. 08	233. 54	2. 71
	8		15. 639	12. 276	148. 24	3. 08	20. 47	53. 78	235. 07	3. 88	33. 24	61. 41	1. 98	15. 75	16. 93	267. 09	2. 76
	10		19. 261	15. 120	179. 51	3. 05	25. 06	63. 29	284. 68	3. 84	40. 26	74. 35	1. 96	18. 54	20. 49	334. 48	2. 84
	12		22. 800	17. 898	208. 90	3. 03	29. 47	71. 72	330. 95	3. 81	46. 80	86. 84	1. 95	21. 08	23. 89	402. 34	2. 91
	14		26. 256	20. 611	236. 53	3. 00	33. 73	79. 19	374. 06	3. 77	52. 90	98. 09	1. 94	23. 44	27. 17	470. 75	2. 99
	16		29. 627	23. 257	262. 53	2. 98	37. 82	85. 81	414. 16	3. 74	58. 57	110. 89	1. 94	25. 63	30. 34	539. 80	3. 06
110	7	12	15. 196	11. 928	177. 16	3. 41	22. 05	59. 78	280. 94	4. 30	36. 12	73. 38	2. 20	17. 51	18. 41	310. 64	2. 96
	8		17. 239	13. 532	199. 46	3. 40	24. 95	66. 36	316. 49	4. 28	40. 69	82. 42	2. 19	19. 39	20. 70	355. 20	3. 01
	10		21. 261	16. 690	242. 19	3. 38	30. 60	78. 48	384. 39	4. 25	49. 42	99. 98	2. 17	22. 91	25. 10	444. 65	3. 09
	12		25. 200	19. 782	282. 55	3. 35	36. 05	89. 34	448. 17	4. 22	57. 62	116. 93	2. 15	26. 15	29. 32	534. 60	3. 16
	14		29. 056	22. 809	320. 71	3. 32	41. 31	99. 07	508. 01	4. 18	65. 31	133. 40	2. 14	29. 14	33. 38	625. 16	3. 24
125	8	14	19. 750	15. 504	297. 03	3. 88	32. 52	88. 20	470. 89	4. 88	53. 28	123. 16	2. 50	25. 86	27. 18	521. 01	3. 37
	10		24. 373	19. 133	361. 67	3. 85	39. 97	104. 81	573. 89	4. 85	64. 93	149. 46	2. 48	30. 62	33. 01	651. 93	3. 45
	12		28. 912	22. 696	423. 16	3. 83	41. 17	119. 88	671. 44	4. 82	75. 96	174. 88	2. 46	35. 03	38. 61	783. 42	3. 53
	14		33. 367	26. 193	481. 65	3. 80	54. 16	133. 56	763. 73	4. 78	86. 41	199. 57	2. 45	39. 13	44. 00	915. 61	3. 61

续附表-8

尺寸(mm)			截面面积 $A(cm^2)$	质量 $(kg \cdot m^{-1})$	x-x				x_0-x_0			y_0-y_0				x_1-x_1	z_0 (cm)
b	d	r			I_x (cm^4)	i_x (cm)	W_{xmin} (cm^3)	W_{xmax} (cm^3)	I_{x0} (cm^4)	i_{x0} (cm)	W_{x0} (cm^3)	I_{y0} (cm^4)	i_{y0} (cm)	W_{y0min} (cm^3)	W_{y0max} (cm^3)	I_{x1} (cm^4)	
140	10	14	27.373	21.488	514.65	4.34	50.58	134.55	817.27	5.46	82.56	212.04	2.78	39.20	41.91	915.11	3.82
	12		32.512	25.522	603.68	4.31	59.80	154.62	958.79	5.43	96.85	248.57	2.76	45.02	49.12	1099.28	3.90
	14		37.567	29.490	688.81	4.28	68.75	173.02	1093.56	5.40	110.47	284.06	2.75	50.45	56.07	1284.22	3.98
	16		42.539	33.393	770.24	4.26	77.46	189.90	1221.81	5.36	123.42	318.67	2.74	55.55	62.81	1470.07	4.06
160	10	16	31.502	24.729	779.53	4.97	66.70	180.77	1237.30	6.27	109.36	321.76	3.20	52.76	55.63	1365.33	4.31
	12		37.441	29.391	916.58	4.95	78.98	208.58	1455.68	6.24	128.67	377.49	3.18	60.74	62.29	1639.57	4.39
	14		43.296	33.987	1048.36	4.92	90.95	234.37	1665.02	6.20	147.17	431.70	3.16	68.244	74.63	1914.68	4.47
	16		49.067	38.518	1175.08	4.89	102.63	258.27	1865.57	6.17	164.89	484.59	3.14	75.31	83.70	2190.82	4.55
180	12	16	42.241	33.159	1321.35	5.59	100.82	270.03	2100.10	7.05	165.00	542.61	3.58	78.41	83.60	2332.80	4.89
	14		48.896	38.383	1514.48	5.57	116.25	304.57	2407.42	7.02	189.15	621.53	3.57	88.38	95.73	2723.48	4.97
	16		55.467	43.542	1700.99	5.54	131.35	336.86	2703.37	6.98	212.40	698.60	3.55	97.83	107.52	3115.29	5.05
	18		61.955	48.635	1881.12	5.51	146.11	367.05	2988.24	6.94	234.78	774.01	3.53	106.79	119.00	3508.42	5.13
200	14	18	54.642	42.894	2103.55	6.20	144.70	385.08	3343.26	7.82	236.40	863.83	3.98	111.82	119.75	3734.10	5.46
	16		62.013	48.680	2366.15	6.18	163.65	426.99	3760.88	7.79	265.93	971.41	3.96	123.96	134.62	4270.39	5.54
	18		69.301	54.401	2620.64	6.15	182.22	466.45	4164.54	7.75	294.48	1076.74	3.94	135.52	149.11	4808.13	5.62
	20		76.505	60.056	2867.30	6.12	200.42	503.58	4554.55	7.72	322.06	1180.04	3.93	146.55	163.26	5347.51	5.69
	24		90.661	71.168	3338.20	6.07	235.78	571.45	5294.97	7.64	374.41	1381.43	3.90	167.22	190.63	6431.99	5.84

附表-9 热轧不等边角钢的规格及截面特性

B-长边宽度；　I-截面惯性矩；　x_0、y_0-形心距离；

b-短边宽度；　W-截面抵抗矩；　r-内圆弧半径；

d-边厚；　i-回转半径；　$r_1=d/3$(边端圆弧半径)。

尺寸(mm)				截面面积	质量	x-x				y-y				x_1-x_1		y_1-y_1		u-u			
B	b	d	r	A(cm²)	(kg·m⁻¹)	I_x (cm⁴)	i_x (cm)	$W_{x\min}$ (cm³)	$W_{x\max}$ (cm³)	I_y (cm⁴)	i_y (cm)	$W_{y\min}$ (cm³)	$W_{y\max}$ (cm³)	I_{x1} (cm⁴)	y_0 (cm)	I_{y_1} (cm⁴)	x_0 (cm)	I_u (cm⁴)	i_u (cm)	W_u (cm³)	$\tan\theta$
25	16	3	3.5	1.162	0.912	0.70	0.78	0.43	0.82	0.22	0.44	0.19	0.53	1.56	0.86	0.43	0.42	0.13	0.34	0.16	0.392
		4		1.499	1.176	0.88	0.77	0.55	0.98	0.27	0.43	0.24	0.60	2.09	0.90	0.59	0.46	0.17	0.34	0.20	0.381
32	20	3	3.5	1.492	1.171	1.53	1.01	0.72	1.41	0.46	0.55	0.30	0.93	3.27	1.08	0.82	0.49	0.28	0.43	0.25	0.382
		4		1.939	1.522	1.93	1.00	0.93	1.72	0.57	0.54	0.39	1.08	4.37	1.12	1.12	0.53	0.35	0.42	0.32	0.374
40	25	3	4	1.890	1.484	3.08	1.28	1.15	2.32	0.93	0.70	0.49	1.59	6.39	1.32	1.59	0.59	0.56	0.54	0.40	0.386
		4		2.467	1.936	3.93	1.26	1.49	2.88	1.18	0.69	0.63	1.88	8.53	1.37	2.14	0.63	0.71	0.54	0.52	0.381

续附表-9

尺寸(mm)				截面面积 A(cm²)	质量 (kg·m⁻¹)	x-x				y-y				x_1-x_1		y_1-y_1		u-u			
B	b	d	r			I_x (cm⁴)	i_x (cm)	W_{xmin} (cm³)	W_{xmax} (cm³)	I_y (cm⁴)	i_y (cm)	W_{ymin} (cm³)	W_{ymax} (cm³)	I_{x1} (cm⁴)	y_0 (cm)	I_{y_1} (cm⁴)	x_0 (cm)	I_u (cm⁴)	i_u (cm)	W_u (cm³)	tanθ
45	28	3	5	2.149	1.687	4.45	1.44	1.47	3.02	1.34	0.79	0.62	2.08	9.10	1.47	2.23	0.64	0.80	0.61	0.51	0.383
		4		2.806	2.203	5.70	1.43	1.91	3.76	1.70	0.78	0.80	2.49	12.14	1.51	3.00	0.68	1.02	0.60	0.66	0.380
50	32	3	5.5	2.431	1.908	6.24	1.60	1.84	3.89	2.02	0.91	0.82	2.78	12.49	1.60	3.31	0.73	1.20	0.70	0.68	0.404
		4		3.177	2.494	8.02	1.59	2.39	4.86	2.58	0.90	1.06	3.36	16.65	1.65	4.45	0.77	1.53	0.69	0.87	0.402
56	36	3	6	2.743	2.153	8.88	1.80	2.32	5.00	2.92	1.03	1.05	3.63	17.54	1.78	4.70	0.80	1.73	0.79	0.87	0.408
		4		3.590	2.818	11.45	1.79	3.03	6.28	3.74	1.02	1.36	4.43	23.39	1.82	6.31	0.85	2.21	0.78	1.12	0.407
		5		4.415	3.466	13.86	1.77	3.71	7.43	4.49	1.01	1.65	5.09	29.24	1.87	7.94	0.88	2.67	0.78	1.36	0.404
63	40	4	7	4.058	3.185	16.49	2.02	3.87	8.10	5.23	1.14	1.70	5.72	33.30	2.04	8.63	0.92	3.12	0.88	1.04	0.398
		5		4.993	3.920	20.02	2.00	4.74	9.62	6.31	1.12	2.71	6.61	41.63	2.08	10.86	0.95	3.76	0.87	1.71	0.396
		6		5.908	4.638	23.36	1.99	5.59	11.01	7.31	1.11	2.43	7.36	49.98	2.12	13.14	0.99	4.38	0.86	2.01	0.393
		7		6.802	5.339	26.53	1.97	6.41	12.27	8.24	1.10	2.78	8.00	58.34	2.16	15.47	1.03	4.97	0.86	2.29	0.389
70	45	4	7.5	4.547	3.570	22.97	2.25	4.82	10.28	7.55	1.29	2.17	7.43	45.68	2.23	12.26	1.02	4.47	0.99	1.79	0.408
		5		5.609	4.403	27.95	2.23	5.92	12.26	9.13	1.28	2.65	8.64	57.10	2.28	15.39	1.06	5.40	0.98	2.19	0.407
		6		6.644	5.215	32.70	2.22	6.99	14.08	10.62	1.26	3.12	9.69	68.54	2.32	18.59	1.10	6.29	0.97	2.57	0.405
		7		7.657	6.011	37.22	2.20	8.03	15.75	12.01	1.25	3.57	10.60	79.99	2.36	21.84	1.13	7.16	0.97	2.94	0.402
75	50	5	8	6.125	4.808	35.09	2.39	6.87	14.65	12.61	1.43	3.30	10.75	70.23	2.40	21.04	1.17	7.32	1.09	2.72	0.436
		6		7.260	5.699	41.12	2.38	8.12	16.86	14.70	1.42	3.88	12.12	84.30	2.44	25.37	1.21	8.54	1.08	3.19	0.435
		8		9.467	7.431	52.39	2.35	10.52	20.79	18.53	1.40	4.99	14.39	112.50	2.52	34.23	1.29	10.87	1.07	4.10	0.429
		10		11.590	9.098	62.71	2.33	12.79	24.15	21.96	1.38	6.04	16.14	140.82	2.60	43.43	1.36	13.10	1.06	4.99	0.423

续附表-9

尺寸(mm)				截面面积 A(cm²)	质量 (kg·m⁻¹)	x-x				y-y				x_1-x_1		y_1-y_1		u-u			
B	b	d	r			I_x (cm⁴)	i_x (cm)	W_{xmin} (cm³)	W_{xmax} (cm³)	I_y (cm⁴)	i_y (cm)	W_{ymin} (cm³)	W_{ymax} (cm³)	I_{x1} (cm⁴)	y_0 (cm)	I_{y_1} (cm⁴)	x_0 (cm)	I_u (cm⁴)	i_u (cm)	W_u (cm³)	tanθ
80	50	5	8	6.375	5.005	41.96	2.57	7.78	16.11	12.82	1.42	3.32	11.28	85.21	2.60	21.06	1.14	7.66	1.10	2.74	0.388
		6		7.560	5.935	49.21	2.55	9.20	18.58	14.95	1.41	3.91	12.71	102.26	2.65	25.41	1.18	8.94	1.09	3.23	0.386
		7		8.724	6.848	56.16	2.54	10.58	20.87	16.96	1.39	4.48	13.96	119.32	2.69	29.82	1.21	10.18	1.08	3.70	0.384
		8		9.867	7.745	62.83	2.52	11.92	23.00	18.85	1.38	5.03	15.06	136.41	2.73	34.32	1.25	11.38	1.07	4.16	0.381
90	56	5	9	7.212	5.661	60.45	2.90	9.92	20.81	18.33	1.59	4.21	14.70	121.32	2.91	29.53	1.25	10.98	1.23	3.49	0.385
		6		8.557	6.717	71.03	2.88	11.74	24.06	21.42	1.58	4.97	16.65	145.59	2.95	35.58	1.29	12.82	1.22	4.10	0.384
		7		9.880	7.756	81.22	2.87	13.53	27.12	24.36	1.57	5.70	18.38	169.87	3.00	41.71	1.33	14.67	1.22	4.70	0.383
		8		11.183	8.779	91.03	2.85	15.27	29.98	27.15	1.56	6.41	19.91	194.17	3.04	47.93	1.36	16.34	1.21	5.29	0.380
100	63	6	10	9.617	7.550	99.06	3.21	14.64	30.62	30.94	1.79	6.35	21.69	199.71	3.24	50.50	1.43	18.42	1.38	5.25	0.394
		7		11.111	8.722	113.45	3.20	16.88	34.59	35.26	1.78	7.29	24.06	233.00	3.28	59.14	1.47	21.00	1.38	6.02	0.393
		8		12.584	9.878	127.37	3.18	19.08	38.33	39.39	1.77	8.21	26.18	266.32	3.32	67.88	1.50	23.50	1.37	6.78	0.391
		10		15.467	12.142	153.81	3.15	23.32	45.18	47.12	1.75	9.98	29.83	333.06	3.40	85.73	1.58	28.33	1.35	8.24	0.387
100	80	6	10	10.637	8.350	107.04	3.17	15.19	36.24	61.24	2.40	10.16	31.03	199.83	2.95	102.68	1.97	31.65	1.72	8.37	0.627
		7		12.301	9.656	122.73	3.16	17.52	40.96	70.08	2.39	11.71	34.79	233.20	3.00	119.98	2.01	36.17	1.71	9.60	0.626
		8		13.944	10.946	137.92	3.14	19.81	45.40	78.58	2.37	13.21	38.27	266.61	3.04	137.37	2.05	40.58	1.71	10.80	0.625
		10		17.167	13.476	166.87	3.12	24.24	53.54	94.65	2.35	16.12	44.45	333.63	3.12	172.48	2.13	49.10	1.69	13.12	0.622
110	70	6	10	10.637	8.350	133.37	3.54	17.85	37.80	42.92	2.01	7.90	27.36	265.78	3.53	69.08	1.57	25.36	1.54	6.53	0.403
		7		12.301	9.656	153.00	3.53	20.60	42.82	49.02	2.00	9.09	30.48	310.07	3.57	80.83	1.61	28.95	1.53	7.50	0.402
		8		13.944	10.946	172.04	3.51	23.30	47.57	54.87	1.98	10.25	33.31	354.39	3.62	92.70	1.65	32.45	1.53	8.45	0.401
		10		17.167	13.476	208.39	3.48	28.54	56.36	65.88	1.96	12.48	38.24	443.13	3.70	116.83	1.72	39.20	1.51	10.29	0.397

续附表-9

尺寸(mm)				截面面积 A(cm²)	质量 (kg·m⁻¹)	x-x				y-y				x_1-x_1		y_1-y_1		u-u			
B	b	d	r			I_x (cm⁴)	i_x (cm)	W_{xmin} (cm³)	W_{xmax} (cm³)	I_y (cm⁴)	i_y (cm)	W_{ymin} (cm³)	W_{ymax} (cm³)	I_{x1} (cm⁴)	y_0 (cm)	I_{y_1} (cm⁴)	x_0 (cm)	I_u (cm⁴)	i_u (cm)	W_u (cm³)	tanθ
125	80	7	11	14. 096	11. 066	277. 98	4. 02	26. 86	56. 81	74. 42	2. 30	12. 01	41. 24	454. 99	4. 01	120. 32	1. 80	43. 81	1. 76	9. 92	0. 408
		8		15. 989	12. 551	256. 77	4. 01	30. 41	63. 28	83. 49	2. 29	13. 56	45. 28	519. 99	4. 06	137. 85	1. 84	49. 15	1. 75	11. 18	0. 407
		10		19. 712	15. 474	312. 04	3. 98	37. 33	75. 35	100. 67	2. 26	16. 56	52. 41	650. 09	4. 14	173. 40	1. 92	59. 45	1. 74	13. 64	0. 404
		12		23. 351	18. 330	364. 41	3. 95	44. 01	86. 34	116. 67	2. 24	19. 43	58. 46	780. 39	4. 22	209. 67	2. 00	69. 35	1. 72	16. 01	0. 400
140	90	8	12	18. 039	14. 160	365. 64	4. 50	38. 48	81. 30	120. 69	2. 59	17. 34	59. 15	730. 53	4. 50	195. 79	2. 04	70. 83	1. 98	14. 31	0. 411
		10		22. 261	17. 475	445. 50	4. 47	47. 31	97. 19	146. 03	2. 56	21. 22	68. 94	913. 20	4. 58	245. 93	2. 12	85. 82	1. 96	17. 48	0. 409
		12		26. 400	20. 724	521. 59	4. 44	55. 87	111. 81	169. 79	2. 54	24. 95	77. 38	1096. 09	4. 66	296. 89	2. 19	100. 21	1. 95	20. 54	0. 406
		14		30. 456	23. 908	594. 10	4. 42	64. 18	125. 26	192. 10	2. 51	28. 54	84. 68	1279. 26	4. 74	348. 82	2. 27	114. 13	1. 94	23. 52	0. 403
160	100	10	13	25. 315	19. 872	668. 69	5. 14	62. 13	127. 69	205. 03	2. 85	26. 56	89. 94	1362. 89	5. 24	336. 59	2. 28	121. 74	2. 19	21. 92	0. 390
		12		30. 054	23. 592	784. 91	5. 11	73. 49	147. 54	239. 06	2. 82	31. 28	101. 45	1635. 56	5. 32	405. 94	2. 36	142. 33	2. 17	25. 79	0. 388
		14		34. 709	27. 247	896. 30	5. 08	84. 56	165. 97	271. 20	2. 80	35. 83	111. 43	1908. 50	5. 40	476. 42	2. 43	162. 23	2. 16	29. 56	0. 385
		16		39. 281	30. 835	1003. 05	5. 05	95. 33	183. 11	301. 60	2. 77	40. 24	120. 37	2181. 79	5. 48	548. 22	2. 51	181. 57	2. 15	33. 25	0. 382
180	110	10	14	28. 373	22. 373	956. 25	5. 81	78. 96	162. 37	278. 11	3. 13	32. 49	113. 91	1940. 40	5. 89	447. 22	2. 44	166. 50	2. 42	26. 88	0. 376
		12		33. 712	26. 464	1124. 72	5. 78	93. 53	188. 23	325. 03	3. 11	38. 32	129. 03	2328. 38	5. 98	538. 94	2. 52	194. 87	2. 40	31. 66	0. 374
		14		38. 967	30. 589	1286. 91	5. 75	107. 76	212. 46	369. 55	3. 08	43. 97	142. 41	2716. 60	6. 06	631. 95	2. 59	222. 30	2. 39	36. 32	0. 372
		16		44. 139	34. 649	1443. 06	5. 72	121. 64	235. 16	411. 85	3. 05	49. 44	154. 26	3105. 15	6. 14	726. 46	2. 67	248. 94	2. 37	40. 87	0. 369
200	125	12	14	37. 912	29. 761	1570. 90	6. 44	116. 73	240. 10	483. 16	3. 57	49. 90	170. 46	3193. 85	6. 54	787. 74	2. 83	285. 79	2. 74	41. 23	0. 392
		14		43. 867	34. 436	1800. 97	6. 41	134. 65	271. 86	550. 83	3. 54	57. 44	189. 24	3726. 17	5. 02	922. 47	2. 91	326. 58	2. 73	47. 34	0. 390
		16		49. 739	39. 045	2023. 35	6. 38	152. 18	301. 81	615. 44	3. 52	64. 69	206. 12	4258. 85	6. 70	1058. 86	2. 99	366. 21	2. 71	53. 32	0. 388
		18		55. 526	43. 588	2238. 30	6. 35	169. 33	330. 05	677. 19	3. 49	71. 74	221. 30	4792. 00	6. 78	1197. 13	3. 06	404. 83	2. 70	59. 18	0. 385

附表-10 热轧普通工字钢的规格及截面特性

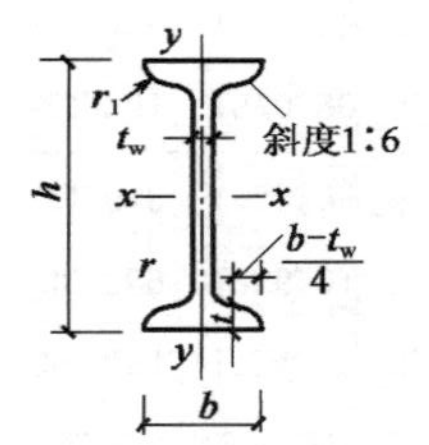

I-截面惯性矩；

W-截面抵抗矩；

S-半截面面积矩；

i-截面回转半径。

型号	尺寸(mm)						面 面积 A (cm²)	单位 质量 (kg·m⁻¹)	截面特征						
									x-x 轴				y-y 轴		
	h	b	t_w	t	r	r_1			I_x (cm⁴)	W_x (cm³)	S_x (cm³)	i_x (cm)	I_y (cm⁴)	W_y (cm³)	i_y (cm)
I10	100	68	4.5	7.6	6.5	3.3	14.33	11.25	245	49.0	28.2	4.14	32.8	9.6	1.51
I12.6	126	74	5.0	8.4	7.0	3.5	18.10	14.21	488	77.4	44.2	5.19	46.9	12.7	1.61
I14	140	80	5.5	9.1	7.5	3.8	21.50	16.88	712	101.7	58.4	5.75	64.3	16.1	1.73
I16	160	88	6.0	9.9	8.0	4.0	26.11	20.50	1127	140.9	80.8	6.57	93.1	21.1	1.89
I18	180	94	6.5	10.7	8.5	4.3	30.74	24.13	1699	185.4	106.5	7.37	122.9	26.2	2.00
I20a	200	100	7.0	11.4	9.0	4.5	35.55	27.91	2369	236.9	136.1	8.16	157.9	31.6	2.11
I20b	200	102	9.0	11.4	9.0	4.5	39.55	31.05	2502	250.2	146.1	7.95	169.0	33.1	2.07

续附表-10

型号	尺寸(mm)						面 面积 A (cm^2)	单位 质量 (kg·m^{-1})	截面特征						
									x-x 轴				y-y 轴		
	h	b	t_w	t	r	r_1			I_x (cm^4)	W_x (cm^3)	S_x (cm^3)	i_x (cm)	I_y (cm^4)	W_y (cm^3)	i_y (cm)
I22a	220	110	7.5	12.3	9.5	4.8	42.10	33.05	3406	309.6	177.7	8.99	225.9	41.1	2.32
I22b	220	112	9.5	12.3	9.5	4.8	46.50	36.50	3583	325.8	189.8	8.78	240.2	42.9	2.27
I25a	250	116	8.0	13.0	10.0	5.0	48.51	38.08	5017	401.4	230.7	10.17	280.4	48.4	2.40
I25b	250	118	10.0	13.0	10.0	5.0	53.51	42.01	5278	422.2	246.3	9.93	297.3	50.4	2.36
I28a	280	122	8.5	13.7	10.5	5.3	55.37	43.47	7115	508.2	292.7	11.34	344.1	56.4	2.49
I28b	280	124	10.5	13.7	10.5	5.3	60.97	47.86	7481	534.4	312.3	11.08	363.8	58.7	2.44
I32a	320	130	9.5	15.0	11.5	5.8	67.12	52.69	11080	692.5	400.5	12.85	459.0	70.6	2.62
I31b	320	132	11.5	15.0	11.5	5.8	73.52	57.71	11626	726.7	426.1	12.85	483.8	73.3	2.57
I32c	320	134	13.5	15.0	11.5	5.8	79.92	62.74	12173	760.8	451.7	12.34	510.1	76.1	2.53
I36a	360	136	10.0	15.8	12.0	6.0	76.44	60.00	15796	877.6	508.8	12.38	554.9	81.6	2.69
I36b	360	138	12.0	15.8	12.0	6.0	83.64	65.66	16574	920.8	541.2	14.08	583.6	84.6	2.64
I36c	360	140	14.0	15.8	12.0	6.0	90.84	71.31	17351	964.0	573.6	13.82	614.0	87.7	2.60
I40a	400	142	10.5	16.5	12.5	6.3	86.07	67.56	21714	1085.7	631.2	15.88	659.9	92.9	2.77
I40b	400	144	12.5	16.5	12.5	6.3	94.07	73.84	22781	1139.0	671.2	15.56	692.8	96.2	2.71
I40c	400	146	14.5	16.5	12.5	6.3	102.07	80.12	23847	1192.4	711.2	15.29	727.5	99.7	2.67

续附表-10

型号	尺寸(mm)						面 面积 A (cm^2)	单位 质量 ($kg \cdot m^{-1}$)	截面特征						
									x-x 轴				y-y 轴		
	h	b	t_w	t	r	r_1			I_x (cm^4)	W_x (cm^3)	S_x (cm^3)	i_x (cm)	I_y (cm^4)	W_y (cm^3)	i_y (cm)
I45a	450	150	11.5	18.0	13.5	6.8	102.40	80.38	32241	1432.9	836.4	17.47	855.0	114.0	2.89
I45b	450	152	13.5	18.0	13.5	6.8	111.40	87.45	33759	1500.4	887.1	17.41	895.4	117.8	2.84
I45c	450	154	15.5	18.0	13.5	6.8	120.40	94.51	35278	1567.9	937.7	17.12	938.0	121.8	2.79
I50a	500	158	12.0	20.0	14.0	7.0	119.25	93.61	46472	1858.9	1084.1	19.74	1121.5	142.0	3.07
I50b	500	160	14.0	20.0	14.0	7.0	129.25	101.46	48556	1942.2	1146.6	19.38	1171.4	146.4	3.01
I50c	500	162	16.0	20.0	14.0	7.0	139.25	109.31	50639	2025.6	1209.1	19.07	1223.9	151.1	2.96
I56a	560	166	12.5	21.0	14.5	7.3	135.38	106.27	65576	2342.0	1368.8	22.01	1365.8	164.6	3.18
I56b	560	168	14.5	21.0	14.5	7.3	146.58	115.06	68503	2446.5	1447.2	21.62	1423.8	169.5	3.12
I56c	560	170	16.5	21.0	14.5	7.3	157.78	123.85	71430	2551.1	1525.6	21.28	1484.8	174.7	3.07
I63a	630	176	13.0	22.0	15.0	7.5	154.59	121.36	94004	2984.3	1747.4	24.66	1702.4	193.5	3.32
I63b	630	178	15.0	22.0	15.0	7.5	167.19	131.35	98171	3116.6	1846.6	24.23	1770.7	199.0	3.25
I63c	630	180	17.0	22.0	15.0	7.5	179.79	141.14	102339	3248.9	1945.9	23.86	1842.4	204.7	3.20

注：普通工字钢的通常长度：I10～I18，为 5～19m；I20～I63，为 6～19m。

附表-11　热轧普通槽钢的规格及截面特性

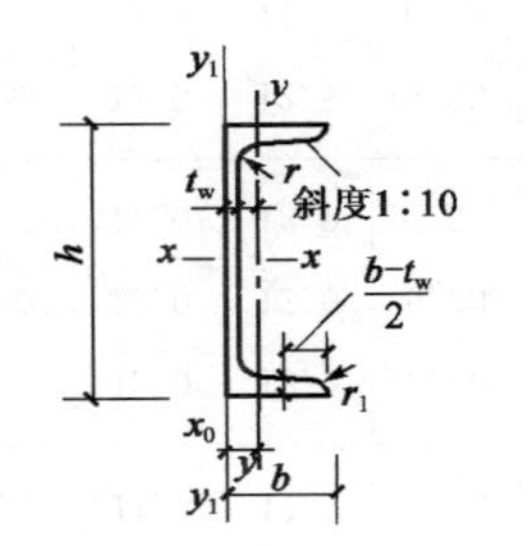

I-截面惯性矩；

W-截面抵抗矩；

S-半截面面积矩；

i-截面回转半径。

型号	尺寸(mm)						截面面积 A (cm^2)	单位质量 ($kg \cdot m^{-1}$)	截面特征										
									x_0 (cm)	x-x 轴				y-y 轴				y_1-y_1 轴
	h	b	t_w	t	r	r_1				I_x (cm^4)	W_x (cm^3)	S_x (cm^3)	i_x (cm)	I_y (cm^4)	W_{ymax} (cm)	W_{ymin} (cm^3)	i_y (cm)	I_{y1} (cm^4)
[5	50	37	4.5	7.0	7.0	3.50	6.92	5.44	1.35	26.0	10.4	6.4	1.94	8.3	6.2	3.5	1.10	20.9
[6.3	63	40	4.8	7.5	7.5	3.75	8.45	6.63	1.39	51.2	16.3	9.8	2.46	11.9	8.5	4.6	1.19	28.3
[8	80	43	5.0	8.0	8.0	4.00	10.24	8.04	1.42	101.3	25.3	15.1	3.14	16.6	11.7	5.8	1.27	37.4
[10	100	48	5.3	8.5	8.5	4.25	12.74	10.00	1.52	198.3	39.7	23.5	3.94	25.6	16.9	7.8	1.42	54.9
[12.6	126	53	5.5	9.0	9.0	4.50	15.69	12.31	1.59	388.5	61.7	36.4	4.98	38.0	23.9	10.3	1.56	77.8

续附表-11

型号	尺寸(mm)						截面面积 A (cm²)	单位质量 (kg·m⁻¹)	截面特征										
									x_0 (cm)	x-x 轴				y-y 轴				y_1-y_1 轴	
	h	b	t_w	t	r	r_1				I_x (cm⁴)	W_x (cm³)	S_x (cm³)	i_x (cm)	I_y (cm⁴)	W_{ymax} (cm)	W_{ymin} (cm³)	i_y (cm)	I_{y1} (cm⁴)
[14a	140	58	6.0	9.5	9.5	4.75	18.51	14.53	1.71	563.7	80.5	47.5	5.52	53.2	31.2	13.0	1.70	107.2
[14b	140	60	8.0	9.5	9.5	4.75	21.31	16.73	1.67	609.4	87.1	52.4	5.35	61.2	36.6	14.1	1.69	120.6
[16a	160	63	6.5	10.0	10.0	5.00	21.95	17.23	1.79	866.2	108.3	63.9	6.28	73.4	40.9	16.3	1.83	144.1
[16b	160	65	8.5	10.0	10.0	5.00	25.15	19.75	1.75	934.5	116.8	70.3	6.10	83.4	47.6	17.6	1.82	160.8
[18a	180	68	7.0	10.5	10.5	5.25	25.69	20.17	1.88	1272.7	141.4	83.5	7.04	98.6	52.3	20.0	1.96	189.7
[18b	180	70	9.0	10.5	10.5	5.25	29.29	22.99	1.84	1369.9	152.2	91.6	6.84	111.0	60.4	21.5	1.95	210.1
[20a	200	73	7.0	11.0	11.0	5.50	28.83	22.63	2.01	1780.4	178.0	104.7	7.86	128.0	63.8	24.2	2.11	244.0
[20b	200	75	9.0	11.0	11.0	5.50	32.83	25.77	1.95	1913.7	191.4	114.7	7.64	143.6	73.7	25.9	2.09	268.4
[22a	220	77	7.0	11.5	11.5	5.75	31.84	24.99	2.10	2393.9	217.6	127.6	8.67	157.8	75.1	28.2	2.23	298.2
[22b	220	79	9.0	11.5	11.5	5.75	36.24	28.45	2.03	2571.3	233.8	139.7	8.42	176.5	86.8	30.1	2.21	326.3
[25a	250	78	7.0	12.0	12.0	6.00	34.91	27.40	2.07	3359.1	268.7	157.8	9.81	175.9	85.1	30.7	2.24	324.8
[25b	250	80	9.0	12.0	12.0	6.00	39.91	31.33	1.99	3619.5	289.6	173.5	9.52	196.4	98.5	32.7	2.22	355.1
[25c	250	82	11.0	12.0	12.0	6.00	44.91	35.25	1.96	3880.0	310.4	189.1	9.30	215.9	110.1	34.6	2.19	388.6
[28a	280	82	7.5	12.5	12.5	6.25	40.02	31.42	2.09	4752.5	339.5	200.2	10.90	217.9	104.1	35.7	2.33	393.3
[28b	280	84	9.5	12.5	12.5	6.25	45.62	35.81	2.02	5118.4	365.6	219.8	10.59	241.5	119.3	37.9	2.30	428.5
[28c	280	86	11.5	12.5	12.5	6.25	51.22	40.21	1.99	5484.3	391.7	239.4	10.35	264.1	132.6	40.0	2.27	461.3

续附表-11

型号	尺寸(mm)						截面面积 A (cm^2)	单位质量 ($kg \cdot m^{-1}$)	截面特征									
									x_0 (cm)	x-x 轴				y-y 轴				y_1-y_1 轴
	h	b	t_w	t	r	r_1				I_x (cm^4)	W_x (cm^3)	S_x (cm^3)	i_x (cm)	I_y (cm^4)	W_{ymax} (cm^3)	W_{ymin} (cm^3)	i_y (cm)	I_{y1} (cm^4)
[32a	320	88	8.0	14.0	14.0	7.00	48.50	38.07	2.24	7510.6	469.4	276.9	12.44	304.7	136.2	46.4	2.51	547.5
[32b	320	90	10.0	14.0	14.0	7.00	54.90	43.10	2.16	8056.8	503.5	302.5	12.11	335.6	155.0	491	2.47	592.9
[32c	320	92	12.0	14.0	14.0	7.00	61.30	48.12	2.13	8602.9	537.7	328.1	11.85	365.0	171.5	51.6	2.44	642.7
[36a	360	96	9.0	16.0	16.0	8.00	60.89	47.8	2.44	11874.1	659.7	389.9	13.96	455.0	186.2	63.6	2.73	818.5
[36b	360	98	11.0	16.0	16.0	8.00	68.09	53.45	2.37	12651.7	702.9	422.3	13.63	496.7	209.2	66.9	2.70	880.5
[36c	360	100	13.0	16.0	16.0	8.00	75.29	59.10	2.43	13429.3	746.1	454.7	13.36	536.6	229.5	70.0	2.67	948.0
[40a	400	100	10.5	18.0	18.0	9.00	75.04	58.91	2.49	17577.7	878.9	524.4	15.30	592.0	237.6	78.8	2.81	1057.9
[40b	400	102	12.5	18.0	18.0	9.00	83.04	65.19	2.44	18644.4	932.2	564.4	14.98	640.6	262.4	82.6	2.78	1135.8
[40c	400	104	14.5	18.0	18.0	9.00	91.04	71.47	2.42	19711.0	985.6	604.4	14.71	687.8	284.4	86.2	2.75	1220.3

注：普通槽钢的通常长度：[5～[8，为 5～12mm；[10～[18，为 5～19mm；[20～[40，为 6～19mm。

参 考 文 献

[1] 张建勋. 砌体结构[M]. 3 版. 武汉:武汉理工大学出版社,2009.

[2] 李凤兰. 砌体结构[M]. 郑州:郑州大学出版社,2007.

[3] 杨伟军,司马玉洲. 砌体结构[M]. 北京:高等教育出版社,2004.

[4] 何培玲,尹维新. 砌体结构[M]. 北京:北京大学出版社,2006.

[5] 罗福午,方鄂华,叶知满. 混凝土结构及砌体结构(下册)[M]. 2 版. 北京:中国建筑工业出版社,2004.

[6] 刘立新. 砌体结构[M]. 武汉:武汉理工大学出版社,2003.

[7] 苏小卒,林宗凡,周克荣,等. 砌体结构设计[M]. 上海:同济大学出版社,2002.

[8] 张学宏. 建筑结构[M]. 2 版. 北京:中国建筑工业出版社,2004.

[9] 中华人民共和国国家标准. GB 50010—2010 混凝土结构设计规范[S]. 北京:中国建筑工业出版社,2010.

[10] 中华人民共和国国家标准. GB 50003—2011 砌体结构设计规范[S]. 北京:中国计划出版社,2012.

[11] 中华人民共和国国家标准. GB 50203—2011 砌体工程施工质量验收规范[S]. 北京:中国计划出版社,2002.

[12] 中华人民共和国国家标准. GB 50068—2001 建筑结构可靠度设计统一标准[S]. 北京:中国建筑工业出版社,2001.

[13] 中华人民共和国国家标准. GB 50011—2010 建筑抗震设计规范[S]. 北京:中国建筑工业出版社,2010.

[14] 中华人民共和国行业标准. JGJ 3—2011 高层建筑混凝土结构技术规程[S]. 北京:中国建筑工业出版社,2011.

[15] 中华人民共和国国家标准. GB 50017—2003 钢结构设计规范[S]. 北京:中国计划出版社,2003.

[16] 中华人民共和国国家标准. GB 50009—2012 建筑结构荷载规范[S]. 北京:中国建筑工业出版社,2012.

[17] 中华人民共和国行业标准. JTG D61—2005 公路桥涵设计通用规范[S]. 北京:人民交通出版社,2005.

[18] 曹双寅. 工程结构设计原理[M]. 南京:东南大学出版社,2008.

[19] 彭少民. 混凝土结构(下册)[M]. 武汉:武汉理工大学出版社,2004.

[20] 东南大学,同济大学,天津大学. 混凝土结构[M]. 北京:中国建筑工业出版社,2001.

[21] 张誉. 混凝土结构基本原理[M]. 北京:中国建筑工业出版社,2000.

[22] 周俐俐,王汝恒,姚勇,等. 钢结构[M]. 北京:中国水利水电出版社,2009.

[23] 何敏娟. 钢结构复习与习题[M]. 上海:同济大学出版社,2002.

[24] 周绥平. 钢结构[M]. 武汉:武汉工业大学出版社,2002.

[25] 沈祖炎,陈扬骥. 网架与网壳[M]. 上海:同济大学出版社,1997.

[26] 肖炽,马少华,王伟成. 空间结构设计与施工[M]. 南京:东南大学出版社,1993.

[27] 叶献国. 建筑结构选型概论[M]. 武汉:武汉理工大学出版社,2003.

[28] 石建军,姜袁. 钢结构设计原理[M]. 北京:北京大学出版社,2007.

[29] 魏明钟. 钢结构[M]. 2 版. 武汉:武汉理工大学出版社,2002.

[30] 王新堂,王秀丽. 钢结构设计[M]. 上海:同济大学出版社,2005.

[31] 陈绍蕃. 房屋建筑钢结构设计[M]. 2 版. 北京:中国建筑工业出版社,2007.

[32] 李国豪. 中国桥梁[M]. 上海:同济大学出版社,香港:建筑与城市出版社,1993.

[33] 范立础. 桥梁工程(上、下册)[M]. 北京:人民交通出版社,1996.

[34] 顾安邦. 桥梁工程(下册)[M]. 北京:人民交通出版社,2000.

[35] 房贞政. 桥梁工程[M]. 北京:中国建筑工业出版社,2004.